INTRODUÇÃO À QUÍMICA DA ATMOSFERA

CIÊNCIA, VIDA E SOBREVIVÊNCIA

O GEN | Grupo Editorial Nacional – maior plataforma editorial brasileira no segmento científico, técnico e profissional – publica conteúdos nas áreas de ciências exatas, humanas, jurídicas, da saúde e sociais aplicadas, além de prover serviços direcionados à educação continuada e à preparação para concursos.

As editoras que integram o GEN, das mais respeitadas no mercado editorial, construíram catálogos inigualáveis, com obras decisivas para a formação acadêmica e o aperfeiçoamento de várias gerações de profissionais e estudantes, tendo se tornado sinônimo de qualidade e seriedade.

A missão do GEN e dos núcleos de conteúdo que o compõem é prover a melhor informação científica e distribuí-la de maneira flexível e conveniente, a preços justos, gerando benefícios e servindo a autores, docentes, livreiros, funcionários, colaboradores e acionistas.

Nosso comportamento ético incondicional e nossa responsabilidade social e ambiental são reforçados pela natureza educacional de nossa atividade e dão sustentabilidade ao crescimento contínuo e à rentabilidade do grupo.

INTRODUÇÃO À QUÍMICA DA ATMOSFERA

CIÊNCIA, VIDA E SOBREVIVÊNCIA

2ª EDIÇÃO

Ervim Lenzi
Doutor em Química pela Pontifícia Universidade Católica
do Rio de Janeiro (PUC-Rio)
Professor Titular Aposentado do Departamento de Química da Universidade
Estadual de Maringá (DQI-UEM/PR)

Luzia Otilia Bortotti Favero
Mestre em Química Aplicada (Agroquímica) pela Universidade
Estadual de Maringá (UEM/PR)
Professora-Assistente Aposentada do Departamento de Química da Universidade
Estadual de Maringá (DQI-UEM/PR)

Os autores e a editora empenharam-se para citar adequadamente e dar o devido crédito a todos os detentores dos direitos autorais de qualquer material utilizado neste livro, dispondo-se a possíveis acertos caso, inadvertidamente, a identificação de algum deles tenha sido omitida.

Não é responsabilidade da editora nem dos autores a ocorrência de eventuais perdas ou danos a pessoas ou bens que tenham origem no uso desta publicação.

Apesar dos melhores esforços dos autores, do editor e dos revisores, é inevitável que surjam erros no texto. Assim, são bem-vindas as comunicações de usuários sobre correções ou sugestões referentes ao conteúdo ou ao nível pedagógico que auxiliem o aprimoramento de edições futuras. Os comentários dos leitores podem ser encaminhados à **LTC — Livros Técnicos e Científicos Editora** pelo e-mail faleconosco@grupogen.com.br.

Direitos exclusivos para a língua portuguesa
Copyright © 2019 by
LTC — Livros Técnicos e Científicos Editora Ltda.
Uma editora integrante do GEN | Grupo Editorial Nacional

Reservados todos os direitos. É proibida a duplicação ou reprodução deste volume, no todo ou em parte, sob quaisquer formas ou por quaisquer meios (eletrônico, mecânico, gravação, fotocópia, distribuição na internet ou outros), sem permissão expressa da editora.

Travessa do Ouvidor, 11
Rio de Janeiro, RJ – CEP 20040-040
Tels.: 21-3543-0770 / 11-5080-0770
Fax: 21-3543-0896
faleconosco@grupogen.com.br
www.grupogen.com.br

Designer de capa: Hermes Gandolfo
Imagem de capa: Yuri_Arcurs | iStockphoto.com

Editoração eletrônica: Anthares

CIP-BRASIL. CATALOGAÇÃO NA PUBLICAÇÃO
SINDICATO NACIONAL DOS EDITORES DE LIVROS, RJ.

L59i
2. ed.

Lenzi, Ervim
Introdução à química da atmosfera : ciência, vida e sobrevivência / Ervim Lenzi, Luzia Otilia Bortotti Favero. - 2. ed. - Rio de Janeiro : LTC, 2019.
:il.; 28 cm.

Inclui bibliografia e índice
ISBN 978-85-216-3484-3

1. Atmosfera. 2. Química atmosférica. 3. Química ambiental. I. Favero, Luzia Otilia Bortotti. II. Título.

18-48359.
CDD: 551.5
CDU: 551.5

Meri Gleice Rodrigues de Souza - Bibliotecária - CRB-7/6439

Sumário

Prefácio   xiii

Agradecimentos   xv

Introdução   xvii

PARTE I   Aspectos Gerais da Atmosfera   1

Capítulo 1   Aspectos Gerais da Atmosfera   3

1.1   Origem   3
1.2   Composição Química da Atmosfera   9
    1.2.1   Espécies químicas   9
    1.2.2   Unidades de medida da abundância de espécies químicas da atmosfera   10
    1.2.3   Exercícios   13
1.3   Aspectos Físicos e Camadas da Atmosfera   16
    1.3.1   Pressão atmosférica   16
    1.3.2   Variação da temperatura e camadas da atmosfera   20
1.4   Referências Bibliográficas e Sugestões para Leitura   25

Capítulo 2   Transferência de Energia e de Massa na Atmosfera   27

2.1   Formas de Transferência e de Transporte de Energia   27
    2.1.1 Conceitos   27
2.2   Transferência de Energia por Radiação   29
    2.2.1   Reflexão da radiação   32
    2.2.2   Absorção da radiação   32
    2.2.3   Reemissão de energia e efeito estufa   35
2.3   Transferência de Energia por Condução   36
2.4   Transferência de Energia com Transporte de Massa por Convecção   37
    2.4.1   Calor sensível e calor latente   37
    2.4.2   Circulação e correntes de ar   38
2.5   Transferência de Energia com Transporte de Massa por Advecção   40
2.6   Processos Atmosféricos de Interesse para a Biosfera   41
    2.6.1   Ciclo hidrológico   41
    2.6.2   Inversão térmica   43
2.7   Escala Espacial e Temporal dos Processos Atmosféricos   44
2.8   Definições e Conceitos   45
2.9   Referências Bibliográficas e Sugestões para Leitura   47

Capítulo 3   Interação da Radiação Eletromagnética com a Atmosfera   48

3.1   Introdução   48
3.2   Radiação Solar   48
    3.2.1   Radiação onda   50
    3.2.2   Radiação corpúsculo   50
3.3   Estrutura da Matéria   52
    3.3.1   Aspectos gerais   52
    3.3.2   Corpúsculo onda   53
3.4   Átomos Polieletrônicos e Números Quânticos   55
    3.4.1   Número quântico principal (n) 55
    3.4.2   Número quântico secundário (l) 55
    3.4.3   Número quântico magnético (m_l) 57

vi Sumário

	3.4.4	Número quântico magnético de spin (m_s) 59
	3.4.5	Número quântico e elementos da tabela periódica 59
3.5	Átomos e Termos Espectroscópicos 61	
	3.5.1	Aspectos gerais 61
	3.5.2	Termos 61
	3.5.3	Aplicação à atmosfera 67
3.6	A Ligação Química 68	
	3.6.1	Ligação iônica 68
	3.6.2	Ligação covalente (simples) 69
	3.6.3	Ligação covalente coordenada 69
3.7	Orbitais Moleculares 70	
	3.7.1	Considerações gerais 70
	3.7.2	Formação do orbital molecular sigma (σ) 71
	3.7.3	Formação do orbital molecular pi (π) 72
	3.7.4	Propriedades físicas e químicas explicadas pela TOM 74
3.8	Estados Espectroscópicos das Moléculas 77	
3.9	Principais Tipos de Interações Fotoquímicas 79	
	3.9.1	Excitação eletrônica 79
	3.9.2	Ionização direta 80
	3.9.3	Formação de radicais livres 81
	3.9.4	Reação química direta 82
3.10	Camadas da Atmosfera 83	
3.11	Referências Bibliográficas e Sugestões para Leitura 84	

Capítulo 4 Ciclos Biogeoquímicos dos Principais Componentes da Atmosfera **86**

4.1	Introdução 86	
4.2	Ciclo do Nitrogênio 88	
	4.2.1	Fixação do nitrogênio atmosférico 88
	4.2.2	Amonificação e nitrificação 91
	4.2.3	Desnitrificação 93
	4.2.4	Principais compostos nitrogenados da atmosfera e seus destinos 94
4.3	Ciclo do Oxigênio 95	
	4.3.1	Aspectos gerais 95
	4.3.2	Ciclo do oxigênio 99
4.4	Ciclo do Carbono 103	
	4.4.1	Aspectos gerais 103
	4.4.2	O gás carbônico – CO_2 103
	4.4.3	Outras formas de C-atmosférico 112
4.5	Ciclo Hidrológico 113	
	4.5.1	Aspectos gerais 113
	4.5.2	Ciclo hidrológico ou ciclo da água 113
4.6	Conclusão 115	
4.7	Referências Bibliográficas e Sugestões para Leitura 115	

Capítulo 5 Cinética de Reações Químicas da Atmosfera **116**

5.1	Introdução 116	
5.2	Termos, Definições e Princípios da Cinética Química 117	
	5.2.1	Cinética química e reações químicas 117
	5.2.2	Velocidade de reação 118
	5.2.3	Velocidade de reação e concentração dos reagentes 122
	5.2.4	Tempo de meia-vida e tempo de vida 124
	5.2.5	Derivação do tempo de vida 125
5.3	Estado de Equilíbrio de Reações Químicas na Fase Gasosa na Atmosfera 128	
5.4	Fatores que Influenciam a Velocidade da Reação 129	
5.5	Referências Bibliográficas e Sugestões para Leitura 131	

Sumário **vii**

PARTE II Reações Químicas e Fotoquímicas da Atmosfera 133

CAPÍTULO 6 PARTICULADOS DA ATMOSFERA 135

6.1 Aspectos Gerais 135
6.2 Fonte dos Particulados da Atmosfera 135
    6.2.1 Processos físicos naturais de formação de particulados 137
    6.2.2 Processos físicos antrópicos de formação de particulados 138
    6.2.3 Processos químicos de formação de particulados 138
6.3 Comportamentos e Propriedades dos Particulados na Atmosfera 142
6.4 Efeitos dos Particulados da Atmosfera sobre o Meio Ambiente 145
    6.4.1 Efeitos físicos 145
    6.4.2 Efeitos químicos 145
    6.4.3 Efeitos sobre a biota 151
    6.4.4 Efeito global — "inverno nuclear" 152
6.5 Controle da Emissão de Particulados 152
    6.5.1 Processos de remoção de particulados baseados na ação da gravidade 152
    6.5.2 Processos de remoção de particulados baseados no princípio da inércia 152
    6.5.3 Processos de remoção de particulados baseados no princípio da filtração 152
    6.5.4 Remoção de particulados pelo processo de "lavagem" do fluxo de gases 153
    6.5.5 Remoção de particulados baseada no processo de "lavagem com esfregação" (*scrubber system*) 155
    6.5.6 Remoção de particulados baseada no processo do precipitador eletrostático 155
    6.5.7 Processos de remoção de particulados baseados no princípio da adsorção de superfícies ativadas 156
6.6 Referências Bibliográficas e Sugestões para Leitura 157

CAPÍTULO 7 COMPOSTOS INORGÂNICOS GASOSOS DA ATMOSFERA 159

7.1 Aspectos Gerais 159
7.2 Monóxido de Carbono, CO 159
    7.2.1 Origem e fonte 159
    7.2.2 Destino do CO atmosférico 160
    7.2.3 Efeitos no ser humano 160
    7.2.4 Controle do CO 164
7.3 Óxido de Enxofre IV, $SO_{2(g)}$ 164
    7.3.1 Ciclo do enxofre e origem do SO_2 164
    7.3.2 Reações do $SO_{2(g)}$ na atmosfera 167
    7.3.3 Efeitos do $SO_{2(g)}$ 169
    7.3.4 Remoção do $SO_{2(g)}$ de fontes poluidoras 171
7.4 Óxidos de Nitrogênio 173
    7.4.1 Origem 173
    7.4.2 Reações dos NO_x na atmosfera 177
    7.4.3 Efeitos do NO_x 179
    7.4.4 Controle das emissões de NO_x 180
7.5 Amoníaco, $NH_{3(g)}$ 182
    7.5.1 Fonte 182
    7.5.2 Reações do $NH_{3(g)}$ na atmosfera 182
    7.5.3 Destino do $NH_{3(g)}$ da atmosfera 183
7.6 Chuva Ácida 184
7.7 Referências Bibliográficas e Sugestões para Leitura 184

CAPÍTULO 8 COMPOSTOS ORGÂNICOS GASOSOS DA ATMOSFERA 186

8.1 Aspectos Gerais 186
    8.1.1 Conceitos 186
    8.1.2 Condições ambientes e estado físico de uma substância 189
8.2 Princípios da Química do Carbono 190
    8.2.1 Estrutura da eletrosfera do átomo de carbono nos diversos tipos de compostos 190
8.3 Compostos Orgânicos Biogênicos da Atmosfera 196
    8.3.1 Aspectos gerais 196
    8.3.2 Compostos orgânicos voláteis (COV) 196

viii Sumário

8.4 Compostos Orgânicos de Origem Antrópica Encontrados na Atmosfera 201
    8.4.1 Aspectos gerais 201
    8.4.2 Hidrocarbonetos 201
    8.4.3 Compostos halogenados derivados dos hidrocarbonetos 205
    8.4.4 Funções orgânicas oxigenadas e derivados 213
8.5 Referências Bibliográficas e Sugestões para Leitura 217

CAPÍTULO 9   *SMOG* FOTOQUÍMICO   219

9.1 Introdução 219
9.2 O Fenômeno *Smog* Redutor 220
9.3 *Smog* Fotoquímico 220
    9.3.1 Condições para formação do *smog* 220
    9.3.2 Principais reações na formação do *smog* fotoquímico 223
9.4 Radical Hidroxilo, HO$^{\bullet}$ 226
9.5 Efeitos do *Smog* Fotoquímico 228
9.6 Referências Bibliográficas e Sugestões para Leitura 229

CAPÍTULO 10   O OZÔNIO DA ATMOSFERA   230

10.1 Aspectos Gerais 230
10.2 Propriedades do Ozônio 231
10.3 Ozônio na Troposfera 233
    10.3.1 Formação do ozônio na troposfera 233
    10.3.2 Desaparecimento (perda ou depleção) do ozônio na troposfera 236
10.4 Ozônio na Estratosfera 240
    10.4.1 Absorção da radiação 240
    10.4.2 Formação do ozônio na estratosfera 244
    10.4.3 Destruição da camada de ozônio 246
    10.4.4 Destruição do ozônio polar 250
10.5 Perfil de Periculosidade do Ozônio no Ambiente 252
10.6 Referências Bibliográficas e Sugestões para Leitura 255

CAPÍTULO 11   AR (ATMOSFERA) DO SOLO   256

11.1 Introdução 256
11.2 Aspectos Físicos do Solo que Interferem na Quantidade de Ar do Solo 257
11.3 Renovação do Ar do Solo 258
11.4 Composição Química do Ar do Solo 259
11.5 Influência do Arejamento nas Propriedades do Solo 260
11.6 Reações de Oxidação e Redução no Solo – Conceitos e Medida do Potencial Elétrico 260
    11.6.1 Reações de oxidação e redução 260
    11.6.2 Potencial de redução de uma reação 260
11.7 Influência da Atmosfera no Comportamento de Macro e Micronutrientes do Solo 264
    11.7.1 Aspectos gerais 264
    11.7.2 Oxigênio 264
    11.7.3 Nitrogênio 265
    11.7.4 Manganês 268
    11.7.5 Ferro 268
    11.7.6 Enxofre 269
    11.7.7 Carbono 270
11.8 Conclusão 272
11.9 Referências Bibliográficas e Sugestões para Leitura 273

PARTE III   Experimentos Laboratoriais em Química da Atmosfera   275

CAPÍTULO 12   O LABORATÓRIO E O ESTUDO DA ATMOSFERA   277

12.1 Introdução 277
12.2 Experimento 1: Determinação da Abundância de Oxigênio no Ar e da Velocidade de Reação de Oxidação do Ferro 278

12.2.1 Aspectos teóricos 278
12.2.2 Procedimentos 280
12.2.3 Resultados e cálculos 281

12.3 Experimento 2: Dispersão da Luz por Partículas Coloidais – Efeito Tyndall 287
12.3.1 Aspectos teóricos 287
12.3.2 Procedimentos 288
12.3.3 Resultados e discussão 289

12.4 Experimento 3: Determinação do pH da Água da Chuva 290
12.4.1 Aspectos teóricos 290
12.4.2 Procedimentos 292
12.4.3 Resultados 293
12.4.4 Cálculos 293

12.5 Experimento 4: Acidez da Atmosfera e Meio Ambiente 296
12.5.1 Aspectos teóricos 296
12.5.2 Procedimentos 297
12.5.3 Cálculos 298

12.6 Experimento 5: Simulação do *Smog* Redutor com Precipitação Ácida 299
12.6.1 Aspectos teóricos 299
12.6.2 Procedimentos 301
12.6.3 Resultados e discussão 303

12.7 Experimento 6: Óxidos de Nitrogênio – NO_x 306
12.7.1 Aspectos teóricos 306
12.7.2 Procedimentos 307
12.7.3 Aspectos químicos do experimento 309
12.7.4 Efeitos do NO_x no ambiente 310

12.8 Experimento 7: Circulação Vertical do Ar (Convecções) 310
12.8.1 Aspectos teóricos 310
12.8.2 Procedimentos 311
12.8.3 Resultados e discussão 311

12.9 Experimento 8: Circulação Horizontal do Ar (Advecções ou Frentes de Ar) 314
12.9.1 Aspectos teóricos 314
12.9.2 Procedimentos 314
12.9.3 Resultados e discussão 314

12.10 Experimento 9: A Corrosão do Ferro 314
12.10.1 Aspectos teóricos 314
12.10.2 Procedimentos 316
12.10.3 Resultados e discussão 319

12.11 Experimento 10: Planejamento de um Experimento com Coleta de Gases e Particulados da Atmosfera 320
12.11.1 Introdução 320
12.11.2 Amostragem 322
12.11.3 Aplicação: Determinação da concentração de gás NO_2 na atmosfera 324
12.11.4 Reações químicas ocorridas no processo 328

12.12 Experimento 11: Análise do Carbono Orgânico 328
12.12.1 Aspectos teóricos 328
12.12.2 Procedimentos 329
12.12.3 Resultados e cálculos 330

12.13 Experimento 12: Análise do Nitrogênio Orgânico – Método Kjeldahl 332
12.13.1 Aspectos teóricos 332
12.13.2 Procedimentos 333
12.13.3 Resultados e cálculos 334

12.14 Experimento 13: Análise do Fósforo Total 335
12.14.1 Aspectos teóricos 335
12.14.2 Procedimentos 336
12.14.3 Resultados e cálculos 338

12.15 Experimento 14: Análise de Enxofre 338
12.15.1 Aspectos teóricos 338
12.15.2 Procedimentos 339
12.15.3 Resultados e cálculos 340

12.16 Experimento 15: Análise de Metais Pesados e Outros 341
12.16.1 Aspectos teóricos 341
12.16.2 Procedimentos 341

X Sumário

12.16.3 Cálculos 342
12.16.4 Comentários 342
12.17 Referências Bibliográficas e Sugestões para Leitura 343

PARTE IV A Vida, a Atmosfera e a Biosfera 345

CAPÍTULO 13 EQUILÍBRIO DINÂMICO: VIDA, ATMOSFERA E BIOSFERA 347

13.1 Introdução 347
13.2 Sinais de Vida no Universo 348
  13.2.1 Conceito de Universo 348
  13.2.2 Localização do planeta Terra e vida no universo 351
13.3 Teorias da Origem e Primeiras Formas de Vida no Planeta Terra 351
13.4 Seres Autotróficos 352
13.5 Seres Heterotróficos 355
13.6 Um Detalhe Mais Profundo 355
13.7 Dependência dos Princípios Vitais com a Biosfera 356
13.8 Aparecimento do Ser Humano 361
13.9 Inteligência, Capacidade Criadora e Ação do Homem na Atmosfera 362
13.10 Interações da Ação do Homem na Biosfera 367
13.11 Quantificação da Energia Produzida por um Ser Anaeróbico 369
  13.11.1 Aspectos gerais 369
  13.11.2 Balanceamento da reação 369
  13.11.3 Cálculo da energia livre produzida 370
13.12 Estado de Equilíbrio Dinâmico 371
13.13 O Ser Humano e Seus Compromissos com a Biosfera 372
13.14 Referências Bibliográficas e Sugestões para Leitura 373

PARTE V Aspectos Legais da Química da Atmosfera 377

CAPÍTULO 14 ATMOSFERA: PREOCUPAÇÃO DA SOCIEDADE E LEGISLAÇÃO PERTINENTE 379

14.1 Introdução 379
14.2 Preocupação da Humanidade 381
  14.2.1 Aspectos gerais 381
  14.2.2 Esforços da sociedade na conscientização do problema 383
14.3 Normalizações Nacionais 387
  14.3.1 Política nacional do meio ambiente 387
  14.3.2 Normalizações próprias relacionadas com a atmosfera 388
14.4 Tentativas Globais ou Internacionais para a Proteção da Atmosfera 391
14.5 Referências Bibliográficas e Sugestões para Leitura 392

ANEXOS

ANEXO 1 A Carta de Seattle 394
ANEXO 2 Lembretes de Eletroquímica 396
ANEXO 3 Potenciais-Padrão de Eletrodo (Redução) em Solução Aquosa a 25 °C e 1 Atm 398
ANEXO 4 Lei Federal Nº 6.938, de 31 de agosto de 1981 400
ANEXO 5 Reunião de Estocolmo (Junho de 1972) 409
ANEXO 6 Convenção de Viena para a Proteção da Camada de Ozônio de 22 de Março de 1985 412
ANEXO 7 Protocolo de Montreal sobre as Substâncias que Deterioram a Camada de Ozônio 423
ANEXO 8 Protocolo de Kyoto 434

Lista de Símbolos e Abreviaturas

- **Grandezas fundamentais**
  C – Coulomb, unidade de medida da carga elétrica no sistema MKS
  °C – grau Celsius, unidade de temperatura na escala Celsius
  K – Kelvin, unidade de temperatura na escala absoluta ou termodinâmica
  kg – quilograma, unidade de massa
  m – metro, unidade de comprimento
  mol – mol, unidade de quantidade de matéria. Nas fórmulas, n indica o número de mols das substâncias
  s – segundo, unidade de tempo

- **Grandezas derivadas das fundamentais e outras específicas**
  a_o – raio do átomo de hidrogênio no seu estado fundamental
  A – Ampère, unidade de corrente elétrica
  Å – angström, unidade de comprimento
  c – velocidade da luz no vácuo
  ε_0 – constante de permissividade
  E – energia
  E – potencial elétrico
  $E°$ – potencial elétrico de eletrodo-padrão
  E_H – potencial elétrico em relação ao eletrodo-padrão de hidrogênio
  δ – densidade de carga elétrica em um ponto qualquer
  F – constante de Faraday
  g – aceleração da gravidade
  G – energia livre de Gibbs
  h – constante de Planck
  H – entalpia
  k – constante de Boltzmann
  m – massa do elétron
  m^2 – metro quadrado, unidade de superfície
  m^3 – metro cúbico, unidade de volume
  μ – momento dipolar
  n – índice de refração
  N – número de Avogadro
  R – constante molar dos gases
  S – entropia
  S – constante solar

- **Grandezas e/ou símbolos ligados à estrutura atômica**
  Camadas da eletrosfera
  $K, M, N, O, P, ...$ (correspondentes ao número quântico $n = 1, 2, 3, 4, ...$)
  Função de onda
  ψ –função de onda, grandeza que associada aos números quânticos descreve a forma, energia e orientação dos orbitais atômicos ou moleculares
  Números quânticos
  n – número quântico principal
  l – número quântico secundário: $l = s, p, d, f, g, ...$, ou, $l = 0, 1, 2, 3, ..., n - 1$
  $m\ (m_l)$ – número quântico magnético
  $s\ (m_s)$ – número quântico de *spin*
  Momentos angulares do elétron no átomo
  L – momento angular orbital total com os possíveis estados de $L = 0, 1, 2, 3, ...$, ou, $S, P, D, F, G, H, ...$
  S – momento angular total de *spin*
  J – momento angular total
  M_L – componente do eixo z do momento angular orbital total
  M_S – componente do eixo z do momento angular total de *spin*

xii Lista de Símbolos e Abreviaturas

- **Grandezas ou símbolos ligados à estrutura molecular**
  Orbitais moleculares
  - σ = orbital molecular sigma ligante
  - σ^* = orbital molecular sigma antiligante
  - π = orbital molecular pi ligante
  - π^* = orbital molecular pi antiligante
  - δ = orbital molecular delta ligante
  - δ^* = orbital molecular delta antiligante
  - P = plano nodal

  Momentos angulares
  - Λ = momento angular orbital total eletrônico em relação ao eixo molecular, com os possíveis estados de Λ = 0, 1, 2, 3, ..., ou, Σ, Π, Δ, Φ, Γ, ...

- **Onda**
  - v = velocidade
  - λ = comprimento de onda
  - ν = frequência
  - ψ = elongação da onda (no átomo, função de onda)

- **Significado do uso de letras e números entre parênteses e/ou colchetes na numeração sequencial de reações químicas e equações matemáticas no texto**

  (R-X.Y) – Os parênteses ( ) significam que os símbolos no seu interior identificam uma reação química que é citada pela primeira vez no texto.
  - A letra R significa uma reação química representada por uma equação química e serve para diferenciá-la da numeração das equações matemáticas que não têm R.
  - A letra X representa o número do capítulo em que foi citada aquela reação.
  - A letra Y representa o número sequencial daquela reação química dentro do capítulo.

  [R-X.Y] – Os colchetes [ ] significam que os símbolos no seu interior identificam uma reação química que já foi citada anteriormente no capítulo e está sendo repetida.
  - As letras R, X e Y têm o mesmo significado já explicado na utilização dos parênteses.

  (X.Y) – Os parênteses ( ) significam que os símbolos no seu interior identificam uma equação matemática, citada pela primeira vez no capítulo.
  - A letra X representa o número do capítulo em que foi citada aquela equação.
  - A letra Y representa o número daquela equação matemática dentro do capítulo.

  [X.Y] – Os colchetes [ ] significam que os símbolos no seu interior identificam uma equação matemática já citada anteriormente no capítulo e que está sendo repetida.
  - As letras X e Y têm o mesmo significado já explicado na utilização dos parênteses.

Valores das Principais Constantes Utilizadas no Texto			
Constante	Símbolo	Valor	Unidade
Aceleração da gravidade	g	9,80665	$m\,s^{-2}$
Carga do elétron	e	$1,60217733 \times 10^{-19}$	C
Constante de Boltzmann	k	$1,380658 \times 10^{-23}$	$J\,K^{-1}$
Constante de Faraday	F	$9,6485309 \times 10^4$	$C\,mol^{-1}$
Constante molar dos gases	R	8,314510 1,987215 0,0820578	$J\,mol^{-1}\,K^{-1}$ $cal\,mol^{-1}K^{-1}$ $L\,atm\,mol^{-1}K^{-1}$
Constante de permissividade	ε_0	$8,8541878 \times 10^{-12}$	$C^2\,N^{-1}m^{-2}$
Constante de Planck	h	$6,6260755 \times 10^{-34}$	$J\,s$
Equivalente mecânico do calor	J	4,1818	$kg\,m^2\,s^{-2}$
Número de Avogadro	N	$6,0221367 \times 10^{23}$	mol^{-1}
Ponto de fusão da água (1 atm)		273,15	K
Velocidade da luz no vácuo	c	$2,99792458 \times 10^8$	$m\,s^{-1}$
Volume molar (CNTP)	V	22,4136	L
Constante solar	S	$1,37 \times 10^3$	$J\,s^{-1}m^{-2}$

Prefácio

A obra INTRODUÇÃO À QUÍMICA DA ATMOSFERA — Ciência, vida e sobrevivência procura introduzir o leitor no estudo da atmosfera, com enfoque na temporalidade do seu comportamento influenciado pela ação antrópica. É analisado o seu papel de constituinte do meio ambiente, responsável pela proteção da vida na Terra, ao mesmo tempo em que mantém a biota aeróbica (que necessita do oxigênio) e permite os processos bioquímicos de sobrevivência. Entre as atividades poluentes antrópicas, são analisadas algumas das reações ou respostas da atmosfera que representam perigos locais-regionais (chuva ácida, *smog* fotoquímico etc.) ou globais (buraco na camada de ozônio, aquecimento global, entre outros) para o próprio homem.

O leitor com um mínimo de conhecimento de química e física pode acompanhar e entender as informações que os autores desejam transmitir nesta obra. Sempre que necessário, são utilizadas figuras a fim de facilitar a visualização do comportamento das variáveis de interesse, assim como alguns cálculos são apresentados.

A obra está dividida em cinco partes que englobam respectivamente aspectos gerais, reações fotoquímicas e químicas, experimentos laboratoriais e aspectos legais.

A Parte I — *Aspectos Gerais da Atmosfera* — apresenta os seguintes assuntos:

- histórico da atmosfera;
- composição química e propriedades físicas da atmosfera;
- energia solar, atmosfera, inversão térmica e efeito estufa;
- ciclos biogeoquímicos dos principais componentes da atmosfera; e
- princípios de cinética de reações.

A Parte II — *Reações Químicas e Fotoquímicas da Atmosfera* — traz entre os tópicos desenvolvidos os seguintes assuntos:

- particulados da atmosfera;
- componentes inorgânicos da atmosfera;
- componentes orgânicos da atmosfera;
- ameaças globais à atmosfera: buraco de ozônio, *smog* fotoquímico, chuva ácida.

A Parte III — *Experimentos Laboratoriais em Química da Atmosfera* — apresenta uma série de experimentos possíveis de serem realizados em sala de aula com um mínimo de materiais e equipamentos.

A Parte IV — *A Vida, a Atmosfera e a Biosfera* — apresenta a atmosfera como parte da biosfera e a interferência da vida no equilíbrio dinâmico alcançado após milhões de anos.

A Parte V — *Aspectos Legais da Química da Atmosfera* — reproduz a legislação nacional e internacional existente, com detalhes do Protocolo de Kyoto.

INTRODUÇÃO À QUÍMICA DA ATMOSFERA — Ciência, vida e sobrevivência originou-se de aulas ministradas na disciplina de Química Ambiental. Possui caráter didático-pedagógico e destina-se a professores, alunos do Ensino Médio e de graduação nas mais variadas áreas de conhecimento, bem como a todo cidadão que deseje conhecer um pouco de química da atmosfera.

Agradecimentos

Os autores agradecem a todos que colaboraram para que o presente trabalho se tornasse realidade. De forma especial, aos familiares que compreenderam os momentos de ausência e a Deus — fonte de toda a sabedoria —, pelo presente da vida.

Introdução

Em um dado momento da história do universo, segundo teorias atuais, aconteceu o *big bang*. Nessa grande explosão, entre os bilhões de corpos celestes gerados, estava um que alcançou seu equilíbrio gravitacional na galáxia solar, orbitando o Sol. Um verdadeiro bólido incandescente alimentado por reações nucleares.

As reações foram arrefecendo, em um ato de obediência a princípios entrópicos preestabelecidos, e a parte externa do corpo foi esfriando. A massa ígnea da superfície, o magma, aos poucos se solidificou, originando as rochas. As altas temperaturas e pressões do interior do corpo romperam a crosta externa, e apareceram os vulcões derramando lava e "cuspindo" gases (H_2O, CO_2, H_2S, S, N_2, SO_2 etc.), fumaça e particulados para o espaço.

Um aumento da espessura da camada sólida mais externa levou a temperatura a condições de se condensarem os vapores de água, dando início aos corpos aquosos, cujo aumento do volume foi causado pelas gigantescas reações de neutralização de ácidos e bases plutônicos. Essas reações geraram sais e água e propiciaram a formação de mares e oceanos.

Assim começou a se delinear o **planeta Terra**. Rochas, águas e uma atmosfera cheia de fumaça e particulados, que não permitiam a chegada da luz. A Terra estava em trevas. Um verdadeiro "inverno vulcânico" que ajudou a resfriar a crosta terrestre.

A atmosfera não tinha oxigênio, era redutora.

O calor vindo do centro do globo terrestre e o frio produzido pelo inverno vulcânico, ou da noite, junto com a chuva, o vento etc., começaram o processo de meteorização das rochas magmáticas. Os anos foram passando. A erosão e a lixiviação favoreceram o início do mecanismo da litificação conduzindo às rochas sedimentares. Os cataclismos geológicos e outras hecatombes proporcionaram o começo da formação das rochas metamórficas. As chuvas intensas levavam para os corpos de água os nutrientes. E, aos poucos, "lavaram" da atmosfera os gases e particulados.

Era o planeta Terra sem o sopro da vida. Mas como a vida apareceu?

A obra mais antiga, que descreve a criação do universo, a *Bíblia*, no Livro do Gênesis, Capítulo 1, 1-5, diz:

> No princípio, Deus criou o céu e a terra. A terra, porém, estava informe e vazia, e as trevas cobriam o Abismo, mas o espírito de Deus pairava por sobre as águas. Disse Deus: "Haja luz." E houve luz. Viu Deus que a luz era boa; e Deus separou a luz das trevas. Deus chamou a luz "dia" e as trevas "noite". Houve tarde e houve manhã: um primeiro dia.

A frase: "*o espírito de Deus pairava sobre as águas*" é a chave da explicação da vida no planeta Terra. A palavra *espírito* significa *vida, força criadora, sopro criador*. Mas por que a água? A atmosfera não tinha oxigênio, isto é comprovado pela análise química dos gases que saem dos vulcões, os quais não têm oxigênio. Logo, na estratosfera, não havia a camada protetora de ozônio. A água absorvia a radiação ultravioleta e permitia a passagem da luz visível, necessária à reação milagrosa da fotossíntese.

Na água, Deus colocou o princípio da vida biológica, protegida da radiação ultravioleta. Uma forma simples e rudimentar de vida, um micro-organismo autotrófico, começou a sintetizar biomassa e oxigênio a partir de água e gás carbônico, com auxílio da luz visível e nutrientes: nitratos, fosfatos etc. Assim, esses micro-organismos começaram a produzir o gás oxigênio que atingiu, após milhões de anos, o percentual de 21% na composição da atmosfera e formou a camada protetora de ozônio na estratosfera, imprescindível aos futuros seres, segundo a reação milagrosa:

$$n H_2O + n CO_{2\,(\text{gás})} \xrightarrow[\text{luz e nutrientes}]{\substack{\text{micro-organismos} \\ \text{autotróficos}}} \left| CH_2O \right|_n + n O_{2\,(\text{gás})}$$

O gás oxigênio, pouco solúvel na água, desprendeu-se da fase líquida e se instalou na atmosfera. Reações fotoquímicas deram origem ao oxigênio atômico, que, ao reagir com o oxigênio molecular, formou o ozônio, conforme as reações:

$$O_{2\,(\text{gás})} + h\nu_{(\text{radiação eletromagnética})} \rightleftarrows O_{(\text{átomo})} + O_{(\text{átomo})}$$

$$O_{2\,(\text{gás})} + O_{(\text{átomo})} \rightleftarrows O_{3\,(\text{ozônio})}$$

O ozônio e o oxigênio presentes na estratosfera absorvem a radiação ultravioleta, não deixando que ela alcance a superfície terrestre, local onde se encontra a biota, protegida desde então por um envelope gasoso — a atmosfera. As reações envolvidas nesse processo são:

$$O_{3\,(ozônio)} + h\nu_{(radiação\ do\ ultravioleta)} \quad \rightleftarrows \quad O_{2\,(gás)} + O_{(átomo)}$$

$$O_{2\,(gás)} + h\nu_{(radiação\ eletromagnética)} \quad \rightleftarrows \quad O_{(átomo)} + O_{(átomo)}$$

Tudo o que se descreveu até aqui está explicado no Gênesis, Capítulo 1:5, quando relata que:

"Houve tarde e manhã: um primeiro dia."

Todavia, esse *primeiro dia* levou milhões de anos para acontecer.

A partir de então, os micro-organismos protegidos pela camada de ozônio começaram a sair da água e a se adaptar às rochas sólidas, auxiliando e acelerando o processo do intemperismo. A morte dessas formas de vida começou a incorporar nas rochas meteorizadas a matéria orgânica. Esta, junto com a ação contínua do ar, da água e dos microorganismos vivos, sofreu mineralização e, posteriormente, humificação e originou o solo. Esse processo, dinâmico e permanente, foi igualmente descrito pelo Criador, no Gênesis, 3, 19: *Com o suor de teu rosto, comerás o pão; até que voltes à terra, donde foste tirado. Porque és pó, e em pó te tornarás.*

E definido pelo homem como ciência: *Na natureza nada se cria, nada se perde. Tudo se transforma.* (Lavoisier)

A partir desse momento, o planeta Terra estava pronto para receber as formas mais organizadas e complexas de vida: os seres superiores, os vegetais etc. O solo dava condições de fixação de raízes e nutrientes para continuar o processo de síntese de biomassa e formação de oxigênio.

A produção abundante de biomassa tanto na água quanto no solo favoreceu o aparecimento dos seres autotróficos e dos animais. Estes se alimentavam então da biomassa sintetizada pelos seres trofogênicos ou da biomassa dos trofolíticos. Entre os animais, destacou-se um de forma antropoide, a quem o Criador agraciou com o "sopro da vida", fazendo-o à sua imagem e semelhança — o homem. Um animal com capacidade de raciocinar, pensar, escolher, criar, construir e destruir. Um ser livre.

O Gênesis, 1, 31, então conclui: *Deus viu tudo o que fizera, e eis que estava muito bom. Houve tarde e houve manhã: um sexto dia.*

O homem existe há milhões de anos. Retira seu sustento do meio ambiente desde os primórdios dos tempos. Contudo, o raciocínio e a capacidade empreendedora do ser humano criaram condições mais favoráveis de vida e a espécie cresceu demograficamente, dominando o planeta. No início do terceiro milênio, o número de habitantes já ultrapassa a casa dos 6 bilhões. O planeta Terra está ficando pequeno...

Esse número de pessoas faz aumentar a necessidade de empregos e alimento. Em consequência da ação antrópica criativa e transformadora que distingue o homem dos outros animais, o homem voltou-se para a terra. Introduziu novas técnicas de cultivo e manejo do solo, aperfeiçoou espécies vegetais e animais, produziu novos insumos, como maquinarias, praguicidas, fertilizantes. Montou engenhos, fábricas etc.

Estimulado pela ganância desenfreada, pela ambição de acumular riquezas a qualquer preço, o homem tornou-se insensível, para não dizer cego. Contaminou e tripudiou sobre a terra, a água e a atmosfera — derrubou florestas, poluiu as águas, lançou gases venenosos na atmosfera.

Em 1854, quando estava começando o processo de industrialização, um aborígine americano, um cacique da tribo Seattle, que nunca sentou nos bancos das escolas do homem branco, mandou uma carta de recomendações ao presidente dos Estados Unidos da América, que lhe estava propondo a compra das terras da tribo. Nela, fica evidente a ganância do homem branco. No Anexo 1 deste livro encontra-se o texto integral da carta, conforme distribuído pela Organização das Nações Unidas em seu *site*.

> *Não há lugar quieto nas cidades do homem branco. Nenhum lugar onde se possa ouvir o desabrochar de folhas na primavera ou o bater das asas de um inseto. Mas talvez seja porque sou um selvagem e não compreenda. O ruído parece somente insultar os ouvidos. E o que resta da vida se um homem não pode ouvir o choro solitário de uma ave ou o debate dos sapos ao redor de uma lagoa, à noite? Eu sou um homem vermelho e não compreendo. O Índio prefere o suave murmúrio do vento encrespando a face do lago, e o próprio vento, limpo por uma chuva diurna ou perfumado pelos pinheiros.*
>
> *O ar é necessário para o homem vermelho, pois todas as coisas compartilham do mesmo sopro — o animal, a árvore, o homem, todos compartilham o mesmo sopro. Parece que o homem branco não sente o ar que respira. Como um homem agonizante há vários dias, é insensível ao mau cheiro. Mas se vendermos nossa terra ao homem branco, ele deve lembrar que o ar é necessário para nós, que o ar compartilha seu espírito com toda a vida que mantém. O vento que deu a nosso avô seu primeiro ins-*

pirar também recebe seu último respiro. Se lhe vendermos nossa terra, vocês devem mantê-la intacta e sagrada, como um lugar onde até mesmo o homem branco possa saborear o vento açucarado pelas flores dos prados.

> (...)

Vocês devem ensinar às suas crianças que o solo a seus pés é a cinza de nossos avós. Para que respeitem a terra, digam a seus filhos que foi enriquecida com as vidas de nosso povo. Ensinem às suas crianças o que ensinamos às nossas, que a terra é nossa mãe. Tudo o que acontecer à terra acontecerá aos filhos da terra. Se os homens cospem no solo, estão cuspindo em si mesmos.

> (...)

Muito se tem falado sobre a deteriorização do planeta Terra, a contaminação de seus solos, de suas águas e de sua atmosfera. Hoje, graças aos meios de comunicação, o mundo, por assim dizer, ficou uma "aldeia", em que a informação "chega na hora". A cada desastre ecológico anunciado, aumenta a conscientização da sociedade para cuidar do meio ambiente, principalmente da água. Existem organizações governamentais e não governamentais preocupadas com a preservação da natureza, particularmente da atmosfera.

Como Nação, o Brasil deixou claro, na sua *Constituição Federal*, a preocupação com o meio ambiente e lhe consagrou o Capítulo V, cujo *caput* do Artigo 225 diz:

Art. 225. Todos têm direito ao meio ambiente ecologicamente equilibrado, bem de uso comum do povo e essencial à sadia qualidade de vida, impondo-se ao Poder Público e à coletividade o dever de defendê-lo e preservá-lo para as presentes e futuras gerações.

No circuito internacional, duas "ameaças" forçaram a Organização das Nações Unidas (ONU) a se preocupar com a atmosfera. A primeira delas é o "efeito estufa" aumentado pelo incremento de CO_2 e outros gases descartados pelo homem na atmosfera, cuja consequência é o aumento da temperatura global, que compromete, entre outras coisas, a vida nos países e regiões localizadas abaixo do nível do mar. A segunda é a destruição da camada de ozônio, fenômeno denominado "depleção do ozônio" ou buraco de ozônio.

As nações desenvolvidas e responsáveis pelos fenômenos ameaçadores foram acionadas pela ONU no sentido de, juntas, envidarem esforços para minimizar as ameaças.

Visando o debate, reuniões internacionais foram realizadas e protocolos internacionais celebrados, entre os quais o mais recente é o Protocolo de Kyoto. No encontro, realizado no Japão, em dezembro de 1997, conforme descrito na Introdução do texto:

Cerca de 10.000 delegados, observadores e jornalistas participaram desse evento de alto nível. A conferência culminou na decisão por consenso de adotar-se um Protocolo segundo o qual os países industrializados reduziriam suas emissões combinadas de gases de efeito estufa em pelo menos 5% em relação aos níveis de 1990 até o período entre 2008 e 2012. Esse compromisso, com vinculação legal, promete produzir uma reversão da tendência histórica de crescimento das emissões iniciadas nestes países há cerca de 150 anos.

O Capítulo 14 reúne uma farta legislação brasileira federal, regulamentando políticas, comportamentos e atitudes individuais, de instituições, enfim da sociedade, sobre o descarte de efluentes gasosos e particulados para a atmosfera, bem como a sua preservação, pois a atmosfera é um "bem de uso comum do povo".

Tudo indica que a humanidade está amadurecendo e criando responsabilidade. O homem está se conscientizando de que o paraíso que recebeu de graça deve ser cuidado, respeitado e passado preservado aos seus descendentes, para não acontecer o que o cacique Seattle profetizou ao final de sua carta: *(...) Onde está o arvoredo? Desapareceu. Onde está a águia? Desapareceu. É o final da vida e o início da sobrevivência.*

Material Suplementar

Este livro conta com o seguinte material suplementar:

- Ilustrações da obra em formato de apresentação (acesso restrito a docentes).

O acesso aos materiais suplementares é gratuito. Basta que o leitor se cadastre em nosso *site* (www.grupogen.com.br), faça seu *login* e clique em GEN-IO, no menu superior do lado direito. É rápido e fácil.

Caso haja alguma mudança no sistema ou dificuldade de acesso, entre em contato conosco (gendigital@grupogen.com.br).

GEN-IO (GEN | Informação Online) é o repositório de materiais suplementares e de serviços relacionados com livros publicados pelo GEN | Grupo Editorial Nacional, maior conglomerado brasileiro de editoras do ramo científico-técnico-profissional, composto por Guanabara Koogan, Santos, Roca, AC Farmacêutica, Forense, Método, Atlas, LTC, E.P.U. e Forense Universitária. Os materiais suplementares ficam disponíveis para acesso durante a vigência das edições atuais dos livros a que eles correspondem.

PARTE I
ASPECTOS GERAIS DA ATMOSFERA

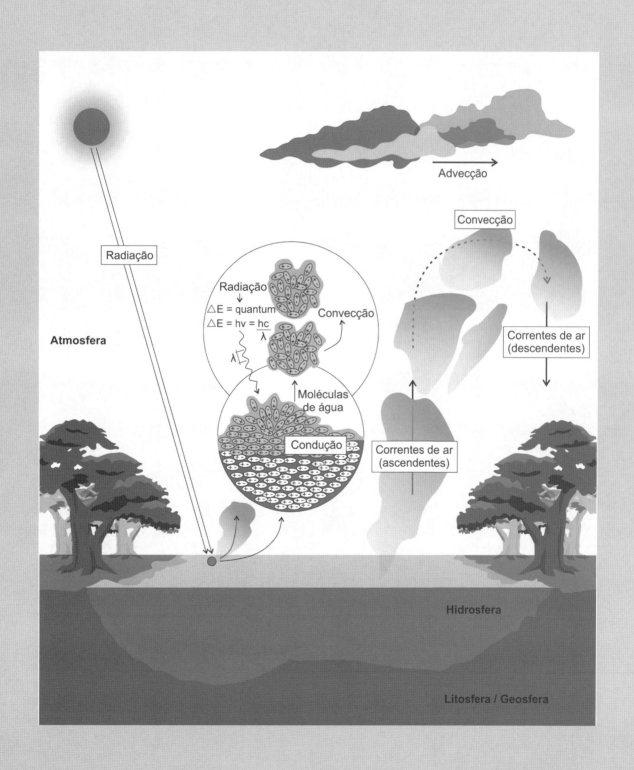

Aspectos Gerais da Atmosfera

CAPÍTULO

1

1.1 Origem

A atmosfera teve três momentos da sua história que influenciaram sua formação e constituição. O primeiro foi o período que antecedeu o aparecimento da vida sobre a Terra. O segundo, o surgimento da vida na forma de seres autotróficos e heterotróficos. O terceiro momento, que se estende aos dias de hoje, é o aparecimento do ser humano com suas máquinas e seus inventos.

Primeiro momento

A origem do sistema solar e, junto com ele, a do planeta Terra, ainda não está bem explicada. Existem várias teorias, entre elas a do "big bang", a da condensação de uma nuvem interestelar de gases e poeiras. Contudo, independentemente da origem do planeta Terra, sabe-se que, no seu começo, havia uma atividade vulcânica muito forte. Acredita-se em um "inverno vulcânico" que teria auxiliado no resfriamento da crosta terrestre. Ao longo dos milhões de anos, foram se estabilizando e se definindo a litosfera com sua crosta, a hidrosfera e a atmosfera; os três componentes do planeta, sempre em permanente atividade, em si e entre si.

Tudo indica que a atmosfera primitiva do planeta Terra foi formada pela liberação de gases, vapores etc. que estavam oclusos no interior da mesma, via ação vulcânica ou reações gigantescas entre ácidos e bases plutônicos que não afloraram na forma de vulcões por terem ocorrido sob grandes profundidades.

Esta hipótese pode ser comprovada conforme segue. O avanço tecnológico contribuiu com a construção de instrumentos de análise química muito sensíveis, que permitem analisar gases de origem vulcânica "presos ou oclusos" em bolhas (ou "vazios") encontrados em rochas vulcânicas, ou elementos "presos ou oclusos" em neves eternas. A Tabela 1.1 apresenta a composição de gases encontrados em rochas vulcânicas.

Observa-se, pela Tabela 1.1, que entre os gases componentes das emissões vulcânicas da época encontra-se o nitrogênio. A percentagem maior representa o vapor de água, que chega a um valor médio de 83,1% e 92, 9% para os dois tipos de gases de rochas analisados.

No sentido de analisar a modificação dos gases vulcânicos com o tempo, foram estudadas as composições químicas de gases vulcânicos de vulcões em atividade recente. A Tabela 1.2 apresenta os resultados, em percentagem dada em volume de gases dos vulcões de Kilauca e Mauna Loa. A mesma tabela apresenta também a composição dos gases das fumarolas da região de Katma, dos poços de vapor e Geysers da Califórnia e Wyoming. Novamente, observa-se que a maior percentagem é de água.

A composição dos gases "oclusos", resultantes de emanações de lavas de vulcões que encerraram suas atividades há muitos séculos, praticamente é a mesma que as encontradas nas emanações recentes.

1.1 Origem

1.2 Composição Química da Atmosfera
   1.2.1 Espécies químicas
   1.2.2 Unidades de medida da abundância de espécies químicas da atmosfera
   1.2.3 Exercícios

1.3 Aspectos Físicos e Camadas da Atmosfera
   1.3.1 Pressão atmosférica
   1.3.2 Variação da temperatura e camadas da atmosfera

1.4 Referências Bibliográficas e Sugestões para Leitura

4   Capítulo Um

O grande percentual de água, sempre presente nestes gases vulcânicos, reflete a existência da grande quantidade de água armazenada e que, por estas transformações químicas e físicas (que na maioria não chegaram a eclodir como vulcões), resultou na formação dos mares e oceanos. O fato de ir ao estado líquido, quando comparada com os demais gases, é explicado pela sua estrutura molecular e seu momento dipolar que originam as pontes de hidrogênio.

Tabela 1.1 Composição Centesimal, em Volume, de Gases Oclusos em Rochas Vulcânicas

	Gases de Rochas					
	Lava Basáltica e Diábase			Lava Obsidian, Andesitic e Granito		
Tipo de gás	Valor mínimo (%)	Valor máximo (%)	Valor médio (%)	Valor mínimo (%)	Valor máximo (%)	Valor médio (%)
CO_2	0,89	15,30	8,1	0,08	20,26	2,0
CO	0,02	8,28	0,2	0,01	2,22	0,5
H_2	0,38	6,18	1,2	0,08	11,60	0,4
N_2	0,27	7,21	2,0	0,03	3,90	1,2
Ar (argônio)	0,00	0,04	Tr*	0,00	0,02	Tr*
SO_2	---	---	---	---	---	---
S_2	0,08	1,96	1,1	0,00	2,89	0,2
SO_3	---	---	---	---	---	---
Cl_2	0,06	1,33	0,5	0,01	10,59	0,5
F_2	0,00	14,12	3,8	0,25	7,80	2,3
H_2O	71,32	92,40	83,1	69,44	98,55	92,9
			———			———
$\sum$ (%)			100,0			100,0

* Tr – Traços. Fonte: Horne, 1969; Rubey, 1951.

Tabela 1.2 Composição Centesimal, em Volume, de Gases de Vulcões e Vapores Aquecidos

	Gases dos Vulcões de Kilauca e Mauna Loa			Gases das Fumarolas da Região de Katma e de Vapores de Poços e Geysers da Califórnia e Wyoming		
Tipo de gás	Valor mínimo (%)	Valor máximo (%)	Valor médio (%)	Tipo de gás	Valor mínimo (%)	Valor máximo (%)	Valor médio (%)
CO_2	0,87	47,68	11,8	CO_2	0,03	1,24	0,2
CO	0,00	3,92	0,5	CO	---	0,01	Tr*
H_2	0,00	4,22	0,4	O_2	0,00	0,08	Tr*
N_2	0,68	37,84	4,7	CH_4	0,00	0,30	0,11
Ar (argônio)	0,00	0,66	0,2	H_2	0,00	0,29	0,15
SO_2	0,00	29,83	6,4	N_2+Ar	0,00	0,31	0,02
S_2	0,00	8,61	0,2	NH_3	---	0,02	0,01
SO_3	0,00	8,12	2,3	H_2S	0,00	0,10	0,02
Cl_2	0,00	4,08	0,05	HCl	0,01	0,57	0,06
F_2	---	---	---	HF	0,00	0,10	0,03
H_2O	17,97	97,09	73,5	H_2O	98,04	99,99	99,58
			———				———
$\sum$ (%)			100,0				100,0

* Tr – Traços. Fonte: Horne, 1969; Rubey, 1951.

Analisando os estados de oxidação de alguns elementos das Tabelas 1.1 e 1.2 citadas, especificamente: $CO_{(g)}$ (C com estado de oxidação 2+); $SO_{2(g)}$ (S com estado de oxidação 4+) em concentrações superiores às do $SO_{3(g)}$ (S com estado de oxidação 6+); $H_{2(g)}$ (H com estado de oxidação 0); $NH_{3(g)}$ (N com estado de oxidação 3–); $H_2S_{(g)}$ (S com estado de oxidação 2–); entre outros, são revelados que a maior parte dos elementos encontra-se em suas formas reduzidas e a falta de oxigênio para oxidar estes elementos no seu estado máximo de oxidação, o que permite concluir:

a. não havia gás oxigênio nos gases emitidos;
b. o ambiente dos gases era redutor.

Analisando a presença de N_2 nos gases sem ter a presença de óxidos de nitrogênio (NO, NO_2), em que o nitrogênio teria estados de oxidação 2+ e 4+, mais uma vez comprova-se o estado redutor do ambiente criado por esses gases.

Analisando a energia da ligação N≡N, Tabela 1.3, constituída por uma ligação do tipo sigma (σ) e duas do tipo pi (π), verifica-se que apresenta o valor de 946 kJ mol^{-1}, o que implica uma ligação química altamente estável, correspondendo-lhe uma substância também estável e difícil de ser atacada ou decomposta, substância quimicamente quase "inerte", tendo todas as condições de acumular-se no ambiente, em caso de aumentar sua introdução no sistema, o que aconteceu com a atividade vulcânica. Dessa forma, hoje a atmosfera apresenta 78,08% de $N_{2(g)}$, em volume de ar seco.

Os demais gases, mesmo em condições energéticas de estabilidade, caso do CO, quando em condições adequadas, físicas (massa molar, polaridade etc.) e químicas (oxidação, complexação, precipitação, dupla troca) foram desaparecendo da composição da atmosfera. Por exemplo, o hidrogênio, bem como o hélio, "escaparam" para o espaço, pois, em razão da pequena massa, a ação da gravidade não os "segurou".

O CO, monóxido de carbono, apesar de ter uma energia de ligação elevada, indicando uma estabilidade maior, apresenta uma grande reatividade química com metais, formando compostos de coordenação (complexos) muito estáveis, o que fez com que desaparecesse com o arrefecimento da atividade vulcânica.

O SO_3 (óxido de enxofre VI) e o SO_2 (óxido de enxofre IV) dissolvem-se na água, dissociam-se formando ácidos, pois são óxidos ácidos, portanto, são "lavados" da atmosfera.

Tabela 1.3 Energias de Ligação de Diferentes Espécies Químicas

Espécie	Energia da ligação kJ mol^{-1}	Espécie	Energia da ligação kJ mol^{-1}
N_2 N≡N	946	H_2 H–H	435
CO C=O	740	HCl H–Cl	431
O_2 O=O	495	Cl_2 Cl–Cl	243
H_2O H—O	467	F_2 F–F	159

Fonte: Lee, 1980; Pimentel & Spratley, 1974.

O CO_2 é parcialmente ou muito pouco solúvel, indicando que sua concentração na atmosfera aumentou com a atividade vulcânica. A parte solúvel conduziu a reações de formação dos carbonatos sedimentares e/ou metamórficos encontrados na natureza. Contudo, ele sofreu influências substanciais com o aparecimento da vida e do homem.

Portanto, neste *primeiro momento*:

- formou-se uma atmosfera com caráter redutor e com acúmulo de nitrogênio;
- a grande quantidade de água originou os mares e oceanos e foi se estabelecendo o ciclo hidrológico;
- formaram-se as condições mínimas para dar suporte a uma vida rudimentar de um organismo autotrófico.

Segundo momento

O segundo momento da formação da atmosfera está associado com o aparecimento da vida na Terra. Até o presente momento, a ciência comprovou a formação de aminoácidos, em uma simulação de uma situação primitiva, isto é, um ambiente fechado com $N_{2(g)}$ + $CO_{2(g)}$ + descargas elétricas (raios, descargas elétricas naturais).

Os aminoácidos fazem parte de um corpo vivo, mas não significam o "princípio vital".

6 Capítulo Um

Em termos religiosos, a obra mais antiga, que descreve a criação do universo, a Bíblia, no Livro do Gênesis, Capítulo 1, Versículos 1–5, diz:

No princípio, Deus criou o céu e a Terra. A Terra, porém, estava informe e vazia, e as trevas cobriam a face do Abismo, mas o *espírito de Deus* pairava por sobre as águas. Disse Deus: "Haja luz". E houve luz. Viu Deus que a luz era boa; e Deus separou a luz das trevas. Deus chamou a luz "dia" e as trevas "noite". Houve tarde e houve manhã: um primeiro dia.

A frase: *"o espírito de Deus pairava sobre as águas"* é a chave da explicação da vida no planeta Terra. A palavra *espírito* significa vida, força criadora, sopro criador. Mas, por que a água? A atmosfera primitiva não tinha oxigênio, era uma atmosfera redutora, conforme visto. Logo, na estratosfera, não havia a *camada protetora de ozônio*. A água absorve a radiação ultravioleta e permite a passagem da luz visível, necessária à reação milagrosa da fotossíntese.

Pela teoria evolucionista, tudo indica que o princípio da vida foi colocado na água, protegida da radiação ultravioleta. Uma forma simples e rudimentar de vida, um micro-organismo autotrófico, que começou a sintetizar biomassa e oxigênio a partir da água e do gás carbônico, com auxílio da luz visível e nutrientes: nitratos, fosfatos etc. Desta forma, os micro-organismos, a vida biológica, começaram a produzir o gás oxigênio, conforme a Reação (R-1.1) que ao longo de milhões de anos formou o teor de 21% da composição da atmosfera, e a camada protetora de ozônio na estratosfera, imprescindível aos futuros seres. Esta é a reação milagrosa:

$$nH_2O + nCO_{2(gás)} \xrightarrow[\text{luz e nutrientes}]{\substack{\text{organismos} \\ \text{autotróficos}}} \left| CH_2O \right|_n + nO_{2(gás)} \qquad \textbf{(R-1.1)}$$

O gás oxigênio, $O_{2(g)}$, pouco solúvel na água, desprendeu-se da fase líquida e foi para a atmosfera. Ali, mediante uma reação fotoquímica, formou-se o oxigênio atômico, que reagiu com o oxigênio molecular formando o ozônio, segundo as Reações (R-1.2) e (R-1.3):

$$O_{2(g)} + h\nu_{\text{(radiação eletromagnética)}} \rightleftarrows O_{\text{(átomo)}} + O_{\text{(átomo)}} \qquad \textbf{(R-1.2)}$$

$$O_{2(gás)} + O_{\text{(átomo)}} \rightleftarrows O_{3(\text{ozônio})} \qquad \textbf{(R-1.3)}$$

E, este gás, o ozônio, componente da atmosfera (estratosfera), absorve a radiação ultravioleta, segundo a reação abaixo, não deixando que a mesma alcance a superfície terrestre, onde se encontra a biota, agora protegida pelo envelope gasoso que é a atmosfera, Reação (R-1.4).

$$2O_{3(\text{ozônio})} + h\nu_{\text{(radiação do ultravioleta)}} \rightleftarrows 3O_{2(gás)} \qquad \textbf{(R-1.4)}$$

Tudo o que se descreveu até aqui corresponde ao que o Gênesis, Capítulo 1, Versículo 5, diz:

"Houve tarde e manhã: um primeiro dia."

Este primeiro dia levou milhões de anos para acontecer.

A partir deste momento, os micro-organismos, a vida biológica, protegidos pela camada de ozônio, começaram a sair da água e adaptar-se na fase sólida das rochas, auxiliando e acelerando o processo do intemperismo. Com a morte destas formas de vida biológica, começou a ser incorporada à rocha meteorizada a matéria orgânica. Esta matéria orgânica, incorporada às rochas, com o ar, a água e os micro-organismos vivos, em contínua atividade, provocando sua mineralização e posterior humificação, formou o solo. Um processo dinâmico e permanente, denominado ciclo geoquímico – com a vida presente, ciclo biogeoquímico – que até hoje continua, foi descrito no livro do Gênesis, 3, Versículo 19, como:

"Com o suor de teu rosto, comerás o pão; até que voltes à Terra, donde foste tirado.
Porque és pó, e, em pó te tornarás."

E, definido pelo homem como ciência:

"Na natureza nada se cria, nada se perde. Tudo se transforma."

(*Lavoisier*)

Neste momento, o planeta Terra estava pronto para receber as formas mais organizadas e complexas de vida, os seres superiores, os vegetais, plantas etc. O solo e sua solução davam condições de fixação de raízes e nutrientes para continuar o processo de síntese de biomassa e formação de oxigênio.

O planeta Terra produzia biomassa em abundância, tanto na água quanto no solo. Neste momento, desenvolveram-se outras formas de vida: os seres autotróficos, os animais (que se alimentam da biomassa sintetizada pelos seres trofogênicos, e muitos, da biomassa dos próprios trofolíticos). Entre estes animais criou-se um, de forma antropoide, ao qual o Criador deu formas mais perfeitas e belas. Agraciando-o com o sopro da vida, fê-lo à sua imagem e semelhança – o homem. Um ser animal, com capacidade de raciocinar, pensar, escolher, construir e destruir. Um ser livre.

Enquanto isso acontecia, a biosfera foi se definindo. A Tabela 1.4 mostra quatro situações típicas das modificações ocorridas na atmosfera e na hidrosfera (mares e oceanos): antes de se iniciar o intemperismo das rochas; situação intermediária em que começou a precipitar carbonato de cálcio; estágio posterior no qual começou a vida; e, situação nos dias atuais. Observa-se, na Tabela 1.4, que o pH inicial era muito áci-

Tabela 1.4 Composição da Atmosfera e da Água do Mar sobre as Hipóteses de Origem, Comparadas com as Condições Atuais

Parâmetro observado	Total de voláteis na atmosfera primitiva e no oceano (p_{CO_2} original elevada)			
	Estágio inicial (antes do intemperismo das rochas)	Estágio intermediário ($CaCO_3$ começa a precipitar)	Último estágio (a vida começa com $p_{CO_2} = 1,0$)	Condições dos dias atuais
Atmosfera ($kg\ cm^{-2} = \pm 1\ atm$)	14,2	13,8	2,1	1,0
N_2 (% em volume)	9	9	50	78,1
CO_2 (% em volume)	89	89	47	0,03
H_2S (% em volume)	2	2	3	–
O_2, outros (% em volume)	–	–	–	21,0
Oceano ($\times 10^{20}$ g) de H_2O	16.600	16.600	16.600	14.250
Cl, F, Br (g/kg)	18,3	18,3	18,3	19,4
$\sum S$, $\sum B$, outros (g/kg)	0,8	0,8	1,3	2,8
$\sum CO_2$ (g/kg)	14,3	15,8	25,2	0,1
Ca (g/kg)	–	5,9	Tr	0,4
Mg (g/kg)	–	1,3	5,2	1,3
Na (g/kg)	–	3,1	12,5	10,8
K (g/kg)	–	1,2	4,7	0,4
H (g/kg)	–	–	–	–
"Salinidade" ($^0/_{00}$)	33,9	46,4	67,2	35,2
pH	0,3	5,1	7,3	8,2
$CaCO_{3(ppt)}$ ($\times 10^{20}$ g)	–	–	980	1.500
Rochas ígneas $_{(decompostas)}$ ($\times 10^{20}$ g)	–	4.200	17.000	11.000

Fonte: Rubey, 1951. In: Horne, 1969.

8 Capítulo Um

do (pH = 0,3), isto implicava que todo o carbonato em contato com este ambiente ácido era decomposto, segundo a Reação (R-1.5), e na atmosfera havia gás carbônico em grande percentagem (89%).

$$CaCO_{3(ppt,\ sólido\ ou\ rocha)} + 2H^+_{(aq)} \rightleftarrows Ca^{2+}_{(aq)} + H_2O_{(l)} + CO_{2(g)} \tag{R-1.5}$$

Com o passar dos anos, o pH dos corpos de água foi subindo, chegando a um valor médio de 8,2 nos dias atuais, e o $CO_{2(g)}$ foi "lavado" da atmosfera e fixado no solo, sedimentos etc., na forma de carbonatos.

Os teores iniciais de nitrogênio (9%) e oxigênio (0%) cresceram e se estabeleceram nos níveis atuais 78,08% (ou 78,1%) e 20,95% (ou 21,0%), respectivamente.

Neste segundo momento, a atmosfera:

- armazenou 21% de seu volume de ar seco em oxigênio;
- formou a camada de ozônio que protege a biota da radiação ultravioleta;
- a vida semeada no planeta oportunizou o aparecimento dos seres aeróbicos, entre eles o homem.

Terceiro momento

O terceiro momento coincide com o aparecimento do homem e sua interferência no meio ambiente ou biosfera. Este ser, o homem, existe há milhões de anos. Retira seu sustento do meio ambiente.

Assim, convivem o ser humano e a natureza desde os primórdios dos tempos. Contudo, o homem, com sua razão e capacidade empreendedora, criou condições favoráveis de vida e cresceu demograficamente, tomando conta do planeta Terra. Sua capacidade mental, racional e criadora, que o diferencia dos demais seres vivos, o levou a questionar a composição do mundo que o cercava, terra, água e ar. No tópico *Composição Química da Atmosfera*, este assunto será abordado.

Enquanto a ciência crescia, a humanidade entrou no terceiro milênio com a cifra de 6 bilhões de habitantes. Isto significou 6 bilhões de necessidades de alimentos, de roupa, de moradias, de energia, de maior bem-estar, de anseios por vida melhor etc. Grandes centros urbanos apareceram. A vida antrópica em sociedade tornou-se uma realidade. O planeta Terra começou a ficar pequeno. O homem começou a voar e sua ambição o levou para a Lua e ele agora pretende dominar o espaço.

Porém, se tudo ficasse nisso, não haveria problemas. O maior problema para a atmosfera neste *terceiro momento* foram, e são, as emissões de gases e particulados descartados na atmosfera. Os milhões de carros, chaminés, incêndios etc. jogam diariamente para a atmosfera toneladas e toneladas de CO_2, NO_x, SO_2, produtos orgânicos voláteis, particulados inorgânicos (cinzas, fumaças etc.) particulados orgânicos (fuligens, PAH – Hidrocarbonetos Policíclicos Aromáticos etc.).

A atmosfera reagiu, e o homem sentiu que o *"efeito estufa"*, fenômeno natural e benéfico da atmosfera pelo qual ela mantém uma temperatura amena na troposfera próxima à superfície da Terra, com o aumento de compostos gasosos que absorvem radiação do espectro infravermelho (CO_2, CH_4 etc.), começou a aquecer a superfície da Terra, possibilitando a elevação do nível dos mares e oceanos com o derretimento das geleiras, tornando-se um pesadelo, principalmente para os países ditos "baixos", isto é, cuja superfície habitável e agricultável está ao nível do mar.

Os gases SO_2 e NO lançados na atmosfera, após reações fotoquímicas e químicas ocorridas na própria atmosfera, transformam-se em $H_2SO_{4(part)}$ e $HNO_{3(part)}$, que com a chuva retornam à Terra como *"chuva ácida"*.

Concentrações de hidrocarbonetos voláteis (metano, etano, octano etc.), $NO_{(g)}$, radiação solar e condições climáticas e geográficas próprias da *"inversão térmica"* dão origem ao denominado *"smog* fotoquímico", que produz na troposfera, entre outros compostos: $O_{3(g)}$, NO_2, NO_y (PAH, NO_3 etc.), H_2O_2 e outros materiais altamente oxidantes e corrosivos.

Os compostos denominados CFCs, derivados de hidrocarbonetos com hidrogênios substituídos por cloro e por flúor, por exemplo, o CCl_2F_2 (difluordiclorometano, vulgarmente denominado freon-12), foram levados por correntes de ar para a estratosfera e lá estão catalisando a destruição da camada de ozônio, formando uma depleção do O_3 denominada *"buraco de ozônio"*. Isto é, o homem está destruindo a proteção natural da biota contra a radiação ultravioleta.

Há quem diga que, se a humanidade entrar em um confronto nuclear, as fumaças, fuligens, particulados etc. levados para a estratosfera podem conduzir o planeta Terra a um *"inverno nuclear"*.

No terceiro momento, caracterizado pela ação humana sobre a atmosfera, o homem conseguiu:

- aumentar *o efeito estufa*, isto é, um aquecimento global;
- provocar a formação da *chuva ácida*;

- criar o *buraco de ozônio*;
- provocar o "smog *fotoquímico*";
- armazenar um possível *inverno nuclear*.

1.2 Composição Química da Atmosfera

1.2.1 Espécies químicas

O filósofo grego Empédocles, cinco séculos antes de Cristo, acreditava que a natureza era constituída por quatro elementos universais: terra, água, fogo e ar. Aristóteles (384-322 a.C.) reconheceu que a água é um elemento distinto do ar, e que é reciclado entre a atmosfera e o oceano; o que hoje é chamado de ciclo hidrológico.

Depois dos gregos, apareceram sugestões de que o ar era constituído por dois componentes, um que *alimentava* o fogo e o outro não. Em 1773, o químico sueco Wilhelm Scheele (1742-1794), e, um ano depois, o químico inglês Joseph Priestley (1742-1786), e em 1789 o químico francês Antoine-Laurent Lavoisier (1743-1794) isolaram o componente que alimentava o fogo e que foi denominado **oxigênio** por Lavoisier. Lavoisier juntamente com o matemático Pierre Simon Laplace (1749-1827) e outros mostraram que a respiração animal era uma forma lenta de combustão com consumo do composto oxigênio e liberação de **gás carbônico**, que havia sido descoberto em 1750 por Joseph Black (1728-1799). Depois, em 1772, Daniel Rutherford (1749-1819) descobriu o outro componente do ar, que não alimentava o fogo, e que Lavoisier chamou azoto (não vital), o **nitrogênio**. Finalmente, Henry Cavendish (1731-1810) sugeriu que o ar era uma mistura de diferentes gases. Assim, Lorde Rayleigh (1842-1919) e Sir William Ramsay (1852-1916) identificaram a presença de **argônio** na atmosfera. Depois, Ramsay identificou a presença dos demais gases nobres na atmosfera: neônio, hélio, criptônio e xenônio, pelo que recebeu o Prêmio Nobel em 1904. O **metano**, CH_4, desde 1700 era conhecido como componente combustível do ar, porém, em 1862 foi identificado como tal. No último século do segundo milênio, 1900-2000, com o avanço da tecnologia e junto com ela a melhoria da sensibilidade dos métodos analíticos, o homem chegou a identificar a grande maioria dos componentes da atmosfera, até os CFCs.

A camada da atmosfera mais próxima à superfície da Terra é a troposfera, que inicia na superfície da Terra (superfície do mar e crosta terrestre) a uma temperatura média de 14 a 15 °C, 1 atm de pressão e estende-se até uma altitude de 10-16 km, onde a temperatura chega a –56 °C e a pressão a 0,1 atm. Nela encontra-se aproximadamente 85 a 90% de toda a massa atmosférica, que é constituída quase que totalmente pelos **componentes principais** e **secundários** da mesma, apresentados na Tabela 1.5.

Tabela 1.5 Composição do Ar Seco e Não Poluído

Espécie química	Concentração (% v/v)	Espécie química	Concentração
a. Componentes principais		**c.** Demais gases nobres	
Nitrogênio (N_2)	78,084%	Neônio (Ne)	18,18 ppm
Oxigênio (O_2)	20,946%	Hélio (He)	5,24 ppm
b. Componentes secundários		Xenônio (Xe)	0,087 ppm
Argônio (Ar)	0,934%		
Gás carbônico (CO_2)	0,035% (variável)		

Fonte: Brimblecombe, 1996; Manahan, 1994.

Apesar das percentagens dos componentes principais e secundários fecharem 100% da composição, existem na atmosfera as substâncias-traço, em geral na ordem de partes por milhão e partes por bilhão. A Tabela 1.6 apresenta alguns componentes-traço da atmosfera não poluída. Nela observa-se que alguns são de natureza biogênica, outros fotoquímica e alguns antropogênica. Mais de 99% da massa total da atmosfera é encontrada até uma altitude máxima de 30 km, a qual atinge aproximadamente a metade da próxima camada, que é a estratosfera. A troposfera, em termos dinâmicos, é frequentemente instável com rápidas mudanças verticais de energia e massa associada às atividades de convecções gasosas.

No topo da troposfera encontra-se a **tropopausa**, caracterizada pela baixa temperatura (–56 °C), que serve de barreira para quase a totalidade do vapor de água que condensa e solidifica, em consequência não

10 Capítulo Um

alcança altitudes de fotodissociação. Na Tabela 1.5 não se encontra a porcentagem de água por apresentar teores variáveis e em formas físicas diferentes, vapor, líquida e sólida, estas duas últimas como particulados. A água, em suas diversas formas, apresenta um papel importante na troposfera. Dela dependem muitos fenômenos físicos: transporte de massa; transporte de energia; ciclo hidrológico; efeito estufa, entre outros fenômenos fotoquímicos e químicos. Dela depende a vida na Terra.

A composição química da atmosfera, com relação às espécies-traço, é muito variável dentro da mesma camada e entre as diferentes camadas. Por exemplo, o ozônio, O_3, é encontrado em concentrações maiores na estratosfera do que na superfície do mar.

Os aspectos da atmosfera poluída serão abordados em capítulos próprios, mais adiante.

1.2.2 Unidades de medida da abundância de espécies químicas da atmosfera

Considerando o ar da atmosfera como uma **solução gasosa verdadeira**, onde tem-se um soluto qualquer i (espécie, elemento, íon, radical etc. de interesse ou o analito) dissolvido na mistura gasosa ($a + b + c + d + ...$), pode-se expressar a abundância (concentração) do soluto i como a relação entre a quantidade de soluto e a quantidade da solução, dada pela Equação (1.1).

$$\text{Concentração do soluto} = \frac{\text{Quantidade do soluto}(i)}{\text{Quantidade de solução}} \tag{1.1}$$

A forma de expressar esta "quantidade" conduz a diversas expressões para a relação dada pela Equação (1.1). Lembrando que a unidade de medida de quantidade de matéria contida em um corpo (substância química) no SI (Sistema Internacional de Unidades) é o mol, podem-se ter dois tipos de relações: a absoluta e a relativa.

Concentração (ou abundância) absoluta

A concentração absoluta pode se apresentar de três formas:

a. concentração de número, $C_n(i)$ (ou n_i) das partículas i, que é o número de partículas i por unidade de volume (partículas por m^3 ou partículas por cm^3), conforme Equação (1.2).

$$C_n(i) = n_i = \frac{\text{número de partículas } i}{\text{volume}} \left(\frac{\text{partícula}}{m^3} \text{ ou } \frac{\text{partícula}}{cm^3} \right) \tag{1.2}$$

b. concentração de massa, $C_m(i)$ das partículas i, que é a massa das partículas i (kg, g, μg, ng, pg etc.) por unidade de volume (kg m^{-3}, g cm^{-3} etc.), veja Equação (1.3).

$$C_m(i) = c_i = \frac{\text{Massa das partículas}}{\text{volume}} \left(\frac{\text{kg}}{m^3} \text{ ou } \frac{\text{g}}{cm^3} \right) \tag{1.3}$$

c. concentração em mol por metro cúbico (ou por dm³), $C_a(i)$, que é o número de mols de i por litro da mistura gasosa, Equação (1.4).

Observação: A IUPAC desencoraja o uso de litro.

$$C_a(i) = \frac{n_i}{V_{(\text{litros})}} = \frac{p_i \cdot V}{R \cdot T \cdot V_{(dm^3)}} = \frac{m_i}{M_i V_{(dm^3)}} \left(\text{mol dm}^{-3} \right) \tag{1.4}$$

em que: p_i = pressão parcial da espécie i; V = volume considerado; R = constante dos gases ideais; T = temperatura absoluta do gás.

Concentração (ou abundância) relativa

A concentração relativa pode ser determinada mediante uma relação de **volumes** e/ou uma relação de **massas**. Em ambos os casos temos uma **razão da mistura**.

- **Fração molar** (ou **razão da mistura** de volumes, *mixing ratio*), em Química da Atmosfera, representada pela IUPAC por x_i, ou $x(i)$, é definida como a razão quantitativa do número de mols da espécie i, (n_i), de uma espécie i (**analito**) em um dado volume, V, pela quantidade total de mols (número total de mols n_T) de todos os constituintes do mesmo volume, V, (**concomitantes + analito**).

Aspectos Gerais da Atmosfera **11**

Tabela 1.6 Componentes-Traços da Atmosfera sem Poluição Comprometedora, Próxima à Superfície Terrestre, Concentrações Medidas no Ar Seco

Espécie química	Concentração			Principais fontes	Processo de remoção
	% em v/v	ppm(v/v)	μg m^{-3}*		
CH_4	$1,6 \cdot 10^{-4}$	1,6	$1 \cdot 146$	Biogênico[a]	Fotoquímico
CO	$\sim 1,2 \cdot 10^{-5}$	0,12	712	Antropogênico[b] e Fotoquímico[c]	Fotoquímico
N_2O	$3 \cdot 10^{-5}$	0,3	589	Biogênico	Fotoquímico
NO_x[d]	$10^{-10} \sim 10^{-6}$	$10^{-6} \sim 10^{-2}$	$2,1 \cdot 10^{-3} - 2,1$	Fotoquímico, Descarga elétrica (raios) e Antropogênico	Fotoquímico
HNO_3	$10^{-9} \sim 10^{-7}$	$10^{-5} \sim 10^{-3}$		Fotoquímico	Precipitado ou sedimentado[e]
NH_3	$10^{-8} \sim 10^{-7}$	$10^{-4} \sim 10^{-3}$	$0,076 - 0,76$	Biogênico	Fotoquímico ppt ou sedimentado
H_2	$5 \cdot 10^{-5}$	0,5	45	Biogênico e Fotoquímico	Fotoquímico
H_2O_2	$10^{-8} \sim 10^{-6}$	$10^{-4} \sim 10^{-2}$		Fotoquímico	Precipitado ou sedimentado
$HO^{\bullet}$[f]	$10^{-13} \sim 10^{-10}$	$10^{-9} \sim 10^{-6}$		Fotoquímico	Fotoquímico
$HO_2^{\bullet}$	$10^{-11} \sim 10^{-9}$	$10^{-7} \sim 10^{-5}$		Fotoquímico	Fotoquímico
H_2CO	$10^{-8} \sim 10^{-7}$	$10^{-4} \sim 10^{-3}$		Fotoquímico	Fotoquímico

[a] *Originado da atividade biológica.*
[b] *Originado na atividade humana.*
[c] *Originado de reações que se iniciam pela ação da luz (radiação eletromagnética) com a espécie em análise.*
[d] *É a soma de NO + NO_2.*
[e] *Precipitação (ppt) significa a remoção via água da chuva ("lavação" da atmosfera) e sedimentação (sdmt) significa uma remoção via ação gravitacional.*
[f] *O ponto (•) colocado à direita superior de um símbolo químico significa que esta espécie está na forma de radical, isto é, possui elétrons livres para formarem ligações, o que a torna altamente reativa.*
Fonte: Brasseur et al., 1999; Brimblecombe, 1996; Manahan, 1994.
*Valores dados a 0 ºC e a 1 atm.

Esta definição para um sistema gasoso inclui todas as substâncias gasosas presentes, inclusive o vapor de água, porém não inclui particulados ou compostos em fase condensada de água. Muitas vezes podem-se expressar os resultados em termos de ar seco.

Dessa forma, a razão da mistura é a fração da **quantidade do analito** pela quantidade total das espécies presentes, Equação (1.5).

$$x(i) = \text{razão da mistura} = \frac{n_i / V}{n_T / V} = \frac{C_i \left(\text{concentração de } \boldsymbol{i} \right)}{C_T \left(\text{concentração total} \right)} \tag{1.5}$$

Pela lei dos Gases Perfeitos, $PV = nRT$, $p_iV = n_iRT$ e $Pv_i = n_iRT$. Em que: P = pressão total dos gases; V = volume total dos gases; p_i = pressão parcial do gás i; v_i = volume parcial do gás i; n = número total de mols; n_i = número de mols da espécie i. Relacionando esses parâmetros com a Equação (1.5), deduzem-se as Equações (1.6), (1.7) e (1.8).

$$x(i) = \frac{p_i / RT}{P / RT} = \frac{p_i}{P} = \frac{\left(\text{pressão parcial de } \boldsymbol{i} \right)}{\left(\text{pressão total} \right)} \tag{1.6}$$

$$x(i) = \frac{n_i / V}{n_T / V} = \frac{n_i}{n_T} = \frac{\left(\text{número de mols de } \boldsymbol{i} \right)}{\left(\text{número total de mols} \right)} \tag{1.7}$$

$$x(i) = \frac{Pv_i / RT}{PV / RT} = \frac{v_i}{V} = \frac{\left(\text{volume parcial de } \boldsymbol{i} \right)}{\left(\text{volume total} \right)} \tag{1.8}$$

Não se pode esquecer que nesses cálculos que envolvem gases as condições de temperatura e pressão são fundamentais e devem ser conhecidas e consideradas. A seguir, Tabela 1.7, encontram-se as principais formas de expressar os resultados de cálculos em termos de razão de mistura de volumes, $\mu_{v(i)}$.

Tabela 1.7 Expressões da Quantidade de Soluto *i* em Relação ao Todo da Solução

Expressões em um sistema qualquer			No SI*
Partes por milhão (ppm)	= 1 parte em 10^6 partes	= 10^{-6} partes em 1 parte	μmol mol^{-1}
Partes por bilhão (ppb)	= 1 parte em 10^9 partes	= 10^{-9} partes em 1 parte	nmol mol^{-1}
Partes por trilhão (ppt)	= 1 parte em 10^{12} partes	= 10^{-12} partes em 1 parte	pmol mol^{-1}

SI – Sistema Internacional de Unidades. Outras modalidades de expressão para cálculo da razão de misturas: a. o volume do soluto (v_i) e o volume total da solução (V) originando: ppm$_v$; ppb$_v$; ppt$_v$; b. o número de mols do soluto (n_1) e o número total de mols (n_T); c. o número de atmosferas da pressão parcial (p_i) e o número total de atmosferas da pressão total (P); d. a massa do soluto (m_i) e a massa total da solução (m) originando: ppm$_m$; ppb$_m$; ppt$_m$.

Por isto, para os gases, pode-se representar ppm, ppb, ppt etc., como partes de soluto, em volume, ou por partes do todo (solução), em volume, especificando a unidade usada no cálculo, por exemplo, ppm$_v$.

Portanto, a abundância ou a concentração de 2 ppm de um gás *i* qualquer, presente no ar, significa o mesmo que:

- 2 moléculas de gás *i* em um milhão de moléculas (unidades) de ar;
- 2 mols de gás *i* em um milhão de mols de ar;
- $2 \cdot 10^{-6}$ atmosferas de pressão parcial do gás *i* em uma atmosfera de pressão total de ar;
- 2 litros de gás *i* em um milhão de litros de ar (quando a temperatura e a pressão dos dois, gás *i* e ar, forem iguais).
- **Razão de mistura** de massas (*mixing ratio*) em Química da Atmosfera, representada por w_i, é definida como a razão quantitativa da massa de certo número de mols da espécie *i* (**analito**) em um dado volume, *V*, pela massa total da mistura (ou da massa do número total de mols n_T) de todos os constituintes do mesmo volume, *V*, (**concomitantes** + **analito**).

Esta definição pode ser traduzida pela Equação (1.9).

$$w_i = \frac{\delta_i}{\delta_a} = \frac{m_i / V_a}{m_a / V_a} = \frac{m_i}{m_a} = \frac{n_i M_i}{n_a M_a} \tag{1.9}$$

em que: δ_a = massa específica do ar; M_i = massa molar de *i*; M_a = massa molar do ar.

Os resultados também podem ser expressos em partes por cem em massa (%), partes por milhão em massa (ppm$_m$); partes por bilhão em massa (ppb$_m$) etc.

A União Internacional de Química Pura e Aplicada (IUPAC) em 1995 publicou um artigo com as unidades recomendadas para o uso em Química da Atmosfera (Schwartz & Warneck, 1995). A Tabela 1.8 apresenta os prefixos para múltiplos e submúltiplos das unidades utilizadas pelo Sistema Internacional de Unidades (SI). Para se obter o múltiplo ou o submúltiplo de uma unidade, basta tomar o símbolo da unidade de interesse e dar-lhe o prefixo desejado. Por exemplo, 10^{-15} m = 1 fm.

Tabela 1.8 Prefixos para Múltiplos e Submúltiplos Decimais de Unidades do Sistema Internacional (SI)

Submúltiplo	Prefixo	Símbolo	Múltiplo	Prefixo	Símbolo
10^{-1}	deci	d	10	deca	da
10^{-2}	centi	c	10^2	hecto	h
10^{-3}	mili	m	10^3	quilo	k
10^{-6}	micro	μ	10^6	mega	M
10^{-9}	nano	n	10^9	giga	G
10^{-12}	pico	p	10^{12}	tera	T
10^{-15}	femto	f	10^{15}	peta	P
10^{-18}	atto	a	10^{18}	exa	E
10^{-21}	zepto*	z	10^{21}	zetta*	Z
10^{-24}	yocto*	y	10^{24}	yotta*	Y

(*)Adoções recentes. Fonte: Schwartz & Warneck (1995); Dodd (1986); INMETRO (2007); CONMETRO/MDIC, Resolução nº 11 (1988); CONMETRO/MDIC, Resolução nº 12 (1988); CONMETRO/MDIC, Resolução nº 13 (2006); CONMETRO/MDIC, Resolução nº 4 (2012).

A Tabela 1.9 mostra algumas grandezas físicas com os respectivos símbolos, unidade no SI e unidades mais comuns utilizadas em Química da Atmosfera.

Observa-se que as unidades litro (L), atmosfera (atm) não são recomendadas pela IUPAC.

Tabela 1.9 Algumas Grandezas Físicas com os Respectivos Símbolos, Unidade no SI e Unidades Mais Comuns Utilizadas em Química da Atmosfera*

Grandeza	Símbolo	Unidade no SI	Unidades comuns usadas
Comprimento de onda da radiação	λ	m	nm, μm
Volume	V	m^3	m^3, dm^3, μm^3
Pressão	p	Pa	hPa, kPa, Mpa
Quantidade de massa de uma substância s em uma região da atmosfera	G_s	kg	Tg, Pg
Quantidade de massa de uma substância s em uma região da troposfera	G_T	kg	kg, Zg
Massa específica do ar	ρ_{ar}	kg m^{-3}	kg m^{-3}
Massa específica da água	ρ_w	kg m^{-3}	kg m^{-3}, g cm^3
Concentração em conteúdo (quantidade) químico de uma espécie s no ar	c_s, $c_a(s)$	mol m^{-3}	mol m^{-3}
Concentração em número (identidades) de uma espécie s no ar	n_s, C_s, $c_n(s)$	m^{-3}	molécula m^{-3}
Concentração em massa de uma substância no ar	c_s, $c_m(s)$	kg m^{-3}	kg m^{-3}, g m^{-3}
Concentração em conteúdo (quantidade) químico de uma espécie s em solução aquosa	$[s]$	mol m^{-3}	mol m^{-3}, mol dm^{-3}
Molalidade de uma substância s em solução aquosa	m_s, $m(s)$	mol kg	mmol kg, μmol kg
Fração molar de uma substância s no ar	x_s, $x(s)$	1**	mol mol^{-1}, μmol mol^{-1}
Razão de mistura de massas de uma substância s no ar	w_s	1**	kg kg^{-1}, g kg^{-1}
Concentração em massa de um soluto s em solução líquida no ar	L	kg m^{-3}	kg m^{-3}, g m^{-3}

*Fonte: Schwartz & Warneck (1995); Dodd (1986); INMETRO (2007); CONMETRO/MDIC, Resolução nº 11 (1988); CONMETRO/MDIC, Resolução nº 12 (1988); CONMETRO/MDIC, Resolução nº 13 (2006); CONMETRO/MDIC, Resolução nº 4 (2012). **1 (mol mol^{-1}) = 1.

1.2.3 Exercícios

1. A abundância de $1,00 \cdot 10^6$ radicais HO$^{\bullet}$ por centímetro cúbico, a 25 °C e 1 atm de pressão, corresponde a quantas ppm?

   1ª Solução: Fazendo a relação de volumes $(v_{soluto}/v_{solução})$

   a. número de mols de HO$^{\bullet}$

   $$1 \text{ mol de HO}^{\bullet} \longrightarrow 6,023 \cdot 10^{23} \text{ radicais HO}^{\bullet}$$

   $$x \longrightarrow 1,00 \cdot 10^6 \text{ radicais HO}^{\bullet}$$

   $$x = n_{HO^{\bullet}} = \frac{\left(1 \text{ mol de HO}^{\bullet}\right)\left(1,00 \cdot 10^6 \text{ radicais HO}^{\bullet}\right)}{6,023 \cdot 10^{23} \text{ radicais HO}^{\bullet}} = 1,66 \cdot 10^{-18} \text{ mol de HO}^{\bullet}$$

   b. volume ocupado pelos radicais HO$^{\bullet}$

   $$Pv_{HO^{\bullet}} = n_{HO^{\bullet}} \cdot RT$$

   $$v_{HO^{\bullet}} = \frac{n_{HO^{\bullet}} \cdot RT}{P} \tag{1.10}$$

14 Capítulo Um

em que: $n_{HO\bullet} = 1,66 \cdot 10^{-18}$ mol; $R = 82,05$ atm cm³ mol⁻¹ K⁻¹; $T = 298$ K; $P = 1$ atm

$$v_{HO\bullet} = \frac{\left(1,66\cdot10^{-18}\right)\left(82,05\right)\left(298\right)\left(\text{atm cm}^3\text{mol}^{-1}\text{K}^{-1}\text{mol K}\right)}{1\,\text{atm}} = 4,06\cdot10^{-14}\,\text{cm}^3$$

c.   determinação dos ppm_v

$$ppm_v = \frac{v_{HO\bullet}}{V_{total}} = \frac{4,06\cdot10^{-14}\,\text{cm}^3}{1\,\text{cm}^3} = 4,06\cdot10^{-8}\cdot\underbrace{10^{-6}\left(\text{cm}^3\text{cm}^{-3}\right)}_{ppm}$$

Observação: *O fator 10^{-14} foi desmembrado em $10^{-8}\cdot 10^{-6}$ ($10^{-14} = 10^{-8}\cdot 10^{-6}$) para visualizar a transformação para ppm (10^{-6} cm³ cm⁻³ = 1 ppm).*

$$ppm_v = 4,06\cdot10^{-8}\,ppm$$

2ª Solução: Fazendo a relação de número de mols ($n_{soluto}/n_{solução}$)

a.   Determinação de $n_{HO\bullet}$

Este valor já foi calculado na 1ª solução, na qual se encontrou:

$$n_{HO\bullet} = 1,66\cdot10^{-18}\,\text{mol de HO}^\bullet$$

b.   Determinação do número total de mols n_T contidos em um centímetro cúbico de ar.

Pela lei dos gases, Equação (1.11)

$$\frac{P_0 V_0}{T_0} = \frac{P_{25} V_{25}}{T_{25}} \tag{1.11}$$

em que pelo problema proposto: $P_{25} = 1$ atm; $V_{25} = 1$ cm³; $T_{25} = 298$ K; $T_0 = 273$ K; $P_0 = 1$ atm

$$\frac{1\,\text{atm}\,V_0}{273\,\text{K}} = \frac{1\,\text{atm}\,1\,\text{cm}^3}{298\,\text{K}}$$

$$V_0 = 0,916\,\text{cm}^3$$

Cálculo do número de mols

$$22.400\,\text{cm}^3\,(\text{nas CNTP}) \longrightarrow 1\,\text{mol}\quad(6,023\cdot10^{23}\,\text{unidades})$$

$$0,916\,\text{cm}^3\,(\text{nas CNTP}) \longrightarrow x$$

$$x = n_T = 4,09\cdot10^{-5}\,\text{mol}$$

c.   Cálculo da razão de mistura ($n_{HO\bullet}/n_T$)

$$\frac{n_{HO\bullet}}{n_T} = \frac{1,66\cdot10^{-18}}{4,08\cdot10^{-5}} = 4,06\cdot10^{-14}\left(\frac{\text{mol de HO}^\bullet}{\text{mol totais}}\right)$$

$$= 4,06\cdot10^{-8}\underbrace{\left(\frac{10^{-6}\,\text{mol de HO}^\bullet}{\text{mol totais}}\right)}_{ppm} = 4,06\cdot10^{-8}\,ppm$$

Expressando o resultado no SI:

$$4,06 \cdot 10^{-8} \text{ ppm} = 4,06 \cdot 10^{-8} \text{ μmol mol}^{-1}$$
$$= 4,06 \cdot 10^{-5} \text{ nmol mol}^{-1}$$
$$= 4,06 \cdot 10^{-2} \text{ pmol mol}^{-1}$$
$$= 40,6 \cdot 10^{-2} \text{ fmol mol}^{-1}$$

2. Dadas as condições de temperatura de 25 ºC e pressão de (1,0) uma atmosfera, converte 32 ppb do poluente NO (óxido nítrico) em moléculas por cm³.

A expressão 32 ppb de NO significa a mesma coisa que:

$$32 \text{ ppb} = \frac{32 \text{ moléculas de NO}}{1,0 \cdot 10^9 \text{ moléculas da mistura}} = \frac{32 \text{ mols de NO}}{1,0 \cdot 10^9 \text{ mols da mistura}} = \frac{32 \text{ litros de NO}}{1,0 \cdot 10^9 \text{ litros da mistura}}$$

1ª Solução: Utilizando a relação moléculas de soluto/moléculas da solução

a. O numerador já está em moléculas (32 moléculas)

b. Conversão de $1,0 \cdot 10^9$ moléculas da mistura para cm³

$$6,023 \cdot 10^{23} \text{ moléculas} \longrightarrow 1 \text{ mol}$$
$$1,0 \cdot 10^9 \text{ moléculas} \longrightarrow x$$
$$x = 1,66 \cdot 10^{-15} \text{ mol}$$
$$PV = n R T$$

em que: $n = 1,66 \cdot 10^{-15}$ mol; $R = 82,05$ atm cm³ mol⁻¹ K⁻¹; $T = 298$ K e $P = 1,0$ atm

$$V = \frac{\left(1,66 \cdot 10^{-15}\right)\left(82,05\right)\left(298\right)}{1,0} \left(\frac{\text{mol atm cm}^3\text{mol}^{-1}\text{ K}^{-1}\text{ K}}{\text{atm}}\right) = 4,059 \cdot 10^{-11} \text{cm}^3$$

c. Cálculo da concentração

$$\text{Concentração} = \frac{32 \text{ moléculas}}{4,059 \cdot 10^{-11} \text{cm}^3} = 7,9 \cdot 10^{11} \text{moléculas cm}^{-3}$$

2ª Solução: Utilizando a relação mol de soluto/mol da solução

a. Cálculo do número de moléculas dos 32 mols de NO

$$6,023 \cdot 10^{23} \text{ moléculas} \longrightarrow 1 \text{ mol}$$
$$x \text{ moléculas} \longrightarrow 32 \text{ mols}$$
$$x = 1,927 \cdot 10^{25} \text{ moléculas}$$

b. Volume da solução

$$V = \frac{nRT}{P} = \frac{\left(1,0 \cdot 10^9\right)\left(82,05\right)\left(298\right)}{1} \left(\frac{\text{mol atm cm}^3\text{mol}^{-1}\text{ K}^{-1}\text{ K}}{\text{atm}}\right) = 2,445 \cdot 10^{13} \text{cm}^3$$

c. Cálculo da concentração

$$\text{Concentração} = \frac{1,927 \cdot 10^{25} \text{ moléculas}}{2,445 \cdot 10^{13} \text{cm}^3} = 7,9 \cdot 10^{11} \text{moléculas cm}^{-3}$$

3ª Solução: Utilizando a relação volume parcial do NO/volume total da solução

a. Conversão de 32 litros para número de moléculas

$$n_{(mols)} = \frac{PV}{RT} = \frac{(1)(32)(\text{atm litro})}{(0,08205)(298)(\text{atm litro mol}^{-1}\text{K}^{-1}\text{K})} = 1,309 \text{ mol}$$

b. Cálculo do número de moléculas

$$\text{Número de moléculas} = 1,309 \text{ mol } 6,023 \cdot 10^{23} \text{ moléculas}$$
$$= 7,88 \cdot 10^{23} \text{ moléculas}$$

c. Cálculo da concentração

$$\text{Concentração} = \frac{7,88 \cdot 10^{23} \text{ moléculas}}{1,0 \cdot 10^{12} \text{ cm}^3} = 7,9 \cdot 10^{11} \text{ moléculas cm}^{-3}$$

1.3 Aspectos Físicos e Camadas da Atmosfera

1.3.1 Pressão atmosférica

Conceitos de pressão e pressão atmosférica

A pressão, como uma grandeza física, é a força (ou o esforço) uniforme e normal (perpendicular) exercido na unidade de superfície. A Figura 1.1 e a Equação (1.12) mostram os elementos apresentados na definição.

$$\text{Pressão}(P) = \frac{\text{Força}}{\text{superfície}} = \frac{F \cos \alpha}{S} = \frac{F_{(\text{normal})}}{S} \quad (1.12)$$

Os valores para expressar essa relação dependem do sistema de unidades adotado. A Tabela 1.10 apresenta algumas unidades mais utilizadas com os respectivos símbolos, inclusive a do SI.

Em termos de atmosfera, define-se **pressão atmosférica** o peso do ar ($O_{2(g)}$ + $N_{2(g)}$ + $CO_{2(g)}$ + $H_2O_{(g)}$ + etc.), isto é, a massa (m) do ar sob a ação da gravidade (γ), exercido verticalmente sobre a superfície de um corpo. É claro que o peso do ar depende da sua massa específica, e esta, da altura em relação ao nível do mar. Dessa forma, no nível do mar tem-se um valor máximo da pressão atmosférica, cuja unidade foi denominada **atmosfera** e simbolizada por atm. Portanto, ao nível do mar o valor da pressão atmosférica é igual a 1 atm.

A Figura 1.2 mostra como o italiano Torricelli mediu o valor da pressão atmosférica. Ao nível do mar, um tubo de vidro de comprimento ±1 m e diâmetro ±1 cm, fechado de um lado, foi enchido com mercúrio líquido, que é o estado físico em que se encontra este metal nas condições ambientes. A seguir, com cuidado,

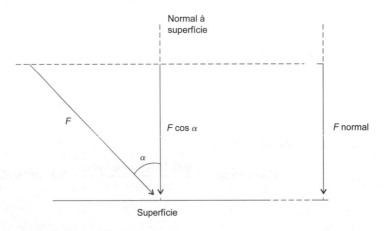

Figura 1.1 Visualização da definição de pressão.

Tabela 1.10 Unidades de Pressão, Respectivos Símbolos e Valores no Sistema CGC e MKS

Sistema	Nome da unidade	Símbolo	Valor	
CGS	a) • bária	b	1 b =	1 dina cm^{-2}
	• microbar	μBar	1 μBar =	1 dina cm^{-2}
	b) • Bar	Bar	1 Bar =	10^6 dina cm^{-2}
	• megabária	Mb	1 Mb =	10^6 dina cm^{-2}
	• megadina por cm^2	Mdina cm^{-2}	1 Mdina cm^{-2} =	10^6 dina cm^{-2}
	• hectopiezo	hpz	1 hpz =	10^6 dina cm^{-2}
MKS (SI)	Pascal	Pa = N m^2	1 Pa =	10^1 dina cm^2
MTS	Piezo	pz	1 pz =	10^4 dina cm^{-2}
	esteno por m^2	st m^2	1 st m^2 =	10^4 dina cm^{-2}
Popular	atmosfera	atm	1 atm =	1,01825 · 10^{-5} dina cm^{-2}

foi emborcado em uma tina que continha mercúrio líquido. Torricelli observou que o nível do mercúrio no tubo baixava, mas mantinha-se a uma altura vertical de 76,0 cm, ou 760 mmHg, do nível do mercúrio da tina, o qual estava em contato com a atmosfera. Mesmo inclinando o tubo, a distância vertical do nível do mercúrio da tina e do tubo mantinha-se constante e igual a 76 cm. Isto significava que o peso dessa coluna de mercúrio era igual ou contrabalançado pelo peso da atmosfera exercido sobre a superfície livre do mercúrio na tina. Dessa forma, podem-se escrever as Equações (1.13) e (1.14).

$$\text{Pressão de 1 atm} = P_{(\text{atmosférica})} = P_{(\text{coluna de 760 mmHg})} \tag{1.13}$$

$$P_{(\text{coluna de 760 mmHg})} = \frac{\text{Peso do Hg}}{\text{Superfície}} = \frac{m\gamma}{S} = \frac{dV\gamma}{S} = \frac{dbh\gamma}{S} \tag{1.14}$$

em que:

m = massa de mercúrio da coluna de 76 cm de altura (vertical);
γ = aceleração da gravidade = 980,665 cm s^{-2};
V = volume ocupado pelo mercúrio na coluna vertical de 76 cm = (base × altura);
S = superfície correspondente à base do tubo onde o Hg exerce o seu peso;
b = base do volume do tubo onde está o Hg;
h = altura da coluna de mercúrio = 76,0 cm;
d = massa específica do Hg (a 0 °C) = 13,595 g cm^{-3}.

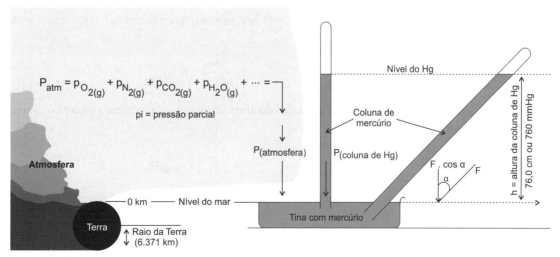

Figura 1.2 Determinação da pressão atmosférica em nível do mar mediante a coluna de mercúrio.

Fazendo a base do volume de Hg, que é a área da base interna do tubo, $b = \pi r^2 = 1$ cm², no sistema CGS, e a superfície sobre a qual se exerce a força ou o peso $S = 1$ cm², pois é a mesma, a Equação (1.14) se transforma na Equação (1.15).

$$\text{Pressão de 1 atm} = P_{(atmosférica)} = dh\gamma \tag{1.15}$$

Introduzindo na Equação (1.15) os respectivos valores, temos a Equação (1.16):

$$\text{Pressão de 1 atm} = (13,595)(76,0)(980,665)\left(\frac{g}{cm^3} cm \frac{cm}{s^2}\right)$$

$$\text{Pressão de 1 atm} = 1,01325 \cdot 10^6 \, \underbrace{g \, \frac{cm}{s^2}}_{dina} \, \frac{1}{cm^2} = 1,01325 \cdot 10^6 \left(dina \; cm^{-2} = bária\right) \tag{1.16}$$

Convertendo para o MKS, tem-se

$$\text{Pressão de 1 atm} = 1,01325 \cdot 10^6 \cdot 10^{-3} \, \underbrace{kg \frac{10^{-2} m}{s^2}}_{N} \, \frac{1}{\left(10^{-2} m\right)^2}$$

$$\text{Pressão de 1 atm} = 1,01325 \cdot 10^5 \; N \; m^{-2}$$

Variação da pressão atmosférica com a altitude

Partindo da definição de pressão atmosférica de um ponto qualquer da atmosfera, independentemente do nível do mar, sempre será o peso normal da atmosfera exercido na unidade de superfície, conforme Equação (1.17).

$$\text{Pressão atmosférica}\left(P_{(atm)}\right) = \frac{\text{Peso da coluna de ar}}{\text{superfície}} = \frac{\text{Massa}_{(ar)}\gamma}{S}$$

$$P_{(atm)} = \frac{\delta_{ar} V_{ar} \gamma}{S} = \frac{\delta_{ar} bh\gamma}{S} \tag{1.17}$$

em que: δ_{ar} = massa específica do ar; V_{ar} = volume da coluna de ar que exerce a pressão; b = base da coluna de ar; h = altura; γ = aceleração da gravidade. Como $b = S$, a Equação (1.17) transforma-se na Equação (1.18).

$$P_{(atm)} = \delta_{ar} h\gamma \tag{1.18}$$

Derivando $P_{(atm)}$ em relação à altura h, e, sabendo que a pressão diminui com o aumento de h, temos a Equação (1.19).

$$\frac{dP_{(h)}}{dh} = -\delta_{ar(h)}\gamma_{(h)} \tag{1.19}$$

Determinando a massa específica do ar na altura h, $\delta_{ar(h)}$, mediante a equação dos gases perfeitos, Equação (1.20).

$$P_{(h)} V_{ar(h)} = n_{ar(h)}RT_{(h)} \tag{1.20}$$

Como:

$$n_{ar(h)} = \frac{m_{ar(h)}}{M_{ar}} \tag{1.21}$$

em que: $m_{ar(h)}$ é massa de ar, na altitude h, que contém $n_{ar(h)}$ mols, M_{ar} = massa molar do ar. Como o ar é uma mistura de $N_{2(g)}$ (M = 28,014 g e 78,08% em volume de ar seco) e de $O_{2(g)}$ (M = 32,00 g e 20,95% em volume de ar seco), toma-se para a mistura o valor de M_{ar} = 28,9 g mol^{-1}, obtido pela média ponderada.

$$M_{ar} = \frac{(28,014)(78,08) + (32,00)(20,95)}{78,08 + 20,95} = 28,9\,g$$

Relacionando a Equação (1.20) com a (1.21), tem-se a Equação (1.22).

$$\frac{m_{ar(h)}}{V_{ar(h)}} = \delta_{ar(h)} = \frac{M_{ar}P_{(h)}}{RT_{(h)}} \tag{1.22}$$

Relacionando a Equação (1.19) com a Equação (1.22) e separando as variáveis, Equação (1.23).

$$\frac{dP_{(h)}}{P_{(h)}} = \frac{M_{ar}\,\gamma_{(h)}}{RT_{(h)}} \tag{1.23}$$

Integrando para os limites dados na Equação (1.24).

$$\int_{P=P_0}^{P=P_{(h)}} \frac{dP_{(h)}}{P_{(h)}} = \frac{M_{ar}\,\gamma_{(h)}}{RT_{(h)}} \int_{h=0}^{h=h} dh$$

$$\ln\frac{P_{(h)}}{P_0} = \frac{M_{ar}\,\gamma_{(h)}}{RT_{(h)}}\,h$$

$$\frac{P_{(h)}}{P_{(h=0)}} = e^{-\frac{M_{ar}\,\gamma_{(h)}h}{RT_{(h)}}} \tag{1.24}$$

Tomando o logaritmo decimal da igualdade dada pela Equação (1.24), tem-se a Equação (1.25).

$$\log P_{(h)} = \log P_{(h=0)} - \frac{M_{ar}\,\gamma_{(h)}h}{RT_{(h)}} - \log e \tag{1.25}$$

Considerando a temperatura média global ao nível do mar de 15 °C (288 K) e tomando os parâmetros da Equação (1.25) no CGS, tem-se:

$P_{(h=0)}$ = 1 atm ou 760 mmHg (a pressão atmosférica correspondente a 1 mmHg foi denominada 1 torr em homenagem a Torricelli);

M_{ar} = 28,9 g; $\gamma_{(h)}$ = 981 cm s^{-2}; R = 8,314 · 10^7 erg K^{-1} mol^{-1}; T = 288 K

$$\log P_{(h)} = \log 1,0 - \frac{(28,9)(981)(0,4343)}{(8,314 \cdot 10^7)(288)}\,h$$

$$\log P_{(h)} = -5,142 \cdot 10^{-7} h$$

Supondo a variação da temperatura absoluta da atmosfera pouco significativa na Equação (1.25), pode-se mantê-la constante e calcular o valor da pressão na altitude h, conforme Tabela 1.11.

A Figura 1.3 apresenta graficamente os dados da Tabela 1.11. Contudo, apenas foi representada a variação da pressão atmosférica com a altura para a troposfera, camada que vai de 10 a 16 km da superfície do mar. A pressão nesta altura ficou reduzida a 15% quando comparada a do nível do mar, que é 1 atm. Os dados para outras camadas da atmosfera, para alguns casos, encontram-se na Tabela 1.11.

Tabela 1.11 Variação da Pressão Atmosférica com a Altitude

Altitude em km	Altitude em cm (CGS)	log P$_{(h)}$	Pressão (atm)	Pressão (torr)	Pressão (kPa)
0	0	−0	1,00	760	101,3
2	2 · 10^5	−0,103	0,789	600	79,99
4	4 · 10^5	−0,206	0,622	473	63,06
5,854	5,854 · 10^5	−0,301	0,500	380	50,66
6	6 · 10^5	−0,309	0,491	373	47,73
8	8 · 10^5	−0,411	0,388	295	39,33
10	10 · 10^5	−0,514	0,306	233	31,06
12	12 · 10^5	−0,617	0,242	184	24,53
14	14 · 10^5	−0,720	0,191	145	19,33
16	16 · 10^5	−0,823	0,150	114	15,20
18	18 · 10^5	−0,926	0,119	90,4	12,05
20	20 · 10^5	−1,028	0,094	71,4	9,51
56	56,0 · 10^5	−2,88	1,32 · 10^{-3}	1,00	1,33 · 10^{-1}
94,9	94,9 · 10^5	−4,88	1,32 · 10^{-5}	0,01	1,33 · 10^{-2}
114	114 · 10^5	−5,88	1,32 · 10^{-6}	0,001	1,33 · 10^{-3}

1.3.2 Variação da temperatura e camadas da atmosfera

A variável temperatura é muito importante no desenvolvimento de fenômenos físicos, químicos e biológicos que acontecem na atmosfera e, é claro, na própria superfície da crosta terrestre. Nestes processos, a radiação solar e a temperatura estão relacionadas. Para efeito didático, o estudo será desenvolvido em duas partes: variação da temperatura com altitude em relação ao nível do mar e variação da temperatura próximo à superfície da Terra, na parte mais baixa da troposfera.

Variação da temperatura com altitude em relação ao nível do mar

A variação da temperatura à medida que se afasta perpendicularmente da superfície do mar tem um comportamento que depende principalmente das interações entre a radiação solar com os componentes da

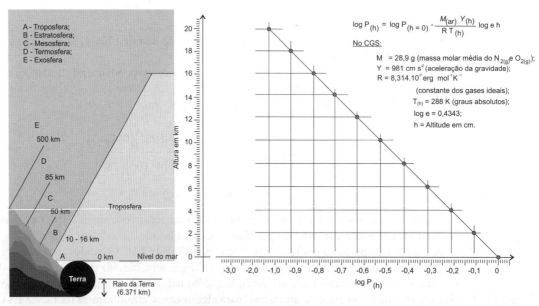

Figura 1.3 Variação da pressão atmosférica na troposfera sabendo que P$_{(h)}$ = 10$^{\log P}$.

atmosfera. Conforme será visto no *Capítulo 3 – Interação da Radiação Eletromagnética com a Atmosfera*, a radiação eletromagnética apresenta um espectro de comprimentos de onda que corresponde inversamente ao valor da energia da respectiva radiação. A Tabela 3.1 mostra os diversos comprimentos de onda: raios cósmicos (mais energéticos), raios X, ultravioleta, visível, infravermelho, micro-ondas etc. Desta radiação chega à superfície da Terra a menos energética, isto é, a partir do visível. A fração que não chega é barrada antes de incidir na superfície terrestre em função de reações fotoquímicas (ionização, dissociação de espécies, formação de radicais e excitação eletrônica) que se dão entre a radiação e a matéria constituinte da atmosfera, principalmente oxigênio e nitrogênio. Principalmente em função dessa variação da temperatura, a atmosfera é estratificada em camadas: **troposfera, estratosfera, mesosfera, termosfera** e **exosfera**. A Figura 1.4 mostra esta estratificação parcialmente junto com a função temperatura. A Figura 1.4. (A) apresenta as diferentes camadas com os respectivos nomes, bem como o ponto de mudança da temperatura, originando: **tropopausa, estratopausa, mesopausa** e assim por diante.

Troposfera

A Troposfera é a camada da atmosfera mais próxima da superfície da Terra. Ela se estende do nível do mar, 0 km a 16-20 km de altitude. Conforme o próprio nome diz, é a camada onde o ser humano vive e desenvolve suas atividades normais. É nesta camada onde praticamente se concentra a grande parte da massa da atmosfera e acontecem os fenômenos atmosféricos.

Por "superfície da Terra" entende-se a superfície dos oceanos, mares, rios, solo, plantas etc. No *Capítulo 2 – Transferência de Energia e Massa na Atmosfera* será abordado este assunto. Porém, aqui deseja-se apenas adiantar uma parte do conteúdo, que é importante para entender o aquecimento diferenciado da **troposfera** próxima à "superfície da Terra". Sabe-se que a quantidade de energia solar que chega à parte externa da atmosfera é constante. Porém, como a Terra tem um *movimento de rotação* sobre si mesma (originando: *manhã, meio-dia, tarde* e *noite*) e um *movimento de translação* em órbita ao redor do Sol (originando as estações: *primavera, verão, outono* e *inverno*), apesar da quantidade de energia solar que chega à parte exterior da atmosfera (*exosfera*) ser a mesma, aqui na superfície onde se vive é diferente. Todos "sentem" que ao meio-dia e à tarde o ar é mais quente que de manhã. Todos veem e sentem que no inverno o ar é mais frio que no verão.

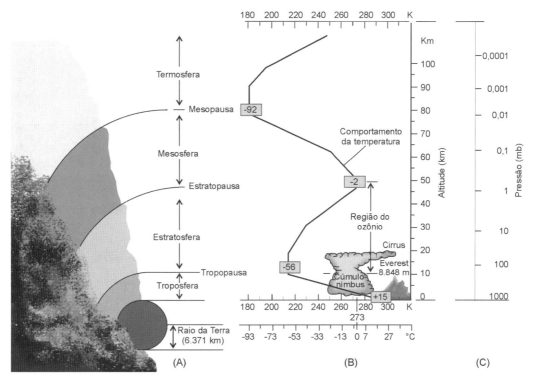

Figura 1.4 Visualização da variação da temperatura com a altitude a partir do nível do mar. Fonte: vanLoon & Duffy, 2001; Brasseur *et al.*, 1999; Brimblecombe, 1996.

À medida que se afasta da "superfície da Terra", dentro da própria troposfera, a temperatura (ou melhor, o estado cinético dos componentes da atmosfera) tem um comportamento diferente. Pela Figura 1.4. (B) observa-se que na troposfera a temperatura diminui até uma altura de 15 km, chegando ao valor de –56 °C. Nesta região alcança-se a **tropopausa** (–56 °C) e começa a camada da estratosfera. Este abaixamento da temperatura é importante, pois dificulta a perda da água, na forma de gás, para o espaço.

A Figura 1.5 (C) mostra que, do total da radiação solar, chega à troposfera apenas o visível; o restante do espectro é retido nas camadas superiores da atmosfera.

Estratosfera

A partir da tropopausa (10-16 km e –56 °C) começa a camada da **estratosfera** que se estende até a estratopausa (50 km e –2 °C), conforme Figura 1.4 (A) e (B). Observa-se que a temperatura sobe. Esta elevação da temperatura deve-se à presença do O_3, ozônio. As reações de fotólise do O_2, Reações (R-1.6) e (R-1.7), formação química do O_3 e fotólise do mesmo, Reação (R-1.8), entre outras, absorvem os comprimentos de onda, 220 a 330 nm, indicados na Figura 1.5 (C), cujo resultado, juntamente com as reações químicas de recombinação, é um aquecimento desta camada.

$$O_2 + h\nu_{1\ (\lambda < 174\ nm)} \rightarrow O(^1D) + O(^3P) \qquad \textbf{(R-1.6)}$$

$$O_2 + h\nu_{2(\lambda < 246\ nm)} \rightarrow O(^3P) + O(^3P) \qquad \textbf{(R-1.7)}$$

$$O_3 + h\nu_{3\ (\lambda < 310\ nm)} \rightarrow O(^1D) + O_2(^1\Delta) \qquad \textbf{(R-1.8)}$$

Observação: Os símbolos usados nas Reações (R-1.6), (R-1.7) e (R-1.8) terão suas explicações no *Capítulo 3 – Interação da Radiação Eletromagnética com a Atmosfera*.

Para os seres vivos terrestres (a biota), esta camada é importante, pois elimina ("absorve") a última banda mais energética do espectro da radiação solar, que poderia chegar à superfície terrestre e ser nociva aos mesmos.

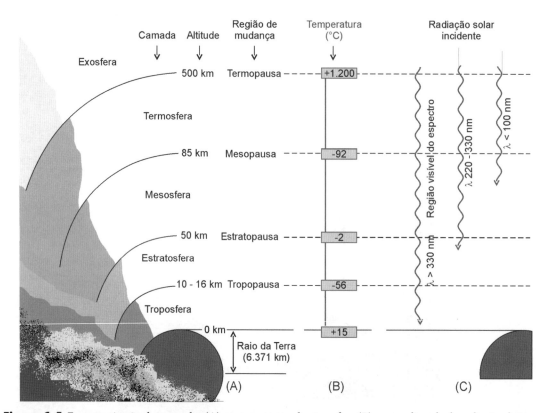

Figura 1.5 Esquematização das camadas (A) e temperaturas da atmosfera (B) com a chegada da radiação eletromagnética (C). Fonte: vanLoon & Duffy, 2001; Seinfeld & Pandis, 1998; Manahan, 1994.

Mesosfera

A **mesosfera** começa a partir da estratopausa (50 km e –2 °C) e se estende até a **mesopausa** (85 km e –92 °C), Figura 1.4 (A) e (B). Este abaixamento de temperatura deve-se à ausência da absorção de radiação eletromagnética nesta região, ou pela falta de espécies químicas que absorvem radiação, ou porque a radiação correspondente foi absorvida antes, ou seja, na camada anterior, que é a **termosfera**.

Termosfera

A **termosfera** começa na mesopausa (85 km e –92 °C), Figura 1.4 (A) e (B), e se estende para a **exosfera**, onde, a 500 km, apresenta a **termopausa**, com uma temperatura de +1.200 °C, Figura 1.5 (A) e (B).

Esta temperatura elevada se explica pela interação da radiação eletromagnética mais energética, isto é, comprimentos de onda mais curtos ($\lambda < 100$ nm), com as espécies químicas presentes na camada, conforme Figura 1.6 (B) e (C).

Nesta região, as reações fotoquímicas de ionização são comuns; por exemplo, Reações (R-1.9) a (R-1.12).

$$O_3 + h\nu_{(\lambda = 89\,nm)} \rightarrow O_3^+ + e \qquad \text{(R-1.9)}$$

$$O + h\nu_{(\lambda = 77\,nm)} \rightarrow O^+ + e \qquad \text{(R-1.10)}$$

$$NO_2 + h\nu_{(\lambda = 123\,nm)} \rightarrow NO_2^+ + e \qquad \text{(R-1.11)}$$

$$N + h\nu_{(\lambda = 64\,nm)} \rightarrow N^+ + e \qquad \text{(R-1.12)}$$

As reações fotoquímicas de ionização são endotérmicas, isto é, para se darem, absorvem a energia (radiação), no caso, a radiação solar que chega do espaço. Como consequência desta absorção, ela não chega à superfície da Terra, conforme mostra a Figura 1.6 (C). Porém, após a ionização, as espécies presentes podem produzir dois tipos de reações químicas:

Primeiro, estes íons podem reabsorver os elétrons e liberar energia térmica aquecendo o ambiente, como reações exotérmicas expressadas com uma variação de entalpia negativa ($\Delta H < 0$). Por exemplo, as Reações (R-1.13) e (R-1.14).

$$N^+ + e \rightarrow N + \text{Energia} \;(\Delta H = -1.875 \text{ kJ mol}^{-1}) \qquad \text{(R-1.13)}$$

$$N_2O^+ + e \rightarrow N_2O + \text{Energia} \;(\Delta H = -1.325 \text{ kJ mol}^{-1}) \qquad \text{(R-1.14)}$$

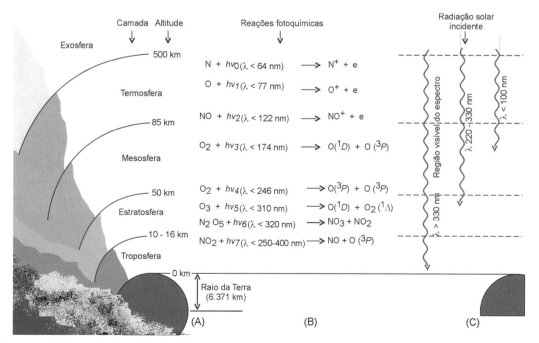

Figura 1.6 Camadas da atmosfera (A), com os principais tipos de reações fotoquímicas que acontecem nelas (B), com a consequente absorção da radiação eletromagnética (C). Fonte: vanLoon & Duffy, 2001; Finlayson-Pitts & Pitts, 2000; Manahan, 1994.

Segundo, os elétrons presentes no ambiente podem ligar-se a átomos dissociados, presentes no ambiente, com liberação de energia, denominada **entalpia de afinidade eletrônica**, (ΔH_{AE}), por exemplo, as Reações (R-1.15) e (R-1.16).

$$O + e \rightarrow O^- + \text{Energia} \ (\Delta H_{(AE-1)} = -142 \text{ kJ mol}^{-1}) \quad \textbf{(R-1.15)}$$

$$O^- + e \rightarrow O^{2-} + \text{Energia} \ (\Delta H_{(AE-2)} = -844 \text{ kJ mol}^{-1}) \quad \textbf{(R-1.16)}$$

Como consequência destes dois processos, das reações fotoquímicas de ionização e reações químicas entre as espécies presentes, primeiramente a radiação de alta energia que deveria chegar à superfície a Terra é "barrada" na entrada da atmosfera e há a liberação de muita energia térmica na camada, provocando uma elevação da temperatura para 1.200 °C, originando para esta camada o nome de **termosfera**.

Pode-se concluir que a atmosfera é um grande envelope protetor da vida sobre a Terra, além de conter o oxigênio essencial para os seres aeróbicos.

Magnetosfera

Nos últimos 50 anos, com o aumento da exploração da atmosfera e do espaço extraterrestre, por meio de sondas, satélites, naves espaciais, entre outras formas, os cientistas envolvidos no assunto começaram a ter mais informações sobre a importância do campo magnético da Terra. Hoje, tem-se conhecimento da **magnetosfera**, termo utilizado para denominar o espaço que envolve o planeta Terra no qual atua o *campo magnético* do planeta, formando, por assim dizer, uma *bolha magnética* que o protege dos "ventos solares" e outros "invasores cósmicos". Esses "invasores" dependem de campos magnéticos em geral de alto conteúdo energético, formados de *gases plasmáticos* que contêm átomos e partículas ionizadas, e, no seu movimento, criam campos magnéticos e altas energias, situações letais às condições de vida na Terra, caso chegassem até a superfície do planeta.

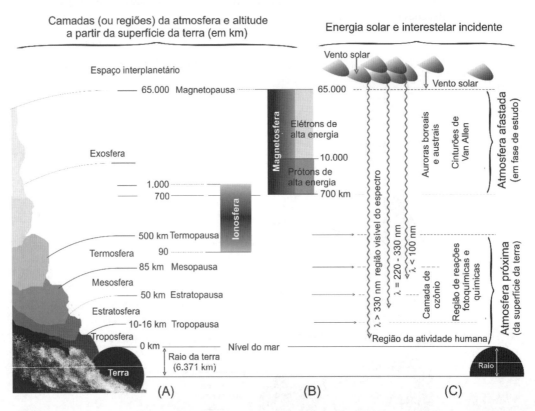

Figura 1.7 Visualização da estrutura da atmosfera: (A) Camadas ou regiões da atmosfera e respectivas altitudes; (B) Explicitação da Ionosfera e da Magnetosfera; (C) Ações associadas às diferentes camadas da *atmosfera próxima* e da *atmosfera afastada*. A Figura não foi construída dentro de uma escala a fim de facilitar sua visualização e inclusão de termos. Fonte: vanLoon & Duffy, 2001; Finlayson-Pitts & Pitts, 2000; Seinfeld & Pandis, 1998; Manahan, 1994; Matsuoka *et al.*, 2009; Pinheiro, 2015; Santos, 2012; Silva, 2015; INPE, 2015.

A Figura 1.7 apresenta uma visualização das diferentes camadas da atmosfera terrestre, envolvendo a **magnetosfera**. Considerando a definição de que a atmosfera é o envoltório ou o envelope que protege a Terra, a **magnetosfera** é parte da atmosfera; porém, da *atmosfera afastada*.

O campo magnético da Terra é semelhante a um dipolo magnético; seus polos de ação de força externa são localizados próximos aos polos (sul e norte) geográficos do planeta. As linhas de ação magnética saem do polo sul e adentram no polo norte. Externamente, os corpos ditos paramagnéticos se alinham com este campo de força, bem como os campos magnéticos externos. A interação dos campos magnéticos externos com o da Terra, dependendo da sua posição, pode ser de repulsão ou de atração. Quem quiser experimentar e observar esse fenômeno, tome dois magnetos e os aproxime em diferentes posições de seus polos norte e sul. Logo, observará o que acontece com a magnetosfera da Terra.

Admite-se que esse campo magnético se origina entre o núcleo da Terra, formado de ferro e outros materiais ferromagnéticos (sólido em função da pressão sobre ele exercida, e com alta temperatura, acima de 1.043 K, que pode *excitar os elétrons* dos átomos destes metais), e o núcleo externo líquido (material fundido), que forma correntes elétricas as quais induzem um campo magnético. Muitos autores falam da Teoria do Dínamo.

A força do campo magnético terrestre vai se tornando fraca à medida que aumenta a distância do ponto considerado ao ponto de origem do campo. A **magnetosfera** estende-se da altitude de aproximadamente 600-700 km a 65.000 km da superfície da Terra.

Observa-se que, apesar do avanço do conhecimento humano, ainda sobram muitas questões a serem respondidas no campo dos fenômenos atmosféricos. Pela literatura pertinente, observa-se que existem termos, como, por exemplo, exosfera, que necessitam ser revistos.

1.4 Referências Bibliográficas e Sugestões para Leitura

BAIRD, C. **Environmental chemistry**. New York: W.H. Freeman and Company, 1999. 557 p.

BARKER, J. R. [Editor] **Progress and problems in atmospheric chemistry**. London: WS-World Scientific, 1995. 940 p.

BRASIL, CONMETRO/MDIC, Resolução nº 11 (1988), de 12 de outubro de 1988. **Aprova Regulamentação Metrológica das Unidades de Medida**. Ministério do Desenvolvimento, Indústria e Comércio (MDIC), Conselho Nacional de Metrologia, Normalização e Qualidade Industrial (CONMETRO). Publicada no Diário Oficial da União, de 12 de outubro de 1988, Seção 1, p. 20524.

BRASIL, CONMETRO/MDIC, Resolução nº 12 (1988), de 12 de outubro de 1988. **Adota quadro geral de unidades de medida e emprego de unidades fora do Sistema Internacional de Unidades – SI**. Ministério do Desenvolvimento, Indústria e Comércio (MDIC), Conselho Nacional de Metrologia, Normalização e Qualidade Industrial (CONMETRO). Publicada no Diário Oficial da União, de 21 de outubro de 1988, Seção 1, p. 20524.

BRASIL, CONMETRO/MDIC, Resolução nº 13 (2006), de 20 de dezembro de 2006. **Autoriza a utilização da supervisão metrológica como forma de execução do controle legal de instrumentos de medição para determinadas classes de instrumentos**. Ministério do Desenvolvimento, Indústria e Comércio (MDIC), Conselho Nacional de Metrologia, Normalização e Qualidade Industrial (CONMETRO). Publicada no Diário Oficial da União, de 22 de dezembro de 2006, Seção 1, p. 176.

BRASIL, CONMETRO/MDIC, Resolução nº 4 (2012), de 5 de dezembro de 2012. **Revoga Resoluções do Conmetro por caducidade do tema ou por já estarem integralmente implementadas**. Ministério do Desenvolvimento, Indústria e Comércio (MDIC), Conselho Nacional de Metrologia, Normalização e Qualidade Industrial (CONMETRO). Publicada no Diário Oficial da União, 27 de dezembro de 2012, Seção 1, p. 256.

BRASSEUR, G. P.; ORLANDO, J. J.; TYNDALL, G. S. **Atmospheric chemistry and global change**. Oxford: Oxford University, 1999. 654 p.

BRIMBLECOMBE, P. **Air composition & chemistry**. 2. ed. Cambridge (UK): Cambridge University Press, 1996. 253 p.

COTTON, F. A.; WILKINSON, G.; MURILLO, C. A.; BOCHMANN, M. **Advanced inorganic chemistry**. 6. ed. New York: John Wiley, 1999. 1355 p.

DODD, J. S. [Editor]. **The ACS Style Guide – A Manual for authors and editors**. Washington: American Chemical Society, 1986, 264 p.

DURRANT, P. J.; DURRANT B. **Introduction to advanced inorganic chemistry**. 2. ed. London: Longman, 1970. 1250 p.

FINLAYSON-PITTS, B. J.; PITTS Jr., J. N. **Chemistry of the upper and lower atmosphere – Theory, experiments and applications**. London: Academic Press, 2000. 969 p.

HORNE, R. A. **Marine Chemistry – The Structure of water and the chemistry of the hydrosphere**. New York: Wiley – Intersvience, 1969. 568 p.

HOUGHTON, J. T.; MEIRA FILHO, L. G.; CALLANDER, B. A. *et al.* [Editors] **Climate change 1995 - The science of climate change**. Cambridge (UK): Cambridge University Press, 1998. 572 p.

INMETRO (Instituto Nacional de Metrologia, Normatização e Qualidade Industrial). **SI – Sistema Internacional de Unidades**. 8. ed. (revisada). Rio de Janeiro: INMETRO – Instituto Nacional de Metrologia, Normatização e Qualidade Industrial, 2007. 114 p.

INPE – Instituto Nacional de Pesquisas Espaciais (MCT – DGE). Disponível em: <http://www.dge.inpe.br/maghel/>. Acessado em: fevereiro de 2015.

KERR, J. A. Strength of chemical bonds. In: LIDE, D. R. [Editor] **Handbook of chemistry and physics**. 77. ed. New York: CRC Press, Inc., 1996-1997.

LEE, J. D. **Química inorgânica**. 3. ed. Tradução de Juergen Heinrich Maar. SP: Edgard Blücher, 1980. 507 p.

LIAS, S. G. Ionization potentials of gas-phase molecules. In: LIDE, D. R. [Editor] **Handbook of chemistry and physics**. 77. ed. New York: CRC Press, 1996-1997.

MANAHAN, S. E. **Environmental chemistry**. 6. ed. Boca Raton (USA): Lewis Publishers, 1994. 811 p.

MATSUOKA, M. T.; CAMARGO, P. O.; BATISTA, I. S. Análise da ionosfera usando dados de receptores GPZ durante um período de alta atividade solar e comparação com dados de digissondas. **Rev. Bras. Geof.** v. 27, n. 4, Oct./Dec., 2009.

PIMENTEL, G. C.; SPRATLEY, R. D. **Química um tratamento moderno**. V. 1, São Paulo: Edgard Blücher, 1974. 350 p.

PINHEIRO, K. **Magnetosfera terrestre e cinturões de Van Allen**, 2015. Disponível em: <http://www.on.br/ead_2012/pdf/modulo3/3.2_magnetosfera.pdf>. Acessado em: janeiro de 2015.

PORTEUS, D. **Dictionary of environment science and technology**. New York: John Wiley, 1994. 439 p.

RUBEY, W. W. **Bull. Geol. Soc. Am.** 62, 1111, 1951. In: HORNE, R. A. Marine Chemistry – The Structure of water and the chemistry of the hydrosphere. New York: Wiley – Intersvience, 1969. 568 p.

SANTOS, C. A. **Ionosfera: mocinha e vilã das comunicações**. 2012. Disponível em: <http://cienciahoje.uol.com.br/colunas/do-laboratorio-para-a-fabrica/ionosfera-mocinha-e-vila-das-comunicacoes>. Acessado em: fevereiro de 2015.

SCHWARTZ, S. E.; WARNECK, P. Units for use in atmospheric chemistry. **Pure & appl. chem.**, v. 67, n. 8/9, p. 1377-1406, 1995.

SEINFELD, J. H; PANDIS, S. N. **Atmospheric chemistry and physics**. New York: John Wiley, 1998. 1326 p.

SILVA, D. **Camadas da atmosfera**. Disponível em: <http://www.estudopratico.com.br/camadas-da-atmosfera/>. Acessado em: fevereiro de 2015.

vanLOON, G. W.; DUFFY, S. J. **Environmental chemistry – A global perspective. Oxford** (UK): OXFORD University Press, 2001. 492 p.

Sites

Atmosfera terrestre. Disponível em: <http://pt.wikipedia.org/wiki/Atmosfera_terrestre>. Acessado em: fevereiro de 2015.

Camadas da atmosfera. Disponível em: <http://www.sogeografia.com.br/Conteudos/GeografiaFisica/camadasatmosfera/>. Acessado em: fevereiro de 2015.

Exosfera. Disponível em: <http://pt.wikipedia.org/wiki/Exosfera>. Acessado em: fevereiro de 2015.

Exosfera: características gerais. Disponível em: <http://meioambiente.culturamix.com/recursos-naturais/exosfera-caracteristicas-gerais>. Acessado em: fevereiro de 2015.

Magnetosfera da Terra. Disponível em: <http://www.astronoo.com/pt/artigos/magnetosfera-da-terra.html>. Acessado em: fevereiro de 2015.

Magnetosfera, a "bolha magnética" que protege a Terra. Disponível em: <http://hypescience.com/magnetosfera-a-bolha-magnetica-que-protege-a-terra/>. Acessado em: janeiro de 2015.

Magnetosfera. Disponível em: <http://pt.wikipedia.org/wiki/Magnetosfera>. Acessado em: dezembro de 2014.

Magnetosfera. Disponível em: <http://www.infoescola.com/astronomia/magnetosfera/>. Acessado em: fevereiro de 2015.

Magnetosfera: Campo Magnético dos Planetas. Disponível em: <http://meioambiente.culturamix.com/noticias/magnetosfera-campo-magnetico-dos-planetas>. Acessado em: fevereiro de 2015.

Rachadura na magnetosfera causa tempestade magnética na Terra. Disponível em: <http://www.apolo11.com/spacenews.php?posic=dat_20101229-075010.inc>. Acessado em: fevereiro de 2015.

CAPÍTULO 2

Transferência de Energia e de Massa na Atmosfera

2.1 Formas de Transferência e de Transporte de Energia
    2.1.1 Conceitos

2.2 Transferência de Energia por Radiação
    2.2.1 Reflexão da radiação
    2.2.2 Absorção da radiação
    2.2.3 Reemissão de energia e efeito estufa

2.3 Transferência de Energia por Condução

2.4 Transferência de Energia com Transporte de Massa por Convecção
    2.4.1 Calor sensível e calor latente
    2.4.2 Circulação e correntes de ar

2.5 Transferência de Energia com Transporte de Massa por Advecção

2.6 Processos Atmosféricos de Interesse para a Biosfera
    2.6.1 Ciclo hidrológico
    2.6.2 Inversão térmica

2.7 Escala Espacial e Temporal dos Processos Atmosféricos

2.8 Definições e Conceitos

2.9 Referências Bibliográficas e Sugestões para Leitura

2.1 Formas de Transferência e de Transporte de Energia

2.1.1 Conceitos

O Sol é a fonte natural mais importante de energia, que chega ao planeta Terra por *radiação* na forma de energia eletromagnética. Neste estudo, esta saída de energia (emissão) da fonte Sol e chegada ao planeta Terra são tratadas como *transferência de energia por radiação*.

Ao incidir na água (do mar, rios, lagos etc.), parte da energia eletromagnética do Sol é absorvida pela molécula de água, que, agora com maior energia cinética, desliga-se da fase líquida e "evapora". Portanto, essa molécula de água absorve energia, excita-se, evapora, vai para a atmosfera, condensa em vapor, forma uma nuvem que o vento leva para o alto da serra. Lá, resfria, condensa em gotículas maiores e precipita na forma de chuva (ou granizo, ou neve), liberando energia para a atmosfera. Neste estudo, esse fenômeno físico é denominado *transferência de energia* com *transporte de massa*, pois está associado a uma quantidade de massa que se movimenta no processo de transferência.

A transferência de energia eletromagnética pura se faz pelo processo da *radiação*. Neste processo, tem-se a fonte ou o emissor da radiação (Sol, lâmpada acesa, chama de uma vela etc.), que emite a energia na forma de "*pacote*" de *onda-partícula*, o *fóton* ou o *quantum* de energia, Equação (2.1).

$$\text{Fóton} = \text{quantum} = \Delta E = h\,\nu = h\,\frac{c}{\lambda} \tag{2.1}$$

Em que:
ΔE = variação de energia;
h = constante de Planck;
ν = frequência da onda;
c = velocidade da luz;
λ = comprimento da onda.

O fóton ou quantum se propaga com a velocidade de $3{,}0 \cdot 10^8$ m s^{-1} no vácuo, uma constante física universal, a velocidade da luz (c). Assim, considerando o Sol como fonte, ele irradia (emite sua radiação) para a galáxia toda, e parte alcança o planeta Terra.

A energia emitida pelo Sol, ao chegar à Terra vinda de fora (do espaço), encontra primeiro as camadas mais externas da atmosfera do planeta: a *exosfera*; a *termosfera*; a *mesosfera*; a *estratosfera*; e por último a *troposfera*, a mais próxima da superfície onde a vida se desenvolve, a *biosfera* (esta envolve a *litosfera*; a *hidrosfera* e as camadas mais próximas da *atmosfera*). E, finalmente, a superfície da Terra.

Ao passar por estas camadas, a radiação interage com a matéria por meio de sua interação com o elétron da eletrosfera dos átomos e pelas ligações químicas (das moléculas, íons etc.).

Por exemplo, a *termosfera* leva este nome porque nesta região são freados e absorvidos os *quanta* de alta energia, que rompem ligações como as do N_2. Os átomos livres, ao se recombinarem, emitem energia para o ambiente, daí a expressão *termosfera*.

Logo, a Química da Atmosfera depende das *espécies químicas* presentes nas diversas camadas da mesma e do *tipo da energia da radiação eletromagnética* que a elas chega.

Conforme visto e ainda será complementado, com o passar dos séculos, à medida que as diferentes formas de vida foram se estabelecendo (seres autotróficos e heterotróficos), e finalmente com a chegada do ser humano, com suas máquinas e atividades antrópicas, a composição química qualitativa e quantitativa da atmosfera – as espécies químicas presentes na atmosfera – começou a modificar-se.

No tocante à energia solar que chega à Terra:

- parte é absorvida nas camadas externas da atmosfera (exosfera, termosfera, mesosfera, estratosfera);
- parte é refletida para o espaço; e,
- parte chega à superfície da Terra.

Da fração de energia que chega à Terra (superfície), a parte correspondente a comprimentos de onda maiores é reemitida para a atmosfera, onde uma fração é absorvida e envolvida no *efeito estufa*, que será estudado depois, e outra é reemitida para o espaço.

Nestes processos, para efeito didático, é importante entrar no assunto por etapas. A primeira questão é saber como é feita a transferência e transporte da energia na atmosfera.

A Figura 2.1, em (A), apresenta o envolvimento da energia solar com o meio ambiente como um todo, e em (B), o detalhamento deste envolvimento. Conforme ilustra a Figura 2.1 (A) e (B), o transporte da energia na natureza como um todo (litosfera, hidrosfera e atmosfera) é realizado por: 1 – Radiação; 2 – Condução; 3 – Convecção; e 4 – Advecção.

As duas primeiras formas de transferência de energia acontecem praticamente sem transporte de massa. As duas últimas, com transporte de massa, em função da fluidez do meio.

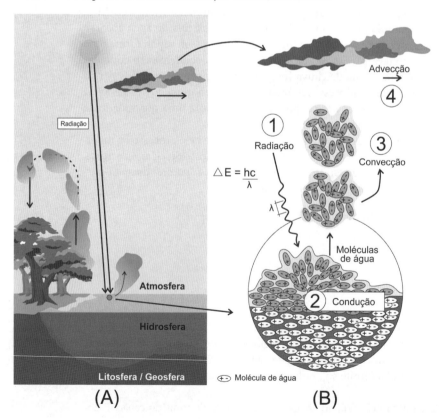

Figura 2.1 Visualização do transporte de energia na atmosfera. (A) Interação da energia ao ser transportada no meio ambiente terra. (B) Detalhes da interação "energia e meio ambiente": 1 – Radiação; 2 – Condução; 3 – Convecção; 4 – Advecção.

Radiação

A radiação eletromagnética, ao encontrar matéria – que é constituída de átomos: com núcleo (prótons e nêutrons – os nucleontes) e eletrosfera (elétrons) –, dependendo do tipo da energia do *quantum* (alta ou baixa) pode reagir, excitar ou ativar os nucleontes podendo provocar uma reação nuclear. Porém, na maioria dos casos, a energia que chega às camadas mais internas da atmosfera é o tipo de *quantum* que ativa, excita, interage, ou é absorvida por elétrons da eletrosfera. Desta forma, têm-se:

- *Raios X*, energia absorvida por elétrons das camadas mais internas.
- *Ultravioleta e visível*, energia que ativa elétrons de camadas mais externas e de ligações (sigma, pi, e elétrons não ligantes).
- *Radiação do infravermelho* e *outras menos energéticas*, como *micro-ondas*, tipos de energia que excitam átomos como um todo, partes de moléculas, moléculas etc., por estiramentos, vibrações, oscilações, rotações, torções, translações etc.

Essas últimas interações conduzem a um aumento da energia cinética destas unidades envolvidas, que se manifesta pela elevação da temperatura.

Portanto, a interação entre a *energia eletromagnética* e a matéria se faz entre o *quantum*, que chega com uma parte específica da matéria, em geral na região do visível que chega à *biosfera*, e o elétron, nas suas diferentes ligações dentro do átomo e da molécula.

Condução

A segunda forma de transferência de energia é por *condução*. O transporte por condução é a transferência da energia de uma parte (átomo, molécula etc.) do todo para a parte vizinha e assim por diante, sem haver um deslocamento de massa. No máximo, há uma "dilatação" do corpo. A Figura 2.1 (B), no seu destaque, mostra esta forma de transporte de energia através das moléculas de água. Há um aumento de volume do corpo.

Convecção

A terceira forma é a *convecção*, que acontece com o deslocamento de certa quantidade de massa de ar (ou qualquer outro material quente ou frio). A energia transportada desta forma está associada ao estado cinético do material que se desloca, ou *calor sensível*, bem como ao calor armazenado, que depois é liberado, denominado *calor latente*. Esta forma de transporte de energia na atmosfera é que cria as *correntes de ar* (correntes ascendentes e correntes descendentes).

Advecção

A quarta forma de transporte de energia é a *advecção*. O transporte por *advecção* é o transporte de energia, principalmente na forma calorífica, contida em uma quantidade de massa pelo *deslocamento horizontal* da mesma. Por exemplo, uma frente fria (ar, umidade, nuvens etc. em uma dada temperatura e pressão) se desloca do polo sul em direção ao equador.

Observa-se que o transporte de energia por *radiação* e por *condução* não envolve o transporte de massa. O transporte de energia por *convecção* e *advecção* envolve também o transporte de massa.

A Figura 2.1, em (A) e (B), visualiza estas formas de transporte da energia. O relacionamento destas formas de transporte de energia com o meio ambiente, envolvendo a atmosfera em suas diferentes camadas, principalmente a troposfera e a estratosfera, é o suporte do *Ciclo Hidrológico*, conforme será visto.

A realidade é clara; sem a energia solar e sem a água, a vida na Terra é impossível. Não se pode esquecer de que a vida sem a atmosfera, que a protege, também é inviável.

O conjunto *energia solar*, *água*, *atmosfera*, sem esquecer o *solo*, que originam a *biosfera*, é interligado para manter a vida.

A seguir, será analisada com mais detalhes cada uma das quatro formas de transferência e transporte de energia.

2.2 Transferência de Energia por Radiação

Outra questão é: quanto chega de energia à Terra? Para entendermos o assunto, temos que apontar algumas condições: a quantidade de energia que a parte externa da atmosfera recebe, denominada constante solar, é constante e vale $1{,}37 \cdot 10^3$ watts por metro quadrado (W m^{-2}) ou $1{,}37 \cdot 10^3$ J s^{-1} m^{-2}; a Terra é esférica e encontra-se em movimento de rotação sobre si mesma e em translação em uma órbita ao redor do Sol. A Figura 2.2 mostra o período em que a radiação solar incide perpendicularmente sobre a linha do equador. Neste período, noite e dia têm a mesma duração, e o fenômeno denomina-se *equinócio*.

Existem dois períodos em que acontece o equinócio, um na primavera e outro no outono. Isto é visualizado na Figura 2.3 (A), que apresenta o movimento de translação de Terra.

A Figura 2.3 mostra o movimento de translação da Terra, bem como os dois períodos de equinócio e os dois solstícios para o hemisfério sul. Para o hemisfério norte, as estações do ano e os períodos especificados (equinócio e solstícios) são o contrário do mostrado na Figura 2.3.

A Figura 2.3 (B) mostra o eixo norte-sul da Terra formando uma leve inclinação com a perpendicular do plano da órbita terrestre em torno do Sol, correspondendo a 23° 27' 30". Isto faz com que em determinado período, por exemplo, 23 de setembro, o Sol esteja incidindo perpendicularmente na linha do equador (equinócio de setembro). A seguir chega um período em que a radiação solar atinge mais o hemisfério sul. O período em que a radiação incide perpendicularmente à superfície da Terra deslocada ao máximo abaixo do equador (dando a impressão de que o Sol se deslocou ao máximo para o hemisfério sul) chama-se de *solstício de verão* (23 de dezembro), para o hemisfério sul. Na trajetória da órbita, a Terra mantém a posição do seu eixo em relação ao plano que contém a órbita.

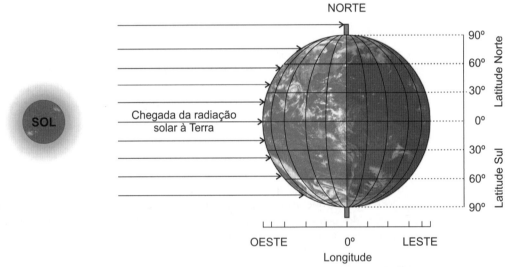

Equinócio: Ponto da órbita da Terra, que lhe corresponde um momento (época, período) do movimento de translação da Terra ao redor do Sol em que a radiação solar incide perpendicularmente ao equador terrestre tendo como consequência a duração do dia igual da noite. Isto acontece duas vezes ao ano: equinócio da primavera (23 de setembro) e equinócio do outono (21 de março).

Figura 2.2 Representação do período de equinócio, para o hemisfério sul.

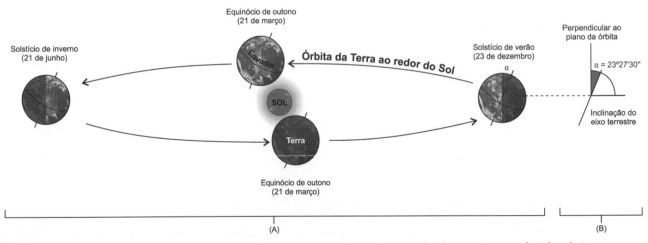

Figura 2.3 Visualização do movimento de translação da Terra mostrando os dois períodos de equinócio e os dois de solstício para o hemisfério sul.

Desta forma, a radiação solar incidente máxima no hemisfério sul retorna ao seu máximo de incidência no equador correspondendo ao *equinócio de outono* (21 de março). A partir desta data, o máximo de incidência desloca-se para o hemisfério norte até alcançar o *solstício de inverno* (para o hemisfério sul). Neste percurso aparecem as quatro estações do ano: *verão, outono, inverno* e *primavera* – menos definidas ao longo da linha do equador e mais definidas ao longo da latitude sul e latitude norte; contudo, a quantidade de radiação que chega à superfície terrestre é a mesma, Figura 2.4.

O valor de 1.370 W m^{-2} que chega do Sol na parte externa (superior) da atmosfera perpendicularmente à área, $\pi \cdot r^2$ (r = raio da Terra), é distribuído na área da esfera, $4 \cdot \pi \cdot r^2$, e a relação entre as duas áreas, $\pi \cdot r^2 / 4 \cdot \pi \cdot r^2 = 1/4$. Isto significa que a energia solar na superfície terrestre é 342 W m^{-2}. Em função do movimento de rotação da Terra, em que a metade fica na ausência da radiação incidente, tem-se a situação da Figura 2.5.

Pela Figura 2.5, observa-se que o processo é dinâmico e existe um balanço na energia radiante que chega e que sai. Esta é a próxima questão a ser analisada.

A Figura 2.6 mostra que a quantidade de energia solar que chega do espaço à atmosfera é 342 W m^{-2}, e a que retorna por reflexão da radiação solar e por remissão é 107 W m^{-2}. A energia líquida que chega à crosta terrestre é 148 W m^{-2}. É importante analisar no estudo deste balanço de energia o fenômeno da *reflexão* e da *absorção* da radiação solar.

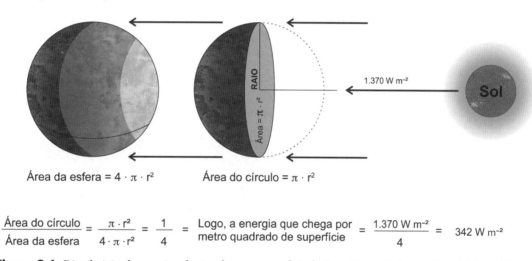

Figura 2.4 Distribuição da energia solar incidente na superfície da Terra. Fonte: Finlayson-Pitts & Pitts, 2000; Seinfeld & Pandis, 1998; Manahan, 1994.

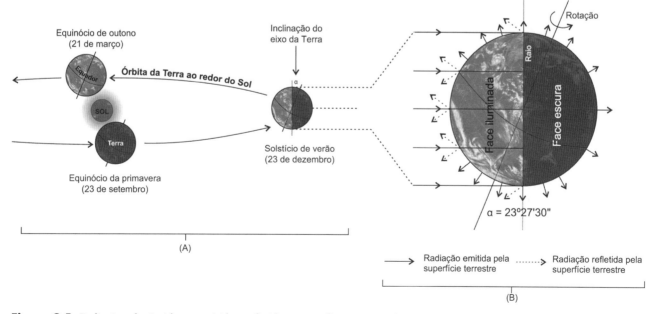

Figura 2.5 Radiação solar incidente, emitida e refletida na superfície terrestre, dia e noite. Fonte: Seinfeld & Pandis, 1998.

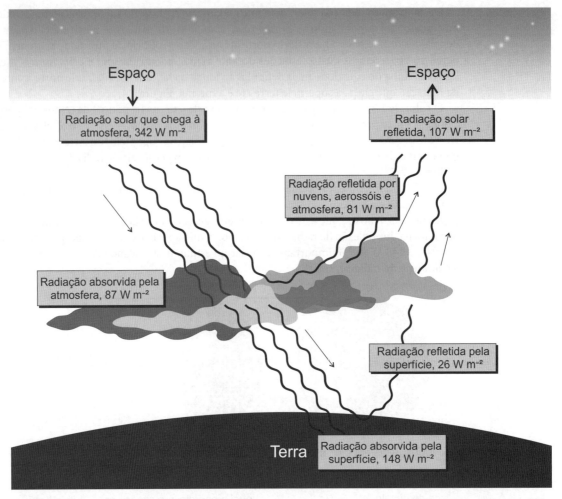

Figura 2.6 Balanço da energia radiante envolvida no planeta Terra. Fonte: Finlayson-Pitts & Pitts, 2000; Seinfeld & Pandis, 1998; Manahan, 1994.

2.2.1 Reflexão da radiação

Da radiação solar incidente em uma superfície, parte é absorvida e a outra pode ser refletida. A capacidade da superfície refletir a radiação eletromagnética é definida como **albedo**, Figura 2.7. O albedo, por sua vez, é quantificado fazendo-se a relação da radiação refletida ($R_{refletida}$) pela radiação incidente ($R_{incidente}$) expressa em percentagem, conforme Equação (2.2).

$$\text{Albedo} = \frac{R_{refletida}}{R_{incidente}} \times 100 \tag{2.2}$$

O valor do albedo depende do tipo da superfície em que incide a radiação; pode ser variável com o tempo. Por exemplo, uma superfície lavrada para o plantio tem um albedo; a mesma superfície após crescer a plantação (soja, milho etc.) apresenta outro albedo. Existem medidas de alguns albedos (em %), tais como: florestas perenes, 7-25%; desertos, 25-35%; neve fresca, 85-90%; asfalto, 8%.

2.2.2 Absorção da radiação

O termo absorção corresponde ao desaparecimento ou transformação do *quantum* de energia dentro de um sistema (no caso, molécula, íon, radical etc.) e aparecimento de um fenômeno físico ou químico, obedecendo também ao princípio do balanço de energia.

A radiação que chega à crosta terrestre, isto é, que passou pela atmosfera, é da região do espectro visível, que começa com o comprimento de onda em 350 nm (violeta-azul), passa pelo vermelho, infravermelho que começa em 800 nm, e a seguir por todos os demais comprimentos maiores de onda eletromagnética. Para visualizar melhor os diversos tipos de comprimentos de onda, ver a Tabela 3.1 do *Capítulo 3 – In-*

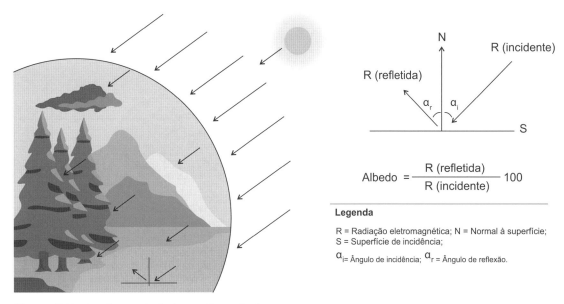

Figura 2.7 Visualização do fenômeno físico albedo.

teração da Radiação Eletromagnética com a Atmosfera, no qual será realizado o estudo de interações que conduzem a fenômenos químicos.

No caso da radiação eletromagnética produzir um fenômeno físico, têm-se as situações em que o fóton absorvido provoca uma excitação eletrônica sem conduzir a uma reação química, com posterior reemissão da energia absorvida no valor total, ou parcial, do quantum inicial, ou a degradação da mesma em energia térmica. Nestas situações, tem-se a radiação visível do espectro eletromagnético, Figura 2.8 (A). Nesta mesma Figura 2.8 (B), observa-se um feixe de radiação visível incidindo em uma molécula, no caso, de ácido acético, na qual há uma série de ligações covalentes do tipo sigma (σ) e pi (π), bem como elétrons não ligantes (n). Elétrons nestas situações são encontrados em muitas outras moléculas (espécies químicas) da atmosfera (fase gasosa); da água (fase líquida); da crosta terrestre e no solo (fase sólida), seja de materiais húmicos ou outros de natureza orgânica juntamente com a fração mineral (aluminossilicatos, óxidos etc.).

A radiação visível incidindo nos elétrons destas espécies que se encontram nas situações citadas produz uma excitação eletrônica do tipo apresentado na Figura 2.8 (C). A Equação (2.3) mostra a excitação eletrônica de um elétron do orbital molecular ligante-pi, π (OMπ), para o orbital molecular antiligante-pi, π^* (OMπ^*), que lhe corresponde o estado excitado, conforme Equação (2.3). Da mesma forma acontece com elétrons de outros estados eletrônicos, Figura 2.8 (C).

$$\underbrace{\text{elétron } \pi}_{\text{Elétron do OML}\pi} + \underbrace{\Delta E = h \cdot \nu = h \cdot \frac{c}{\lambda}}_{\text{Quantum ou fóton}} \xrightarrow{\text{Ligação } \pi} \underbrace{\text{elétron do OM } \pi^*}_{\text{Elétron do OMAL}\pi^*} \quad (2.3)$$

Os diferentes comprimentos de onda do espectro visível que são absorvidos na excitação destes elétrons podem ser reemitidos no mesmo comprimento de onda ao elétron ao voltar a sua posição normal ou emitir parte desta energia em um comprimento de onda maior, ou degradar-se em energia térmica elevando o estado cinético do ambiente, isto é, elevando a temperatura do ambiente.

A Figura 2.9 apresenta a faixa de comprimentos de onda que seguem ao espectro do visível e que acompanham a radiação solar, 780 nm a 300.000 nm, região do infravermelho. A energia do quantum desta radiação não é suficiente para provocar uma excitação eletrônica; ela provoca *estiramentos* de ligações, conforme Figura 2.9 (A); deformações de ligações, vibrações moleculares e de partes da molécula, Figura 2.9 (B); rotações e translações moleculares, Figura 2.9 (C). Provoca um aumento do estado vibracional ou cinético dos átomos ligados a estruturas, moléculas etc. do ambiente. É a faixa do espectro associada à energia calorífica.

Após o espectro do infravermelho, há a região das micro-ondas, ondas curtas etc. A energia dos diferentes valores do quantum desta região é pequena em comparação ao dos anteriores, que chegavam a ionizar

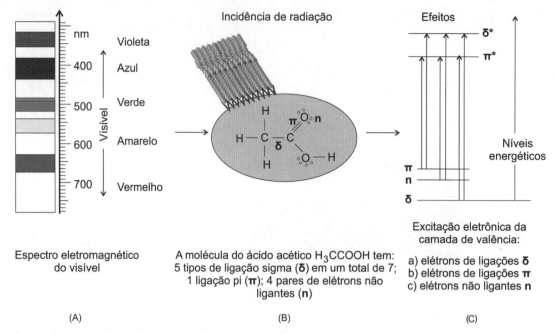

Figura 2.8 Visualização da interação da radiação visível por excitação eletrônica. Fonte: Dyer, 1969; Ewing, 1969; Silverstein & Bassler, 1967.

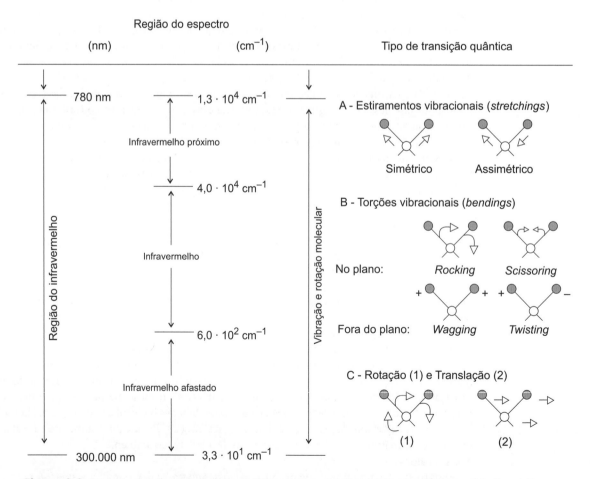

Figura 2.9 Espectro do infravermelho com os diferentes tipos de ativações provocadas na matéria. Fonte: Dyer, 1969; Ewing, 1969; Silverstein & Bassler, 1967.

átomos e moléculas (raios X, ultravioleta), dissociar componentes de suas ligações químicas (ultravioleta), excitar os elétrons das ligações (visível), agitar a molécula ou partes dela (infravermelho).

A energia associada às micro-ondas consegue orientar os dipolos presentes em um material. Todos conhecem o forno de micro-ondas, cujo princípio está em submeter o material à ação de uma banda de micro-ondas, que orienta os dipolos presentes no sentido da ação do campo externo das micro-ondas. A seguir, a ação do campo é desativada. Novamente ativada. Nesta sucessão de orientar o dipolo/desativar a orientação do dipolo, pela desativação do campo atuante das micro-ondas, aumenta a energia cinética do material presente, e consequentemente a temperatura.

2.2.3 Reemissão de energia e efeito estufa

Neste processo de transferência de energia na atmosfera é importante analisar a reemissão de energia. Conforme visto, a radiação solar é absorvida ao longo do seu percurso na entrada da atmosfera até chegar à superfície da crosta terrestre. Nesta "absorção" podem ocorrer os fenômenos fotoquímicos descritos. E, nestes processos, pode haver a emissão de uma radiação idêntica à absorvida, isto é, o quantum absorvido é reemitido e pode ser absorvido por outra espécie. Contudo, o que acontece é a emissão de uma radiação de comprimento de onda maior que o absorvido, em geral da região do infravermelho. A Figura 2.5 mostra que a "face escura" da Terra (noite) emite radiação para o espaço. Se a Terra parasse, chegaria um momento no qual a face que fica na noite não emitiria mais radiação, pois a radiação solar armazenada (absorvida) teria sido totalmente reemitida. É o caso da temperatura dos desertos, que à noite cai abaixo de 0 °C, porque a areia tem baixa capacidade calorífica, isto é, "armazena" pouca energia; assim, logo que a luz solar acaba de incidir, rapidamente emite o pouco de energia que "armazenou" e a temperatura diminui.

A Figura 2.10 (A) mostra o tipo da energia solar que chega à superfície terrestre, que é de natureza visível, com comprimentos de onda de 350 a 800 nm, e a que é reemitida pela Terra de natureza do infravermelho, com comprimentos de onda de 800 a 300.000 nm.

Se não houvesse nada na atmosfera, isto é, nenhuma interferência, a radiação reemitida passaria por ela e retornaria para o espaço, conforme Figura 2.10 (B). Como na atmosfera existem *naturalmente* moléculas de água (H_2O), gás carbônico (CO_2), metano (CH_4), entre outras, elas absorvem a radiação do infravermelho, Figura 2.10 (C), (D) e (F), e sofrem diversos tipos de interações com a energia do infravermelho (estiramentos, torções, vibrações, rotações e translações), conforme Figura 2.10 (E); para isto, consomem parte da radiação emitida pela superfície da Terra, conforme Figura 2.10 (F). Isto provoca um aquecimento natural da atmosfera, chamado de *efeito estufa*. O efeito estufa é responsável pela manutenção de uma temperatura global média na Terra de 15 °C ao nível do mar.

Em si, o efeito estufa é benéfico, porém, com o aumento da atividade antrópica, mais motores à explosão, mais fornalhas, mais chaminés, mais queimadas e consequente maior emissão de CO_2 para a atmosfera, bem como de outros gases, hidrocarbonetos, CFCs, NO_x etc., todos absorvendo radiação do infra-

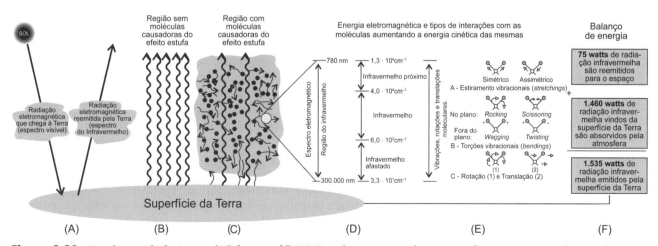

Figura 2.10 Visualização do fenômeno do "efeito estufa": (A) Tipo de energia que chega à superfície terrestre (visível) e tipo de energia reemitida da superfície (infravermelho). (B) Energia reemitida para a atmosfera isenta de espécies absorventes da radiação reemitida (infravermelho). (C) Radiação reemitida encontrando espécies que a absorvem e aquecem a atmosfera, "efeito estufa". (D) Região do espectro da radiação reemitida e absorvida na atmosfera. (E) Ativações moleculares causadas pela radiação do infravermelho absorvida pelas moléculas da atmosfera. (F) Balanço da energia reemitida pela Terra.

vermelho, ocorre aumento do efeito estufa, com elevação da temperatura global terrestre e consequências imprevisíveis, tais como derretimento de geleiras e elevação do nível do mar. O artigo do jornal *Folha de São Paulo*, de 08 de abril de 2004, com algumas linhas transcritas a seguir, revela a preocupação dos homens de ciência com o problema. A maior preocupação é com as regiões que se encontram ao nível ou até abaixo do nível do mar, os ditos países baixos, pois seriam inundadas.

Groenlândia pode perder todo o gelo em mil anos

Salvador Nogueira

A gélida Groelândia pode perder todo o seu gelo em mil anos, caso nada seja feito para reduzir as emissões (...).

O derretimento de todo o gelo daquela região provocaria uma elevação de sete metros no nível do mar – mais do que (...).

Um '*ponto de não retorno*' acontecerá se (...) "Nature" (www.nature.com).

Salvador Nogueira. FOLHA DE SÃO PAULO (Ano 84, Nº 27.399), *Folha Ciência*, dia 08 de abril de 2004, p. 16.

Vale a pena inteirar-se de todo o artigo. Consulte o jornal, ou, por um *site* de busca de assuntos na *internet*, leia o artigo.

2.3 Transferência de Energia por Condução

Conforme visto, a segunda forma de transferência de energia é por *condução*. O transporte por condução é a transferência da energia de uma parte (átomo, molécula etc.) do todo para a parte vizinha e assim por diante, sem haver deslocamento de massa, pois a unidade envolvida está "presa", ou melhor, ligada a outra. No máximo, há uma *dilatação do corpo*. A Figura 2.1 (B), no seu destaque, mostra esta forma de transporte de energia através das moléculas de água. Se o fornecimento de energia for grande, chega o momento em que as ligações se rompem e a partícula se separa; no caso da água, evapora.

A Ciência da Natureza tem a vantagem de observar fenômenos simples, possíveis de serem feitos, levantar hipóteses, experimentar e concluir. Assim, a Figura 2.11 mostra um prego de ferro (A), que inicialmente é segurado com a mão pela sua "cabeça", e a ponta introduzida na chama de uma vela, conforme (B). Decorridos alguns minutos, para poder segurar a cabeça do prego é necessário proteger a mão com um material refratário, como um pano, um papel, ou uma pinça, conforme (C).

Como é que o calor chegou à cabeça do prego?

A chama da vela emite *fótons* ou *quanta* de energia. A Equação [2.1], aqui transcrita, dá a sua expressão matemática.

$$\text{Fóton} = \text{quantum} = \Delta E = h \cdot \nu = h \cdot \frac{c}{\lambda} \qquad [2.1]$$

O valor do quantum de energia emitido pela chama depende do comprimento de onda λ. No caso da chama da vela, o valor λ varia do amarelo, vermelho ao infravermelho. No prego, quem vai captar ou absorver este "pacote" ou "onda-corpúsculo" é um elétron da ligação metálica.

De repente, a "cabeça" do prego esquentou. Este é o fato que a Figura 2.11 quer mostrar.

Este tipo de quantum da banda do infravermelho provoca na matéria que o absorve estiramentos, torções, vibrações, oscilações, translações das ligações e átomos presentes. Como consequência, há um aumento de energia cinética do sistema. Como os átomos estão ligados, provocam uma dilatação do corpo.

O elétron do prego, que se encontrava no seu estado fundamental, de repente foi excitado. Porém, logo em seguida, esse elétron volta ao seu estado fundamental e reemite o quantum de energia, que pode ser captado pelo elétron vizinho da ligação metálica. Por sua vez, este se ativa ou se excita e vai para um estado mais elevado de energia. Logo em seguida, volta ao estado fundamental, reemitindo o quantum. Mais à frente, outro elétron da ligação metálica capta o fóton, e o processo continua. Como a vela não apagou, continua emitindo fótons, e o processo recomeça.

A mesma Figura 2.11 (B) mostra, na parte superior da vela da chama, que os materiais resultantes da combustão da vela (H_2O, CO_2) saem como gases quentes e aquecem o ar que cerca a chama, e a mistura

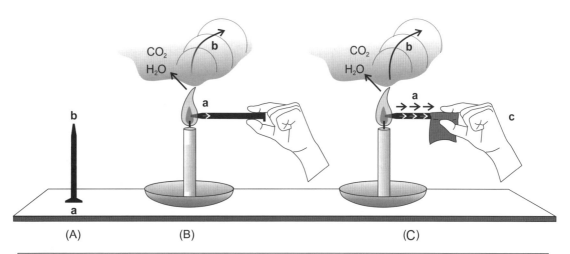

Legenda

(A) Prego de ferro; **a** - "Cabeça" do prego; **b** - Ponta. (B) Vela acesa em uma tigela aquecendo o prego seguro pela mão; **a** - Direção de propagação do calor no prego; **b** - Direção de propagação do ar quente. (C) Vela acesa aquecendo o prego segurado com toalha úmida para proteger a mão do calor; **a** - Direção de propagação do calor no prego; **b** - Direção de propagação do ar quente; **c** - Sistema protetor da mão mediante o calor.

Figura 2.11 Visualização da condução de energia: (A) Prego de ferro. (B) Vela acesa com a ponta do prego dentro da chama e seguro com a mão pela "cabeça". (C) Uso de material **c** para proteger a mão do calor que chegou.

quente tende a subir, pois os gases quentes diminuem de densidade e, como consequência, soltos na atmosfera, sobem, dando início a outro processo de transporte de energia, a **convecção**.

Algumas formas de transferência e de transporte de energia na fase gasosa (ar – atmosfera) e na fase líquida (água – hidrosfera) são diferentes se comparadas com um corpo sólido. Por exemplo, ao se considerarem corpos em estado fluido, como o líquido (água – hidrosfera) e gasoso (ar – atmosfera), o corpo, ao receber energia na forma de radiação eletromagnética, dependendo do comprimento de onda, sofre, inicialmente, aquecimento. Seus constituintes (átomos, moléculas e íons) aumentam seu estado energético em forma de energia cinética (estiramentos, oscilações, vibrações, translações, rotações etc.) e dilatam o corpo; como consequência, a densidade do corpo muda, ficando mais leve. Como são corpos fluidos, o mais leve (ou o menos denso) sobe, e o mais denso (ou o mais pesado) desce, começando o transporte de energia por *convecção*, assunto que será analisado mais à frente.

Em um corpo líquido ou gasoso, se ocorrer resfriamento de sua parte superior, a densidade dessa parte aumenta e desce para o fundo, e a do fundo, menos densa, sobe, provocando o que em um corpo líquido é denominado fenômeno do *overturn*, ou a circulação vertical do corpo líquido. É um fenômeno comum nos corpos d'água, conforme será ainda analisado.

2.4 Transferência de Energia com Transporte de Massa por Convecção

2.4.1 Calor sensível e calor latente

A transferência de energia por **convecção** na atmosfera se faz principalmente pela água dentro do ciclo hidrológico, conforme segue à frente. Antes, porém, necessita-se entender como a água absorve e perde energia nos seus estados físicos: *sólido*, *líquido* e *gasoso*. A Figura 2.12 visualiza os processos físicos ocorridos com a água a uma atmosfera de pressão (nível do mar). A Figura 2.12 (A) mostra que a temperatura do gelo quando aquecido se eleva, "sobe" até chegar a 0 °C.

Neste caminho até 0 °C, pode-se observar a variação da temperatura com o calor absorvido; este calor é denominado *calor sensível*, pois é possível sentir ou ver sua variação em um termômetro. Ao alcançar 0 °C, chega-se ao ponto de fusão do gelo (PF). Isso significa que a energia absorvida pelo gelo é utilizada para quebrar, romper, desmontar a estrutura sólida ou retirar as moléculas de água de sua geometria cristalina, moléculas ali posicionadas pelas *pontes de hidrogênio*. Assim, a temperatura fica constante, e o calor (energia) absorvido é denominado *calor latente de fusão*, conforme Figura 2.12 (B).

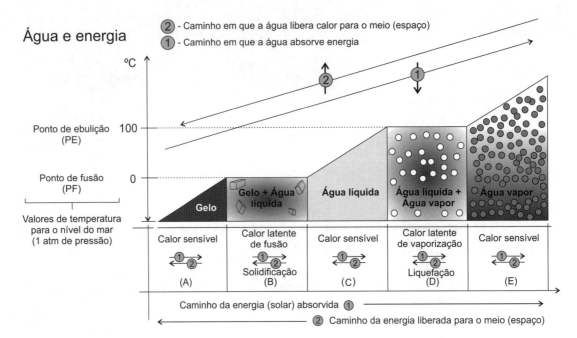

Figura 2.12 Visualização da absorção da energia (radiação eletromagnética) pela água, *calor latente* e *calor sensível*. Fonte: Stoker, 1993.

No momento em que não há mais gelo na mistura (gelo + água líquida), a energia absorvida volta a ser consumida na movimentação das moléculas, a temperatura volta a subir e o calor a ser *sensível*, Figura 2.12 (C). A energia absorvida é acusada pela elevação da temperatura até alcançar 100 °C. Neste momento, a energia absorvida é gasta ou consumida para quebrar o restante da amarração (pontes de hidrogênio e forças de Van der Waals) que segura a molécula de água no estado líquido, e a temperatura não varia. Esta energia é denominada *calor latente de vaporização*, Figura 2.12 (D).

A seguir, a energia absorvida é consumida no aumento do estado vibracional-cinético das moléculas, ou seja, um aumento da temperatura correspondendo a calor sensível, Figura 2.12 (E). Na Figura 2.12, todos estes fenômenos correspondem ao Caminho 1, em que há absorção de energia externa (na atmosfera, energia solar) por certa massa de água.

Agora, analisando o processo da retirada, perda de energia ou de resfriamento, observa-se pela Figura 2.12 que as mesmas etapas são percorridas, agora em sentido inverso, cujos nomes estão em (A) a (E). Todos esses fenômenos correspondem ao Caminho 2, que mostra perda de energia, por certa massa de água, para o meio (ou espaço), no caso, a atmosfera. Os calores latentes levam o nome do estado final da perda de energia, *calor latente de solidificação* e *calor latente de liquefação*, cujos valores equivalem ao de fusão e vaporização, designações, em geral, pouco utilizadas, ver Figura 2.12.

Este conjunto de transformações encontra-se no ciclo hidrológico, que será apresentado algumas páginas a seguir.

2.4.2 Circulação e correntes de ar

Uma das variáveis que regem o deslocamento de certa massa ou quantidade de um fluido é a diferença de densidades. O mais leve (menos denso) cede lugar ao mais pesado (mais denso); isso é do conhecimento de todos que praticam o esporte do balonismo, em que o ar do balão é aquecido mediante a chama de um bico de gás (queimador apropriado, tipo maçarico), Figura 2.13 (A) e (B).

Observa-se que a chama do bico de gás, Figura 2.13 (A), aquece o ar e este fica mais leve, ou seja, há menos massa de ar na unidade de volume (g L^{-1} = densidade). Isto significa menor densidade e consequente subida, deslocando o ar mais denso, que desce pelas laterais do balão. Assim é gerado o movimento de *convecção do ar* dentro do balão.

A partir de certo momento, o próprio balão cheio de ar quente, mais leve que o ar externo, além do efeito do empuxo (no caso, valor pequeno), vence a força da gravidade e sobe, Figura 2.13 (B).

Desta forma, o piloto do balão, com o auxílio do bico de gás e o vazamento de ar quente, controla a altura desejada ou mesmo o retorno ao solo.

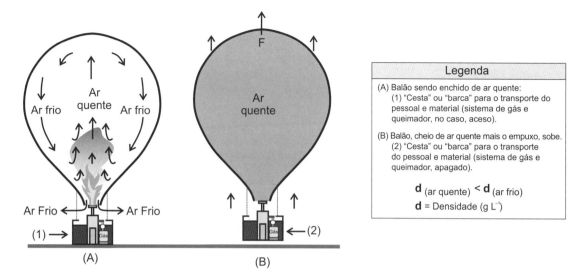

Figura 2.13 Balão de ar: (A) Aquecimento do ar do balão. (B) Balão com ar quente subindo.

Agora, fazendo uma associação de fatos e fenômenos, em vez de se ter um bico de gás aquecendo o ar, pode-se ter o Sol aquecendo uma calota da Terra, conforme mostra a Figura 2.14.

Como a Terra é esférica, a incidência da radiação solar apresenta ângulos diferentes à medida que se afasta da perpendicular "Sol-superfície terrestre". Como consequência, a reflexão da radiação aumenta, e sua absorção pela crosta terrestre é diminuída. Isto significa que o aquecimento do ar na superfície da Terra diminui com o afastamento da região de incidência normal (perpendicular). O ar mais quente, que se localiza na região em que a radiação incide verticalmente sobre a superfície, sobe, e para seu lugar se desloca o ar vizinho, mais frio; com isso, dá-se início à circulação do ar e formação de correntes de ar, Figura 2.14 (indicações 4, 5 e 6).

A Figura 2.15 visualiza a formação de células de ar, nas quais a temperatura, densidade e pressão são mais ou menos iguais. Uma imagem do que pode acontecer ao longo do dia e do ano.

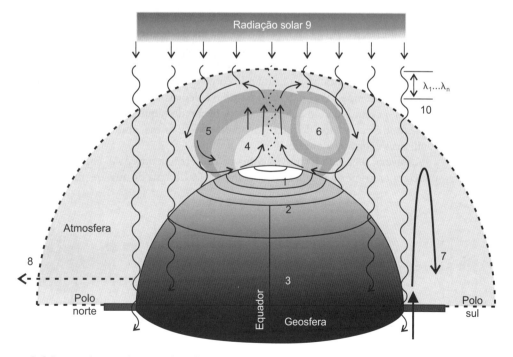

Figura 2.14 Visualização de uma calota da Terra sendo aquecida pelo Sol, mostrando o princípio da formação das *células de circulação do ar* na atmosfera.

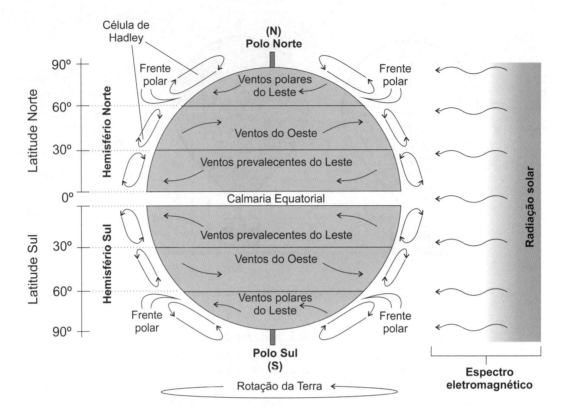

Figura 2.15 Circulação global do ar na atmosfera. Fonte: Seinfeld & Pandis, 1998; Brimblecombe, 1996; Manahan, 1994.

2.5 Transferência de Energia com Transporte de Massa por Advecção

A *advecção* é o transporte de energia, principalmente na forma calorífica, contida em uma quantidade de massa, pelo seu *deslocamento horizontal*. Por exemplo, uma nuvem formada de gotículas de água, um **aerossol** (solução coloidal de partículas e gás, no caso, ar), é deslocada do oceano para a Terra. Falou-se em nuvem, pois esta é visível, mas pode ser uma massa de ar que não se vê. Seu deslocamento mais ou menos horizontal caracteriza a advecção. A Figura 2.16 apresenta um exemplo.

A água que constitui a nuvem da Figura 2.16, para evaporar, absorveu energia eletromagnética compatível, na forma de calor; esta, atuando como *energia cinética* (vibração, rotação, estiramento, translação, torção etc.), rompeu as *pontes de hidrogênio* e demais forças de Van der Waals que ligavam a molécula às demais no estado líquido e evaporou, conforme destaque da Figura 2.1 (B). Ao alcançar o ar mais frio, condensou-se ao estado de micropartículas. Nesta forma, ainda com densidade menor, pois está quente, subiu mais e formou a nuvem.

A nuvem, seguindo os movimentos de *convecção* e *advecção*, encontrou uma frente de *ar frio*, isto é, pouco calor, conforme Figura 2.17. As moléculas de água da nuvem, mais quentes, transferiram calor para

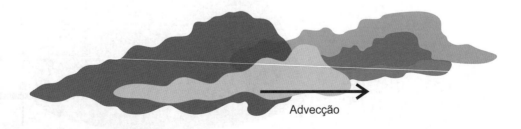

Figura 2.16 Visualização da advecção: uma frente de nuvens se deslocando horizontalmente, carregando uma quantidade de calor.

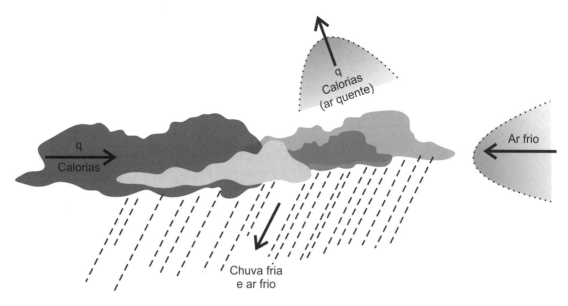

Figura 2.17 Visualização do transporte e transferência de energia na forma de calor.

o ar frio (N_2 e O_2), condensaram-se em gotas mais pesadas e precipitaram na forma de chuva. Algumas vezes, podem solidificar e precipitar na forma de granizo, pedras de gelo, neve etc., dependendo da frente fria.

Desta maneira, formam-se as *massas de ar* que possuem longas extensões horizontais e apresentam uniformidade de temperatura, densidade e umidade. São nomeadas de acordo com sua origem, por exemplo: massas tropicais, marinhas, polares etc. O deslocamento de uma massa de ar apresenta a *frente* da massa de ar. O encontro de uma frente fria com uma frente quente e úmida provoca chuva ou, dependendo das condições, granizo, tormentas, furacões etc.

Na movimentação do ar da atmosfera devem-se considerar situações próprias locais e regionais, além das globais. De qualquer forma, com o transporte de massas de ar há o transporte de energia. As situações locais e regionais são determinadas pela própria conformação física do local.

Na região sul do Brasil chegam massas de ar frio que se originam na região do polo sul, passam pela Argentina e entram no Rio Grande do Sul com o nome de Minuano. Ao encontrarem uma atmosfera mais úmida, provocam chuvas. No Brasil central formam-se as frentes quentes que vão em direção ao sul, e ao encontrarem uma frente fria, o tempo muda.

2.6 Processos Atmosféricos de Interesse para a Biosfera

2.6.1 Ciclo hidrológico

Nos tópicos anteriores foi analisada a transferência de energia de um local para outro, seja no espaço, seja em um corpo sólido, líquido ou gasoso. Sempre deve existir uma fonte que produz e emite essa energia. O Sol é a fonte principal da energia eletromagnética que chega à Terra. A forma de transferência do Sol à Terra, já vista, é a radiação.

Antes de qualquer explicação, veja a Figura 2.18, que apresenta visualmente o que é o *ciclo hidrológico*.

A superfície terrestre tem expostos para a atmosfera e espaço aproximadamente três quartos (±3/4) de sua área em água, formando a hidrosfera. Logo, observa-se que a energia solar que chega à superfície terrestre, após passar e ser filtrada pelas diferentes camadas da atmosfera (um envelope protetor da vida na Terra), tem maior probabilidade de incidir em água. Nesta incidência sobre a água, conforme Figura 2.1 (A) e (B), pode sofrer transferência por *condução*, por *convecção* e por *advecção*; nas duas últimas formas, há também transporte de massa. Estes processos entre a *energia* (do Sol) e a água (da Terra) envolvem a litosfera, a hidrosfera e a atmosfera. Em maior parte, geram fenômenos meramente físicos, isto é, entra energia + água, e, ao final, sai água + energia. Estes processos levam o nome de *Ciclo Hidrológico*, conforme Figura 2.18.

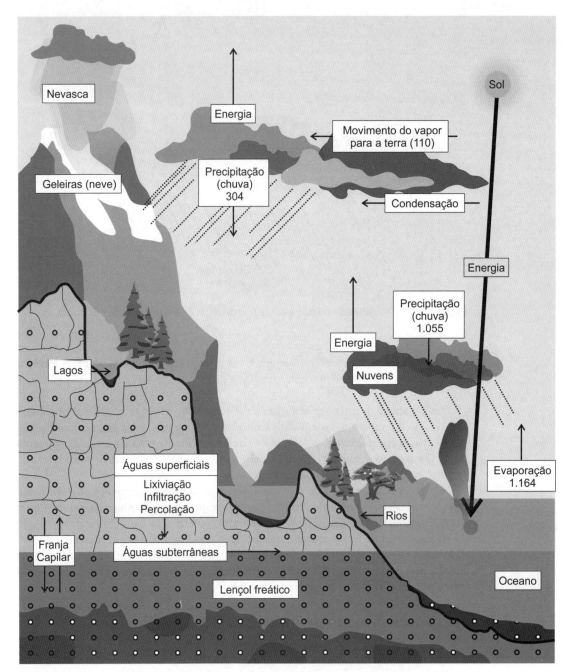

Figura 2.18 Ciclo hidrológico mostrando a transferência e transporte de energia por radiação, condução, convecção e advecção. As cifras da figura devem ser multiplicadas por 10^9 litros por dia.

O ciclo hidrológico é um exemplo em que acontecem radiação, condução, convecção e advecção da energia, e, se não há uma dilatação dos corpos envolvidos, há transporte de massa e energia (calor).

Na Figura 2.1 (A) e (B), observa-se o início do ciclo hidrológico no momento em que a radiação solar é absorvida pela água, isto é, a energia solar é absorvida pelas moléculas de água, adquirindo energia suficiente para romper suas ligações com a fase líquida, ultrapassar a pressão de vapor da água e evaporar. A molécula de água ao separar-se (fase gasosa) leva consigo a energia solar absorvida e sua própria massa. Lá ao longo do ponto de evaporação, deixa o estado de gás, passa a vapor, formam-se as gotículas (fase líquida), perdendo calor para o meio, e precipita, deixando sua massa.

A Figura 2.18 mostra este conjunto de transformações que constituem o ciclo hidrológico. A Figura 2.12, na parte gráfica inferior, mostra este balanço de energia dos diversos estados físicos (sólido, líquido e gasoso) que a água pode ter ao longo do ciclo hidrológico.

No ciclo hidrológico, diariamente evaporam-se aproximadamente 1.164 trilhões de litros de água, que correspondem a 1.164 trilhões de quilos, se a densidade (d = m v^{-1}) for igual a 1 kg L^{-1}.

É importante apontar que grande parte do ciclo hidrológico acontece na atmosfera, envolvendo transferência e transporte de energia e massa. Além disso, é o *suporte da vida* no planeta Terra. A água que precipita lava a atmosfera de muitos poluentes, e, chegando ao solo, dissolve os nutrientes necessários aos processos vitais dos seres auto e heterotróficos, inclusive do ser humano. Conforme pode ser visto na Figura 2.18, o *lençol freático*, a *franja capilar* e os *macros* e *microporos* geram a *capilaridade do solo*, conduzindo a água que participa do ciclo hidrológico.

2.6.2 Inversão térmica

A *inversão térmica* é um fenômeno atmosférico de natureza meramente física no qual a circulação do ar não acontece normalmente; essa normalidade é rompida. É causado por situações locais geográficas e muitas vezes temporais.

O normal, em geral, é a energia solar incidir na superfície da Terra (água, florestas ou solo) por radiação, aquecendo-a. A seguir, a energia é absorvida e há aquecimento do ponto e das partes mais próximas. Estas, por condução ou por convecção, aquecem o ar mais próximo dessa superfície. Ali, uma massa de ar quente, mais leve (menos densa), sobe, começando a circulação normal do ar da atmosfera.

A Figura 2.19 (A) mostra um *dia normal de incidência* de radiação eletromagnética solar na superfície terrestre. Observa-se que as fumaças das chaminés são levadas pelas correntes ascendentes de ar aquecido, Figura 2.19 (A) (2), que sobem a partir da superfície do solo. Mais distante, formam-se correntes descendentes de ar frio (3). É o processo da convecção.

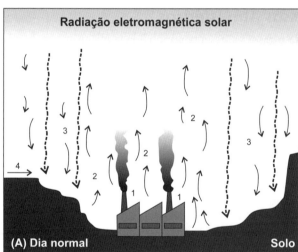

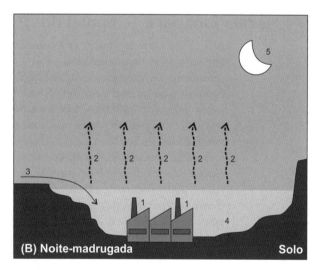

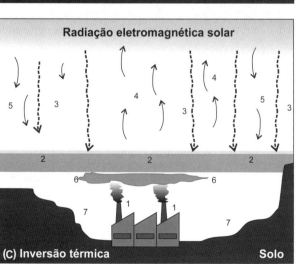

Legenda

(A) Dia normal de incidência solar: 1 - Fábricas com chaminés fumegando e as fumaças subindo; 2 - Ar quente subindo formando correntes de ar; 3 - Ar frio descendo, correntes descendentes; 4 - Ventos.

(B) Noite-madrugada com a lua no céu: 1 - Chaminés apagadas; 2 - Calor que sobrou da energia solar absorvida, irradiando da Terra; 3 - Brisa fresca da noite; 4 - Umidade (do ar frio) condensada em forma de neblina ou serração; 5 - Lua da madrugada.

(C) Inversão Térmica: 1 - Chaminés em atividade; 2 - Camada de nevoeiro blindando a entrada da radiação solar e a saída de fumaças; 3 - Radiação solar incidente; 4 - Ar quente subindo (correntes ascendentes); 5 - Ar frio descendo (correntes descendentes); 6 - Fumaças "presas" pela camada de nevoeiro; 7 - Ar frio estacionado.

Figura 2.19 Fenômeno da inversão térmica: (A) Circulação normal do ar da atmosfera. (B) Calor que sobrou da radiação absorvida irradiando da Terra. (C) Formação da inversão térmica. Fonte: Manahan, 1994; Perry & Slater, 1981.

44 Capítulo Dois

A Figura 2.19 (B) mostra que o dia solar terminou, as fábricas foram desativadas. Anoiteceu. Acabou a incidência de radiação solar. A Lua apareceu, refletindo a luz solar. O solo ainda quente emite para o espaço parte da radiação eletromagnética do infravermelho que foi absorvida durante o dia. Já durante a *noite-madrugada*, forma-se uma camada de serração. O vapor de água encontra o ar frio e condensa.

A Figura 2.19 (C) mostra o fenômeno da *inversão térmica*. Por motivos geográficos do local ou por motivos atmosféricos forma-se uma camada de *neblina* ou *névoa estacionária* a certa altura da superfície do solo, Figura 2.19 (C) (2), que não permite passar a radiação solar incidente. Esta, a radiação solar incidente (3), chega até a camada de neblina. Ali, aquece o ar da parte superior e este sobe (4), dando início ao processo de *convecção*, bem acima da superfície do solo. Abaixo dessa camada a radiação solar incidente não chega; apenas luz difusa.

O dia amanheceu, as chaminés voltaram a fumegar (1). As fumaças quentes sobem, porém, são barradas (6) pela *camada de neblina* ou *névoa* que se formou. Entre a superfície e a camada de neblina forma-se uma região de *ar estacionário* (7). Se as fumaças contiverem poluentes, os mesmos ficam "presos" nesta região, podendo criar um ambiente tóxico. Este fenômeno é a inversão térmica. Em si mesma, a inversão térmica não apresenta perigo nenhum; o perigo está na toxicidade e concentração dos gases emitidos pelas chaminés ou outras fontes. É conveniente saber que esse fenômeno pode acontecer em pleno dia, em condições próprias da atmosfera.

Um caso histórico de inversão térmica aconteceu em Londres em 1952, quando no inverno o aquecimento residencial era feito pela queima de carvão de mineral, que continha a impureza pirita (FeS_2). Na queima do carvão, formaram-se SO_2, cinzas etc., materiais que, em função da inversão térmica, ficaram presos na atmosfera por vários dias, deixando o ar irrespirável. Muitas pessoas morreram.

2.7   Escala Espacial e Temporal dos Processos Atmosféricos

As unidades que compõem as substâncias na fase gasosa apresentam mobilidade maior que as de substâncias na fase líquida ou sólida. Na fase gasosa não existe nenhuma interação entre as unidades que a compõem; por exemplo, na água líquida apresentam-se as *pontes de hidrogênio*; na maioria dos outros compostos há interações do tipo *forças de Van der Waals*. Na fase sólida, apresentam-se interações mais fortes, as *ligações químicas* (iônicas e covalentes).

Além das unidades (moléculas, íons etc.) das substâncias presentes em uma fase gasosa apresentarem mobilidades distintas entre si, a massa gasosa como um todo pode apresentar movimento próprio de deslocamento, como uma corrente de ar ou vento. Esta mobilidade, juntamente com a reatividade química das espécies envolvidas e sob determinadas condições ambientes, provoca fenômenos dependentes do tempo (isto é, podem ocorrer na hora, no dia, dias depois etc.) e do espaço (isto é, no local, ou longe deste). Cada elemento terá uma velocidade própria de reação, uma cinética própria. Este assunto será abordado no *Capítulo 5 – Cinética de Reações Químicas da Atmosfera*.

O conteúdo será ilustrado com um exemplo: uma molécula de metano, $CH_{4(g)}$, produzida biogenicamente em um ambiente anaeróbico de fase líquida, difunde-se para a atmosfera. Ali, junto com a mistura atmosférica, além de continuar a difundir-se dentro da camada de ar, desloca-se com esta, na forma de correntes de ar ou de ventos, para um local mais distante, podendo levar dias, até anos, para reagir a quilômetros de distância do local em que se formou.

Em termos de processos atmosféricos de movimentação de massas, a literatura distingue as seguintes escalas de espaço:

Processos de microescala: fenômenos que ocorrem em escalas da ordem de 0 a 100 m, por exemplo, as fumaças de uma chaminé; ver exemplos na Tabela 2.1.

Tabela 2.1 Exemplos de Intervalo de Escalas Espaciais de Processos Químicos Atmosféricos

Processo (fenômeno)	Escala espacial (km)
Poluição atmosférica urbana	1–100
...	
Depleção estratosférica do ozônio (O_3)	1.000–40.000
...	
Trocas troposféricas–estratosféricas	0,1–100

Fonte: Seinfeld & Pandis, 1998.

Processos de mesoescala: fenômenos que ocorrem dentro de uma escala de 10 a 100 quilômetros, por exemplo, as brisas mar-terra.

Processos de escala sinóptica: fenômenos que ocorrem em uma escala de 100 a 1.000 km, por exemplo, a movimentação geral do tempo (chuva generalizada em três a quatro estados).

Processos de escala global: fenômenos que ocorrem em uma escala superior a 5.10^3 km.

A Figura 2.20 relaciona alguns processos na escala temporal e espacial. Na escala temporal foi utilizado o "tempo de residência" da espécie; na escala espacial, o "valor aproximado" da distância em que a espécie se encontra do local de origem.

Observa-se na referida figura que algumas espécies têm curto tempo de vida, por exemplo, o radical hidroxila (HO•); outras têm tempo de vida moderadamente longo, como o dióxido de enxofre (SO_2); e um terceiro grupo apresenta tempo de vida longo, por exemplo, os compostos cloro-flúor-hidrocarbonetos, chamados abreviadamente de CFCs, como o hexafluoretano, F_3C–CF_3, que apresenta tempo de vida de 50.000 anos. Outros exemplos podem ser encontrados nas referências da Figura 2.20.

2.8 Definições e Conceitos

Na discussão acerca da atmosfera, dos poluentes da atmosfera, dos ciclos globais etc., conforme visto, necessita-se colocar algumas definições de referência, entre elas, as que seguem. Alguns conceitos encontram-se exemplificados e visualizados na Figura 2.21.

Reservatório (reservoir)

Reservatório é o domínio (local, ou espaço), como, por exemplo, a atmosfera, a biosfera etc., onde a espécie de interesse (o poluente) pode residir por algum tempo, ou para sempre; ver Figura 2.21 (Lima-e-Silva *et al.*, 1999).

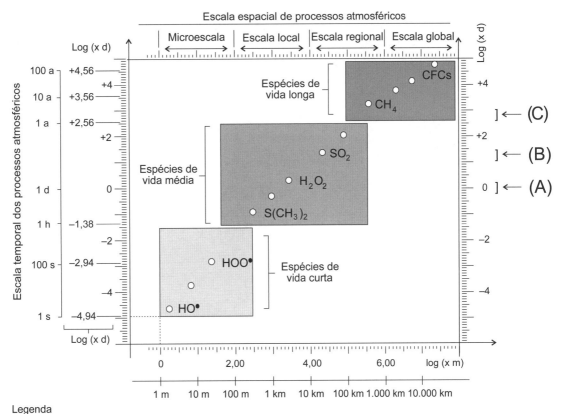

Legenda
(A) Tempo para misturas na camada. (B) Tempo para misturas intra-hemisféricas. (C) Tempo para misturas inter-hemisféricas. Detalhes da escala: a – anos; d – dias; h – horas; s – segundos.

Figura 2.20 Variabilidade das escalas espacial e temporal de alguns constituintes atmosféricos. Fonte: Finlayson-Pitts & Pitts, 2000; Brasseur *et al.*, 1999; Seinfeld & Pandis, 1998.

Carga do poluente (ou não poluente) (burden)

Carga do poluente é a quantidade de poluente no reservatório. Normalmente, é expressa em múltiplos (ou submúltiplos) de $1,00.10^{12}$ g = 1,0 Tg = um teragrama = $1,00.10^6$ toneladas.

Fluxo

Fluxo é a velocidade com que um poluente é transferido de um domínio (reservatório) para outro. Em geral, é expresso em teragramas por ano (Tg a^{-1}); ver Figura 2.18 (Manahan, 1994; Lima-e-Silva *et al.*, 1999).

Tempo de residência, τ (Residence time)

Em estudos de poluição atmosférica, tempo de residência é o período de tempo no qual uma molécula, ou uma identidade química poluente qualquer, permanece na atmosfera (ou no local considerado). Pode ocorrer, ao final do referido tempo, a substituição da citada espécie por outra, também poluente; contudo, o tempo de residência não é o período em que o ambiente (local) esteve poluído, ou o tempo de poluição atmosférica. Em outros campos da Ciência (como, por exemplo, o da Engenharia Química), o termo é aplicado para denominar o período de tempo em que um dado material permanece no reator pelo qual está de passagem; ver Figura 2.21 (Porteus, 1994; Lima-e-Silva *et al.*, 1999).

Estado de "equilíbrio dinâmico" (steady state)

É um sistema no qual o que *entra* é igual e constante ao que *sai*, e os diversos componentes estão em equilíbrio. Qualquer mudança altera as relações entre eles, criando desequilíbrio e dando início a uma série de respostas ou reações (comportamentos), a fim de restaurar novamente a estabilidade (Kemp, 1998).

A atmosfera é um sistema aberto em termos de energia e massa (matéria). É um sistema dinâmico. Constantemente, elementos (traços, ou não) são introduzidos ou retirados do ambiente; ou calor, luz etc. entram no sistema, como também podem sair dele (atmosfera). Apesar disto, a composição da atmosfera não se altera de forma significativa ao longo do tempo. Sua composição exibe uma aparente constância. O estado de "*steady state*", isto é, "estado de equilíbrio dinâmico", pode ser assim definido: em um tubo pelo qual flui um fluido, como a água, se o tubo está cheio, a quantidade que entra é igual numericamente à quantidade que sai. O parâmetro que descreve este "*steady state*" é o tempo de residência do material no sistema, que pode ser expresso pela Equação (2.4).

$$F_i = F_o = A \cdot \tau^{-1} \tag{2.4}$$

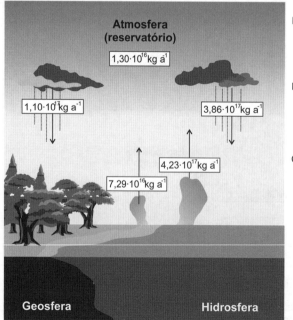

Figura 2.21 Visualização e exemplificação das definições de reservatório, fluxo, carga, estado de equilíbrio dinâmico e tempo de residência. Fonte: vanLoon & Duffy, 2001.

Em que: $F_i = F_o$ = fluxo de substância que entra (*input*) e/ou que sai (*output*) do sistema. A = quantidade de substância no reservatório; e τ = tempo de residência, Figura 2.21. Por exemplo, na atmosfera, o N_2 (gás nitrogênio) tem tempo de residência de milhões de anos. O O_2 (gás oxigênio) tem τ = 5.000 anos. O CO_2 tem tempo de residência de quatro anos e a $H_2O_{(gás)}$ tem um τ = 10 dias (Brimblecombe, 1996).

Mudança climática (Climate change)

Pela Convenção das Nações Unidas, a mudança climática é uma modificação do clima atribuída direta ou indiretamente à atividade antrópica, que altera a composição atmosférica global e representa uma adição a variações naturais do clima, observadas no decorrer de longos períodos de tempo (Houghton *et al.*, 1998; Lima-e-Silva *et al.*, 1999).

Tempo de modificação, ou de mudança (T) (Turnover time)

Tempo de modificação, ou de mudança, é a razão da massa (M) de um reservatório e a velocidade total de remoção (S) deste reservatório, Equação (2.5).

$$T = \frac{M}{S} \tag{2.5}$$

Tempo de resposta (T_a) (Adjustment time or reponse time)

Tempo de resposta é o tempo característico de decaimento de um pulso instantâneo de entrada no reservatório.

Tempo de meia-vida ($t_{1/2}$) (half-life) e tempo de vida (τ) (life time)

Tempo de meia-vida é definido como o tempo necessário para que a concentração de um reagente caia à metade de seu valor inicial, enquanto tempo de vida (τ) (*lifetime*) é definido como o tempo que o reagente leva para que sua concentração caia para $1/e$ (em que e é a base dos logaritmos naturais, 2,718). Tanto uma definição quanto outra estão diretamente relacionadas com a constante de velocidade da reação e à concentração de um reagente da reação (Finlayson-Pitts & Pitts, 2000).

2.9 Referências Bibliográficas e Sugestões para Leitura

BAIRD, C. **Environmental chemistry**. New York: W. H. Freeman and Company, 1999. 557 p.

BARKER, J. R. [Editor]. **Progress and problems in atmospheric chemistry**. London: WS – World Scientific, 1995. 940 p.

BENN, F. R.; McAULIFFE, C. A. **Química e poluição**. Tradução de Luiz R. M. Pitombo e Sérgio Massaro. Rio de Janeiro: LTC e Editora da Universidade de São Paulo, 1981. 134 p.

BRASSEUR, G. P.; ORLANDO, J. J.; TYNDALL, G. S. **Atmospheric chemistry and global change**. Oxford: Oxford University, 1999. 654 p.

BRIMBLECOMBE, P. **Air composition & chemistry**. 2. ed. Cambridge (UK): Cambridge University Press, 1996. 253 p.

DYER, J. R. **Aplicações da espetroscopia de absorção aos compostos orgânicos**. Tradução de Aurora Giora Albanese. São Paulo: Editora Edgard Blücher e Editora da Universidade de São Paulo, 1969. 155 p.

EWING, G. W. **Instrumental methods of chemical analysis**. Third edition. New York: McGraw-Hill Book Company, 1969. 607 p.

FINLAYSON-PITTS, B. J.; PITTS Jr., J. N. **Chemistry of the upper and lower atmosphere – Theory, experiments and applications**. London: Academic Press, 2000. 969 p.

HOUGHTON, J. T.; MEIRA FILHO, L. G.; CALLANDER, B. A.; HARRIS, N.; KATTNBERG, A.; MASKELL, K. [Editors]. **Climate change 1995 – The science of climate change**. Cambridge (UK): Cambridge University Press, 1998. 572 p.

KEMP, D. D. **Environmental dictionary**. London: Routledge, 1998. 464 p.

LIMA-E-SILVA, P. P.; GUERRA, J. T.; MOUSINHO, P.; BUENO, C.; ALMEIDA, F. G.; MALHEIROS, T.; SOUZA Jr., A. B. **Dicionário brasileiro de ciências ambientais**. Rio de Janeiro: THEX EDITORA, 1999. 247 p.

MANAHAN, S. E. **Environmental chemistry**. 6. ed. Boca Raton (USA): Lewis Publishers, 1994. 811 p.

PERRY, R.; SLATER, D. H. Poluição do ar. In: BENN, F. R.; McAULIFFE, C. A. **Química e poluição**. Tradução de Luiz R. M. Pitombo e Sérgio Massaro. Rio de Janeiro: LTC e Editora da Universidade de São Paulo, 1981. 134 p.

PORTEUS, D. **Dictionary of environment science and technology**. New York: John Wiley, 1994. 439 p.

SEINFELD, J. H; PANDIS, S. N. **Atmospheric chemistry and physics**. New York: John Wiley, 1998. 1326 p.

SILVERSTEIN, R. M.; BASSLER, G. C. **Spectrometric identification of organic compounds**. Second edition. New York: John Wiley and Sons, 1967. 256 p.

STOKER, H. S. **Preparatory Chemistry**. Fourth Edition. New York: Macmillan Publishing Company, 1993. 629 p.

TRAPP, S.; MATTHIES, M. **Chemodynamics and environmental modeling – An introduction**. Heildelberg - Germany: Springer-Verlag, 1998. 285 p.

vanLOON, G. W.; DUFFY, S. J. **Environmental chemistry – A global perspective**. Oxford (UK): OXFORD University Press, 2001. 492 p.

CAPÍTULO 3

Interação da Radiação Eletromagnética com a Atmosfera

3.1 Introdução
3.2 Radiação Solar
    3.2.1 Radiação onda
    3.2.2 Radiação corpúsculo
3.3 Estrutura da Matéria
    3.3.1 Aspectos gerais
    3.3.2 Corpúsculo onda
3.4 Átomos Polieletrônicos e Números Quânticos
    3.4.1 Número quântico principal (n)
    3.4.2 Número quântico secundário (l)
    3.4.3 Número quântico magnético (m_l)
    3.4.4 Número quântico magnético de $spin$ (m_s)
    3.4.5 Número quântico e elementos da tabela periódica
3.5 Átomos e Termos Espectroscópicos
    3.5.1 Aspectos gerais
    3.5.2 Termos
    3.5.3 Aplicação à atmosfera
3.6 A Ligação Química
    3.6.1 Ligação iônica
    3.6.2 Ligação covalente (simples)
    3.6.3 Ligação covalente coordenada
3.7 Orbitais Moleculares
    3.7.1 Considerações gerais
    3.7.2 Formação do orbital molecular sigma (σ)
    3.7.3 Formação do orbital molecular pi (π)
    3.7.4 Propriedades físicas e químicas explicadas pela TOM
3.8 Estados Espectroscópicos das Moléculas
3.9 Principais Tipos de Interações Fotoquímicas
    3.9.1 Excitação eletrônica
    3.9.2 Ionização direta
    3.9.3 Formação de radicais livres
    3.9.4 Reação química direta
3.10 Camadas da Atmosfera
3.11 Referências Bibliográficas e Sugestões para Leitura

3.1 Introdução

A química da atmosfera apresenta reações de caráter **fotoquímico**, e/ou meramente **químico**, por meio das quais se formou e se mantém num estado de equilíbrio dinâmico que, segundo o princípio de Le Chatelier, tende a se desfazer das ações antrópicas que ferem seus equilíbrios milenarmente estabelecidos.

As reações fotoquímicas na atmosfera são reações que sem a presença da radiação eletromagnética não se dão. A interação entre a radiação eletromagnética e a matéria se dá por meio de frações quantizadas de energia com a matéria, denominadas *quanta* (ou *quantum* no singular). Dependendo da energia do *quantum* da radiação, a interação pode ser com o núcleo dos átomos (raios cósmicos) ou com a eletrosfera, e, elétrons de valência (raios X, ultravioleta, visível etc.). Primeiramente, será analisada a composição da radiação eletromagnética (a radiação solar). Depois, os principais tipos de situações em que se encontra o elétron na matéria, o elétron na eletrosfera do átomo, na molécula com seus estados quânticos, para somente depois analisar as interações: excitação eletrônica, ionização e a formação de radicais.

3.2 Radiação Solar

A radiação solar é uma forma de energia radiante de natureza eletromagnética que pode ser transmitida através do espaço com a velocidade de 300.000 km s^{-1}. Apresenta caráter **ondulatório-corpuscular**, isto é, dual. Tem comportamento de **onda** e comportamento de **corpúsculo**. Se tratada como onda, pode-se colocá-la em ordem crescente de comprimento de onda em que ela se apresenta e obter um conjunto ordenado da radiação eletromagnética denominado **espectro eletromagnético**. A Tabela 3.1 mostra a constituição do espectro eletromagnético. Ali, verifica-se que, desde raios cósmicos, raios gama, raios X, raios ultravioleta, visível, até ondas de rádio formam o conjunto da radiação eletromagnética emitida pelo sol. A um tipo específico de comprimento de onda denomina-se **raia** ou **linha espectral**. A uma fração do espectro, isto é, a uma parte do espectro ordenado, 2, 3, ..., comprimentos de onda juntos, denomina-se **banda espectral**.

Tabela 3.1 Espectro Eletromagnético

Comprimento de onda

Centímetros (cm)	10^{-12}	10^{-11}	10^{-10}	10^{-9}	10^{-8}	10^{-7}	10^{-6}	10^{-5}	10^{-4}	10^{-3}	10^{-2}	10^{-1}	10^{-0}	10^{1}	10^{2}	10^{3}	10^{4}	10^{5}	10^{6}	10^{7}
Mícrons (μ)	10^{-8}	10^{-7}	10^{-6}	10^{-5}	10^{-4}	10^{-3}	10^{-2}	10^{-1}	10^{0}	10^{1}	10^{2}	10^{3}	10^{4}	10^{5}	10^{6}	10^{7}	10^{8}	10^{9}	10^{10}	10^{11}
Milimícrons (mμ = nm)	10^{-5}	10^{-4}	10^{-3}	10^{-2}	10^{-1}	10^{0}	10^{1}	10^{2}	10^{3}	10^{4}	10^{5}	10^{6}	10^{7}	10^{8}	10^{9}	10^{10}	10^{11}	10^{12}	10^{13}	10^{14}
Angströms (Å)	10^{-4}	10^{-3}	10^{-2}	10^{-1}	10^{0}	10^{1}	10^{2}	10^{3}	10^{4}	10^{5}	10^{6}	10^{7}	10^{8}	10^{9}	10^{10}	10^{11}	10^{12}	10^{13}	10^{14}	10^{15}

Energia

Número de onda (cm^{-1})	10^{12}	10^{11}	10^{10}	10^{9}	10^{8}	10^{7}	10^{6}	10^{5}	10^{4}	10^{3}	10^{2}	10^{1}	10^{0}	10^{-1}	10^{-2}	10^{-3}	10^{-4}	10^{-5}	10^{-6}	10^{-7}

Classificação da radiação

Raios cósmicos	===	===																		
Raios gama		==	===	===	=															
Raio X				=	===	===	=													
Ultravioleta afastado						=	===	=												
Ultravioleta						==														
Visível						===	=													
Infravermelho próximo							=													
Infravermelho							=	=												
Infravermelho afastado									==	=										
Micro-onda										==	===	=								
Radar											=	===	=							
Televisão												=	===	===						
Res. nuclear magnética															===					
Ondas de rádio															==	===	===	=		
Corrente elétrica																=	===	===	===	

Nanômetros (nm)	10^{-5}	10^{-4}	10^{-3}	10^{-2}	10^{-1}	10^{0}	10^{1}	10^{2}	10^{3}	10^{4}	10^{5}	10^{6}	10^{7}	10^{8}	10^{9}	10^{10}	10^{11}	10^{12}	10^{13}	10^{14}

Fonte: Dyer, 1969; Masterton et al., 1990; Russel, 1994; Skoog et al., 2006; Christen, 1977; Baird, 1999; Ewing, 1969; Harris, 2001; Pecsok & Shields, 1968.

3.2.1 Radiação onda

Uma observação mais detalhada demonstra que a radiação é uma onda constituída de um campo elétrico junto com um magnético que, em fase, sofrem oscilações senoidais em ângulos retos um em relação ao outro e na direção de propagação. A Figura 3.1(A) mostra estes detalhes. Pela Figura 3.1(B), verifica-se que uma onda possui como características: o **comprimento de onda** (λ), que é a distância linear entre dois pontos máximos da onda; o **período** (P), que é o tempo que a onda leva para percorrer o comprimento de um lambda (λ); a **elongação** (Y), que é o deslocamento que passa de um valor máximo positivo, diminuindo, passa pelo zero e alcança um valor máximo negativo, e mede a **amplitude** da onda; a **frequência** (ν), que mede o número de ciclos por segundo; e a **velocidade** (v), que corresponde à medida do seu deslocamento. O relacionamento dessas variáveis é dado pela Equação (3.1).

$$\text{(velocidade de propagação)} \ v = \nu \lambda \tag{3.1}$$

No vácuo, a velocidade da radiação eletromagnética torna-se independente do comprimento de onda e seu valor é máximo. Para a luz este valor é simbolizado por c e numericamente vale $2{,}99792 \cdot 10^8$ m s^{-1}. No ar, esse valor difere o máximo de 0,03%. Portanto, para o vácuo e para o ar a Equação (3.1) adquire a forma da Equação (3.2).

$$\nu \lambda = c = 3{,}00 \cdot 10^8 \ \text{m s}^{-1} \tag{3.2}$$

Num meio diferente, por exemplo, a água, a propagação da radiação é diminuída pela interação entre o campo eletromagnético da onda e os elétrons dos átomos e moléculas da água. O índice de refração de um meio é exatamente a medida desta interação e é expresso pela Equação (3.3).

$$\text{(índice de refração)} \ n = \frac{c \ \text{(velocidade no vácuo)}}{v \ \text{(velocidade no meio)}} \tag{3.3}$$

Para a maioria dos líquidos, n varia de 1,3 a 1,8, e para os sólidos, de 1,3 a 2,5 (ou mais).

A expressão *número de onda* ($\bar{\nu}$), definida como o recíproco do comprimento de onda (λ), dado em cm^{-1} pela Equação (3.4), é usada para descrever a energia da radiação eletromagnética principalmente no estudo do infravermelho.

$$\bar{\nu} = \frac{1}{\lambda} \text{cm}^{-1} \tag{3.4}$$

3.2.2 Radiação corpúsculo

O efeito fotoelétrico e o efeito Compton, entre outros, provam a natureza corpuscular da radiação eletromagnética. Max Planck foi o primeiro pesquisador a postular que a radiação eletromagnética, emitida por um corpo negro, era **quantizada**, isto é, em forma de pequenas quantidades de valor definido. Este "**pacote mínimo**" de energia foi denominado "quantum" de energia, ou **fóton**. O valor deste *quantum* é dado pela Equação (3.5).

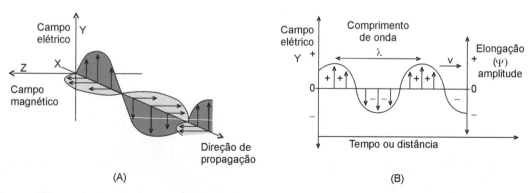

Figura 3.1 Onda eletromagnética: (A) campos elétrico e magnético em fase; (B) características da onda. Fonte: Halliday & Resnick, 1966; Beiser, 1969; Wehr & Richard, 1965; Karplus & Porter, 1970; Skoog & Leary, 1992.

$$quantum = \text{fóton} = \Delta E = h\nu \qquad (3.5)$$

em que:

h = constante de Planck = $6{,}63 \cdot 10^{-34}$ J s;
ν = frequência da radiação.

Pelas Equações (3.1) e (3.2) relacionadas com a Equação (3.5) pode-se escrever (3.6).

$$quantum = \text{fóton} = \Delta E = \frac{hc}{\lambda} \qquad (3.6)$$

em que:

c = velocidade da luz no vácuo = $2{,}999792 \cdot 10^8$ m s^{-1} = $3{,}00 \cdot 10^8$ m s^{-1};
λ = comprimento da onda eletromagnética.

Niels Bohr, em meados de 1913, utilizou a teoria quântica e explicou com sucesso a estrutura da eletrosfera do átomo de hidrogênio (Figura 3.2), e consequentemente as raias espectrais do átomo de hidrogênio resultantes dos saltos dos elétrons de uma órbita para outra, ao retornarem ao estado fundamental e a emissão de energias típicas, originando as séries espectrais de Lyman, Balmer, Pashen, Brackett e Pfund, caracterizando e explicando as interações da radiação eletromagnética com a matéria. Portanto, um elétron absorve energia do espectro eletromagnético e é **excitado**.

Após cessar a excitação, o elétron, ao voltar ao seu **estado fundamental,** emite a energia absorvida correspondente a um tipo de *quantum*, originando uma raia espectral típica, Figura 3.2.

Pela Figura 3.2(E), observa-se que o elétron, ao voltar do nível ($n = 3$) para o nível fundamental ($n = 1$), emite uma radiação, que medida experimentalmente com um espectroscópio tem um comprimento de onda de $\lambda = 1.025$ angströms ou 102,5 nm. Este comprimento de onda classifica o mesmo dentro do espectro eletromagnético como uma radiação do ultravioleta afastado. Calculando a energia associada a esse comprimento de onda eletromagnética, temos:

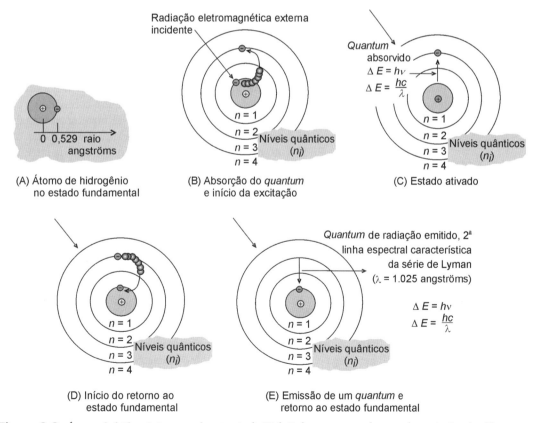

Figura 3.2 Átomo de hidrogênio segundo a teoria de Niels Bohr, apresentando um salto quântico do elétron. Estado fundamental (A); absorção de um *quantum* (B); estado excitado (C); retorno ao estado fundamental (D) e emissão de um *quantum* e estado fundamental (E).

52 Capítulo Três

a. Energia do *quantum* ou do fóton

Pela Equação (3.6), e sabendo que:

$$h = 6,6256 \cdot 10^{-34} \text{ J s e tomando o valor de } 6,63 \cdot 10^{-34} \text{ J s;}$$
$$c = 2,9979 \cdot 10^{8} \text{ m s}^{-1} \text{ e tomando o valor de } 3,00 \cdot 10^{8} \text{ m s}^{-1};$$
$$\lambda = 102,5 \text{ nm} = 1,025 \cdot 10^{-7} \text{ m.}$$

$$Quantum = \text{fóton} = \Delta E = \frac{\left(6,63 \times 10^{-34}\right)\left(3,00 \times 10^{8}\right)\left(\text{J s m s}^{-1}\right)}{1,025 \times 10^{-7} \text{ m}}$$

$$\Delta E = 1,94 \cdot 10^{-18} \text{ J}$$

b. Energia por mol de quanta ou fótons (1 mol tem 1 N de unidades e $N = 6,0225 \cdot 10^{23}$ ou $6,023 \cdot 10^{23}$)

Se:

$$
\begin{array}{ccc}
1 \; quantum & \longrightarrow & 1,94 \cdot 10^{-18} \text{ J} \\
\underline{6,023 \cdot 10^{23} \text{ quanta}} & \longrightarrow & x \\
1 \text{ mol} & &
\end{array}
$$

$$x = 1,168462 \cdot 10^{6} \text{ J mol}^{-1} = 1,168 \cdot 10^{3} \text{ kJ mol}^{-1}$$

Apesar de a unidade caloria não ser do SI (Sistema Internacional de Unidades), é ainda muito utilizada para expressar a medida de energia. Dessa forma, convertendo o J em calorias, sabendo que 1 cal equivale a 4,18 J, tem-se:

$$
\begin{array}{ccc}
1 \text{ kcal} & \longrightarrow & 4,18 \text{ kJ} \\
x & \longrightarrow & 1,168 \cdot 10^{3} \text{ kJ mol}^{-1}
\end{array}
$$

$$x = 279 \text{ kcal mol}^{-1}.$$

3.3 Estrutura da Matéria

3.3.1 Aspectos gerais

Para que se compreenda a interação da radiação eletromagnética com a matéria da atmosfera é necessário ter pelo menos uma ideia da estrutura da matéria e dos átomos que a compõem.

Para entender-se a radiação eletromagnética, usa-se a própria matéria para analisá-la. Por exemplo, a absorção, a difração, a refração, a reflexão, a emissão, a irradiação, a dispersão etc. da radiação pela matéria adequadamente escolhida tanto na espécie quanto no estado. No caso da interação da radiação com a matéria, escolheu-se a substância pura hidrogênio, no estado gasoso, em condições adequadas de pressão.

Não há dúvida de que, para analisar a estrutura da matéria, será utilizada também a radiação eletromagnética de comprimento de onda definido, interagindo com substâncias puras. Porém, existem alguns experimentos, como será visto, que estudaram a estrutura da matéria sem utilizar a radiação eletromagnética diretamente.

Já na antiguidade, Demócrito, filósofo grego, postulou o **atomismo**, isto é, a matéria é constituída de **unidades indivisíveis** ou **átomos** (em grego).

O primeiro sinal de que o **átomo** liberava e incorporava partículas começou com a **eletrólise**, que, ao final, evidenciou a existência de uma partícula de eletricidade negativa associada ao **átomo**, até então ainda indivisível, que John Stoney (1891) batizou de **elétron** (menor partícula de eletricidade negativa). Logo em seguida, Henry Bequerel (1896) descobriu que o átomo de urânio emitia radioatividade, que foi identificada como: partículas **α (alfa)**, partículas positivas constituídas como núcleos do átomo de hélio; partículas **β (beta)**, com carga negativa, posteriormente identificadas como elétrons acelerados; e partículas **γ (gama)**, sem carga elétrica, identificadas como radiação eletromagnética de alta energia.

Assim, amanhecia o último século (1900-2000) dando sinais de uma evolução nunca vista em tudo, principalmente no conhecimento da estrutura da matéria, como de fato aconteceu.

Ernest Rutherford e outros (1911) demonstraram o **caráter nuclear** do átomo e que neste núcleo estava localizada a carga positiva e praticamente toda a massa do átomo e ao seu redor a carga negativa, os elétrons (daí o nome de **eletrosfera**). O volume do núcleo do átomo no qual está toda a carga positiva e

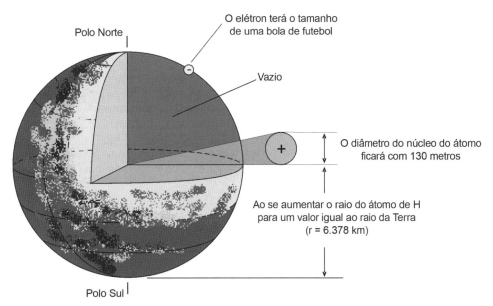

Figura 3.3 Comparação do átomo nuclear de hidrogênio com a Terra, ao se aumentar o diâmetro desse átomo para o valor de 6.378 km (igual ao da Terra). Fonte: Gladkov, 1965.

quase toda a massa do átomo ocupa 1 parte em 100.000 partes do todo. Portanto, conclui-se que o átomo é um **grande vazio**. Para compreender melhor este **vazio**, a Figura 3.3 compara a Terra com o átomo de hidrogênio. Isto é, ao se aumentar o átomo de hidrogênio até que seu raio seja igual ao da Terra, o núcleo que contém quase toda a massa e a carga positiva do átomo teria um diâmetro de 130 metros, e o elétron teria o tamanho de uma bola de futebol.

E entre os dois, o que há? O vazio? Aqui sobra um espaço para introduzir a ideia de que o elétron é uma onda. E qual é o espaço que ocupa uma onda estável? Antes, porém, é necessário saber o comprimento desta onda.

Neste ponto, ou a partir deste momento, a ciência da estrutura da matéria tomou dois caminhos. O estudo do núcleo e o estudo da eletrosfera.

No **estudo do núcleo** cresceram a Física Nuclear, a Química Nuclear, a Engenharia Nuclear e áreas afins (Medicina, Agricultura, Armamentos etc.). O homem conseguiu transmutar átomos, isto é, criar identidades químicas a partir de outras. Ou seja, provou que a identidade dos elementos se aglomera no núcleo dos mesmos e é caracterizada principalmente pelo número de prótons presentes, e a eletrosfera depende dela. Acessar o núcleo, isto é, entrar nele, só é possível com partículas de alta energia, e as reações envolvidas correspondem às **reações nucleares**.

No **estudo da eletrosfera**, já em 1913, o dinamarquês Niels Bohr postulou com muito sucesso a primeira **teoria atômica** e interpretou o átomo de hidrogênio envolvendo a teoria quântica de Max Planck (1900) e a interpretação do efeito fotoelétrico de Albert Einstein (1905). De forma espetacular explicou as raias espectrais conforme citado anteriormente.

Até o momento, o elétron era considerado uma partícula de massa m que descrevia uma órbita ou trajetória ao redor do núcleo a uma distância r_1 (no seu estado fundamental).

Observou-se que as **reações químicas** que envolvem dia a dia na natureza, ou nos laboratórios, nada mais eram do que o resultado das interações entre os elétrons mais externos da eletrosfera dos átomos, denominados **elétrons da camada de valência**. Por meio dessas interações, os átomos buscam sua estabilidade eletrônica, **perdendo** e/ou **ganhando** (formando ligação de **eletrovalência**), **emparelhando** (formando ligação de **covalência** comum) ou **coordenando** elétrons (formando ligação **dativa**).

Nestes processos, a identidade química caracterizada pelo número atômico Z (número de prótons no núcleo) fica imutável, e indiretamente o átomo, nestes processos, aparentemente é indivisível.

3.3.2 Corpúsculo onda

A noção do **elétron corpúsculo** era familiar, porém, **elétron onda** não soava bem. O físico De Broglie, por volta de 1924, baseando seus argumentos na simetria da natureza, postulou que:

"se a luz tem caráter tanto ondulatório como corpuscular, uma propriedade semelhante deve existir com a matéria."

Neste intento, prosseguiu mostrando que um comprimento de onda bem definido poderia estar associado ao movimento de um corpo material, entre eles o minúsculo elétron. Envolvendo os trabalhos de Planck, Einstein e outros, postulou que as partículas materiais de massa m e de velocidade v estariam associadas a um comprimento de onda λ dado pela Equação (3.7).

$$\lambda = \frac{hc}{p(\text{quantidade de movimento})} = \frac{hc}{mv} \tag{3.7}$$

Na mesma época que De Broglie, o alemão Erwin Schrödinger (1926) relacionou a teoria da ondulatória com os princípios incipientes da teoria quântica e demonstrou que a energia total (E) do átomo de hidrogênio é a soma de uma fração de energia cinética do átomo com uma fração da energia potencial dada pela Equação diferencial (3.8).

$$\int \frac{-h}{8\pi m} \nabla^2 \psi + V\psi = E\psi \tag{3.8}$$

em que:
h = constante de Planck;
m = massa do elétron;
ψ = função de onda;

$$\nabla = \text{operador laplaciano} = \frac{\partial \Psi}{\partial x} + \frac{\partial \Psi}{\partial y} + \frac{\partial \Psi}{\partial z}; \tag{3.9}$$

V = energia potencial;
E = energia total.

Agora o elétron foi descrito como **onda-corpúsculo**. Ele não descreve mais uma trajetória (**órbita**), como no modelo de Bohr, mas ocupa uma **região definida** do espaço ao redor do núcleo do átomo, compatível com o comprimento de onda (λ) que lhe está associado. Este espaço chama-se **orbital**, e, por estar associado ao átomo, chama-se **orbital atômico** (AO) e é definido por uma função de onda característica ψ_{nlm}. À frente serão explicados os símbolos "nlm".

A solução da equação diferencial de Schrödinger (3.8) em um sistema de coordenadas polares esféricas, Figura 3.4, conduz a uma função de ψ dependente das variáveis: r (distância do ponto do espaço ao centro ou ao núcleo referencial); θ (ângulo azimutal); ϕ (ângulo zenital), originando $\psi(r, \theta, \phi)$.

A solução da Equação (3.8) implica a separação das referidas variáveis, cujo produto dá a Equação (3.10).

$$\psi(r,\theta,\phi) = R(r)\,\Theta(\theta)\,\Phi(\phi) \tag{3.10}$$

A solução para a função R(r) só existe para certos valores inteiros de n (denominado **número quântico principal**, em que n = 1, 2, 3, 4, ..., ∞), que definem a energia da camada e o tamanho de ψ.

A solução para a função $\Theta(\theta)$ também só existe para certos valores inteiros de l (denominado **número quântico secundário**, podendo assumir os valores de l = 0, 1, 2, 3, ..., até $n-1$), batizados inicialmente pelas

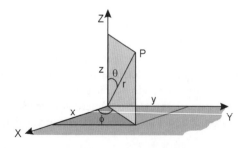

θ = Ângulo que mede a dependência azimutal do local (ponto P)
ϕ = Ângulo que mede a dependência zenital do local (ponto P)

Transformação das coordenadas cartesianas em coordenadas polares esféricas

$x = r\,\text{sen}\theta\,\text{sen}\phi$
$y = r\,\text{sen}\theta\,\text{sen}\phi$
$z = r\,\text{sen}\theta$

$r = (x^2 + y^2 + z^2)^{1/2}$

$\theta = \arccos\left[\dfrac{z}{(x^2 + y^2 + z^2)^{1/2}}\right]$

$\phi = \arctan \dfrac{y}{x}$

Figura 3.4 Relações básicas entre as coordenadas cartesianas e as coordenadas polares esféricas utilizadas na solução da equação de Erwin Schrödinger.

letras *s*, *p*, *d*, *f*, ... – provenientes dos termos em inglês usados na interpretação dos espetros, *s* (*sharp*), *p* (*principal*), *d* (*diffuse*), *f* (*fundamental*) etc., que definem o formato de ψ.

A solução para a função $\Phi(\phi)$, da mesma forma, só existe para certos valores inteiros de *m* (denominado **número quântico magnético**, podendo assumir os valores m_l = 0, ±1, ±2, ±3, ..., ±*l*) e definem a **orientação magnética** que *l* pode assumir sob a ação de um campo magnético externo.

Dessa forma, interpretando, pela mecânica quântica, os espaços ao redor do núcleo do átomo compatíveis com as interações, comprimento de onda, massa do elétron e carga nuclear (para o hidrogênio como base), foram definidas regiões caracterizadas por endereços denominados **números quânticos**: *n*, *l*, m_l, que identificam toda a função de onda ψ_{nlm}.

Cada uma das regiões definidas matematicamente por um ψ_{nlm}, denominado **orbital**, no máximo pode conter 2 elétrons caracterizados por uma orientação do seu campo magnético, criado pela rotação da carga elétrica do elétron sobre si mesmo (movimento este chamado de *spin*, em inglês) a favor de um campo magnético externo que definiu m_l ou contra este campo, por isto, denominado **número quântico magnético de spin** simbolizado por m_s = +1/2 e m_s = −1/2 das respectivas orientações magnéticas de ψ_{nlm}.

3.4 Átomos Polieletrônicos e Números Quânticos

3.4.1 Número quântico principal (n)

Conforme visto anteriormente, os estudos de Niels Bohr para o átomo de hidrogênio (um elétron), depois estendidos aos hidrogenoides, baseados na Mecânica Clássica do **modelo corpuscular** do elétron com massa (m) e carga (−) deslocando-se ao redor do núcleo com velocidade (v) no seu estado fundamental e outras possíveis (v_i) em situações excitadas, provam que a eletrosfera do átomo é estratificada em camadas com energias distintas, nas quais o elétron pode se encontrar. A primeira foi denominada historicamente *K* (as demais: *L*, *M*, *N*, *O*, *P*, ...). Mais tarde, estas conclusões foram confirmadas por Erwin Schrödinger e muitos outros cientistas pela Teoria Quântica, que se baseia no modelo **onda-corpúsculo** do elétron. Na Mecânica Quântica, as letras *K*, *L*, *M*, ... foram substituídas por números *n* = 1, 2, 3, 4, ..., denominados números quânticos principais.

Falando do átomo de hidrogênio, que possui um elétron, bem como os hidrogenoides, *K* ou *n* = 1 é a **camada fundamental** na qual se encontra o elétron quando o átomo está no seu **estado fundamental**. As demais camadas são acessíveis ao elétron somente quando este absorve energia para ascender aos outros níveis. Esta energia não é qualquer uma, mas sim uma quantidade compatível com o salto dado, denominada *quantum* ou **fóton**, Figura 3.5.

3.4.2 Número quântico secundário (l)

O número quântico secundário é denominado também número **quântico azimutal**, número **quântico orbital**.

O número quântico secundário associa a energia do elétron com o seu movimento ao redor do núcleo, quando considerado um **corpúsculo**, ou, com o espaço quantizado ao redor do núcleo, se for considerado **onda-corpúsculo**. Para entender melhor a ideia, veja-se o modelo corpuscular, Figura 3.6.

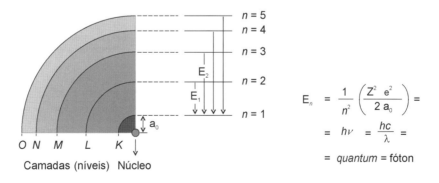

Figura 3.5 Visualização das camadas ou níveis de energia da eletrosfera do átomo de hidrogênio que são permitidas ao elétron, às quais correspondem os números quânticos principais *n*.

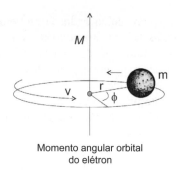

Momento angular orbital
do elétron

Figura 3.6 Visualização do momento angular orbital de uma partícula de massa m.

Pela mecânica clássica, o momento angular orbital (p_f), Figura 3.6, é dado pela Equação (3.11).

$$p_f = m\,v\,r \tag{3.11}$$

em que:
m = é a massa do elétron;
v = sua velocidade; e
r = raio da trajetória circular.

Um elétron no átomo só pode descrever algumas órbitas de raio r, que lhe são permitidas, nas quais seu momento angular orbital p_f é múltiplo da unidade $h/2\pi$, Equação (3.12).

$$p_f = n\,h/2\pi \tag{3.12}$$

em que:
$n = 1, 2, 3, 4, ...$
$h/2\pi = 1{,}0545 \cdot 10^{-27}$ erg seg = **quantum** do momento angular orbital.

O momento angular orbital é uma grandeza vetorial cuja intensidade M tem uma direção, que é sempre perpendicular ao plano dentro do qual ocorre a rotação e dada pela **regra da mão direita**, Figura 3.7.

> **Regra da mão direita:**
>
> Quando os dedos da mão direita apontam na mesma direção do movimento da partícula em observação, o polegar posicionado perpendicularmente aos mesmos indica a direção do vetor momento angular orbital.

Do ponto de vista do caráter dual da matéria, isto é, **onda-corpúsculo**, descrito pela Teoria Quântica, a solução matemática do problema nos diz que o momento angular orbital M é dado pela Equação (3.13).

$$M^2 = l\,(l+1)\,(h/2\pi)^2 \tag{3.13}$$

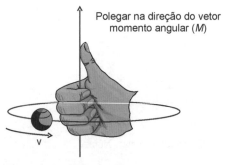

Figura 3.7 Representação gráfica da **regra da mão direita**.

Em que l é o número quântico secundário, ou também chamado de número quântico azimutal, ou número quântico orbital. O valor de l pode assumir valores inteiros para cada valor de n e que dependem de n. Por exemplo, para $n = 2$, l pode assumir dois valores, 0 e 1. Assim,

$$l = 0, 1, 2, 3, ..., n - 1$$
$$s, p, d, f, g ...$$

(3.14)

A Tabela 3.2 apresenta os valores de n e quais os valores que l pode assumir para cada valor de n.

Tabela 3.2 Relação entre o Número Quântico Principal (n) e o Número Quântico Secundário, ou Azimutal, ou Número Quântico Orbital (l)

Número quântico principal (n) (camada ou nível energético)	Número quântico secundário ou quântico azimutal (l) Subnível energético*	
	Símbolo numérico	Símbolo alfabético

* O número de subníveis de uma camada é sempre igual ao número da respectiva camada.

3.4.3 Número quântico magnético (m_l)

No modelo atômico de Niels Bohr, o movimento do elétron é planar, desta forma, o momento angular orbital é um número p_ϕ. No tratamento quântico, entretanto, o movimento meramente planar não é permitido, pois, se o elétron está confinado em um plano, isto é, no plano xy, por exemplo, a componente da coordenada z e a respectiva velocidade seriam exatamente **zero**. Assim, as incertezas Δz e Δpz ambas seriam zero, o que é uma violação clara do **princípio da incerteza**. Desta forma, para um movimento não planar, o momento angular orbital é um vetor (M) com as componentes M_x, M_y e M_z. Mediante uma escolha apropriada dos eixos cartesianos, a componente vetorial M_z pode coincidir com o momento angular p_ϕ. A componente M_z assim como p_ϕ são quantizados, pelo que se espera as mesmas regras de quantização, matematicamente dadas pela Equação (3.15).

$$M_z = m_l (h/2\pi)$$

(3.15)

Em que o valor de m_l depende de l. Ele assume $2l + 1$ valores, isto é, $-l$, $-(l-1)$, $-(l-2)$, ..., -2, -1, 0, +1, +2, ...+$(l-2)$, +$(l-1)$ e +l. Ou,

$$m_l = 0, \pm 1, \pm 2, \pm ..., \pm l$$

(3.16)

O sinal de m_l diz se a componente z do momento angular orbital está orientada positivamente ou negativamente com a direção z. Sob a ação de um campo magnético externo, através do espectro do átomo pode-se observar e medir m_l; daí o porquê do nome de *número quântico magnético*. Ou seja, o subnível l de certo nível quântico n apresenta l espaços quantizados naquele nível, cujos momentos magnéticos individuais se compensam entre si, mas, sob a ação de um campo magnético externo, estes se desdobram em l

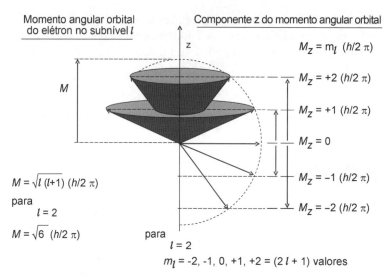

Figura 3.8 Representação gráfica do momento angular orbital (M) de um elétron no subnível $l = 2$, mostrando as componentes z (M_z) dos 5 **espaços quantizados** (5 orbitais) sob a ação de um campo magnético externo, originando os valores do número quântico magnético $m_l = -2, -1, 0, +1, +2$. Fonte: Beiser, 1969; Wehr & Richard, 1965; Karplus & Porter, 1970.

momentos vetoriais, uns na mesma direção (+), outros na direção contrária (−), e um sem direção (0) com relação ao campo magnético externo. A Figura 3.8 mostra o exemplo de $l = 2$, que apresenta como números quânticos magnéticos: $-2, -1, 0, +1, +2$, ou seja, $2l + 1$ valores.

A Figura 3.9 mostra a verificação experimental dos números quânticos magnéticos para o caso do elétron do átomo de hidrogênio que do subnível $2p$ (l) vai para o subnível $1s$ (0). Pela Figura 3.9 verifica-se que sem a ação de um campo magnético externo o espectro correspondente dá uma raia espectral única de comprimento de onda λ, Figura 3.9(A). Quando o campo magnético atua sobre o átomo de hidrogênio, o espectro apresenta 3 raias espectrais, λ_1, λ_2 e λ_3, Figura 3.9(B). Isto significa que o espaço do subnível $2p$, que lhe corresponde $l = 1$, tem um momento angular orbital M, que apresenta uma componente z, igual a M_z, com três orientações distintas, que sob a ação de um campo magnético forte assume os valores: 0,

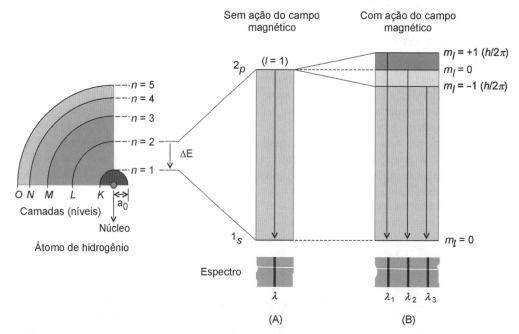

Figura 3.9 Representação do átomo de hidrogênio e o desdobramento da raia espectral $2p \rightarrow 1s$ de comprimento de onda λ (A) para λ_1, λ_2 e λ_3 (B) quando sob a ação de um campo magnético externo. Fonte: Beiser, 1969; Wehr & Richard, 1965; Karplus & Porter, 1970.

$-1(h/1 \cdot \pi)$ e $+1(h/1 \cdot \pi)$ que lhe correspondem três números quânticos magnéticos. Este desdobramento de uma raia espectral sob a ação de um campo magnético denomina-se **efeito Zeeman**, e as três raias, como **tripleto de Zeeman**.

3.4.4 Número quântico magnético de spin (m_s)

Em 1925, Goudsmit e Uhlembeck admitiram que o elétron tem um momento magnético intrínseco independentemente do seu movimento orbital. Isto é, mesmo que o momento angular orbital seja $l = 0$, possui tal momento.

Este momento magnético é em função do movimento de rotação do elétron sobre si mesmo (denominado em inglês *spin*), independentemente do movimento de rotação ao redor do núcleo do átomo. Dependendo da direção da rotação do elétron dentro da órbita, este momento pode ser somado ou subtraído do momento angular orbital. As Figuras 3.10(A) e (B) mostram este fato.

O momento angular de *spin* (S) associa o número quântico de *spin* (s) pela Equação (3.17).

$$S^2 = s(s+1)(h/2\pi)^2 \quad \text{(3.17)}$$

Em que s apresenta apenas um valor permitido igual a ½. Substituindo s na Equação (3.17), temos para o momento angular total de *spin* S, que é uma grandeza vetorial, o valor dado na Equação (3.18).

$$S = [(3)^{1/2}/2](h/2\pi) \quad \text{(3.18)}$$

A componente z do momento angular de *spin* do elétron (S_z) é dada pela Equação (3.19).

$$S_z = m_s(h/2\pi) \quad \text{(3.19)}$$

Os números quânticos orbitais de *spin* s e m_s são análogos aos números quânticos angulares orbitais l e m_l.

Em que m_s pode assumir os valores de $(-s), (-s+1), ... (+s-1), (+s)$ ou $2s+1$ valores. Experimentalmente, os pesquisadores O. Stern e W. Gerlach (1921), em um campo magnético próprio, demonstraram que o momento angular de *spin* do elétron apresenta, sob ação de um campo magnético externo, dois valores: $m_s = +1/2$ (mesma direção que o campo magnético externo) e $m_s = -1/2$ (direção oposta ao do campo magnético externo), Figura 3.11. Por terem sido determinados experimentalmente através de um campo magnético, são denominados números quânticos magnéticos de *spin*.

3.4.5 Número quântico e elementos da tabela periódica

A título de curiosidade, ao tomar o átomo de hidrogênio no estado fundamental e selecionar o **número quântico principal** $n = 3$, conforme Figura 3.12, significa o seguinte:

a. Escolheu-se a 3ª camada quântica do átomo de hidrogênio, na qual não se tem nenhum elétron presente, pois o átomo está no estado fundamental. Nesta camada, todas as regiões, ou orbitais, ou funções de onda são caracterizados por $\psi_n = \psi_3$.

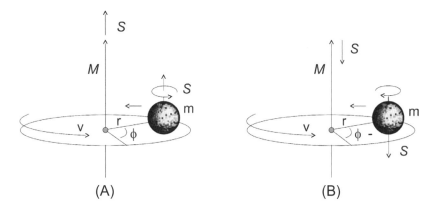

Acoplamentos positivo (A) e negativo (B) do momento angular orbital (*M*) com momento angular total de *spin* do elétron (*S*)

Figura 3.10 Representação do movimento angular de *spin* do elétron e o acoplamento do seu momento angular total de *spin* com o momento angular orbital do elétron.

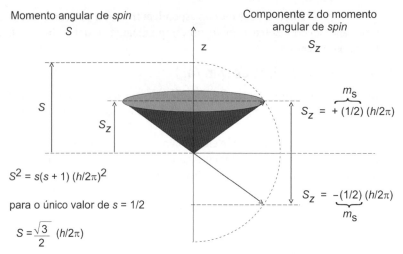

Figura 3.11 Representação gráfica mostrando a relação entre o momento angular de *spin* (S) com a componente z (S_z) do mesmo e os números quânticos s e m_s. Fonte: Beiser, 1969; Wehr & Richard, 1965; Karplus & Porter, 1970.

b. Esta camada está subdividida em três regiões, contendo orbitais de formatos distintos, denominadas subníveis e definidas por $l = 0$ (ou s), 1 (ou p) e 2 (ou d). Cada subnível terá seus orbitais batizados de ψ_{30} (ou ψ_{3s}), ψ_{31} (ou ψ_{3p}) e ψ_{32} (ou ψ_{3d}).

c. Cada um destes subníveis pode ter as seguintes regiões espaciais, ou orbitais, que são definidas sob a ação de um campo magnético externo e denominadas $m_l = 0, \pm 1, \pm 2$. Em que:

$m_{0(ou\ s)} = 0$ = uma região sem orientação específica = 1 orbital, significando que sob a ação de um campo magnético externo a forma s (ou batizada de $l = 0$) não sofre nenhuma orientação, portanto, corresponde a uma forma esférica de orbital, simbolizado por $\psi_{30(0)}$.

$M_{1(ou\ p)} = +1, 0, -1 = 3$ orientações = 3 orbitais significando que sob a ação do campo magnético externo este subnível se desdobra em três regiões ou três orbitais, cada um sobre um eixo cartesiano (x, y, z) e simbolizados por: $\psi_{31(+1)}$ (ou ψ_{31px}); $\psi_{31(0)}$ (ou ψ_{3py}) e $\psi_{31(-1)}$ (ou ψ_{3pz}). $m_{2(ou\ d)} = +2, +1, 0, -1, -2 = 5$ orientações = 5 orbitais significando que, sob a ação do campo magnético externo, este subnível se desdobra em 5 regiões ou 5 orbitais, Figura 3.12, com 3 subníveis d entre os semieixos

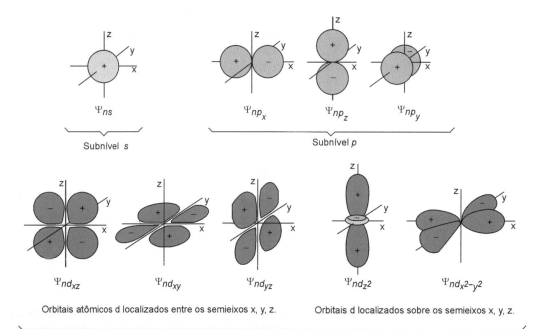

Figura 3.12 Orbitais atômicos do tipo s, p, d.

cartesianos: ψ_{3dxy}; ψ_{3dxz}; ψ_{3dyz} e 2 sobre os semieixos cartesianos: $\psi_{3dz}{}^2$ e $\psi_{3d(x^2-y^2)}$. Ou, batizando-os pelos números quânticos, temos: $\psi_{32(+2)}$; $\psi_{32(+1)}$; $\psi_{32(0)}$; $\psi_{32(-1)}$ e $\psi_{32(-2)}$.

d. Nesta camada teremos um total de **9 orbitais**, assim distribuídos: 1 tipo $3s$; 3 tipo $3p$; e 5 tipo $3d$.

e. Como cada orbital pode, no máximo, de forma estável, conter 2 elétrons, nesta camada podemos ter no máximo 18 elétrons, conforme mostrado a seguir.

2 elétrons em $3s \to 3s^2$

6 elétrons em $3p \to 3p_x{}^2$; $3p_y{}^2$; $3p_z{}^2$

10 elétrons em $3d \to 3d_{xy}{}^2$; $3d_{xz}{}^2$; $3d_{yz}{}^2$; $3d_{z2}{}^2$; $3d_{(x2-y2)}{}^2$

O objetivo desta análise não é ser um "expert" em orbitais atômicos e distribuição de elétrons, mas apenas informar ao leitor algumas indagações e respostas fundamentais sobre o caráter ondulatório da matéria que vai interagir com a radiação eletromagnética e provocar fenômenos de interesse na atmosfera terrestre, que é o primeiro "para-choque" que protege a terra da radiação solar perigosa à biota.

O grande químico russo Dmitri Ivanovich Mendeleyev, sem conhecer o elétron e as propriedades ondulatórias do mesmo, analisou os elementos conhecidos na época e, pelas propriedades químicas dos mesmos, os classificou em períodos e famílias. Postulou a **Tabela da Classificação Periódica dos Elementos**, que hoje é usada. Até previu a existência de novos elementos, fato que foi demonstrado posteriormente pela descoberta dos referidos elementos. Realmente foi um dos maiores químicos da humanidade.

A Mecânica Quântica, com suas **funções de onda** (ψ) caracterizadas pelos números quânticos, distribuiu os elétrons de cada átomo segundo os níveis e subníveis quânticos e conseguiu classificar os metais alcalinos na família I, porque a distribuição eletrônica repetia a cada série um elemento que tinha um elétron apenas na última camada, isto é, ns^1. Os alcalinos terrosos na família II, porque repetia a cada série um elemento que na última camada tinha a configuração eletrônica ns^2 e assim por diante.

Dessa forma, foram classificados todos os elementos da Tabela Periódica tomando como critério a configuração eletrônica do subnível mais externo ou cuja diferenciação com o elemento anterior ou posterior se faz neste subnível, obtendo-se os elementos:

a. **representativos**, que apresentam a configuração: ns^1, ns^2 e $ns^2\,np^{1...5}$;

b. **transição**, que apresentam a configuração: $nd^{1...10}$;

c. **transição interna**, que apresentam a configuração: $nf^{1...14}$;

d. **inertes** ou gases nobres: ns^2 e $ns^2\,np^6$.

3.5 Átomos e Termos Espectroscópicos

3.5.1 Aspectos gerais

Conforme se falou, a radiação eletromagnética interage com a matéria através dos elétrons que nela existem. Os elétrons por sua vez não se encontram espalhados de qualquer forma na matéria. Eles se encontram inicialmente associados aos diferentes tipos de átomos e íons atômicos que compõem a matéria, ocupando posições energéticas ou **orbitais atômicos** definidos pelos **números quânticos**, ou, quando os átomos estão ligados entre si para formar as diferentes substâncias com ligações de natureza covalente, ocupando posições definidas nos diferentes tipos de **orbitais moleculares**. Tanto em uma quanto noutra situação, estes elétrons possuem energias quantizadas definidas pelos **termos atômicos** e pelos **termos moleculares** que caracterizam os **termos espectroscópicos** e por meio dos quais se pode conhecer os possíveis microestados energéticos que o elétron pode assumir e refletir a interação com a energia eletromagnética.

3.5.2 Termos

A representação dos possíveis estados de energia do elétron no átomo é feita por meio dos **termos atômicos**. Apesar dos números quânticos descreverem a energia do(s) elétron(s) no átomo, em função dos possíveis acoplamentos dos momentos angulares orbitais e dos momentos angulares de *spin* dos respectivos elétrons, existe uma série de estados energéticos denominados **microestados** dentro de um nível n, que são descritos pelos **termos atômicos**.

Na representação dos símbolos dos termos atômicos usam-se:

a. As letras maiúsculas em itálico S, P, F, ..., para simbolizar o momento angular total dos elétrons, simbolizado genericamente por $L = 0, 1, 2, 3, 4, ...$, correspondendo respectivamente às letras acima citadas. Para átomos ou íons com um elétron apenas, o momento angular orbital total é aquele dado pelo símbolo do orbital ocupado pelo próprio elétron. Consequentemente, os símbolos S, P, D, F, ..., correspondem exatamente à designação dos orbitais, s, p, d, f, ...

62 Capítulo Três

b. O sobrescrito à esquerda do símbolo L representa a **multiplicidade** do *spin* $2S+1$. Aqui, S é o somatório dos valores de m_s (número quântico magnético de *spin*) dos elétrons presentes. Para o caso de um elétron com $m_s = \frac{1}{2}$, tem-se $2 \cdot (1/2)+1 = 2$.

c. O subscrito à direita do símbolo L dá o valor do número quântico $J = (L+S)$, $(L+S-1)$, $(L+S-2)$, $(L+S-3)$, ..., $(L-S)$, que corresponde ao acoplamento dos momentos angular orbital e angular de *spin*, que também é quantizado.

d. O símbolo n (número quântico principal do elétron) é escrito à esquerda do valor da multiplicidade, em tamanho e posição normais.

Com estas informações, um termo atômico é assim simbolizado pela Equação (3.20):

$$\text{Termo atômico} = N \,^{2S+1}L_J \tag{3.20}$$

- **Átomos com um elétron**

Aplicando estes conceitos para o átomo de hidrogênio no seu estado fundamental, tem-se:

$$n = 1$$
$$l = n-1 = 1-1 = 0$$
$$L = l = 0 = S$$
$$S = m_s = \tfrac{1}{2}$$
$$\text{Multiplicidade} = 2S+1 = 2(1/2)+1 = 2 \tag{3.21}$$
$$J = (L+S) = (0+\tfrac{1}{2}) = \tfrac{1}{2}$$
$$\text{Termo atômico} = 1\,^2 S_{1/2} \tag{3.22}$$

Se o elétron está em $2p$, tem-se:

$$n = 2$$
$$l = n-1 = 2-1 = 0, \pm 1$$
$$L = l = 0, 1 = S, P$$
$$S = m_s = \tfrac{1}{2}$$
$$\text{Multiplicidade} = 2S+1 = 2(1/2)+1 = 2$$
$$\text{Valores de } J \text{ para } L = 0:$$
$$J = (L+S) = (0+1/2) = \tfrac{1}{2}$$
$$\text{Valores de } J \text{ para } L = 1:$$
$$J = (L+S)\,(1+1/2) = 3/2$$
$$= (L+S-1) = (3/2-1) = \tfrac{1}{2}$$
$$\text{Termos atômicos} = 2\,^2S_{1/2},\ 2\,^2P_{3/2} \text{ e } 2\,^2P_{1/2} \tag{3.23}$$

- **Átomos com dois ou mais elétrons**

A configuração do estado fundamental pode se apresentar com as camadas (níveis n) e subcamadas (subníveis l) preenchidas ou parcialmente preenchidas pelos elétrons. Neste último caso, a ocupação dos orbitais de n e l dependem dos valores de m_l e m_s e seus acoplamentos. Para fazer isto, uma informação adicional se faz necessária, como será visto agora.

Os números quânticos magnéticos m_l e m_s são indicativos da orientação do momento angular orbital e do momento angular de *spin*. Se, por exemplo, ao tomar os dois elétrons desemparelhados do carbono, pela distribuição eletrônica do carbono, $_6C$: $1s^2\,2s^2\,2p_x^1\,2p_y^1\,2p_z^0$, verifica-se que ele possui dois elétrons desemparelhados. Estes podem apresentar as combinações de m_l e m_s dadas na Tabela 3.3.

Cálculo de S

O símbolo S representa o momento angular total de *spin*. Apresenta um valor máximo que é igual à soma dos momentos de *spin* ($s = \frac{1}{2}$ ou m_s) quando tomados todos na mesma direção (Σs_i) até um valor mínimo 0 (se o número de elétrons for par) ou $\frac{1}{2}$ (se o número de elétrons for ímpar). Expressando matematicamente este conceito, tem-se a Equação (3.24).

$$S = \Sigma s_i = (s_1 + s_2 + s_3 + \ldots + s_k),\ (s_1 + s_2 + s_3 + \ldots + s_k-1),$$
$$(s_1 + s_2 + s_3 + \ldots + s_k-2),\ (s_1 + s_2 + s_3 + \ldots + s_k-3),\ \ldots \tag{3.24}$$

	Arranjo dos valores de m_l e m_s ($\uparrow$ = +1/2 e $\downarrow$ = −1/2)		
Número do arranjo	$m_l = -1$	$m_l = 0$	$m_l = +1$
1	$\uparrow$	$\uparrow$	
2		$\uparrow$	$\uparrow$
3	$\uparrow$		$\uparrow$
4		$\downarrow$	$\downarrow$
5	$\downarrow$	$\downarrow$	
6	$\downarrow$		$\downarrow$
7	$\uparrow$	$\downarrow$	
8		$\uparrow$	$\downarrow$
9	$\uparrow$		$\downarrow$
10	$\downarrow$	$\uparrow$	
11		$\downarrow$	$\uparrow$
12	$\downarrow$		$\uparrow$
13	$\downarrow\uparrow$		
14		$\downarrow\uparrow$	
15			$\downarrow\uparrow$

Tabela 3.3 Arranjos Eletrônicos ou Combinações de m_l e m_s Possíveis para os Microestados Energéticos de p^2

$\binom{n}{r} = (n!)/(r!).(n-r)!$ *em que n = duas vezes o número quântico principal em que o elétron está e r = número de elétrons neste nível quântico.*

Quando o número k de elétrons for par, tem-se:

$$S = \Sigma s_i = (k/2),\ (k/2 - 1),\ (k/2 - 2),\ (k/2 - 3),\ \ldots\ 0$$

Quando o número k de elétrons for ímpar, tem-se:

$$S = \Sigma s_i = (k/2),\ (k/2 - 1),\ (k/2 - 2),\ (k/2 - 3),\ \ldots\ ½$$

Exemplificando o tema com um átomo que tenha $2p^3$, tem-se:

$$S = \Sigma s_i = (1/2 + 1/2 + 1/2),\ (1/2 + 1/2 + 1/2 - 1),$$
$$S = \Sigma s_i = (3/2),\ (1/2)$$

Como os momentos são grandezas vetoriais, é possível representar esta soma graficamente, conforme Figura 3.13.

Cálculo de L

O símbolo L representa o momento angular orbital total. Apresenta um valor máximo igual à soma de todos os valores de l_k alinhados na mesma direção e um valor mínimo que pode ser 0. Em forma de equação, tem-se (3.25).

$$L = (l_1 + l_2 + l_3 + \ldots + l_k),\ (l_1 + l_2 + l_3 + \ldots + l_k - 1), \tag{3.25}$$
$$(l_1 + l_2 + l_3 + \ldots + l_k - 2),\ (l_1 + l_2 + l_3 + \ldots + l_k - 3)\ \ldots.\ 0$$

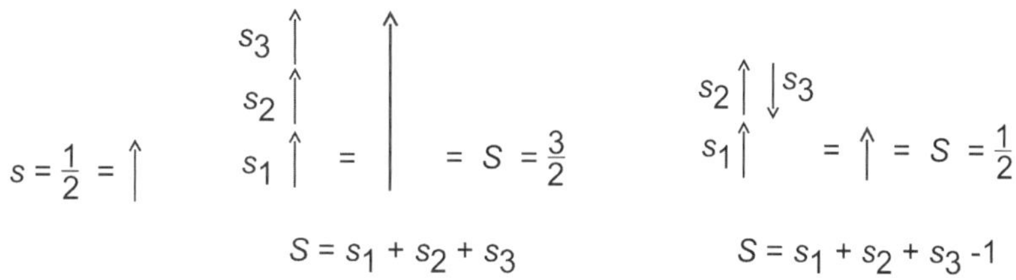

Figura 3.13 Momentos angulares de *spin* (S) para a configuração $2p^3$.

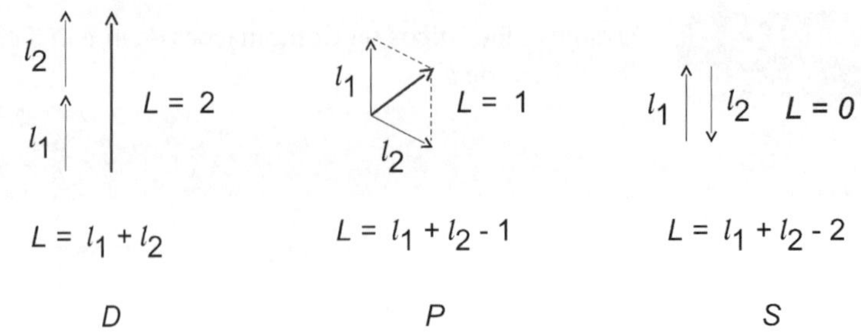

64 Capítulo Três

Figura 3.14 Momentos angulares orbitais para um sistema $2p$.

Exemplo: Determinar os valores de L para um elemento que tenha a distribuição $2p^2$. O nível $n = 2$ possui $l = 0, 1$. Como l é uma grandeza vetorial, somando os dois valores de l na mesma direção tem-se seu valor máximo representado na Equação (3.26).

$$L = (1+1), (1+1-1), (1+1-2)$$
$$L = 2, 1, 0 \tag{3.26}$$
$$D, P, S$$

A Figura 3.14 mostra os acoplamentos dos momentos angulares orbitais possíveis para $2p$.

Cálculo de J

O símbolo J é conhecido como o número quântico do momento angular total. Para J ser calculado é necessário que se conheçam os valores de L (momento angular orbital) e S (momento angular de *spin*). O símbolo J pode assumir um valor máximo dado por $(L+S)$ variando até um valor mínimo dado por $|L-S|$. Ou seja,

$$J = (L+S), (L+S-1), (L+S-2), (L+S-3), \ldots, |L-S| \tag{3.27}$$

Para o caso de $2p^2$, tem-se:

a. Para $L = 2$ e $S = 1$

$$J = (2+1), (2+1-1), |2-1|$$
$$J = 3, 2, 1$$

A Figura 3.15 mostra o cálculo em termos de vetores.

b. Para $L = 2$ e $S = 0$

$$J = (2+0)$$
$$J = 2$$

c. Para $L = 1$ e $S = 1$

$$J = (1+1), (1+1-1), |1-1|$$
$$J = 2, 1, 0$$

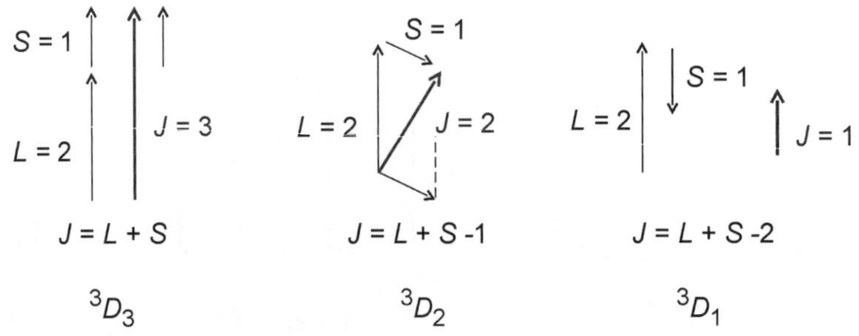

Figura 3.15 Acoplamentos L-S para $L = 2$ e $S = 1$.

d. Para $L = 1$ e $S = 0$

$$J = (1+0)$$
$$J = 1$$

e. Para $L = 0$ e $S = 1$

$$J = (0+1)$$
$$J = 1$$

f. Para $L = 0$ e $S = 0$

$$J = (0+0)$$
$$J = 0$$

O mesmo resultado pode ser obtido fazendo as combinações por meio de uma tabela como a Tabela 3.4.

Tabela 3.4 Termos Originados de uma Configuração $2p^2$

L (valores do momento angular orbital)	S (valores do momento angular de *spin*)	
	0	**1**
2	$^1D_2$	$^3D_3, ^3D_2, ^3D_1$
1	$^1P_1$	$^3P_2, ^3P_1, ^3P_0$
0	$^1S_0$	$^3S_1$

Todos os termos atômicos derivados acima ocorreriam para um estado excitado de $2p^2$. Contudo, no estado fundamental do átomo, o número de estados é limitado pelo princípio da exclusão de Pauli, pois, **em um átomo não podem existir dois elétrons com os mesmos 4 números quânticos**. Na configuração do estado fundamental para o átomo de carbono que apresenta na camada incompleta $2p^2$, os dois elétrons p já possuem dois números quânticos iguais $n = 2$ e $l = 1$, devendo diferenciar-se nos números quânticos m_l ou m_s. Essa restrição reduz o número de termos de ^3D, ^3P, ^3S, ^1D, ^1P e ^1S para ^1D, ^3P, e ^1S. Isto pode ser demonstrado pela Tabela 3.5, à qual serão acrescentados os valores de M_l ($L = 0, 1, 2, 3, ...$) e os valores de M_s ($S = 0, 1, 2, 3, ...$).

Calculado o número de microestados pela fórmula dada no rodapé da Tabela 3.5, estabelecidos os arranjos de m_l e m_s (s), calculados os valores de M_l ($L = S, P, D, ...$) e de M_s ($S = 0, 1, 2, 3, ...$), realizados os acoplamentos $L+S$ ($J = 0, 1, 2, 3, ...$) e calculadas as multiplicidades para cada microestado, procede-se à definição do estado fundamental do átomo ou íon.

Tabela 3.5 Arranjos Eletrônicos ou Combinações de m_l e m_s Possíveis e Microestados Energéticos de p^2

Número do arranjo	Arranjo dos valores de m_l e m_s ($\uparrow = +1/2$ e $\downarrow = -1/2$)			M_s Σs_i	M_l Σm_l	$(L+S)$, $(L+S-1)$ ... $\|L-S\|$	Termo atômico ou termo espectroscópico
	$m_l = -1$	$m_l = 0$	$m_l = S+1$	S	$L = S, P, D, E$	J	
1	$\uparrow$	$\uparrow$		1	-1 (P)	2, 1, 0	$^3P_{2,1,0}$
2		$\uparrow$	$\uparrow$	1	1 (P)	2, 1, 0	$^3P_{2,1,0}$
3	$\uparrow$		$\uparrow$	1	0 (S)	1	$^3S_1$
4		$\downarrow$	$\downarrow$	-1	1 (P)	2, 1, 0	$^3P_{2,1,0}$
5	$\downarrow$	$\downarrow$		-1	-1 (P)	2, 1, 0	$^3P_{2,1,0}$
6	$\downarrow$		$\downarrow$	-1	0 (S)	1	$^3S_1$

(continua)

Tabela 3.5 *Continuação*

Número do arranjo	Arranjo dos valores de m_l e m_s ($\uparrow = +1/2$ e $\downarrow = -1/2$)			M_s Σs_l	M_l Σm_l	$(L+S)$, $(L+S-1)$ ... $\|L-S\|$	Termo atômico ou termo espectroscópico
	$m_l = -1$	$m_l = 0$	$m_l = S+1$	S	$L = S, P, D, E$	J	
7	↑	↓		0	−1 (P)	1	$^1P_1$
8		↑	↓	0	1 (P)	1	$^1P_1$
9	↑		↓	0	0 (S)	0	$^1S_0$
10	↓	↑		0	−1 (P)	1	$^1P_1$
11		↓	↑	0	1 (P)	1	$^1P_1$
12	↓		↑	0	0 (S)	0	$^1S_0$
13	↓↑			0	−2 (D)	2	$^1D_2$
14		↓↑		0	0 (S)	0	$^1S_0$
15			↓↑	0	2 (D)	2	$^1D_2$

$\binom{n}{r} = (n!)/(r!).(n-r)!$ em que: $!$ = fatorial; n = dobro do número de orbitais do subnível em que o(s) elétron(s) está(ão) (no caso, $n = 6$) e r = número de elétrons neste nível quântico (no caso, $r = 2$). Substituindo os valores, tem-se: $(6.5.4.3.2.1)/(2.1).(2.1) = 15$ arranjos. A multiplicidade dada pelo número sobrescrito à esquerda do símbolo do termo espectroscópico é calculada pela expressão: $2S+1$.

- **Determinação dos termos atômicos do estado fundamental – Regra de Hund**

Para esta escolha, obedecem-se às Regras de Hund, que são as seguintes:

1ª Os termos são ordenados em função de suas multiplicidades. O estado mais estável terá o maior valor de S e consequente multiplicidade. O estado fundamental deve apresentar o maior número de elétrons desemparelhados.

2ª Para um dado valor de S (ou da multiplicidade = $2 \cdot S+1$), será mais estável o estado que tiver maior valor de L (momento angular orbital total).

3ª Persistindo ainda uma igualdade de estados para dados valores de S e de L, o estado mais estável será aquele de menor valor de J, se o subnível estiver menos que semipreenchido, e será o de maior valor de J se o subnível estiver mais que semipreenchido.

Aplicando as regras aos termos da configuração $2p^2$ do carbono, encontra-se que o estado fundamental é dado por $^3P_0, < ^3P_1, < ^3P_2$. Logo, o estado fundamental para esta configuração é $^3P_0$. A mesma configuração possui como estados possíveis, porém, mais energéticos $^1D_2 < ^1S_0$ (Figura 3.16).

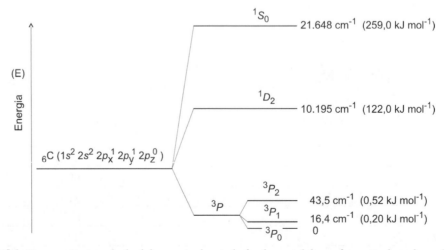

Figura 3.16 Termos atômicos do desdobramento do estado fundamental da configuração do carbono ($_6$C: $1s^2\ 2s^2\ 2p_x^1\ 2p_y^1\ 2p_z^0$). Fonte: Karplus e Porter, 1970.

- **Generalização da determinação do termo atômico do estado fundamental**

1º *Cálculo do número de microestados*

Pela Equação de análise combinatória (3.28) proposta no rodapé da Tabela 3.5, calcula-se para cada tipo de subnível (p^1 a p^6, d^1 a d^{10}, ...) o número de microestados possível.

$$\binom{n}{r} = \frac{n!}{(r!)(n-r)!}$$

(3.28)

Em que: n = o dobro do número de orbitais do subnível; r = o número de elétrons presentes no subnível; ! = fatorial.

2º *Estabelecimento do quadro de arranjos possíveis de m_l e m_s (s)*

Baseados no princípio da exclusão de Pauli, montar o quadro de valores dos possíveis m_l e m_s (s) adicionado o resultado dos cálculos de M_l ($L = 0, 1, 2, ...$), M_s ($S = 0, 1, 2, ...$) e J ($L+S$), e como última coluna os símbolos dos termos atômicos de cada arranjo (ou acoplamento), como está apresentado na Tabela 3.6.

3º *Escolha do termo do estado fundamental*

A escolha do termo símbolo do estado fundamental do átomo obedece às Regras de Hund, dadas anteriormente.

4º *Termos atômicos para algumas espécies*

Aplicando os passos anteriores para algumas configurações de p e d, pode-se formar a Tabela 3.6, que contém os termos atômicos para alguns átomos e íons.

Tabela 3.6 Termos Espectroscópicos para as Configurações Eletrônicas do Tipo p e d

Configuração eletrônica	Número de microestados possíveis	Termo atômico do estado fundamental	Outros termos possíveis e não fundamentais
p^1, p^5	6	^2P	
p^2, p^4	15	^3P	$^1S, ^1D$
p^3	20	^4S	$^2P, ^2D$
p^6	1	^1S	
d^1, d^9	10	^2D	
d^2, d^8	45	^3F	$^3P, ^1G, ^1D, ^1S$
d^3, d^7	120	^4F	$^4P, ^2H, ^2G, ^2F, ^2D, ^2P$
d^4, d^6	210	^5D	$^3H, ^3G, ^3F, ^3D, ^3P, ^1I, ^1G, ^1F, ^1D, ^1S$
d^5	252	^6S	$^4G, ^4F, ^4D, ^4P, ^2I, ^2H, ^2G, ^2F, ^2D, ^2P, ^2S$
d^{10}	1	^1S	

3.5.3 Aplicação à atmosfera

A fotólise do ozônio, O_3, produz oxigênio molecular, O_2, e oxigênio atômico, $O_{(atômico)}$, Reação (R-3.1). Dependendo da energia do *quantum* que provocou a fotólise, os dois podem estar em estado excitado, como indicado na Reação (R-3.1). O oxigênio no estado O (^1D), conforme foi observado experimentalmente, já é produzido em um $\lambda = 336$ nm.

$$O_3 + h\nu_{(quantum \text{ de energia})} \rightarrow O_2(^1\Delta_g) + O(^1D)$$

(R-3.1)

em que:

$^1\Delta_g$ – termo espectroscópico molecular que será abordado a seguir;

^1D – termo espectroscópico atômico deduzido no estudo acima.

68 Capítulo Três

O oxigênio excitado no estado $O(^1D)$ reage com a água da atmosfera produzindo o radical hidroxilo, conforme Reação (R-3.2).

$$O(^1D) + H_2O \rightarrow 2HO^{\bullet} \hspace{3cm} \text{(R-3.2)}$$

O radical hidroxilo é um dos radicais responsáveis por um grande número de processos químicos da atmosfera.

3.6 A Ligação Química

Na atmosfera, muitas espécies presentes são moléculas, e quem vai interagir com a energia eletromagnética são os elétrons de ligação destas moléculas, cujos estados de energia precisa-se conhecer. Daí a necessidade de se analisar a ligação química.

A estabilidade dos gases nobres com a configuração $ns^2\ np^6$, com o total de 8 elétrons, originou a teoria rudimentar ou a "**regra do octeto**" (G. N. Lewis e I. Langmuir), pela qual:

> **Todo elemento tende a uma maior estabilidade eletrônica ao adquirir na camada de valência a configuração do gás nobre mais próximo da sua posição na Tabela Periódica.**

Essa tendência faz com que os elementos se liguem entre si formando a **ligação química** e o consequente aparecimento das **substâncias químicas**. Vejam-se alguns exemplos:

3.6.1 Ligação iônica

Nesta ligação, a estabilidade eletrônica é adquirida pela transferência de elétrons de um elemento para outro. Tome-se o caso do sal de cozinha, cientificamente denominado **cloreto de sódio**, dado pela fórmula NaCl. A distribuição eletrônica dos elétrons para os dois elementos, segundo o que foi visto, é dada por:

$$\text{Na (Z=11): } 1s^2\ 2s^2\ 2p^6\ 3s^1$$

$$\text{Cl (Z=17): } 1s^2\ 2s^2\ 2p^6\ 3s^2\ 3p^5$$

Pela simples observação, verifica-se que o Na, para ficar com oito elétrons na última camada, basta perder o elétron $3s^1$ e o Cl ganhar um elétron na camada $3s^2\ 3p^5$. É o que acontece na prática, conforme segue:

$$\text{Na (Z=11): } 1s^2\ 2s^2\ 2p^6$$

$$\text{Cl (Z=17): } 1s^2\ 2s^2\ 2p^6\ 3s^2\ 3p^{5+1}$$

Vale a pena anailsar a consequência desta transferência, utilizando o **princípio da eletroneutralidade** e o do **balanço de cargas**, que serão abordados em capítulos posteriores deste estudo.

O átomo de Na no estado livre tem:

$$
\begin{array}{ll}
11+ & \text{(cargas positivas = prótons) e} \\
\underline{11-} & \underline{\text{(cargas negativas = elétrons)}} \\
0 & \text{(cargas elétricas)} \\
\text{logo,} & \\
& \mathbf{Na^0}
\end{array}
$$

O átomo de Na ligado com o Cl tem:

$$
\begin{array}{ll}
11+ & \text{(cargas positivas } - \text{ prótons) e} \\
\underline{10-} & \underline{\text{(cargas negativas } - \text{ elétrons)}} \\
1+ & \text{(cargas positivas)} \\
\text{logo,} & \\
& \mathbf{Na^+}
\end{array}
$$

O átomo de Cl no estado livre tem:

17+	(cargas positivas – prótons) e
17–	(cargas negativas – elétrons)
0	(cargas elétricas)

logo,

$$Cl^0$$

O átomo de Cl ligado com o Na tem:

17+	(cargas positivas – prótons) e
18–	(cargas negativas – elétrons)
1–	(cargas negativas)

logo,

$$Cl^-$$

Na realidade, essa transferência de elétrons, que levou cada átomo a estabilizar-se mais eletronicamente, criou um polo positivo (Na⁺) e um polo negativo (Cl⁻) que se atraem mutuamente obedecendo à lei de Coulomb e portanto mantendo ligado o Na⁺ (agora chamado de **íon** sódio e por ser um íon positivo denominado **cátion**) ao Cl⁻ (agora chamado de íon cloreto e por ser negativo denominado **ânion**). A unidade formada é Na⁺Cl⁻.

Pelas propriedades dos compostos iônicos, entre outras: compostos **sólidos**, com **altos pontos de fusão e ebulição**; ao serem percutidos se **esfarelam**; **não são condutores** da corrente elétrica (no estado sólido); **solúveis** em solventes polares; **estrutura cristalina**; mostram que a unidade (cátion⁺) (ânion⁻) não existe livre, encontra-se ancorada dentro de uma estrutura cristalina que no conjunto apresenta mais um adicional de energia de estabilização do sistema denominada **energia reticular** (U) ou **entalpia reticular** (ΔH_{ret}).

3.6.2 Ligação covalente (simples)

A formação do "octeto" para muitos compostos pode dar-se pelo emparelhamento (formação de um par) eletrônico, sem haver a transferência do elétron de um átomo para o outro. O par eletrônico pertence aos dois átomos envolvidos na ligação. Este tipo de ligação chama-se de ligação covalente comum. Neste tipo de ligação forma-se uma **unidade livre**, constituída de dois ou mais átomos, denominada **molécula**, e tem um comportamento próprio e diferente das espécies que entram na sua formação. Veja-se a formação da molécula do gás cloro (Cl₂), Figura 3.17. Observa-se que, ao final, cada Cl ficou com 8 elétrons na camada de valência.

3.6.3 Ligação covalente coordenada

O mesmo princípio da "**regra do octeto**" foi expandido por Sidgwick (1927), que considerou o número total de elétrons do elemento gás nobre mais próximo de sua posição na Tabela Periódica e não apenas os elétrons da camada de valência.

Todo elemento tende a uma maior estabilidade eletrônica ao adquirir a configuração eletrônica do gás nobre mais próximo da sua posição na Tabela Periódica.

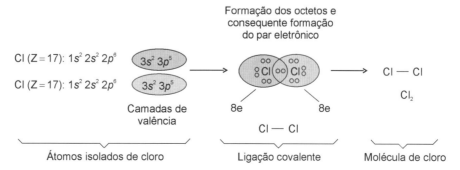

Figura 3.17 Formação da ligação covalente na molécula de cloro pela "regra do octeto".

A formação de complexos teve uma das primeiras explicações dada por esta regra, hoje denominada **Número Atômico Efetivo**. Veja-se como exemplo a formação do íon complexo $[Co(H_2O)_6]^{3+}(Cl^-)_3$, cloreto de hexa-aquocobalto (III).

Átomos livres:

$$Co^0\ Co\ (Z = 27): 1s^2\ 2s^2\ 2p^6\ 3s^2\ 3p^6\ 3d^7\ 4s^2: 27e$$
$$Cl^0\ Cl\ (Z = 17): 1s^2\ 2s^2\ 2p^6\ 3s^2\ 3p^5: 17e$$

Formação do íon Cl^- e do íon Co^{3+}

$$[Cl^0]\ Cl\ (Z = 17): 1s^2\ 2s^2\ 2p^6\ 3s^2\ 3p^5: .17e$$
elétron vindo do Co:.1e

Total de elétrons envolvendo 1 átomo de cloro: 18e

A formação dos outros dois íons Cl^- se dá da mesma forma. Ao final, o cobalto ficou com carga 3+, Co^{3+}. Formação das ligações coordenadas

$$Co^{3+}\ Co\ (Z = 27): 1s^2\ 2s^2\ 2p^6\ 3s^2\ 3p^6\ 3d^6\ \text{total de elétrons: 24e}$$
6 pares de elétrons (um de cada H_2O:): 12e

Total de elétrons envolvendo o átomo de cobalto: **36e**

Ao consultar a Tabela Periódica dos Elementos, encontra-se na posição 18 o gás nobre **Ar** (Z = 18) (argônio), e na posição 36 o gás nobre **Kr** (Z = 36) (criptônio). A Figura 3.18 apresenta as 6 moléculas de água distribuídas em geometria octaédrica, cada uma compartilhando um par eletrônico seu com o íon central Co^{3+}. Este conjunto forma uma esfera dita de coordenação, pois ali houve a formação da ligação **covalente dativa**, característica dos compostos de coordenação. Nesta ligação, o par eletrônico já está formado e pertence a um dos elementos (ou espécie presente) e é disponibilizado para o outro elemento que tem deficiência e para estabilizar-se a busca.

3.7 Orbitais Moleculares

3.7.1 Considerações gerais

A generalização da **ligação química** está baseada na formação do **Orbital Molecular** (OM), no qual se volta a enfocar o elétron como **onda-corpúsculo**, pois a interação da radiação eletromagnética se faz via este caráter dual tanto da radiação quanto da matéria (o elétron). Quando uma radiação incide na água, por exemplo, a maioria dos fenômenos que se sucedem está associada aos tipos de orbitais moleculares que formam a molécula da água.

Duas teorias utilizam o mesmo conceito de orbital molecular para interpretar os fenômenos, a **Teoria da Valência** (TV), baseada na formação do par eletrônico e desenvolvida por W. Heitler e F. London (1927) e aprofundada por L. Pauling e outros, e a **Teoria do Orbital Molecular** (TOM), que teve como propulsores iniciais Hund e Müllikan, na mesma época.

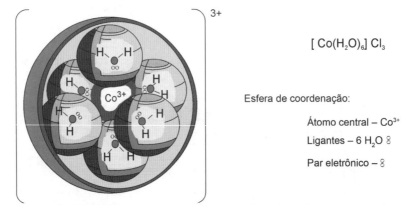

Figura 3.18 Visualização da ligação dativa (coordenada) obedecendo ao número atômico efetivo no complexo cloreto de hexa-aquocobalto (III).

A diferença básica está no fato de a TV considerar em seus cálculos apenas os orbitais atômicos (OA) da camada de valência dos átomos que formam a ligação, ao passo que a TOM considera todos os OA dos átomos envolvidos. A TOM posiciona os núcleos dos átomos envolvidos na ligação e calcula todos os orbitais moleculares ligantes (OML) e orbitais moleculares antiligantes (OMAL) que se formam, depois os coloca em ordem de energia e, seguindo princípio de Pauli e de Hund, vai colocando o total de elétrons da molécula. Ao final, determina a **ordem de ligação**. Esta teoria explica um maior número de propriedades dos compostos que a TV, porém, esta é mais simples, mais fácil e mais visível.

Não é objetivo deste trabalho estudar as duas teorias; aqui, apenas abordam-se algumas facetas que interessam na explicação de propriedades da atmosfera.

A formação do **orbital molecular** (OM) é feita matematicamente pela Combinação Linear dos Orbitais Atômicos (CLOA) dos átomos que entram na formação da ligação em estudo. Os diversos tipos de orbitais atômicos que entram neste processo já foram estudados anteriormente. Neste trabalho, não entra-se em detalhes matemáticos. Mostra-se visual e qualitativamente o que acontece com os orbitais atômicos que são combinados e o tipo de orbital molecular resultante.

3.7.2 Formação do orbital molecular sigma (σ)

O OM σ é obtido pela sobreposição frontal de duas funções de onda na mesma fase $(\psi_+) + (\psi_+)$ podendo ser com orbitais atômicos do tipo $s + s$, $p + p$, $s + p$ etc. Como exemplo vejamos:

Formação do OM $\sigma_{s\text{-}s}$

Pela Figura 3.19 observa-se que o OML$\sigma_{s\text{-}s}$, é formado pela sobreposição frontal de dois orbitais atômicos na mesma fase (mesmo sinal). Entre os dois núcleos encontra-se a maior parte da densidade eletrônica do par formado. O OMAL$\sigma^*_{s\text{-}s}$ (orbital antiligante formado por dois orbitais atômicos s) é formado pela sobreposição com fases contrárias (sinais contrários) da onda.

Formação do OM $\sigma_{p\text{-}p}$

A Figura 3.20 apresenta o orbital molecular sigma ligante OML$\sigma_{(p\text{-}p)}$ e o orbital molecular antiligante (OMAL$\sigma^*_{(p\text{-}p)}$) formados de dois orbitais atômicos do tipo p.

Os orbitais moleculares do tipo sigma (σ), sejam ligantes ou antiligantes, apresentam certas características em termos de **planos nodais** (planos onde a densidade eletrônica, $\psi_\sigma^2 = 0$) e **eixos internucleares**. A Figura 3.21 mostra o exemplo. Observa-se que possuem **planos nodais** perpendiculares aos eixos internucleares e são simétricos (**gerade**) no tocante ao sinal de ψ_σ ao redor do eixo internuclear.

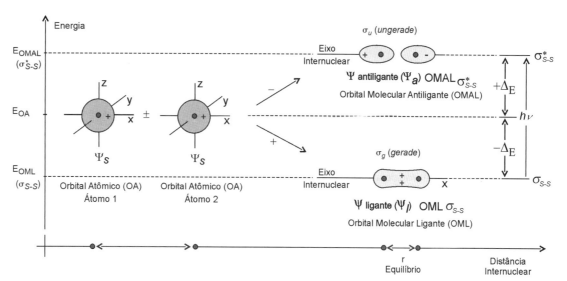

Ψ = função de onda; ● = núcleo atômico; $h\nu$ = *quantum* de energia: h = constante de Planck; ν = frequência.

Observação: Do átomo apenas estão-se representando o seu núcleo e o orbital sem escala. Da molécula, os núcleos dos átomos e orbital molecular sem escala.

Figura 3.19 Formação do orbital molecular sigma ligante (OMLσ) e antiligante (OMALσ^*) a partir de dois orbitais atômicos (OA) do tipo s.

72 Capítulo Três

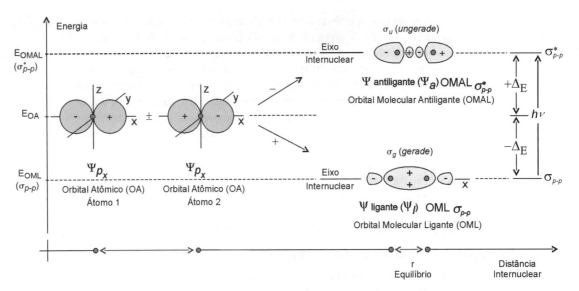

Ψ = função de onda; ● = núcleo atômico; hν = *quantum* de energia: h = constante de Planck; ν = frequência.

Observação: Do átomo apenas estão-se representando o seu núcleo e o orbital sem escala. Da molécula, os núcleos dos átomos e o orbital molecular sem escala.

Figura 3.20 Formação do orbital molecular sigma ligante [OMLσ(p-p)] e do orbital molecular antiligante [OMALσ*(p-p)], a partir da combinação linear de dois orbitais atômicos do tipo *p*.

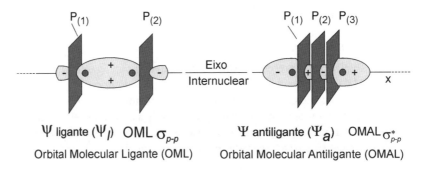

P(i) = Planos nodais perpendiculares ao eixo internuclear

Figura 3.21 Características do OMLσ(p-p) e do OMALσ*(p-p).

Formação do OM σ_{s-p}

A Figura 3.22 mostra a formação de um orbital molecular OMσ_{s-p}. Este tipo de OM é de particular interesse, pois corresponde às duas ligações covalentes da molécula da água, H_2O, um dos principais componentes da atmosfera.

As características destes orbitais encontram-se na Figura 3.23. Observa-se que possuem **planos nodais** perpendiculares aos eixos internucleares e são simétricos (**gerade**) no tocante ao sinal de ψ_σ ao redor do eixo internuclear.

3.7.3 Formação do orbital molecular pi (π)

A formação deste tipo de orbital molecular acontece quando primeiramente se forma o orbital molecular sigma. Enquanto sobrepõem-se frontal e positivamente as funções de onda atômicas dos átomos que estão ligando para formar o OMσ, paralelamente entre si, dois orbitais atômicos do tipo *p*, dos respectivos átomos que estão se ligando, sobrepõem-se com as respectivas funções de onda atômicas em fase (mesmo sinal) (positivo com positivo e negativo com negativo), originando uma região (um orbital molecular pi) parte acima e parte abaixo do eixo internuclear, Figura 3.24.

Os OMLπ e OMLπ* apresentam características diferentes dos OMσ e OMσ*, conforme Figura 3.25. Apresentam **planos nodais** que contêm o eixo **internuclear** e são assimétricos frente ao mesmo eixo.

Interação da Radiação Eletromagnética com a Atmosfera 73

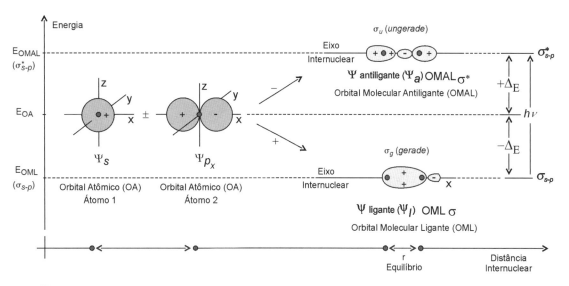

Ψ = função de onda; ● = núcleo atômico; $h\nu$ = *quantum* de energia: h = constante de Planck; ν = frequência.

Observação: Do átomo apenas estão-se representando o seu núcleo e o orbital sem escala. Da molécula, os núcleos dos átomos e o orbital molecular sem escala.

Figura 3.22 Formação dos orbitais moleculares $OML\sigma_{(s-p)}$ e $OMAL\sigma^*_{(s-p)}$.

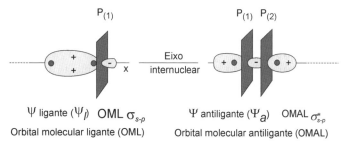

$P_{(i)}$ = Planos nodais perpendiculares ao eixo internuclear

Figura 3.23 Características dos $OML\sigma_{(s-p)}$ e $OMAL\sigma^*_{(s-p)}$.

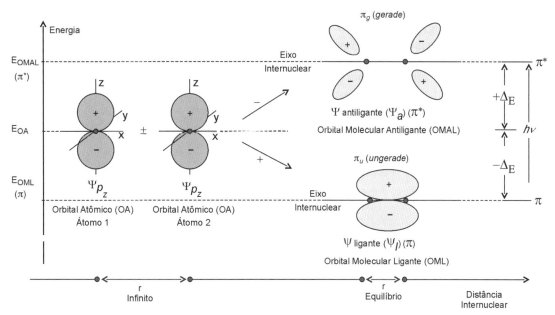

Ψ = função de onda; ● = núcleo atômico; $h\nu$ = *quantum* de energia: h = constante de Planck; ν = frequência.

Observação: Do átomo apenas estão-se representando o seu núcleo e o orbital sem escala. Da molécula, os núcleos dos átomos e o orbital molecular sem escala.

Figura 3.24 Formação dos orbitais moleculares pi ligante e antiligante, $OML\pi$ e $OML\pi^*$.

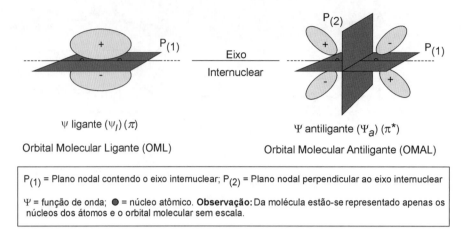

Figura 3.25 Orbitais moleculares $\pi_{ligante}$ e $\pi_{antiligante}$.

Conforme as Figuras 3.19, 3.20, 3.22 e 3.24, os orbitais antiligantes são mais energéticos que os ligantes. No caso de ligações em que o OMAL (antiligante) está vazio, elétrons do OML (ligante) absorvem um *quantum* de energia ($h \cdot v$) e saltam do OML para o OMAL.

3.7.4 Propriedades físicas e químicas explicadas pela TOM

A Teoria da Valência e a Teoria do Orbital Molecular usam o orbital molecular com a diferença de que a primeira restringe-se aos orbitais da camada de valência e a segunda envolve todos os elétrons da molécula. Para visualizar o assunto, será analisado qualitativamente um exemplo de cada.

A Figura 3.26 resume o enfoque da **Teoria da Valência** que usa o modelo da hibridização sp^3 para explicar o ângulo de 105° entre as direções das ligações O—H da molécula de água, dando à mesma o caráter polar.

Pela Figura 3.26 observa-se que os dois hidrogênios estão ligados ao oxigênio por duas ligações covalentes do tipo $\sigma_{s-(sp^3)}$. Sobram dois pares eletrônicos livres que conferem à molécula de água a capacidade de receber prótons formando o cátion hidrônio, H_3O^+.

A Teoria do Orbital Molecular faz a combinação linear dos orbitais atômicos de todos os elétrons que participam da molécula. Depois, os coloca por ordem crescente de energia e, seguindo os princípios de Hund e Pauli, coloca os elétrons em cada um dos orbitais. A Figura 3.27 apresenta os orbitais moleculares referentes aos dez primeiros elementos da Tabela Periódica baseada nas funções de onda deduzidas para o hidrogênio exemplificando o caso da molécula de N_2.

A atmosfera apresenta 21% de oxigênio em volume de ar seco e 78% de nitrogênio. Mediante isto, analisar-se-ão resumidamente as duas moléculas.

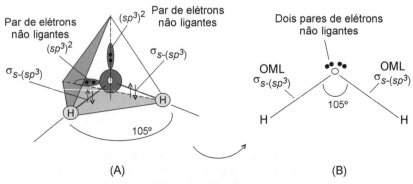

Figura 3.26 Molécula da água com os tipos de ligações e elétrons não ligantes.

Interação da Radiação Eletromagnética com a Atmosfera 75

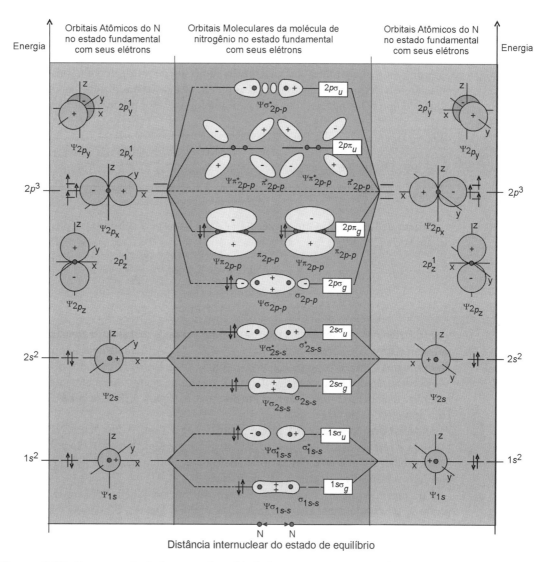

Figura 3.27 Representação da formação da molécula do nitrogênio em termos de AO e OML e OMAL em seu Estado Fundamental (EF).

Configuração eletrônica dos átomos de O e de N

N (Z = 7): $1s^2\ 2s^2\ 2p_x^1\ 2p_y^1\ 2p_z^1$ total de elétrons: 7e

O (Z = 8): $1s^2\ 2s^2\ 2p_x^2\ 2p_y^1\ 2p_z^1$ total de elétrons: 8e

a. Configuração eletrônica da molécula de N_2

$$N_2\ (14\ e):\ \underbrace{\sigma_{1s-1s}^2\ \sigma_{1s-1s}^{*\,2}\ \sigma_{2s-2s}^2\ \sigma_{2s-2s}^{*\,2}\ \sigma_{2px-2px}^2\ \pi_{2pz-2pz}^2\ \pi_{2py-2py}^2}_{\text{OM ocupados por elétrons}}\ \underbrace{\pi_{2pz-2pz}^{*\,0}\ \pi_{2py-2py}^{*\,0}\ \sigma_{2px-2px}^{*\,0}}_{\text{OM vazios}}$$

Ordem de ligação do N na molécula de N_2.

$$\text{Ordem de ligação} = \frac{(n^\circ\ \text{de elétrons em OML}) - (n^\circ\ \text{de elétrons OMAL})}{2} \quad (3.29)$$

$$\text{Ordem de ligação} = \frac{10-4}{2} = 3 \quad (3.30)$$

Logo,

$$N \equiv N$$

A distribuição eletrônica dos elétrons da molécula de nitrogênio demonstra que ela é **diamagnética**, pois não tem elétrons desemparelhados. A ordem de ligação nos diz que temos uma ligação do tipo sigma e duas do tipo pi ligando os átomos de N. Fatos confirmados por medidas de laboratório.

b. Configuração eletrônica da molécula de O_2

$$O_2 \text{ (16e): } \sigma_{1s-1s}^2 \; \sigma_{1s-1s}^{*\,2} \; \sigma_{2s-2s}^2 \; \sigma_{2s-2s}^{*\,2} \; \sigma_{2px-2px}^2 \; \pi_{2pz-2pz}^2 \; \pi_{2py-2py}^2 \; \pi_{2pz-2pz}^{*\,1} \; \pi_{2py-2py}^{*\,1} \; \sigma_{2px-2px}^{*\,0}$$

$$\underbrace{\qquad\qquad\qquad\qquad\qquad\qquad\qquad}_{\text{OM ocupados por elétrons}} \quad \underbrace{\qquad}_{\text{OM vazios}}$$

Ordem de ligação do O na molécula de O_2 é dada pela substituição dos valores na Equação (3.29), originando a (3.31).

$$\text{Ordem de ligação} = \frac{10-6}{2} = 2 \tag{3.31}$$

$$O = O$$

A distribuição eletrônica dos elétrons da molécula de oxigênio demonstra que ela é **paramagnética**, pois tem elétrons desemparelhados ($\pi_{2pz-2pz}^{*\,1} \; \pi_{2py-2py}^{*\,1}$). A **ordem de ligação** nos diz que temos uma ligação do tipo sigma e uma do tipo pi ligando os átomos de O. Fatos confirmados pela experiência.

A ordenação dos orbitais moleculares por ordem de energia normalmente é feita com os símbolos da mecânica quântica, que se encontram em destaque na Figura 3.27. A seguir é dada a distribuição eletrônica para as moléculas de O_2 e de N_2.

O_2 16 e: $(1s\sigma_g)^2 \; (1s\sigma_u)^2 \; (2s\sigma_g)^2 \; (2s\sigma_u)^2 \; (2p\sigma_g)^2 \; (2p\pi_u)^2 \; (2p\pi_u)^2 \; (2p\pi_g)^1 \; (2p\pi_g)^1 \; \mathbf{2p\sigma_u}^0$

N_2 14 e: $(1s\sigma_g)^2 \; (1s\sigma_u)^2 \; (2s\sigma_g)^2 \; (2s\sigma_u)^2 \; (2p\sigma_g)^2 \; (2p\pi_u)^2 \; (2p\pi_u)^2 \; (2p\pi_g)^0 \; \mathbf{(2p\pi_g)^0} \; \mathbf{2p\sigma_u}^0$

Os orbitais em negrito estão na ordem de energia, porém, vazios. A Tabela 3.7 apresenta algumas espécies com as respectivas distribuições eletrônicas.

Para entender alguns símbolos que se encontram na Tabela 3.7, será tratada rapidamente a representação do estado eletrônico de moléculas simples. Depois, o assunto será retomado em um tópico próprio.

Conforme descrito anteriormente, os termos espectroscópicos atômicos descrevem o estado eletrônico dos átomos, segundo as Equações [3.20], [3.23] e [3.24]; da mesma forma, os termos espectroscópicos moleculares descrevem o estado eletrônico da molécula, segundo Equação (3.32).

$$\text{Termo espectroscópico molecular} = {}^{2S+1}\Lambda_{(g,\,u)} \tag{3.32}$$

Em que:
- $2S + 1$ = multiplicidade (com 1 para o estado singleto e 2 para o estado dubleto);
- Λ (letra grega correspondente ao l maiúsculo) = equivale à grandeza M, já definida anteriormente para o átomo, momento angular eletrônico total em relação ao eixo molecular, que é dado por (3.33), em que m_1, m_2, m_3, ..., são os números quânticos da componente z (eixo molecular) dos momentos angulares dos orbitais moleculares ocupados.

$$M = m_1 + m_2 + m_3 + \dots \tag{3.33}$$

e,

$$\Lambda = \left| M \right| \tag{3.34}$$

As letras gregas usadas para Λ são as letras σ, π, δ, ϕ, ... tomadas em maiúsculo, conforme (3.35).

$$\begin{array}{c}
\Lambda = 0, \; 1, \; 2, \; 3, \; \dots \\
\downarrow, \; \downarrow, \; \downarrow, \; \downarrow \\
\Sigma, \; \Pi, \; \Delta, \; \Phi \; \dots
\end{array} \tag{3.35}$$

- Os subscritos g (*gerade* = simétrico) e u (*ungerade* = antissimétrico) são utilizados para representar a simetria da função de onda do orbital molecular. A descrição do estado eletrônico de moléculas lineares muitas vezes é completada com um sinal + ou – sobrescrito ao símbolo Λ, quando a função de onda muda (–) ou não muda (+) de sinal em uma operação de simetria de reflexão no plano que contém o eixo internuclear.

Tabela 3.7 Configuração do Estado Eletrônico Fundamental de Algumas Espécies Homonucleares com o Respectivo Símbolo

Espécie	N^o de elétrons	Configuração do estado fundamental (EF)	Predição da TOM	Estado observado
H_2^+	1	$(1s\sigma_g)^1$	$^2\Sigma_g^+$	$^2\Sigma_g^+$
H_2	2	$(1s\sigma_g)^2$	$^1\Sigma_g^+$	$^1\Sigma_g^+$
He_2^+	3	$(1s\sigma_g)^2\,(1s\sigma_u)^1$	$^2\Sigma_u^+$	$^2\Sigma_u^+$
Li_2	6	$(1s\sigma_g)^2\,(1s\sigma_u)^2\,(2s\sigma_g)^2$	$^1\Sigma_g^+$	$^1\Sigma_g^+$
N_2	14	$(1s\sigma_g)^2\,(1s\sigma_u)^2\,(2s\sigma_g)^2\,(2s\sigma_u)^2\,(2p\sigma_g)^2\,(2p\pi_u)^4$	$^1\Sigma_g^+$	$^1\Sigma_g^+$
O_2^+	15	$(1s\sigma_g)^2\,(1s\sigma_u)^2\,(2s\sigma_g)^2\,(2s\sigma_u)^2\,(2p\sigma_g)^2\,(2p\pi_u)^4\,(2p\pi_g)^1$	$^2\Pi_g$	$^2\Pi_g$
O_2	16	$(1s\sigma_g)^2\,(1s\sigma_u)^2\,(2s\sigma_g)^2\,(2s\sigma_u)^2\,(2p\sigma_g)^2\,(2p\pi_u)^4\,(2p\pi_g)^2$	$^3\Sigma_g^-$	$^3\Sigma_g^-$
F_2	18	$(1s\sigma_g)^2\,(1s\sigma_u)^2\,(2s\sigma_g)^2\,(2s\sigma_u)^2\,(2p\sigma_g)^2\,(2p\pi_u)^4\,(2p\pi_g)^4\,(2p\sigma_u)^0$	$^1\Sigma_g^+$	$^1\Sigma_g^+$

Fonte: Karplus & Porter, 1970; Sebera, 1968; Huheey, 1975; Cotton & Wilkinson, 1978.

3.8 Estados Espectroscópicos das Moléculas

Conforme dito, a interação da energia eletromagnética com a matéria se faz por meio de sua interação com o elétron, por isto necessita-se conhecer o estado eletrônico (fundamental ou não) em que se encontra o elétron na ligação química. Este estado é dado pelo seu termo espectroscópico molecular.

O assunto será abordado para casos de moléculas simples diatômicas, como O_2 e N_2, que compõem $\pm100\%$ da atmosfera em volume de ar seco.

Como para os átomos, o estado eletrônico das moléculas depende do arranjo eletrônico total dos seus elétrons. O arranjo eletrônico da molécula, como um todo, é mais bem caracterizado pela componente do momento angular orbital ao longo do eixo internuclear e do momento angular de *spin* ao longo desse eixo. A componente orbital deste momento, ao longo do eixo internuclear, é designada por Λ (lambda maiúsculo), cujo valor depende da contribuição individual de cada elétron designada por λ (lambda minúsculo). É facilmente obtida pela soma das contribuições dos átomos em separado, 0 para σ, 1 para π, 2 para δ e assim por diante. Os valores de $\Lambda = 0, 1, 2, ...$ são indicados para escrever o símbolo do termo espectroscópico Σ, Π, Δ, ... O momento angular de *spin* ao longo do eixo é indicado por um número sobrescrito à esquerda, como foi o caso do termo atômico, dando a multiplicidade do estado.

Se a molécula é homonuclear, a sua propriedade simétrica do orbital molecular é g (*gerade,* estado eletrônico que corresponde a um número par de elétrons) e u (*ungerade,* estado eletrônico que corresponde a um número ímpar de elétrons).

Finalmente, a molécula pode apresentar o estado energético Σ resultante da oposição de dois vetores do momento angular de π ou δ, os quais podem ter as orientações: $\rightarrow \leftarrow$ e/ou $\leftarrow \rightarrow$. Esta situação conduz aos casos em que o orbital molecular OM pode ser simétrico ou antissimétrico ao plano que contém o eixo internuclear da molécula. Dessa forma, este estado eletrônico originado de dois orbitais moleculares π é simbolizado por Σ^+ e o originado por dois δ de Σ^-. A Tabela 3.7 apresenta os símbolos do estado eletrônico fundamental de algumas espécies.

Tudo o que foi apresentado até aqui, no tocante à ligação molecular, o foi para mostrar como o *quantum* de energia eletromagnética excita as moléculas presentes na atmosfera.

A título de exemplo e ao mesmo tempo de exercício, será analisada a molécula de N_2, que compõe 78,09% da atmosfera seca.

a. Estado Fundamental da molécula de nitrogênio N_2

$$N_2(14e): \underbrace{(1s\sigma_g)^2 (1s\sigma_u)^2 (2s\sigma_g)^2 (2s\sigma_u)^2 (2p\sigma_g)^2 (2p\pi_u)^2 (2p\pi_u)^2}_{\text{OM ocupados por elétrons}} \underbrace{(2p\pi_g)^0 (2p\pi_g)^0 (2p\sigma_u)^0}_{\text{OM vazios}}$$

b. Estado Excitado ou ativado (EE)

$$N_2(14e): \underbrace{(1s\sigma_g)^2 (1s\sigma_u)^2 (2s\sigma_g)^2 (2s\sigma_u)^2 (2p\sigma_g)^2 (2p\pi_u)^2 (2p\pi_u)^{1(\uparrow)} (2p\pi_g)^{1(\uparrow)}}_{\text{OM ocupados por elétrons}} \underbrace{(2p\pi_g)^0 (2p\sigma_u)^0}_{\text{OM vazios}}$$

Em que, os dois elétrons com o *spin* na mesma direção $(2ps\sigma_g)^{1(\uparrow)}$ e $(2p\pi_g)^{1(\uparrow)}$ vão criar um estado de maior multiplicidade

$$\text{multiplicidade} = 2S + 1 \tag{3.36}$$

$$S = \sum_{i=1}^{n} s_1 + s_2 + s_3 + \tag{3.37}$$

$$\text{multiplicidade} = 2 \cdot 1 + 1 = 3$$

Ou:

$$N_2(14e): \underbrace{(1s\sigma_g)^2 (1s\sigma_u)^2 (2s\sigma_g)^2 (2s\sigma_u)^2 (2ps\sigma_g)^2 (2p\pi_u)^2 (2p\pi_u)^{1(\uparrow)} (2p\pi_g)^{1(\downarrow)}}_{\text{OM ocupados por elétrons}} \underbrace{(2p\pi_g)^0 (2ps\sigma_u)^0}_{\text{OM vazios}}$$

Em que os dois elétrons apresentam direções opostas, $(2ps\sigma_g)^{1(\uparrow)} (2p\pi_g)^{1(\downarrow)}$ vão criar um estado de menor multiplicidade.

$$\text{Multiplicidade} = 2 \cdot 0 + 1 = 1 \tag{3.38}$$

A Figura 3.28(A) mostra o estado fundamental e em (B) os dois estados ativados. Observa-se, Figura 3.28(A), que no EF não há elétrons desemparelhados e após a absorção do *quantum* de energia forma-se

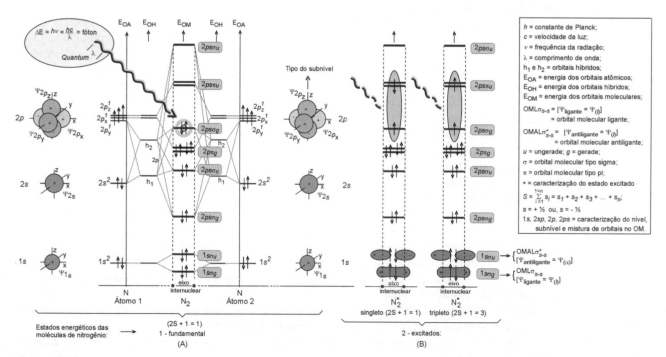

Figura 3.28 Esquematização da formação da molécula de nitrogênio: (A) – Estado Fundamental (EF) e (B) – Estado Excitado (EE). Fonte: Huheey, 1993; Barrow, 1962.

o Estado Excitado, Figura 3.28(B). Observa-se o desemparelhamento de um par eletrônico pela absorção de um *quantum* de energia. Na Figura 3.28(B) verifica-se que se formaram duas situações energéticas diferentes, uma que originou os elétrons com o seu *spin* (s) = +1/2 e –1/2, cuja soma (S) dá zero, e outra situação, em que a posição eletrônica do vetor do momento magnético angular de *spin* (*spin* = s) = +1/2 e +1/2, cuja soma dá 1 (um), resultando para cada situação uma **multiplicidade** diferente, a qual é definida pela expressão $2S + 1$. Ao substituirmos S pelos seus valores 0 e 1, temos respectivamente: 2(0) + 1 = 0 + 1 = 1 (**singleto**) e 2(1) + 1 = 2 + 1 = 3 (**tripleto**).

A Tabela 3.8 apresenta algumas espécies no seu Estado Fundamental (EF) e no seu Estado Excitado (EE), com os respectivos símbolos dos estados observados.

Portanto, o fóton que deu origem ao desemparelhamento tem dois valores; um cria o **estado de singleto** (com uma banda espectral de absorção apenas) e o outro o **estado de tripleto** (com três bandas espectrais de absorção).

Tabela 3.8	Configuração Eletrônica de Algumas Espécies Homonucleares no Seu Estado Fundamental (EF) e nos Seus Estados Excitados (EE)	
Espécie nº de e	**Configuração do estado eletrônico**	**Estado observado**
	a) Estado fundamental (EF)	
H_2 2:	$(1s\sigma_g)^2$	$^1\Sigma_g^+$
Li_2 6:	$(1s\sigma_g)^2 \, (1s\sigma_u)^2 \, (2s\sigma_g)^2$	$^1\Sigma_g^+$
N_2 14:	$(1s\sigma_g)^2 \, (1s\sigma_u)^2 \, (2s\sigma_g)^2 \, (2s\sigma_u)^2 \, (2p\sigma_g)^2 \, (2p\pi_u)^2 \, (2p\pi_u)^2$	$^1\Sigma_g^+$
O_2 16:	$(1s\sigma_g)^2 \, (1s\sigma_u)^2 \, (2s\sigma_g)^2 \, (2s\sigma_u)^2 \, (2p\sigma_g)^2 \, (2p\pi_u)^2 \, (2p\pi_u)^2 \, (2p\pi_g)^1 \, (2p\pi_g)^1$	$^3\Sigma_g^-$
	b) 1º Estado excitado (EE)	
H_2 2:	$(1s\sigma_g)^1 \, (1s\sigma_u)^1$	$^1\Sigma_z^+, \, ^3\Sigma_g^+,$
Li_2 6:	$(1s\sigma_g)^2 \, (1s\sigma_u)^2 \, (2s\sigma_g)^1 (2s\sigma_u)^1$	$^1\Sigma_z^+, \, ^3\Sigma_u^+$
N_2 14:	$(1s\sigma_g)^2 \, (1s\sigma_u)^2 \, (2s\sigma_g)^2 \, (2s\sigma_u)^2 \, (2p\sigma_g)^2 \, (2p\pi_u)^2 \, (2p\pi_u)^1 \, (2p\pi_u)^{1**}$	$^1\prod_g, \, ^1\prod_u$
O_2 16:	$(1s\sigma_g)^2 \, (1s\sigma_u)^2 \, (2s\sigma_g)^2 \, (2s\sigma_u)^2 \, (2p\sigma_g)^2 \, (2p\pi_u)^2 \, (2p\pi_u)^2 \, (2p\pi_g)^1 \, (2p\pi_g)^{1**}$	$^1\Delta_g \, (*)$
O_2 16:	$(1s\sigma_g)^2 \, (1s\sigma_u)^2 \, (2s\sigma_g)^2 \, (2s\sigma_u)^2 \, (2p\sigma_g)^2 \, (2p\pi_u)^2 \, (2p\pi_u)^2 \, (2p\pi_g)^1 \, (2p\pi_g) \, (2p\sigma_u)^{**}$	$^1\Sigma_z^+ \, (*)$

Fonte: Barrow, 1962; Sebera, 1968; Huheey, 1975; Karplus & Porter, 1970; Cotton & Wilkinson, 1978. (*) Zhao, 2001. **Os orbitais moleculares do N_2 e O_2 podem ser descritos pelos orbitais híbridos.

3.9 Principais Tipos de Interações Fotoquímicas

Após a parte introdutória, na qual se analisou a composição da energia eletromagnética, bem como a estrutura da matéria, serão estudadas as interações que conduzem diretamente a uma reação química ou indiretamente chegam à reação. Os casos de interações que provocam o estiramento e movimentação das moléculas serão detalhados em outra etapa do estudo. Apresentam-se três situações características de interação: excitação eletrônica, ionização e formação de radicais.

As reações puramente químicas da atmosfera são as que não necessitam da energia da radiação eletromagnética para se processarem. O oxigênio formado na Reação [R-3.1], por exemplo, reage com a água formando o radical hidroxilo, conforme a Reação (R-3.3), originando uma reação química.

$$O^* + H_2O \rightarrow 2HO^\bullet \qquad \text{(R-3.3)}$$

3.9.1 Excitação eletrônica

Em si, o estado excitado (ativado) de uma espécie não representa uma reação fotoquímica, mas é o início de um processo que pode finalizar em:

a. *Perda de energia* para outro corpo M (em que M = átomo, molécula), ou para o meio, na forma de vibração, translação, rotação, ou seja, em calor), Equação (R-3.4).

$$N_2^* + M \rightarrow N_2 + M_{(mais \, energético)} \qquad \text{(R-3.4)}$$

b. *Dissociação*: A espécie excitada dissocia-se em seus componentes, Equação (R-3.5).

$$N_2{}^* \rightarrow N + N \text{ átomos altamente reativos} \qquad \textbf{(R-3.5)}$$

c. *Reação química direta*: A espécie ativada reage quimicamente com outra, Equação (R-3.6).

$$O_2{}^* + O_3 \rightarrow 2O_2 + O \qquad \textbf{(R-3.6)}$$

d. *Luminescência*: A espécie ativada perde energia por emissão de radiação eletromagnética de outro comprimento de onda que o absorvido.

$$NO_2{}^* \rightarrow NO_2 + h\nu \qquad \textbf{(R-3.7)}$$

Se a radiação emitida é quase simultânea com a absorvida, a luminescência é chamada de *fluorescência*; se ocorrer um tempo após a absorção, é denominada *fosforescência*.

e. *fotoionização*: A espécie ativada para estabilizar-se perde um elétron e cria um íon, conforme exemplo da Equação (R-3.8).

$$N_2{}^* \rightarrow N_2{}^+ + e \qquad \textbf{(R-3.8)}$$

Estes são alguns exemplos de excitações eletrônicas com posterior desdobramento em reações químicas.

3.9.2 Ionização direta

Na ionização eletrônica o *quantum* de energia da radiação eletromagnética "arranca" o elétron da espécie química com que se choca e forma um íon positivo e libera o elétron, Reação (R-3.9). Esse fenômeno a partir de 50 km de altitude da superfície terrestre chega a criar a ionosfera, originando o fenômeno das regiões (cintas) de Van Allen.

$$M_{(g)} + h\nu \rightarrow M^+{}_{(g)} + 1e \text{ (elétron)} \qquad \textbf{(R-3.9)}$$

Qual é o comprimento de onda da energia cujo *quantum* tira um elétron do átomo de nitrogênio?

Analisando os potenciais da primeira ionização de alguns elementos que se encontram na atmosfera, conforme Tabela 3.9, para o caso do nitrogênio, tem-se a Reação (R-3.10).

$$N_{(g)} + h\nu \rightarrow N^+{}_{(g)} + 1e \text{ (elétron)} \qquad \textbf{(R-3.10)}$$

Pela Tabela 3.9, o valor do *quantum* de energia para "arrancar" o elétron mais externo do N é 14,530 eV (elétron-volt). Como o valor de 1 eV = $1,602 \cdot 10^{-19}$ J, pode-se transformar 14,530 eV em Joule.

$$
\begin{array}{ccc}
1 \text{ eV} & \longrightarrow & 1,602 \cdot 10^{-19} \text{ J} \\
14,530 \text{ eV} & \longrightarrow & X
\end{array}
$$

$$X = 2,328 \cdot 10^{-18} \text{ J}$$

Pela definição de 1 *quantum* de energia, tem-se a Equação (3.39).

$$E_{quantum} = h\,\nu = \frac{h\ c}{\lambda} \qquad \textbf{(3.39)}$$

A partir da Equação (3.39), tem-se que o comprimento de onda (λ) é dado pela Equação (3.40).

$$\lambda = \frac{h\ c}{h\ \nu} = \frac{h\ c}{E_{quantum}} \qquad \textbf{(3.40)}$$

| **Tabela 3.9** | Reações de Ionização (1ª Ionização), Configurações Eletrônicas e Respectivos Potenciais de Ionização de Alguns Elementos Encontrados na Atmosfera |

Ionização	Configuração eletrônica do átomo	Configuração eletrônica do íon	Energia eV/átomo (*)	Energia kJ mol⁻¹
$_1H_{(g)} \rightarrow H^+_{(g)} + 1\ e$	$1s^1$	$1s^0$	13,595	$1,312 \cdot 10^3$
$_2He_{(g)} \rightarrow He^+_{(g)} + 1\ e$	$1s^2$	$1s^1$	24,581	$2,372 \cdot 10^3$
$_7N_{(g)} \rightarrow N^+(g) + 1\ e$	$1s^2\ 2s^2\ 2p^3$	$1s^2\ 2s^2\ 2p^2$	14,530	$1,402 \cdot 10^3$
$_8O_{(g)} \rightarrow O^+_{(g)} + 1\ e$	$1s^2\ 2s^2\ 2p^4$	$1s^2\ 2s^2\ 2p^3$	13,614	$1,314 \cdot 10^3$
$_{10}Ne \rightarrow Ne^+(g) + 1\ e$	$1s^2\ 2s^2\ 2p^6$	$1s^2\ 2s^2\ 2p^5$	21,559	$2,081 \cdot 10^3$
$_{18}Ar \rightarrow Ar^+(g) + 1\ e$	$1s^2\ 2s^2\ 2p^6\ 3s^2\ 2p^6$	$1s^2\ 2s^2\ 2p^6\ 3s^2\ 3p^5$	15,755	$1,520 \cdot 10^3$

(*) energia dada em eV/átomo, elétron-volt por átomo, corresponde à energia que a carga de um elétron ($1,602 \cdot 10^{-19}$ C) possui quando está sob a ação de um potencial de 1 volt (ou J C⁻¹), o que dá: 1 eV átomo⁻¹ = $1,602 \cdot 10^{-19}$ C J C⁻¹ = $1,602 \cdot 10^{-22}$ kJ átomo⁻¹ ou 1 eV mol⁻¹ = $1,602 \cdot 10^{-22} \cdot 6,023 \cdot 10^{23}$ = 96,489 kJ mol⁻¹.

Para a ionização do nitrogênio, a energia do *quantum* ($E_{quantum}$) = $2,328 \cdot 10^{-18}$ J, $h = 6,6256 \cdot 10^{-34}$ J s; $c = 2,99795 \cdot 10^8$ m s⁻¹, que, introduzidos na Equação [3.40], tem-se,

$$\lambda = \frac{\left(6,6256 \times 10^{-34}\right)\left(2,99795 \times 10^8\right)\left(J\,s\,m\,s^{-1}\right)}{2,328 \times 10^{-18}\,J} = 8,53 \times 10^{-8}\,m$$

$$\lambda = 8,53 \cdot 10^{-8} \cdot 10^9\ nm = 85,3\ nm$$

Este é o comprimento de onda, ou menor, cuja energia ioniza o átomo de nitrogênio. A Tabela 3.10 apresenta as energias de primeira ionização e os respectivos comprimentos de onda absorvidos, para algumas espécies atômicas e moleculares, sem se preocupar de qual orbital saiu e para qual foi.

| **Tabela 3.10** | Potenciais de Primeira Ionização de Moléculas e Átomos na Fase Gasosa (25 ºC)(*) |

1ª ionização		Energia kJ mol⁻¹	λ (nm)(**) *quantum*	1ª ionização		Energia kJ mol⁻¹	λ (nm)(**) *quantum*
Cl	$\rightarrow$ Cl⁺ + e	1.373	87	O_2	$\rightarrow$ O_2^+ + e	1.165	103
Cl_2	$\rightarrow$ Cl_2^+ + e	1.108	108	O_3	$\rightarrow$ O_3^+ + e	1.342	89
F_2	$\rightarrow$ F_2^+ + e	1.515	80	NO	$\rightarrow$ NO⁺ + e	985	122
H_2	$\rightarrow$ H_2^+ + e	1.488	80	NO_2	$\rightarrow$ NO_2^+ + e	974	123
H_2O	$\rightarrow$ H_2O^+ + e	975	123	N_2O	$\rightarrow$ N_2O^+ + e	1.325	90
HO	$\rightarrow$ HO⁺ + e	1.293	93	N_2O_4	$\rightarrow$ $N_2O_4^+$ + e	1.050	114
N_2	$\rightarrow$ N_2^+ + e	1.503	80	N_2O_5	$\rightarrow$ $N_2O_5^+$ + e	1.161	103

(*) Os valores foram medidos como potenciais de ionização em eV (elétron-volt). Fonte: Lias, 1997; Sebera, 1968; Huheey, 1975; Karplus & Porter, 1970.
(**) O comprimento de onda foi calculado pela equação: λ(nm) = 106hcNE⁻¹ (em que: h = $6,6256 \cdot 10^{-34}$ J s; c = $2,99795 \cdot 10^8$ m s⁻¹; N = $6,023 \cdot 10^{23}$; E = energia de ligação em kJ mol⁻¹).

3.9.3 Formação de radicais livres

Neste tipo de interação, o *quantum* da radiação eletromagnética separa as duas espécies ligadas entre si. Provoca uma **dissociação** de espécies, em que cada uma fica com seu elétron (ou elétrons) envolvido na ligação, conduzindo às espécies extremamente reativas, os radicais livres. Como exemplo, pode-se citar HO˙ (radical hidroxilo), HO_2˙ (radical hidroperoxilo), entre outros, responsáveis por uma infinidade de posteriores reações químicas da atmosfera.

82 Capítulo Três

Exemplo dado pela Reação (R-3.11):

$$H_2O + h\nu\,(\lambda \ll 220\text{ nm}) \rightarrow HO^{\bullet} + H \tag{R-3.11}$$

A Tabela 3.12 apresenta a energia da reação envolvida na formação do radical hidroxilo, $HO^{\bullet}$, 497 kJ mol^{-1}.

Calculando a energia do *quantum* gasto na reação (fóton) e introduzindo na Equação (3.39), tem-se:

$$6{,}023 \cdot 10^{23}\text{ fótons} \longrightarrow 497 \cdot 10^3\text{ J}$$
$$1\text{ fóton} \longrightarrow h\nu$$
$$E_{quantum} = \text{fóton} = h\nu = 8{,}252 \cdot 10^{-19}\text{ J}$$

$$\lambda = \frac{\left(6{,}6256 \times 10^{-34}\right)\left(2{,}99795 \times 10^8\right)\left(\text{J s m s}^{-1}\right)}{8{,}252 \times 10^{-19}\text{ J}} = 2{,}407 \times 10^{-7}\text{ m}$$

$$\lambda = 2{,}407 \cdot 10^{-7} \cdot 10^9\text{ nm} = 241\text{ nm}$$

A Tabela 3.11 apresenta energias de ligação de algumas espécies químicas encontradas na atmosfera.

Tabela 3.11 Energias Termodinâmicas de Ligação (25 °C, em kJ mol^{-1})

Espécie	Ligação	Energia kJ mol^{-1}	Espécie	Ligação	Energia kJ mol^{-1}
$H_{2(g)}$	H–H	436	$O_{2(g)}$	O=O	495
$HCl_{(g)}$	H–Cl	431	$CO_{(g)}$	C=O	695
HC	H–C	416	$N_{2(g)}$	N≡N	946

Analisando os valores da Tabela 3.11, qual deve ser o comprimento de onda do fóton que vai separar os dois átomos de nitrogênio da molécula N≡N? Basta aplicar a Equação (3.39) com a introdução do valor do fóton em joules. Este valor é obtido mediante o valor da energia da ligação 946 kJ mol^{-1}, ou seja:

$$6{,}023 \cdot 10^{23}\text{ fótons} \longrightarrow 946 \cdot 10^3\text{ J}$$
$$1\text{ fóton} \longrightarrow h\nu$$
$$h\nu = 1{,}5706 \cdot 10^{-18}\text{ J}$$

Substituindo os valores das constantes na Equação (3.40), temos:

$$\lambda = \frac{\left(6{,}6256 \times 10^{-34}\text{ J s}\right)\left(2{,}99795 \times 10^8\text{ m s}^{-1}\right)}{1{,}5706 \times 10^{-18}\text{ J}} = 1{,}2646 \times 10^{-7}\text{ m} \tag{3.41}$$

$$\lambda = 1{,}2646 \cdot 10^{-7} \cdot 10^9\text{ nm} = 126\text{ nm}$$

3.9.4 Reação química direta

Nesta forma de interação, o *quantum* eletromagnético da radiação solar, ao interagir com a espécie química, forma, entre outros, compostos químicos definidos. Exemplo, a decomposição do ozônio, Reação (R-3.12):

$$O_3 + h\nu\,(\lambda = 220 - 330\text{ nm}) \rightarrow O^* + O_2 \tag{R-3.12}$$

Qual é o comprimento de onda e o tipo da radiação que decompõe o ozônio? Novamente, pela Tabela 3.12, calculando o valor da energia do fóton ($h\nu$) e introduzindo na Equação (3.39) iremos resolver o problema. Calculando, temos:

$$6{,}023 \cdot 10^{23}\text{ fótons} \longrightarrow 105 \cdot 10^3\text{ J}$$
$$1\text{ fóton} \longrightarrow h\nu$$
$$h\nu = 1{,}743 \cdot 10^{-19}\text{ J}$$

Tabela 3.12 — Energias de Reação Envolvendo Espécies Químicas da Atmosfera (Temperatura 25 °C)

Reação			Energia (kJ mol^{-1})
$H_2O_{(g)} + h\nu_1$	→	$H_{(g)} + HO_{(g)}$	$\Delta H_{298\,K} = 497(*)$
$HO_{(g)} + h\nu_2$	→	$H_{(g)} + O_{(g)}$	$\Delta H_{298\,K} = 421(*)$
$H_2O_{(g)} + h\nu_3$	→	$2H_{(g)} + O_{(g)}$	$\Delta H_{298\,K} = 918(*)$
$O_{3(g)} + h\nu$	→	$O_{2(g)} + O_{(g)}$	$\Delta H_{298\,K} = 105(**)$

(*) Cotton & Wilkinson, 1999. (**) Baird, 1999.

$$\lambda = \frac{(6{,}6256 \times 10^{-34}\,J\,s)(2{,}99795 \times 10^{8}\,m\,s^{-1})}{1{,}743 \times 10^{-19}\,J} = 1{,}1396 \times 10^{-6}\,m \quad (3.42)$$

$$\lambda = 1{,}1394 \cdot 10^{-6} \cdot 10^{9}\,nm = 1.139\,nm$$

A Figura 3.29 mostra em que altitude aproximadamente estes comprimentos de onda são absorvidos, com dados transportados para a Tabela 3.13.

Tabela 3.13 — Regiões da Atmosfera Onde Acontecem as Transformações Químicas Especificadas e os Comprimentos de Onda Absorvidos na Transformação

λ (nm)	Exemplo de reação fotoquímica		Região da atmosfera
85,3	$N_{(g)} + h\nu \rightarrow N^{+}_{(g)} + 1e^{*}$	(R-3.10)	Termosfera
241	$H_2O + h\nu \rightarrow HO^{\bullet} + H$	(R-3.11)	Mesosfera**
126	$N_2 + h\nu \rightarrow N^{\bullet} + N^{\bullet}$	(R-3.13)	Termosfera/Mesosfera

* elétron; ** Esta reação acontece também no final da camada da estratosfera.

3.10 Camadas da Atmosfera

A radiação eletromagnética, Tabela 3.1, chega à atmosfera externa e "encontra" as moléculas dos componentes da atmosfera, entre elas, o N_2 e o O_2. Muitos "choques" e "interações" vão se dar nesta região da atmosfera. As radiações de energia do fóton, compatíveis com as respectivas energias de ligação, vão dis-

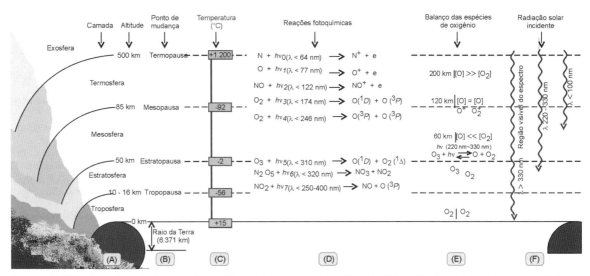

Figura 3.29 Estratificação da atmosfera: (A) camadas e respectivas altitudes; (B) região de mudança da camada; (C) temperatura na região de mudança da camada; (D) reações fotoquímicas; (E) balanço das espécies de oxigênio; (F) radiação solar que chega à superfície da Terra.

84 Capítulo Três

sociar essas moléculas. Ali, portanto, vão se dar as reações fotoquímicas do tipo (R-3.13) e (R-3.14), entre outras.

$$N_2 + h\nu \rightarrow N^{\bullet} + N^{\bullet} \tag{R-3.13}$$

$$O_2 + h\nu \rightarrow O^{\bullet} + O^{\bullet} \tag{R-3.14}$$

A temperatura deverá elevar-se, pois, em primeiro lugar, houve uma energia que foi "freada" e consumida na reação. Os radicais formados, altamente reativos, vão reagir entre si e reestruturar as moléculas, homólogas ou não, liberando calor no ambiente, Reações (R-3.15) e (R-3.16).

$$N^{\bullet} + N^{\bullet} \rightarrow N_2 + \text{energia térmica (isto é, } \Delta H << 0) \tag{R-3.15}$$

$$O^{\bullet} + O^{\bullet} \rightarrow O_2 + \text{energia térmica (isto é, } \Delta H << 0) \tag{R-3.16}$$

Por isto, esta região de 85 a 500 km de altitude da superfície da Terra é denominada **termosfera**, Figura 3.29(A). A temperatura no início da camada, 85 km, está em –92 °C e, à medida que vai se afastando, vai aumentando. A 500 km de altitude a temperatura pode chegar a +1.200 °C, ver Figura 3.29(C). Nesta região mais distante da termosfera, a primeira a ser "encontrada" pela radiação solar, são absorvidas ("freadas") as radiações mais energéticas da radiação solar, provocando as reações fotoquímicas de ionização, entre outras, Figura 3.29(D), e as reações químicas decorrentes entre os íons formados das ionizações, que são reações exotérmicas, liberando energia para o ambiente, conforme dito ao final do *Capítulo 1 – Aspectos Gerais da Atmosfera*.

A camada da atmosfera que antecede a termosfera é a **mesosfera**, que vai de 50 a 85 km de altitude. O local de passagem de uma camada para a outra, onde a função temperatura muda, é denominado **mesopausa**, Figura 3.29(B). Na mesosfera a temperatura varia de –2 °C (a 50 km) a –92 °C (a 85 km).

À medida que vamos nos aproximando da superfície da Terra, encontramos entre 10-16 km a 50 km de altitude a camada denominada **estratosfera**. Na região limite entre as duas encontramos a **estratopausa**.

A camada na qual vive o ser humano, de 0 km (nível do mar) a 10-16 km, é denominada **troposfera**. Na passagem entre a troposfera e a estratosfera, onde a função temperatura muda, tem-se a **tropopausa**, com uma temperatura de –56 °C. Observa-se que entre a estratosfera e mesosfera, apesar de a temperatura ser –2 °C, ela se elevou. Esse aquecimento é atribuído a muitas reações químicas, entre elas a eliminação da radiação ultravioleta pela interação com o O_2 e O_3 (ozônio), Figura 3.29(E).

A parte(F) da Figura 3.29 mostra que a radiação solar que chega à superfície da Terra é luz visível, isto é, radiação de comprimentos de onda maiores que 350 nm. Dessa forma, chega à superfície terrestre apenas a radiação benéfica a toda a biota, a radiação do visível. Portanto, a atmosfera funciona como um manto protetor da vida na Terra.

3.11 Referências Bibliográficas e Sugestões para Leitura

BAIRD, C. **Environmental chemistry**. New York: W. H. Freeman and Company, 1999. 557 p.

BARKER, J. R. [Editor] **Progress and problems in atmospheric chemistry**. London: World Scientific Publishing, 1995. 940 p.

BARROW, G. M. **Introduction to molecular spectroscopy**. New York: McGraw-Hill Book Company, 1962. 318 p.

BEISER, A. **Conceitos de física moderna**. Traduzido por Gita K. Ghinzberg. São Paulo: Universidade de São Paulo e Polígono, 1969. 458 p.

BRASSEUR, G. P.; ORLANDO, J. J.; TYNDALL, G.S. **Atmospheric chemistry and global change**. Oxford (England): Oxford University, 1999. 654 p.

BRIMBLECOMBE, P. **Air composition & chemistry**. 2. ed. Cambridge (U.K.): Cambridge University, 1996. 253 p.

CHRISTEN, H. R. **Fundamentos de la química general e inorgánica**. Barcelona: Reverté, 1977. Volumes I e II, 840 p.

COMPANION, A. L. **Ligação química**. Tradução de Luiz Carlos Guimarães. São Paulo: Edgard Blücher, 1970. 140 p.

COTTON, F. A.; WILKINSON, G. **Química inorgânica**. Tradução de Horácio Macedo. Rio de Janeiro: Livros Técnicos e Científicos Editora, 1978. 601 p.

COTTON, F. A.; WILKINSON, G.; MURILLO, C. A.; BOCHMANN, M. **Advanced inorganic chemistry**. 6. ed. New York: John Wiley, 1999. 1355 p.

DYER, J. R. **Aplicações da espetroscopia de absorção aos compostos orgânicos**. Tradução de Aurora Giora Albanese. São Paulo: Editora Edgard Blücher e Editora da Universidade de São Paulo, 1969. 155 p.

EWING, G. W. **Instrumental methods of chemical analysis**. Third edition. New York: McGraw-Hill, 1969. 607 p.

FINLAYSON-PITTS, B. J.; PITTS Jr., J. N. **Chemistry of the upper and lower atmosphere – Theory, experiments, and applications**. New York: Academic, 2000. 969 p.

GLADKOV, K. **La energia del átomo**. 2. ed. Traducido del Ruso por L. Vladov. Moscu: Editorial Paz, 1965. 370 p.

HALLIDAY, D.; RESNICK, R. **Física – Parte II**. Tradução de Euclides Cavallari e Bento Affini Júnior. Rio de Janeiro: Ao Livro Técnico, 1966. 1440 p.

HARRIS, D. C. **Análise química quantitativa**. Tradução da 5. ed. inglesa por Carlos Alberto da Silva Riehl e Alcides Wagner Serpa Guarino. Rio de Janeiro: LTC, 2001. 862 p.

HOUGHTON, J. F.; MEIRA FILHO, L. G.; CALLANDER, B. A. *et al.* [Editors] **Climate change 1995**. Cambridge (U.K.): Cambridge University, 1998. 572 p.

HUHEEY, J. E. **Inorganic chemistry – principles of structure and reactivity**. London (UK): Harper & Row, 1975. 737 p.

HUHEEY, J. E.; KEITER, E. A.; KEITER, R. L. **Inorganic chemistry – Principles of structure and reactions**. 4. ed. New York: Harper Collins College, 1993. 964 p.

KARPLUS, M.; PORTER, R. N. **Atoms & Molecules: An introduction for students of physical chemistry**. Menlo Park (California): W. A. Benjamin, 1970. 620 p.

KERR, J. A. Strength of chemical bonds. In: LIDE, D. R. [Editor] **Handbook of chemistry and physics**. 77. ed. New York: CRC, 1996-1997.

LIAS, S. G. Ionization potentials of gas-phase molecules. In: LIDE, D. R. [Editor] **Handbook of chemistry and physics**. 77. ed. New York: CRC, 1996-1997.

MASTERTON, W. L.; SLOWINSKI, E. J.; STANITSKI, C. L. **Princípios de química**. 6. ed. Tradução de Jossyl de Souza Peixoto. Rio de Janeiro: Editora Guanabara Koogan, 1990. 681 p.

PECSOK, R. L.; SHIELDS, L. D. **Modern methods of chemical analysis**. New York: Wiley International Edition, 1968. 480 p.

RUSSEL, J. B. **Química Geral**. 2. ed. Tradução de Márcia Guekezian, Maria Cristina Ricci, Maria Elizabeth Brotto, Maria Olívia A. Mengod, Paulo César Pinheiro, Sonia Braunstein Faldini, Wagner José Saldanha. Rio de Janeiro: Makron Books, 1994. Volume 1 e Volume 2.

SEBERA, D. **Estrutura eletrônica & ligação química**. Tradução de Caetano Belliboni. São Paulo (SP): Polígono, 1968. 315 p.

SEINFELD, J. H.; PANDIS, S. N. **Atmospheric chemistry and physics**. New York: John Wiley, 1998. 1326 p.

SHRIVER, D. F.; ATKINS, P. W.; LANGFORD, C. H. **Inorganic chemistry**. 2. ed. Oxford: Oxford University, 1994. 819 p.

SKOOG, D. A.; LEARY, J. J. **Principles of instrumental analysis**. Fourth edition. New York: Harcourt Brace College Publishers, 1992. 700 p.

SKOOG, D. A.; WEST, D. M.; HOLLER, F. J; CROUCH, S. R. **Fundamentos de química analítica**. Tradução da 8. ed. americana de Marcos Tadeu Grassi. São Paulo: Thomson Learning, 2006. 999 p.

STEVENS, B. **Estrutura atômica e valência**. São Paulo (SP): Polígono, 1970. 133 p.

WHER, M. R.; RICHARD, Jr., J. A. Física do átomo. Tradução de Carlos C. de Oliveira. Rio de Janeiro: Ao Livro Técnico, 1965.

ZHAO, L. Singlet Oxygen, 2001. Disponível em: <http://www.medicine.uiowa.edu/ESR/educationFreeRadicalSp01/Paper-5201ZhaoL-Paper.1-pdf->. Acessado em: 29 de março de 2004.

CAPÍTULO

Ciclos Biogeoquímicos dos Principais Componentes da Atmosfera

4

4.1 Introdução

4.2 Ciclo do Nitrogênio
    4.2.1 Fixação do nitrogênio atmosférico
    4.2.2 Amonificação e nitrificação
    4.2.3 Desnitrificação
    4.2.4 Principais compostos nitrogenados da atmosfera e seus destinos

4.3 Ciclo do Oxigênio
    4.3.1 Aspectos gerais
    4.3.2 Ciclo do oxigênio

4.4 Ciclo do Carbono
    4.4.1 Aspectos gerais
    4.4.2 O gás carbônico – CO_2
    4.4.3 Outras formas de C-atmosférico

4.5 Ciclo Hidrológico
    4.5.1 Aspectos gerais
    4.5.2 Ciclo hidrológico ou ciclo da água

4.6 Conclusão

4.7 Referências Bibliográficas e Sugestões para Leitura

4.1 Introdução

A natureza é dinâmica e nos seus mais variados aspectos encontra-se em permanentes transformações. Os promotores destas transformações são diversos. Alguns dependem de fatores internos, isto é, da própria estrutura, entre eles: desequilíbrios físicos, químicos e biológicos, que tendem a um "estado de equilíbrio". Outros, também naturais, são de ordem externa, como por exemplo a radiação solar, interações gravitacionais etc. Um terceiro promotor destas transformações, que até pouco tempo era inexpressivo, é a atividade antrópica – a ação do homem. Lavoisier (França, 1743-1790), considerado o *pai da química moderna*, em seus experimentos e observações, concluiu:

"Na natureza nada se cria, nada se perde, tudo se transforma."

Há uma conservação do material envolvido nos processos, o qual passa de um lado para outro, de uma forma para outra, podendo retornar ao seu estado inicial. É claro que a atmosfera está envolvida também nestes processos físicos, químicos e biológicos. Considere que um dos numerosos átomos de hidrogênio que existem na natureza, até no próprio corpo, seja "marcado" em **negrito**. Será descrita uma possível trajetória de transformações que ele "caminhou" na sua existência. Inicialmente foi "cuspido" por um vulcão na forma de $H_2O_{(vapor)}$, conforme Figura 4.1(A), e foi para a atmosfera. Após certo tempo (tempo de residência), este **H** associado à água, retornou à superfície da Terra, via precipitação seca (via ação da gravidade), pois a molécula de água foi adsorvida por um óxido (cinza, um particulado da atmosfera), como o CaO, conforme Reação (R-4.1) e Figura 4.1(B).

$$CaO_{(partícula)} + H_2O_{(vapor)} \rightleftarrows Ca(OH)_{2(particulado)} \qquad \text{(R-4.1)}$$

Ao se precipitar ao solo sob a ação da gravidade (uma "poeira") encontrou o gás carbônico $CO_{2(g)}$ abundante no ar e reagiu, segundo a Reação (R-4.2). O hidrogênio passou novamente à forma de H_2O, Figura 4.1(C).

$$Ca(OH)_{2(particulado)} + CO_{2(g)} \rightleftarrows CaCO_{3(s)} + H_2O_{(adsorvida no solo)} \qquad \text{(R-4.2)}$$

Ciclos Biogeoquímicos dos Principais Componentes da Atmosfera 87

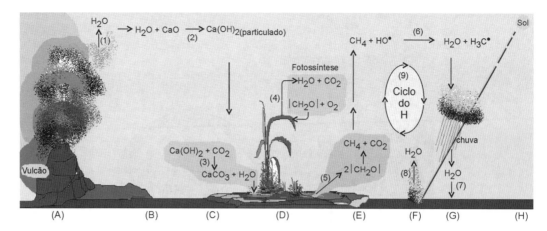

Figura 4.1 Um possível "caminho" do ciclo biogeoquímico do hidrogênio, H.

A radicela de uma gramínea absorveu a água com o tal H e a transformou em biomassa, conforme Reação (R-4.3), Figura 4.1(D).

$$H_2O_{(liq)} + CO_{2(g)} \xrightarrow[\text{fotossíntese}]{\text{luz solar, nutrientes}} |CH_2O|_{(biomassa)} + O_{2(g)} \quad \textbf{(R-4.3)}$$

Com o tempo, a gramínea morreu e foi soterrada em um ambiente anaeróbico (sem oxigênio) e lá sofreu mineralização, segundo a Reação (R-4.4), Figura 4.1(E).

$$2|CH_2O|_{(biomassa)} \xrightarrow[\text{anaeróbico}]{\text{micro-organismo}} CH_{4(gás\ metano)} + CO_{2(g)} \quad \textbf{(R-4.4)}$$

Aquele átomo de hidrogênio agora "transformou-se" no gás metano, CH_4, que se volatilizou e voltou para a atmosfera. Lá, encontrou um radical hidroxilo, $HO^\bullet$ e voltou a ser água, conforme Reação (R-4.5), Figura 4.1(F), como chegou no começo da sua caminhada ao ser "cuspido" por um vulcão.

$$CH_{4(gás\ metano)} + HO^\bullet_{(radical\ hidroxilo)} \longrightarrow H_3C^\bullet_{(radical\ metil)} + H_2O_{(água)} \quad \textbf{(R-4.5)}$$

Veio uma frente fria, e esta molécula de água, H_2O, juntamente com outras foram condensadas e precipitadas na forma de água no oceano, Figura 4.1(G). Veio a energia solar e evaporou a água levando o H para a atmosfera no lugar do vulcão para iniciar o processo, conforme Figura 4.1(H).

Esse átomo de hidrogênio, H, na sua "caminhada" sempre foi o mesmo e também não se perdeu, apenas passou por diversas formas, entre elas: H_2O, $Ca(OH)_2$, H_2O, $|CH_2O|_{(biomassa)}$, $CH_{4(gás\ metano)}$ e $H_2O_{(água)}$. Ele "vai" e "volta", dando a ideia de um "ciclo", conforme Figura 4.1(F). Ressalta-se que o exemplo do H dá apenas uma ideia de "ciclo".

Desta forma, tem-se o termo "ciclo geoquímico" quando o elemento na sua "caminhada" não se envolveu com a vida, e "ciclo biogeoquímico", quando o elemento na sua trajetória "passa" por uma etapa que envolve um processo com vida, como aconteceu com o H, anteriormente descrito. Observando a Figura 4.2(B), verifica-se que o **ciclo geoquímico** envolve "caminhadas" dos elementos entre a geosfera ⇌ hidrosfera ⇌ atmosfera (Figura 4.2(B) — triângulo cinza). Quando surgiu a vida, deu-se início aos **ciclos biogeoquímicos**, envolvendo a **biosfera**, Figura 4.2(A), que é o espaço em que se desenvolvem as espécies que possuem vida, é claro, entre elas o homem. A Figura 4.2(C) mostra um capítulo à parte da **biosfera** no qual atua o ser humano, a **troposfera**. Esta separação foi intencional, pois o ser humano, além de mero animal, é racional, o que lhe dá características distintas de todas as outras formas vitais. As suas atividades criadoras "atuam" sobre todos os equilíbrios da natureza estabelecidos naturalmente. A chaminé da parte (C) da Figura 4.2 quer traduzir este pensamento. Já que o ser humano "atua" sobre os equilíbrios da natureza, esta tem um comportamento natural e reage. Le Chatelier (França, 1850-1936) postulou este princípio:

> **Todo e qualquer sistema em "estado de equilíbrio" ao sofrer alguma ação no sentido de alterá-lo reage para neutralizar tal interação.**

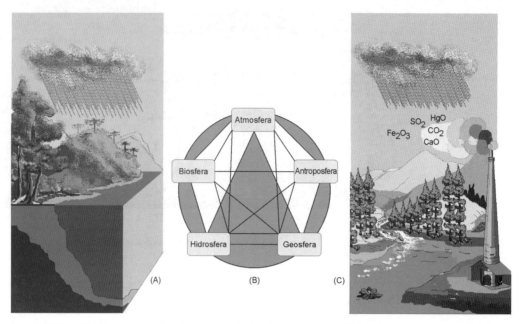

Figura 4.2 Visualização conjunta dos ciclos, geoquímico e biogeoquímico (B), sem a ação antrópica (A) e com a ação antrópica (C).

Dessa forma, os ciclos biogeoquímicos ou etapas de sua ocorrência são influenciados pela ação antrópica e apresentam características diferenciadas dos que prescindem do homem.

A atmosfera, que é um dos componentes da natureza, fará parte destes ciclos pelos quais todos os elementos passam. No presente estudo se dará ênfase aos ciclos biogeoquímicos dos principais componentes da atmosfera, nitrogênio (N), oxigênio (O), carbono (C) e água (H_2O).

4.2 Ciclo do Nitrogênio

O nitrogênio na atmosfera encontra-se, em sua maior parte, na forma molecular, N_2. Já se falou que 78%, em volume, do ar seco é constituído de nitrogênio. Praticamente o nitrogênio da atmosfera constitui-se em um reservatório inesgotável. Ao longo dos milhões, talvez bilhões de anos, estabeleceu-se um "equilíbrio dinâmico" entre o nitrogênio da **atmosfera ⇌ hidrosfera ⇌ geosfera ⇌ biosfera**, constituindo o ciclo biogeoquímico do elemento nitrogênio nas suas diferentes formas. A Figura 4.3 mostra algumas etapas do ciclo biogeoquímico do nitrogênio. Entre estas etapas, têm-se as que se seguem.

4.2.1 Fixação do nitrogênio atmosférico

Conforme a Figura 4.3, a **fixação** do nitrogênio atmosférico é o processo pelo qual o $N_{2(g)}$ atmosférico reage para formar qualquer outro composto nitrogenado. Ou seja, transforma-se em outra forma de composto que contém o nitrogênio atmosférico. Este processo pode ocorrer de diversas formas; entre elas, têm-se:

Descargas elétricas

Esta modalidade pode ser natural (raios, relâmpagos, eflúvios elétricos, Figura 4.3) ou artificial, realizada intencionalmente pelo homem (arco voltaico). Uma descarga elétrica na atmosfera, ou em uma mistura de N_2 e O_2, inicialmente dissocia as moléculas de N_2 e de O_2 e depois dá-se a síntese do NO_x (NO e NO_2), conforme Reações (R-4.6) a (R-4.9).

$$N_{2(atmosfera)} \xrightarrow{\text{raio, descarga elétrica}} N_{(g)} + N_{(g)} \quad \text{(R-4.6)}$$

$$O_{2(atmosfera)} \xrightarrow{\text{raio, descarga elétrica}} O_{(g)} + O_{(g)} \quad \text{(R-4.7)}$$

$$N_{(g)} + O_{(g)} \rightleftarrows NO_{(g)} \quad \text{(R-4.8)}$$

$$NO_{(g)} + O_{(g)} \rightleftarrows NO_{2(g)} \quad \text{(R-4.9)}$$

Combustão

Pela Figura 4.3, observa-se nas "fumaças" da chaminé da fábrica, nos gases de exaustão do carro e no incêndio da mata a formação do óxido nítrico, $NO_{(g)}$. No momento em que a matéria orgânica (lenha, óleo diesel, gasolina, mato etc.) se "queima" com a presença do oxigênio do ar significa que 78% deste ar é constituído do gás nitrogênio, o qual "reage" também com o oxigênio do ar. O carvão aceso (brasa), as paredes do cilindro do motor funcionam como um *terceiro corpo*, tipo catalisador da reação, conforme Figura 4.4 e Reações (R-4.10) a (R-4.13).

$$N_{2(g)} + \text{Energia da combustão} \xrightarrow[\text{Paredes do forno, do cilindro do motor, brasas, cinzas}]{\text{Catalisador (3º corpo):}} N_{(g)} + N_{(g)} \qquad \text{(R-4.10)}$$

$$O_{2(ar)} + \text{Energia da combustão} \xrightarrow[\text{Paredes do forno, do cilindro do motor, brasas, cinzas}]{\text{Catalisador (3º corpo):}} O_{(g)} + O_{(g)} \qquad \text{(R-4.11)}$$

$$N_{(g)} + O_{(g)} \longrightarrow NO_{(g)} \qquad \text{(R-4.12)}$$

$$NO_{(g)} + O_{(g)} \xrightarrow[\text{Paredes do forno, do cilindro do motor, brasas, cinzas}]{\text{Catalisador (3º corpo):}} NO_{2(g)} \qquad \text{(R-4.13)}$$

Indústria

A necessidade de mais alimentos em função do crescimento demográfico e à diminuição das fronteiras agrícolas levou o homem ao desenvolvimento dos insumos agrícolas: maquinarias diversas; novas espécies mais resistentes e produtivas; pesticidas, fertilizantes etc. A exportação dos nutrientes e as deficiências do solo levaram o homem a sintetizar fertilizantes, entre eles os nitrogenados. Anualmente milhões de toneladas de adubos nitrogenados são fabricados e devolvidos ao solo. Com isto, milhares de toneladas de nitrogênio atmosférico são retirados da atmosfera. A Figura 4.5 apresenta os principais tipos de fertilizantes sintetizados a partir do nitrogênio da atmosfera.

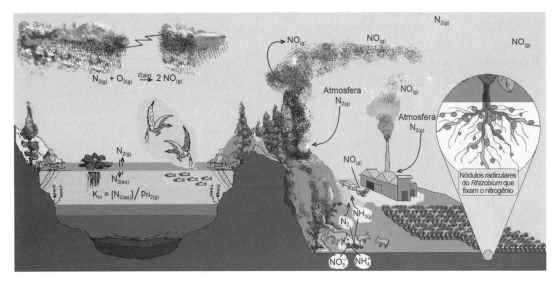

Figura 4.3 Ciclo do nitrogênio.

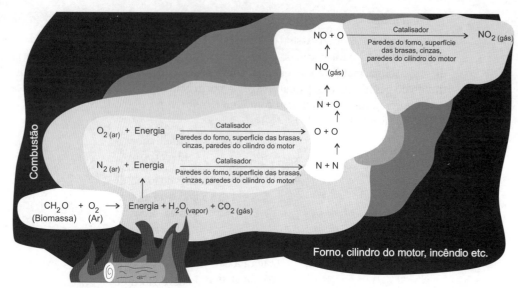

Figura 4.4 Combustão da matéria orgânica (biomassa) e formação do NO$_x$.

A base de síntese dos fertilizantes nitrogenados é o gás amônia, NH$_{3(g)}$, que é sintetizado por diversos processos, entre eles o de Claude, dado na Reação (R-4.14).

$$N_{2(atmosfera)} + 3\,H_{2(g)} \underset{600\ atm,\ 600\ °C}{\overset{catalisador}{\rightleftarrows}} 2\,NH_{3(g)} + 24\ kcal \qquad \text{(R-4.14)}$$

Fixação simbiótica e assimbiótica

Muitos micro-organismos que vivem em simbiose (vida em comum entre dois seres de raças distintas, em que cada um tem seus benefícios desta convivência) com algumas espécies de leguminosas contribuem com a maior parte da fixação do nitrogênio atmosférico. Entre estes micro-organismos encontram-se as diferentes espécies do *Rhizobium leguminosarum*. A Figura 4.6 mostra um pé de soja com os nódulos radiculares em que se processa a fixação do nitrogênio atmosférico por simbiose.

Existe também a fixação assimbiótica do nitrogênio. São micro-organismos heterotróficos. Entre eles têm-se os aeróbicos, anaeróbicos, facultativos, algas azul-esverdeadas etc.

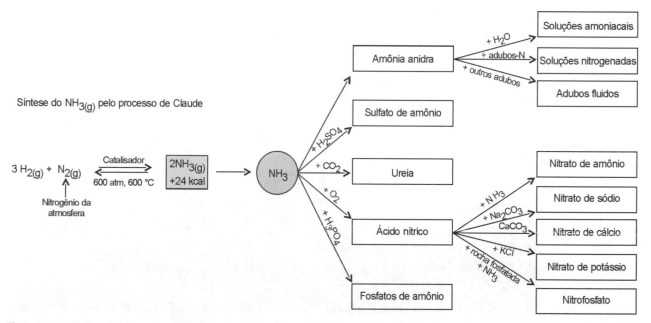

Figura 4.5 Síntese do NH$_3$ e principais tipos de fertilizantes nitrogenados. Fonte: Malavolta, 1981; Moeller *et al.*, 1980; Lee, 1980.

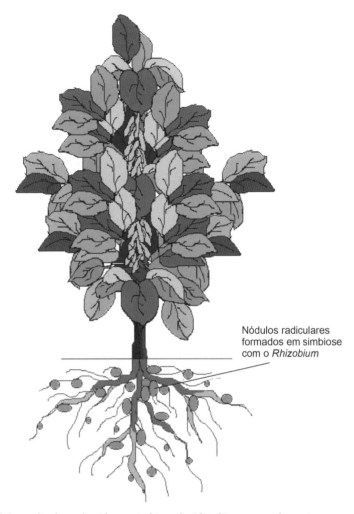

Figura 4.6 Nódulos radiculares da vida em simbiose do *Rhizobium* com as leguminosas.

4.2.2 Amonificação e nitrificação

A transformação do nitrogênio orgânico (N-orgânico) na forma mineral de amônio (NH_4^+) é denominada **amonificação**, enquanto a sua transformação em nitrito (NO_2^-) e nitrato (NO_3^-) é chamada de **nitrificação**. Estas transformações são realizadas pela ação de micro-organismos, como será visto à frente, e o nitrogênio é oxidado, conforme Reação (R-4.15).

(R-4.15)

O nitrogênio total presente na fase sólida e líquida dos componentes da hidrosfera, geosfera e biosfera pode ser agrupado nas formas apresentadas na Figura 4.7.

Normalmente o N orgânico representa 85% a 95% do nitrogênio total que pode existir nas fases sólida e líquida dos materiais terrestres. O maior percentual do nitrogênio do solo é proteico e proveniente dos vegetais e animais mortos. A decomposição destes materiais de natureza orgânica em seus componentes inorgânicos (minerais) e componentes orgânicos (entre eles os aminoácidos) por organismos vivos denomina-se **mineralização**, conforme Figura 4.8. O nitrogênio em parte chega a amônio (NH_4^+) em ambiente anaeróbico e a nitrato (NO_3^-) em ambiente aeróbico, correspondendo ao N-inorgânico. Outra parte per-

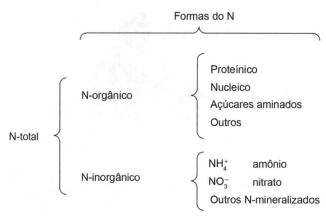

Figura 4.7 Formas em que se pode encontrar o N nas fases sólida e líquida dos compostos da hidrosfera, geosfera e biosfera.

manece na forma de aminoácidos que continuam reagindo, formando os materiais húmicos cuja estrutura está apresentada na Figura 4.8. A esta última etapa dá-se o nome de **humificação**.

Este nitrogênio, agora na forma de NH_4^+ e NO_3^-, pode seguir caminhos diferentes, conforme segue:

1º Reabsorvido pelas plantas

Dentro do ciclo biogeoquímico, as formas NH_4^+ e NO_3^- são as formas de N assimiláveis pelas plantas, como um dos macronutrientes utilizados na formação de aminoácidos, proteínas, enzimas etc.

2º Lixiviado e percolado

As formas iônicas de NH_4^+ e NO_3^- imediatamente são hidratadas, isto é, formam com a água uma unidade do tipo $NH_4^+{}_{(aq)}$ e $NO_3^-{}_{(aq)}$ que são solúveis na solução do solo e em possíveis águas de chuva, podendo ser lixiviadas e/ou percoladas, alcançando algum fluxo d'água bem distante do local de formação.

Dependendo do ambiente, por exemplo, básico, o NH_4^+ sofre a desprotonização, conforme reação abaixo, perdendo para a atmosfera o $NH_{3(g)}$, conforme Reação (R-4.16).

$$NH_4^+{}_{(aq)} + HO^-{}_{(aq)} \rightleftarrows NH_{3(g)} + H_2O_{(líq)} \qquad \text{(R-4.16)}$$

3º Trocado e fixado

As micelas coloidais dispersas na solução do solo apresentam cargas elétricas negativas criadas por substituições isomórficas (no caso das argilas – micelas minerais) ou por mudança de pH (micelas orgâni-

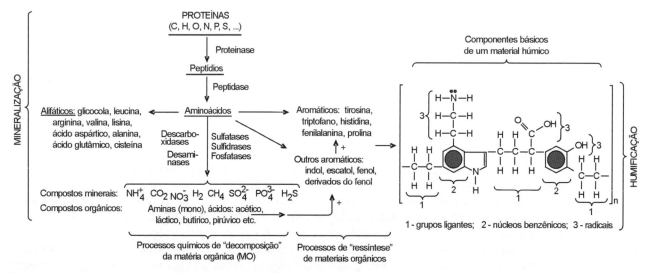

Figura 4.8 Visualização da mineralização e da humificação da matéria orgânica.

cas e também minerais). Estas cargas elétricas negativas (podendo ser positivas) atraem o íon NH_4^+ fixando-o à micela. Ou, muitas vezes, dependendo da atividade do íon NH_4^+, pode trocar outro cátion semelhante que já está na micela (no caso o K^+). O *Capítulo 6 – Particulados na Atmosfera* aborda o assunto.

4º Desnitrificação

O quarto caminho é a *desnitrificação*, que trata da perda do nitrogênio para a atmosfera e será abordado no tópico a seguir.

4.2.3 Desnitrificação

A desnitrificação agrupa um conjunto de processos biológicos e abiológicos que conduzem à redução de nitratos, podendo ser a $N_{2(g)}$, e finalmente a perdas de nitrogênio do solo.

Desnitrificação biológica

Existe uma série de micro-organismos que provocam a desnitrificação, alguns de natureza heterotrófica (*Pseudomonas* sp; *Xanthomonas* sp, *Bacillus* sp etc.) e outros de natureza autotrófica (*Micrococcus denitrificans* e *Thiobaccillus denitrificans*). A grande maioria é anaeróbica. A reação de desnitrificação se dá por etapas, conforme segue:

$$2NO_3^-{}_{(aq)} + 6H^+{}_{(aq)} \xrightarrow[\text{(enzima: nitratorredutase)}]{\substack{\textit{Pseudomonas} \\ \text{(anaeróbico)}}} 2HNO_{2(aq)} + 2H_2O_{(liq)} \qquad \textbf{(R-4.17)}$$

$$2HNO_{2(aq)} + 4H^+{}_{(aq)} \xrightarrow[\text{(enzima: nitratorredutase)}]{\substack{\textit{Pseudomonas} \\ \text{(anaeróbico)}}} H_2N_2O_{2(aq)} + 2H_2O_{(liq)} \qquad \textbf{(R-4.18)}$$

A partir dessa etapa o processo pode seguir dois caminhos:

1º   quando o pH < 7

$$H_2N_2O_{2(aq)} + 2H^+{}_{(aq)} \xrightarrow[\text{(enzima: hiponitritorredutase)}]{\substack{\textit{Pseudomonas} \\ \text{(anaeróbico)}}} N_{2(g)} + 2H_2O_{(liq)} \qquad \textbf{(R-4.19)}$$

2º   quando o pH > 7

$$H_2N_2O_{2(aq)} \xrightarrow[\text{(enzima: hiponitritorredutase)}]{\substack{\textit{Pseudomonas} \\ \text{(anaeróbico)}}} N_2O_{(g)} + H_2O_{(liq)} \qquad \textbf{(R-4.20)}$$

Desnitrificação não biológica

A desnitrificação não biológica resulta de uma série de reações químicas entre os diferentes compostos nitrogenados presentes no solo naturalmente ou adicionados como fertilizantes. Assim, dependendo do composto e das condições do solo, o nitrogênio pode ser perdido na forma de amônia ($NH_{3(g)}$), NO_x ($NO_{(g)}$, $NO_{2(g)}$) e na forma de $N_{2(g)}$.

a. Os fertilizantes que contêm amônio NH_4^+, em um ambiente básico e temperatura propícia (25-35 ºC), podem sofrer a reação anteriormente mostrada na Equação [R-4.16]:

$$NH_4^+{}_{(aq)} + HO^-{}_{(aq)} \rightleftarrows NH_{3(g)} + H_2O_{(liq)} \qquad \textbf{[R-4.16]}$$

b. Em situações em que se forma o ácido nitroso (HNO_2), o mesmo pode decompor-se liberando os NO_x

94 Capítulo Quatro

$$2HNO_{2(aq)} \xrightarrow{\text{pH de 4 a 5}} NO_{(g)} + NO_{2(g)} + H_2O_{(líq)} \qquad \textbf{(R-4.21)}$$

$$2NO_{(g)} + O_{2(g)} \xrightarrow[\text{aeróbico}]{\text{ambiente}} 2NO_{2(g)} \rightleftarrows N_2O_{4(g)} \qquad \textbf{(R-4.22)}$$

Os gases formados são parcialmente volatilizados. Parte do NO_2, que é mais solúvel em água, pode formar os produtos a seguir:

$$2NO_{2(g)} + H_2O_{(líq)} \xrightarrow{\text{ambiente aeróbico}} HNO_{2(aq)} + HNO_{3(aq)} \qquad \textbf{(R-4.23)}$$

c. O nitrogênio ($N_{2(g)}$) pode ser volatilizado a partir de nitritos do solo conforme reações seguintes:

$$NH_4NO_{2(s)} \longrightarrow 2H_2O_{(líq)} + N_{2(g)} \qquad \textbf{(R-4.24)}$$

$$RNH_{2(aq)} + HNO_{2(aq)} \longrightarrow ROH_{(aq)} + H_2O_{(líq)} + N_{2(g)} \qquad \textbf{(R-4.25)}$$

$$RNH_{4(aq)} + HNO_{2(aq)} \longrightarrow RH_{(aq)} + 2H_2O_{(líq)} + N_{2(g)} \qquad \textbf{(R-4.26)}$$

d. Em condições adequadas de acidez e temperatura, pode-se perder o $N_{2(g)}$, conforme segue:

$$NH_{3(g)} + HNO_{2(aq)} \longrightarrow 2H_2O_{(líq)} + N_{2(g)} \qquad \textbf{(R-4.27)}$$

e. A ureia aplicada ao solo, também, dependendo das condições do solo, pode provocar a perda de nitrogênio na forma de $N_{2(g)}$, conforme reações a seguir:

$$\underset{\text{ureia}}{(NH_2)_2CO_{(s)}} + 2H_2O_{(líq)} \longrightarrow \underset{\text{carbonato de amônio}}{(NH_4)_2CO_{3(s)}} \qquad \textbf{(R-4.28)}$$

O carbonato de amônio, que é instável, pode seguir dois caminhos. O primeiro é decompor-se nas condições ambientes e perder $NH_{3(g)}$ para a atmosfera, segundo a Reação (R-4.29):

$$(NH_4)_2CO_{3(s)} \longrightarrow 2NH_{3(g)} + CO_{2(g)} + H_2O_{(líq)} \qquad \textbf{(R-4.29)}$$

O segundo caminho é encontrar o ácido nitroso e perder $N_{2(g)}$, conforme segue.

$$(NH_4)_2CO_{3(s)} + 2HNO_{2(aq)} \longrightarrow 2NH_4NO_{2(aq)} + H_2O_{(líq)} + CO_{2(g)} \qquad \textbf{(R-4.30)}$$

$$2NH_4NO_{2(aq)} \longrightarrow 4H_2O_{(líq)} + 2N_{2(g)} \qquad \textbf{(R-4.31)}$$

Ou:

$$(NH_4)_2CO_{3(s)} + 2HNO_{2(aq)} \longrightarrow 5H_2O_{(líq)} + CO_{2(g)} + 2N_{2(g)} \qquad \textbf{(R-4.32)}$$

4.2.4 Principais compostos nitrogenados da atmosfera e seus destinos

Pelos processos descritos acima, observa-se que, entre as principais espécies de compostos nitrogenados que retornam à atmosfera, encontram-se N_2, N_2O, NO_x e NH_3. Na atmosfera, em termos de abundância destas espécies, tem-se a seguinte sequência:

$$N_2 \ (78\%) > N_2O > NH_3 > NO_x$$

Óxido nitroso, N_2O

O gás nitroso da atmosfera tem sua origem em reações microbiológicas de desnitrificação do solo e de sistemas aquáticos, onde se forma em condições especiais de pe e pH. Na troposfera, auxilia no efeito estufa. Em razão da sua pouca reatividade, apresenta um longo tempo de vida na troposfera e é daí transportado para a estratosfera, onde, por reação fotoquímica e química, sofre uma série de transformações:

$$N_2O + h\nu \rightarrow N_2 + O \qquad \textbf{(R-4.33)}$$

Com o oxigênio no estado singlete (^1O), reage, dando:

$$N_2O + O \rightarrow N_2 + O_2 \qquad \textbf{(R-4.34)}$$

$$N_2O + O \rightarrow 2NO \qquad \textbf{(R-4.35)}$$

O óxido nítrico é um dos responsáveis pela depleção do ozônio.

$$O_3 + NO \rightarrow O_2 + NO_2 \quad \textbf{(R-4.36)}$$

A concentração de N_2O na atmosfera tem crescido de ~275 ppb da era pré-industrial para ~312 ppb em 1994.

Gás amônia, NH_3

Apesar de seu curto *tempo de residência*, 10 dias, é o 3º componente mais abundante da atmosfera. Como se consiste em uma base, facilmente encontra um ácido com qual reage, formando um particulado, que, por via seca ou úmida, é precipitado, conforme Reação (R-4.37), entre os possíveis caminhos.

$$2NH_{3(g)} + SO_{3(g)} + H_2O_{(aq)} \rightarrow (NH_4)_2SO_{4(particulado)} \quad \textbf{(R-4.37)}$$

Óxidos de nitrogênio, NO_x

Em termos de Química da Atmosfera, os óxidos de nitrogênio e seus derivados de caráter oxidante são denominados NOx, NOy e NOz, em que:

$$NOx = (NO + NO_2) \quad \textbf{(4.1)}$$

Em termos de balanço de massa, é a soma das concentrações do óxido nítrico e dióxido de nitrogênio.

$$NOy = (NOx + N_2O_5 + NO_3 + HNO_3 + \text{nitratos orgânicos (PAN etc.)} + \text{nitratos particulados}). \quad \textbf{(4.2)}$$

$$NOz = (NOy - NOx) = (N_2O_5 + NO_3 + HNO_3 + \text{nitratos orgânicos (PAN etc.)} + \text{nitratos particulados}). \quad \textbf{(4.3)}$$

No *Capítulo 7 – Compostos Inorgânicos Gasosos da Atmosfera*, este assunto será analisado. A Figura 4.9 apresenta o destino dos NO_x da atmosfera. Ao final são precipitados na forma de $HNO_{3(aq)}$, chuva ácida.

4.3 Ciclo do Oxigênio

4.3.1 Aspectos gerais

O oxigênio gasoso, O_2, não existia na atmosfera primitiva, conforme apresentado inicialmente, no *Capítulo 1 — Aspectos Gerais da Atmosfera*. Ele existia na forma de gases oxigenados, como SO_2, NO, particulados oxigenados suspensos na atmosfera etc. Começou a existir na atmosfera no momento em que surgiram os seres autotróficos que o liberaram na forma gasosa, conforme Reação (R-4.38):

$$CO_{2(\text{gás carbônico})} + H_2O_{(\text{água})} \xrightarrow[\text{organismos autotróficos}]{\text{luz, nutrientes}} |CH_2O|_{(\text{biomassa})} + O_{2(\text{gás oxigênio})} \quad \textbf{(R-4.38)}$$

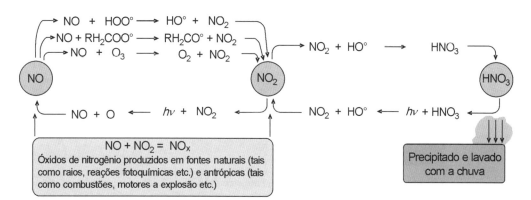

Figura 4.9 Destino dos NO_x da atmosfera.

na qual a fórmula |CH$_2$O|, batizada de biomassa, é a fórmula mínima dos carboidratos que são sintetizados pelos autotróficos. Multiplicando a fórmula mínima, por exemplo, por 6, temos, 6× |CH$_2$O| = C$_6$H$_{12}$O$_6$, a fórmula da glicose ou da frutose.

Ao longo dos milhões de anos o gás oxigênio na atmosfera alcançou a abundância de 21% em volume de ar seco.

Em função da incidência da energia solar sobre a Terra, que antes de chegar à litosfera encontra primeiro a atmosfera, segundo as camadas na seguinte ordem: exosfera, termosfera, mesosfera, estratosfera, troposfera e finalmente a superfície da Terra, a litosfera, Figura 4.10. Nestas camadas, conforme visto, se dão as interações entre a radiação solar e os componentes da atmosfera, entre eles o oxigênio. Por isto, ele pode encontrar-se em diversas formas não ionizadas: elementar (O) e alotrópicas (O$_{2(\text{gás oxigênio})}$ e O$_{3(\text{gás ozônio})}$), que são mais estáveis, e formas ionizadas: O$^+$, O$^-$, O$_2^+$, que são menos estáveis. A Figura 4.10 mostra alguns detalhes deste processo: (A) Camadas da atmosfera e respectiva altitude; (B) principais reações fotoquímicas envolvendo o elemento oxigênio e as espécies atômicas, moleculares e iônicas formadas nas diferentes camadas.

A parte (C) da Figura 4.10 mostra um balanço de massa das espécies presentes em cada camada e a parte (D) apresenta os comprimentos de onda da radiação solar que são absorvidos ao longo das diferentes camadas da atmosfera, até chegar à superfície da Terra.

Oxigênio molecular, O$_2$

O oxigênio no estado molecular, O$_2$, é encontrado em todas as camadas da atmosfera, porém em maior abundância, na seguinte sequência: troposfera > estratosfera > mesosfera > termosfera, conforme mostra o balanço de massa na Figura 4.10 (C). Sua diminuição e consequente aumento do oxigênio atômico deve-se à interação da radiação de $\lambda < 174$ nm, conforme Reação (R-4.39).

$$O_2 + h\nu_{(\lambda < 174\,\text{nm})} \rightarrow O\,(^1D) + O\,(^3P) \tag{R-4.39}$$

O oxigênio molecular apresenta a máxima multiplicidade no estado de triplete, com os dois elétrons mais externos desemparelhados, Figura 4.11(B). Este estado é representado por $^3O_2\,(^3\Sigma^+_g)$. A mesma figura em (B) mostra a excitação eletrônica para o estado de singlete, $^1O_2\,(^1\Delta_g)$. Este estado pode ser produzido na atmosfera por diversos processos químicos e fotoquímicos, entre eles fotólise do ozônio, transferência de energia por moléculas excitadas etc.

A distribuição dos 16 elétrons da molécula de oxigênio, O$_2$, nos orbitais moleculares, conforme diagrama da Figura 4.11 por ordem de energia potencial, é a seguinte:

$$O_2\,(16\,e): 1s\sigma_g^2\,1s\sigma_u^2\,2s\sigma_g^2\,2s\sigma_u^2\,2p\pi_u^2\,2p\pi_u^2\,2p\sigma_g^2\,2p\pi_g^1\,2p\pi_g^1.$$

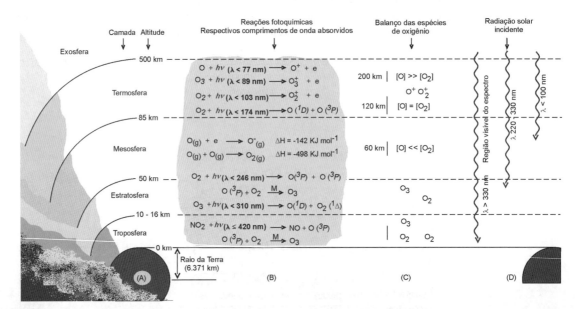

Figura 4.10 Análise do oxigênio na atmosfera: (A) Visualização das camadas da atmosfera e altitudes; (B) reações químicas principais de formação das espécies do elemento oxigênio; (C) balanço de massa das espécies formadas pelo elemento O; (D) radiação eletromagnética absorvida nas reações fotoquímicas nas diferentes camadas.

Ciclos Biogeoquímicos dos Principais Componentes da Atmosfera 97

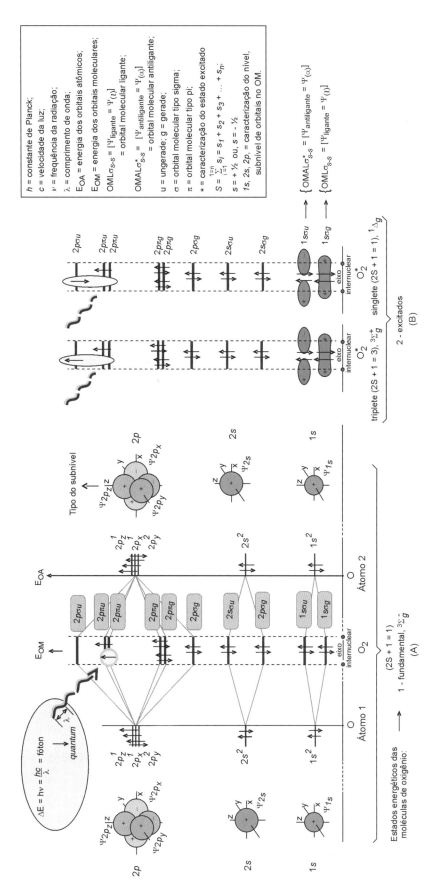

Figura 4.11 Estados eletrônicos da molécula de oxigênio: (A) Estado fundamental, $^3\Sigma_g^-$; (B) estados excitados: triplete, $^3\Sigma_g^+$ e singlete $^1\Delta_g$. A mesma descrição desta molécula pode ser feita utilizando os orbitais atômicos híbridos, dos átomos 1 e 2, conforme foi feito para o N_2 na Figura 3.28.

98 Capítulo Quatro

Ela mostra dois elétrons desemparelhados que dão ao oxigênio molecular um caráter paramagnético, que possui realmente. A ordem de ligação (OL) é dois, que dá o caráter divalente do oxigênio, conforme Equação (4.4).

$$OL = \frac{N^{\circ} \text{ de elétrons ligantes} - N^{\circ} \text{ de elétrons antiligantes}}{2} = \frac{10-6}{2} = 2 \qquad (4.4)$$

Em que: OL = ordem de ligação.

Oxigênio atômico, O

O oxigênio no estado de átomo livre, O, é muito reativo e é um agente oxidante, pois, para se estabilizar, busca elétrons provocando uma oxidação.

Na atmosfera é formado em todas as camadas por reações fotoquímicas, conforme Figura 4.10(B). Na troposfera é formado pela reação fotoquímica do NO_2 com um fóton de $\lambda < 421$ nm.

$$NO_2 + h\nu \, (\lambda < 421 \text{ nm}) \quad \rightarrow \quad NO + O \, (^3P) \qquad \textbf{(R-4.40)}$$

Em que ^3P é o termo atômico que representa o seu estado energético, conforme visto no *Capítulo 3 – Interação da Radiação Eletromagnética com a Atmosfera*. Na estratosfera, o O pode ser formado pela reação fotoquímica (R-4.41).

$$O_3 + h\nu \, (\lambda < 310 \text{ nm}) \quad \rightarrow \quad O \, (^3P) + O_2 \, (^1\Delta) \qquad \textbf{(R-4.41)}$$

Na mesosfera, forma-se pela dissociação da molécula de oxigênio, segundo a Equação (R-4.42).

$$O_2 + h\nu \, (\lambda < 246 \text{ nm}) \quad \rightarrow \quad O \, (^3P) + O \, (^3P) \qquad \textbf{(R-4.42)}$$

Na termosfera, o oxigênio atômico é formado pela dissociação da molécula com fóton de maior energia ou de menor comprimento de onda, Reação (R-4.43).

$$O_2 + h\nu \, (\lambda < 174 \text{ nm}) \quad \rightarrow \quad O \, (^1D) + O \, (^3P) \qquad \textbf{(R-4.43)}$$

Pela Figura 4.10(C) observa-se que a concentração de $O \gg O_2$ na termosfera, onde são absorvidos os comprimentos de onda mais energéticos da radiação solar.

Ozônio, O_3

O ozônio é uma forma alotrópica do oxigênio. A região da atmosfera de maior abundância de ozônio é a estratosfera, Figuras 4.10 e 4.12, pois é o local onde encontramos em proporções mais propícias seus agentes formadores, que são o $O(^3P)$ atômico e o O_2 oxigênio molecular, Reação (R-4.44).

$$O \, (^3P) + O_2 \xrightarrow{\text{M}} O_3 \qquad \textbf{(R-4.44)}$$

Em que M é um corpo catalisador (molécula, átomo etc.) presente no processo, muitas vezes denominado "3º corpo". O ozônio também se encontra em concentrações elevadas em regiões poluídas da atmosfera, na própria troposfera, onde se processa o fenômeno do *"smog"* fotoquímico, conforme será visto. Na troposfera forma-se pela chegada da radiação eletromagnética $\lambda < 421$ nm (espectro visível) que provoca a formação do $O(^3P)$, Reação (R-4.40), e depois reage com o oxigênio molecular formando o ozônio, conforme visto na Reação (R-4.44).

O ozônio é decomposto por uma reação fotoquímica, na região da estratosfera, absorvendo a radiação do ultravioleta, conforme Reação (R-4.41), desta forma protegendo a biota da superfície terrestre dos efeitos maléficos desta radiação.

Existem muitas reações químicas do ozônio na atmosfera que serão estudadas oportunamente, por exemplo, as Reações (R-4.45) e (R-4.46).

$$O_3 + NO \quad \rightarrow \quad O_2 + NO_2 \qquad \textbf{(R-4.45)}$$

$$O_3 + SO_2 \quad \rightarrow \quad O_2 + SO_3 \qquad \textbf{(R-4.46)}$$

Formas ionizadas, O^+, O^-, O_2^+

As reações de fotoionização são comuns na atmosfera; a prova são os "cintos" de Van Hallen, que envolvem a Terra. Forma-se uma região denominada ionosfera. No caso do oxigênio atômico, a sua ionização

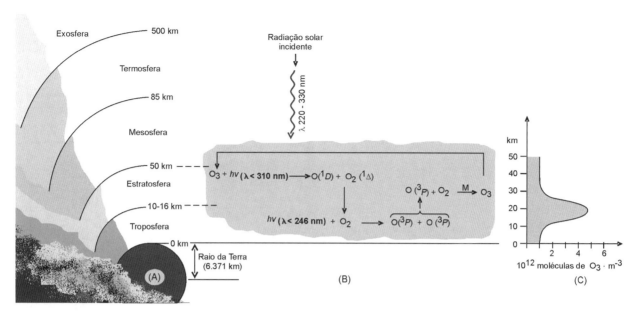

Figura 4.12 Ciclo do ozônio na atmosfera (na estratosfera).

(primeira ionização) necessita de fótons de muita energia que são absorvidos na termosfera, conforme Figura 4.10(B) e (R-4.47), bem como a ionização do oxigênio molecular, Reação (R-4.48).

$$O + h\nu\,(\lambda < 77\text{ nm}) \rightarrow O^+ + e \quad \text{(R-4.47)}$$

$$O_2 + h\nu\,(\lambda < 103\text{ nm}) \rightarrow O_2^+ + e \quad \text{(R-4.48)}$$

4.3.2 Ciclo do oxigênio

Em razão da reatividade do oxigênio, ele praticamente faz parte dos ciclos de todos os demais elementos. Aqui serão analisados dois aspectos do ciclo: reações que *repõem ou suprem* a atmosfera com o oxigênio e as reações que *retiram ou consomem* o oxigênio da atmosfera. A Figura 4.13 mostra qualitativamente o ciclo biogeoquímico do oxigênio.

Reações de reposição do oxigênio da atmosfera

A reação de fotossíntese vista no início desta unidade [R-4.3] e abaixo transcrita com pequenas modificações, Reação (R-4.49), é a que repõe o oxigênio da atmosfera. Para tanto é necessária a **clorofila** dos seres autotróficos, isto é, o *pigmento verde* das plantas, Figura 4.13.

$$CO_{2(g)} + H_2O_{(liq)} \xrightarrow[\text{organismos autotróficos}]{\text{luz, nutrientes}} |CH_2O|_{(biomassa)} + O_{2(g)} \quad \text{(R-4.49)}$$

Isto sempre é feito mediante um organismo autotrófico. Em casos de falta de $CO_{2(gasoso)}$ existem organismos autotróficos (fitoplânctons) que sintetizam a biomassa a partir de bicarbonatos (alcalinidade) de corpos d'água, conforme (R-4.50).

$$HCO_3^-{}_{(aq)} + H_2O_{(liq)} \xrightarrow[\text{organismos autotróficos}]{\text{luz, nutrientes}} |CH_2O|_{(biomassa)} + HO^-{}_{(aq)} + O_{2(g)} \quad \text{(R-4.50)}$$

Daí, o porquê de muitos biólogos usarem a **alcalinidade** como uma medida da *fertilidade* (capacidade de produzir biomassa) de um corpo de água.

Existem reações fotoquímicas que liberam o oxigênio na própria atmosfera, conforme Reação (R-4.51).

$$NO_2 + h\nu\,(\lambda < 421\text{nm}) \rightarrow NO + O_{(\text{atômico})} \quad \text{(R-4.51)}$$

$$O_{(\text{atômico})} + O_{(\text{atômico})} \rightarrow O_{2(\text{molecular})} \quad \text{(R-4.52)}$$

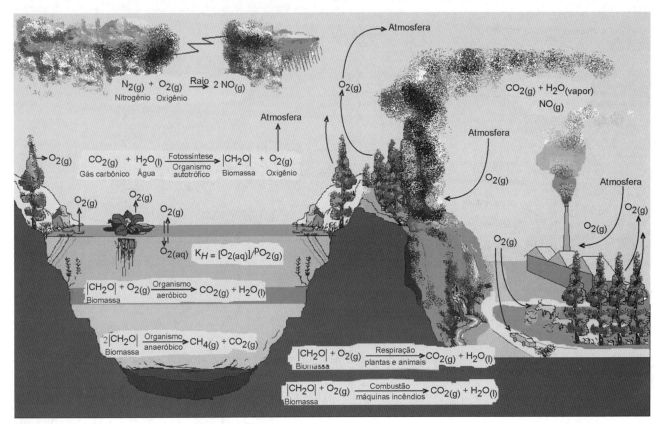

Figura 4.13 Ciclo biogeoquímico do oxigênio.

Reações de retirada do oxigênio da atmosfera

Entre as principais reações químicas de retirada ou consumo do oxigênio da atmosfera encontram-se:

a. *Respiração dos seres aeróbicos*

A "queima" em nível celular da matéria orgânica, $|CH_2O|$, para a produção de energia pelos seres aeróbicos, consome via respiração o oxigênio atmosférico, conforme Reação (R-4.53).

$$|CH_2O|_{biomassa} + O_{2(ar)} \xrightarrow{\text{organismos aeróbicos}} CO_{2(g)} + H_2O_{(vapor)} + energia \qquad \text{(R-4.53)}$$

b. Reações de *combustão*

As reações de combustão ou de queima da matéria orgânica (biomassa ou material fóssil) também consomem o oxigênio atmosférico, conforme Reações (R-4.54) e (R-4.55).

A diferença da reação de *combustão* da biomassa e a da *combustão da respiração* está na velocidade da reação. Na respiração, a velocidade da reação é controlada e na combustão é uma reação em cadeia, tipo um incêndio.

$$2C_8H_{18(gasolina)} + 25O_{2(ar)} \xrightarrow{\text{faísca}} 16CO_{2(g)} + 18H_2O_{(vapor)} + energia \qquad \text{(R-4.54)}$$

$$C_{(carvão)} + O_{2(ar)} \xrightarrow{\text{faísca}} CO_{2(g)} + energia \qquad \text{(R-4.55)}$$

c. Reações de *oxidação* de materiais

Estas reações podem ser espontâneas ou provocadas pela ação antrópica. Como reação espontânea, cita-se a oxidação da pirita no meio ambiente, isto é, na presença de ar e umidade.

$$4FeS_{2(pirita)} + 15O_{2(ar)} + 10H_2O_{(umidade)} \rightarrow 4FeO(OH) + 8H_2SO_4 \qquad \text{(R-4.56)}$$

Ciclos Biogeoquímicos dos Principais Componentes da Atmosfera **101**

Como exemplo de reação provocada pelo homem, cita-se a oxidação do nitrogênio nos motores a explosão. O ar que entra no cilindro do motor a explosão contém 78% de N_2; é claro que na combustão do "petróleo", Reação (R-4.54), dar-se-á também a oxidação do N_2, conforme Reação (R-4.57).

$$N_{2(ar)} + O_{2(ar)} \rightarrow 2NO_{(g)} \qquad \textbf{(R-4.57)}$$

Dissolução do oxigênio na água líquida

Em razão da grande quantidade de oxigênio dissolvido na água e a sua importância para a biota o assunto será abordado. Sabe-se pela físico-química que o equilíbrio que se estabelece entre a fase gasosa de um gás $X_{(g)}$ e a fase dissolvida em um líquido (água) $X_{(aq)}$ é expresso pela lei de Henry, que diz:

> **A concentração de um gás dissolvido na fase líquida, $X_{(aq)}$, em mol L^{-1}, e, em equilíbrio com a fase gasosa, $X_{(g)}$, em uma dada temperatura é diretamente proporcional a sua pressão parcial, $p_{X(g)}$.**
>
> (Henry, 1803)

A Figura 4.14 apresenta as ideias do princípio para um **sistema aberto**. Em um sistema aberto a água líquida está em contato com uma quantidade ilimitada de gás, no caso, $X_{(g)}$, e a pressão parcial, $p_{X(g)}$, é constante e não muda com a quantidade de gás X que é absorvida pela fase líquida da água.

Em um **sistema fechado**, uma quantidade limitada do gás $X_{(g)}$ é distribuída entre a fase gasosa e a líquida. As concentrações de equilíbrio sempre correspondem à constante de Henry, mas as proporções relativas na fase gasosa e na fase aquosa dependem da razão dos volumes de água e de gás.

A constante de equilíbrio (K_{eq}, alguns autores a simbolizam por H) dada pelas concentrações em mol L^{-1} de uma espécie gasosa qualquer $X_{(g)}$ dissolvida em uma fase líquida $X_{(aq)}$, (4.5), em geral não é muito utilizada. A usada é a constante de Henry (K_H) que utiliza a pressão parcial $p_{X(g)}$ de $X_{(g)}$, conforme (4.6).

$$K_{eq} = [X_{(aq)}]/[X_{(g)}] \qquad \textbf{(4.5)}$$

$$K_H = [X_{(aq)}]/p_{X(g)} \qquad \textbf{(4.6)}$$

A Tabela 4.1 apresenta os valores de algumas constantes de Henry (K_H), inclusive para o gás oxigênio, $K_H = 1,26.10^{-3}$ mol L^{-1} atm^{-1}.

Tabela 4.1 Valores da Constante K_H da Lei de Henry, para uma Temperatura de 25 °C

Gás	Reagentes		Produtos	Constantes de Henry (K_H) em mol L^{-1}atm^{-1}
CO_2	$CO_{2(g)} + H_2O_{(l)}$	$\rightleftarrows$	$H_2CO_3^{*}{}_{(aq)}$	$3,39 \cdot 10^{-2}$
CO	$CO_{(g)} + H_2O_{(l)}$	$\rightleftarrows$	$CO_{(aq)}$	$9,55 \cdot 10^{-4}$
CH_4	$CH_{4(g)} + H_2O_{(l)}$	$\rightleftarrows$	$CH_{4(aq)}$	$1,29 \cdot 10^{-3}$
O_2	$O_{2(g)} + H_2O_{(l)}$	$\rightleftarrows$	$O_{2(aq)}$	$1,26 \cdot 10^{-3}$
O_3	$O_{3(g)} + H_2O_{(l)}$	$\rightleftarrows$	$O_{3(aq)}$	$9,4 \cdot 10^{-3}$
N_2	$N_{2(g)} + H_2O_{(l)}$	$\rightleftarrows$	$N_{2(aq)}$	$6,61 \cdot 10^{-4}$
NO	$NO_{(g)} + H_2O_{(l)}$	$\rightleftarrows$	$NO_{(aq)}$	$1,9 \cdot 10^{-3}$
NO_2	$NO_{2(g)} + H_2O_{(l)}$	$\rightleftarrows$	$NO_{2(aq)}$	$1,0 \cdot 10^{-2}$
H_2	$H_{2(g)} + H_2O_{(l)}$	$\rightleftarrows$	$H_{2(aq)}$	$7,90 \cdot 10^{-4}$
H_2S	$H_2S_{(g)} + H_2O_{(l)}$	$\rightleftarrows$	$H_2S_{(aq)}$	$1,05 \cdot 10^{-1}$

* $H_2CO_3^{*}{}_{(aq)} = CO_{2(aq)} + H_2CO_{3(aq)} =$ formas moleculares do carbono dissolvido. Fonte: Stumm & Morgan, 1996; Manahan, 1994; Howard, 1998; Sawyer et al., 1994.

Seja calcular a solubilidade do oxigênio na água a 25 °C e a 1 atm de pressão total. Inicialmente precisa-se diminuir da pressão total o equivalente da pressão parcial da água nesta temperatura, que é de 23,8 mmHg, conforme Tabela 4.3, que convertidos em atmosfera é igual a 0,0313 atm.

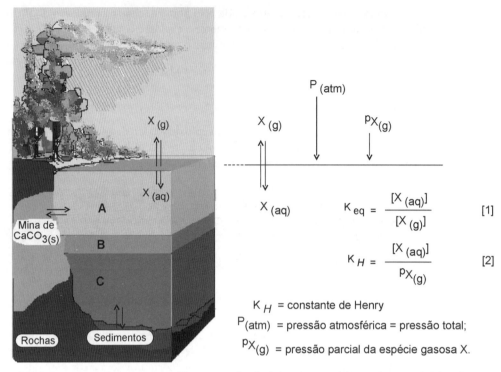

Figura 4.14 Corte vertical de um corpo d'água estratificado (**A**) epilímnio, (**B**) metalímnio e (**C**) hipolímnio em equilíbrio com o ambiente, tendo na equação (2) a expressão da lei de Henry.

Isto é,

$$760 \text{ mmHg} \longrightarrow 1,0 \text{ atm}$$
$$23,8 \text{ mmHg} \longrightarrow X$$
$$X = 0,0313 \text{ atm.}$$

A pressão total da mistura atmosférica sem a pressão parcial da umidade será, P = (1,000 − 0,0313) atm = 0,9687 atm. Sabe-se que, no ar seco, o oxigênio ocupa um volume de 20,95%.

Pela lei dos gases perfeitos, em função da *pressão parcial*, p_i, do *volume parcial*, v_i, da espécie i e de seu número de mols, n_i, têm-se as Equações (4.7) e (4.8):

$$p_i V = n_i RT \tag{4.7}$$

$$P v_i = n_i RT \tag{4.8}$$

em que: V = volume total da mistura;
P = pressão total da mistura;
R = constante dos gases perfeitos; e
T = temperatura absoluta.

Dividindo membro a membro as Equações (4.7) e (4.8), e rearranjando os termos, tem-se a Equação (4.9).

$$p_i/P = v_i/V \tag{4.9}$$

Para um volume total V = 1,00 mL de ar seco e uma pressão total de 1,0 atm tem-se: para o volume parcial de oxigênio, 0,2095 mL; pressão total da mistura seca = P = (1,000 − 0,0313) atm = 0,9687 atm. Introduzindo estes parâmetros na Equação (4.10) tem-se,

$$p_{(oxigênio)} = P v_{(oxigênio)}/V = 0,9687 \cdot 0,2095/1 = 0,2029 \text{ atm} \tag{4.10}$$

Pela lei de Henry, Equação [4.6], e respectiva constante K_H da Tabela 4.1, para o oxigênio, tem-se:

$$K_H = [X_{(aq)}]/p_{X(g)} \tag{4.6}$$

$$[O_{2(aq \text{ ou dissolv})}] = K_H p_{(oxigênio)} \tag{4.11}$$
$$[O_{2(aq \text{ ou dissolv})}] = 1,26 \cdot 10^{-3} \text{ (mol L}^{-1} \text{ atm}^{-1}\text{)} \; 0,2029 \text{ atm}$$
$$[O_{2(aq \text{ ou dissolv})}] = 2,56 \cdot 10^{-4} \text{ mol L}^{-1}$$

Que convertidos em mg de O_2, darão:

$$[O_{2(aq\ ou\ dissolv)}] \quad = \quad 32,0 \cdot 2,56 \cdot 10^{-4}\ mol\ L^{-1} = 8,19\ mg\ L^{-1} \tag{4.12}$$

Considerando que aproximadamente 3/4 da superfície da Terra são de água, supondo água líquida, a 25 °C, pode-se ter uma ideia de quanto O_2 atmosférico está dissolvido.

4.4 Ciclo do Carbono

4.4.1 Aspectos gerais

O elemento carbono na atmosfera pode se encontrar em diferentes formas, tais como o gás monóxido de carbono (CO), o gás carbônico (CO_2), o gás metano (CH_4), os derivados clorofluorcarbonos (CFCs), os hidrocabonetos (HC), derivados orgânicos, entre outros.

A partir do último século, a origem antrópica destes gases começou a ter uma presença significativa na atmosfera e provocar fenômenos ambientais até de natureza global, como o *efeito estufa*, o *buraco de ozônio*, o smog *fotoquímico*, entre outros.

4.4.2 O gás carbônico – CO_2

Aproximadamente 0,035% ou 350 ppm em volume do ar seco é constituído de gás carbônico. Sua origem é biogênica e ao mesmo tempo antrópica. Não apresenta caráter *poluente*, mas juntamente com a água da atmosfera é um dos grandes responsáveis pelo *efeito estufa*, que nos últimos anos interfere substancialmente na temperatura global da Terra.

A origem do gás carbônico da atmosfera teve dois momentos que podem ser identificados ao longo da existência da Terra. O primeiro momento antes do aparecimento da vida e o segundo após o aparecimento da vida sobre o planeta Terra.

Primeiro momento

Antes do aparecimento da vida na Terra, a origem do CO_2 atmosférico foi geológica. Conforme o *Capítulo 1 – Aspectos Gerais da Atmosfera*, as gigantescas reações plutônicas formaram também o CO_2 e o CO encontrados em percentagem significativa nos gases oclusos de rochas e nos gases expelidos por vulcões e outros agentes de afloramento dos produtos de tais reações. Até que as condições ambientes fossem favoráveis à vida sobre o planeta, o C atmosférico restringia-se ao ciclo geoquímico do carbono. Um pH fortemente ácido dos ambientes aquáticos iniciais da Terra não permitia a formação de rochas calcárias na crosta terrestre, conforme Tabela 1.4 (*Capítulo 1*), o gás carbônico era liberado para a atmosfera, Reação (R-4.58).

$$CO_3{}^{2-}{}_{(aq)} + 2H^+{}_{(aq)} \quad \rightleftarrows \quad H_2O_{(aq)} + CO_{2(g)} \tag{R-4.58}$$

Segundo momento

À medida que as condições permitiram a fixação da vida, inicialmente na água, protegida da radiação ultravioleta, surgiram os organismos autotróficos, heterotróficos, com as especificidades de poderem ser aeróbicos e/ou anaeróbicos, dando início ao segundo momento do ciclo do carbono na atmosfera.

Os organismos autotróficos, conforme visto, retiram gás carbônico da atmosfera e com o auxílio da radiação solar, nutrientes e a clorofila sintetizam a biomassa *fixando o CO_2* da atmosfera, isto é, retirando-o da atmosfera. O carbono de estado de oxidação 4+, C(4+), passa para carbono no estado de oxidação zero, C(0), sofrendo uma redução. Em consequência, uma oxidação do oxigênio e sua liberação na forma de gás O_2. Este processo não é espontâneo; precisa da energia solar para acontecer, conforme Reação (R-4.59).

Esse carbono *fixado* na biomassa segue diversos *caminhos*, uns liberando-o novamente para a atmosfera como gás carbônico, outros fixando-o na forma de matéria orgânica do solo e outros como material mineral da crosta terrestre. Todos estes *caminhos* podem ser agrupados em processos naturais biogênicos, não biogênicos e processos antrópicos. A Figura 4.15 apresenta o ciclo biogeoquímico do carbono no qual se encontra o ciclo do C-atmosférico. No ciclo encontram-se os valores em Gt (10^9 toneladas) para os reservatórios de carbono em Gt por ano para os fluxos do carbono de uma reserva para a outra. Os valores correspondem a médias obtidas no período de 1980-1989.

- **Processos biogênicos de liberação do carbono para a atmosfera**

Os seres vivos na busca de energia para suprir suas necessidades de sobrevivência individual e coletiva degradam a matéria orgânica resultante da biomassa mediante o que se chama *respiração* para os aeróbicos e *fermentação* para os anaeróbicos.

Respiração

Os organismos aeróbicos com o processo da respiração levam o oxigênio do ar ou do ambiente onde vivem para as células onde bioquimicamente acontece a oxidação da matéria orgânica (biomassa adrede preparada); há, por assim dizer, uma "*combustão controlada*" em nível celular dos seres que respiram, ou ditos aeróbicos. Em última instância, seria a reação em sentido contrário da fotossíntese, liberando a energia solar que foi armazenada e os componentes iniciais H_2O e $CO_{2\,(gás)}$, Reação (R-4.60).

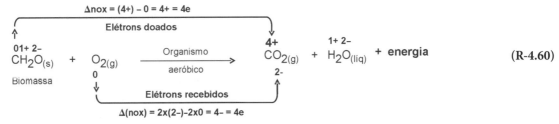

(R-4.60)

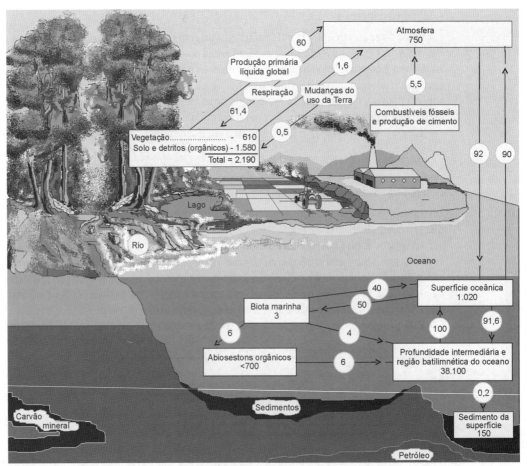

Figura 4.15 Ciclo biogeoquímico do carbono mostrando "reservatórios" em Gt (10^9 toneladas) e respectivos fluxos em Gt por ano, para o período de 1980-1989. Fonte: Brasseur, 1999.

Observa-se pelos produtos da *respiração*, Reação (R-4.60), que, de fato, há uma combustão da matéria orgânica com eliminação de gás carbônico e água. Este gás carbônico retorna para a atmosfera, de onde ele foi retirado pela fotossíntese.

A Figura 4.16 (A) e (B) mostra medidas do CO_2 atmosférico feitas no Hemisfério Norte em local distante de áreas industriais e caracterizado por estações (inverno, primavera, verão e outono) bem definidas e próximo a florestas (região com muita vegetação). Observa-se que há um crescimento da abundância do CO_2 atmosférico em 1 ppm, em volume, ao ano.

O destaque (C) da Figura 4.16 mostra as "nuanças" (oscilações) sazonais do CO_2 atmosférico. Na estação do verão a abundância do CO_2 atmosférico diminui em função da fotossíntese que o consome, porém, no inverno, a biota diminui a fotossíntese e continua respirando, aumentando a abundância do CO_2 atmosférico.

Fermentação

Existem ambientes isentos ou quase isentos de ar, fazendo com que a presença do oxigênio no ambiente seja pequena ou praticamente zero, criando um ambiente de **hipoxia** (por exemplo, o hipolímnio de um corpo d'água, o interior do intestino de um animal, entre eles o humano), que no limite denomina-se **anoxia**, isto é, inexistência completa do oxigênio. Neste ambiente encontram-se as espécies químicas em suas formas reduzidas, significando um ambiente com **disponibilidade de elétrons**, chamado de **ambiente redutor**. A biota que vive neste ambiente, na busca de energia para viver, provoca reações bioquímicas de **fermentação** da matéria orgânica que conduzem a uma reação de redução, conforme Reação (R-4.61).

$$2\,CH_2O_{(s)} \xrightarrow[\text{Redução do C}]{\substack{\text{Oxidação do C}\\ \text{Organismo anaeróbico}}} CO_{2(g)} + CH_{4(g)} + \text{energia} \qquad (R\text{-}4.61)$$

A reação dada pela Equação (R-4.61) é uma reação que se processa em duas etapas, dadas pelas Reações (R-4.62) e (R-4.63), que somadas entre si reproduzem a Equação (R-4.61). Nestas duas reações, para o elemento-chave envolvido na reação de oxirredução, à sua direita superior, foi colocado o respectivo estado de oxidação em algarismos arábicos.

A região anaeróbica do ambiente é o local onde se processam as **reações de redução**. Conforme a 1ª Etapa da Reação (R-4.62), foram liberados 8 elétrons por alguém; no caso, foi o próprio carbono da biomassa, C(0), que passou a CO_2, C(4+). Na 2ª Etapa, Reação (R-4.63), os 8 elétrons são captados pelo CO_2 e reduzem o carbono de C(4+) a C(4–) levando-o a gás metano, CH_4 com C(4–). É claro, isto acontece em nível celular do organismo anaeróbico. A soma das duas etapas conduz à reação total, (R-4.61), idêntica à citada anteriormente.

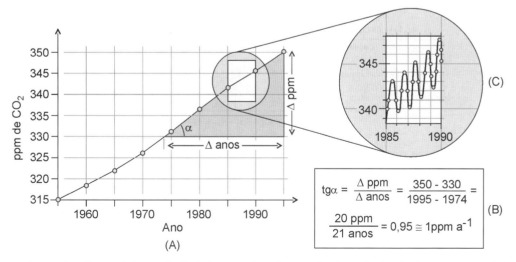

Figura 4.16 Visualização da liberação do CO_2 para a atmosfera (A); Destaque do cálculo do aumento anual de CO_2-atmosférico (B) e destaque da variação da produção de CO_2 no inverno e verão (C).
Fonte: Brasseur, 1999; Manahan, 1994; Houghton et al., 1991.

106 Capítulo Quatro

1ª Etapa:
$$2\,CH_2O_{(S)} + 2H_2O_{(líq)} \xrightarrow[\text{anaeróbico}]{\text{Organismo}} 2\,CO_{2(g)} + 8H^+_{(aq)} + 8\,e \qquad \textbf{(R-4.62)}$$

Oxidação do C

2ª Etapa:
$$CO_{2(g)} + 8H^+_{(aq)} + 8\,e \xrightarrow[\text{anaeróbico}]{\text{Organismo}} CH_{4(g)} + 2\,H_2O_{(líq)} \qquad \textbf{(R-4.63)}$$

Redução do C

Oxidação do C

$$\text{Soma} = 2\,CH_2O_{(S)} \xrightarrow[\text{anaeróbico}]{\text{Organismo}} CO_{2(g)} + CH_{4(g)} + \text{energia} \qquad \textbf{[R-4.61]}$$

Redução do C

Observa-se aqui que o metano e novamente o CO_2 devolvem para a atmosfera o carbono retirado dela na fotossíntese por meio do CO_2.

Considerando as diversas fontes naturais e antrópicas (isto é, relacionadas com o homem), atualmente, estima-se em 535 Tg de metano lançados por ano na atmosfera.

- **Processos antropogênicos de liberação de carbono para a atmosfera**

O ser humano, como qualquer outro ser vivo aeróbico, para manter-se vivo, respira e em consequência, conforme visto, libera para a atmosfera os produtos da combustão biológica, $CO_{2(gás)}$ e água, Reação (R-4.60), e no intestino, ambiente anaeróbico, pode liberar nos gases anais o metano. Duas formas em que o carbono fixado na fotossíntese, em forma de C-biomassa, é liberado para a atmosfera. Porém, as necessidades do homem não param na sobrevivência. Ele precisa suprir as necessidades de alimentos, moradia, conforto, bem-estar etc. Isso significa a necessidade de mais energia, que na maior parte das vezes busca na forma de *energia calorífica* mediante a *combustão* de material fóssil (carvão, petróleo etc.) ou de material renovável (lenha, álcool metílico, álcool etílico, azeite ou óleo de diversos tipos etc.). Em todos estes processos de combustão o carbono é levado a gás carbônico, $CO_{2(g)}$, e, na falta de oxigênio, ao gás monóxido de carbono, $CO_{(g)}$, conforme Reações (R-4.64) a (R-4.66), para o gás de cozinha, o butano, $C_4H_{8(g)}$.

Σ números de oxidação (+) dos hidrogênios = 10+

Σ números de oxidação (-) dos carbonos = 10-

$$4\,C = 10-$$
$$C = 2,5$$

$$\longrightarrow C_4H_{10} \qquad \textbf{(R-4.64)}$$
Butano

Elétrons doados

$8x(4+) - 4x2x(2,5-) = 52+ = 52e$

Oxidação do C

$$2\,C_4H_{10} + 13\,O_{2(ar)} \longrightarrow 8\,CO_{2(gás)} + 10\,H_2O_{(vapor)} + \textbf{Energia} \qquad \textbf{(R-4.65)}$$
Butano

Redução do O

$[8x2(2-) + 10(2-) -0] = 52- = 52e$

Elétrons recebidos

Elétrons doados

$8x(2+) - 2x4x(2,5-) = 36+ = 36e$

Oxidação do C

$$2\,C_4H_{10} + 9\,O_{2(ar)} \longrightarrow 8\,CO_{(gás)} + 10\,H_2O_{(vapor)} + \textbf{Energia} \qquad \textbf{(R-4.66)}$$
Butano

Redução do O

$[8x(2-) + 10(2-)] -9x0 = 36- = 36e$

Elétrons recebidos

Só na combustão de materiais fósseis, queima de florestas e modificações do uso da terra são lançados na atmosfera anualmente 7,1 Gt de carbono na forma de CO_2.

- **Retirada do $CO_{2(g)}$ da atmosfera e fixação na crosta terrestre**

Um dos processos de retirada do CO_2 da atmosfera é o processo da fotossíntese já abordado. Outro é a dissolução na água líquida.

Um dos mais importantes ácidos fracos das águas naturais é o $CO_{2(dissolvido)}$. Independentemente da origem do $CO_{2(g)}$, isto é, se da atmosfera ou dos processos microbiológicos que ocorrem naturalmente dentro do próprio corpo d'água, ele é um *gás* e a água é um *líquido*. Tem-se um sistema formado de duas fases. A dissolução de um gás da fase gasosa em uma fase líquida em contato com a primeira, já abordado para o gás oxigênio, é regida pela lei da partição de Henry.

O gás CO_2 na fase líquida da água encontra-se assim distribuído:

- uma fração do CO_2 encontra-se na forma molecular e regida pela lei de Henry, que é igual à soma de dois componentes $[CO_{2(aq)}] + [H_2CO_3] = [H_2CO_3^{\cdot}]$;
- uma fração do CO_2 dissolvido encontra-se na forma ionizada de bicarbonato, $HCO_3^{-}{}_{(aq)}$ e carbonato, $CO_3^{2-}{}_{(aq)}$;
- uma terceira fração encontra-se associada a reações de decomposição de rochas, por exemplo:

$$CaCO_{3(s)} + CO_{2(aq)} + H_2O_{(líq)} \;\rightarrow\; Ca^{2+}{}_{(aq)} + 2HCO_3^{-}{}_{(aq)} \qquad \text{(R-4.67)}$$
rocha calcária

$$2NaAlSi_3O_{8(s)} + 2CO_{2(aq)} + 11H_2O_{(líq)} \;\rightarrow\; 2Na^+ + 2HCO_3^{-}{}_{(aq)} + 4H_4SiO_4 + Al_2Si_2O_5(HO)_{4(s)} \qquad \text{(R-4.68)}$$
mineral albita \hspace{6cm} caolinita

- uma quarta fração, na forma de $CO_3^{2-}{}_{(aq)}$, encontra-se em equilíbrio com os próprios carbonatos que se dissolveram no corpo de água dando o **efeito do íon comum**.

$$M_2(CO_3)_{y(mineral)} + \text{água} \;\rightleftarrows\; 2M^{y+}{}_{(aq)} + yCO_3^{2-}{}_{(aq)} \qquad \text{(R-4.69)}$$

no qual

$$\text{Kps do } M_2(CO_3)_{y(mineral)} \;=\; \{M^{y+}\}^2(\{CO_3^{2-}\}^y{}_{(mineral)} + \{CO_3^{2-}\}_{(atm)}) \qquad \text{(4.13)}$$

E, M^{y+} é um cátion metálico proveniente da dissolução de minerais por onde a água, seja superficial ou subterrânea, passa. O cátion de maior importância é o $Ca^{2+}{}_{(aq)}$, pois, além de existir em maior ou menor concentração naturalmente nas águas, é o responsável pela dureza das mesmas.

Ao retomar o estudo da primeira fração, pela Lei de Henry, têm-se as Equações (4.14) e (4.15).

$$\{CO_2\}_{(dissolvido)} \;\propto\; p_{(gás\ carbônico\ da\ atmosfera)} = \text{pressão parcial} \qquad \text{(4.14)}$$

$$\{CO_2\}_{(dissolvido)} \;=\; K_H p_{CO_2} \qquad \text{(4.15)}$$

em que:

$\{CO_2\}_{(dissolvido)}$ = atividade da fração aquosa molecular de $CO_{2(g)}$;

p_{CO_2} = pressão parcial do CO_2 na atmosfera;

K_H = constante de proporcionalidade da Lei de Henry, conforme Tabela 4.1.

Considerando a atmosfera seca, não poluída, temperatura de 25 °C e a pressão atmosférica de 1,0 atm, tem-se que a pressão total ambiente (= 1,0 atm) é igual à soma das pressões parciais dos gases que compõem a atmosfera, Equação (4.16).

$$P_{atmosférica} = P_{ambiente} = 1,0\ atm \;=\; p_{(oxigênio)} + p_{(nitrogênio)} + p_{(gás\ carbônico)} + p_{(i)} \qquad \text{(4.16)}$$

108   Capítulo Quatro

Tabela 4.2   Composição Quantitativa da Atmosfera Seca a 25 °C e 0,1 atm de Pressão

Classe do elemento	Substância	Concentração em (% v/v)	Total da classe (% v/v)	Concentração por 1,00 mL	Total da classe (mL)
Principais	N_2	78,084		0,78084	
	O_2	20,946		0,20946	
		$\longrightarrow$	99,030	$\longrightarrow$	0,99030
Secundários	$Ar_{(argônio)}$	0,934		0,00934	
	CO_2	0,0360		0,000360	
		$\longrightarrow$	0,970	$\longrightarrow$	0,00970
Traços	Ne	$1,82 \cdot 10^{-3}$		$1,82 \cdot 10^{-5}$	
	He	$5,24 \cdot 10^{-4}$		$5,24 \cdot 10^{-6}$	
	CH_4	$1,60 \cdot 10^{-4}$		$1,60 \cdot 10^{-6}$	
	Kr	$1,14 \cdot 10^{-4}$		$1,14 \cdot 10^{-6}$	
	H_2	$0,50 \cdot 10^{-4}$		$0,50 \cdot 10^{-6}$	
		$\longrightarrow$		$\longrightarrow$	
			$2,668 \cdot 10^{-3}$		$2,668 \cdot 10^{-5}$
		Total:	100,00		1,0000

Fonte: Brimblecombe, 1996.

Para o ar seco, a 25 °C, têm-se as concentrações dos **elementos principais** (cujas concentrações estão na ordem de %), somando um total de 99,06% em v/v, os **elementos secundários** (cujas concentrações estão na ordem de até 1,0% no máximo, em v/v), somando 0,969%, e os **elementos traços** (cujas concentrações estão na ordem de 0,001% no máximo). A Tabela 4.2 apresenta os valores para alguns gases.

O Quadro 4.1 apresenta algumas relações simples entre volumes parciais, pressões parciais de gases perfeitos. Este quadro recapitula as relações básicas entre **pressão total**, **volume total** com as **pressões parciais e volumes parciais** de um sistema qualquer de gases, entre os quais podem-se encontrar os constituintes da atmosfera e entre eles o vapor de água.

A atmosfera é o exemplo típico de uma mistura de gases formando um sistema aberto em termos de energia e de massa. Medidas físico-químicas já determinaram o valor da pressão do vapor de água na atmosfera para diferentes temperaturas, conforme podemos encontrar na Tabela 4.3.

Tabela 4.3   Pressão de Vapor de Água h (em mmHg) à Temperatura (T °C)

T	h	T	h	T	h	T	h
10,0	9,2	16,0	13,6	22,0	19,8	28,0	28,3
11,0	9,8	17,0	14,5	23,0	21,1	29,0	30,0
12,0	10,5	18,0	15,5	24,0	22,4	30,0	31,8
13,0	11,2	19,0	16,5	25,0	23,8	40,0	55,3
14,0	12,0	20,0	17,5	26,0	25,2	50,0	92,5
15,0	12,8	21,0	18,5	27,0	26,7	100,0	760,0

Fonte: Semishin, 1967.

Assim, em um ambiente aberto, em contato com a água líquida, a 25 °C, a pressão parcial em razão do vapor de água é 23,8 mmHg, que convertidos em atmosferas dá 0,0313, como visto anteriormente.

Frente às considerações colocadas sobre os gases perfeitos, em termos de atmosfera seca (isto é, sem a presença da umidade) a 25 °C pode-se escrever a proporção:

Em 1,0 atm (seca, 25 °C) $\longrightarrow$ 0,00035 atm (são de $CO_{2(g)}$)

Em (1 atm $_{(com\ umidade)}$ − 0,0313 atm $_{(em\ razão\ do\ vapor\ de\ água)}$) $\longrightarrow$ $p_{(CO_2)}$

$$P_{(CO_{2,\eta})} = \text{pressão parcial do } CO_2 = \frac{(1,0 - 0,0313)3,50 \cdot 10^{-4}}{1,0} = 3,39 \cdot 10^{-4} \text{ atm} \quad (4.17)$$

Com o valor da pressão parcial do $CO_{2(g)}$ na atmosfera pode-se pela Lei de Henry calcular a concentração de $CO_{2(dissolvido)}$. A Tabela 4.1 traz o valor da constante K_H para o CO_2.

$$[CO_{2(dissolvido)}] = K_H p_{CO2} = (3,39 \cdot 10^{-2})(3,39 \cdot 10^{-4})(\text{mol L}^{-1}\text{ atm}^{-1}\text{ atm}) \quad (4.18)$$

$$[CO_{2(dissolvido)}] = 1,149 \cdot 10^{-5} \text{ mol L}^{-1} \quad (4.19)$$

Pela Figura 4.18 o valor da concentração de $CO_{2(dissolvido)}$ em equilíbrio com o $CO_{2(atmosférico)}$ corresponde ao carbono molecular presente na água, conforme Equação (4.20).

$$([CO_{2(aq)}] + [H_2CO_3]) = [H_2CO_3^*{}_{(aq)}] = 1,149 \cdot 10^{-5} \text{ mol L}^{-1} \quad (4.20)$$

Ainda pela Figura 4.18, verifica-se que no sistema de um corpo de água natural as espécies formadas presentes e de interesse no cálculo de suas concentrações são $CO_{2(aq)}$, $HCO_3^-{}_{(aq)}$ e $CO_3^{2-}{}_{(aq)}$.

Quadro 4.1 Resumo de Relações das Variáveis dos Gases Perfeitos

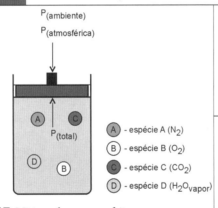

Figura 4.17 Mistura de gases perfeitos.

Pela Figura 4.17, sejam:
p_A, p_B, p_C e p_D = pressões parciais dos gases;
v_A, v_B, v_C e v_D = volumes parciais dos gases;
n_A, n_B, n_C e n_D = número de mols dos gases.
Então:

$P_{Total} = P = p_A + p_B + p_C + p_D$
$V_{Total} = V = v_A + v_B + v_C + v_D$
$n_{Total} = n = n_A + n_B + n_C + n_D$

Pela Lei de Clapeyron, para as pressões parciais:

$p_A V = n_A RT$
$p_B V = n_B RT$
$p_C V = n_C RT$
$p_D V = n_D RT$

$(p_A + p_B + p_C + p_D)V = (n_A + n_B + n_C + n_D)RT$

$PV = nRT$
Volumes parciais
Pela Lei de Clapeyron, para os volumes parciais:

$Pv_A = n_A RT$
$Pv_B = n_B RT$
$Pv_C = n_C RT$
$Pv_D = n_D RT$

$P(v_A + v_B + v_C + v_D) = (n_A + n_B + n_C + n_D)RT$
$PV = nRT$

Dividindo adequadamente equações entre si tem-se:

$$\frac{p_A V}{P v_A} = \frac{n_A RT}{n_A RT} = 1$$

$p_A V = P v_A$

$p_A/P = v_A/V$

Se

$P = 1 \text{ atm}$ e $V = 1 \text{ mL}$

$p_A = v_A$

Observação:
Este raciocínio pode ser aplicado para os demais componentes da mistura gasosa.

Análise do sistema $CO_{2(aq)}/HCO_3^-{}_{(aq)}/CO_3^{2-}{}_{(aq)}$ na água natural

Aplicando a teoria ácido-base de Brönsted e Lowry, tem-se:

$$CO_{2(aq)} + H_2O_{(líq)} \rightleftarrows H^+{}_{(aq)} + HCO_3^-{}_{(aq)} \quad \text{(R-4.70)}$$

$$HCO_3^-{}_{(aq)} + \text{água} \rightleftarrows H^+{}_{(aq)} + CO_3^{2-}{}_{(aq)} \quad \text{(R-4.71)}$$

$$H_2O_{(líq)} + \text{água} \rightleftarrows H^+{}_{(aq)} + HO^-{}_{(aq)} \quad \text{(R-4.72)}$$

$$Ka_1 = \frac{[H^+][HCO_3^-]}{[CO_{2(aq)}]} = 4,45 \cdot 10^{-7} \quad (4.21)$$

$$Ka_2 = \frac{[H^+][CO_3^{2-}]}{[HCO_3^-]} = 4,69 \cdot 10^{-11} \quad (4.22)$$

$$Kw = [H^+][HO^-] = 1,00 \cdot 10^{-14} \quad (4.23)$$

Pelo balanço de massa

$$C_T = [CO_{2(g)}] + [HCO_3^-] + [CO_3^{2-}] \quad (4.24)$$

Pelo balanço de cargas ou balanço protônico

$$[H^+] = [HCO_3^-] + 2[CO_3^{2-}] + [HO^-] \quad (4.25)$$

Resolvendo o problema, encontra-se que a concentração de cada espécie presente será dada pelas Equações (4.26) a (4.30).

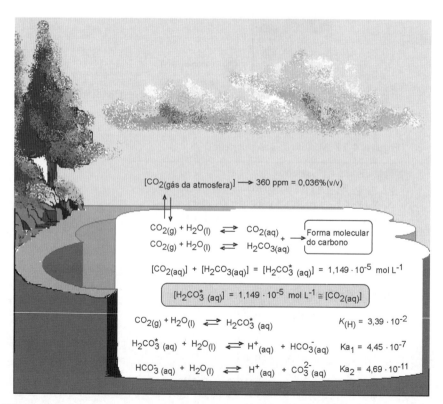

Figura 4.18 Equilíbrios entre os $CO_{2(atmosfera)}$ e o $CO_{2(dissolvido)}$ em um corpo de água natural e respectivas constantes.

Usando as equações do balanço de massa:

a. $[CO_{2(aq)}]$

$$\left[CO_{2(aq)}\right] = \frac{C_T\left[H^+\right]^2}{\left[H^+\right]^2 + Ka_1\left[H^+\right] + Ka_1Ka_2} \tag{4.26}$$

b. $[HCO_3^-]$

$$\left[HCO_3^-\right] = \frac{C_TKa_1\left[H^+\right]}{\left[H^+\right]^2 + Ka_1\left[H^+\right] + Ka_1Ka_2} \tag{4.27}$$

c. $[CO_3^{2-}]$

$$\left[CO_3^{2-}\right] = \frac{C_TKa_1Ka_2}{\left[H^+\right]^2 + Ka_1\left[H^+\right] + Ka_1Ka_2} \tag{4.28}$$

Usando a equação do balanço de cargas ou protônico:

d. $[H^+]$

$$\left[H^+\right] = \frac{C_TKa_1\left[H^+\right]}{\left[H^+\right]^2 + Ka_1\left[H^+\right] + Ka_1Ka_2} + 2\left(\frac{C_TKa_1Ka_2}{\left[H^+\right]^2 + Ka_1\left[H^+\right] + Ka_1Ka_2}\right) + \frac{Kw}{\left[H^+\right]} \tag{4.29}$$

e. $[HO^-]$

$$[HO^-] = Kw/[H^+] \tag{4.30}$$

Para a representação gráfica do **Diagrama de Distribuição** das espécies presentes no sistema, tem-se para os valores de $\alpha_o = \alpha_{[CO2(aq)]}$, Equação (4.31), $\alpha_1 = \alpha_{[HCO_3^-]}$, Equação (4.32), e $\alpha_2 = \alpha_{[CO3^{2-}]}$, Equação (4.33).

a. α_o

$$\alpha_0 = \frac{\left[H^+\right]^2}{\left[H^+\right]^2 + Ka_1\left[H^+\right] + Ka_1Ka_2} \tag{4.31}$$

b. α_1

$$\alpha_1 = \frac{Ka_1\left[H^+\right]}{\left[H^+\right]^2 + Ka_1\left[H^+\right] + Ka_1Ka_2} \tag{4.32}$$

c. α_2

$$\alpha_2 = \frac{Ka_1Ka_2}{\left[H^+\right]^2 + Ka_1\left[H^+\right] + Ka_1Ka_2} \tag{4.33}$$

112 Capítulo Quatro

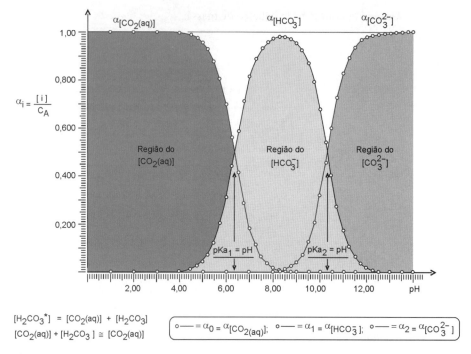

Figura 4.19 Diagrama de distribuição do sistema $CO_{2(aq)}$, $HCO_3^-{}_{(aq)}$ e $CO_3^{2-}{}_{(aq)}$ de modo que são dadas as constantes $Ka_1 = 4{,}45 \cdot 10^{-7}$ e $Ka_2 = 4{,}69 \cdot 10^{-11}$.

A substituição do valor da variável principal [H⁺] em (4.31) para α_0, em (4.32) para α_1 e em (4.33) para α_2, bem como dos valores de Ka_1 e Ka_2 para o intervalo de 0 a 14 unidades de pH e representando graficamente, tem-se o **Diagrama de Distribuição** para o sistema em estudo, conforme Figura 4.19.

Pela Figura 4.19 observa-se que o carbono atmosférico encontra-se disperso no corpo d'água, nas formas de $[CO_{2(aq)}]$, $[HCO_3^-{}_{(aq)}]$ e $[CO_3^{2-}{}_{(aq)}]$ dependendo do pH do meio. Além do mais, se houver algum cátion presente e suas concentrações alcançarem o seu Kps, precipita na forma de carbonato do referido cátion, por exemplo, $CaCO_{3(ppt)}$.

4.4.3 Outras formas de C-atmosférico

Além da espécie principal de C-atmosférico, o CO_2, destacam-se outras formas de C-atmosférico, apresentadas na Tabela 4.4. Em capítulos próximos serão discutidas individualmente o comportamento de cada espécie citada na Tabela 4.4.

Tabela 4.4 Compostos Gasosos que Fluem para a Atmosfera Aumentando a Abundância do C-atmosférico, além do CO_2

Composto	Fonte (origem)	Quantidade anual Tg a⁻¹
CO (monóxido de carbono)	Queima de biomassa, combustíveis fósseis e materiais carbonáceos; oceanos, oxidação do metano etc.	1.400-3.700
CH_4 (metano)	Fonte natural (banhados, charcos, oceanos, geológica etc.) Fonte antropogênica (combustíveis fósseis, despejos, fermentação entérica etc.)	160 535
HCNM HidroCarbonetos Não Metano	Emissões naturais (biológicas, geológicas etc.) Emissões antrópicas (combustão de biomassa, solventes)	103 ~ 1.170

Fonte: Brasseur, 1999.

4.5 Ciclo Hidrológico

4.5.1 Aspectos gerais

A água é uma substância constituída de dois elementos, H e O, por isto é uma substância composta. Ela pode fazer parte da descrição do *ciclo do hidrogênio*, bem como do *ciclo do oxigênio*. No entanto, nesta unidade houve um interesse em apresentar os ciclos das espécies em maior abundância na atmosfera, nitrogênio, oxigênio e gás carbônico. Porém, quase sempre, entrou-se em detalhes do elemento principal de interesse constituinte da espécie, por exemplo, no caso do $CO_{2(g)}$, C-atmosférico. No caso específico da água, o estudo abordará a espécie, H_2O, em função de sua importância.

No *Capítulo 2 – Transferência de Energia e de Massa na Atmosfera*, o assunto foi abordado no *transporte de energia* e *massa na atmosfera*, no *efeito estufa* e na exemplificação das definições de *fluxo*, *reservatório* e *tempo de vida* de uma espécie na atmosfera, conforme Figura 2.18.

No *Capítulo 6 – Particulados da Atmosfera*, ao se tratar de particulados da atmosfera, o assunto será abordado no estudo dos *aerossóis*, *chuva* etc.

O conteúdo de vapor de água na atmosfera (da troposfera) está normalmente dentro do intervalo de 1-3% em volume, com uma média global de aproximadamente 1%. Esta abundância de água na atmosfera diminui rapidamente com o aumento da altitude. O abaixamento da temperatura que chega a –52 °C na altitude de 10-15 km da atmosfera, constituindo a tropopausa, que finaliza a troposfera e dá início à estratosfera, faz com que a água fique *transitando* entre a sua fase líquida e sólida da Terra: rios, lagos, mares, oceanos, geleiras etc., e sua fase gasosa da troposfera.

4.5.2 Ciclo hidrológico ou ciclo da água

Conforme visto, o *Capítulo 2 – Transferência de Energia e de Massa na Atmosfera* abordou o ciclo hidrológico focando o transporte de energia e massa na atmosfera, Figura 2.12. Aqui, pretende-se analisar alguns dos demais fatos decorrentes do ciclo em termos de atmosfera.

A maior parte da água da atmosfera origina-se do próprio ciclo hidrológico. Isto é, a energia solar *evapora a água* da superfície dos corpos d'água, ou a biota, mediante a *evapotranspiração*, libera o vapor de água para a atmosfera. Na atmosfera, pelas correntes de ar e ventos difunde-se pela troposfera.

Essa água da troposfera pode sofrer além das transformações físicas, que conduzem às demais etapas do ciclo hidrológico, transformações fotoquímicas e químicas, conforme segue.

Produção do radical hidroxilo, HO•

A fotólise do ozônio inicia a produção do radical hidroxilo, HO•. O ozônio presente na troposfera, em uma abundância variando de 10 a 100 ppb_v, possui uma energia de ligação de 108 kJ mol^{-1}. Fótons da energia solar de 315 a 1200 nm podem dissociar o ozônio e produzir um átomo de oxigênio no seu estado eletrônico fundamental, conforme Reação (R-4.73).

$$O_3 + h\nu\,(1200 > \lambda > 315\,\text{nm}) \quad \rightarrow \quad O(^3P) + O_2 \tag{R-4.73}$$

O átomo de oxigênio $O(^3P)$ reage novamente com O_2 e produz o ozônio mediante a ação de um terceiro corpo M (que pode ser N_2, O_2) ou uma reação dita de três participantes, Reação (R-4.74).

$$2O_2 + O(^3P) + M \quad \rightarrow \quad O_3 + O_2 + M \tag{R-4.74}$$

Quando o ozônio absorve um fóton de comprimento de onda igual ou menor que 315 nm é produzido um átomo de oxigênio excitado, O (^1D), conforme Reação (R-4.75).

$$O_3 + h\nu\,(\lambda < 315\,\text{nm}) \quad \rightarrow \quad O(^1D) + O_2 \tag{R-4.75}$$

E este oxigênio ativado reage com a água produzindo o radical hidroxilo, HO•, Equação (R-4.76).

$$O(^1D) + H_2O \quad \rightarrow \quad 2HO^\bullet \tag{R-4.76}$$

Essa reação é a fonte primária do radical hidroxilo da troposfera. Um radical é uma espécie que possui um elétron desemparelhado disponível para reagir; portanto, é uma espécie muito reativa. Assim, a partir do radical hidroxilo, uma série de *reações em cadeia* e/ou *reações terminais* podem acontecer, dependendo de com quem reage.

Reações em cadeia

Uma reação em cadeia é uma reação que se dá com diversas etapas e quase sempre formando um ciclo. Veja-se o exemplo a seguir.

1ª Etapa: Formação do radical hidroxilo, conforme acima, Reação (R-4.76).

$$O(^1D) + H_2O \quad \rightarrow \quad 2HO^\bullet \qquad \text{[R-4.76]}$$

2ª Etapa: Reação com CO (ou outra espécie) formando o radical H$^\bullet$, Reação (R-4.77).

$$CO + HO^\bullet \quad \rightarrow \quad CO_2 + H^\bullet \qquad \text{(R-4.77)}$$

3ª Etapa: Reação do H$^\bullet$ com o O_2 formando o radical hidroperoxilo HO$_2^\bullet$, segundo Reação (R-4.78).

$$H^\bullet + O_2 \quad \rightarrow \quad HO_2^\bullet \qquad \text{(R-4.78)}$$

4ª Etapa: Reação do HO$_2^\bullet$ com o NO e/ou com O_3 produzindo ou regenerando um radical hidroxilo, HO$^\bullet$, que recomeça o ciclo na 1ª Etapa, sem a necessidade da reação fotoquímica de formação do radical hidroxilo.

$$HO_2^\bullet + NO \quad \rightarrow \quad NO_2 + HO^\bullet \qquad \text{(R-4.79)}$$

$$HO_2^\bullet + O_3 \quad \rightarrow \quad 2O_2 + HO^\bullet \qquad \text{(R-4.80)}$$

Reações terminais

O radical hidroxilo HO$^\bullet$ pode encontrar outro radical e finalizar a cadeia, conforme Reações (R-4.81) e (R-4.82).

$$HO^\bullet + HO_2^\bullet \quad \rightarrow \quad H_2O + O_2 \qquad \text{(R-4.81)}$$

$$HO_2^\bullet + HO_2^\bullet \quad \rightarrow \quad H_2O_2 + O_2 \qquad \text{(R-4.82)}$$

Finalmente, o peróxido de hidrogênio, H_2O_2, é removido pela chuva, dentro de mais uma etapa do ciclo hidrológico.

Modelos matemáticos e medidas físicas revelaram que durante o dia com umidade elevada encontra-se uma média global de $0,2 \cdot 10^6 - 1,0 \cdot 10^6$ radicais HO$^\bullet$ por cm^3 de ar, com os níveis mais elevados nas regiões tropicais. O fato de haver maior abundância nas regiões tropicais deve-se à incidência maior da radiação necessária para a reação fotoquímica de formação do $O(^1D)$, responsável pela Reação [R-4.76].

A fotoquímica e as reações químicas consequentes com o radical HO$^\bullet$ controlam as concentrações dos gases traços da atmosfera, que ao final são retirados da atmosfera pelo ciclo hidrológico.

Muitas destas reações serão apresentadas nos diversos tópicos que serão discutidos à frente. No momento, apenas serão indicados dois reagentes (NO_2 e SO_2), e respectivos produtos finais (HNO_3 e H_2SO_4) obtidos com o radical hidroxilo, que interessam para o ciclo hidrológico, tais como:

$$HO^\bullet + NO_2 \quad \rightarrow \quad HNO_{3(\text{ácido nítrico})} \qquad \text{(R-4.83)}$$

$$2HO^\bullet + SO_2 \quad \rightarrow \quad H_2SO_{4(\text{ácido sulfúrico})} \qquad \text{(R-4.84)}$$

Os dois ácidos, solúveis nas gotículas de água e arrastados pela chuva, vão originar a *chuva ácida*. A chuva ácida vai dar ao ciclo hidrológico, na etapa da percolação, lixiviação do solo, e seu contato com a crosta terrestre e biota promoverá *nuanças especiais*, algumas benéficas, outras maléficas, como será visto mais à frente em outros capítulos.

Dentro do ciclo hidrológico, a natureza, por assim dizer, faz uma *limpeza sistemática* da atmosfera.

O metano, CH_4, é um gás leve, pouco solúvel na água, portanto, a chuva não o precipita, e ele permanece na atmosfera. Também é pouco reativo. Estas características lhe são propícias para um *tempo de vida* muito longo. Com esta vida longa, é levado pelas correntes de ar e alcança a estratosfera. Lá na estratosfera, com a presença de O_2 e fótons de energia compatível, em diversas etapas, não apresentadas aqui, produz a reação soma abaixo, (R-4.85).

$$CH_4 + 2O_2 + h\nu \xrightarrow{\text{diversas etapas}} CO_2 + 2H_2O \qquad \text{(R-4.85)}$$

A água encontrada nestas regiões da atmosfera praticamente provém desta reação. Porém, nesta região da atmosfera e mais altas, tanto o CO_2 quanto a água sofrem reações de fotólise, conforme Reações (R-4.85) e (R-4.86).

$$H_2O + h\nu \quad \rightarrow \quad HO^\bullet + H^\bullet \tag{R-4.86}$$

$$CO_2 + h\nu \quad \rightarrow \quad CO + O^* \tag{R-4.87}$$
em que * = átomo ativado.

4.6 Conclusão

Os ciclos dos elementos que envolvem significativamente a composição da atmosfera, isto é, o ciclo do nitrogênio, o ciclo do oxigênio, o ciclo do carbono e o ciclo da água, são imprescindíveis para a vida na Terra. Porém, o grande *motor natural* que movimenta e que fornece energia para tudo funcionar é o Sol. Contudo, indo um pouco mais perto de "como" se dá tudo isto, encontra-se a interação *fóton & elétron* da matéria, mas ainda não é o suficiente para entender-se mais dos ciclos. Os ciclos biogeoquímicos são interações *fóton & elétron* da matéria & *quantum vital*, ainda pouco compreensível. Entende-se por *quantum vital* a energia vivificadora própria de cada ser vivo.

4.7 Referências Bibliográficas e Sugestões para Leitura

BARKER, J. R. (Editor) **Progress and problems in atmospheric chemistry.** London: WS - World Scientific, 1995. 940 p.

BRASSEUR, G. P.; ORLANDO, J. J.; TYNDALL, G. S. **Atmospheric chemistry and global change.** Oxford, England: Oxford University, 1999. 654 p.

BRIMBLECOMBE, P. **Air composition & chemistry.** 2. ed. Cambridge (UK): Cambridge University, 1996. 253 p.

CHAMEIDES, W. L.; DAVIS, D. D. **Chemistry in the troposphere.** Chemical and Engineering News, October 4, 1982, p. 39-52.

COTTON, F. A.; WILKINSON, G.; MURILLO, C. A. *et al.* **Advanced inorganic chemistry.** 6. ed. New York: John Wiley, 1999. 1355 p.

DURRANT, P. J.; DURRANT B. **Introduction to advanced inorganic chemistry.** 2. ed. London: Longman, 1970. 1250 p.

FASSBENDER, H. W.; BORNEMIZZA, E. **Química de suelos: com énfasis em suelos da América Latina.** San José (Costa Rica): IICA, 1994. 420 p.

FINLAYSON-PITTS, B. J.; PITTS Jr, J. N. **Chemistry of the upper and lower atmosphere – theory, experiments and applications.** London: Academic, 2000. 969 p.

HOUGHTON, J. T.; JENKINS, G. J.; EPHRAUMS, J. J. **Climate change – the IPCC Scientific Assessment.** Cambridge: Cambridge University, 1991. 364 p.

HOUGHTON, J. T.; MEIRA FILHO, L. G.; CALLANDER, B. A. *et al.* **Climate change 1995.** Cambridge (UK): Cambridge University, 1998. 572 p.

HOWARD, A. G. **Aquatic environmental chemistry.** Oxford: Oxford University Press, 1998. 90 p.

HUHEEY, J. E.; KEITER, E. A.; KEITER, R. L. **Inorganic chemistry – principles of structure and reactions.** 4. ed. New York: Harper Collins College, 1993. 964 p.

KARPLUS, M.; PORTER, R. N. **Atoms & Molecules: an introduction for students of physical chemistry.** Menlo Park (California): W. A. Benjamin, 1970. 620 p.

KERR, J. A. Strength of chemical bonds. In: LIDE, D. R. (Editor) **Handbook of chemistry and physics.** 77. ed. New York: CRC, 1996-1997.

LEE, J. D. **Química inorgânica – um novo texto conciso.** Tradução de Juergen H. Maar. São Paulo: Editora Edgard Blücher, 1980. 507 p.

LIAS, S. G. Ionization potentials of gas-phase molecules. In: LIDE, D. R. (Editor) **Handbook of chemistry and physics.** 77. ed. New York: CRC, 1996-1997.

MANAHAN, S. E. **Environmental chemistry.** 6. ed. Boca Raton, Florida (USA): Lewis, 1994. 811 p.

MALAVOLTA, E. **Manual de Química Agrícola, Adubos e Adubações.** 3. ed. São Paulo: Agronômica Ceres, 1981. 596 p.

MOELLER, T.; BAILAR, J. R.; KLEINBERG, J.; GUSS, C. O.; CASTELLION, M. E.; METZ, C. **Chemistry with inorganic qualitative analysis.** New York: Academic Press, 1980. 1085 p.

SANTOS, G. A.; CAMARGO, F. A. O. (Editores) **Fundamentos da matéria orgânica no solo – ecossistemas tropicais e subtropicais.** Porto Alegre (RS): Gênesis, 1999. 491 p.

SAWYER, C. N.; McCARTY, P. L.; PARKIN, G. F. **Chemistry for environmental engineering.** Fourth Edition. New York: McGraw-Hill, 1994. 658 p.

SEINFELD, J. H.; PANDIS, S. N. **Atmospheric chemistry and physics.** New York: John Wiley, 1998. 1326 p.

SEMISHIN, V. **Prácticas de Química General-Inorgánica.** Traducido del Russo por K. Steinberg. Moscú: Mir, 1967. p. 391.

SHRIVER, D. F.; ATKINS, P. W.; LANGFORD, C. H. **Inorganic chemistry.** 2.ed. Oxford: Oxford University, 1994. 819 p.

STUMM, W.; MORGAN, J. J. **Aquatic chemistry – an introduction emphasizing chemical equilibria in natural waters.** New York (USA): John Wiley, 1996. 780 p.

ZHAO, L. Singlet Oxygen. Disponível em: <http://www.medicine.uiowa.edu/ESR/educationFreeRadicalSp01/Paper5201ZhaoL-Paper.1-pdf->. Acessado em: 29 mar. 2004.

Cinética de Reações Químicas da Atmosfera

CAPÍTULO

5

5.1 Introdução

5.2 Termos, Definições e Princípios da Cinética Química
   5.2.1 Cinética química e reações químicas
   5.2.2 Velocidade de reação
   5.2.3 Velocidade de reação e concentração dos reagentes
   5.2.4 Tempo de meia-vida e tempo de vida
   5.2.5 Derivação do tempo de vida

5.3 Estado de Equilíbrio de Reações Químicas na Fase Gasosa na Atmosfera

5.4 Fatores que Influenciam a Velocidade da Reação

5.5 Referências Bibliográficas e Sugestões para Leitura

5.1 Introdução

O universo é um sistema dinâmico que tende a um "estado de equilíbrio" também dinâmico. Para a ideia de movimento, de mover, a maioria dos idiomas, entre eles a língua portuguesa, muitas vezes utiliza o termo grego *kinein*, *kinesis* (ação de mover-se) que gera o prefixo *cine*, do qual se chega ao adjetivo "cinético(a)". Portanto, o termo "cinético" traz, no seu bojo, a ideia de "movimento". Assim, a teoria cinética dos gases trata das propriedades resultantes do movimento das moléculas que os compõem.

No presente estudo, trata-se de analisar a "reação química" na qual reagentes desaparecem e produtos aparecem. Nesta transformação química, existe um movimento de partículas que é abordado como cinética química.

A **Cinética Química** estuda a velocidade das reações, bem como os fatores que a alteram. Seu estudo também permite a compreensão dos mecanismos por que passa a interação dos reagentes para chegar aos produtos.

Da observação da natureza nasceram as Ciências ditas da Natureza e entre elas a Química. Diversas reações químicas que ocorrem na natureza se processam a velocidades diferentes, permitindo algumas conclusões que facilitam o entendimento da Cinética Química. Por exemplo, um prego de ferro preso em uma tábua de madeira deixado em ambiente seco ($Fe_{(m)} + O_{2(ar)}$), ou em ambiente úmido ($Fe_{(m)} + O_{2(ar)} + H_2O_{(vapor\ ou\ líquida)}$), ou em ambiente úmido à beira-mar ($Fe_{(m)} + O_{2(ar)} + H_2O_{(vapor\ ou\ líquida)} +$ íons como $Na^+_{(aq)}$ e $Cl^-_{(aq)}$); ao tempo, observa-se que a velocidade de corrosão do ferro é diferente.

A própria natureza também é pródiga nos seus exemplos. Um espectador mais atento observa e conclui: nos pesqueiros, pescadores reclamam da falta e do tamanho das tilápias no inverno (animais de sangue frio têm suas atividades vitais desaceleradas no inverno); em casa, no verão, a durabilidade dos alimentos perecíveis diminui se estiverem fora da geladeira; o corpo humano envelhece e chega a um momento que não dá mais condições à vida, as reações bioquímicas tornam-se lentas, param, e o homem vem à morte. Existem, portanto, fatores que alteram a velocidade de uma reação química.

A termodinâmica, mediante suas grandezas de estado, G (energia livre de Gibbs), H (entalpia) e S (entropia), que dependem dos estados inicial e final do sistema "em movimento", permite predizer se a transformação ou o fenômeno se dá ou não, por meio da variação da energia livre (ΔG). Porém, ela não prevê o tempo ou a duração em que a transformação se dá. Nada fala da velocidade da reação, isto é, em quanto tempo os reagentes se transformam nos produtos.

Quem prevê o tempo para a reação acontecer é a Cinética Química, que mede a variação da concentração de um reagente que desaparece na unidade de tempo ($-\Delta C/\Delta t$) ou a variação da concentração de um produto que se forma ($\Delta C/\Delta t$).

Para que haja a reação de um reagente A com outro B para formar AB é necessário que haja um *contato físico* ou *choque* entre os dois reagentes. Contudo, não é o suficiente; esse *choque* deve ser *efetivo*, pois podem se chocar e, como duas bolas de bilhar, cada uma seguir um caminho distinto de uma *combinação*. O número de *choques efetivos* depende: do estado físico em que se encontram os reagentes (sólido, líquido e gasoso); do estado cinético (temperatura); da concentração (número de indivíduos A e B por unidade de volume); da afinidade existente entre eles; do tamanho físico de A e B; da presença de catalisadores; entre outros. Observa-se que são muitos os fatores dos quais depende a velocidade da reação.

As reações químicas se realizam até alcançar o **estado de equilíbrio**. O estado de equilíbrio é um estado dinâmico, no qual os produtos formados tendem a reagir e reconstituir os reagentes que os originaram. Isto acontece quando a velocidade da reação de formação dos produtos (v_1) for igual à velocidade da reação contrária, de recomposição dos reagentes (v_2). Nesse momento, a variação da energia livre do sistema (ΔG) é zero. Este estado de equilíbrio é expresso pela constante de equilíbrio, que nos diz se a reação se dá no sentido de formar mais produtos ou permanecer na forma de reagentes.

Agora imaginem-se os reagentes A e B soltos na atmosfera, sujeitos às correntes de ar, ventos, difusão, baixas temperaturas e muitas vezes rarefeitos, isso dependendo da camada atmosférica em que se encontram. Desde já se prevê que o estudo cinético de reações químicas na atmosfera não é tarefa fácil. É claro que estes estudos são feitos em ambientes definidos limitados, que tentam imitar as condições atmosféricas.

5.2 Termos, Definições e Princípios da Cinética Química

5.2.1 Cinética química e reações químicas

A cinética química é a parte da físico-química que estuda a velocidade das reações químicas. As reações químicas para efeito do estudo cinético podem ser agrupadas e denominadas de diferentes formas, dependendo do critério utilizado.

Quanto ao número de espécies de moléculas reagentes que participam da reação

Segundo este critério, as reações podem ser agrupadas em **elementares** e **multietapas**.

As reações elementares não podem ser desdobradas em duas ou mais reações mais simples. Geralmente consistem em **uma** ou **duas espécies reagentes**; por isso são denominadas **reações unimoleculares** e **bimoleculares**, respectivamente.

A decomposição do ácido peroxinítrico é um exemplo de reação unimolecular, Equação (R-5.1).

$$HO_2NO_2 \rightleftarrows HOO^\bullet + NO_2 \tag{R-5.1}$$

A oxidação de NO a NO_2 é um exemplo de reação bimolecular, Equação (R-5.2).

$$NO_{(g)} + O_{3(g)} \rightleftarrows NO_{2(g)} + O_{2(g)} \tag{R-5.2}$$

Existem reações elementares em que participam três espécies distintas, denominadas **reações termoleculares** (ou trimoleculares). Porém, em química da atmosfera, quase sempre, a terceira espécie age como um corpo inerte, que ao final do processo permanece como entrou.

$$O_{2(g)} + O(^3P)_{(g)} + M_{(g)} \rightleftarrows O_{3(g)} + M_{(g)} \tag{R-5.3}$$

Em geral na fase gasosa as reações mais comuns são bimoleculares. As termoleculares (trimoleculares) são mais raras. As tetramoleculares praticamente podem ser ignoradas.

As **reações multietapas** incluem duas ou mais reações elementares.

Quanto ao estado físico do sistema reagente

Na cinética, as reações químicas, segundo o estado físico dos seus componentes, podem ser do tipo:
- **Homogênea** – quando são constituídas de uma única fase e a composição do sistema é uniforme. É o caso de reações que ocorrem na fase gasosa (solução gasosa) e/ou na fase líquida (solução líquida). Como exemplo, tem-se a Reação R-5.2 aqui transcrita, uma solução gasosa, e a Reação (R-5.4), uma solução líquida.

118 Capítulo Cinco

$$NO_{(g)} + O_{3(g)} \rightleftarrows NO_{2(g)} + O_{2(g)}$$ [R-5.2]

$$H_2SO_{4(líq)} + H_2O_{(líq)} \rightleftarrows H_3O^+_{(aq)} + HSO_4^-_{(aq)}$$ (R-5.4)

- **Heterogênea** – quando a mistura reacional não é uniforme, ocorrendo reação na separação entre as fases. É o caso da utilização de catalisadores sólidos; por exemplo, o método de Claude na síntese do NH_3, Reação (R-5.5).

$$N_{2(g)} + 3H_{2(g)} \xleftarrow{\quad (Fe_2O_3 + Al_2O_3)_{(s)} \quad}_{\displaystyle 600\ °C\ e\ 600\ atm} 2NH_{3(g)}$$ (R-5.5)

5.2.2 Velocidade de reação

Por **velocidade de uma reação** entende-se a quantidade de reagente que se transforma em produto na unidade de tempo, ou a quantidade de produto que se forma na unidade de tempo. Quimicamente falando, a velocidade de uma reação é a variação da concentração dos reagentes, ou dos produtos, por unidade de tempo. A quantidade de cada reagente (medida pela variação, diminuição, da sua concentração, por isso, $-\Delta C$) que desaparece na unidade de tempo (Δt) depende da proporção estequiométrica ou dos respectivos coeficientes da reação, e os produtos que se formam ($+\Delta C$) também dependem da respectiva estequiometria.

Seja a Reação (R-5.6), a cada 2 mols de N_2O_5 que *desaparecem*, por isso, a variação tem sinal negativo ($-\Delta C$), *formam-se* 4 mols de NO_2 e 1 mol de O_2. No entanto, a velocidade da reação é a mesma, seja ela expressa por qualquer reagente ou qualquer produto, conforme Equação (5.1).

$$2N_2O_5 \rightleftarrows 4NO_2 + 1O_2$$ (R-5.6)

Assim, para obter o mesmo valor para a velocidade da reação, divide-se a variação da concentração pelo tempo ($\Delta C/\Delta t$) de cada reagente que desaparece e de cada produto que se forma pelo respectivo coeficiente da reação balanceada.

$$\text{Velocidade de reação} = -\frac{1}{2}\frac{\Delta C_{(N_2O_5)}}{\Delta tempo(s)} = \frac{1}{4}\frac{\Delta C_{(NO_2)}}{\Delta tempo(s)} = \frac{1}{1}\frac{\Delta C_{(O_2)}}{\Delta tempo(s)}$$ (5.1)

Para exemplificar, serão analisados os dados da Tabela 5.1, que foram obtidos para a reação de decomposição do pentóxido de dinitrogênio (N_2O_5) em dióxido de nitrogênio (NO_2) e gás oxigênio (O_2) a 55 °C (McMurry e Fay, 1998). Os componentes desta reação encontram-se na atmosfera e a própria reação acontece na atmosfera. É bom lembrar que nas condições-ambientes o N_2O_5 é um sólido incolor e que no estado de gás se decompõe conforme a Reação (R-5.6); segundo Cotton *et al.* (1999), tem ponto de fusão a 30 °C, volatiliza-se e começa a se decompor a 47 °C.

Tabela 5.1 Concentrações de $N_2O_{5(g)}$, $NO_{2(g)}$ e $O_{2(g)}$ com o Passar do Tempo na Reação de Decomposição do $N_2O_{5(g)}$

Tempo (s)	$[N_2O_5]_{(g)}$*	$[NO_2]_{(g)}$*	$[O_2]_{(g)}$*
0	0,0200	0	0
100	0,0169	0,0063	0,0016
200	0,0142	0,0115	0,0029
300	0,0120	0,0160	0,0040
400	0,0101	0,0197	0,0049
500	0,0086	0,0229	0,0057
600	0,0072	0,0216	0,0064
700	0,0061	0,0278	0,000

Reação: $2N_2O_{5(g)} \rightarrow 4NO_{2(g)} + O_{2(g)}$

* Concentração em mol L^{-1}. Fonte: McMurry & Fay, 1998.

Dos dados observa-se que a concentração do reagente diminui com o tempo da reação e a dos produtos aumenta.

Melhor do que este conjunto de dados, um gráfico de concentração *versus* tempo dará uma visão da tendência da reação, Figura 5.1.

Pelo que se observa na Figura 5.1, a velocidade da reação varia com o tempo de reação. À medida que a reação se processa a concentração dos reagentes diminui e a dos produtos aumenta. Dessa forma, pode-se conceituar: *velocidade no instante zero* (0), isto é, no momento de misturar os reagentes; *velocidade instantânea* (v_i) e *velocidade média* (v_m).

Para facilitar o entendimento dos conceitos, considere-se a Reação (R-5.7), isto é, o reagente R forma o produto P, que pode ser exemplificada pela isomerização do *o*-nitrobenzaldeído em ácido *o*-nitrosobenzoico pela absorção de um *quantum* de energia ($h\nu$), reação utilizada nos actinômetros, Reação (R-5.8).

$$R_{reagentes} \longrightarrow P_{produtos} \tag{R-5.7}$$

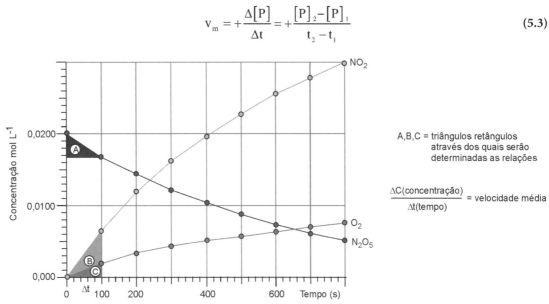

Velocidade média (v_m)

A velocidade média de uma reação química é a diminuição da concentração de R ($-\Delta[R]$) em um certo intervalo de tempo (Δt), como mostra a Equação (5.2).

$$v_m = -\frac{\Delta[R]}{\Delta t} = -\frac{[R]_2 - [R]_1}{t_2 - t_1} \tag{5.2}$$

Ou, é o aumento da concentração de P ($+\Delta[P]$) no mesmo intervalo de tempo (Δt), conforme a Equação (5.3).

$$v_m = +\frac{\Delta[P]}{\Delta t} = +\frac{[P]_2 - [P]_1}{t_2 - t_1} \tag{5.3}$$

Figura 5.1 Visualização da reação de decomposição do N_2O_5 (reagente) em NO_2 e O_2 (produtos) com o tempo, tendo indicação dos intervalos de concentração e respectivos intervalos de tempo, possibilitando o cálculo das velocidades médias do desaparecimento do reagente e do aparecimento dos produtos.

Velocidade instantânea (v_i)

Para muitas reações, mais do que a velocidade média, é interessante se trabalhar com a velocidade instantânea, tendo em vista que, a cada fração do tempo, as concentrações se modificam, alterando consequentemente a velocidade da reação. A velocidade instantânea é a derivada da concentração dos reagentes (R) ou produtos (P) em função do tempo, Equações (5.4) e (5.5).

$$v_i = -\lim_{(quando\ \Delta t \to 0)} \frac{\Delta [R]}{\Delta t} = -\frac{dR}{dt} \quad (5.4)$$

$$v_i = \lim_{(quando\ \Delta t \to 0)} \frac{\Delta [P]}{\Delta t} = \frac{dP}{dt} \quad (5.5)$$

De modo geral, levando em consideração os coeficientes diferentes da unidade, tem-se como exemplo a Reação (R-5.9).

$$aA + bB \to cC + dD \quad (R-5.9)$$

$$v_{(reação)} = -\frac{1}{a}\frac{d[A]}{dt} = -\frac{1}{b}\frac{d[B]}{dt} = \frac{1}{c}\frac{d[C]}{dt} = \frac{1}{d}\frac{d[D]}{dt} \quad (5.6)$$

Considerando os dados da Tabela 5.1, representados na Figura 5.1, observa-se pelo formato da "curva" de diminuição da concentração de N_2O_5 e as "curvas" de formação dos produtos NO_2 e O_2 que nos primeiros 100 segundos de reação $\Delta t = (100 - 0)$ segundos, a hipotenusa dos triângulos A, B e C é uma "reta"; isto significa que ao longo dos 100 s, ou, a cada instante, a variação da concentração de respectiva espécie foi constante, o que significa dizer que a velocidade média é igual à velocidade instantânea neste intervalo de tempo.

A Figura 5.2 mostra o cálculo da velocidade da reação pelo reagente $N_2O_{5(g)}$ que se decompõe. Observa-se que a velocidade média da reação, medida por meio do reagente N_2O_5 que se decompõe é **1,6 · 10^{-5} mol L^{-1} s^{-1}**.

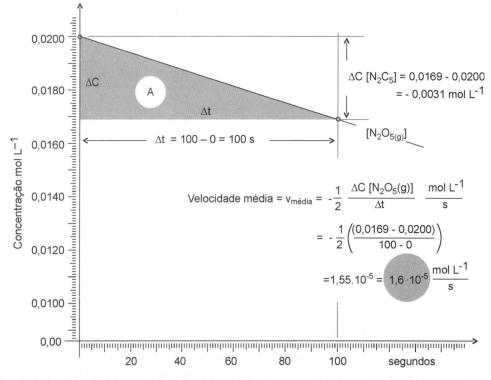

Figura 5.2 Velocidade média (v_m) da reação de decomposição do $N_2O_{5(g)}$ a 55 °C, calculada pela "diminuição" do reagente $N_2O_{5(g)}$. Fonte: McMurray & Fay, 1998.

Cinética de Reações Químicas da Atmosfera   **121**

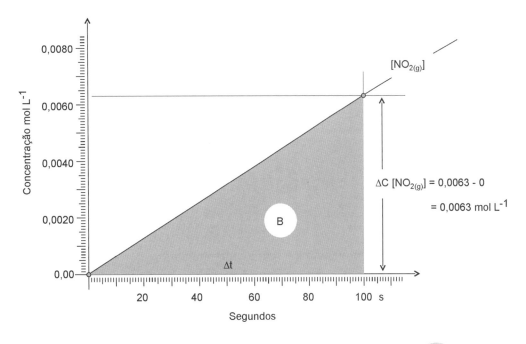

$$\text{Velocidade média} = v_{\text{média}} = \frac{1}{4} \frac{\Delta C\,[NO_{2(g)}]}{\Delta t} \frac{\text{mol L}^{-1}}{s} = \frac{1}{4} \frac{0{,}0063}{100} \frac{\text{mol L}^{-1}}{s} = 1{,}6 \cdot 10^{-5} \frac{\text{mol L}^{-1}}{s}$$

Figura 5.3 Velocidade média (v_m) da reação de decomposição do $N_2O_{5(g)}$ a 55 °C, calculada a partir da formação do $NO_{2(g)}$. Fonte: McMurray & Fay, 1998.

A Figura 5.3 e a Figura 5.4 apresentam os cálculos da velocidade média da mesma reação, porém, agora a partir dos produtos formados $NO_{2(g)}$ e $O_{2(g)}$, respectivamente. É claro que não poderia dar outro valor para a velocidade média da reação diferente de **1,6 · 10^{-5} mol L^{-1} s^{-1}**.

Observe-se agora a Figura 5.5 para a Reação (R-5.10) (Kotz & Treichel, 1996), que trata da decomposição do gás amoníaco.

$$2NH_{3(g)} \rightarrow N_{2(g)} + 3H_{2(g)} \tag{R-5.10}$$

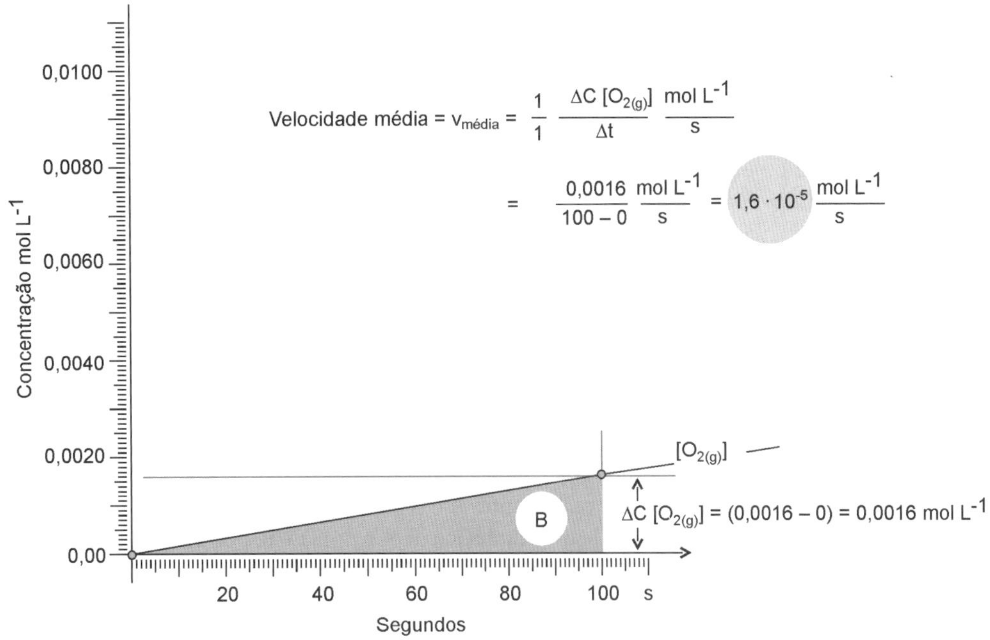

Figura 5.4 Velocidade média (v_m) da reação de decomposição do $N_2O_{5(g)}$ a 55 °C, calculada a partir da formação do $O_{2(g)}$. Fonte: McMurray & Fay, 1998.

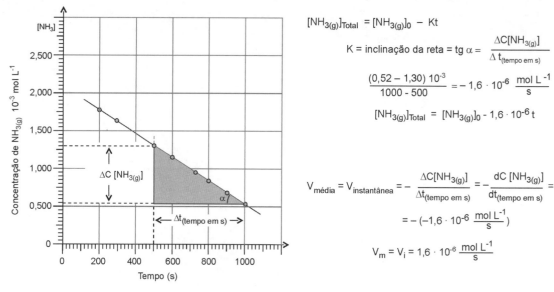

Figura 5.5 Reação de decomposição do $NH_{3(g)}$ em $N_{2(g)}$ e $H_{2(g)}$ com o tempo, com determinação da constante da velocidade de decomposição. Fonte: Kotz & Treichel, 1996.

Este gráfico mostra que a reação possui um comportamento diferente do da reação anterior, Equação (R-5.6). Na decomposição da amônia, as velocidades média e instantânea são as mesmas em qualquer intervalo de tempo. Isto permite concluir que para cada reação química tem-se uma **lei de velocidade** que rege o transcurso da reação química com o passar do tempo.

5.2.3 Velocidade de reação e concentração dos reagentes

O primeiro estudo cinético quantificado de uma reação química foi efetuado por Wilhelmy em 1850, que mediu a velocidade da conversão da sacarose em glicose e levulose em meio ácido. A propriedade utilizada para acompanhar a variação da concentração foi a rotação ótica da solução mediante um polarímetro. Wilhelmy verificou que a velocidade em um dado instante era proporcional à concentração da sacarose presente na solução.

Em 1862, Berthelot e St. Gilles estudando a reação reversível do ácido acético mais etanol verificaram que a velocidade da reação direta era proporcional ao produto da concentração do ácido acético pela do etanol.

Finalmente, a dependência da velocidade de uma reação com a concentração dos reagentes, em uma dada temperatura, foi generalizada por Guldberg e Waage, 1863, como *lei da ação das massas*: **a velocidade de uma reação química é proporcional à concentração de cada um dos reagentes.**

Retomando a Reação [R-5.7], e aplicando a lei da ação das massas, que diz que a velocidade é diretamente proporcional à concentração do reagente R, em termos matemáticos tem-se,

$$R_{reagentes} \longrightarrow P_{produtos} \quad \text{[R-5.7]}$$

$$v \propto [R] \quad (5.7)$$

Retirando o símbolo de proporcionalidade ($\propto$) e introduzindo a constante que estabelece a igualdade, tem-se a Equação (5.8).

$$v = k[R] \quad (5.8)$$

A reação é denominada *monomolecular*, pois, para a reação se dar necessita-se de uma molécula apenas.

Se a reação fosse entre os reagentes A e B para formar P, ter-se-ia a Reação (R-5.11). Vê-se aqui que para se formar P, necessita-se de uma molécula de A e uma de B, por isso, a reação é dita *bimolecular*. Da mesma forma, denominam-se as reações *termoleculares* (trimoleculares), *tetramoleculares* e assim por diante.

$$A + B \rightarrow P \quad \text{(R-5.11)}$$

$$v = k[A][B] \quad (5.9)$$

Se o produto P dependesse de R + R, isto é,

$$R + R \rightarrow P \qquad \text{(R-5.12)}$$

ter-se-ia para expressão de v, a Equação (5.10).

$$v = k[R][R] = kR^2 \qquad \text{(5.10)}$$

Generalizando para uma reação em que entram $R + R + R + \cdots = x \, R$ reagentes, tem-se a Equação (5.11).

$$v = k[R]^x \qquad \text{(5.11)}$$

Tomando uma reação mais geral, do tipo da Reação (R-5.13).

$$aA + bB + ... \rightarrow cC + dD + ... \qquad \text{(R-5.13)}$$

Tem-se para a velocidade da reação a Expressão (5.12):

$$v = k[A]^a[B]^b \, ... \qquad \text{(5.12)}$$

Para as Equações (5.8), (5.9), (5.10), (5.11) e (5.12):

v = velocidade da reação;
k = constante de proporcionalidade, ou constante de velocidade;
[R] e [A], [B] = concentração dos reagentes em mol L^{-1} para as duas
reações consideradas, respectivamente;
x e (a + b) = ordem de reação, respectivamente.

A **constante de proporcionalidade** (k), conhecida como **constante de velocidade**, independe da concentração, mas é função de *condições intrínsecas* do processo reagente, como a natureza dos reagentes, e de *condições extrínsecas* da reação, como o local da reação, da temperatura, entre outras variáveis. Reações rápidas possuem constantes elevadas e reações lentas possuem constantes muito pequenas.

Um aumento de temperatura provoca variação no valor de k.

Ordem de reação é um parâmetro que mede a dependência da velocidade de uma reação da concentração dos reagentes cuja variação modifica a velocidade e é obtida experimentalmente por meio das velocidades iniciais a diversas concentrações. **Ordem de uma reação** é definida como a soma dos expoentes das concentrações das espécies que reagem e cuja variação modifica a velocidade. **Ordem de uma espécie** que reage é o expoente da mesma na lei da ação das massas. Uma reação é de ordem zero quando o expoente do fator concentração é zero (x = 0), conforme Equação (5.13),

$$v = k[R]^0 \qquad \text{(5.13)}$$

ou seja, a velocidade independe da concentração do reagente. Isto pode acontecer em situações em que o reagente R se encontra em uma concentração tal que sua variação não modifica a velocidade. Por exemplo, quando R é um sólido. Para uma reação de primeira ordem (x = 1), conforme Equação (5.14).

$$v = k[R]^1 \qquad \text{(5.14)}$$

Se a concentração do reagente é duplicada, a velocidade também o será.

Em uma reação de segunda ordem (x = 2), Equação (5.15).

$$v = k[R]^2 \qquad \text{(5.15)}$$

Se a concentração do reagente for duplicada, a velocidade da reação aumentará quatro vezes.

A **pseudo-ordem** de uma reação é a situação em que a concentração de um dos reagentes, ou mais, encontra-se em um estado físico tal, ou em uma concentração tal, que pode ser considerada constante. É o caso de uma reação que se dá na atmosfera com o O_2 que se encontra na concentração de 20% em volume de ar seco.

Considere-se a oxidação em alta temperatura do $NO_{(g)}$ pelo $O_{2(ar)}$, Reação (R-5.14).

$$2NO_{(g)} + O_{2(ar)} \xrightarrow{\text{calor}} 2NO_{2(g)} \qquad \text{(R-5.14)}$$

$$v = k^{III}[NO]^2[O_2] \qquad \text{(5.16)}$$

$$v = k^{II}[NO]^2 \qquad \text{(5.17)}$$

124   Capítulo Cinco

A reação é de terceira ordem $(2 + 1)$ = soma dos expoentes de [NO] e [O_2]. Contudo, em função da elevada concentração de $O_{2(ar)}$ na reação, a mesma é constante e entra na composição da constante de velocidade k, que passa a ser k^{II}.

Expressão das unidades de medida da velocidade, da constante de velocidade etc.

A medida da abundância (concentração) de uma **espécie gasosa** no ar (atmosfera) pode ser expressa, conforme visto, em termos de: conteúdo da substância por volume, (no SI, mol m^{-3}); número de moléculas por volume (no SI: m^{-3}); massa por volume (no SI: kg m^{-3}). Ou, para substâncias na fase condensada, em concentração em volume (no SI: L ou m^3 m^{-3}), isto é, litro da fase condensada por metro cúbico de ar. A escolha entre esses sistemas de unidades depende de cada situação.

Em situações de laboratório para reações em fase gasosa, a concentração em conteúdo químico é expressa em unidades de **mol L^{-1}** ou **mol cm^{-3}**. Hoje, é muito usado o número de concentração em **molécula cm^{-3}**.

Para o caso típico de uma reação envolvendo as substâncias A + B (reação bimolecular e de segunda ordem) em que a velocidade da reação é dada pela Equação (5.18).

$$v = d[A]/dt = k_{bim}[A][B] \tag{5.18}$$

$$k_{bim} = v/[A][B] \tag{5.19}$$

Após simplificar o que for possível na Equação (5.19), a constante de velocidade tem a dimensão **concentração^{-1} tempo^{-1}**. As possíveis unidades são: cm^3 molécula^{-1} s^{-1}; m^3 molécula^{-1} s^{-1} e m^3 mol^{-1} s^{-1}, correspondendo às unidades de concentração: molécula cm^{-3}; molécula m^{-3} e mol m^{-3}.

Para reações em **fase-solução** utiliza-se mol L^{-1} para a concentração e para a constante de velocidade: L mol^{-1} s^{-1} (2ª ordem) e L^2 mol^{-1} s^{-1} (3ª ordem).

5.2.4   Tempo de meia-vida e tempo de vida

Seja em química da atmosfera ou não, conforme visto, a constante de velocidade é uma medida quantitativa da maior ou menor rapidez com que uma reação se processa. Indiretamente é fornecido o tempo em que um ou mais reagentes sobrevivem na atmosfera ou no ambiente. Porém, para dar esse parâmetro não se utiliza diretamente a constante, mas o tempo de **meia-vida** ($t^{1/2}$) ou o **tempo de vida**, (τ), conforme definidos a seguir:

Meia-vida ($t_{1/2}$) é o tempo necessário para que a concentração de um reagente da reação diminua pela metade do valor inicial da reação.

Tempo de vida (τ) é tempo necessário para que a concentração de um reagente diminua de 1/e do seu valor inicial (e = 2,718 é a base neperiana dos logaritmos ou a base dos logaritmos naturais).

Ambos $t_{1/2}$ e τ estão relacionados com a constante de velocidade e com as concentrações dos reagentes da reação.

Derivação do tempo de meia-vida

Para a Reação (R-5.15), tem-se, pela lei da ação das massas para a velocidade da reação em um instante qualquer i, a Equação (5.20).

$$1\ A \rightarrow \text{Produtos} \tag{R-5.15}$$

$$v_i = k_1[A] \tag{5.20}$$

Pela cinética, tem-se a Equação (5.21).

$$v_i = -d[A]/dt \tag{5.21}$$

Igualando as Equações (5.20) e (5.21), tem-se,

$$-\frac{d[A]}{dt} = k_1[A] \tag{5.22}$$

Arranjando a Equação (5.22), tem-se a Equação (5.23).

$$-\frac{d[A]}{[A]} = -k_1 dt \tag{5.23}$$

Integrando a Equação (5.23) para o intervalo de valores da concentração de A no instante zero = $[A]_0$ com t = 0 (zero) e no momento em que $[A] = [A]_0/2$ com $t = {}^1/_2$, tem-se

$$\int_{c \to t = 0}^{c \to t = t(1/2)} -\frac{d[A]}{[A]} = -k_1 dt \int_{t = 0}^{t = 1/2} dt \tag{5.24}$$

$$\ln \frac{[A]}{[A]_0} = -k_1 t_{1/2} \tag{5.25}$$

Pela definição $t_{1/2}$, em que $[A] = {}^1/_2[A]_0$, tem-se,

$$\ln \frac{[A]_0}{2\,[A]_0} = -k_1 t_{1/2} \tag{5.26}$$

$$\ln 0{,}5 = -k_1 t_{1/2} \tag{5.27}$$

$$t_{1/2} = 0{,}693/k_1 \tag{5.28}$$

Para as reações de 2ª e 3ª ordens a dedução do $t_{1/2}$ em relação ao reagente A segue o mesmo caminho. Como A é independente de B e de C, consideram-se as concentrações de B [B] e de C [C] constantes em relação a [A] e ao final obtêm-se, conforme a Tabela 5.2, as Expressões (5.29) e (5.30) abaixo.

$$t_{1/2}{}^A = 0{,}693/k_2[B] \tag{5.29}$$

e

$$t_{1/2}{}^A = 0{,}693/k_2[B][C] \tag{5.30}$$

Tabela 5.2 Relações entre Velocidade de Reação, Meia-vida, Tempo de Vida para Reações de 1ª, 2ª e 3ª Ordens e Unidades das Constantes de Velocidade

Reação	Velocidade de reação (v)	Ordem da reação Σ(expoentes	Meia-vida de A ($t_{1/2}$)	Tempo de vida de A (τ)	Expressão da constante de velocidade	Unidades da constante de velocidade
(1) $\quad 1A \xrightarrow{k_1}$ Produtos	$v_{(1)} = k_1[A]^1$	1	$t_{1/2}{}^A = 0{,}693/k_1$	$\tau^A = 1/k_1$	$k_1 = v_{(1)}/[A]$	s^{-1}
(2) $\quad 1A + 1B \xrightarrow{k_2}$ Produtos	$v_{(2)} = k_2[A]^1[B]^1$	1 + 1 = 2	$t_{1/2}{}^A = 0{,}693/k_2[B]$	τ^A	$k_2 = v_{(2)}/[A][B]$	cm^3 molécula^{-1} s^{-1}
(3) $\quad 1A + 1B + 1C \xrightarrow{k_3}$ Produtos	$v_{(3)} = k_3[A]^1[B]^1[C]^1$	1 + 1 + 1 = 3	$t_{1/2}{}^A = 0{,}693/k_3[B][C]$	$\tau^A = 1/k_3[B][C]$	$k_3 = v_{(3)}/[A][B][C]$	cm^6 molécula^{-2} s^{-1}

Fonte: Finlayson-Pitts & Pitts Jr., 2000; Barrow, 1968; Lathan, 1974.

5.2.5 Derivação do tempo de vida

Na derivação do **tempo de vida**, a única modificação que se apresenta em relação à derivação do tempo de **meia-vida** é a definição; em que tempo de vida em relação à A (τ^A): tempo de reação em que $[A] = [A]_0/e$. Logo, a Expressão [5.26] torna-se,

$$\ln \frac{[A]_0}{e\,[A]_0} = -k_1 t^A \tag{5.31}$$

$$\ln \frac{1}{e} = -k_1 \tau^A \tag{5.32}$$

$$-\ln e = -k_1 \tau^A \tag{5.33}$$

$$\tau^A = 1/k_1 \tag{5.34}$$

126 Capítulo Cinco

Para as reações de 2^a e 3ª ordens a dedução do τ em relação ao reagente A (τ^A) segue o mesmo caminho. Como A é independente de B e de C, consideram-se as concentrações de B [B] e de C [C] constantes em relação a [A] e ao final obtêm-se, conforme a Tabela 5.2, as expressões abaixo.

$$\tau^A = 1/k_2[B] \tag{5.35}$$

e

$$\tau^A = 1/k_3[B][C] \tag{5.36}$$

Subsídios para cálculos de tempo

1 minuto = 60 segundos
1 hora = 60 minutos = 60×60 s = 3.600 s
1 dia = 24 horas = 24×3.600 s = $8,64 \cdot 10^6$ s
1 mês = 30 d = 30×24 h = $30 \times 24 \times 3.600$ s = $2,592 \cdot 10^6$ s
1 ano = 12 meses = $12 \times 2,592 \cdot 10^6$ s = $3,1104 \cdot 10^7$ s

Cálculos

Dependendo da ordem de reação, conhecer a constante de velocidade é o suficiente para calcular o tempo de **meia-vida** ($t_{1/2}{}^R$) e o **tempo de vida** (τ^R) do mesmo. Considere-se a Reação (R-5.16) da Tabela 5.3 e os valores de $k_1 = 1 \cdot 10^{-8}$ s^{-1} (30 km) e $k_2 = 1 \cdot 10^{-6}$ s^{-1} (50 km).

Reações de 1ª ordem

Pela Tabela 5.3, para a **meia-vida**: $t_{1/2}{}^A = 0,693/k_1$ e para o **tempo de vida**: $\tau^A = 1/k_1$; com o reagente A = $CF_2Cl_{2(\gamma)}$, tem-se:

$$t_{1/2(30\ km)}{}^{CF_2Cl_{2(g)}} = 0,693/k_1 = 0,693/1 \cdot 10^{-8}\ s^{-1} = 6,93 \cdot 10^7\ s = 2,22\ ano = \mathbf{810,3\ d}$$

$$t_{1/2(50\ km)}{}^{CF_2Cl_{2(g)}} = 0,693/k_2 = 0,693/1 \cdot 10^{-6}\ s^{-1} = 6,93 \cdot 10^5\ s = 2,228 \cdot 10^{-2}\ ano = \mathbf{8,3\ d}$$

e

$$\tau_{(30\ km)}{}^{CF_2Cl_{2(g)}} = 1/k_1 = 1/1 \cdot 10^{-8}\ s^{-1} = 1 \cdot 10^8\ s = 3,21\ ano = \mathbf{1.173\ d}$$

$$\tau_{(50\ km)}{}^{CF_2Cl_{2(g)}} = 1/k_2 = 1/1 \cdot 10^{-6}\ s^{-1} = 1 \cdot 10^6\ s = 0,0321\ ano = \mathbf{11,73\ d}$$

A Figura 5.6 mostra a região da estratosfera 30 a 50 km de altitude onde foram analisados os tempos de **meia-vida** e o **tempo de vida** do diclorodifluormetano (CFC) da reação de fotólise e formação do cloro que catalisa a destruição da camada de ozônio. Observa-se pela Figura 5.6 que na altitude de 50 km a in-

---

Tabela 5.3	Reações e Respectivas Constantes de Velocidade	
Reação		**Constante de velocidade**	

Reação			Constante de velocidade	
$CF_2Cl_{2(g)} + h\nu$	$\rightarrow$	$F_2ClC^{\bullet}_{(g)} + Cl^{\bullet}_{(g)}$	$k_1 = 1 \cdot 10^{-8}\ s^{-1}$ (30 km)* $k_2 = 1 \cdot 10^{-6}\ s^{-1}$ (50 km)*	**(R-5.16)**
$CH_{4(g)} + HO^{\bullet}_{(g)}$	$\rightarrow$	$H_3C^{\bullet}_{(g)} + H_2O_{(g)}$	$k^{298\ K} = 6,3 \cdot 10^{-15}$ (cm^3 $molécula^{-1}$ s^{-1})**	**(R-5.17)**
$C_3H_{8(g)} + HO^{\bullet}_{(g)}$	$\rightarrow$	$H_5C_2 - H_2C^{\bullet}_{(g)} + H_2O_{(g)}$	$k^{298\ K} = 1,1 \cdot 10^{-12}$ (cm^3 $molécula^{-1}$ s^{-1})**	**(R-5.18)**
$NO_{2(g)} + HO^{\bullet}_{(g)} + M_{(g)}$	$\rightarrow$	$HNO_{3(g)} + M_{(g)}$	$k_0^{300\ K} = 2,5 \cdot 10^{-30}$ (cm^6 $molécula^{-2}$ s^{-1})**	**(R-5.19)**
$NO_{2(g)} + HO^{\bullet}_{(g)} + M_{(g)}$	$\rightarrow$	$HNO_{3(g)}$	$k_\infty^{300\ K} = 1,6 \cdot 10^{-11}$ (cm^3 $molécula^{-1}$ s^{-1})**	**(R-5.20)**

* Reação que ocorre na estratosfera com radiação de $\lambda < 220$ nm, em que k_1 e k_2 correspondem a constantes "aproximadas" obtidas em altitudes diferentes. Fonte: Brasseur et al., 1999.
** Dados obtidos de Finlayson-Pitts & Pitts Jr., 2000.

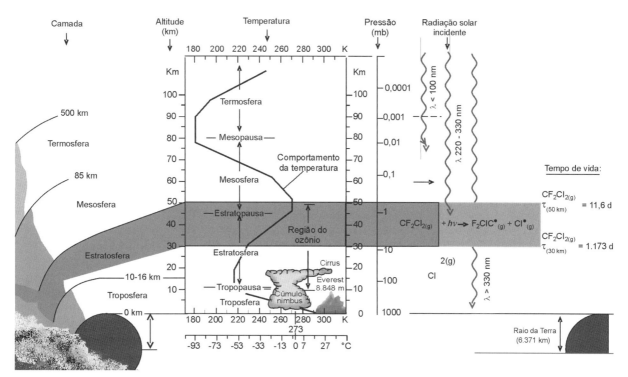

Figura 5.6 Visualização do intervalo de altitudes das diferentes velocidades de fotólise do CFC tendo como referência a temperatura e a pressão ambiente.

tensidade da radiação que chega é maior, isto é, o número de fótons $h\nu$ é maior do que chega à altitude de 30 km ou um $\Delta_{(altitude)} = 20$ km abaixo. A velocidade de fotólise é menor e o tempo de meia-vida e de vida são maiores que os da reação a 50 km de altitude.

É bom lembrar que os tempos de **meia-vida** e de **vida** acima calculados referem-se às reações analisadas nas condições definidas. Se o mesmo reagente estiver envolvido com outra reação atmosférica, o tempo envolvido nesta não está contemplado no resultado calculado.

Reações de 2ª ordem

Pela derivação das expressões dos tempos de **meia-vida** e da **vida** de uma espécie A, partia-se do princípio de que o reagente A era independente de B, por isso, B era considerado constante na derivação. Agora, para efeito de cálculo, é necessário se conhecer a concentração de [B] para sistemas de 2ª ordem. A título de exemplo, considera-se a reação entre o gás metano $CH_{4(g)}$, que possui origem biogênica, além da antropogênica, e que se encontra na atmosfera, especificamente na troposfera, com o radical hidroxilo, conforme Tabela 5.3, Reação [R-5.17]. Conforme a reação citada, nesta camada da atmosfera também encontra-se o radical $HO^{\bullet}_{(g)}$ (hidroxilo) de origem fotoquímica e química dos componentes da atmosfera. Medidas mostram que em dia de luz (sem nuvens) e umidade normal se encontra na concentração de $1,0 \cdot 10^6$ radicais por centímetro cúbico (radical cm^{-3}).

$$CH_{4(g)} + HO^{\bullet}_{(g)} \rightarrow H_3C^{\bullet}_{(g)} + H_2O_{(g)} \qquad [R\text{-}5.17]$$

Aplicando as expressões de cálculo de $t_{1/2}$ e de τ da Tabela 5.2, para o reagente $A = CH_{4(g)}$ e $B = HO^{\bullet}_{(g)}$ e para uma constante de velocidade $k^{298\,K} = 6,3 \cdot 10^{-15}$ (cm^3 molécula^{-1} s^{-1}) e $[HO^{\bullet}] = 1,0 \cdot 10^6$ radical cm^{-3}, tem-se, respectivamente:

$$t_{1/2}^{CH_4} = 0{,}693/k_2[HO] = 0{,}693/(6{,}3 \cdot 10^{-15}\, 1{,}0 \cdot 10^6) = 1{,}10 \cdot 10^8 \text{ s} = \mathbf{3{,}54 \text{ a}}$$

$$\tau^{CH_4} = 1/k_2[HO] = 1/(6{,}3 \cdot 10^{-15}\, 1{,}0 \cdot 10^6) = 1{,}59 \cdot 10^8 \text{ s} = \mathbf{5{,}11 \text{ a}}$$

Reações de 3ª ordem — termoleculares

Em química da atmosfera, este tipo de reação merece uma análise especial, pois são muito frequentes. Uma reação química exotérmica libera energia para o meio. Dependendo do tipo de energia e do meio em que a reação acontece, essa energia ali permanece na forma de *energia interna* associada a algum produto formado dificultando a reação, em vez de se dispersar por **irradiação**, ou por **condução** e/ ou por **convecção**.

128 Capítulo Cinco

Neste tipo de sistema reacional a presença de uma terceira entidade (molécula, íon, partícula etc.) pode remover algum excesso de energia interna do sistema, facilitando a reação. No final do processo essa terceira identidade permanece intacta. Tem-se por exemplo, a Reação [R-5.3], que pode ser desmembrada em duas etapas como mostram as Equações (R-5.21) e (R-5.22). O ozônio *ativado*, $O^{*}_{3(g)}$, perde a energia de ativação (excitação) para a espécie M do sistema.

$$O_{2(g)} + O(^3P) \rightarrow O^{*}_{3(g)} \tag{R-5.21}$$

$$O_3^{*}{}_{(g)} + M_{(g)} \rightarrow O_{3(g)} + M_{(g)} \tag{R-5.22}$$

$$\overline{O_{2(g)} + O(^3P) + M_{(g)} \rightarrow O_{3(g)} + M_{(g)}} \tag{R-5.3}$$

Também muitas vezes escrito,

$$O_{2(g)} + O(^3P) \xrightarrow{\text{M}} O_{3(g)} + M_{(g)} \tag{R-5.23}$$

Da mesma forma, é possível escrever a oxidação do N(IV) a N(V), conforme a Reação [R-5.19], Tabela 5.3.

$$NO_{2(g)} + HO^{\bullet}{}_{(g)} + M_{(g)} \rightarrow HNO_{3(g)} + M_{(g)} \tag{R-5.19}$$

Aparentemente, se em um sistema reacional homogêneo gasoso do tipo [R-5.19] se aumenta a concentração de M, logo, a pressão parcial de M, a velocidade aumenta e é dada pela Expressão (5.37).

$$v = k^{III}[NO_{2(g)}][HO^{\bullet}{}_{(g)}][M_{(g)}] \tag{5.37}$$

Ou, segundo alguns autores, a constante k^{III} é denominada k_0.

$$v = k_0[NO_{2(g)}][HO^{\bullet}{}_{(g)}][M_{(g)}] \tag{5.38}$$

Em que a reação é de terceira ordem, pois a velocidade depende da pressão de M (ou de sua concentração).

Porém, chega um momento em que o aumento da concentração de M (ou da pressão de M) não varia a velocidade da reação. Neste momento, a Equação (5.37) se transforma na Equação (5.40).

$$v = (k^{III}[M_{(g)}])[NO_{2(g)}][HO^{\bullet}{}_{(g)}] \tag{5.39}$$

$$v = k_{\infty}[NO_{2(g)}][HO^{\bullet}{}_{(g)}] \tag{5.40}$$

Na qual a reação torna-se de segunda ordem e a constante de velocidade é representada por k_{∞}.

Isto pode ser verificado em experimentos laboratoriais, em que o terceiro corpo pode ser um gás inerte como o He, Ne, que pode ser adicionado no recipiente reator em concentrações controladas. Na atmosfera como tal, as concentrações dos constituintes principais podem ser consideradas constantes.

5.3 Estado de Equilíbrio de Reações Químicas na Fase Gasosa na Atmosfera

As reações químicas tendem a um **estado de equilíbrio**. Isto é, os reagentes colocados inicialmente reagem entre si com a velocidade v_1. Os produtos formados pela reação no *sentido 1* (caminho 1) da Reação (R-5.24) reagem entre si e tendem a reestruturar os reagentes em um *sentido 2* (caminho 2) da Reação (R-5.24), conforme o exemplo generalizado (R-5.24).

$$aA + bB + ... \underset{\text{caminho 2}}{\overset{\text{caminho 1}}{\rightleftarrows}} cC + dD + ... \tag{R-5.24}$$

Ou seja,

$$v_1 = k_1[A]^a[B]^b \cdots \tag{5.41}$$

e

$$v_2 = k_2[C]^c[D]^d \cdots \tag{5.42}$$

Quando ocorre o momento em que $v_1 = v_2$, foi alcançado o **estado de equilíbrio**. Porém, o **estado dinâmico de equilíbrio** é neste momento:

$$k_1[A]^a[B]^b \cdots = k_2[C]^c[D]^d \cdots \tag{5.43}$$

$$\frac{k_1}{k_2} = K_{equilíbrio} = \frac{[C]^c [D]^d}{[A]^a [B]^b} = \frac{Produtos}{Reagentes} \qquad (5.44)$$

Na atmosfera, em razão de os reagentes e os produtos serem gasosos, o contato físico, ou o "choque efetivo" dos produtos para reestruturarem os reagentes torna-se difícil, pois, como gases, pela própria difusão, correntes de ar, circulação do ar, entre outros fatores, dispersam-se na mistura gasosa do ar. Observa-se que na atmosfera o estado de equilíbrio não é fácil de ser alcançado.

5.4 Fatores que Influenciam a Velocidade da Reação

Concentração

Até o presente momento considerou-se a concentração dos reagentes [R] como a variável principal que causava variação na velocidade da reação. Foi também abordada a pressão parcial do "terceiro corpo" para o caso de reações de terceira ordem na fase gasosa, mas indiretamente a variação da pressão reflete uma variação direta na concentração do referido reagente.

Temperatura

Outro parâmetro que muda a velocidade da reação é a temperatura. Aliás, não só muda a velocidade como também muda o valor da constante do **estado de equilíbrio**, Ke.

A equação da velocidade da reação dada pela Equação [R-5.15] introduz a constante de velocidade, k, conforme visto [5.20].

$$1A \rightarrow Produtos \qquad \text{[R-5.15]}$$

$$v_i = k_1[A] \qquad \text{[5.20]}$$

A constante k envolve uma série de fatores (parâmetros) que na referida reação são mantidos constantes, entre eles a temperatura. Ou seja, pela equação de Arrhenius, cuja dedução e detalhamento não é assunto do presente trabalho, pode-se verificar a dependência de k com a temperatura.

$$k = Ae^{(-E/RT)} \qquad (5.45)$$

em que,

A = fator de frequência, ou fator pré-exponencial;

e = constante 2,7182818 (base logarítmica neperiana);

R = constante dos gases perfeitos;

T = temperatura absoluta;

E = energia da semirreação que envolve R (reagentes).

Mantendo todos os parâmetros constantes em (5.45) pode-se reescrever a mesma equação como função de T apenas, (5.46).

$$k = \frac{K}{e^{\frac{1}{T}}} \qquad (5.46)$$

Por esta equação verifica-se que um aumento de T diminui à razão 1/T, ou o expoente de e (base neperiana), e indiretamente diminui o denominador da Equação (5.46). Diminuindo o denominador aumenta o valor da razão que é igual à constante de velocidade. Ou seja, um aumento da temperatura provoca um aumento de k que é diretamente proporcional à velocidade da reação. Uma diminuição da temperatura provoca uma diminuição da velocidade da reação. Aliás, quando se quer conservar alimentos, frutas etc., são colocados na geladeira, ou no *freezer*, exatamente para diminuir a velocidade das reações de decomposição dos mesmos.

Conforme visto, um aumento na temperatura sobre um sistema em estado de equilíbrio altera o valor da constante Ke. Sabe-se que a temperatura varia ao longo das diversas camadas da atmosfera, logo, é necessário conhecer o novo valor da constante Ke para proceder aos cálculos de concentrações de espécies que se encontram no novo estado de equilíbrio.

130 Capítulo Cinco

Pela termodinâmica a variação da constante de equilíbrio devida à temperatura absoluta T e à pressão P é dada pela Equação (5.47).

$$d \ln k = \frac{\Delta H^0}{T^2} dT - \frac{\Delta V^0}{T} dP \qquad (5.47)$$

A dependência parcial de K em relação a T e em relação a P é dada por (5.48) e (5.49), respectivamente.

$$\frac{\partial \ln k}{\partial T^2} I_p = \frac{\Delta H^0}{RT^2} \qquad (5.48)$$

$$\frac{\partial \ln k}{\partial P} I_T = \frac{\Delta V^0}{RT} \qquad (5.49)$$

Em que ΔH^0 = variação da entalpia-padrão de formação ($H^0 f$) quando a atividade dos participantes (reagentes e produtos é igual a unidade, ou sistema ideal) e ΔV^0 é variação do volume correspondente. Ambos, nestas condições de idealidade, podem ser dados pelas Equações (5.50) e (5.51), respectivamente.

$$\Delta H^0 = \sum_{i=1}^{n} n_i H_{fi}^0 \quad {}_{Produtos} - \sum_{j=1}^{n} n_j H_{fj}^0 \quad {}_{Reagentes} \qquad (5.50)$$

$$\Delta V^0 = \sum_{i=1}^{n} n_i V_i^0 \quad {}_{Produtos} - \sum_{j=1}^{n} n_j V_j^0 \quad {}_{Reagentes} \qquad (5.51)$$

Para a pressão P constante, separando as variáveis da Equação [5.48] e integrando chega-se à Equação (5.52), que permite calcular a nova constante de equilíbrio na temperatura 2.

$$\ln \frac{K_{T_2}}{K_{T_1}} = -\frac{\Delta H^0}{R} \left(\frac{1}{T_2} - \frac{1}{T_1} \right) \qquad (5.52)$$

Procedendo da mesma forma com a temperatura constante e a pressão P variável da Equação [5.49], separando as variáveis e integrando tem-se a Equação (5.53).

$$\ln \frac{K_{P_2}}{K_{P_1}} = -\frac{\Delta V^0}{RT} \left(P_2 - P_1 \right) \qquad (5.53)$$

Os cálculos das novas constantes em função da variação da temperatura K_{T_2} e/ou da pressão K_{P_2} pressupõem intervalos lógicos na termodinâmica.

Outros fatores

Além da **concentração** e da **temperatura**, outros fatores podem influenciar a velocidade de uma reação química: a **natureza dos reagentes** (reações entre compostos iônicos são mais rápidas do que as de compostos covalentes), **luz** (a fotossíntese não ocorre na ausência de luz), **catalisadores** (muitas reações nos organismos humanos ocorrem na presença das enzimas, os catalisadores biológicos) e a **superfície de contato** (a ferrugem da palha de aço na cozinha é causa de irritação das donas de casa, bem como a da grade de ferro é a irritação dos pintores). Assim, a velocidade é determinada pelas características e concentração dos reagentes e pela temperatura. Pode ser alterada ainda pela presença de outras substâncias que não são reagentes e pela superfície de contato. Desses fatores será abordado rapidamente o catalisador com sua forma de agir.

Um catalisador é um agente químico (uma substância) que, mesmo em pequena quantidade, modifica a velocidade da reação e ao final permanece intacto, qualitativa e quantitativamente, como se não tivesse entrado no processo. A reação na qual toma parte um catalisador denomina-se **catálise**. A **catálise homogênea** é o sistema reacional em que reagentes e catalisador formam um sistema monofásico. A **catálise heterogênea** é o sistema reacional em que a fase dos reagentes é uma e a do catalisador é outra. Na química da atmosfera os dois sistemas são comuns.

O catalisador pode ter ação positiva ou negativa sobre a reação. A ação de um catalisador positivo consiste em diminuir a energia de **ativação da reação** (E'a) da reação. Entende-se por energia de ativação a energia necessária para ativar os reagentes e dar início à reação. A Figura 5.7 mostra um exemplo do sig-

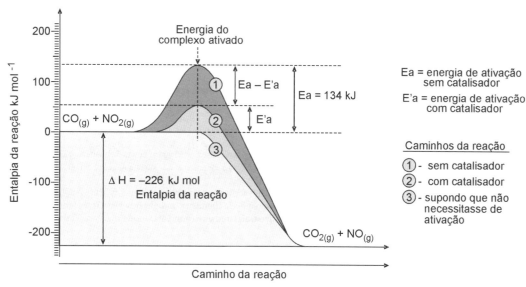

Figura 5.7 Caminhos de uma reação química com e sem catalisador. Fonte: Russel, 1994.

nificado de **energia de ativação** e da atuação do catalisador que baixa esta energia para E'a, ou seja, facilita a reação.

A Figura 5.7 apresenta a reação de oxidação do CO a CO_2 na atmosfera. O caminho 3 é o caminho da reação, caso ela se desse sem a necessidade de ativação da reação. No entanto, para ela se dar, caminho 1, precisa de uma energia de ativação de Ea = +134 kJ mol^{-1}, cujo valor é devolvido ao se iniciar a reação, isto é, tudo se passa como se a reação seguisse o caminho 3.

O caminho 2 mostra a energia de ativação necessária caso o catalisador esteja presente E'a. A diminuição da energia de ativação provocada pelo catalisador é dada pela diferença Ea - E'a.

$$CO_{(g)} + NO_{2(g)} \rightleftarrows CO_{2(g)} + NO_{(g)} \quad \Delta H = -226 \text{ kJ mol}^{-1} \quad \textbf{(R-5.25)}$$

A teoria das colisões explica como os fatores concentração e temperatura afetam a velocidade das reações químicas. Esta teoria pressupõe que as reações químicas dependem das colisões entre as partículas dos reagentes: maior concentração, maior número de partículas, maior número ou frequência das colisões, portanto maior velocidade da reação.

A frequência das colisões depende da temperatura. Um aumento na temperatura gera uma movimentação mais rápida das moléculas, e as colisões tornam-se mais frequentes. Há que se destacar também que para a ocorrência de uma reação química é necessário um mínimo de energia. No início, a combustão da vela necessita da energia da queima do fósforo e depois a reação continua se processando, pois a combustão da vela gera a energia necessária para o prosseguimento da reação. Essa energia mínima é a **Energia de Ativação** da reação, Figura 5.7. Reações que possuem alta energia de ativação tendem a ocorrer mais lentamente do que as reações que possuem baixa energia de ativação.

5.5 Referências Bibliográficas e Sugestões para Leitura

AVERY, H. E. **Cinética química básica y mecanismos de reacción.** Barcelona: Reverté, 1977. p. 1-28.

BARKER, J. R. (Editor) **Progress and problems in atmospheric chemistry.** London: WS-World Scientific, 1995. 940 p.

BARROW, G. M. **Química física.** 2. ed. Versión española de Salvador Sarnent. Buenos Aires: Reverté, 1968. v. 2, cap. 15, p. 475-548.

BENN, F. R.; McLIFFE, C. A. **Química e poluição.** São Paulo: Editora da Universidade de São Paulo, 1974. Cap. 4, p. 67-88.

BRASSEUR, G. P.; ORLANDO, J. J.; TYNDALL, G. S. **Atmospheric chemistry and global change.** Oxford (England): Oxford University Press, 1999. 654 p.

BRIMBLECOMBE, P. **Air composition & chemistry.** 2. ed. Cambridge (UK): Cambridge University Press, 1996. 253 p.

COTTON, F. A.; WILKINSON, G.; MURILLO, C. A.; BOCHMANN, M. **Advanced inorganic chemistry.** 6. ed. New York: John Wiley, 1999. 1355 p.

DURRANT, P. J.; DURRANT B. **Introduction to advanced inorganic chemistry.** 2. ed. London: Longman, 1970. 1250 p.

FINLAYSON-PITTS, B. J.; PITTS Jr., J. N. **Chemistry of the upper and lower atmosphere – Theory, experiments, and applications.** London: Academic Press, 2000. 969 p.

HOUGHTON, J. F.; MEIRA FILHO, L. G.; CALLANDER, B. A. et al. (Editors) **Climate change 1995.** Cambridge: Cambridge University Press, 1998. 572 p.

132 Capítulo Cinco

KOTZ, J. C.; TREICHEL, P. M. **Chemistry & chemical reactivity**. 3. ed. New York: Saunders College Publishing, 1996.

LATHAN, J. L. **Cinética elementar de reação**. Tradução de Mário T. Cataldi. São Paulo: Edgard Blücher, Universidade de São Paulo, 1974. 112 p.

MANAHAN, S. E. **Environmental Chemistry**. 6. ed. Boca Raton (USA): Lewis Publishers, 1994. 811 p.

MASTERTORN, W. L.; SOLWINSKI, E. J.; STANITSKI, C. L. **Princípios de química**. 6. ed. Tradução de Jossyl de Souza Peixoto. Rio de Janeiro: Editora Guanabara Koogan S.A., 1990. cap. 16, p. 342-366.

McMURRY, J.; FAY, R. C. **Chemistry**. 2. ed. New York: Prentice-Hall, 1998. p. 462-500.

MOLINA, M. J.; MOLINA, L. T.; GOLDEN, D. M. Environmental Chemistry (Gas and Gas-Solid Interactions): The role of physical chemistry. **J. Phys. Chem**,.v. 100, 1996, p. 12888-12896.

O'CONNOR, R. **Introdução à química**. Tradução de Elia Tfouni. São Paulo: HARBRA – Editora Harper & Row do Brasil, 1977. p. 270-287.

PANKOW, J. F. **Aquatic chemistry concepts**. Chelsea, Michigan: Lewis Publishers, 673 p.

RUSSEL, J. B. **Química geral**. 2. ed. Versão Brasileira de Márcia Guekezian et al. Rio de Janeiro: MAKRON Books do Brasil, 1994. v. 2, cap. 13, p. 623-680.

SCHWARTZ, S. E.; WARNECK, P. Units for use in atmospheric chemistry. **Pure Appl. Chem.**, 67, n. 8/9, 1995, p. 1377-1406.

SEINFELD, J. H.; PANDIS, S. N. **Atmospheric chemistry and physics**. New York: John Wiley, 1998. 1326 p.

TRAPP, S.; MATHIES, M. **Chemodynamics and environmental modeling**. New York: Springer, 1998. 284p.

PARTE II
REAÇÕES QUÍMICAS E FOTOQUÍMICAS DA ATMOSFERA

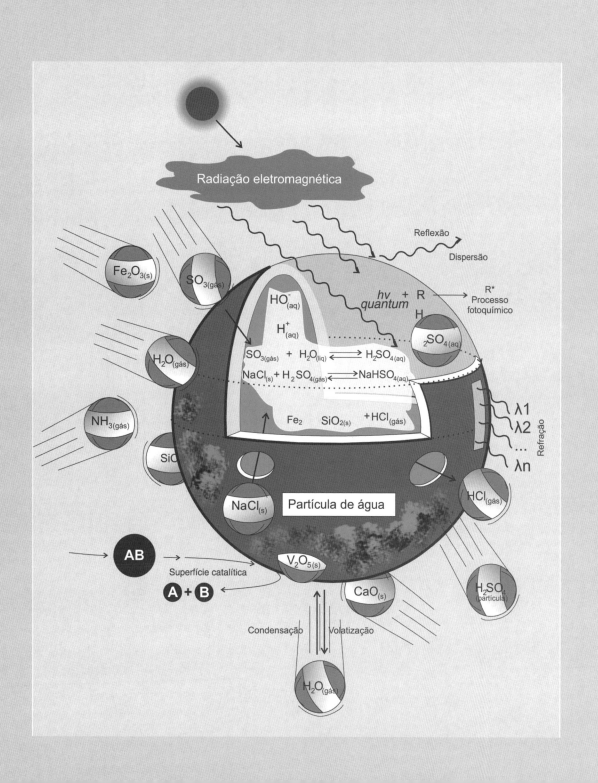

CAPÍTULO

6

Particulados da Atmosfera

6.1 Aspectos Gerais

Os "particulados da atmosfera" são partículas (corpúsculos) que se apresentam dispersas na atmosfera com dimensões que, conforme alguns autores, variam de 100 μm a 0,002 μm. Outros autores ampliam a faixa; de 500 μm (0,5 mm) a dimensões moleculares (0,0001 a 0,001 μm). Como na maioria das vezes apresentam tamanhos que se encontram abaixo do limite de visibilidade do olho humano (±90 μm), são considerados esféricos, e, por isto, a dimensão destas partículas refere-se ao diâmetro das mesmas (representado por ϕ). Entre estes particulados encontram-se corpos abióticos e corpos bióticos. A Figura 6.1 apresenta alguns exemplos de particulados atmosféricos com a respectiva faixa de dimensão.

A dispersão de particulados na atmosfera é uma "mistura" em que o particulado é o disperso (ou o soluto) e a fase gasosa, o ar (mistura gasosa de oxigênio e nitrogênio), é a fase dispersante (ou o solvente). Dependendo da dimensão do soluto, esta mistura pode ser uma "solução verdadeira", ou uma "dispersão coloidal" e/ou uma "dispersão grosseira". A Tabela 6.1 mostra as características de cada uma destas dispersões.

Conforme se observa pela Tabela 6.1 e Figura 6.1, muitas dispersões de particulados na atmosfera enquadram-se na situação de dispersões ou soluções coloidais, que, no caso de a fase dispersante ser uma fase gasosa, levam o nome de **aerossóis**.

Em geral, enquadram-se como aerossóis, dispersões de particulados sólidos (**aerossóis sólidos**) e de particulados líquidos (**aerossóis líquidos**) cujo diâmetro seja menor que 100 μm (ou 0,1 mm). Segundo alguns autores, existem três grupos distintos de particulados contribuindo nos aerossóis atmosféricos: 1º – particulados com diâmetro maior que 2,5 μm, denominados *particulados grosseiros*, e aqueles com diâmetros menores que 2,5 μm, chamados de *particulados finos*. Os particulados finos podem ser divididos em particulados com diâmetro variando de ~0,08 a 1-2 μm, conhecidos como *faixa de acumulação*, e aqueles com diâmetro entre 0,01 e 0,08 μm, conhecidos como faixa de *núcleos de Aitken*.

A verdade é que todo observador que olha para o céu (espaço) já teve oportunidade de ver um *céu azul* (atmosfera "limpa"), um *céu nublado* (atmosfera com particulados líquidos) e/ou um *céu enfumaçado* (atmosfera com particulados sólidos).

6.2 Fonte dos Particulados da Atmosfera

Os particulados da atmosfera originam-se de processos naturais e ou antrópicos, como atividades industriais, motores de carros, trabalho com o solo ou rochas (pedreiras), queimadas de canaviais, erupções de vulcões, grãos de pólen, bactérias e poeiras. Tanto nos processos naturais quanto nos antrópicos os particulados podem resultar de fenômenos físicos e/ou de reações químicas.

6.1 Aspectos Gerais

6.2 Fonte dos Particulados da Atmosfera
- 6.2.1 Processos físicos naturais de formação de particulados
- 6.2.2 Processos físicos antrópicos de formação de particulados
- 6.2.3 Processos químicos de formação de particulados

6.3 Comportamentos e Propriedades dos Particulados na Atmosfera

6.4 Efeitos dos Particulados da Atmosfera sobre o Meio Ambiente
- 6.4.1 Efeitos físicos
- 6.4.2 Efeitos químicos
- 6.4.3 Efeitos sobre a biota
- 6.4.4 Efeito global – "inverno nuclear"

6.5 Controle da Emissão de Particulados
- 6.5.1 Processos de remoção de particulados baseados na ação da gravidade
- 6.5.2 Processos de remoção de particulados baseados no princípio da inércia
- 6.5.3 Processos de remoção de particulados baseados no princípio da filtração
- 6.5.4 Remoção de particulados pelo processo de "lavagem" do fluxo de gases
- 6.5.5 Remoção de particulados baseada no processo de "lavagem com esfregação" (*scrubber system*)
- 6.5.6 Remoção de particulados baseada no processo do precipitador eletrostático
- 6.5.7 Processos de remoção de particulados baseados no princípio da adsorção de superfícies ativadas

6.6 Referências Bibliográficas e Sugestões para Leitura

Tabela 6.1 Tipos de Dispersões e Características das Partículas Dispersas

Propriedade observada	Tipo de dispersão		
	Solução verdadeira	Dispersão coloidal	Dispersão grosseira
Dimensão (ϕ = diâmetro)	$\phi \leq 10$ Å $\phi \leq 10^{-3}$ μm	$10 < \phi \leq 1.000$ Å $10^{-3} < \phi \leq 10^{-1}$ μm	$\phi > 1.000$ Å $\phi > 10^{-1}$ μm
Ação da gravidade	Não há sedimentação	Não há sedimentação	Há sedimentação
Ação de centrífugas comuns	Não há sedimentação	Não há sedimentação	Há sedimentação
Ação de ultracentrífugas	Não há sedimentação	Há sedimentação	Há sedimentação
Ação do filtro comum	Partículas não retidas	Partículas não retidas	Partículas retidas
Ação do ultrafiltro	Partículas não retidas	Partículas retidas	Partículas retidas
Visibilidade ao microscópio comum	Partículas invisíveis	Partículas invisíveis	Partículas visíveis
Visibilidade ao ultramicroscópio	Partículas invisíveis	Partículas visíveis	Partículas visíveis
Natureza das partículas dispersas (soluto)	Moléculas ou íons comuns	Agregados de moléculas ou de íons, macromoléculas	Agregados de moléculas ou de íons

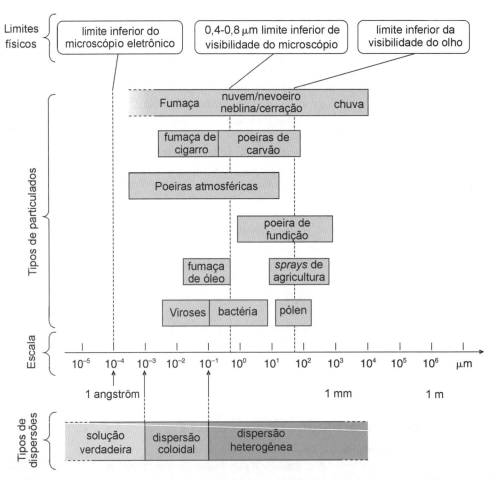

Figura 6.1 Visualização dos principais tipos de particulados atmosféricos com suas dimensões (ϕ) aproximadas comparadas em uma escala dada em micrômetros (μm). Fonte: Baird, 1998; Brimblecombe, 1996; Brasseur *et al.*, 1999; Radojevic & Bashkin, 1999; vanLoon & Duffy, 2001; Rocha *et al.*, 2004; Kemp, 1998.

6.2.1 Processos físicos naturais de formação de particulados

A principal fonte de formação dos particulados líquidos da atmosfera, mediante fenômenos físicos naturais, é a energia solar, que evapora a água, e esta, levada pelo ar quente, sobe com as correntes de ar, que, encontrando uma frente fria, começa a se condensar originando nevoeiros, neblinas, cerrações, nuvens etc., constituindo uma das etapas do **ciclo hidrológico**. A Figura 6.2 mostra esta etapa do ciclo.

A rebentação das ondas do mar, seja entre si ou nas praias e rochedos, principalmente em dias ventosos, leva à atmosfera partículas de água líquida que contêm sais dissolvidos, dentre os quais muitos assim permanecem, e outros, com a evaporação da fase líquida, podem converter-se em particulado sólido, formados pelo $NaCl_{(s)}$ ou outros sais.

A ação vulcânica, além do vapor de água, fumaças etc., leva para a atmosfera poeiras vulcânicas que ao se depositarem tomam o aspecto de cinzas.

Em lugares desérticos e superfícies desprotegidas da terra a ação eólica leva à atmosfera particulados arenosos e argilosos, respectivamente.

Os pólens das flores das plantas, esporos de fungos e bactérias, vírus etc. são dispersos na natureza pela ação do vento e pela ação de insetos e animais diversos. Algumas sementes apresentam um sistema natural, em que são levadas para a atmosfera nas correntes de ar, depositando-se a grandes distâncias da fonte.

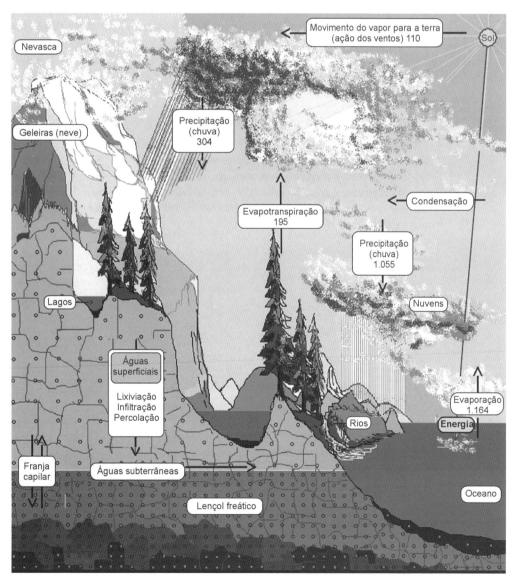

Figura 6.2 Ciclo hidrológico (os valores da figura correspondem a trilhões de litros por dia).

6.2.2 Processos físicos antrópicos de formação de particulados

A formação de particulados sólidos está associada a processos extrativos de materiais (rochas, minerais etc.), seu preparo e posterior utilização. Por exemplo, a extração de rocha, sua redução à brita (pedreiras) e sua utilização na construção civil, ou moagem e sua utilização na fabricação de cimento. Na aração e gradação da terra grandes quantidades de poeiras são levadas para a atmosfera.

A formação de particulados líquidos está restrita a formação de *sprays* em torres de refrigeração.

6.2.3 Processos químicos de formação de particulados

Todo processo de combustão gera: fumaças, fuligens, cinzas voláteis etc. particulados. Neste processo podem-se enquadrar: termoelétricas, incineradores, fornos, fogões caseiros, todo e qualquer engenho de combustão (entre eles os motores a explosão), incêndios, queimadas. No processo de combustão os particulados gerados apresentam natureza inorgânica e/ou orgânica.

Considere-se a combustão do carvão mineral na produção de energia térmica. Sabe-se que o carvão mineral apresenta impurezas e entre elas a pirita FeS_2. Assim, na combustão do carvão mineral, Figura 6.3A, as impurezas, Figura 6.3B, também são "queimadas", conforme Figura 6.3C.

Observa-se que da queima de combustíveis tradicionais (carvão, madeira etc.) em fornos, fornalhas, fogões, fogueiras, incêndios etc. formam-se compostos inorgânicos e orgânicos gasosos e compostos particulados, as *cinzas voláteis*, que são descartadas na atmosfera. Contudo, os compostos gasosos descartados na atmosfera sofrem transformações químicas, conduzindo à formação de particulados.

A combustão em motores a explosão, em que o combustível, gasolina, óleo diesel, álcool, já é mais puro e desde que o motor esteja regulado no ponto estequiométrico da relação combustível/comburente, o teor de cinzas voláteis diminui. Nos gases expelidos encontram-se: CO_2, H_2O, hidrocarbonetos, compostos orgânicos voláteis, particulados orgânicos e fuligem. A partir deste momento, o estudo será dividido na análise dos compostos particulados inorgânicos e particulados orgânicos.

Compostos particulados inorgânicos

A maioria dos combustíveis fósseis e não fósseis apresenta "impurezas", na ordem de traços ou não, de metais que correspondem aos macronutrientes (K, Ca, Mg, S etc.) e micronutrientes (Zn, Cu, Mo, Fe, Mn etc.), ou a poluentes propriamente ditos (Hg, Pb, Cr, Ni etc.). Estes metais, após a combustão, sobram como cinzas, isto é, óxidos dos respectivos metais. No caso de serem levados para a atmosfera, constituem as cinzas voláteis. A Tabela 6.2 apresenta a composição média de cinzas de quatro diferentes amostras.

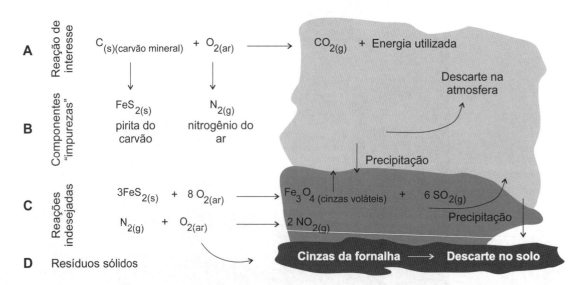

Figura 6.3 Combustão do carvão mineral (A) mostrando as impurezas: a pirita e o componente nitrogênio do ar (B) que se queimam juntamente com o carvão formando compostos indesejáveis que vão para a atmosfera (C). Formação de resíduos sólidos descartados no solo (D).

Tabela 6.2	Composição das Cinzas Voláteis de Quatro Diferentes Pesquisas				
Componente	Expressado como	Intervalo de porcentagens	Componente	Expressado como	Intervalo de porcentagens
Ca	CaO	0,12-14,3	Si	SiO_2	17,3-63,6
Mg	MgO	0,06-4,77	P	P	0,03-20,6
Fe	Fe_2O_3 e Fe_3O_4	2,0-26,8	K	K_2O	2,8-3,0
Al	Al_2O_3	9,8-58,4	Na	Na_2O	0,2-0,9
S	SO_3	0,12-24,3	C	C	0,37-36,2
Ti	TiO_2	0,0-2,8	indeterminados		0,08-18,9
Carbonato	CO_3^{2-}	0,0-2,6			

Fonte: Smith & Gruber, 1966.

Alguns gases são liberados na atmosfera durante a combustão ou via descargas industriais; nesta, sofrem reações químicas e formam também particulados. A título de exemplo serão analisados os óxidos de enxofre e nitrogênio. O gás SO_2, na atmosfera, pode seguir dois caminhos. O primeiro, mais simples, adsorve a umidade do ambiente e reage formando o ácido sulfuroso, o qual absorve mais água formando fumaças esbranquiçadas visíveis, conforme Reação (R-6.1).

$$SO_{2(g)} + H_2O_{(vapor\ ou\ líquida)} \rightleftarrows H_2SO_{3(aquoso\ ou\ particulado)} \quad \text{(R-6.1)}$$
$$\text{invisível} \qquad \text{invisível} \qquad\qquad \text{fumaças esbranquiçadas}$$

No segundo caminho, já em condições apropriadas, como será mostrado no *Capítulo 7 – Compostos Inorgânicos Gasosos da Atmosfera*, o $SO_{2(g)}$ com o S no estado de oxidação IV é oxidado a $SO_{3(g)}$ com o S no estado de oxidação VI, Reações (R-6.2) a (R-6.4), o qual reage com a água formando o ácido sulfúrico H_2SO_4, conforme Reação (R-6.5).

$$SO_{2(g)} + HO^{\bullet} \rightleftarrows HSO_3^{\bullet} \quad \text{(R-6.2)}$$
$$\text{radical hidroxilo}$$

$$HSO_3^{\bullet} + O_2 \rightleftarrows HOO^{\bullet} + SO_{3(g)} \quad \text{(R-6.3)}$$
$$\text{radical hidroperoxilo}$$

e

$$SO_{2(g)} + HOO^{\bullet} \rightleftarrows HO^{\bullet} + SO_{3(g)} \quad \text{(R-6.4)}$$
$$\text{radical hidroperoxilo}$$

O radical hidroxilo, $HO^{\bullet}$, formado na Reação (R-6.4), recomeça o processo conforme a Reação (R-6.2). O SO_3 formado reage com a água, Reação (R-6.5), formando o ácido sulfúrico, H_2SO_4, aquoso ou particulado.

$$SO_{3(g)} + H_2O_{(vapor\ ou\ particulado)} \rightleftarrows H_2SO_{4(aquoso\ ou\ particulado)} \quad \text{(R-6.5)}$$

O óxido de nitrogênio (II), $NO_{(g)}$, também em condições apropriadas, é oxidado a óxido de nitrogênio (IV), $NO_{2(g)}$, conforme Reação (R-6.6). Na presença do radical $HO^{\bullet}$ forma o ácido nítrico, HNO_3, Reação (R-6.7), este reage com água formando o particulado, conforme Reação (R-6.8).

$$NO_{(g)} + O_{3(gás\ ozônio)} \rightleftarrows NO_{2(g)} + O_{2(g)} \quad \text{(R-6.6)}$$

$$NO_{2(g)} + HO^{\bullet} \rightleftarrows HNO_{3(g)} \quad \text{(R-6.7)}$$
$$\text{radical hidroxilo} \qquad \text{ácido nítrico}$$

$$HNO_{3(g)} + H_2O_{(vapor\ ou\ particuladdo)} \rightleftarrows HNO_{3(aq)} \quad \text{(R-6.8)}$$
$$\text{ácido nítrico} \qquad\qquad\qquad \text{particulado}$$

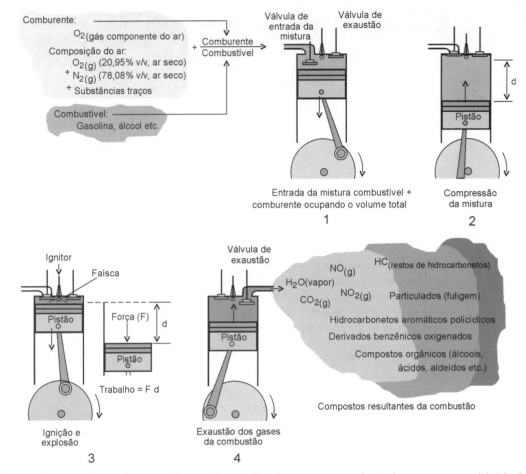

Figura 6.4 Visualização das etapas de um ciclo completo de um motor a explosão de quatro tempos: (**1**) Cilindro (vaso de reação) recebendo a mistura explosiva; (**2**) Pistão comprimindo a mistura até o limite máximo; (**3**) Faísca elétrica dando a ignição da mistura (reação em forma de explosão); (**4**) Evacuação dos gases resultantes da reação. Fonte: vanLoon & Duffy, 2001; Manahan, 1994.

Tanto o ácido sulfúrico formado em (R-6.5) quanto o ácido nítrico formado na Reação (R-6.8) podem reagir com outros particulados ou mesmo gases formando partículas diferentes que permanecem na atmosfera, conforme Reações (R-6.9) e (R-6.10).

$$H_2SO_{4(aquoso\ ou\ particulado)} + 2NH_{3(g)} \rightleftarrows (NH_4)_2SO_{4(aquoso\ ou\ particulado)} \quad \text{(R-6.9)}$$

$$2HNO_{3(aq)} + MgO_{(cinza\ volátil)} \rightleftarrows Mg(NO_3)_{2(particulado)} + H_2O \quad \text{(R-6.10)}$$
$$\text{particulado}$$

Próximo ao nível do mar, onde são encontrados os particulados $NaCl_{(aq)}$, com o ácido sulfúrico forma-se o $HCl_{(g)}$, Reação (R-6.11).

$$H_2SO_{4(aquoso\ ou\ particulado)} + NaCl_{(aq)} \rightleftarrows NaHSO_{4(aquoso\ ou\ particulado)} + HCl_{(g)} \quad \text{(R-6.11)}$$

Além destes particulados, uma infinidade de outros podem ser relacionados em forma de reações químicas, contudo não é o objetivo desta unidade.

Compostos particulados orgânicos

A produção de energia de uma combustão convertida em trabalho pode ser feita mediante a combustão em máquinas a explosão, conforme Figura 6.4, isto é, motores em que a energia de propulsão é gerada por meio de uma reação química (combustível + comburente), mediante a ignição ou autoignição da sua mistura, com o combustível (álcool, gasolina, óleo diesel, biodiesel etc.) e o comburente (oxigênio do ar), em proporções estequiométricas ou quase estequiométricas, em um ambiente fechado (cilindro) com possibilidade de expansão da mistura resultante (êmbolo) a certa temperatura e pressão.

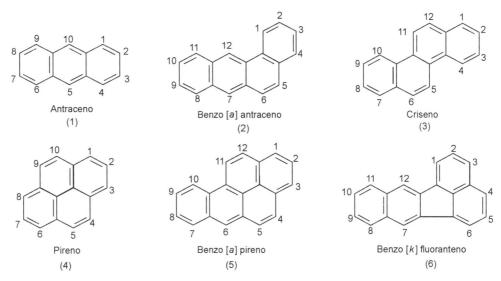

Figura 6.5 Exemplos de hidrocarbonetos aromáticos policíclicos (PAH).

Pela Figura 6.4 observa-se que o processo se desenvolve em quatro etapas:

1. Recebimento (entrada) da mistura reacional explosiva no vaso de reação (cilindro metálico com um pistão móvel);
2. Compressão da mistura explosiva ao máximo, que corresponderia, no caso da gasolina, ao combustível octano puro – daí o termo "índice de octanagem";
3. Ignição da mistura, explosão da mistura criando uma força (F) que empurra o pistão à posição de expansão máxima (distância d), onde, de forma simplista, produz-se o trabalho, T = F d;
4. Evacuação dos gases. Estes gases são objeto da presente análise.

Teoricamente esta reação de combustão deveria produzir apenas CO_2, H_2O e energia, se os reagentes fossem puros e nas condições estequiométricas, conforme Reação (R-6.12).

$$2C_8H_{18(vapor)} + 25O_{2(ar)} \rightleftarrows 16CO_{2(g)} + 18H_2O_{(vapor)} + \text{Energia} \quad \text{(R-6.12)}$$
(octano ou gasolina)

No entanto, o ar é uma mistura gasosa que, sem umidade (seca), em volume, contém oxigênio (21%) e nitrogênio (79%). É claro que na temperatura de reação e paredes do vaso de reação (cilindro + pistão), Figura 6.4, que funciona como catalisador forma-se o $NO_{(g)}$ que é expelido como um dos gases de exaustão do motor. As condições da reação são propícias à formação de muitos outros compostos orgânicos gasosos (hidrocarbonetos e derivados); além destes, particulados que são expelidos junto com os gases de exaustão do motor, cujo destino final é a atmosfera.

Entre os particulados policíclicos orgânicos formados, deve-se distinguir:

- PAHs (abreviação do termo em inglês) – Hidrocarbonetos Aromáticos Policíclicos. A Figura 6.5 apresenta alguns exemplos.
- PACs (abreviação do termo em inglês) – Compostos Policíclicos Aromáticos.
- POMs (abreviação do termo em inglês) – Materiais Policíclicos Orgânicos, que incluem compostos orgânicos com mais de um anel benzênico e que possuem um ponto de ebulição acima de 100 °C.

Todos são compostos formados na combustão incompleta ou pirólise da matéria orgânica e são lançados na atmosfera ou meio ambiente como constituintes da mistura complexa de Materiais Policíclicos Orgânicos (POMs). Todos são cancerígenos e muitos são mutagênicos.

Em análise realizada nos particulados coletados em filtros, com posterior extração com solventes orgânicos, fracionados em grupos de compostos orgânicos, neutros, ácidos e básicos, submetidos aos diversos métodos analíticos cromatográficos e de espectrometria de massa, foram encontrados os seguintes compostos:

a. na fração dos compostos neutros dos particulados:

- Compostos não oxigenados constituintes dos particulados:

Hidrocarbonetos alifáticos (n-alcanos) de cadeia carbônica com C_{16} a C_{28}.

Hidrocarbonetos Aromáticos Policíclicos (PAH, termo em inglês), conforme visto na Figura 6.5; todos eles de caráter cancerígeno.

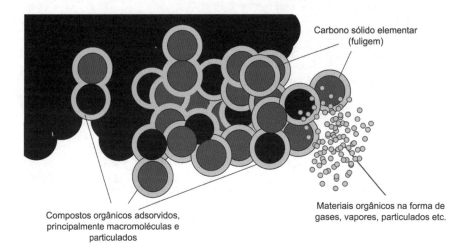

Figura 6.6 Visualização dos compostos orgânicos adsorvidos na fuligem. Fonte: Finlayson-Pitts & Pitts, 2000.

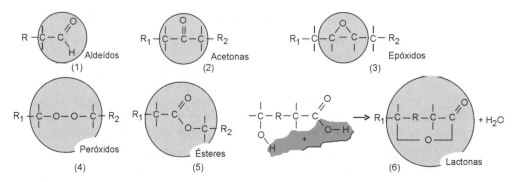

Figura 6.7 Grupos funcionais de compostos oxigenados constituintes dos particulados.

Encontram-se associados principalmente na fuligem, conforme Figura 6.6. Em centros urbanos e áreas de incêndios encontram-se em níveis de 20 μg m^{-3}. Fumaças de chaminés, até 1.000 μg m^{-3}. Fumaças de cigarros, até 100 μg m^{-3}. A vantagem é que na presença de oxigênio do ar oxidam-se rapidamente.

- Compostos oxigenados constituintes dos particulados:

A Figura 6.7 apresenta alguns exemplares de compostos, entre eles aldeídos, cetonas, ésteres etc.

b. na fração dos compostos ácidos dos particulados:

- **Ácidos graxos**

Nesta fração foram encontrados os ácidos graxos saturados: esteárico ($C_{17}H_{35}$-COOH); palmítico ($C_{15}H_{31}$-COOH); mirístico ($C_{13}H_{27}$-COOH); láurico ($C_{11}H_{23}$-COOH); oleico ($C_{17}H_{33}$-COOH); ácidos graxos insaturados: linoleico ($C_{18}H_{32}$-COOH); linolênico ($C_{18}H_{30}$-COOH); behênico ($C_{21}H_{41}$-COOH).

- **Fenóis**

c. na fração dos compostos básicos dos particulados:

Nesta fração encontram-se os compostos de hidrocarbonetos heterocíclicos nitrogenados. Exemplos: acridina, compostos azobenzenos, conforme Figura 6.8.

6.3 Comportamentos e Propriedades dos Particulados na Atmosfera

Os particulados na atmosfera apresentam uma série de comportamentos, alguns de natureza meramente física e outros de natureza química. Entre eles têm-se:

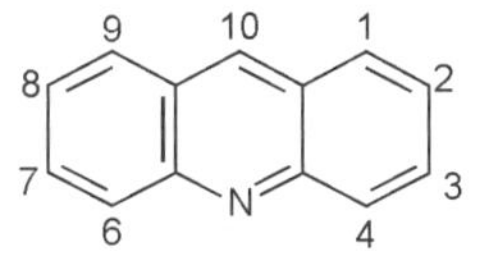

Acridina

(1)

3-nitro-6-azobenzo[*a*]pireno

(2)

3-nitro-7H-benz[*de*]antraceno-7-ona

(3)

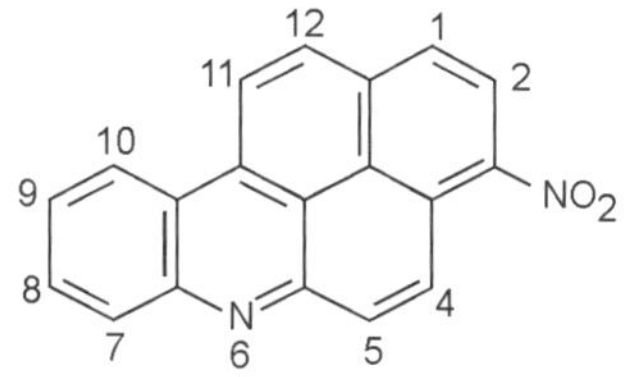

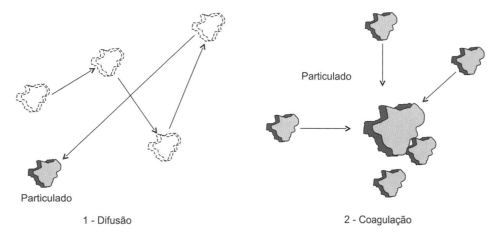

Figura 6.8 Compostos Aromáticos Policíclicos (PAC).

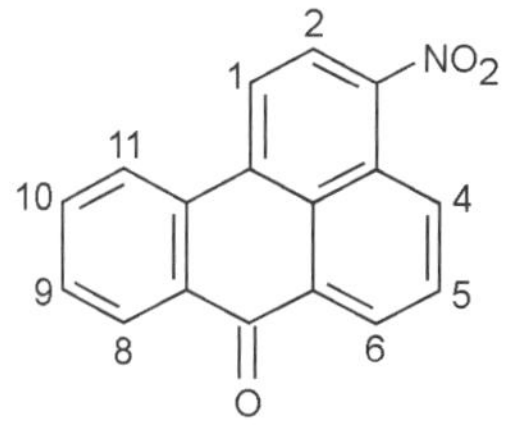

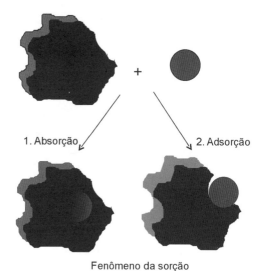

Figura 6.9 Comportamentos dos particulados da atmosfera: (1) Difusão; (2) Coagulação.

Figura 6.10 Comportamento da sorção: (1) Absorção; (2) Adsorção.

Difusão

O deslocamento dos particulados na atmosfera pode-se dar pela **difusão**, Figura 6.9(1). Difusão é a tendência que as partículas têm de se espalhar tomando todo o volume do recipiente. Este deslocamento espontâneo das partículas é atribuído a diversos fatores, como por exemplo à diferença de energia livre (ΔG) provocada pela diferença de concentração, estado cinético próprio do sistema, temperatura, pressão. A temperatura e pressão ambientes podem gerar correntes de ar e ventos que conduzem ao deslocamento dos particulados.

Coagulação

A coagulação dos particulados, Figura 6.9(2), é a agregação dos mesmos (de mesma natureza ou não) em um ponto comum, resultando em um "corpo sólido" com volume e massa maiores. O fenômeno é provocado por um "gérmen" aglutinador que apresenta propriedades próprias, tais como cargas elétricas, momento dipolar, alta polarizabilidade, superfície ativada etc.

Sorção

O fenômeno da sorção refere-se à interação entre duas espécies A e B. É denominada **adsorção** quando a interação é superficial e **absorção** quando um entra no outro, Figura 6.10.

Varredura (varrição)

Comportamento de "varrer", "rastelar" alguma coisa. É o fenômeno que acontece com chuva. As gotas de água ao se precipitarem, "dissolvem" e "arrastam" consigo para o chão os demais particulados que encontram na sua queda, conforme Figura 6.11. Com isso, promovem uma "limpeza" da atmosfera retirando substâncias tóxicas, contaminantes ou particulados do ar.

Condensação

É o comportamento semelhante ao da coagulação, que conduz à formação de um particulado líquido. A origem sempre é um "gérmen", que pode ser um particulado sólido, conforme Figura 6.12. Como exemplo de condensação temos a formação da chuva. A água se condensa na superfície de particulados sólidos que estão dispersos na atmosfera e funcionam como germes de condensação, Figura 6.12.

Precipitação

Os fenômenos da coagulação e da condensação podem formar particulados cuja massa conduza a um peso que, pela ação da gravidade, se precipite. Se forem particulados sólidos tem-se a *precipitação seca* (poeira), e se forem líquidos, a *precipitação úmida* (chuva), conforme Figura 6.13.

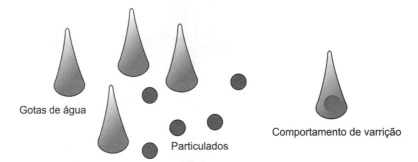

Figura 6.11 Comportamento de "varrição", "limpeza" da atmosfera pela gota de água (particulado líquido).

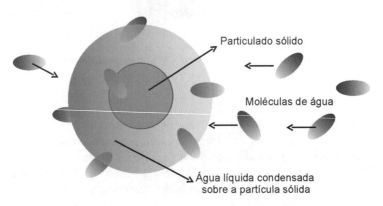

Figura 6.12 Fenômeno da condensação.

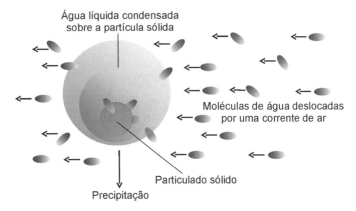

Figura 6.13 Comportamento da precipitação.

Vaso de reações químicas e fenômenos físicos

O particulado é um local próprio (tubo, vaso) para provocar reações químicas e fenômenos físicos na atmosfera, conforme Figura 6.14, o que será visto a seguir.

No caso específico de o particulado ser água, apresenta as propriedades de *solvente universal*, possibilitando a aproximação das espécies químicas e, dependendo da afinidade, ocasionando a reação química, conforme mostra a Figura 6.14.

Os fenômenos físicos mais comuns estão relacionados com radiação solar, e pode-se citar a refração, reflexão, reemissão e dispersão da radiação.

A radiação solar, ao incidir no particulado, principalmente se for uma "gota d'água", pode sofrer uma refração podendo causar o fenômeno do **arco-íris**, como também refletir e dispersar a radiação originando o espalhamento da luz, a **luz difusa**; todos são fenômenos meramente físicos, Figura 6.14.

6.4 Efeitos dos Particulados da Atmosfera sobre o Meio Ambiente

A presença dos particulados da atmosfera no meio ambiente ocasiona diferentes consequências, que podem refletir-se em efeitos físicos, químicos e biológicos.

6.4.1 Efeitos físicos

Os particulados da atmosfera reduzem e distorcem a visibilidade do observador, fato que prejudica a atividade em termos de viação aérea, bem como o movimento rodoviário. É o caso da neblina (ou cerração), que provoca muitos acidentes nas estradas se o motorista não tomar os devidos cuidados.

Conforme visto, os particulados criam superfícies ativadas e dão início ao processo de nucleação, podendo influenciar no tempo.

A luz sofre o fenômeno do espalhamento (*scattering*) e/ou a reflexão ao incidir em um particulado.

Em função da sua precipitação, em geral "via seca", são um incômodo na manutenção de ambientes limpos, principalmente em locais vizinhos a rodovias movimentadas e/ou não pavimentadas. É a tal da "poeira" detestada pelas donas de casa que não conseguem manter o ambiente limpo. Isto se verifica muito, também, em regiões canavieiras onde o corte da cana é feito após a queima das folhas e pendões da mesma. O ar quente das chamas forma correntes de ar que levam cinzas, fuligens, fumaças etc. a quilômetros de distância e finalmente podem se precipitar em ambientes onde não são desejados.

6.4.2 Efeitos químicos

Os efeitos químicos dependem principalmente da natureza dos particulados, os quais podem ter propriedades ácido-básicas, oxidorredutoras, entre outras, que apresentam interesse para o meio ambiente.

Reações ácido-base e dupla troca

Entre os particulados com propriedades ácidas, conforme visto anteriormente, encontram-se o ácido sulfúrico e o ácido nítrico, que ao se precipitarem com a chuva provocam a formação da *chuva ácida*, ou se se precipitarem como particulados provocam reações químicas localizadas "pontuais" de decomposição de materiais, via reações químicas de deslocamento ou de oxidorredução. Uma *chuva ácida* é caracterizada

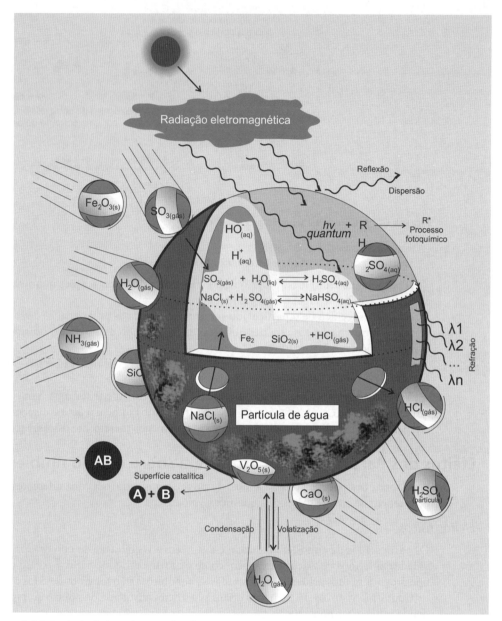

Figura 6.14 Partícula de água da atmosfera funcionando como "local catalisador" de reações químicas.

pela presença de ácidos fortes ($HNO_{3(aq)}$, $H_2SO_{4(aq)}$) dissolvidos. Contudo, o particulado ao cair dissolve e arrasta consigo parte do $CO_{2(g)}$, assim, esta "água" resultante ou solução terá presentes os equilíbrios, Reações (R-6.13) a (R-6.18).

$$HNO_{3(part)} + H_2O_{(part)} \rightleftarrows H^+_{(aq)} + NO_3^-_{(aq)} \tag{R-6.13}$$

$$H_2SO_{4(part)} + H_2O_{(part)} \rightleftarrows H^+_{(aq)} + HSO_4^-_{(aq)} \tag{R-6.14}$$

$$HSO_4^-_{(aq)} + H_2O_{(part)} \rightleftarrows H^+_{(aq)} + SO_4^{2-}_{(aq)} \tag{R-6.15}$$

$$CO_{2(gás)} + H_2O_{(part)} \rightleftarrows CO_{2(aq)} \tag{R-6.16}$$

$$CO_{2(aq)} + H_2O_{(part)} \rightleftarrows H^+_{(aq)} + HCO_3^-_{(aq)} \tag{R-6.17}$$

$$HCO_3^-_{(aq)} + H_2O_{(part)} \rightleftarrows H^+_{(aq)} + CO_3^{2-}_{(aq)} \tag{R-6.18}$$

Esta solução, dependendo da sua diluição, é fortemente ácida; ao cair em uma região formada por rochas calcárias, cuja composição básica é o carbonato de cálcio, tem-se uma reação química de deslocamento, conforme Reação (R-6.19).

$$CaCO_{3(s)} + 2\,H^+_{(aq)} \quad \rightleftarrows \quad Ca^{2+}_{(aq)} + H_2CO_3\,(H_2O_{(aq)} + CO_{2(g)}) \qquad \text{(R-6.19)}$$

O cálcio é liberado para a solução que percola o solo e flui para os corpos d'água, chegando ao consumo humano, ou, finalmente, ao lençol freático.

Uma fração do cálcio dissolvido $Ca^{2+}_{(aq)}$ está estequiometricamente associada aos íons $HCO_{3(aq)}^-$ formando a *dureza temporária* da água, pois sob a ação do calor precipita o cálcio na forma de carbonato de cálcio (R-6.20).

$$Ca^{2+}_{(aq)} + 2HCO_{3(aq)}^- \quad \rightleftarrows \quad CaCO_{3(precipitado)} + H_2O_{(aq)} + CO_{2(g)} \qquad \text{(R-6.20)}$$

E parte dos íons Ca^{2+} está associada estequiometricamente aos íons $NO_{3\,(aq)}^-$, $HSO_{4\,(aq)}^-$, $SO_{4\,(aq)}^{2-}$ formando a *dureza permanente*, que com o calor não se precipita – a não ser no caso de sais que tenham alcançado o produto de atividade (Kpa). Porém, esta "precipitação ácida" pode ter caído em um solo propício à atividade agrícola. Ali, provocará uma série de consequências, entre as quais:

A matéria orgânica constituída, em grande parte, por materiais húmicos, Figura 6.15, terá seus sítios protonizados.

Em um corpo d'água de pH = 7, em que $[H^+] = [HO^-] = 1.10^{-7}\,mol\,L^{-1}$, água neutra, as funções químicas presentes na matéria orgânica dissolvida na água encontram-se protonadas se forem de caráter ácido e desprotonadas se forem de caráter básico, pois ambas são fracas, Figura 6.16(A).

Observando a Figura 6.16(B), em que $[H^+]>>[HO^-]$, verifica-se que a carga da micela é positiva (+) ao passo que se $[H^+]<<[HO^-]$, tem-se a micela com carga negativa (–). Isto significa que, dependendo do pH, as micelas atraem ânions, ou atraem cátions, ou pode haver o fenômeno de Troca de Cargas Iônicas, Figura 6.17.

a. Interação dos cátions com a micela em meio ácido $[H^+]>>[HO^-]$

Neste meio, os sítios negativos (formais e não formais) que não estiverem protonados, se serão protonados, conforme Figura 6.17A(a). Os metais presentes ou que foram adicionados ao sistema, $M^{n+}_{(aq)}$, terão poucas chances de deslocarem os prótons das sedes. Se existirem M^{n+} ocupando as cargas negativas, em geral, são deslocados pelos prótons, conforme Figura 6.17A(b). Denomina-se a este deslocamento **troca catiônica**.

b. Interação dos cátions com a micela em meio básico $[H^+]<<[HO^-]$

Neste meio, os sítios encontram-se desprotonados, isto é, com carga negativa formal ou não, conforme Figura 6.17B(a), possibilitando a entrada de cátions metálicos, pois os prótons foram eliminados pelas hidroxilas, formando água. Contudo, dependendo do Kps dos hidróxidos metálicos, eles podem precipitar-se na forma de hidróxidos dos respectivos metais, $M(HO)_{n(precipitado)}$, conforme Figura 6.17B(b), ou formar complexos solúveis com o ânion hidróxido.

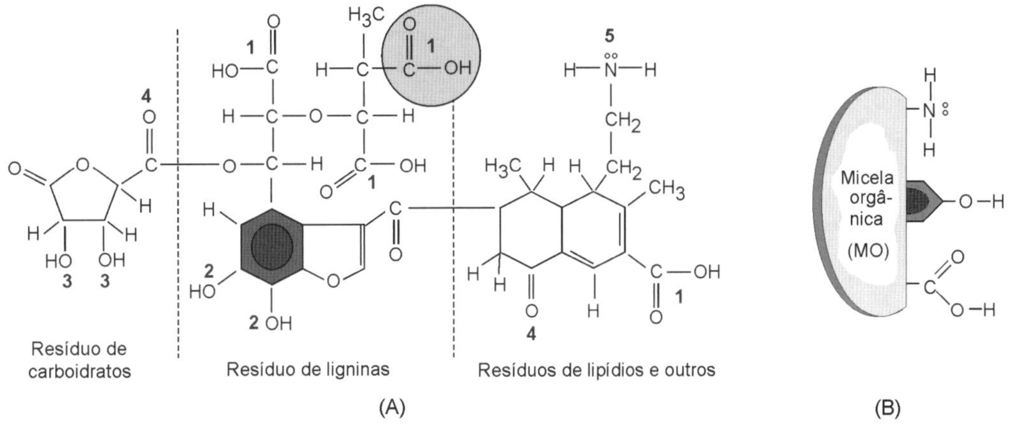

Grupos funcionais presentes: carboxílico (**1**); fenólico (**2**); alcoólico (**3**); carbonílico (**4**).

Figura 6.15 Representação de um ácido húmico: (**A**) estrutura e funções químicas presentes; (**B**) generalização esquemática do mesmo ou de uma micela orgânica. Fonte: Baker, 1994.

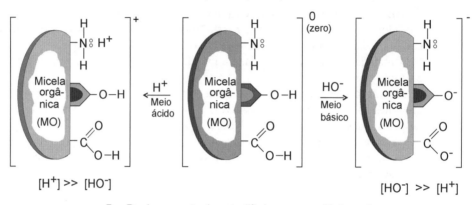

Figura 6.16 Micela orgânica em um ambiente neutro (A) e em um ambiente ácido ou básico (B).

Com a formação de complexos pode-se aumentar a concentração do metal dissolvido e alcançar níveis comprometedores do referido metal, pois os complexos metálicos geralmente são solúveis em água, veja como exemplo a Equação (R-6.21).

$$Al(OH)_{3(s)} + HO^-_{(aq)} \rightleftarrows Al(OH)_4^-{}_{(aq)} \qquad \text{(R-6.21)}$$

Parte dos cátions metálicos ligada às micelas minerais (aluminossilicatos e alofânios) e micelas orgânicas é liberada para a solução do solo, dentro dos princípios da capacidade de troca catiônica (CTC). A Figura 6.18 mostra o mecanismo da troca. As micelas coloidais, de natureza mineral, possuem cargas negativas em função das substituições isomórficas do Si^{4+} pelo Al^{3+} nos minerais argilosos ou a mudanças de pH nas superfícies dos mesmos, ou dos alofânios e/ou das micelas orgânicas. Estas ligam os cátions dispersos na solução do solo formando uma contracamada de íons positivos sobre a superfície das micelas. Os cátions $H^+_{(aq)}$, que se encontram em grande concentração, vindos da chuva ácida, deslocam ou substituem um número equivalente de cátions metálicos ligados às micelas (Figura 6.18). Contudo, neste processo é mantido o princípio da eletroneutralidade do sistema. A água da chuva ácida "vai embora" ou flui superficialmente ou percola no solo levando os cátions que foram para a solução do solo. Desta forma, ao se analisarem os nutrientes perdidos, há uma perda da fertilidade do solo, isto é, um empobrecimento do solo. Se a solução não percolar, a concentração de muitos cátions pode ser prejudicial às plantas que ali se desenvolvem.

Reações de oxirredução

A solução fortemente iônica é favorável à movimentação de cargas elétricas no seu seio e como consequência ao transporte de cargas, que conduz aos processos redox de um modo geral. É por isso que à beira-mar a maioria dos metais sofre *corrosão* mais rapidamente.

Um processo de corrosão é uma reação química em que um metal é oxidado, isto é, perde elétrons para uma semirreação do meio ambiente que os consome. As Reações (R-6.22) e (R-6.23) mostram o mecanismo. A Figura 6.19 mostra um metal, no caso, um prego de ferro pregado em uma madeira e uma "bolha de água" líquida (umidade) envolvendo os dois.

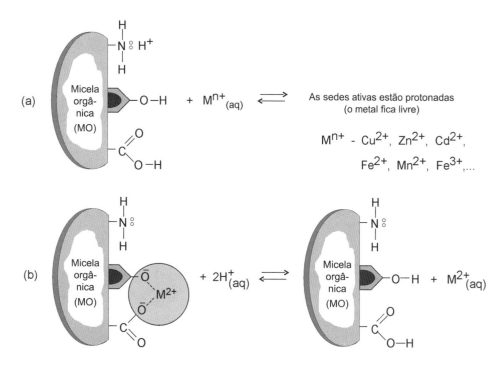

A Em um pH ácido ([H⁺] >> [HO⁻]), as sedes ativas protonadas ou o metal ligado é liberado "trocado" por prótons

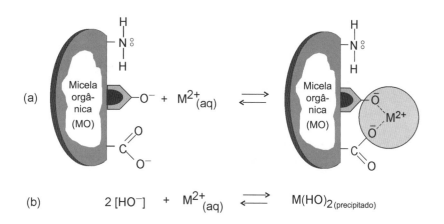

B Em um pH ácido([HO⁻], >> [H⁺]), as espécies presentes com hidrogênios de caráter ácido estão desprotonadas e ligam-se aos cátions metálicos presentes indisponibilizando ou "imobilizando", precipitando os mesmos

Figura 6.17 Influência do pH do meio sobre a micela orgânica presente no corpo d'água e consequente interação com os íons presentes na solução e/ou ligados.

Termodinamicamente o sistema entra em equilíbrio, conforme a Equação (R-6.22). O prego metálico funciona como um condutor e acumula o excesso ou a falta de elétrons (δe^-) e cria certo potencial elétrico (E), chamado de potencial de eletrodo de ferro.

$$Fe^0_{(metálico)} + \text{água} \rightleftarrows Fe^{2+}_{(aq)} + 2e^- \qquad \text{(R-6.22)}$$

De outro lado, Figura 6.20(A), a chuva ácida ao se precipitar dissolve em parte O_2 da atmosfera e, conforme visto, possui um elevado teor de prótons dissolvidos $H^+_{(aq)}$.

Recolhendo um pouco desta solução em um copo, Figura 6.20(B), e introduzindo-lhe um condutor metálico inatacável pela solução, no caso um fio de platina com uma placa, o sistema vai criar sobre o condutor de platina uma falta e/ou um excesso de elétrons (δe^-), originando um potencial de eletrodo, no caso, da chuva ácida, conforme o equilíbrio químico da semirreação dado na Figura 6.20(C) ou Reação (R-6.23).

$$\underbrace{4H^+_{(aq\, da\, chuva\, ácida)} + O_{2(ar)} + 4e^-}_{\text{condições ambientais}} \rightleftarrows 2H_2O \tag{R-6.23}$$

Ligando-se os dois sistemas (eletrodos) adequadamente, com o auxílio de uma ponte salina, que serve para conduzir ânions e cátions – daí um dos motivos pelos quais sais presentes na solução facilitam a corrosão – forma-se a pilha dada na Figura 6.21, na qual se observa que o prego "desaparece", isto é, é corroído ou oxidado a $Fe^{2+}_{(aq)}$, e seus elétrons conduzidos para a solução da chuva ácida, onde o oxigênio, O_2 (estado de oxidação 0), é reduzido formando H_2O (com estado de oxidação 2–).

Intercalando um voltímetro no circuito, Figura 6.21(A), verifica-se a existência do potencial da reação, mostrando que os elétrons fluem do eletrodo de ferro para o eletrodo formado pela água da chuva, tendo

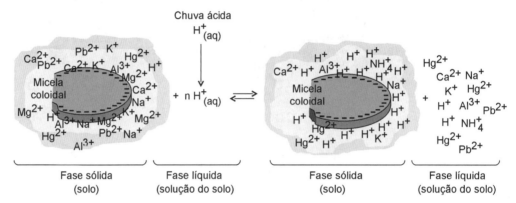

Figura 6.18 Visualização da capacidade de troca catiônica – CTC.

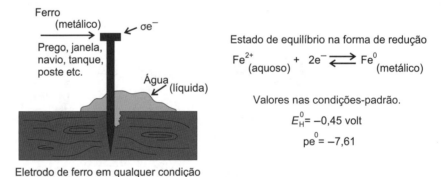

Figura 6.19 Visualização do equilíbrio natural que se estabelece no meio ambiente entre um metal e a água líquida.

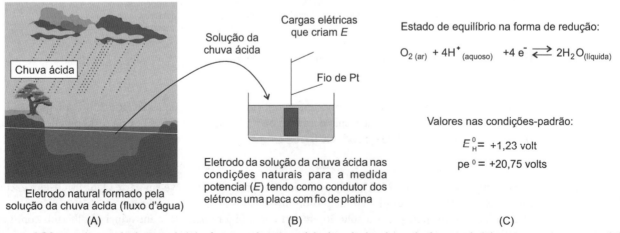

Figura 6.20 Visualização da chuva ácida (A) e formação do potencial de eletrodo da solução da chuva ácida (B) e respectiva semirreação (C).

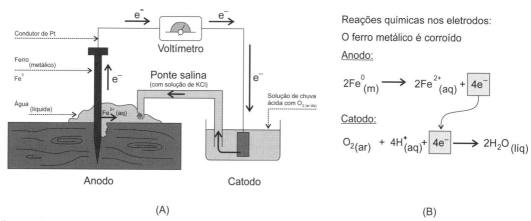

Figura 6.21 Visualização das duas semirreações formando uma pilha (A) e as respectivas reações no catodo e no anodo (B).

como condutor do fluxo de elétrons o fio de Pt. A Figura 6.22: parte 1 — mostra a pilha formada; parte 2 — apresenta a reação total que aconteceu; parte 3 — traz o valor calculado do potencial elétrico da pilha formada nas condições padrões $E^0_{(reação)}$.

Na prática, este conjunto de etapas acontece simultaneamente, segundo a Reação (R-6.24), observando-se com o tempo a corrosão do metal, no caso o ferro.

$$\underbrace{2Fe^0_{(metálico)} + 4H^+_{(aq\,da\,chuva\,ácida)} + O_{2(ar)}}_{condições\ ambientais} \rightleftarrows 2Fe^{2+}_{(aq)} + 2H_2O_{(líq)} \quad (R\text{-}6.24)$$

6.4.3 Efeitos sobre a biota

Os efeitos dos particulados sobre a biota se manifestam de formas diferentes, dependendo do tipo, propriedades químicas e concentração dos mesmos. Muitos efeitos são diretos; outros são indiretos.

No caso das plantas, um efeito indireto pode ser uma mudança do pH da solução do solo que acarreta uma precipitação ou uma liberação de certos nutrientes e/ou metais pesados que podem prejudicar o seu desenvolvimento normal. Um efeito direto é a ação oxidante dos produtos precipitados de um "*smog*" fotoquímico sobre a folha, que inicialmente provocam a clorose e finalmente a queda da mesma. Para os animais, entre eles o homem, são irritantes das vias respiratórias e dos olhos. Elevadas concentrações ou longos períodos de exposição provocam doenças respiratórias.

No tocante à concentração, a partir de certos valores, os particulados provocam um *impacto ambiental evidente*. Um dos incidentes mais graves que ocorreram foi o caso que aconteceu na Inglaterra, em dezembro de 1952, por ocasião de uma inversão térmica sobre a cidade de Londres, onde a fonte principal de produção de energia térmica para o aquecimento residencial era o carvão mineral. As impurezas de pirita (FeS_2) ao queimarem formaram grande quantidade de $SO_{2(g)}$, que com a umidade própria da neve originou fumaças e particulados que com a inversão térmica cobriram a cidade de Londres e em consequência milhares de pessoas morreram (3.500 a 4.000).

O maior problema dos particulados é que eles adsorvem e absorvem materiais tóxicos, como metais pesados e, conforme visto, materiais de natureza orgânica, muitas vezes carcinogênicos e mutagênicos, que chegam ao ser humano.

Como será visto em unidade própria, hoje existe uma legislação sobre o controle de emanações de particulados para a atmosfera.

1. Pilha:

$$\underbrace{Fe^0_{(m)} | Fe^{2+}_{(aq)}\,(x\,mol\,L^{-1})}_{Anodo} \underbrace{\|}_{\substack{Ponte \\ salina}} \underbrace{O_{2(ar)}\,(x\,atm); H^+_{(aq)}(y\,mol\,L^{-1}) | Pt_{(m)}}_{Catodo}$$

2. Reação:

$$2\,Fe^0_{(m)} + O_{2(ar)} + 4H^+_{(aq)} \rightarrow 2\,Fe^{2+}_{(aq)} + 2H_2O_{(líq)}$$

3. Potencial da pilha nas condições-padrão:

$$E^0_{(reação)} = \left(E^0_{H(catodo)}\right)_{(de\ redução)} + \left(E^0_{H(anodo)}\right)_{(de\ oxidação)}$$

$$E^0_{(reação)} = [1{,}23 + (+0{,}45)]\,volt = 1{,}68\,volt$$

Figura 6.22 Parâmetros da pilha formada: (1) símbolo da pilha; (2) reação; (3) cálculo do potencial da reação nas condições-padrão.

6.4.4 Efeito global — "inverno nuclear"

Inverno nuclear é um termo utilizado para descrever efeitos catastróficos da atmosfera global que podem acontecer após uma guerra nuclear mundial. Cada explosão leva para a estratosfera uma quantidade muito grande de particulados (cinzas, fuligens, fumaças etc.), e a atmosfera leva muito tempo para retirá-los, pois lá não tem a água da troposfera para, mediante as sucessivas precipitações, "limpar" a atmosfera. Lá, na estratosfera, esses particulados refletirão para o espaço ou absorverão a radiação eletromagnética (também a luz visível) que deveria chegar à superfície da Terra dando suporte aos princípios vitais da fotossíntese, ciclo hidrológico, efeito estufa, entre outros.

O planeta Terra ficará no escuro por muito tempo, e, após perder por irradiação a pouca energia armazenada com a luz do dia, entrará em um tenebroso e rigoroso inverno — o **inverno nuclear**.

6.5 Controle da Emissão de Particulados

As necessidades e exigências do ser humano conduzem, cada vez mais, à produção de particulados que são descartados na troposfera. Em função dos problemas causados e da crescente conscientização da sociedade em preservar o planeta Terra, normas e leis surgiram e continuam surgindo nos Estados, Nações e ultimamente em nível global regulamentando o controle das emissões atmosféricas de resíduos gasosos e particulados. A Legislação será apresentada no *Capítulo 14 – Atmosfera: Preocupação da Sociedade e Legislação Pertinente*.

Neste momento serão apresentados os principais sistemas com seus respectivos fundamentos básicos de controle da emissão de particulados para a atmosfera. Não é objetivo deste trabalho apresentar detalhamentos de cálculos para dimensionamento de equipamentos.

Dentro da linha de produção e obtenção de lucros econômicos, esta etapa de controle de emissões gera gastos e como consequência uma diminuição de lucros. No entanto, há necessidade deste controle para se evitar um futuro passivo ambiental.

6.5.1 Processos de remoção de particulados baseados na ação da gravidade

O processo mais simples e também utilizado pela própria natureza é a sedimentação ou precipitação pela ação da gravidade. A Figura 6.23 mostra uma sugestão de câmera de sedimentação.

O processo pode ser aperfeiçoado com alguns incrementos de reatividade, porém, o princípio da ação da gravidade continua o mesmo. A Figura 6.24 mostra a mesma câmera de precipitação incrementada com um gotejador de água.

6.5.2 Processos de remoção de particulados baseados no princípio da inércia

A inércia diz que um corpo com determinado movimento descrito por uma direção e sentido, por si só não o modifica. Para entender como funciona o processo, veja-se um dito popular: "Em curva de rio é que param as tranqueiras." Isto significa que, se considerarmos um corpo mais pesado seguindo na velocidade normal do fluxo, se as paredes do vaso (as margens do rio) fizerem uma curva, ele vai reto e vai "bater na parede e parar", enquanto o material mais fluído "faz a curva, e vai embora". Sistemas baseados neste princípio são denominados ciclones. A Figura 6.25 mostra um exemplo.

6.5.3 Processos de remoção de particulados baseados no princípio da filtração

A filtração é um processo físico de separação de partículas (substâncias, corpos etc.) pela passagem de uma espécie com diâmetro menor através de uma membrana (papel, pano etc.) com "orifícios" ou malhas de

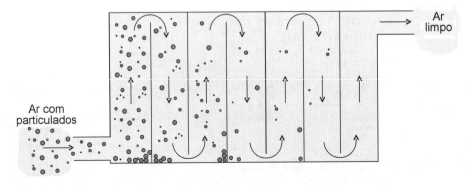

Figura 6.23 Visualização do princípio da câmara de precipitação.

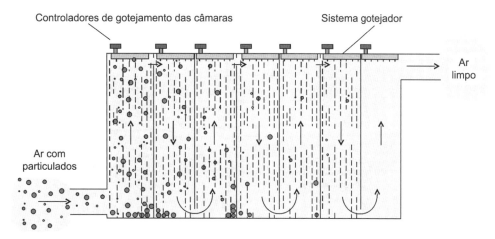

Figura 6.24 Sistema de sedimentação com gotejamento.

diâmetro menor que o das partículas a serem retidas. A Figura 6.26 mostra um exemplo de processo de separação de particulados pela filtração.

6.5.4 Remoção de particulados pelo processo de "lavagem" do fluxo de gases

Em sentido contrário ao fluxo dos gases emitidos com os particulados, esguicha-se água que por ação gravitacional encontra-se com o fluxo de gases que vem em sentido contrário. Nesta operação os particulados e mesmo gases solúveis em água são precipitados juntamente com o "chuvisco" do esguicho da água. A Figura 6.27 apresenta em exemplo.

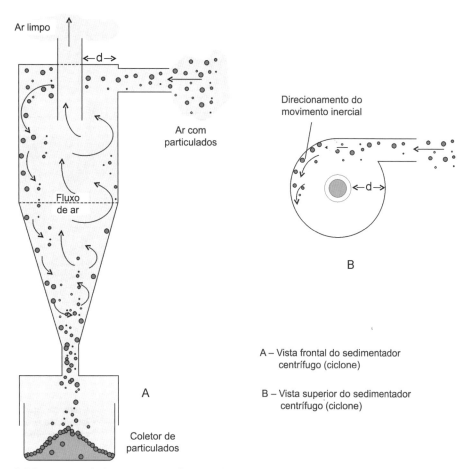

Figura 6.25 Esquema de funcionamento de um ciclone.

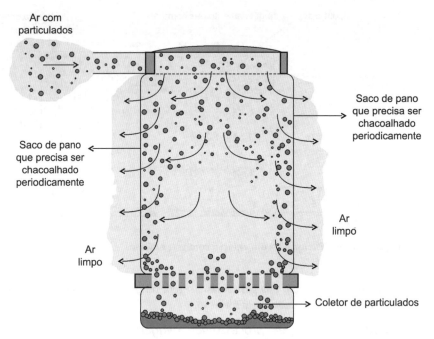

Figura 6.26 Visualização de um separador de particulados por filtração em um saco de pano.

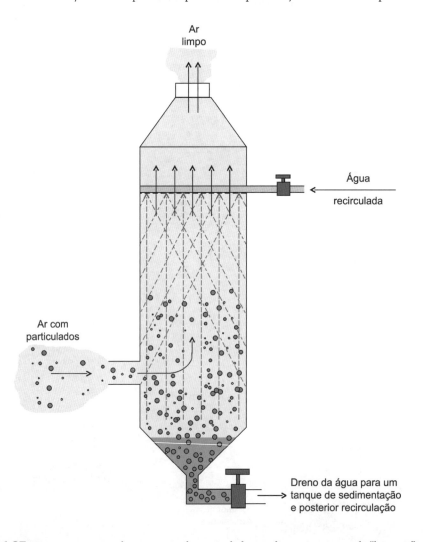

Figura 6.27 Diagrama mostrando a remoção de particulados mediante o processo de "lavagem".

6.5.5 Remoção de particulados baseada no processo de "lavagem com esfregação" (scrubber system)

A entrada de um gás ortogonalmente sobre a entrada de um líquido pulveriza este em gotículas que são ideais para "lavar" e "esfregar" o próprio gás; fenômeno aprimorado se o sistema formado passar por um estreitamento (garganta) com posterior abertura originando uma expansão do sistema (efeito Venturi), conforme Figura 6.28. Este processo pode apresentar-se com uma série de adaptações e aperfeiçoamentos, inclusive com o efeito da inércia, dependendo do tipo de particulados a serem eliminados, Figura 6.28.

6.5.6 Remoção de particulados baseada no processo do precipitador eletrostático

A remoção de particulados de emanações gasosas mediante o precipitador eletrostático baseia-se no princípio de que as partículas podem ser ionizadas, isto é, adquirir cargas elétricas e serem atraídas por um eletrodo de carga contrária. A Figura 6.29(A) e (B) mostra o fenômeno. Os elétrons que saem do catodo "chocam-se" com os particulados e os deixam carregados negativamente e "*ipso facto*" são atraídos pela parede oposta que é o anodo, perdendo sua carga negativa e depositando-se ou precipitando-se. O destaque B da Figura 6.29 mostra o caminho dos elétrons e dos particulados.

A Figura 6.30 visualiza o interior de um precipitador eletrostático comercial que é dimensionado para finalidades específicas.

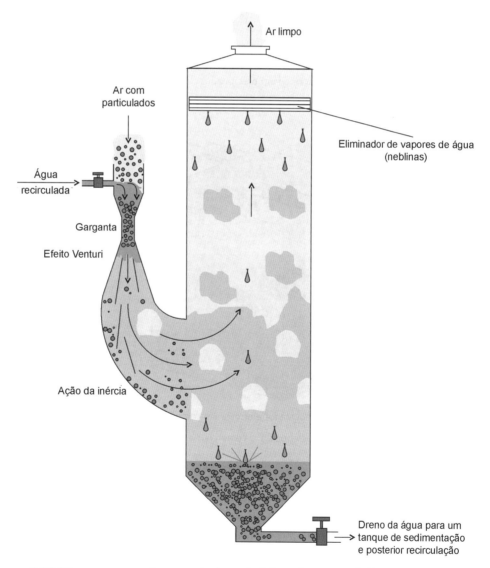

Figura 6.28 Diagrama mostrando a remoção de particulados pelo processo de "lavagem com esfregação" (*scrubber system*). Fonte: Sincero & Sincero, 1996; Manahan, 1994; Kemp, 1998.

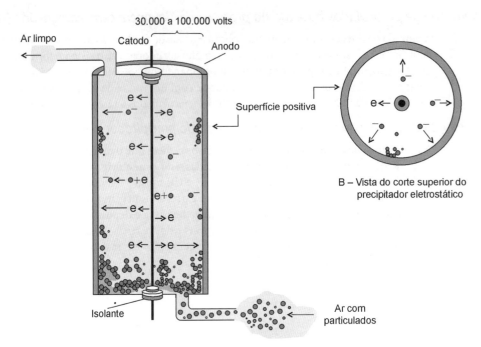

Figura 6.29 Esquematização de um precipitador eletrostático. Fonte: Sincero & Sincero, 1996; Manahan, 1994.

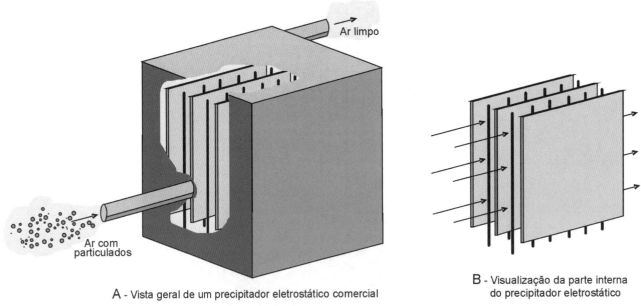

Figura 6.30 Visualização de um precipitador eletrostático comercial: (A) Visualização global; (B) Visualização da parte interna. Fonte: Sincero & Sincero, 1996; Manahan, 1994.

6.5.7 Processos de remoção de particulados baseados no princípio da adsorção de superfícies ativadas

Existem materiais porosos que apresentam superfícies ativadas, que possuem a capacidade de adsorver substâncias e particulados, por exemplo, carvão ativado, zeólitos etc. Desta forma, o ar com particulados passa através do meio poroso e os particulados são retidos. A vantagem deste método é que o meio poroso pode ser renovado após a saturação, mediante um fluxo de vapor de água em temperatura própria.

O processo pode ser incrementado com um fluxo de água em sentido contrário que funciona como um sistema lavador, conforme a Figura 6.31.

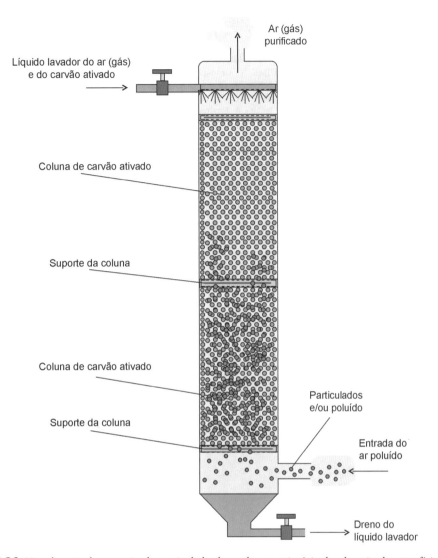

Figura 6.31 Visualização da remoção de particulados baseados no princípio da adsorção de superfícies ativadas.

6.6 Referências Bibliográficas e Sugestões para Leitura

BAIRD, C. **Environmental chemistry**. New York: W.H. Freeman and Company, 1998. 557 p.

BAKER, L. A. **Environmental chemistry of lakes and reservoirs**. Washington: American Chemical Society, 1994. 627 p.

BARKER, J. R. [Editor] **Progress and problems in atmospheric chemistry**. London: WS - World Scientific, 1995. 940 p.

BENN, F. R.; McLIFFE, C. A. **Química e poluição**. São Paulo: Universidade de São Paulo, 1974. cap. 4, p. 67-88.

BRASSEUR, G. P.; ORLANDO, J. J.; TYNDALL, G. S. **Atmospheric chemistry and global change**. Oxford (England): Oxford University, 1999. 654 p.

BRIMBLECOMBE, P. **Air composition & chemistry**. 2. ed. Cambridge: Cambridge University, 1996. 253 p.

Coletânea de Legislação Ambiental. Edição organizada e compilada por Técnicos da Secretaria do Estado do Meio Ambiente e dos Recursos Hídricos (SEMA) e da Deutsche Gesellschaft für Technische Zuzammenarbeit/GTZ (GmBH). Curitiba (PR): Instituto Ambiental do Paraná (IAP), 1996.

Coletânea de Legislação Ambiental. Edição organizada e compilada por Geraldo Luiz Farias e Márcia Cristina Lima. Curitiba (PR): Secretaria de Estado de Desenvolvimento Urbano e do Meio Ambiente – Coordenadoria de Estudos e Defesa do Meio Ambiente, 1991. 536 p.

FINLAYSON-PITTS, B. J.; PITTS Jr., J. N. **Chemistry of the upper and lower atmosphere – Theory, experiments, and applications**. New York: Academic, 2000. 969 p.

HOUGHTON, J. F.; MEIRA FILHO, L. G.; CALLANDER, B. A. *et al.* (Editors) **Climate change 1995**. Cambridge: Cambridge University, 1998. 572 p.

JUNGSTEDT, L. O. C. **Direito Ambiental**. Rio de Janeiro: THEX, 1999. 787 p.

KEMP, D. D. **The environment dictionary**. London: T. J. International, 1998. 464 p.

LEI Nº 9.433, de 08 de janeiro de 1997, **Diário Oficial,** Nº 6, quinta feira, 09 de janeiro de 1997, p. 470-474.

MANAHAN, S. E. **Environmental chemistry**. 6. ed. Boca Raton (USA): Lewis, 1994. 811 p.

RADOJEVIC, M.; BASHKIN, V. N. **Practical environmental analysis**. Cambridge (UK): The Royal Society of Chemistry, 1999. 466 p.

ROCHA, J. C.; ROSA, A. H.; CARDOSO, A. A. **Introdução à química ambiental**. São Paulo: Artmed, 2004. 154 p.

SEINFELD, J. H.; PANDIS, S. N. **Atmospheric chemistry and physics**. New York: John Wiley, 1998. 1326 p.

SERRANO, O. R.; RODRIGUEZ, G. P .; GOES, T. F. van Der. **Contaminación atmosférica y enfermidades respiratórias**. México: Secretaria de Salud, Universidad Nacional de México y Fondo de Cultura Econômica, 1993. 228 p.

SINCERO, A. P.; SINCERO, G. A. **Environmental engineering — A design approach**. New York: Prentice Hall, 1996. 795 p.

SMITH, W. S.; GRUBER, C. W. **Atmospheric emissions from coal combustion**. An Inventory Guide. Cincinnati, Ohio: United States Department of Health, Education and Welfare, Division of Air Pollution, 1966.

vanLOON, G. W.; DUFFY, S. J. **Environmental chemistry — A global perspective. Oxford** (UK): OXFORD University, 2001. 492 p.

CAPÍTULO

Compostos Inorgânicos Gasosos da Atmosfera

7

7.1 Aspectos Gerais

Pelo conceito da Química, os compostos inorgânicos são todos os compostos resultantes da combinação, ou não, dos elementos químicos, dentre os quais têm-se 92 estáveis, que começam com hidrogênio H(Z=1) e vão até o urânio U(Z=92), com exceção dos derivados do carbono C(Z=6) que originam os compostos da Química Orgânica. Porém, ainda são considerados compostos inorgânicos os óxidos de carbono (CO, CO_2) e os carbonatos (CO_3^{2-}).

Os compostos inorgânicos gasosos da atmosfera são compostos de origem geoquímica, biogênica e antropogênica. A origem *geoquímica* corresponde aos fenômenos da natureza, como ação de vulcões, da luz etc.; a *biogênica* implica a participação de processos vitais, e a *antropogênica* quando aparece nos processos a ação do homem.

Alguns compostos da atmosfera, como: N_2, O_2, H_2O e CO_2 foram analisados juntamente com os respectivos ciclos no *Capítulo 4 – Ciclos Biogeoquímicos dos Principais Componentes da Atmosfera*.

Na presente unidade serão abordados os *principais compostos inorgânicos* gasosos da atmosfera que apresentam algum efeito ambiental significativo, isto é, sobre o meio ou sobre a biota. Por exemplo: $CO_{(g)}$, $SO_{2(g)}$, $NO_{x(g)}$ e $NH_{3(g)}$. O caso típico do $SO_{2(g)}$ e do NO_x, que, no momento em que a própria atmosfera se depura de seus poluentes, os elimina no meio ambiente, entre as diversas formas, como *chuva ácida*.

Existem muitos outros *compostos inorgânicos* gasosos denominados *secundários*, em função da sua baixa abundância global, contudo podem ter sua importância local e regional. Estes não serão objeto de estudo neste momento.

7.2 Monóxido de Carbono, CO

7.2.1 Origem e fonte

O monóxido de carbono da atmosfera tem diferentes origens. A fonte principal encontra-se na superfície terrestre, onde é liberado naturalmente por processos biogênicos e pela ação antrópica em um percentual de 50-60% do total existente na atmosfera. Pode também se originar na própria atmosfera por reações químicas e fotoquímicas.

Na atmosfera encontra-se o metano $CH_{4(g)}$ em uma abundância ±1,6 ppm, principalmente de origem biogênica formado em ambientes anaeróbicos, conforme a Reação (R-7.1).

$$2\left|CH_2O\right|_n \xrightarrow[\text{anaeróbicos}]{\text{micro-organismos}} nCO_{2(g)} + nCH_{4(g)} \qquad \textbf{(R-7.1)}$$
$$\text{biomassa} \qquad\qquad\qquad \text{metano}$$

7.1 Aspectos Gerais

7.2 Monóxido de Carbono, CO
- 7.2.1 Origem e fonte
- 7.2.2 Destino do CO atmosférico
- 7.2.3 Efeitos no ser humano
- 7.2.4 Controle do CO

7.3 Óxido de Enxofre IV, $SO_{2(g)}$
- 7.3.1 Ciclo do enxofre e origem do SO_2
- 7.3.2 Reações do $SO_{2(g)}$ na atmosfera
- 7.3.3 Efeitos do $SO_{2(g)}$
- 7.3.4 Remoção do $SO_{2(g)}$ de fontes poluidoras

7.4 Óxidos de Nitrogênio
- 7.4.1 Origem
- 7.4.2 Reações dos NO_x na atmosfera
- 7.4.3 Efeitos do NO_x
- 7.4.4 Controle das emissões de NO_x

7.5 Amoníaco, $NH_{3(g)}$
- 7.5.1 Fonte
- 7.5.2 Reações do $NH_{3(g)}$ na atmosfera
- 7.5.3 Destino do $NH_{3(g)}$ da atmosfera

7.6 Chuva Ácida

7.7 Referências Bibliográficas e Sugestões para Leitura

160 Capítulo Sete

Quando o metano se encontra liberado na atmosfera, já na troposfera, reage com o radical hidroxilo, dando início a uma cadeia de reações que ao final fotoquimicamente forma o CO, conforme Reações (R-7.2) a (R-7.6).

$$CH_{4(g)} + HO^{\bullet}_{(g)} \rightarrow H_3C^{\bullet}_{(g)} + H_2O_{(g)} \qquad \text{(R-7.2)}$$

metano   Radical   Radical alquil
hidroxilo

$$H_3C^{\bullet}_{(g)} + O_{2(g)} \rightarrow H_3COO^{\bullet}_{(g)} \qquad \text{(R-7.3)}$$

Radical
metilperoxilo

$$H_3COO^{\bullet}_{(g)} + NO_{(g)} \rightarrow H_3CO^{\bullet}_{(g)} + NO_{2(g)} \qquad \text{(R-7.4)}$$

Radical metoxil

$$H_3CO^{\bullet}_{(g)} + O_{2(g)} \rightarrow H_2CO_{(g)} + HOO^{\bullet}_{(g)} \qquad \text{(R-7.5)}$$

formaldeído   radical hidroperoxilo

$$H_2CO_{(g)} + h\nu \rightarrow CO_{(g)} + H_{2(g)} \qquad \text{(R-7.6)}$$

Todos os processos de combustão de material orgânico, biomassa, materiais fósseis ou combustíveis de modo geral, abaixo da proporção estequiométrica de combinação com o oxigênio, geram monóxido de carbono, Reação (R-7.7) e Figura 7.1.

$$C_{(\text{biomassa, combustível etc.})} + \tfrac{1}{2} O_{2(\text{pouco ar})} \rightarrow CO_{(g)} \qquad \text{(R-7.7)}$$

Os motores a explosão, quando mal regulados, são os principais responsáveis pela formação do $CO_{(g)}$ que é "jogado" na atmosfera. As descargas de escapamentos de carros nas horas de *rush* em grandes centros chegam a formar 50 a 100 ppm de CO na atmosfera. A Figura 7.1, parte clara, mostra a relação de formação do CO com a estequiometria da mistura explosiva entre o "*combustível + comburente*". Na relação estequiométrica da mistura é o momento de menor produção de CO, isto porque há oxigênio suficiente para reagir.

7.2.2 Destino do CO atmosférico

Dependendo do local em que se encontra o $CO_{(g)}$, o radical hidroxilo o transforma em CO_2, Reação (R-7.8), e em uma série de etapas regenera o radical hidroxilo, que torna a reagir com novas moléculas de CO de uma forma catalítica, conforme Reações (R-7.8) a (R-7.12).

$$CO_{(g)} + HO^{\bullet}_{(g)} \rightarrow CO_{2(g)} + H^{\bullet}_{(g)} \qquad \text{(R-7.8)}$$

$$H^{\bullet}_{(g)} + O_{2(g)} + M_{(g)} \rightarrow HOO^{\bullet}_{(g)} + M_{(g)} \qquad \text{(R-7.9)}$$

$$HOO^{\bullet}_{(g)} + NO_{(g)} \rightarrow HO^{\bullet}_{(g)} + NO_{2(g)} \qquad \text{(R-7.10)}$$

$$HO^{\bullet}_{(g)} + HO^{\bullet}_{(g)} \rightarrow H_2O_2 \qquad \text{(R-7.11)}$$

$$H_2O_2 + h\nu \rightarrow 2HO^{\bullet}_{(g)} \qquad \text{(R-7.12)}$$

Na troposfera ao nível da superfície do solo, portanto no horizonte A do solo, existem micro-organismos que o consomem, fazendo com que o solo seja um "reservatório" do referido composto.

7.2.3 Efeitos no ser humano

O monóxido de carbono é tóxico ao ser humano, bem como aos animais que possuem um sistema de transporte de oxigênio sanguíneo como o faz a hemoglobina. A hemoglobina é um dos constituintes do sangue e é uma proteína formada de aminoácidos e do grupo heme, no qual encontra-se o íon ferro (Fe^{2+}) ligado ao aminoácido histidina, conforme Figura 7.2.

A hemoglobina é uma proteína que apresenta quatro grupos prostéticos heme, nos quais encontra-se o ferro, que está ligado ao aminoácido histidina, conforme visto na Figura 7.2. A Figura 7.3 mostra a esquematização da molécula de hemoglobina, que possui um peso molecular de 64.500 u. Os quatro grupos heme encontram-se envoltos nas longas cadeias de aminoácidos formando os polipeptídios.

Compostos Inorgânicos Gasosos da Atmosfera **161**

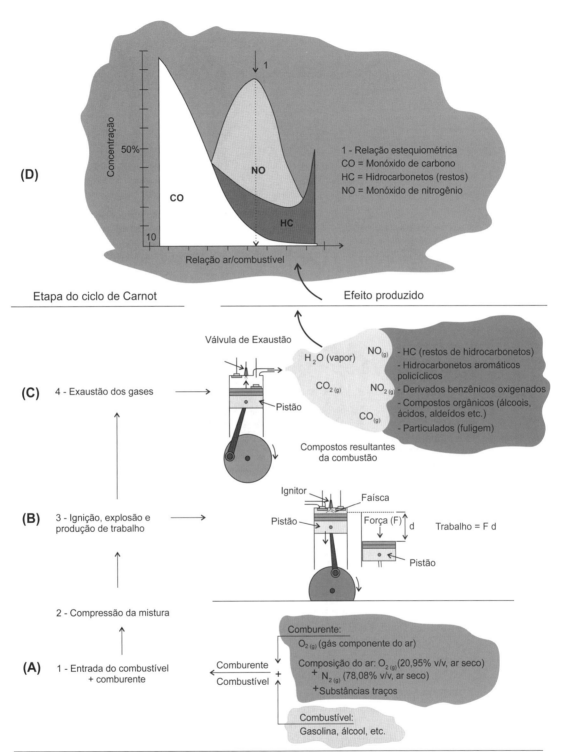

Legenda (A) Etapa inicial - *Introdução do combustível e do comburente* no reator do motor. (B) Momento da *explosão da mistura* e criação da força F, convertida em trabalho. (C) Momento da *exaustão* dos gases da combustão. (D) Visualização da proporção de formação dos gases NO, CO e HC em função da razão da mistura ar (comburente)/combustível (1).

Figura 7.1 Diferentes misturas de CO (monóxido de carbono) + HC (restos de hidrocarbonetos) + NO (monóxido de nitrogênio) resultantes de diferentes proporções de combinação de ar/combustível. Fonte: Perry & Slater, 1981.

162 Capítulo Sete

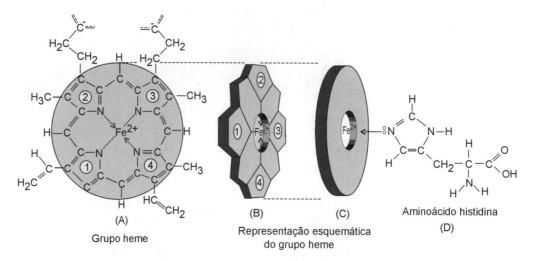

Figura 7.2 Representação do grupo heme da hemoglobina (A), representação esquemática (B) e com ligação ao aminoácido histidina (C) e (D).

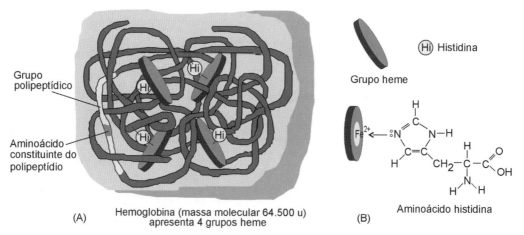

Figura 7.3 Esquematização de uma molécula de hemoglobina mostrando a parte proteica (emaranhado de grupos de polipeptídios) + os quatro grupos prostéticos (heme) (A); visualização da ligação do aminoácido histidina com o ferro (B).

A Figura 7.4 mostra o processo de fixação do $O_{2(atmosférico)}$ a nível pulmonar, em que o ferro do grupo prostético (heme) tem um papel fundamental. Ele troca uma ligação com o oxigênio, $O_{2(g)}$, fazendo com que volte a ocupar o plano formado pelos átomos de nitrogênio e o ferro, que se encontrava 0,75 angström abaixo, em função da interação da histidina.

No caso de respirar ar contaminado com monóxido de carbono, isto é, $O_{2(g)} + N_{2(g)} + CO_{(g)}$, quando a mistura chega aos pulmões via respiração, o monóxido de carbono liga-se de forma mais estável à hemoglobina, formando a carboxiemoglobina, deslocando o oxigênio do ar, deixando-o sem possibilidade de ligar-se com o $O_{2(ar)}$ (Figura 7.5). A consequência é a falta de oxigenação do sangue e o indivíduo asfixiar-se, dependendo da concentração do CO.

Estudos confirmaram que a maioria dos animais morre quando a concentração da carboxiemoglobina ultrapassa o total de 70% da hemoglobina do corpo. Quando a concentração passa de 50% os experimentos revelaram que há sequelas (lesões) no encéfalo e no coração. Observou-se que a maior afinidade do CO pela hemoglobina decresce na seguinte sequência: ser humano > ratos > coelhos.

Não se observou a existência de caráter carcinogênico relacionado com o CO. Há indícios de possibilidade de causar teratogênese e mutagênese.

O Quadro 7.1 apresenta algumas características do CO em termos de cuidados e segurança, encontradas nos Manuais de Periculosidade e Manipulação de produtos químicos.

Compostos Inorgânicos Gasosos da Atmosfera   163

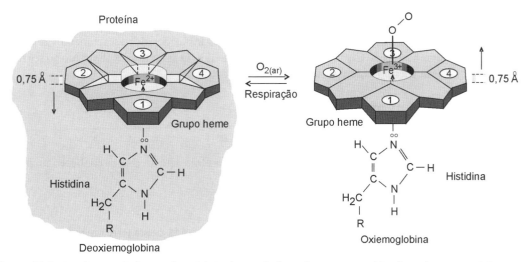

Figura 7.4 Visualização da fixação do oxigênio do ar pelo ferro do grupo prostético (heme) com o posicionamento do mesmo no plano, formando a oxiemoglobina.

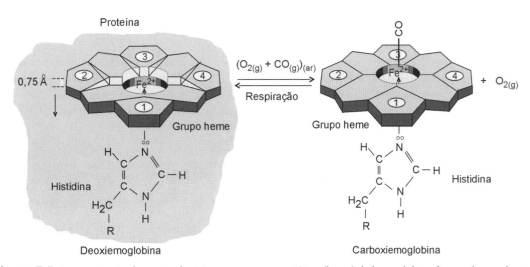

Figura 7.5 Representação da reação do CO com o grupo prostético (heme) da hemoglobina formando a carboxiemoglobina.

Quadro 7.1	Cuidados e Precauções a Serem Tomados na Manipulação do $CO_{(g)}$

HR: 3(†)
Monóxido de Carbono, CO
Propriedades: Gás incolor, inodoro, insípido. Ponto de fusão: –213 °C; Ponto de ebulição: –190 °C. Gás tóxico e inflamável.
Perfil de periculosidade: Nos seres humanos apresenta toxicidade média, porém tem causado muitas mortes. Experimentalmente tem causado efeitos teratogênicos e efeitos reprodutivos. No ser humano tem causado efeitos sistêmicos por inalação. Pode causar asfixia evitando a oxigenação da hemoglobina, isto é, a formação da oxiemoglobina. Quando exposto à chama ou faísca, é inflamável e explosivo.

(†) HR (Hazardous Rate): 3 = Grau de periculosidade máximo, segundo Lewis (1996). Fonte: Luxon, 1992; Bretherick, 1986; Lewis, 1996; Budavari, 1996; O'Malley, 2009; MSDS (Material Safety Data Sheets), 2013.

7.2.4 Controle do CO

Hoje em dia, com o sistema de catalisadores instalados nos escapamentos dos carros, há uma redução significativa do CO liberado pelos escapamentos. O assunto será abordado ao se tratar do controle do NO, neste mesmo capítulo – Item 7.4, mais à frente.

7.3 Óxido de Enxofre IV, $SO_{2(g)}$

7.3.1 Ciclo do enxofre e origem do SO_2

Para compreender-se a existência do $SO_{2(g)}$ na atmosfera precisa-se conhecer um pouco do ciclo do enxofre na natureza como um todo, Figura 7.6.

- *Crosta terrestre, litosfera*

O elemento S encontra-se nas rochas vulcânicas da crosta terrestre em uma abundância de 550 ppm. O *meteorismo* das mesmas conduz à formação de um solo que contém este elemento em relativa abundância. Na forma elementar (S), o enxofre pode ser encontrado em regiões vulcânicas. Contudo, na natureza existem muitos minerais deste elemento, por exemplo: antimonita (Sb_2S_3); ulmanita (NiSbS); famatinita (Cu_3SbS_4); boulangerita ($Pb_5Sb_4S_{11}$); ouropigmento (As_2S_3); bismutita (Bi_2S_3); galena (PbS); esfarelita (CdS); cobaltopirita (CoS_2); calcocita (Cu_2S); tealita (SnS.PbS); pirita (FeS_2); cinábrio (HgS); hauerita (MnS_2); vaecita (NiS_2); argentita (Ag_2S); proustita (Ag_3AsS_3); alúmen potássico ($KAl(SO_4)_2 \cdot 12H_2O$); tungstenita (WS_2); wurzita (ZnS); entre outros.

- *Na biota*

O elemento enxofre é um *macronutriente* para a biota, classificado como s*ecundário*. As plantas o absorvem da atmosfera na forma de SO_4^{2-}, na forma de aminoácidos e também na forma de SO_2. Nos seres vivos é encontrado na forma iônica, grupos -SH, -S-S- e como éster, aminoácidos, proteínas, coenzimas, vitaminas etc. É componente do citoplasma e proteínas, inclusive enzimas. A Figura 7.7 apresenta os três aminoácidos que contêm enxofre na sua estrutura.

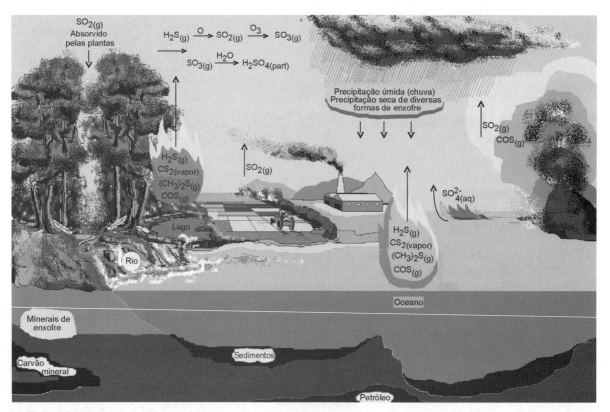

Figura 7.6 Ciclo biogeoquímico do enxofre.

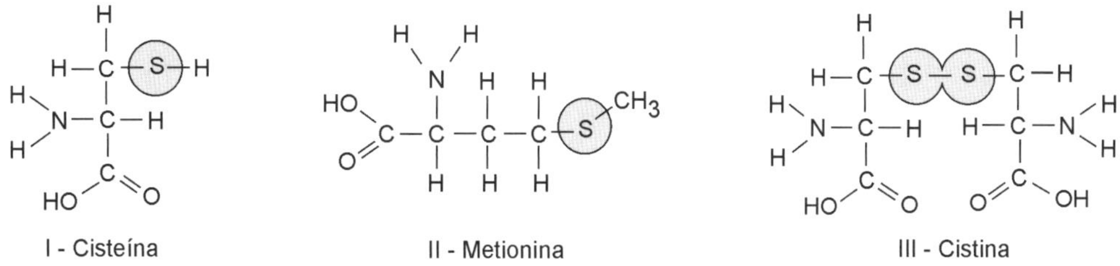

Compostos Inorgânicos Gasosos da Atmosfera   **165**

Figura 7.7 Aminoácidos sulfurados.

Os aminoácidos são "unidades" químicas que participam dos *polipeptídios* e estes fazem parte das *proteínas*. As enzimas são catalisadores biológicos de natureza *proteica* que podem possuir, ou não, uma parte não proteica chamada *coenzima* ou grupo prostético, são as proteínas conjugadas.

As proteínas são substâncias orgânicas muito complexas que constituem a estrutura fundamental do corpo vivo (animais e mesmo vegetais). O termo "proteína" originou-se do fato de serem os componentes fundamentais de certos alimentos de primeira linha, como carne, ovos e queijo. Em 1838, Berzelius propôs chamar estes compostos pela palavra grega *proteios = de primeira categoria*.

Não há dúvidas de que esta abundância do elemento enxofre na crosta terrestre e na biota refletirá sua presença na atmosfera, formando seu *ciclo biogeoquímico*, Figura 7.6.

- $SO_{2(g)}$

A atmosfera inicial do planeta terra tinha muito $SO_{2(g)}$ de origem vulcânica, (Tabela 1.2, *Capítulo 1 – Aspectos Gerais da Atmosfera*). Porém, à medida que foi arrefecendo a atividade vulcânica a abundância do $SO_{2(g)}$ atmosférico entrou em um estado de *equilíbrio dinâmico* originado por processos que continuaram a liberação de $SO_{2(g)}$ diretamente para a atmosfera e por processos que liberaram compostos que na atmosfera mediante reações químicas e fotoquímicas se transformaram em $SO_{2(g)}$.

Omitindo a atividade vulcânica, em termos de produção de $SO_{2(g)}$ atmosférico, encontram-se entre os processos que liberam o $SO_{2(g)}$ para a atmosfera todos os processos de combustão que utilizam matéria orgânica de biomassa (lenha, carvão etc.), material fóssil (petróleo, carvão de pedra etc.) seja de forma controlada (fornos, aquecimento industrial, aquecimento domiciliar, locomóveis, fogões etc.) ou de forma descontrolada (incêndios dos mais variados tipos). Por exemplo, a combustão do carvão de pedra em regiões frias e sem energia elétrica ou outras formas de combustíveis. Em si, o carvão de pedra não gera o $SO_{2(g)}$; o que gera o $SO_{2(g)}$ são as impurezas do carvão de pedra, como a pirita ($FeS_{2(s)}$), conforme Reação (R-7.13).

$$4FeS_{2(s)} + 11O_{2(ar)} \rightarrow 2Fe_2O_{3(particulado-cinza)} + 8SO_{2(g)} \qquad \text{(R-7.13)}$$

A combustão da lenha, ou outra matéria orgânica proveniente da biota, contém o S ligado às proteínas, aminoácidos etc., que na hora da combustão forma o $SO_{2(g)}$ que é liberado para a atmosfera junto com os produtos normais da combustão da matéria orgânica (H_2O e CO_2). De qualquer forma, o maior agente de produção do $SO_{2(g)}$ atmosférico é o homem. Descarta anualmente para a atmosfera 100 milhões de toneladas.

- $H_2S_{(g)}$

Uma forma gasosa de enxofre chega à atmosfera e depois por reações químicas e fotoquímicas se transforma em $SO_{2(g)}$; é o ácido sulfídrico ou gás sulfídrico, caracterizado pelo seu odor de "ovo podre". Um ser vivo (animal ou planta), ao morrer, deixa no ambiente a matéria que o formava, a qual serve de alimento para outros seres vivos. A Figura 7.8 mostra como os organismos, cada um na sua forma de se alimentar, em diversos momentos, participam na degradação dos restos da matéria orgânica que sobrou de um ser vivo.

Dependendo do ambiente em que se deu o processo de degradação da matéria orgânica (aeróbico ou anaeróbico), chamado de "mineralização", ao final, as macromoléculas orgânicas das proteínas, enzimas, materiais orgânicas etc. foram "desmontadas" em seus aminoácidos constituintes e formaram-se compostos denominados "minerais", entre os quais o $H_2S_{(g)}$, daí o porquê de "mineralização".

A Reação (R-7.14) mostra o aminoácido cisteína (I) em um ambiente anaeróbico, sob a ação de um micro-organismo próprio destes ambientes, possuidor da enzima sulfidrase, formando o $H_2S_{(g)}$, que é liberado para a atmosfera. Estes ambientes anaeróbicos são muito comuns, por exemplo: pântanos, banhados, arrozeiras (processo de cultivo do arroz d'água).

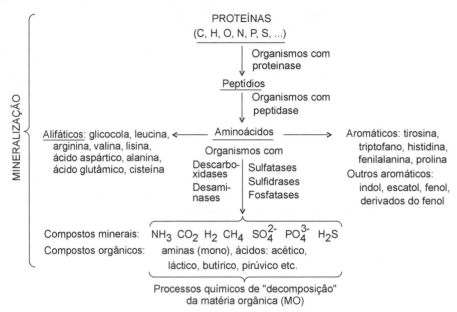

Figura 7.8 Mineralização da matéria orgânica.

$$\text{I - Cisteína} + H_2O \xrightarrow[\text{ambiente anaeróbico}]{\text{Micro-organismo com a enzima sulfidrase}} \text{IV - Serina} + H_2S_{(g)} \quad \text{Ácido sulfídrico} \tag{R-7.14}$$

No próprio intestino dos animais, entre eles o ser humano, há formação de H_2S. No intestino começa o processo de "mineralização" dos restos do "bolo alimentar" que passou pela boca e estômago, onde recebeu os "ingredientes necessários" (enzimas, HCl etc.) para dar início ao processo de "digestão", e, no final, chega ao de "mineralização" e forma o H_2S, como mostra a Equação (R-7.14).

Quando o ambiente é aeróbico (possui oxigênio) os micro-organismos presentes, no intuito de se alimentar, também desdobram o mesmo aminoácido cisteína, mediante a enzima sulfatase, em sulfato ou ácido sulfúrico, conforme Reação (R-7.15).

$$2\,\text{I - Cisteína} + 3\,O_{2(ar)} + 2H_2O \xrightarrow[\text{ambiente aeróbico}]{\text{Micro-organismo com a enzima sulfatase}} 2\,\text{V - Aminoácido glicocola} + 2\,H_2SO_{4(aq)} \quad \text{Ácido sulfúrico} \tag{R-7.15}$$

Porém, no momento em que este sulfato alcança um ambiente anaeróbico, a presença de um micro-organismo (bactéria) denominado "dessulfovibrio", no seu processo de busca de energia para viver, reduz o sulfato com S (número de oxidação, nox = 6+) para sulfeto com S (nox = 2−) na forma de $H_2S_{(g)}$, que a natureza mesma descarta para a atmosfera, conforme Reação (R-7.16).

$$SO_4^{2-}{}_{(aq)} + 2\,|CH_2O|_{(s)} + 2H^+{}_{(aq)} \xrightarrow[\text{ambiente anaeróbico}]{\text{Bactéria dessulfovibrio}} H_2S_{(g)} + 2CO_{2(g)} + 2H_2O_{(líq)} \tag{R-7.16}$$

O $H_2S_{(g)}$ pode ser produzido na própria atmosfera pela oxidação do sulfeto de carbono a sulfeto de carbonila, ou pela sua hidrólise nos oceanos, Reação (R-7.17). A Figura 7.9 mostra a reação de oxirredução do sulfeto de carbono.

$$CS_{2(vapor)} + H_2O \rightarrow COS_{(g)} + H_2S_{(g)} \qquad \text{(R-7.17)}$$

O $H_2S_{(g)}$ ao entrar na troposfera é "atacado" pelo radical hidroxilo $HO^{\bullet}_{(g)}$, Reação (R-7.18), que, em uma segunda etapa, é recuperado, conforme Reação (R-7.19), funcionando como uma espécie de catalisador do processo, que ao final produz o $SO_{2(g)}$, segundo a Reação (R-7.20).

$$H_2S_{(g)} + HO^{\bullet}_{(g)} \rightarrow HS^{\bullet}_{(g)} + H_2O_{(vap)} \qquad \text{(R-7.18)}$$

$$HS^{\bullet}_{(g)} + O_{2(g)} \rightarrow HO^{\bullet}_{(g)} + SO_{(vap)} \qquad \text{(R-7.19)}$$

$$SO_{(g)} + O_{2(g)} \rightarrow SO_{2(g)} + O_{(g)} \qquad \text{(R-7.20)}$$

A agricultura moderna, no intuito de suprir à exportação de nutrientes ou corrigir deficiências do solo, também manipula o elemento enxofre. Anualmente milhares de toneladas de sulfato de amônio, $(NH_4)_2SO_4$, são aplicados no solo como fertilizante.

Em solos muito básicos utiliza-se o enxofre elementar para fazer a correção do pH, isto é, baixar o pH. Este processo pode ocorrer em meio aeróbico, ver Reação (R-7.21) e em meio anaeróbico, Reação (R-7.22). Nos dois processos forma-se $H^+_{(aq)}$ que acidifica o meio.

$$2S_{(s)} + 3O_{2(ar)} + 2H_2O_{(liq)} \xrightarrow[\text{meio aeróbico}]{\textit{Thiobacillus (thioxidans)}} 2H_2SO_{4(aq)} \qquad \text{(R-7.21)}$$

$$5S_{(s)} + 6\,KNO_{3(s)} + 2H_2O_{(liq)} \xrightarrow[\text{meio anaeróbico}]{\textit{Thiobacillus (denitrificans)}} K_2SO_4 + 4KHSO_4 + 3N_{2(g)} \qquad \text{(R-7.22)}$$

- *Outras formas de S levadas à atmosfera*

Além do $SO_{2(g)}$ e do $H_2S_{(g)}$, o fluxo do enxofre (S) na atmosfera, nas mais diversas formas químicas, é significativamente aumentado pelas fontes biogênicas de outros compostos do enxofre. Entre estes compostos podem-se citar: metilmercaptano (H_3CSH), sulfeto de dimetila (($CH_3)_2S_{(g)}$), sulfeto de carbonila ($COS_{(g)}$), sulfeto de carbono ($CS_{2(líq)}$). Estes compostos, na maioria, foram encontrados na atividade microbiológica em oceanos. Porém, além dos oceanos, também pode formar estes compostos a atividade microbiológica de solos, sedimentos, pântanos (banhados), entre outros, principalmente em regiões quentes.

7.3.2 Reações do $SO_{2(g)}$ na atmosfera

Na atmosfera o $SO_{2(g)}$ pode reagir de diferentes formas, dependendo de qual reagente ele encontrar no caminho. Por exemplo:

1º Se encontrar a água (H_2O)

Como o SO_2 é um óxido ácido, ao encontrar água reagirá formando um ácido; por exemplo, Reação (R-7.23).

$$\underset{\text{gás invisível}}{SO_{2(g)}} + H_2O_{(líq)} \rightleftarrows \underset{\substack{\text{fumaça} \\ \text{esbranquiçada}}}{H_2SO_{3(part)}} \qquad \text{(R-7.23)}$$

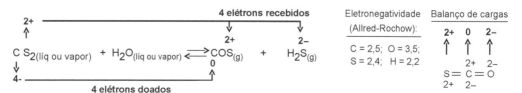

Figura 7.9 Visualização da reação de oxidorredução do sulfeto de carbono.

168 Capítulo Sete

O ácido sulfuroso, na atmosfera, pode encontrar-se com:

a. uma base, proveniente de um ambiente anaeróbico da litosfera e formar sal, por exemplo:

$$H_2SO_{3(aq)} + 2NH_{3(g)} \ \rightleftarrows \ (NH_4)_2SO_{3\,(part)} \tag{R-7.24}$$

b. materiais resultantes de uma combustão, incêndio etc., da superfície da terra, cinzas (CaO, MnO_2, Fe_2O_3 etc.).

$$H_2SO_{3(aq)} + CaO_{(part)} \ \rightleftarrows \ CaSO_{3(s)} + H_2O_{(liq)} \tag{R-7.25}$$

$$2H_2SO_{3(aq)} + O_{2(g)} \ \xrightarrow[\text{catalisadores}]{MnO_2 \text{ ou } Fe_2O_3} \ 2SO_4^{-}{}_{(aq)} + 4H^{+}{}_{(aq)} \tag{R-7.26}$$

c. agentes oxidantes, como ozônio ($O_{3(g)}$), peróxido de hidrogênio (H_2O_2) e outros, provocando sua oxidação a sulfato (SO_4^{2-}), como por exemplo as reações (R-7.27) e (R-7.28).

$$H_2SO_{3(aq)} + O_{3(g)} \ \rightarrow \ SO_4^{2-}{}_{(aq)} + 2H^{+}{}_{(aq)} + O_{2(g)} \tag{R-7.27}$$

$$H_2SO_{3(aq)} + H_2O_{2(g)} \ \rightarrow \ SO_4^{2-}{}_{(aq)} + 2H^{+}{}_{(aq)} + H_2O_{(liq)} \tag{R-7.28}$$

2° *Se encontrar o radical hidroxilo ($HO^{\bullet}{}_{(g)}$)*

$$SO_{2(g)} + HO^{\bullet}{}_{(g)} \ \rightarrow \ HSO_3^{\bullet}{}_{(g)} \tag{R-7.29}$$

$$HSO_3^{\bullet}{}_{(g)} + O_{2(g)} \ \rightarrow \ HSO_5^{\bullet}{}_{(g)} \tag{R-7.30}$$

$$HSO_5^{\bullet}{}_{(g)} \ \rightarrow \ HOO^{\bullet}{}_{(g)} + SO_{3(g)} \tag{R-7.31}$$

$$SO_{3(g)} + H_2O_{(g)} \ \rightarrow \ H_2SO_{4(part)} \tag{R-7.32}$$
$$\text{ácido sulfúrico}$$

Pelos resultados das reações colocadas anteriormente, observa-se que, ao final, chega-se ao ácido sulfuroso e quase sempre ao ácido sulfúrico. A partir deste momento pode-se formar uma partícula maior, com mais massa, e sob a ação da gravidade precipitar por "via seca" se na forma de particulados sólidos ou por "via úmida" se por particulados líquidos (soluções) no caso da "chuva". O ácido sulfúrico é um ácido forte, isto é, na água se dissocia totalmente, segundo as Equações (R-7.33) e (R-7.34).

$$H_2SO_{4(liq)} + H_2O_{(liq)} \ \rightleftarrows \ H_3O^{+}{}_{(aq)} + HSO_4^{-}{}_{(aq)} \tag{R-7.33}$$

$$HSO_4^{-}{}_{(aq)} + H_2O_{(liq)} \ \rightleftarrows \ H_3O^{+}{}_{(aq)} + SO_4^{2-}{}_{(aq)} \tag{R-7.34}$$

Cujas constantes de equilíbrio são dadas por:

$$Ka_1 \ = \ \frac{\left\{H_3O^{+}{}_{(aq)}\right\} \left\{HSO_4^{1-}{}_{(aq)}\right\}}{\left\{H_2SO_{4(liq)}\right\}} \ = \ \left(\gg 10^3\right) \ = \ \text{grande} \tag{7.1}$$

$$Ka_2 \ = \ \frac{\left\{H_3O^{+}{}_{(aq)}\right\} \left\{SO_4^{2-}{}_{(aq)}\right\}}{\left\{HSO_4^{-}{}_{(aq)}\right\}} \ = \ 1,02 \cdot 10^{-2} \tag{7.2}$$

Assim surge o termo "chuva ácida" dado à precipitação que traz consigo a dissolução de H_2SO_4 formado na atmosfera.

7.3.3 Efeitos do $SO_{2(g)}$

No ser humano

O gás SO_2 é um agente tóxico ao ser humano, causa problemas respiratórios de irritação e de intoxicação, até letais, dependendo das condições. A Figura 7.10 mostra o que aconteceu em uma *inversão térmica* ocorrida em Londres em dezembro de 1952, em que milhares de pessoas morreram intoxicadas pelo $SO_{2(g)}$ e seus particulados.

Apesar de muitos experimentos, não foi encontrado, ou demonstrado, que o $SO_{2(g)}$ cause câncer. O Quadro 7.2 apresenta a descrição de algumas propriedades, bem como o perfil de periculosidade do $SO_{2(g)}$ e do $H_2SO_{3(sol\ conc)}$.

Plantas

Para as plantas causa a "clorose", caracterizada por manchas na parte verde das folhas. O fenômeno acontece principalmente quando os estômatos estão abertos, isto é, em atividade, o que ocorre durante o dia em razão da função clorofiliana. Descora pigmentos naturais.

Meio ambiente

O óxido de enxofre (IV), $SO_{2(g)}$, é um gás invisível, quando puro, que inalado provoca irritação do sistema respiratório e "tosse". Tem afinidade com a água e forma o ácido sulfuroso, que, como gérmen, aglutina moléculas de água da atmosfera formando um particulado visível na forma de fumaças esbranquiçadas, como mostra a Equação [R-7.23], aqui repetida.

$$SO_{2(g)} + H_2O_{(líq)} \rightarrow H_2SO_{3(part)} \qquad \text{[R-7.23]}$$
gás invisível   fumaça esbranquiçada

O ácido sulfuroso reage com a água liberando prótons para o meio, conforme Reações (R-7.35) a (R-7.37).

$$H_2SO_{3(aq)} + H_2O_{(líq)} \rightarrow H_3O^+_{(aq)} + HSO_3^-_{(aq)} \quad Ka_1 = 1{,}70 \cdot 10^{-2} \qquad \text{(R-7.35)}$$

$$HSO_3^-_{(aq)} + H_2O_{(líq)} \rightarrow H_3O^+_{(aq)} + SO_3^{2-}_{(aq)} \quad Ka_2 = 6{,}24 \cdot 10^{-8} \qquad \text{(R-7.36)}$$

$$H_2SO_{3(aq)} + 2H_2O_{(líq)} \rightarrow 2H_3O^+_{(aq)} + SO_3^{2-}_{(aq)} \quad Ka_T = Ka_1\ Ka_2 = 1{,}06 \cdot 10^{-9} \qquad \text{(R-7.37)}$$

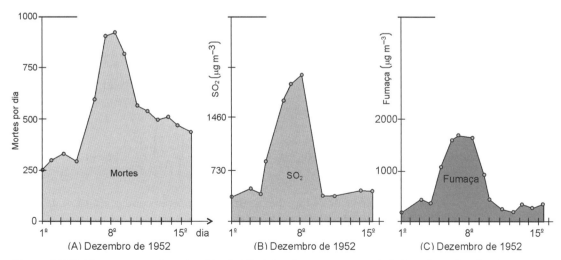

Figura 7.10 Mortes provocadas pelo efeito do SO_2 (gás e fumaças ou particulados) em dezembro de 1952 no "*smog*" acontecido em Londres: **(A)** mortes por dia; **(B)** concentração do gás SO_2; e **(C)** fumaças ou particulados formados pelo SO_2 com umidade e neve. Fonte: Wilkins, 1954.

170 Capítulo Sete

Quadro 7.2 — Cuidados e Precauções a Serem Tomados na Manipulação do $SO_{2(g)}$ e $H_2SO_{3(sol\ conc)}$

HR: 3(†)
Dióxido de Enxofre, SO_2
Propriedades: Gás incolor e não inflamável, líquido sob pressão, odor pungente. Oxidado cataliticamente pelo ar a SO_3. Solúvel em água, a solubilidade decresce com a temperatura. PF = –75,5 ºC; PE = –10,0 ºC.
Perfil de periculosidade: Nível alto de periculosidade. Gás tóxico. Provoca mutação genética em seres humanos. Efeitos sistêmicos por inalação: depressão respiratória e outras mudanças pulmonares. É tumorígeno e teratogênico, mas questionável quanto a ser cancerígeno. Afeta principalmente o sistema respiratório superior e os brônquios. Pode causar edema pulmonar. É corrosivo e irritante aos olhos, pele e mucosas. Contaminante comum do ar.

HR: 3(†)
Ácido Sulfuroso, H_2SO_3
Propriedades: Líquido incolor, odor sufocante de enxofre (somente em solução). Presente em solução aquosa de SO_2. Oxidado ao ar para ácido sulfúrico. Densidade aproximada = 1,03 g mL^{-1}.
Perfil de periculosidade: Nível alto de periculosidade. Tóxico pela ingestão e pela inalação. Corrosivo e irritante para a pele, olhos e mucosas. Efeitos sistêmicos pela ingestão: náuseas ou vômitos; hipermobilidade; diarreia e outros efeitos gastrointestinais. Quando aquecido, por decomposição emite vapores altamente tóxicos de SO_X.

HR: 3(†)
Trióxido de Enxofre, SO_3
Propriedades: Estado físico cristalino ou líquido incolor, PF = 16,8 °C. Reage vigorosa e muitas vezes explosivamente com a água.
Perfil de periculosidade: Extremamente destrutivo para a pele, olhos, sistema respiratório e mucosas. Se inalado pode ser fatal. Reage vigorosa e muitas vezes explosivamente com muitas substâncias.

HR: 3(†)
Ácido Sulfúrico, H_2SO_4
Propriedades: O ácido sulfúrico concentrado é um líquido viscoso, incolor, inodoro. PF = 10,49 ºC; PE = 290 ºC. Sempre adicionar o ácido à água para evitar ebulição, respingos locais.
Perfil de periculosidade: O ácido sulfúrico concentrado causa queimaduras graves (pele, olhos, boca etc.). É um poderoso agente oxidante e desidratante.

(†) HR (Hazardous Rate): 3 = Grau de periculosidade máximo, segundo Lewis (1996). Fonte: Luxon, 1992; Bretherick, 1986; Lewis, 1996; Budavari, 1996; O'Malley, 2009; MSDS (Material Safety Data Sheets), 2013.

em que,

$$Ka_1 = \frac{\left[H_3O^+_{(aq)}\right]\left[HSO^-_{3(aq)}\right]}{\left[H_2SO_{3(aq)}\right]} = 1,70 \cdot 10^{-2} \tag{7.3}$$

e,

$$Ka_2 = \frac{\left[H_3O^+_{(aq)}\right]\left[SO^{2-}_{3\ (aq)}\right]}{\left[HSO^-_{3(aq)}\right]} = 6,24 \cdot 10^{-8} \tag{7.4}$$

$$Ka_t = \frac{\left[H_3O^+_{(aq)}\right]^2\left[SO^{2-}_{3\ (aq)}\right]}{\left[H_2SO_{3(aq)}\right]} = 1,06 \cdot 10^{-9} \tag{7.5}$$

Observa-se, pelo valor de Ka_1, que a primeira ionização conduz a uma acidez com consequências no meio ambiente. Por exemplo, construções, rochas, solos, entre outros, que apresentam carbonatos de cálcio e de magnésio são atacados pelos prótons liberados pelo ácido.

$$CaCO_3 \cdot MgCO_{3(s)} + 2SO_{2(g)} + O_{2(ar)} + água \ \rightleftarrows \ CaSO_{4(aq)} + MgSO_{4(aq)} + 2CO_{2(g)} \tag{R-7.38}$$

Porém, conforme visto, na atmosfera a etapa final do $SO_{2(g)}$ é a formação do ácido sulfúrico, que é muito mais forte que o ácido sulfuroso. A precipitação via chuva do mesmo causa a *chuva ácida*.

No solo, a liberação de H^+ tem efeitos na "solução do solo", conforme visto no *Capítulo 6 – Particulados da Atmosfera*, pode protonar sedes de micelas inorgânicas (aluminossilicatos – argilas) e orgânicas (húmus) e liberar cátions para o meio, inclusive metais pesados, que ficarão disponíveis às plantas.

Na água, uma mudança de pH pode ser prejudicial a toda a biota, com consequências imprevistas, além, é claro, da liberação ou troca de cátions com H^+, que pode solubilizar metais pesados como aconteceu com a "solução do solo".

7.3.4 Remoção do $SO_{2(g)}$ de fontes poluidoras

O suprimento de energia a nível global tem variado ao longo do tempo no tocante ao tipo e à forma de produção. Nos primórdios da humanidade a combustão de materiais próprios (madeira, lenha, carvão etc.) era a principal. A energia elétrica surgiu com o desenvolvimento da ciência. Nos dois últimos séculos, as fontes de produção de energia elétrica foram variando com o tempo entre: energia potencial da água; energia nuclear e energia calorífica. Contudo, por diversos motivos (quantidade, disponibilidade, facilidade etc.), o suprimento de energia continua como a combustão de materiais combustíveis divididos entre fósseis e biorrenováveis:

   a. sólidos, como madeira, carvão vegetal, turfa, carvão etc.;
   b. líquidos, como gasolina, óleo, álcool e respectivas misturas;
   c. gases, como o gás de cozinha, metano (obtido de biodigestores etc.).

Todos os combustíveis podem possuir maior ou menor teor de impurezas, que na hora de queimar podem volatilizar-se na forma de "gases" (CO, CO_2, $H_2O_{(vapor)}$, SO_2 etc.) ou "cinzas voláteis", bem como formar um resíduo denominado "cinzas". Os combustíveis que apresentam interesse no teor de cinzas são os sólidos, como o carvão mineral. A Tabela 7.1 apresenta a composição das cinzas.

Na "queima" de combustíveis, encontra-se a impureza "enxofre", que libera para a atmosfera o $SO_{2(g)}$. A maior fonte poluidora da atmosfera com $SO_{2(g)}$ são os combustíveis utilizados na produção de energia.

Os métodos de remoção da poluição baseiam-se em retirar o enxofre e/ou derivados do combustível antes de ir à combustão, outros durante a combustão e, finalmente, alguns, depois da combustão.

Antes da combustão

No caso do carvão mineral, que apresenta um teor elevado de cinzas, é submetido a um tratamento físico, em geral no local da própria extração para eliminar a pirita e outros componentes que aumentam o teor de cinzas. Trata-se de obter um carvão mais puro e com melhor *poder calorífico*. A melhora do carvão é feita por "lavagem e peneiramento", ou "flotação".

Durante a combustão

A técnica utilizada é a "combustão em leito fluidizado", que consiste em injetar ar na base do leito formado por carvão finamente dividido, que queima em forma de um fluido ao qual é adicionado calcário ou dolomita granulada (pulverizada). As reações que se processam são as seguintes:

$$CaCO_{3(granulado)} \xrightarrow{\Delta} CaO_{(s)} + CO_{2(g)} \qquad \text{(R-7.39)}$$

$$2CaO_{(pó)} + 2SO_{2(g)} + O_{2(ar)} \xrightarrow[\Delta]{\text{catalisador}} 2CaSO_{4(s)} \qquad \text{(R-7.40)}$$

Tabela 7.1 Composição das Cinzas do Carvão Mineral

Tipo de material	Composição (%)	Tipo de material	Composição (%)
Sílica, SiO_2	30-60	Óxido de magnésio, MgO	0,5-4
Alumina, Al_2O_3	10-40	Óxido de titânio, TiO_2	0,5-3
Óxido férrico, Fe_2O_3	5-30	Resíduo	0,1-2
Óxido de cálcio, CaO	2-20	Enxofre (volatilizado)*	0,5-3

* As principais formas do enxofre encontrado no carvão são: pirita (FeS_2); sulfatos (SO_4^{2-}) e compostos orgânicos. Fonte: Munro, 1976.

172 Capítulo Sete

O processo é possível dentro de condições de temperatura do leito fluidizado e eliminação da escória do leito, pois em temperaturas muito elevadas ocorre a decomposição do sulfato, conforme Reação (R-7.41).

$$CaSO_{4(pó)} \xrightarrow{\Delta} CaO_{(pó)} + SO_{2(g)} + O_{(atômico)} \tag{R-7.41}$$

Após a combustão

Existem muitos processos que pretendem eliminar o $SO_{2(g)}$ formado após a combustão, alguns com menor, outros com maior eficiência. Sua aplicação é feita na chaminé ou fora do ambiente da combustão. Os processos dividem-se em dois grupos: um, baseado no "sistema lavador" (podendo ser por via seca e por via úmida); e o outro baseado em um "sistema catalítico".

a. *Sistema lavador*

Aqui será apresentado o "sistema lavador" por *via úmida*, que apresenta maior eficiência. O princípio consiste em fazer os "gases" provenientes da combustão ("gases" = gases + particulados voláteis ou cinzas voláteis que saem da chaminé) passarem por uma suspensão em fase líquida que contém um reagente básico que reage com o gás $SO_{2(g)}$, que tem caráter ácido, e o elimina da fração gasosa liberada para o espaço. E, além da fração de $SO_{2(g)}$ retida na dispersão pela reação ácido-base, tem-se uma fração dissolvida pelo princípio de Henry, que é diretamente proporcional à pressão parcial do $SO_{2(g)}$ sobre a fase líquida da mistura.

$$SO_{2(g)} + 2H_2O_{(líq)} \rightleftarrows H_3O^+_{(aq)} + HSO_3^-_{(aq)} \tag{R-7.42}$$

$$HSO_3^-_{(aq)} + H_2O_{(líq)} \rightleftarrows H_3O^+_{(aq)} + SO_3^{2-}_{(aq)} \tag{R-7.43}$$

$$CaCO_{3(s)} + 2H_3O^+_{(aq)} \rightleftarrows Ca^{2+}_{(aq)} + CO_{2(g)} + 3H_2O_{(líq)} \tag{R-7.44}$$

$$Ca^{2+}_{(aq)} + SO_3^{2-}_{(aq)} \rightleftarrows CaSO_{3(ppt)} \tag{R-7.45}$$

$$SO_{2(g)} + CaCO_{3(s\ disperso)} \rightleftarrows CaSO_{3(ppt)} + CO_{2(g)} \tag{R-7.46}$$

O mesmo resultado pode ser obtido com a dispersão de $Ca(OH)_{2(ppt)}$, $Mg(OH)_{2(ppt)}$ no lugar do $CaCO_{3(ppt)}$. O rendimento de despoluição da chaminé em termos de remoção de $SO_{2(g)}$ chega a mais de 90% e a 100% na eliminação das "cinzas voláteis" que saem junto na chaminé. O inconveniente do processo é a quantidade de resíduo formado. Em geral, cada cinco toneladas de carvão consumidas "queimadas" necessita de uma tonelada de calcário. Portanto, são toneladas de "resíduo", que requerem um local próprio para seu despejo.

Em algumas plantas intercala-se a reação de oxidação do sulfito ($SO_3^{2-}_{(aq)}$) a sulfato ($SO_4^{2-}_{(aq)}$), que ao final precipita o sulfato de cálcio com duas moléculas de água, o gipso ou o gesso, Reações (R-7.47) e (R-7.48).

$$SO_3^{2-}_{(aq)} + O_{(atômico)} \rightleftarrows SO_4^{2-}_{(aq)} \tag{R-7.47}$$

$$Ca^{2+}_{(aq)} + SO_4^{2-}_{(aq)} + 2H_2O_{(líq)} \rightleftarrows CaSO_4 \cdot 2H_2O_{(s)} \tag{R-7.48}$$

O gesso tem aplicações na agricultura, na construção civil, na fabricação de cimento, entre outras.

Existe o processo lavador de gases da chaminé por via úmida com dois hidróxidos, $NaOH/Ca(OH)_2$, com recuperação do NaOH, conforme Reações (R-7.49) e (R-7.50):

1ª) retenção do $SO_{2(g)}$ e das "cinzas voláteis" na solução concentrada de NaOH.

$$2NaOH_{(aq)} + SO_{2(g)} \rightleftarrows Na_2SO_{3(aq)} + H_2O_{(líq)} \tag{R-7.49}$$

2ª) recuperação do NaOH

$$Ca(OH)_{2(dispersão)} + Na_2SO_{3(aq)} \rightleftarrows CaSO_{3(ppt)} + 2NaOH \tag{R-7.50}$$

Em que o NaOH recuperado retorna à 1ª etapa e recomeça o processo. O sulfito é convertido a sulfato e segue para alguma das aplicações citadas.

b. *Sistema catalítico*

O sistema catalítico converte o $SO_{2(g)}$ que sai da chaminé em forma de H_2S e depois, pela reação de Claus, o enxofre é oxidado à forma elementar e assim reaproveitado, conforme Reações que seguem.

$$2SO_{2(g)} + (H_2 + CO + CH_4) \rightleftarrows 2H_2S_{(g)} + 2CO_{2(g)} + H_2O_{(vapor)} \qquad \text{(R-7.51)}$$
$$\text{(gases de sínteses)}$$

Reação de Claus:

$$2H_2S_{(g)} + SO_{2(g)} \rightleftarrows 2H_2O + 3S_{(sólido)} \qquad \text{(R-7.52)}$$

Finalmente, tem-se um subproduto rentável, que é o enxofre.

7.4 Óxidos de Nitrogênio

7.4.1 Origem

No *Capítulo 4 – Ciclos Biogeoquímicos dos Principais Componentes da Atmosfera* foi abordado o ciclo biogeoquímico do nitrogênio, inclusive, envolvendo a atmosfera. Nesta unidade serão abordados principalmente os aspectos de compostos do nitrogênio existentes na atmosfera resultantes da ação antrópica. A espécie nitrogenada de maior abundância na atmosfera é o próprio nitrogênio, conforme visto. Porém, cabe aos óxidos de nitrogênio um papel importante nas reações químicas que ocorrem na atmosfera.

Os óxidos de nitrogênio apresentam papel importante no ciclo do nitrogênio na atmosfera. Podem ser encontrados nas formas de: óxido nitroso (N_2O); óxido nítrico (NO); dióxido de nitrogênio (NO_2); trióxido de dinitrogênio (N_2O_3); tetróxido de dinitrogênio (N_2O_4); pentóxido de dinitrogênio (N_2O_5); trióxido de nitrogênio (NO_3) e hexaóxido de dinitrogênio (N_2O_6). A Tabela 7.2 apresenta o estado físico, a cor, o estado de oxidação e a reatividade química de cada um.

Nas condições ambientes são gases apenas o N_2O, NO e o NO_2. A Tabela 7.3 apresenta os mesmos óxidos com suas estruturas (geometrias) e alguns parâmetros (ângulos de posições de átomos na molécula, distâncias entre átomos nas ligações, em angströms). Ela também mostra, com base na Teoria da Valência,

Tabela 7.2 Óxidos de Nitrogênio e Principais Propriedades

Fórmula	Nome	EO*	Cor	Estado físico**	Características***
N_2O	Óxido nitroso	1+	Incolor	Gás	Um pouco reativo
NO	Óxido nítrico	2+	Incolor	Gás	Moderadamente reativo
N_2O_3	Trióxido de dinitrogênio	3+	Azul-escuro	Líquido[a]	Dissociado como gás
NO_2	Dióxido de nitrogênio	4+	Marrom	Gás	Um pouco reativo
N_2O_4	Tetróxido de dinitrogênio	4+	Incolor	Líquido[b]	Dissociado como NO_2
N_2O_5	Pentóxido de dinitrogênio	5+	Incolor	Sólido[c]	Instável como gás
NO_3	Trióxido de nitrogênio	6+	nc	nc	Muito instável e reativo
N_2O_6	Hexaóxido de dinitrogênio	6+	nc	nc	Muito instável e reativo

** EO – Estado de oxidação do N. ** Fonte: Cotton et al., 1999; Durrant & Durrant, 1970. *** Fonte: Cotton et al., 1999. **a** – decompõe-se a 3,5 °C. **b** – ponto de ebulição 21,15 °C. **c** – ponto de fusão 30 °C e decompõe-se a 47 °C. nc – não caracterizado.*

174 Capítulo Sete

algumas estruturas canônicas, que, apesar de estarem em desuso, permitem visualizar na camada de valência os elétrons desemparelhados que dão às respectivas espécies o **caráter paramagnético** e as estruturas que não possuem elétrons desemparelhados com **caráter diamagnético**. Portanto, as espécies NO, NO_2 e NO_3 têm caráter paramagnético. Além do mais, os elétrons desemparelhados na camada de valência dão à molécula uma "reatividade especial", o que pode muitas vezes explicar sua toxicidade.

Estas espécies com o elétron desemparelhado são muito mais reativas que as outras, por exemplo, o NO_2 e NO_3 reagem entre si formando o N_2O_5, conforme Reação (R-7.53).

$$NO_2 + NO_3 \rightarrow N_2O_5 \tag{R-7.53}$$

Conforme visto no *Capítulo 4 – Ciclos Biogeoquímicos dos Principais Componentes da Atmosfera*, em termos de Química da Atmosfera os óxidos de nitrogênio e seus derivados de caráter oxidante são denominados $\mathbf{NO_x}$, $\mathbf{NO_y}$ e $\mathbf{NO_z}$, em que:

- $\mathbf{NO_x} = (NO + NO_2)$

Tabela 7.3 Geometria, Propriedades e Fórmulas Canônicas dos Óxidos de Nitrogênio

Fórmula Nome	Geometria Parâmetros	Fórmulas canônicas	Propriedades magnéticas
N_2O Óxido nitroso		(1) (2)	Diamagnético
NO Óxido nítrico		(3)	Paramagnético
NO_2 Dióxido de nitrogênio		(4) (5) (6) (7)	Paramagnético
N_2O_4 Tetróxido de dinitrogênio		(8) (9)	Diamagnético
N_2O_3 Trióxido de dinitrogênio		(10) (11)	Diamagnético
N_2O_5 Pentóxido de dinitrogênio		(12) (13)	Diamagnético

— – *Par eletrônico do octeto;* ∘ – *Elétron desemparelhado;* ∘→ – *Par eletrônico coordenado.*
Fonte: Durrant & Durrant, 1970; Lee, 1980; Cotton et al., 1999; Christen, 1977.

Em termos de balanço de massa, é a soma das concentrações do óxido de nitrogênio (II) e óxido de nitrogênio (IV).

- $\mathbf{NO_y} = (\mathbf{NO_x} + N_2O_5 + NO_3 + HNO_3 + \text{nitratos orgânicos [PAN etc.]} + \text{nitratos particulados})$.

Em termos de balanço de massa, é a soma das concentrações do óxido de nitrogênio (II), óxido de nitrogênio (IV) e outros derivados oxidantes, entre eles o PAN (peroxilalquilnitrato).

- $NO_z = (NO_y - NO_x) = (N_2O_5 + NO_3 + HNO_3 +$ nitratos orgânicos [PAN etc.] + nitratos particulados).

Em termos de balanço de massa, corresponde à diferença entre os valores de $NO_y - NO_x$.

Óxido nitroso, N_2O

O gás nitroso da atmosfera tem sua origem em reações microbiológicas de denitrificação do solo e de sistemas aquáticos, onde se forma em condições especiais de pe (pe = $-\log a_e$) e pH (pH = $-\log a_{H^+}$). Após o N_2, é um gás nitrogenado abundante da atmosfera.

Uma das principais fontes do $N_2O_{(g)}$ é a reação de denitrificação provocada por muitos organismos que reduzem o nitrato, NO_3^- a óxido nitroso, $N_2O_{(g)}$, e, conforme as condições, a $N_{2(g)}$, segundo Reações (R-7.54) e (R-7.55).

$$C_6H_{12}O_6 + 6\ NO_{3\ (aq)}^- \xrightarrow[\substack{\text{ambiente} \\ \text{anaeróbico}}]{\substack{\text{organismo} \\ \text{denitrificante}}} 6CO_{2(g)} + 3H_2O + 6HO^- + 3N_2O_{(g)} \qquad \text{(R-7.54)}$$
(biomassa)

$$5C_6H_{12}O_6 + 24NO_{3\ (aq)}^- \xrightarrow[\substack{\text{ambiente} \\ \text{anaeróbico}}]{\substack{\text{organismo} \\ \text{denitrificante}}} 30CO_{2(g)} + 18H_2O + 24HO^- + 12N_{2(g)} \qquad \text{(R-7.55)}$$
(biomassa)

Na troposfera o N_2O auxilia no efeito estufa. Em função da sua pouca reatividade, apresenta um longo tempo de vida na troposfera e daí é transportado para a estratosfera, onde, por reação fotoquímica e química, sofre uma série de transformações, conforme visto no *Capítulo 4 – Ciclos Biogeoquímicos dos Principais Componentes da Atmosfera.*

$$N_2O + h\nu_{(\Delta < 290\,\text{nm})} \quad \rightarrow \quad N_2 + O(^1D) \qquad \text{(R-7.56)}$$

Com o oxigênio no estado singlete (^1O) reage dando as Reações (R-7.57) e (R-7.58).

$$N_2O + O \quad \rightarrow \quad N_2 + O_2 \qquad \text{(R-7.57)}$$

$$N_2O + O(^1D) \quad \rightarrow \quad 2NO \qquad \text{(R-7.58)}$$

A abundância do N_2O na atmosfera, em meados de 1990, era de 310 ppb com um tempo de vida de 150 anos e é um gás participante do efeito estufa.

Óxidos de nitrogênio, NO, NO_2 e N_2O_4

O óxido de nitrogênio (II) é um gás incolor que pode ser obtido em laboratório. A título de experimentação, coloca-se em um copo erlenmeyer de 500 mL pedaços de fio de cobre metálico (decapado, isto é, desengordurado e sem nenhuma oxidação superficial) com uma solução aquosa de ácido nítrico (1v:1v), tapando com uma rolha, porém, sem fechar totalmente, para poder despressurizar o copo; assim, forma-se o gás $NO_{(g)}$. A reação é dada pela Equação (R-7.59).

$$3\ Cu_{(metal)} + 8HNO_{3(aq)} \quad \rightarrow \quad 3Cu(NO_3)_{2(aq)} + 4H_2O_{(líq)} + 2NO_{(g)} \qquad \text{(R-7.59)}$$

Pela fórmula canônica (3) da Tabela 7.3 observa-se que o $^{\bullet}NO_{(g)}$ possui um elétron desemparelhado, representado por ($^{\bullet}$), que o torna mais reativo. Com a presença de $O_{2(ar)}$ se transforma em óxido de nitrogênio (IV), $NO_{2(g)}$, que possui uma coloração marrom e que imediatamente é observado no interior do copo.

$$NO_{(g)} + O_{(atômico)} \quad \rightarrow \quad \underset{\text{marrom}}{NO_{2(g)}} \qquad \text{(R-7.60)}$$

Pelas fórmulas canônicas (4) a (7), da Tabela 7.3 observa-se que o $^{\bullet}NO_{2(g)}$ também possui um elétron desemparelhado, que lhe dá maior reatividade e reage com outra molécula formando o dímero $N_2O_{4(vapor)}$ incolor, conforme Reação (R-7.61).

$$\underset{\text{marrom}}{NO_{2(g)}} + NO_{2(g)} \quad \rightarrow \quad \underset{\text{incolor}}{N_2O_{4(vapor)}} \quad \Delta H = -58{,}0\ \text{kJ mol}^{-1} \qquad \text{(R-7.61)}$$

A reação é espontânea e libera 58,0 kJ mol^{-1} (observação: não confundir o valor desta energia com o valor $\Delta_f H^0$ da Tabela 7.4). Sua estrutura encontra-se na Tabela 7.3 (8) e (9). É evidente que estas reações ocorridas em laboratório se dão na atmosfera. Conforme descrito no *Capítulo 4 – Ciclos Biogeoquímicos dos Principais Componentes da Atmosfera*, a origem da maior parte do NO$_{(g)}$ descartado na atmosfera corresponde aos processos de combustão, principalmente nos motores a explosão. Nestes, o objetivo não é "queimar" o nitrogênio, porém, como se encontra misturado com o oxigênio do ar, que é o comburente, em reação secundária reage com N$_2$. Em temperaturas elevadas, e em proporção estequiométrica ideal, o que se observa é a Reação (R-7.62).

$$N_{2(g)} + O_{2(g)} \xrightarrow{\Delta} 2NO_{(g)} \quad \Delta H = +91{,}3 \text{ kJ mol}^{-1} \quad \text{(R-7.62)}$$

(Observação: o símbolo Δ colocado em uma equação química significa que a mesma está se realizando com o fornecimento de calor).

Para ocorrer a Reação (R-7.62), nas condições-padrão, é necessário +91,3 kJ mol^{-1}. É uma reação endotérmica. Porém, como o "ambiente da reação", isto é, o cilindro do motor, a fornalha, o vaso de reação etc. onde ocorre a reação, está à alta temperatura a formação do NO é favorecida. A Figura 7.11 mostra o comportamento do log [NO] como função da temperatura, em uma mistura contendo 75% de N$_{2(g)}$ e 3% de O$_{2(g)}$ (Manahan, 1994). Observa-se que, à medida que aumenta a temperatura, o equilíbrio se desloca no sentido de formar mais NO$_{(g)}$.

Tabela 7.4 Propriedades Termodinâmicas de Algumas Substâncias Componentes da Atmosfera e no Estado Gasoso

Espécie	$\Delta_f H^0$ (kJ mol^{-1})	$\Delta_f G^0$ (kJ mol^{-1})	Espécie	$\Delta_f H^0$ (kJ mol^{-1})	$\Delta_f G^0$ (kJ mol^{-1})
H$_{(atômico)}$	+218,0	+203,3	NO	+91,3	+87,7
H$_2$O$_{(g)}$	–241,8	–228,6	NO$_2$	+33,2	+51,3
HO•	+39,0	+34,2	N$_2$O	+81,6	+103,7
HO$_2$•	+10,5	+22,6	N$_2$O$_3$	+86,6	+142,4
H$_2$O$_{2(g)}$	–136,3	–105,6	N$_2$O$_4$	+11,1	+99,8
O$_{(atômico)}$	+249,2	+231,7	N$_2$O$_5$	+13,3	+117,1
O$_3$	+142,7	+163,2	Cl$_{(atômico)}$	+121,3	+105,3

Fonte: Durrant & Durrant, 1970; Lide, 1997; Finlayson-Pitts & Pitts, Jr., 2000; Stumm & Morgan, 1996.

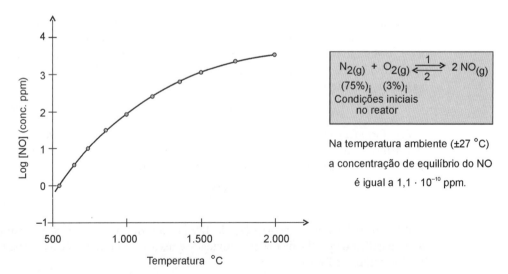

Figura 7.11 Logaritmo da concentração de NO$_{(g)}$ em função da temperatura, em uma mistura inicial de 75% de N$_{2(g)}$ e 3% de O$_{2(g)}$. Fonte: Manahan, 1994.

Uma interpretação do mecanismo da Reação (R-7.62), que acontece durante a combustão, admite que inicialmente há uma dissociação das moléculas de $N_{2(g)}$ e $O_{2(g)}$ catalisada por um terceiro corpo M (podendo ser as paredes do vaso, moléculas presentes no processo, uma brasa etc.), depois a reação.

$$N_{2(g)} \quad \overset{M}{\underset{\Delta}{\rightarrow}} \quad N_{(atômico)} + N_{(atômico)} \quad \Delta H = +940,5 \text{ kJ mol}^{-1} \tag{R-7.63}$$

$$O_{2(g)} \quad \overset{M}{\underset{\Delta}{\rightarrow}} \quad O_{(atômico)} + O_{(atômico)} \quad \Delta H = +493,2 \text{ kJ mol}^{-1} \tag{R-7.64}$$

E, finalmente, a reação entre os dois elementos no estado atômico, isto é, com os seus elétrons desemparelhados, prontos para a formação do enlace covalente.

$$N_{(atômico)} + O_{(atômico)} \quad \rightarrow \quad NO_{(g)} \tag{R-7.65}$$

Pela Figura 7.12, parte escura, observa-se que a formação de $NO_{(g)}$ na combustão da mistura propulsiva dos motores está ligada à estequiometria do combustível e comburente.

Nada impede que, nas condições adequadas do ambiente, se forme também o $NO_{2(g)}$, pois o $O_{(atômico)}$ presente com seus elétrons desemparelhados está propício à Reação [R-7.60].

$$NO_{(g)} + O_{(atômico)} \quad \rightarrow \quad \underset{\text{marrom}}{NO_{2(g)}} \tag{R-7.60}$$

A soma de $NO_{(g)} + NO_{2(g)}$ denominamos **NO_x**, que é descartado para o meio ambiente, a atmosfera.

7.4.2 Reações dos NO_x na atmosfera

O $NO_{(g)}$, encontrando-se na atmosfera (seja descartado ou ali formado), pode sofrer diversas transformações químicas e fotoquímicas, entre elas:

a. Reações químicas

Oxidação do $NO_{(g)}$ aos estados de oxidação: IV, V e VI

Estas reações ocorrem, em geral, em um meio poluído próprio de um "*smog*" fotoquímico onde se encontram *ozônio* e/ou *radical hidroperoxilo*, conforme Reações (R-7.66) e [R-7.10], a seguir.

$$NO_{(g)} + \underset{\text{ozônio}}{O_{3(g)}} \quad \rightarrow \quad NO_{2(g)} + O_{2(g)} \tag{R-7.66}$$

$$NO_{(g)} + \underset{\text{radical hidroperoxilo}}{HOO^{\bullet}_{(g)}} \quad \rightarrow \quad HO^{\bullet}_{(g)} + NO_{2(g)} \tag{R-7.10}$$

Esta Reação [R-7.10] já foi vista no item 7.2 (Destino do CO atmosférico), neste capítulo.

$$NO_{(g)} + \underset{\text{radical alquilperoxilo}}{ROO^{\bullet}_{(g)}} \quad \rightarrow \quad NO_{2(g)} + RO^{\bullet}_{(g)} \tag{R-7.67}$$

Em situações peculiares, forma-se o NO_3

$$NO_{2(g)} + O_{(atômico)} + M \quad \rightarrow \quad NO_{3(g)} + M \tag{R-7.68}$$

$$NO_{2(g)} + \underset{\text{ozônio}}{O_{3(g)}} \quad \rightarrow \quad NO_{3(g)} + O_{2(g)} \tag{R-7.69}$$

A reação do NO_3 com o NO_2 forma o N_2O_5, com nitrogênio no estado de oxidação V, conforme Reação (R-7.70).

$$NO_{2(g)} + NO_{3(g)} \quad \rightarrow \quad N_2O_{5(g)} \tag{R-7.70}$$

178 Capítulo Sete

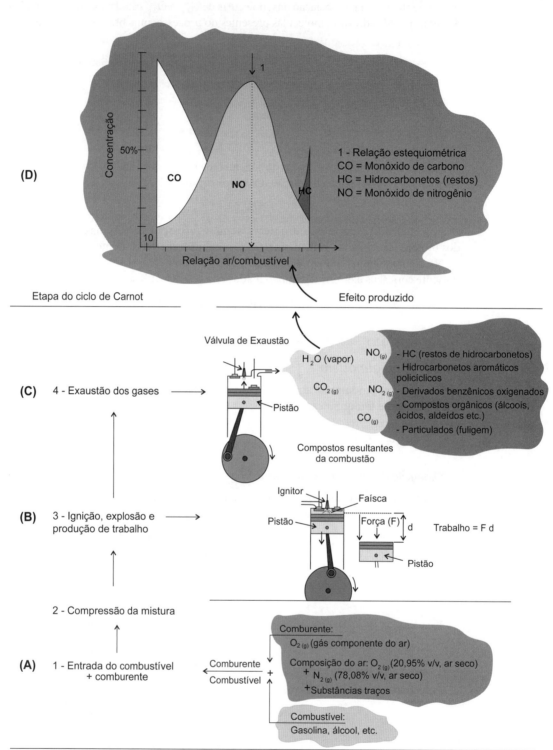

Legenda (A) Etapa inicial - *Introdução do combustível e do comburente* no reator do motor. (B) Momento da *explosão da mistura* e criação da força F, convertida em trabalho. (C) Momento da *exaustão* dos gases da combustão. (D) Visualização da proporção de formação dos gases NO, CO e HC em função da razão da mistura ar (comburente)/combustível (1).

Figura 7.12 Relação entre a estequiometria da mistura comburente/combustível e a formação de $NO_{(g)}$. Fonte: Perry & Slater, 1981.

Reação de formação do ácido nítrico

A abundância do radical hidroxilo $HO^{\bullet}_{(g)}$ na troposfera oxida o NO_2 a nitrogênio V

$$NO_{2(g)} + HO^{\bullet}_{(g)} \quad \rightarrow \quad HNO_{3(\text{gás-particulado})} \qquad \text{(R-7.71)}$$

O óxido N_2O_5 com a água da atmosfera também forma o ácido nítrico.

$$N_2O_{5(g)} + H_2O_{(\text{vapor})} \quad \rightarrow \quad 2\,HNO_{3(\text{gás-particulado})} \qquad \text{(R-7.72)}$$

Formação de precipitação ácida (chuva ácida)

O ácido nítrico formado, conforme reações acima, dissocia-se na água da atmosfera liberando os prótons, segundo Reação (R-7.73).

$$HNO_{3(\text{particulado})} + H_2O_{(\text{vapor})} \quad \rightarrow \quad H_3O^+_{(aq)} + NO_3^-_{(aq)} \qquad \text{(R-7.73)}$$

A precipitação deste ácido forte, via chuva, caracteriza a "chuva ácida".

b. Reações fotoquímicas

Comprimentos de onda de $\lambda < 398$ nm fotodissociam o $NO_{2(g)}$, segundo a Reação (R-7.74).

$$NO_{2(g)} + h\nu_{(290 < \lambda < 398\,\text{nm})} \quad \rightarrow \quad NO_{(g)} + O(^3P)_{(\text{atômico})} \qquad \text{(R-7.74)}$$

Comprimentos de onda de $\lambda > 430$ nm apenas excitam a molécula de $NO_{2(g)}$, segundo a Reação (R-7.75).

$$NO_{2(g)} + h\nu\,(\lambda < 430\,\text{nm}) \quad \rightarrow \quad NO_2{}^* \qquad \text{(R-7.75)}$$
$$\text{molécula excitada}$$

A molécula de HNO_3 pode também fotodissociar reestruturando o $NO_{2(g)}$ e o radical hidroxilo.

$$HNO_{3(g)} + h\nu \quad \rightarrow \quad HO^{\bullet}_{(g)} + NO_{2(g)} \qquad \text{(R-7.76)}$$

A Figura 4.9, *Capítulo 4 – Ciclos Biogeoquímicos dos Principais Componentes da Atmosfera*, agrupa todas estas reações em um quadro explicativo, no qual se apresentam três espécies definidas, conforme Reação (R-7.77), e os respectivos reagentes ou fótons para cada sentido das reações, que não estão presentes.

$$NO_{(g)} \underset{\text{sentido 2}}{\overset{\text{sentido 1}}{\rightleftarrows}} NO_{2(g)} \underset{\text{sentido 2}}{\overset{\text{sentido 1}}{\rightleftarrows}} HNO_{3(g)} \qquad \text{(R-7.77)}$$

7.4.3 Efeitos do NO_x

Na atmosfera

O NO_x participa em diversos fenômenos atmosféricos globais, como, por exemplo:

"**Smog fotoquímico**": Na troposfera, o NO e o NO_2 fazem parte dos componentes do "*smog*" fotoquímico, conforme será estudado no *Capítulo 9 – Smog Fotoquímico*. Um dos produtos de "final de cadeia de reação" é o PAN (Nitrato de Peroxil Alquila), composto oxidante, cujo destino na atmosfera é a precipitação seca ou úmida, que provoca reações de oxidação no material de contato (plantas, solo, plásticos, borrachas etc.).

"**Depleção do ozônio**": Na estratosfera e parte da mesosfera, região da camada de ozônio, o NO_x participa na "depleção do ozônio" de forma natural em um ambiente despoluído e principalmente quando poluído pelos CFCs. A atmosfera natural mantém o equilíbrio da abundância do ozônio na estratosfera e parte da mesosfera, conforme reações abaixo.

$$O_{2(g)} + h\nu_{(\Delta < 242\,\text{nm})} \quad \rightarrow \quad O_{(\text{atômico})} + O_{(\text{atômico})} \qquad \text{(R-7.78)}$$

Reações naturais de controle do O_3.

$$O_{3(g)} + O_{(g)} \quad \rightarrow \quad O_{2(g)} + O_{2(g)} \qquad \text{(R-7.79)}$$

$$O_{3(g)} + NO_{(g)} \quad \rightarrow \quad NO_{2(g)} + O_{2(g)} \qquad \text{(R-7.80)}$$

180 Capítulo Sete

Em ambiente poluído com CFCs, por uma reação fotoquímica este é dissociado formando o $Cl^\bullet_{(g)}$ que dá início à decomposição catalítica do ozônio, conforme as Reações (R-7.80) a (R-7.81).

$$O_{3(g)} + Cl^\bullet_{(g)} \rightarrow O_{2(g)} + ClO_{(g)} \qquad\qquad \textbf{(R-7.81)}$$

E o monóxido de cloro, ClO, reage como catalisador nos processos, Equações (R-7.82), (R-7.80) e (R-7.81), que foram vistas acima.

$$ClO_{(g)} + NO_{(g)} \rightarrow Cl^\bullet_{(g)} + NO_{2(g)} \qquad\qquad \textbf{(R-7.82)}$$
$$+$$
$$O_{3(g)} + Cl^\bullet_{(g)} \rightarrow ClO_{(g)} + O_{2(g)} \qquad\qquad \textbf{[R-7.81]}$$
$$\overline{\phantom{O_{3(g)} + Cl^\bullet_{(g)} \rightarrow ClO_{(g)} + O_{2(g)}}}$$
$$O_{3(g)} + NO_{(g)} \rightarrow NO_{2(g)} + O_{2(g)} \qquad\qquad \textbf{[R-7.80]}$$

A Reação (R-7.80) é a soma das Reações (R-7.82) e (R-7.81). Observa-se que o composto $ClO_{(g)}$ retorna e reinicia o processo de forma catalítica. Portanto, o NO_x é um dos responsáveis pelo controle e pela depleção do ozônio da estratosfera (ou pelo "buraco" de ozônio).

"**Chuva ácida**": conforme demonstrado, o produto final da oxidação do NO é o HNO_3 que dissolvido pela chuva forma um meio ácido (solução ácida), denominado "chuva ácida".

Nas plantas

A exposição de plantas, em laboratório, a concentrações elevadas de $NO_{2(g)}$ causou manchas nas folhas e início de alteração do tecido. A diminuição da função clorofiliana em concentrações baixas constatou-se ser reversível. Descora pigmentos de flores. No entanto, os efeitos mais nefastos são observados nos vegetais, quando o conjunto dos produtos derivados do $NO_{2(g)}$, entre eles o PAN, estão presentes, como no caso do "*smog* fotoquímico", que será estudado mais à frente.

No ser humano e animais

O NO, quando respirado, a nível pulmonar, atua como o monóxido de carbono se liga ao ferro da hemoglobina e diminui a capacidade de transporte do oxigênio. Bioquimicamente o $NO_{(g)}$ é menos tóxico que o $NO_{2(g)}$. A exposição ao gás NO_2 provoca inflamação pulmonar. Dependendo da concentração, resulta em bronquite e insuficiência respiratória, e exposições mais longas a concentrações mais elevadas que 500 ppm conduzem à morte.

Não há comprovação sobre o caráter carcinogênico, mutagênico e teratogênico do $NO_{2(g)}$. Experimentos em seres humanos em concentrações moderadas têm tido respostas muito variadas. Existem indicativos de que concentrações de 0,5 ppm aumentam o risco de infecções pulmonares.

O tempo de exposição ao $NO_{2(g)}$ tem sido difícil de estabelecer. Com base em mudanças nas funções pulmonares de pessoas asmáticas expostas a concentrações de 0,3 ppm, foram estabelecidas as seguintes orientações: 0,21 ppm para uma hora de exposição e 24 horas para a concentração de 0,08 ppm.

Em humanos, de um modo geral, os sintomas encontrados foram: tosse, bronquite crônica, aumento das doenças pulmonares respiratórias agudas, em casos graves a morte por edema pulmonar ou asfixia.

O Quadro 7.3 apresenta o que os Manuais recomendam ao tratar da periculosidade, (toxicidade, inflamabilidade, corrosividade, explosividade etc.) dos produtos químicos, entre eles os NO_x.

7.4.4 Controle das emissões de NO_x

Automotores: Conforme visto, a maior fonte do NO_x na atmosfera são os processos de combustão, e, destes, os automotores. Estes engenhos nos últimos anos aumentaram em uma função exponencial, e a concentração de NO_x na atmosfera dos grandes centros, juntamente com a formação dos "*smogs* fotoquímicos", começou a preocupar. Pela Figura 7.12, a estequiometria da relação ar (oxigênio)/combustível que leva um carro a um bom desempenho forma maior quantidade de NO. O aumento da formação de NO é proporcional diretamente à temperatura e à alta concentração de $O_{2(ar)}$. O problema também está que a otimização do $NO_{(g)}$ desregula a formação de CO e de restos de hidrocarbonetos. Por isto, para automotores a melhor forma de controlar o descarte de NO para a atmosfera é o uso de um catalisador apropriado no sistema de escapamento dos gases de exaustão do motor.

Compostos Inorgânicos Gasosos da Atmosfera **181**

Quadro 7.3 Cuidados e Precauções a Serem Tomados com os Compostos Oxigenados do N da Atmosfera ($NO_{(g)}$, $NO_{2(g)}$, $N_2O_{4(g)}$ e $HNO_{3(liq)}$)

HR: 3(†)

Óxido de Nitrogênio (II), Óxido Nítrico, $NO_{(g)}$

Propriedades: Gás incolor. Solto na atmosfera, oxida-se a dióxido de nitrogênio ($NO_{2(g)}$), que é um gás cor vermelho-marrom de odor pungente.

Perfil de periculosidade: Altamente tóxico por inalação. Trabalhar em capela de preferência. TLV (Threshold Limit values) 25 ppm (30 mg m^{-3}). Na realidade, admitem-se como efeitos tóxicos os do $NO_{2(g)}$, pois o $NO_{(g)}$, conforme falamos, converte-se imediatamente em NO_2 quando na atmosfera, isto é, em presença de $O_{2(g)}$. Pequenas exposições provocam irritações pulmonares. Depois, edemas pulmonares e finalmente a morte. Altamente endotérmico e um agente oxidante ativo. O líquido pode detonar na ausência de combustível.

HR: 3(†)

Dióxido de Nitrogênio, $NO_{2(g)}$

Propriedades: O dióxido de nitrogênio é um gás vermelho-marrom, que aparece normalmente como subproduto das reações redox dos nitratos (NO_3^-). Dimeriza-se facilmente em tetróxido de dinitrogênio ($N_2O_{4(g)}$).

Perfil de periculosidade: Altamente tóxico por inalação. Irrita o sistema respiratório. RL (*Recommended Limits*) = 3 ppm (5 mg m^{-3}). Tem efeito irritante sobre o sistema respiratório. Antes de causar efeitos nos pulmões, provoca fraquezas, calafrios, dores de cabeça, náuseas etc.; em casos mais severos, convulsões, podendo ocorrer asfixia. Reage violentamente e muitas vezes explosivamente, com diversos materiais.

HR: 3(†)

Ácido Nítrico, $HNO_{3(liq)}$

Propriedades: Líquido transparente, incolor, fumegante, sufocante, corrosivo. PF = –42 ºC; PE = 83 ºC.

Perfil de periculosidade: Venenoso e corrosivo por ingestão. Experimentalmente teratogênico e mutagênico. Corrosivo aos olhos, pele, mucosas etc. Seus vapores são irritantes e tóxicos. É um poderoso agente oxidante. Forma misturas explosivas com diversos reagentes. Ao ser aquecido, emite gases NOx e $HNO_{3(v)}$.

(†) HR (Hazardous Rate): 3 = Grau de periculosidade máximo, segundo Lewis (1996). Fonte: Luxon, 1992; Bretherick, 1986; Lewis, 1996; Budavari, 1996; O'Malley, 2009; MSDS (Material Safety Data Sheets), 2013.

Os catalisadores para esta finalidade são constituídos de metais de transição (Co, Ni, Cu, Pt, Pd, Ru, Rh), ou de seus compostos, como CuO, $CuCrO_4$, entre outros. O processo catalisa a eliminação de dois componentes tóxicos dos gases de exaustão dos motores: NO e CO. As reações básicas são as seguintes.

$$2NO_{(g)} + CO_{(g)} \underset{\text{catalisador}}{\overset{\text{Pt, Ru, CuO}}{\rightleftarrows}} N_2O_{(g)} + CO_{2(g)} \tag{R-7.83}$$

$$N_2O_{(g)} + CO_{(g)} \underset{\text{catalisador}}{\overset{\text{Pt, Ru, CuO}}{\rightleftarrows}} N_{2(g)} + CO_{2(g)} \tag{R-7.84}$$

Conforme Reação (R-7.84), ao final saem do escapamento do carro $CO_{2(g)}$ + $N_{2(g)}$ em vez de $CO_{(g)}$ e $NO_{(g)}$.

Estruturas (Plantas) de Produção de Energia: Em sistemas de produção de energia pela combustão de material orgânico (fóssil ou não), em que o investimento é compensatório, há uma redução da produção de $NO_{(g)}$ mediante um sistema de combustão em *dois estágios*.

Primeiro estágio: A queima do combustível é realizada em uma temperatura relativamente alta com uma relação de ar (oxigênio)/combustível um pouco abaixo da relação estequiométrica ideal (por exemplo, 90-95% da relação ideal). Nesta etapa, a formação de NO é limitada pela ausência de $O_{2(g)}$.

Segundo estágio: Nesta etapa, a combustão da mistura explosiva é completada, porém, agora em uma temperatura mais baixa e em excesso de ar ($O_{2(g)}$). Conforme Figura 7.11, nestas condições forma-se menos $NO_{(g)}$.

Chaminés industriais: A remoção do NO_x de chaminés exige maior investimento, pois o NO é pouco solúvel em água para se utilizar um "sistema lavador de gases". Isto implica uma etapa anterior de oxidação do $NO_{(g)}$ a compostos com N em estados de oxidação mais elevados, por exemplo, N_2O_3, N_2O_5, HNO_3 etc., que são mais solúveis em água.

182 Capítulo Sete

Pode-se usar uma redução catalítica do $NO_{(g)}$ de chaminés com metano, $CH_{4(g)}$, conforme Reação (R-7.85).

$$4NO_{(g)} + CH_{4(g)} \xrightleftharpoons{\text{catalisador}} 2N_{2(g)} + CO_{2(g)} + 2H_2O \qquad \text{(R-7.85)}$$

A maior parte – para não dizer todos – dos processos utilizados na redução do NO_X de gases descartados para a atmosfera custa caro e sofre desgastes, em razão da necessidade de manutenção e reposição sistemática de material.

7.5 Amoníaco, $NH_{3(g)}$

7.5.1 Fonte

Biogênese

Conforme o ciclo biogeoquímico do nitrogênio, visto no *Capítulo 4 – Ciclos Biogeoquímicos dos Principais Componentes da Atmosfera*, uma de suas origens é de natureza biológica. Por exemplo, a fixação simbiótica e assimbiótica do nitrogênio da atmosfera. Muitos micro-organismos que vivem em simbiose (vida em comum entre dois seres de raças distintas, em que cada um tem seus benefícios desta convivência) com algumas espécies de leguminosas contribuem com a maior parte da fixação do nitrogênio atmosférico. Entre estes micro-organismos encontramos as diferentes raças do *Rhizobium leguminosarum*. O processo não é bem conhecido, mas, admite-se que se desenvolve, provavelmente, nas etapas (R-7.86) e (R-7.87), porém, existem outras interpretações desta síntese.

$$N_{2(\text{gás atmosfera})} + 2H^+_{(aq)} + 2H_2O_{(líq)} \xrightarrow[\substack{\text{catalisador} \\ (Fe^{2+}\text{-Enzima})}]{Rhizobium} 2NH_2OH_{(aq)} \atop (\text{hidroxilamina}) \qquad \text{(R-7.86)}$$

$$NH_2OH_{(aq)} + H_2O_{(líq)} \xrightarrow[\substack{\text{catalisador} \\ (Fe^{2+}\text{-Enzima})}]{Rhizobium} NH_{3(aq)} + 2HO^-_{(aq)} \qquad \text{(R-7.87)}$$

No ambiente, o $NH_{3(aq)}$ reage com a água e forma o hidróxido de amônio, NH_4OH, onde o $NH_4^+_{(aq)}$ é a forma assimilável pela biota.

$$NH_{3(\text{g ou aquoso})} + H_2O_{(líq)} \rightleftarrows NH_4^+_{(aq)} + HO^-_{(aq)} \qquad \text{(R-7.88)}$$

Neste processo todo, sob a influência da temperatura e pressão, o $NH_{3(g)}$ pode volatilizar-se e ir para a atmosfera, como emissões do solo (6,0-45 Tg a^{-1} de N). Os processos de mineralização da matéria orgânica nitrogenada, conforme visto no *Capítulo 4 – Ciclos Biogeoquímicos dos Principais Componentes da Atmosfera*, conduzem à formação do "composto mineral", $NH_{3(g)}$, que também, como gás, vai para a atmosfera. A perda, via processos que ocorrem nos oceanos, é da ordem de 5-15 Tg a^{-1} de N.

Antropogênese

A ação antrópica começou a formar o NH_3 em valores significativos a partir de: esgotos sanitários urbanos (2,6-4,0 Tg a^{-1} de N); resíduos de estábulos e pocilgas (20-40 Tg a^{-1} de N); perdas na síntese e aplicação de fertilizantes amoniacais e mesmo nitrogenados quando em ambientes anaeróbicos (5-10 Tg a^{-1} de N); combustão de materiais fósseis (0,1-2,2 Tg a^{-1} de N); não fósseis (biomassa) (1-9 Tg a^{-1} de N); indústria (0,2 Tg a^{-1} de N).

7.5.2 Reações do $NH_{3(g)}$ na atmosfera

É um composto gasoso da atmosfera de caráter básico. Ao chegar na troposfera, dependendo do ambiente, encontra uma série de compostos químicos, como ácidos e óxidos de caráter ácido, cuja reação fica caracterizada por *reação ácido-base*. Exemplos:

Ácidos

Com o ácido nítrico formado na atmosfera a partir de **NO**$_x$, conforme visto, forma o sal nitrato de amônio, higroscópico, que com água da própria atmosfera forma um particulado, conforme Reação (R-7.89).

$$NH_{3(g\ ou\ aquoso)} + HNO_{3(part)} \rightleftarrows NH_4NO_{3(part)} \qquad \text{(R-7.89)}$$

Com o ácido sulfúrico acontece o mesmo, podendo formar o hidrogenossulfato ou o próprio sulfato de amônio, Reações (R-7.90) e (R-7.91).

$$NH_{3(g\ ou\ aquoso)} + H_2SO_{4(part)} \rightleftarrows NH_4HSO_{4(part)} \qquad \text{(R-7.90)}$$

$$2NH_{3(g\ ou\ aquoso)} + H_2SO_{4(part)} \rightleftarrows (NH_4)_2SO_{4(part)} \qquad \text{(R-7.91)}$$

Com o ácido nitroso (HNO_2) e o ácido sulfuroso (H_2SO_3) também encontrados na atmosfera sucedem reações semelhantes.

Óxidos

Em geral, a reação com os óxidos necessita da presença de água, a qual existe naturalmente na troposfera. Retornando à Equação [R-7.72], tem-se um exemplo da reação entre um óxido ácido e água.

$$N_2O_{5(aq)} + H_2O_{(vapor)} \rightleftarrows 2HNO_{3(part)} \qquad \text{[R-7.72]}$$
$$+$$
$$2NH_{3(g\ ou\ aquoso)} + 2HNO_{3(part)} \rightleftarrows 2NH_4NO_{3(part)} \qquad \text{[R-7.89]}$$
$$\overline{\phantom{2NH_{3(g\ ou\ aquoso)} + N_2O_{5(aq)} + H_2O_{(vapor)} \rightleftarrows 2NH_4NO_{3(part)}}}$$
$$2NH_{3(g\ ou\ aquoso)} + N_2O_{5(aq)} + H_2O_{(vapor)} \rightleftarrows 2NH_4NO_{3(part)} \qquad \text{(R-7.92)}$$

Com o $SO_{2(g)}$ forma o sulfito de amônio, Reação (R-7.93).

$$2NH_{3(g\ ou\ aquoso)} + SO_{2(g)} + H_2O_{(vapor)} \rightleftarrows (NH_4)_2SO_{3(part)} \qquad \text{(R-7.93)}$$

Reação com radical hidroxilo, $HO^{\bullet}_{(g)}$

$$2NH_{3(g\ ou\ aquoso)} + HO^{\bullet}_{(g)} \rightleftarrows H_2N^{\bullet}_{(g)} + H_2O_{(v)} \qquad \text{(R-7.94)}$$

Por sua vez, o radical $H_2N^{\bullet}_{(g)}$ pode reagir com O_2, NO, NO_2 ou O_3, todos gases componentes da troposfera, conforme segue, para alguns casos:

Reações possíveis com $O_{2(g)}$

$$H_2N^{\bullet}_{(g)} + O_{2(g)} \rightleftarrows H_2NO_2{}^{\bullet}_{(g)} \qquad \text{(R-7.95)}$$

$$H_2N^{\bullet}_{(g)} + O_{2(g)} \rightleftarrows NO_{(g)} + H_2O \qquad \text{(R-7.96)}$$

$$H_2N^{\bullet}_{(g)} + O_{2(g)} \rightleftarrows HO^{\bullet}_{(g)} + HNO \qquad \text{(R-7.97)}$$

Reação com o NO

$$H_2N^{\bullet}_{(g)} + NO_{(g)} \rightleftarrows N_{2(g)} + H_2O_{(g)} \qquad \text{(R-7.98)}$$

Reação com $NO_{2(g)}$

$$H_2N^{\bullet}_{(g)} + NO_{2(g)} \rightleftarrows N_2O_{(g)} + H_2O_{(g)} \qquad \text{(R-7.99)}$$

7.5.3 Destino do $NH_{3(g)}$ da atmosfera

Pelas reações químicas colocadas acima, o $NH_{3(g)}$ da atmosfera reage com componentes da atmosfera, formando compostos particulados que, como o próprio $NH_{3(g)}$, dissolvem-se na água e são precipitados por via seca na forma de particulados ou na via úmida "varridos" pela chuva.

O Quadro 7.4. apresenta o perfil de periculosidade do $NH_{3(g)}$, é claro, em condições próprias de concentração.

184 Capítulo Sete

> **Quadro 7.4** Cuidados e Precauções a Serem Tomados na Manipulação do $NH_{3(g)}$
>
> HR: 3(†)
> **Amônia, $NH_{3(g)}$**
> **Propriedades:** Gás incolor de odor pungente. PF = –77,7 ºC; PE = –35 ºC. Muito solúvel na água, formando a solução de hidróxido de amônio.
> **Perfil de periculosidade:** Gás irritante do sistema respiratório e dos olhos. Tóxico por inalação. Gás não inflamável, porém, forma misturas explosivas com o ar (limites explosivos 16–25%).

(†) HR (Hazardous Rate): 3 = Grau de periculosidade máximo, segundo Lewis (1996). Fonte: Luxon, 1992; Bretherick, 1986; Lewis, 1996; Budavari, 1996; O'Malley, 2009; MSDS (Material Safety Data Sheets), 2013.

7.6 Chuva Ácida

Conforme visto, o $SO_{2(g)}$ da atmosfera chega a H_2SO_4, que é o ácido sulfúrico, e o NO_x chega a ácido nítrico, HNO_3. Os dois ácidos são fortes, isto é, em solução aquosa liberam totalmente seus prótons. É evidente que os particulados formados, na forma aquosa, conforme reações vistas:

Para o ácido sulfúrico:

$$H_2SO_{4(líq)} + H_2O_{(líq)} \rightleftarrows H_3O^+_{(aq)} + HSO_4^-_{(aq)} \qquad [\text{R-7.33}]$$

$$HSO_4^-_{(aq)} + H_2O_{(líq)} \rightleftarrows H_3O^+_{(aq)} + SO_4^{2-}_{(aq)} \qquad [\text{R-7.34}]$$

Para o ácido nítrico:

$$HNO_{3(particulado)} + H_2O_{(vapor)} \rightarrow H_3O^+_{(aq)} + NO_3^-_{(aq)} \qquad [\text{R-7.73}]$$

Por si, sob a ação da gravidade ou com a chuva precipitam. A solução é fortemente ácida, pH < 3,0, formando a "chuva ácida" característica de uma atmosfera poluída.

7.7 Referências Bibliográficas e Sugestões para Leitura

BARKER, J. R. [Editor] **Progress and problems in atmospheric chemistry**. London: WS - World Scientific, 1995. 940 p.

BENN, F. R.; McLIFFE, C. A. **Química e poluição**. Tradução de Luiz R. M. Pitombo e Sérgio Massaro. São Paulo: Universidade de São Paulo, 1974. 134 p.

BETEJTIN, A. **Curso de Mineralogia**, 3. ed., tradução de L. Vládov. Moscú: MIR, 1977. p. 739.

BRASSEUR, G. P.; ORLANDO, J. J.; TYNDALL, G. S. **Atmospheric chemistry and global change**. Oxford (England): Oxford University, 1999. 654 p.

BRETHERICK, L. [Editor] **Hazards in the Chemical Laboratory**. 4. ed. London: The Royal Society of Chemistry, 1986. 604 p.

BRIMBLECOMBE, P. **Air composition & chemistry**. 2. ed. Cambridge (UK): Cambridge University, 1996. 253 p.

BUDAVARI, S. [Editor] **The Merck Index**. 12. ed. Whitehouse Station, NJ. USA: MERCK & CO, 1996.

CHRISTEN, H. R. **Fundamentos de la química general e inorgânica**. Versión española por José Beltrán. Barcelona: Editorial Reverté, 1977. Volumes I e II.

COTTON, F. A.; WILKINSON, G.; MURILLO, C. A.; BOCHMANN, M. **Advanced inorganic chemistry**. 6. ed. New York: John Wiley, 1999. 1355 p.

DURRANT, P. J.; DURRANT, B. **Introduction to advanced inorganic chemistry**. 2. ed. London: Longman, 1970. 1250 p.

FINLAYSON-PITTS, B. J.; PITTS Jr., J. N. **Chemistry of the upper and lower atmosphere – Theory, experiments, and applications**. London: Academic, 2000. 969 p.

HOUGHTON, J. T.; MEIRA FILHO, L. G.; CALLANDER, B. A.; et al. (Editors) **Climate change 1995**. Cambridge: Cambridge Universsity, 1998. 572 p.

KERR, J. A. **Strength of chemical bonds**. In: LIDE, D. R. [Editor] **Handbook of chemistry and physics**. 77. ed. New York: CRC, 1996-1997.

LEE, J. D. **Química inorgânica**. 3. ed. Tradução de Juergen Heinrich Maar, São Paulo: Edgard Blücher, 1980. p. 484.

LEWIS, R. J. **SAX'S Dangerous properties of industrial materials**. 9. ed. New York: Van Nostra and Reinhold, 1996. Volumes: I, II and III.

LIAS, S. G. Ionization potentials of gas-phase molecules. In: LIDE, D. R. [Editor] **Handbook of chemistry and physics**. 77. ed. New York: CRC, 1996-1997.

LIDE, D. R. [Editor] **Handbook of Chemistry and Physics**. 77. ed. New York: CRC, 1996-1997.

LUXON, S. G. [Editor] **Hazards in the chemical laboratory**. 5. ed. Cambridge: Royal Society of Chemistry, 1992. 675 p.

MANAHAN, S. E. **Environmental chemistry**. 6. ed. Boca Raton (USA): Lewis, 1994. 811 p.

MSDS. **Where to Find Material Safety Data Sheets on the Internet**. 2013. Disponível em: <http://www.ilpi.com/msds/>. Acessado em: 22 de outubro de 2014.

MUNRO, L. A. **Química em ingenieria**. Traducido por A. Martín. Bilbao: Urmo, S.A. de Ediciones, 1976. 514 p.

O'MALLEY, G. F. [Editor] **Merck Manual – Home Health Handbook**. Germany: Merck, 2009.

PERRY, R.; SLATER, D. H. Poluição do ar. In: BENN, F. R.; McLIFFE, C. A. **Química e poluição**. Tradução de Luiz R. M. Pitombo e Sérgio Massaro. São Paulo: Universidade de São Paulo, 1981. 134 p.

SEINFELD, J. H.; PANDIS, S. N. **Atmospheric chemistry and physics**. New York: John Wiley, 1998. 1326 p.

SERRANO, O. R.; RODRIGUEZ, G. P.; GOES, T. F. van der. **Contaminación atmosférica y enfermidades respiratórias**. México: Secretaria de Salud, Universidad Nacional de México y Fondo de Cultura Econômica, 1993. 228 p.

STUMM, W.; MORGAN, J. J. **Aquatic chemistry – chemical equilibria and rates in natural waters**. New York: John Wiley & Sons, 1996. 1022 p.

vanLOON, G. W.; DUFFY, S. J. **Environmental chemistry – a global perspective**. New York: Oxford University Press Inc., 2001. 492 p.

WILKINS, E. T. Air pollution and the London fog of December 1952, **J.R. Sanitary Inst**, 74, 1-21, 1954.

CAPÍTULO

Compostos Orgânicos Gasosos da Atmosfera

8

8.1 Aspectos Gerais
    8.1.1 Conceitos
    8.1.2 Condições ambientes e estado físico de uma substância

8.2 Princípios da Química do Carbono
    8.2.1 Estrutura da eletrosfera do átomo de carbono nos diversos tipos de compostos

8.3 Compostos Orgânicos Biogênicos da Atmosfera
    8.3.1 Aspectos gerais
    8.3.2 Compostos orgânicos voláteis (COV)

8.4 Compostos Orgânicos de Origem Antrópica Encontrados na Atmosfera
    8.4.1 Aspectos gerais
    8.4.2 Hidrocarbonetos
    8.4.3 Compostos halogenados derivados dos hidrocarbonetos
    8.4.4 Funções orgânicas oxigenadas e derivados

8.5 Referências Bibliográficas e Sugestões para Leitura

8.1 Aspectos Gerais

Antes de entrar no conteúdo propriamente dito, é necessário explicar, conceituar e definir melhor alguns termos utilizados na unidade.

8.1.1   Conceitos

É muito comum falar em *elemento(s) traço(s) componente(s)* de alguma matriz, seja água, solo, ou ar, entre outras. A especificação "traço" caracteriza concentrações muito pequenas (ou baixas) da ordem de 10^{-6} g do elemento por grama da matriz (ppm = partes por milhão) ou menores. O termo "elemento" em química define uma identidade caracterizada por um número atômico (número de prótons = Z) e um certo número de nêutrons. Na natureza, têm-se 92 elementos estáveis, começando com o H (Z = 1) ao U (Z = 92). Além destes, há os elementos instáveis, que, emitindo partículas alfa, beta e gama, decaem radioativamente e transmutam-se em outros estáveis. Na realidade, estes elementos traços encontram-se combinados com outros, como, por exemplo, o oxigênio, formando óxidos.

Ao se falar em *composto(s) traço(s)* faz-se referência não apenas a espécies químicas elementares, mas também a espécies compostas de diversos elementos, por exemplo, o aldeído fórmico (H_2-C=O), o CFC (Cl_2-C-F_2, o diclorodifluormetano), porém, em concentrações iguais ou menores que ppm (mol:mol).

Ao se falar em *composto gasoso* da atmosfera é necessário fazer um esclarecimento sobre o estado físico de uma substância. O estado gasoso, líquido e/ou sólido de uma espécie química depende da maior ou menor interação existente entre as unidades que a constituem nas condições de temperatura e pressão a que estão sujeitas. A mesma substância dependendo destas condições pode existir nos três estados; porém, em momentos em que as referidas condições forem diferentes esses estados físicos podem alterar-se. Nas mesmas condições tem-se o mesmo estado. Sabe-se que as substâncias, nos seus diferentes estados físicos, são constituídas de "unidades" que se repetem, podendo ser formadas de *moléculas*, *átomos*, *íons* e/ou *monômeros*.

A *molécula* de uma substância é o menor conjunto de átomos livres, ligados entre si, que ainda apresenta as propriedades desta substância. Por exemplo, o ozônio é constituído de 3 átomos de O (O_3), o metano é formado de 1 átomo de carbono e 4 átomos de hidrogênio (CH_4) e assim por diante. Em uma molécula a soma das cargas positivas é igual à das negativas. Eletricamente a molécula é neutra. No entanto, a distribuição das cargas positivas na molécula pode ser diferente das negativas e os centros de ação ter pontos diferentes. Quando o ponto de ação das cargas positivas é o mesmo que o das cargas negativas tem-se uma *molécula apolar*, Figura 8.1(A), seu momento dipolar igual a zero ($\mu = 0$). Quando o ponto de ação das cargas positivas

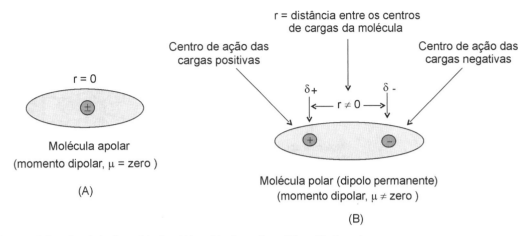

Figura 8.1 Polaridade de moléculas: (A) molécula apolar, e (B) molécula polar.

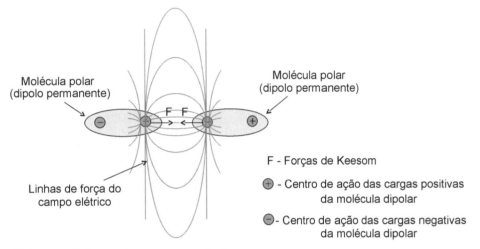

Figura 8.2 *Forças de Keesom*: interações entre dipolos permanentes.

não é o mesmo que o das negativas tem-se uma *molécula polar*, Figura 8.1(B), seu momento dipolar é diferente de zero ($\mu \neq 0$) e seu *dipolo é permanente*.

Em geral, destas substâncias compostas de moléculas, nas condições ambientes, algumas são gases: hidrogênio (H_2); hélio (He); monóxido de carbono (CO); dióxido de carbono (CO_2); propano (C_3H_8); ... Outras são líquidos: água (H_2O); tetracloreto de carbono (CCl_4); benzeno (C_6H_6); octano (C_8H_{18}); e outras são sólidos: glicose ($C_6H_{12}O_6$); iodo (I_2); ... Observa-se que, nestas condições, as *espécies gasosas* apresentam forças de repulsão entre as unidades que a constituem; as *líquidas* possuem forças fracas de coesão entre as unidades que as constituem, forças de *Van der Waals*; e as *sólidas*, além de *forças de Van der Waals*, podem apresentar *forças iônicas* e *forças covalentes*.

As forças de *Van der Waals*, de acordo com o tipo de interação, podem ser denominadas:

a. *Forças de Keesom* (interações do tipo dipolo permanente-dipolo permanente), Figura 8.2.
b. *Forças de Debye* (interações do tipo dipolo permanente-dipolo induzido), Figura 8.3.
c. *Forças de London* (interações do tipo dipolo instantâneo-dipolo instantâneo induzido), Figura 8.4. As substâncias que apresentam este tipo de interação entre suas moléculas, nas condições ambientes são gases. Se forem sólidos, se sublimam, e se forem líquidos, volatilizam-se facilmente.

Estas interações podem ser reforçadas pelas *pontes de hidrogênio* e maior ou menor *polarizabilidade*, bem como a maior ou menor *simetria* das moléculas. Estas forças são fracas e atuam a pequena distância.

Entre as substâncias que nas condições ambientes são sólidas, além dos sólidos descritos acima, e que são associações de moléculas, têm-se:

a. As substâncias sólidas que são uma sucessão indefinida de partículas positivas (cátions) e partículas negativas (ânions) ocupando posições definidas dentro de uma estrutura geométrica formando o

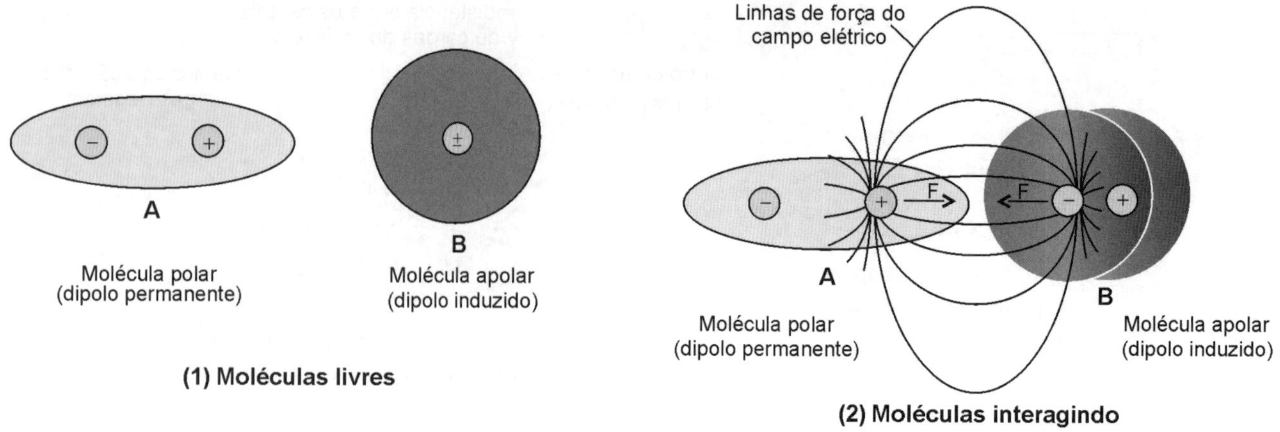

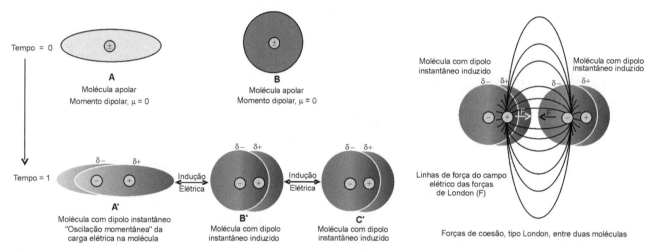

Figura 8.3 Interação molecular do tipo Debye: (1) Moléculas livres (A – polar e B – apolar); (2) Moléculas interagindo.

Figura 8.4 Visualização da formação dos dipolos instantâneos, dipolos instantâneos induzidos e o aparecimento das interações de London.

cristal, conforme Figura 8.5. Estes compostos são denominados *compostos iônicos*. As forças que retêm os íons na estrutura são de natureza coulômbica. Correspondem a energias elevadas, isto é, para passar de um estado para outro necessita-se de muita energia (pontos de fusão e ebulição elevados).

b. As substâncias sólidas em cuja estrutura encontram-se os átomos em posições geométricas definidas, e ligados entre si por ligações covalentes simples, como o *diamante*, em que os átomos de carbono com seus orbitais de valência hibridizados na forma sp^3, Figura 8.6, estão ligados entre si por ligações covalentes sigma (σ). No *grafite*, os átomos de carbono apresentam hibridização do tipo sp^2, Figura 8.6.

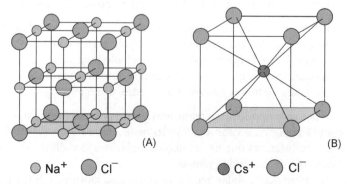

Figura 8.5 Exemplos de sólidos cristalinos iônicos.

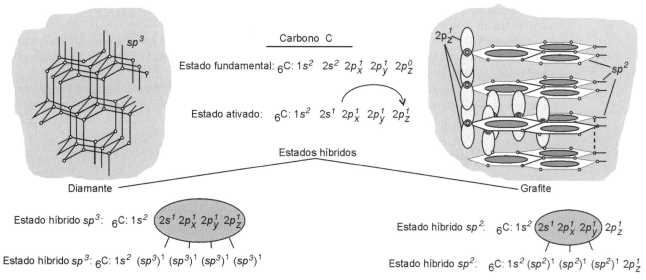

Figura 8.6 Visualização das ligações entre os átomos de carbono no diamante e no grafite.

Nesta classe de substâncias encontram-se os metais com sua ligação metálica, que pode ser interpretada como um macro-orbital molecular.

c. Uma última classe de compostos sólidos é a dos polímeros, podendo ser de natureza orgânica e inorgânica. Estes compostos apresentam um monômero, isto é, uma "unidade básica" que se repete **n** vezes para formar a "molécula".

8.1.2 Condições ambientes e estado físico de uma substância

Ao analisar uma substância nas *condições ambientes* de temperatura (±20 °C) e de pressão (±1 atm) encontram-se substâncias *sólidas*, *líquidas* e *gasosas*.

O *estado gasoso* de uma substância, conforme dito, é caracterizado pela existência de forças de repulsão entre as unidades que o constituem. A força de repulsão é uma resultante de duas outras originadas pela *energia térmica* (que reflete o seu estado cinético) e a *energia de atração* que reflete o tipo de ligação existente entre as unidades que compõem o gás.

Em geral, a *energia térmica da molécula* se caracteriza pelo estado cinético envolvendo:

a. energias vibracionais de estiramentos e torções moleculares;
b. energias translacionais; e
c. energias rotacionais que impõem às moléculas a movimentação.

A *energia de atração molecular* resulta das forças de interação de Van der Waals, podendo ser:

a. forças de Keesom (dipolo permanente-dipolo permanente);
b. forças de Debye (dipolo permanente-dipolo induzido);
c. forças de London (dipolo instantâneo-dipolo instantâneo induzido).

Estas duas formas de energia indicam o estado de atração ou repulsão das moléculas. Daí o porquê de, quando se aumenta a temperatura de uma substância, com a pressão constante, transitar-se do estado sólido para o gasoso e vice-versa, quando se diminui a temperatura.

Enquanto uma substância se mantiver no estado gasoso e livre, seu destino é a atmosfera. Contudo, conforme visto nos capítulos iniciais, há na atmosfera variação significativa da pressão, da temperatura, de correntes de ar, entre outros fatores que, junto com a difusão, vão influir sobre o estado físico das substâncias ali presentes.

O *estado líquido* de uma substância molecular, em uma dada pressão, caracteriza-se pela existência de forças fracas de coesão, forças de Van der Waals, que podem ser aumentadas pelas *pontes de hidrogênio* quando as condições químicas das moléculas permitirem sua existência. No entanto, existe a possibilidade de as substâncias líquidas serem voláteis.

O *estado sólido*, nestas condições ambientes, corresponde a compostos cujas "unidades" estão ligadas entre si por ligações iônicas e covalentes. Nestas condições, os sólidos caracterizados por forças de Van der Waals apresentam pontos de transição baixos (ponto de fusão e volatização) e muitas vezes se sublimam, por exemplo o iodo sólido, $I_{2(s)}$, naftaleno (ou naftalina), $C_{10}H_{8(s)}$.

190 Capítulo Oito

Existem macromoléculas que pela própria dimensão (comprimento, massa etc.) são sólidos e quando se encontram na atmosfera formam os aerossóis.

O termo **COV** (Compostos Orgânicos Voláteis) é um dos termos mais gerais que incluem Gases Orgânicos Reativos (**GOR**), bem como Compostos Orgânicos Não Metânicos (**CONM**). Os CFCs não estão incluídos nos COV.

Os compostos orgânicos que se encontram na atmosfera também podem ter sua origem em processos meramente biológicos e/ou em mecanismos antrópicos. Nada impede de alguns compostos orgânicos poderem originar-se dos dois processos.

8.2   Princípios da Química do Carbono

A Química Orgânica é a parte da Química que estuda os compostos do *carbono*. Esta denominação originou-se do começo da Química, quando os compostos orgânicos eram obtidos, em geral, de materiais biológicos (animais e vegetais ou orgânicos), e os inorgânicos, de minerais da natureza. Conforme já dito, alguns compostos do carbono são estudados na Química Inorgânica, chamada de Química Mineral. Entre eles têm-se os óxidos (CO e CO_2); os carbonatos; os carbonetos; e cianetos metálicos. Já que o carbono é o elemento-chave na estruturação de milhares de produtos químicos, inclusive dos que vão para a atmosfera, será dado um enfoque especial ao mesmo, para entender suas possíveis estruturas.

8.2.1   *Estrutura da eletrosfera do átomo de carbono nos diversos tipos de compostos*

O átomo de carbono tem o número atômico 6. Isto significa que, no seu núcleo, há seis prótons carregados positivamente ($Z = 6$) e, na eletrosfera, seis elétrons. O químico russo Dimitri Mendeleyev, ao estruturar a sua Tabela Periódica, colocou-o como primeiro elemento do Grupo IV (da família 4), cuja característica química básica é sua capacidade de ser tetravalente ou trocar 4 valências.

O desenvolvimento da Mecânica Quântica possibilitou a distribuição dos seus 6 elétrons da eletrosfera, conforme Figura 8.7. A camada de valência tem 4 elétrons, 2e em $2s^2$ e 1e em $2p_x^1$ e em $2p_y^1$. Para explicar as 4 valências iguais e dirigidas no espaço em uma geometria tetraédrica, admite-se uma ativação eletrônica em 1e de $2s^2$ para o orbital vazio $2p_z^0$ e ao mesmo tempo uma hibridização do tipo sp^3, Figura 8.7(A).

Portanto, as 4 ligações simples do átomo de carbono encontram-se dirigidas no espaço em um ângulo próximo a 109,5°, formando uma geometria tetraédrica. Os 4e livres (desemparelhados), um em cada orbital híbrido $(sp^3)^1$, criam o *estado de valência* 4, podendo compor todos os compostos orgânicos saturados. Entende-se por composto orgânico saturado todo composto em que os elementos da molécula entre si trocam ligações simples. É o caso do etano C_2H_6 da Figura 8.7(A).

Analisando a ligação C — C da ligação saturada, por exemplo, do etano, observa-se que o par eletrônico da ligação é constituído pela *sobreposição frontal* e *positiva* das funções de onda dos orbitais atômicos (AO), constituindo um Orbital Molecular Ligante do tipo sigma (σ). Se a sobreposição fosse das partes negativas das funções de onda dos AO ter-se-ia um Orbital Molecular Antiligante do tipo sigma (σ^*), conforme mostra a Figura 8.8(C).

A Figura 8.8(D) mostra em termos qualitativos o significado do valor do *quantum* de energia necessário para passar um elétron de $\sigma \rightarrow \sigma^*$, ou seja, excitar o elétron.

A Figura 8.7(B) mostra a hibridização do tipo sp^2, em que 3 orbitais atômicos, $s + p_x + p_y$, são misturados pela Combinação Linear de Orbitais Atômicos (CLOA), formando 3 orbitais híbridos (OH) do tipo sp^2 e permanecendo um orbital $2p_z$ sem ser *misturado*. Agora tem-se a configuração: $(sp^2)^1 (sp^2)^1 (sp^2)^1 2p_z^1$. A presença dos orbitais atômicos $2p_x$ e $2p_y$ do plano xy define a posição no plano dos três híbridos. Esta configuração do átomo de carbono é importante, pois, ao se aproximarem dois átomos de carbono com esta hibridação, além da ligação sigma (σ) formada pela *sobreposição frontal* dos dois orbitais atômicos, conforme visto na Figura 8.8, haverá uma *sobreposição positiva lateral* dos dois orbitais atômicos que não sofreram a hibridização, Figura 8.9, formando um orbital molecular ligante pi (π), originando assim duas ligações entre os dois átomos de carbono; uma ligação sigma e uma ligação pi. A Figura 8.7(B) mostra o exemplo do eteno. Com a formação da dupla ligação entre os átomos de carbono, tem-se a formação dos compostos denominados *insaturados*, possibilitando também a formação de cadeias carbônicas insaturadas. Neste caso enquadram-se os compostos orgânicos que apresentam mais de uma ligação entre dois átomos de carbono vizinhos, como se verá adiante.

A Figura 8.7(C) apresenta a hibridização do tipo sp na qual dois orbitais atômicos não entram na Combinação Linear dos Orbitais Atômicos ($s + p_x$). Esta situação, ao se ligarem dois átomos de carbono, além de formar a ligação sigma (σ), formam-se no plano vertical e no plano horizontal duas ligações do tipo pi (π), originado uma ligação tripla, conforme exemplo do etino, Figura 8.7(C), e dos seus derivados.

Compostos Orgânicos Gasosos da Atmosfera   **191**

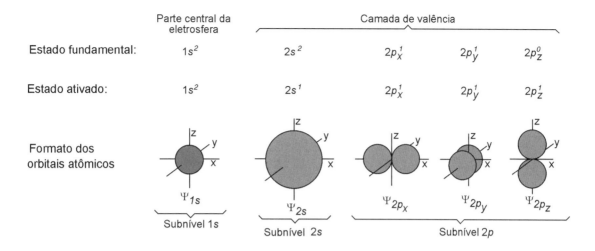

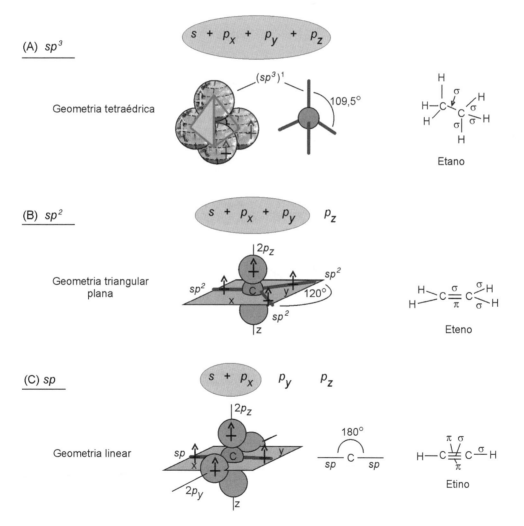

Figura 8.7 Configuração do átomo de carbono e hibridizações do tipo (A) sp^3, (B) sp^2 e (C) sp.

192 Capítulo Oito

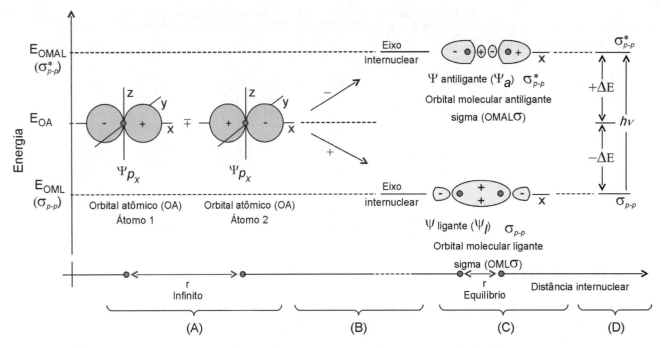

Ψ = função de onda; ● = núcleo atômico; $h\nu$ = quantum de energia: h = constante de Planck;
ν = frequência; $\sigma_{p\text{-}p}$= orbital molecular sigma formado por dois OA do tipo p.

Figura 8.8 Formação do orbital molecular sigma: **(A)** Aproximação do Átomo 1 e o Átomo 2; **(B)** Possibilidade de sobreposição frontal positiva e negativa dos orbitais p; **(C)** formação do Orbital Molecular Ligante sigma (OMLσ) e do Orbital Molecular Antiligante sigma (OMALσ ou σ*); **(D)** Energia de estabilização da ligação e de excitação eletrônica do elétron de ligação sigma.

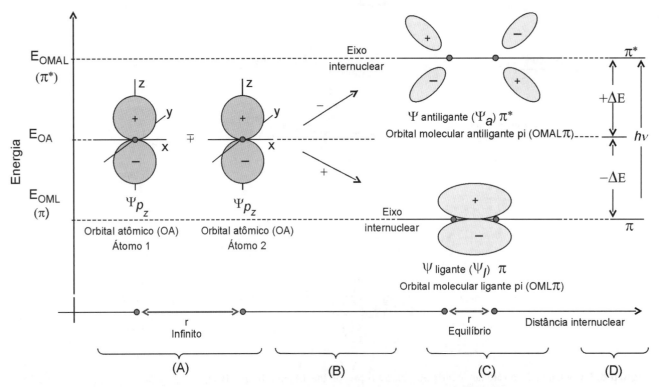

Ψ = função de onda; ● = núcleo atômico; $h\nu$ = *quantum* de energia: h = constante de Planck;
ν = frequência; $\pi_{p\text{-}p}$= orbital molecular pi formado por dois OA do tipo p.

Figura 8.9 Formação do orbital molecular pi (π): **(A)** Aproximação do Átomo 1 e o Átomo 2; **(B)** Possibilidade de sobreposição lateral positiva e negativa dos orbitais p; **(C)** formação do Orbital Molecular Ligante pi (OMLπ) e do Orbital Molecular Antiligante pi (OMALπ ou π*); **(D)** Energia de estabilização da ligação e de excitação eletrônica do elétron da ligação pi.

A Figura 8.9 visualiza a formação do Orbital Molecular Antiligante pi (π) ou simplesmente π*.

Em termos de Química da Atmosfera, as ligações duplas e triplas que contêm a ligação pi (π) são as mais *expostas,* isto é, são mais *reativas* ao ataque químico, principalmente do radical hidroxilo (HO•) e outros (como o O_3), formando um composto de adição, também um radical, como mostra a Reação (R-8.1).

$$\begin{array}{c}H\\R\end{array}\!\!C\overset{\pi}{\underset{\sigma}{=}}\!C-CH_3 \;+\; HO^\circ \;\longrightarrow\; H-\overset{\circ}{\underset{R}{C}}\overline{\sigma}\,\overset{OH}{\underset{H}{C}}-CH_3 \quad\quad (R\text{-}8.1)$$
$$\text{Radical hidroxilo}$$
$$(1) \hspace{5cm} (2)$$

Os compostos orgânicos são agrupados conforme suas propriedades ou reações semelhantes, constituindo *grupos orgânicos* ou *funções orgânicas*. Os agrupamentos químicos que os caracterizam são denominados *grupos funcionais*. Entre estes agrupamentos, têm-se:

a. **Compostos formados por H e C**

Função fundamental ou *hidrocarbonetos* são compostos constituídos apenas por carbono e hidrogênio; a Figura 8.10 apresenta a sua classificação. A grande maioria foi encontrada na atmosfera, na forma de ga-

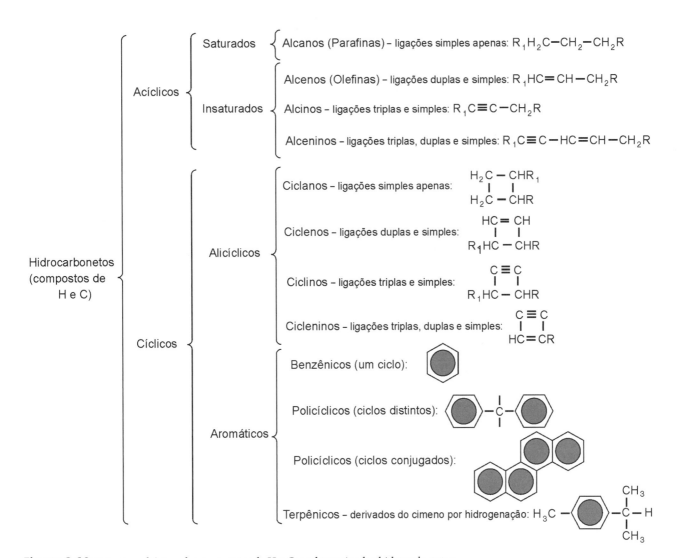

Figura 8.10 Estruturas básicas dos compostos de H e C ou denominados hidrocarbonetos.

194 Capítulo Oito

ses, aerossóis e mesmo particulados. Dividem-se em dois grandes grupos: os Acíclicos (que não possuem cadeias cíclicas) e os Cíclicos (que possuem cadeias cíclicas).

b. Compostos formados por H, C e O

Funções: *álcool, aldeído, cetona, ácido, fenol, éster, éter.* A Tabela 8.1 mostra detalhes.

c. Compostos formados por H, C, O e M$_{(metal)}$ (misturas de funções)

Funções: *aldose, cetose, sais orgânicos etc.* A Tabela 8.1 mostra detalhes.

d. Compostos formados por H, C e N (sem misturas de funções)

Funções: *amina, hidrazina, hidrazona, nitrila etc.*, Tabela 8.2.

e. Compostos formados por H, C, O e N (misturas de funções)
Funções: *aminoácidos, amida*, Tabela 8.2.

f. Compostos formados por H, C e S (sem misturas de funções)
Funções: *tióis, tioéteres etc.*, Tabela 8.3.

g. Compostos orgânicos halogenados (podendo ter átomos de F, Cl, Br e I).

h. Compostos orgânicos heterocíclicos.

Tabela 8.1 Funções Orgânicas Derivadas da Combinação dos Elementos H, C e O

Função	Fórmula geral	Exemplo	Nome
Álcool em geral	R (cadeia alifática)—OH	CH_3—CH_2—OH	Etanol
Álcool primário	R—C(H)(H)—OH ou R—CH_2—OH	$\overset{3}{C}H_3$—$\overset{2}{C}H_2$—$\overset{1}{C}H_2$—OH	1 - Propanol
Álcool secundário	R—C(O)(H)—R' ou R—CH(OH)—R'	$\overset{1}{C}H_3$—$\overset{2}{C}H$(OH)—CH_3	2 - Propanol
Álcool terciário	R—C(O)(R")—R' ou R—C(OH)(R")—R'	$\overset{1}{C}H_3$—$\overset{2}{C}$(OH)(—CH_3)—CH_3	2 - Metil-2-propanol
Fenol	R—(anel aromático)—OH	anel aromático—OH	Fenol
Aldeído	R—C(=O)(H) ou R—CO—H	CH_3—CO—H	Etanal
Cetona	R—C(=O)(R') ou R—CO—R'	CH_3—CO—CH_3	Propanona
Carboxilácido	R—C(=O)(OH) ou R—COOH	CH_3—COOH	Etanoico
Éster	R—C(=O)(O—R') ou R—COO—R'	CH_3—C(=O)(O—CH_2CH_3)	Acetato de etila
Éter	R—O—R'	C_2H_5—O—C_6H_5	Etano-oxi-benzeno

(continua)

Compostos Orgânicos Gasosos da Atmosfera **195**

Tabela 8.1 *Continuação*

Função	Fórmula geral	Exemplo	Nome
	Compostos com diferentes funções na mesma molécula		
Aldose	$HO-R-C\overset{O}{\underset{H}{\Vert}}$ ou $HO-R-CO-H$	$HO-CH_2-CH_2-CO-H$	Propanolal
Cetose	$HO-R-C\overset{O}{\underset{R'}{\Vert}}$ ou $HO-R-CO-R'$	$HO-CH_2-\overset{O}{\underset{}{\overset{\Vert}{C}}}-CH_3$	Propanolona
Sal orgânico	$R-C\overset{O}{\underset{O-M\,metal}{}}$ ou $R-COO-M$	$CH_3-C\overset{O}{\underset{O-Na}{}}$	Acetato de sódio

Obs.: A parte sombreada de cada fórmula corresponde à função orgânica.

Tabela 8.2 Funções Orgânicas Derivadas da Combinação dos Elementos: H, C, N e O

Função	Fórmula geral	Exemplo	Nome
Amina primária	$R-N\overset{H}{\underset{H}{<}}$ ou $R-N\,H_2$	$CH_3-N\,H_2$	Metilamina
Amina secundária	$R-N\overset{H}{\underset{R'}{<}}$ ou $R-N\,H-R'$	$CH_3-N\overset{H}{\underset{CH_2-CH_3}{<}}$	Metil-etil-amina
Amina terciária	$R-N\overset{R'}{\underset{R''}{<}}$	$CH_3-N\overset{C_2H_5}{\underset{C_6H_5}{<}}$	Metil-etil-fenil-amina
Imina	$R=N-H$	$CH_3-CH=N-H$	Etilideno-imina
Aminoácido	$\overset{H}{\underset{H}{>}}N-R-C\overset{O}{\underset{OH}{}}$ ou $H_2N-R-COOH$	H_2N-CH_2-COOH	Amino-etanoico
Hidrazina	$\overset{H}{\underset{R}{>}}N-N\overset{H}{\underset{H}{<}}$ ou $RH\,N-N\,H_2$	$C_6H_5-HN-NH_2$	Fenil-hidrazina
Hidrazona	$R=N-N\overset{H}{\underset{H}{<}}$	$CH_3CH=N-NH_2$	Hidrazona
Amida primária	$R-C\overset{O}{\underset{NH_2}{}}$ ou $R-CO-N\,H_2$	$CH_3-CO-NH_2$	Etanamida
Amida secundária	$\overset{R-CO}{\underset{R'-CO}{>}}N-H$	$(CH_3-CO)_2NH$	Diacetamida
Amida terciária	$\overset{R-CO}{\underset{R'-CO}{\overset{R'-CO}{}}}N$	$(CH_3-CO)_3N$	Triacetamida
Nitrila	$R-C\equiv N$	$CH_3-C\equiv N$	Acetonitrila
Isonitrila	$R-N\equiv C$	$C_6H_5-N\equiv C$	Fenil-carbilamina

Obs.: A parte sombreada de cada fórmula corresponde à função orgânica.

196 Capítulo Oito

Tabela 8.3 Funções Orgânicas Derivadas da Combinação dos Elementos H, S, N

Função (*)	Fórmula geral	Exemplo	Nome
Tio-álcool (tióis)	R (cadeia alifática)—SH	CH_3—CH_2—SH	Etano-tiol
Tio-fenol	R—(anel aromático)—SH	(anel aromático com SH)	Tio-fenol
Tio-éter	R—S—R'	CH_3—CH_2—S—CH_3	Metil-etil-tioéter

(*) Da mesma forma, além destas funções (tio-álcool, tio-fenol, tio-éter), têm-se as funções tio-ésteres, tio-cetonas, tio-ácidos, tio-amidas, tio-cianatos etc. A parte sombreada das fórmulas corresponde à respectiva função.

8.3 Compostos Orgânicos Biogênicos da Atmosfera

8.3.1 Aspectos gerais

Os gases orgânicos biogênicos da atmosfera são gases que foram ou são produzidos na forma de gás, ou líquidos voláteis e/ou mesmo sólidos que se sublimam, de origem natural de plantas e/ou animais, podendo ser de macro ou micro-organismos.

O primeiro e mais prático detector de compostos químicos da atmosfera que o ser humano possui, quando apresentam odor (ou cheiro), é o *olfato*. Sente-se um "odor, cheiro bom" (perfume) ou um "odor, cheiro ruim" (fedor). É o caso de ao passar por um pomar ou uma árvore florida sentir o perfume das flores. Quem plantou café ainda deve se lembrar do perfume das suas flores que era levado para bem distante. Ainda se lembra de que no período de 1972-1974, nos meses de agosto-setembro, sentia-se na cidade de Maringá (PR) o perfume das flores da primeira floração dos cafezais. Lamentavelmente, em 1975, a geada acabou com tudo.

Muitas vezes ao passear de carro se é tomado por um mau cheiro de carniça de algum animal morto por atropelamento e em estado de decomposição.

Contudo, existem muitos compostos químicos gasosos que não são detectados pelo olfato e podem se encontrar na atmosfera. É o caso dos hidrocarbonetos, metano, etano, propano, butano. Como são gases combustíveis e muito utilizados principalmente nos domicílios (cozimento de alimentos, aquecimento de água de chuveiros etc.), para poderem ser detectados adiciona-se aos mesmos outro composto gasoso que tem *cheiro típico*, no caso, um mercaptano (um tiol), para que se possam detectar vazamentos e evitar explosões e/ou incêndios.

Muitos compostos orgânicos, componentes da atmosfera, têm influência local e algumas vezes regionalmente. Outros compostos que apresentam *tempo de vida* longo extrapolam o local e a região de origem e apresentam influências globais, como, por exemplo, o metano, os CFCs e outros, que podem ser encontrados em camadas acima da troposfera, por exemplo na estratosfera e mesosfera.

Entre as principais fontes produtoras destes compostos biogênicos podem-se citar micro e macro-organismos. Outros podem ter origem natural em função de fenômenos geológicos e geoquímicos, entre eles vulcões, incêndios e outros.

8.3.2 Compostos orgânicos voláteis (COV)

Muitas plantas, de forma mais ou menos sensível, emitem para a atmosfera compostos orgânicos de natureza simples, por exemplo, eteno, e muitos de estruturas complexas, como os terpenos. Em laboratório são obtidos na forma de "líquidos voláteis" denominados "óleos essenciais", ao se submeterem partes das plantas, como folhas, caules, flores etc., a uma extração por corrente (ou fluxo) de vapor e muitas vezes sob pressão reduzida. São líquidos oleosos, voláteis, pouco solúveis na água, solúveis no álcool, incolores ou amarelados, inflamáveis e oxidáveis espontaneamente no ar. Muitos têm cheiro agradável e são procurados em perfumarias, como essências de rosas, de cravo, de jasmim. Muitas vezes são formados de uma única substância; porém, mais frequente, são misturas de compostos de diferentes funções orgânicas: hidrocarbonetos, álcoois, fenóis, ésteres, entre outros. Centenas de diferentes compostos orgânicos voláteis biogênicos originados de plantas foram identificados na atmosfera, que para efeito de estudo aqui serão classificados de Compostos Orgânicos Voláteis Hidrocarbonetos (COVHC) e Compostos Orgânicos Voláteis Não Hidrocarbonetos (COVNHC).

Compostos orgânicos voláteis hidrocarbonetos (COVHC)

Existem muitos hidrocarbonetos voláteis de origem biogênica, porém, os mais conhecidos e caracterizados são: metano, eteno, isopreno e monoterpenos.

O metano, CH_4, é o hidrocarboneto mais simples e é um composto orgânico componente da atmosfera. Sua abundância na troposfera é de 1,4 ppm. Sua origem é consequência da ação de bactérias anaeróbicas que na mineralização da matéria orgânica liberam o metano, conforme Reação (R-8.2).

$$2 \left| CH_2O \right|_{\text{(biomassa)}} \xrightarrow[\text{anaeróbico}]{\text{micro-organismo}} CH_{4(g)} + CO_{2(g)} \qquad \textbf{(R-8.2)}$$

Por exemplo, imagine que um ser humano ao longo de um dia, nos seus processos anaeróbicos intestinais, forme e evacue na forma de gases anais um (1) mL (um cm^3) de metano CH_4, nas condições de 25 °C e uma atm, que é descartado para a atmosfera. Quantos litros de gás metano por dia e por ano seriam biogenicamente descartados na atmosfera por um total de $6 \cdot 10^9$ seres humanos?

a) por dia:

1 ser humano $\longrightarrow$ 1mL por dia

$6 \cdot 10^9$ seres humanos descartam $\rightarrow$ X $\qquad \textbf{(8.1)}$

X = $6 \cdot 10^9$ mL por dia

b) por ano:

1 dia (são produzidos) $\longrightarrow$ $6 \cdot 10^9$ mL

365 dias (um ano) $\longrightarrow$ X $\qquad \textbf{(8.2)}$

X = $365 \times 6 \cdot 10^9$ mL = $2,19 \cdot 10^{12}$ mL =

$2,19 \cdot 10^9$ litros por ano

O gás metano tem um tempo de vida longo, o que permite ao mesmo difundir-se pelas diferentes camadas da atmosfera. Na troposfera e estratosfera é atacado pelo radical $HO^\bullet$ desencadeando as seguintes reações químicas e fotoquímicas, Reações (R-8.3) a (R-8.14):

$$\underset{\substack{\text{metano} \quad \text{radical} \\ \text{hidroxilo}}}{H_3C{-}H + HO^\bullet} \longrightarrow \underset{\substack{\text{radical} \\ \text{metil}}}{H_3C^\bullet + H_2O} \qquad \textbf{(R-8.3)}$$

$$\underset{\text{oxigênio}}{H_3C^\bullet + O_2} \longrightarrow \underset{\substack{\text{radical} \\ \text{metilperoxilo}}}{H_3COO^\bullet} \qquad \textbf{(R-8.4)}$$

$$\underset{\substack{\text{radical} \\ \text{metilperoxilo}}}{H_3COO^\bullet + NO} \longrightarrow \underset{\substack{\text{radical} \\ \text{metoxilo}}}{H_3CO^\bullet + NO_2} \qquad \textbf{(R-8.5)}$$

$$\underset{\substack{\text{radical} \\ \text{metilperoxilo}}}{H_3COO^\bullet} + \underset{\substack{\text{radical} \\ \text{hidroperoxilo}}}{HOO^\bullet} \longrightarrow \underset{\substack{\text{metilperóxido} \\ \text{de hidrogênio}}}{H_3COOH} + \underset{\text{oxigênio}}{O_2} \qquad \textbf{(R-8.6)}$$

$$\underset{\substack{\text{metilperóxido} \\ \text{de hidrogênio}}}{H_3COOH} + \underset{\substack{\text{radiação} \\ \text{eletromagnética}}}{h\nu_1} \longrightarrow \underset{\substack{\text{radical} \\ \text{metoxilo}}}{H_3CO^\bullet} + HO^\bullet \qquad \textbf{(R-8.7)}$$

$$\underset{\substack{\text{radical} \\ \text{metoxilo}}}{H_3CO^\bullet} + O_2 \longrightarrow \underset{\substack{\text{metanal} \\ \text{(aldeído)}}}{H_2CO} + \underset{\substack{\text{radical} \\ \text{hidroperoxilo}}}{HOO^\bullet} \qquad \textbf{(R-8.8)}$$

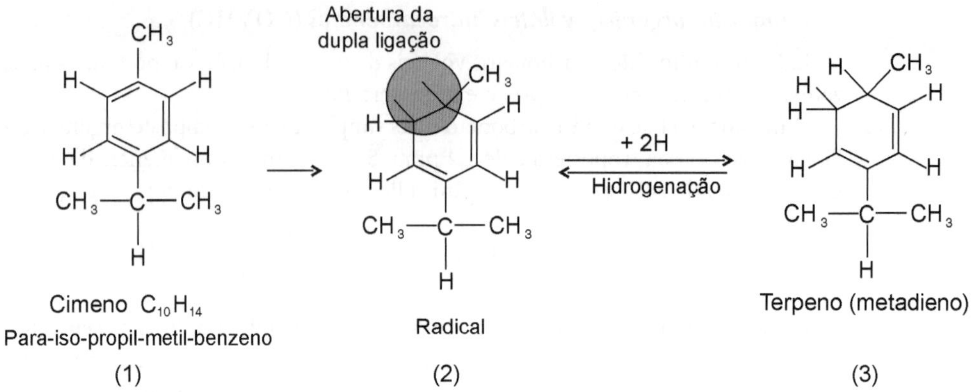

198 Capítulo Oito

Figura 8.11 Visualização da formação dos terpenos.

$$H_2CO + h\nu_2 \longrightarrow HCO^{\bullet} + H^{\bullet} \qquad (R\text{-}8.9)$$
metanal — radiação — radical metanilo — hidrogênio atômico

$$H_2CO + HO^{\bullet} \longrightarrow HCO^{\bullet} + H_2O \qquad (R\text{-}8.10)$$
metanal — radical metanilo

$$H_2CO + h\nu_3 \longrightarrow CO + H_2 \qquad (R\text{-}8.11)$$
metanal — radiação — monóxido de carbono — hidrogênio

$$HCO^{\bullet} + O_2 \longrightarrow CO + HOO^{\bullet} \qquad (R\text{-}8.12)$$
radical metanilo — monóxido de carbono — radical hidroperoxilo

$$CO + HO^{\bullet} \longrightarrow CO_2 + H^{\bullet} \qquad (R\text{-}8.13)$$

Em camadas mais altas o gás carbônico sofre fotodissociação segundo a Reação (R-8.14).

$$CO_2 + h\nu_4 \longrightarrow CO + O \qquad (R\text{-}8.14)$$

O eteno, $H_2C{=}CH_2$, é liberado biogenicamente para a atmosfera por certas plantas.

O isopreno ou 2 metil-butadieno, $H_2C{=}C(CH_3){-}CH{=}CH_3$, é o produto obtido da destilação da *borracha natural*. Esta é obtida da *borracha bruta*, a qual resulta da coagulação do *látex*, que, por sua vez, é um líquido leitoso e viscoso que escorre de incisões feitas na casca de certas plantas como: as *Héveas* (Brasil); a *Siphonia chuchu* e *siphonia elástica* (Guianas, Índias, Brasil, América Central etc.); *Euphorbia Intisi* (Madagascar); entre outras.

O isopreno, quando puro, é um líquido volátil com ponto de ebulição (PE) de 34 °C.

Ainda dentro dos hidrocarbonetos, HC, encontra-se o grupo dos terpanos, quando saturados, e dos terpenos, quando insaturados. Estes últimos são também cíclicos e aromáticos de estrutura complexa.

Os terpenos têm fórmula geral $(C_{10}H_{16})_n$. Se $n = ½$, tem-se o grupo dos *hemiterpenos*, C_5H_8. Um exemplo típico de hemiterpeno é o isopreno. Se $n = 1$, têm-se os *terpenos*, e se $n = 1,5$, têm-se os *sesquiterpenos* $C_{15}H_{24}$. Quando $n > 2$, têm-se os *politerpenos*. Os terpenos são derivados do *cimeno* por hidrogenação. A Figura 8.11 mostra o cimeno, $C_{10}H_{14}$ (1), com a abertura e hidrogenação de uma das ligações duplas (2) originando mentadieno ou terpeno, $C_{10}H_{16}$ (3).

Os terpenos mais importantes, Figura 8.12, são: – limoneno (4) com um ciclo só e duas ligações duplas – terpeno monocíclico; o terebenteno ou pineno (5) e o canfeno (6) têm, além do anel hexagonal, outro anel interior ao primeiro, de forma tetragonal – pineno (5) ou pentagonal – canfeno (6). Estes compostos são terpenos dicíclicos, em que duas das três duplas ligações do cimeno (1) se romperam. São encontrados nas coníferas tais como *pinus*, pinheiros e ciprestes. A atmosfera que circunda plantações de coníferas contém estas substâncias. A essência de terebentina é extraída de um líquido viscoso e de cheiro forte, que escorre de incisões feitas na casca dos troncos de coníferas.

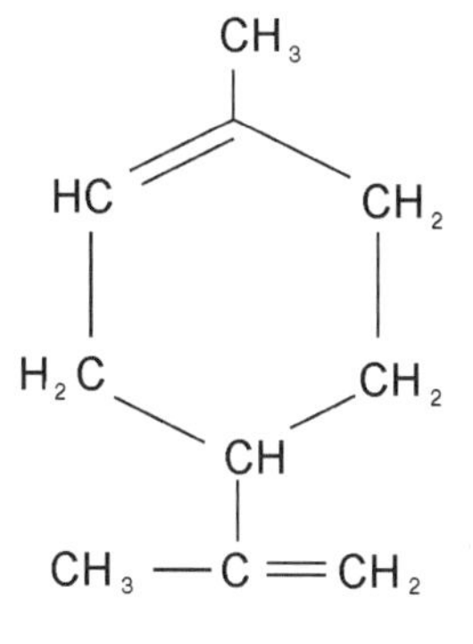

Compostos Orgânicos Gasosos da Atmosfera **199**

Limoneno

(4)

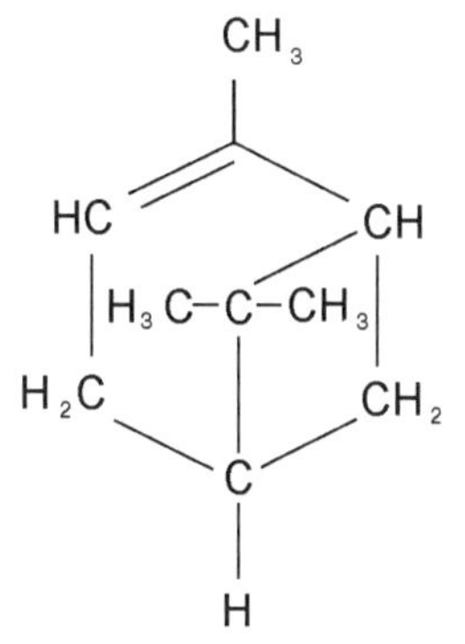

Pineno

(5)

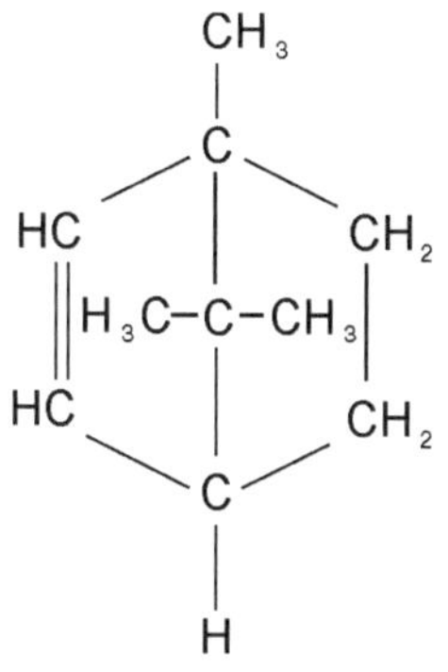

Canfeno

(6)

Figura 8.12 Derivados terpênicos naturais.

Compostos orgânicos voláteis não hidrocarbonetos (COVNHC)

Existem muitos compostos orgânicos biogênicos que se constituem em fragrâncias utilizadas em perfumarias, em confeitarias, ou, de forma geral, na produção de materiais consumidos pelo ser humano (bebidas, sorvetes, bombons etc.). O grupo orgânico com maior número destes compostos é o grupo da função éster, conforme visto, resultante da reação de um álcool com um ácido (orgânico ou inorgânico). A Tabela 8.4 apresenta alguns exemplos.

Tabela 8.4 Exemplos de Ésteres Caracterizados de "Essências" com a Respectiva Origem

Função	Fórmula	Nome	Características
Éster	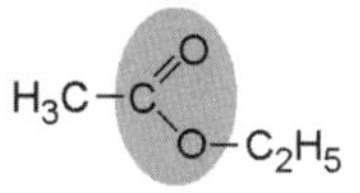 $H_3C-C(=O)-O-C_2H_5$	Acetato de etila	Líquido volátil, inflamável, aroma de maçã, utilizado em confeitarias
Éster	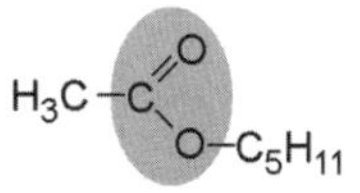 $H_3C-C(=O)-O-C_5H_{11}$	Acetato de pentila	Essência artificial da pera
Éster	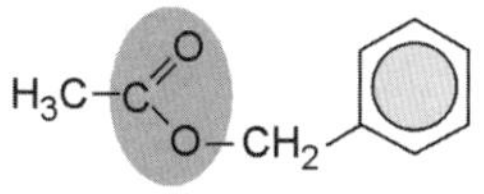 $H_3C-C(=O)-O-CH_2-$ (fenila)	Acetato de benzila	Componente ativo da essência de jasmim
Éster	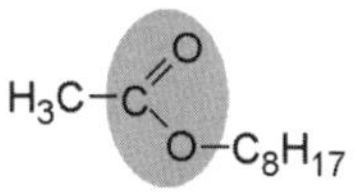 $H_3C-C(=O)-O-C_8H_{17}$	Acetato de octila	Aroma de laranja
Éster	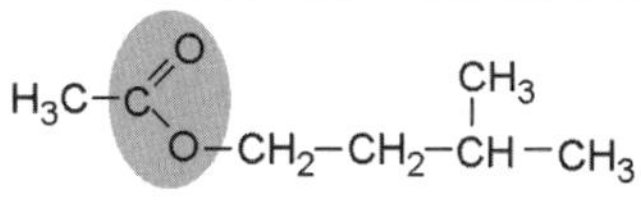 $H_3C-C(=O)-O-CH_2-CH_2-CH(CH_3)-CH_3$	Acetato de 3-metil-butila	Aroma de banana
Éster	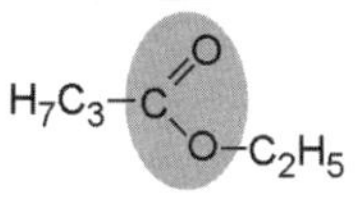 $H_7C_3-C(=O)-O-C_2H_5$	Butanoato de etila	Essência artificial de abacaxi

A Figura 8.13 apresenta a propaganda de alguns produtos que contêm essências naturais com os respectivos efeitos sobre os sentidos humanos e suas utilizações comerciais.

> Cheiro e Sabor tornam-se ingredientes cada vez mais manipuláveis nos alimentos industrializados, e empresas começam a investir no marketing olfativo
>
>
>
> Laranja como os cítricos em geral, é estimulante de boas sensações, revigorante e se tornou mais consumido em refresco.
>
> Chocolate o aroma tenta reproduzir as sensações comprovadas de prazer que o chocolate estimula pela liberação de endorfinas no cérebro.
>
> Morango considerado infantil, é um exemplo de sabor que atravessa gerações. Versátil, tornou-se clássico na associação a iogurtes e balas. Está associado à coloração vermelha, altamente estimulante.
>
> Menta sabor funcional pela sensação de refrescância. Seu aroma é um dos preferidos em balas, confeitos e doces por aqueles que querem renovar o hálito.
>
> Baunilha presente até no sabor de "tutti-frutti", o aroma de baunilha é um estimulante forte das sensações de prazer, de indulgência, de conforto e até de sensualidade.
>
> Jornal FOLHA DE SÃO PAULO, quinta-feira, 2 de setembro de 2004, encarte, p. 6-7.

Figura 8.13 Recorte do jornal *Folha de São Paulo* mostrando a propaganda de produtos consumidos pelo ser humano contendo essências naturais.

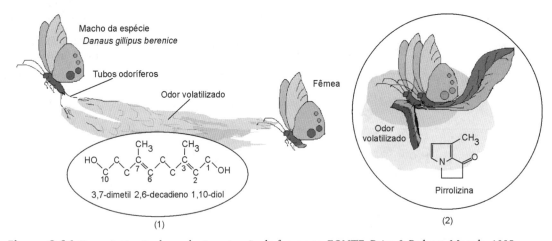

Figura 8.14 Esquematização da produção e atuação do feromona. FONTE: Paiva & Pedrosa-Macedo, 1985.

Compostos orgânicos voláteis (COV) – Feromonas

Entre os seres vivos racionais e irracionais existem diversas formas de se "comunicarem" entre si e com o meio, visando uma aproximação, um deslocamento, um perigo, uma necessidade, enfim a própria sobrevivência. Para os seres superiores racionais, os sentidos do próprio corpo são fundamentais nesta missão: visão, tato, audição, olfato, paladar. Alguns deles, principalmente o olfato, estão baseados em um "sinal" que um *composto químico* gera e o sistema sensitivo do corpo se encarrega de provocar uma "resposta".

Na década de 1950 foi proposto o termo **feromonas** para designar um *grupo de substâncias biologicamente ativas "excretadas para o exterior por um indivíduo e recebidas por um segundo indivíduo da mesma*

espécie, no qual provocam uma reação específica, um dado comportamento ou processo de desenvolvimento".
A palavra feromona deriva do grego (*pherein* = transferir e *hormon* = excitar).

Os *sinais químicos* das feromonas foram classificados em: **alomonas** (mensagens que conferem vanta-gens adaptativas ao organismo emissor, por exemplo, uma excreção repelente); **cairomonas** (sinais que beneficiam o receptor, por exemplo, o ácido lático emitido pelos mamíferos atrai os mosquitos que chupam o sangue); e **sinomonas** (sinais que beneficiam tanto o emissor como o receptor, por exemplo, os perfumes emitidos pelas flores para atrair os insetos polinizadores).

Tratando-se de insetos, os feromonas são utilizados para localizar alimento, hábitat, parceiro de aca-salamento, evitar predação, caçar alimentos etc. São classificados em feromonas sexuais, de agregação, de trilha, de orientação, de território, de inibição e de alarme.

Em geral, os feromonas são gases ou substâncias que facilmente vão ao estado gasoso e neste estado o sinal químico é mais rapidamente transportado ou transferido do emissor para o receptor. A Figura 8.14 mostra como funcionam. De qualquer maneira, são compostos que se encontram de forma local e/ou regional na troposfera.

8.4 Compostos Orgânicos de Origem Antrópica Encontrados na Atmosfera

8.4.1 Aspectos gerais

O ser humano, forçado pelas suas necessidades, tais como alimentação, locomoção, moradia, bem-estar pessoal e comunitário, entre outras, colocou sua capacidade criativa em funcionamento. A geração de energia a partir da oxidação (queima) de combustíveis fósseis e de combustíveis biorrenováveis deu um forte impulso ao desenvolvimento da Química. O fracionamento, a purificação, a síntese de produtos quí-micos, entre eles os orgânicos, o estudo de suas propriedades e respectivas aplicações, em pouco tempo (nos últimos 50 – 70 anos) "mexeram" com a biosfera. Ali estão:

a. engenhos (máquinas) baseados em reações químicas espontâneas para produzir diferentes formas de energia (fogões, fornos, fornalhas, termoelétricas etc.);

b. máquinas para os mais variados tipos de trabalho e locomoção com as respectivas fontes de energia (automóveis, caminhões, tratores, trens, navios, aviões, espaçonaves etc.);

c. fábricas dos mais diferentes suprimentos de necessidades do homem (alimentos, vestimentas, implementos agrícolas; praguicidas, celulose e seus derivados, sistemas refrigerados, entre outros);

d. fábricas de materiais sintéticos com propriedades mais adequadas para as novas tecnologias do homem, em todos os campos da ciência. Partindo sempre de monômeros (orgânicos e inorgânicos) também sintetizados.

Hoje, colhem-se as consequências desse desenvolvimento sem os cuidados e previsões adequados: bu-raco de ozônio, efeito estufa, *smog* fotoquímico, chuva ácida, poluição dos corpos d'água, poluição do solo e, é claro, **poluição da atmosfera** por compostos orgânicos gasosos, voláteis e mesmo particulados que são carreados à atmosfera, vindos destas atividades antrópicas.

Entre os 50 compostos químicos mais produzidos pelo ser humano, alcançando a cifra de mais de um milhão de toneladas/ano, muitos são de natureza orgânica. Entre eles encontram-se: hidrocarbonetos, ál-coois, aldeídos, ácidos, ésteres, éteres, epóxidos e derivados halogenados.

8.4.2 Hidrocarbonetos

Estes compostos, presentes na atmosfera, são provenientes de sua volatilização, da combustão incompleta dos mesmos, ou de outros, nos engenhos que os utilizam como combustíveis. Entre eles encontram-se em abundâncias mais elevadas:

- *Hidrocarbonetos acíclicos*

Existência

Em geral são encontrados em regiões da troposfera poluída. O metano, em função do seu longo tempo de vida, é encontrado nas camadas superiores da atmosfera. Entre os principais hidrocarbonetos, têm-se:

a. saturados, alcanos ou parafinas: metano, etano, propano, octano (gasolina);

b. insaturados: Alcenos ou olefinas. A Figura 8.15 apresenta alguns compostos encontrados na atmosfera, principalmente em locais poluídos. Alcinos: o acetileno, $HC\equiv CH$, é o exemplar que pode ser encontrado na troposfera.

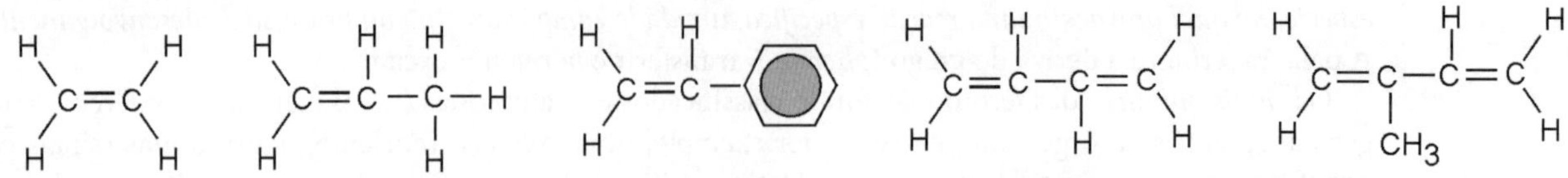

(1) Etileno (2) Propileno (3) Estireno (4) Butadieno (5) Metil-butadieno

Figura 8.15 Exemplos de alcenos passíveis de serem encontrados na troposfera.

Reações químicas de compostos saturados com o radical HO•

Os alcanos são mais estáveis que os alcenos e estes mais que os alcinos, em termos de reatividade química frente ao mesmo reagente "atacante". Isto deve-se ao tipo de *orbitais moleculares ligantes* (σ nos saturados ou alcanos, σ e π nos insaturados ou alcenos e alcinos). Por exemplo, todos são atacados pelo radical hidroxilo, HO•, conforme reações abaixo.

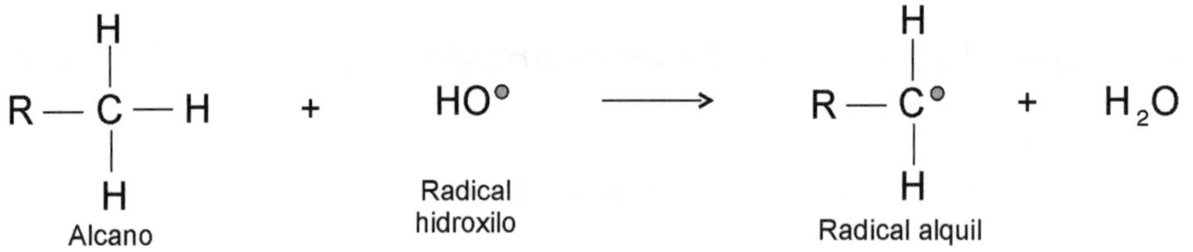

(R-8.15)

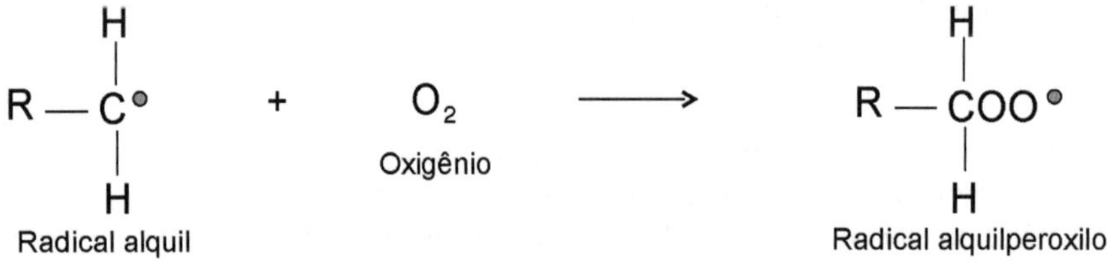

(R-8.16)

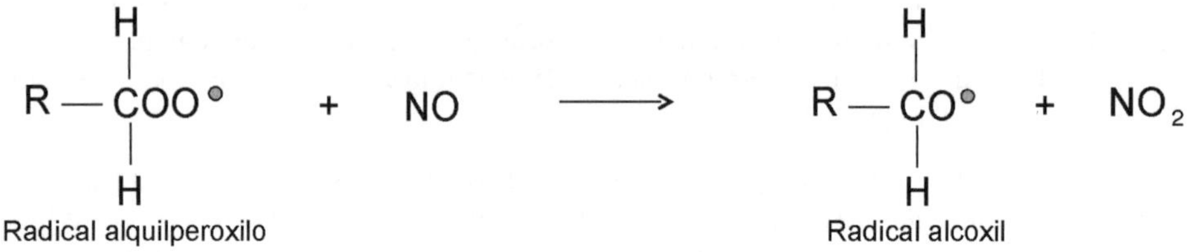

(R-8.17)

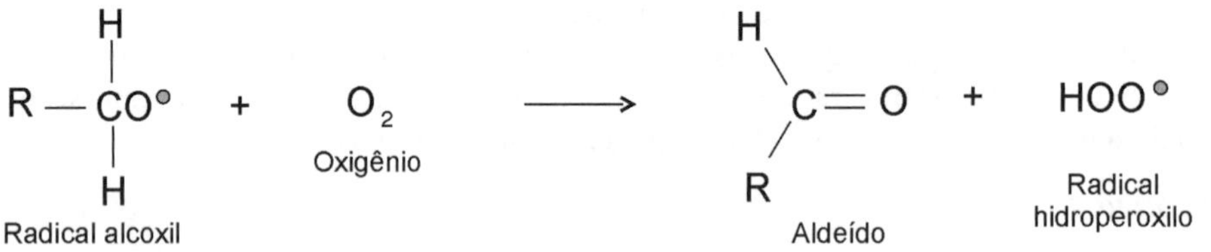

(R-8.18)

No caso do radical HO• "atacar" um hidrogênio ligado a carbono interno da cadeia carbônica, tem-se como resultado a formação de uma cetona.

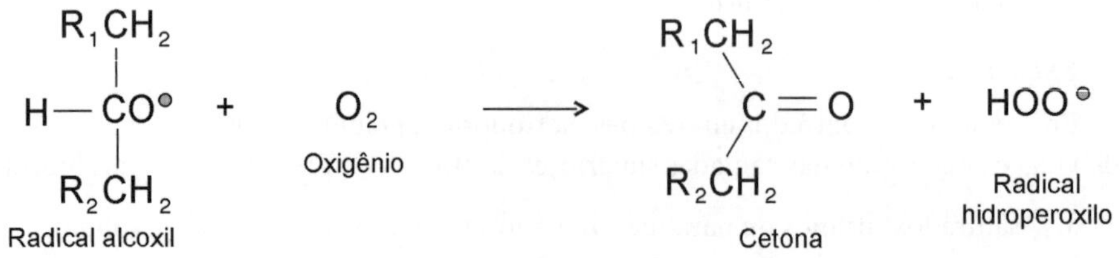

(R-8.19)

Reações químicas de compostos insaturados com o radical HO·

Conforme mostra o composto (1) da Reação [R-8.1], aqui repetida, nas ligações insaturadas entre dois átomos, formadas por elétrons dos orbitais p, uma é do tipo *ligação molecular ligante* σ (sigma) e as demais entre os mesmos átomos são do tipo *orbital molecular ligante* π (pi). As ligações do tipo pi (π) são mais facilmente "atacadas" por reagentes.

$$\text{[R-8.1]}$$

O composto (2) é um radical que pode reagir com O_2 e dar continuidade a uma série de reações químicas originando ao final diversos compostos terminais, entre eles um composto com função alcoólica e cetônica, ou alcoólica e aldeídica ou um PAN (nitrato de alquilperoxilo), se for um ambiente poluído.

Reações químicas de compostos insaturados com o ozônio, O_3

A presença de ozônio, O_3, na troposfera, a partir de certa abundância, indica ambiente poluído. O ozônio ataca os compostos insaturados formando inicialmente um composto de adição, que posteriormente se estabiliza oxidando o carbono, conforme Reações (R-8.20) e (R-8.21).

1ª - Etapa

$$(\text{R-8.20})$$

(1) Monômero   (2) Ozônio   (3) Composto de adição

2ª - Etapa

$$(\text{R-8.21})$$

(3) Composto de adição   Ácido carboxílico   Cetona

• *Hidrocarbonetos cíclicos e derivados aromáticos heterocíclicos*

Existência

Entre os hidrocarbonetos cíclicos (alifáticos e aromáticos) da atmosfera, os que apresentam maior importância são os aromáticos. Estes são divididos em dois grupos: os monocíclicos e os policíclicos de anéis conjugados, denominados HAPs (Hidrocarbonetos Aromáticos Policíclicos). A Figura 8.16 apresenta alguns exemplos. Estes compostos podem ocorrer na forma de gases, particulados e compostos adsorvidos em particulados atmosféricos. Juntamente com os HAP formam-se os derivados dos hidrocarbonetos aromáticos heterocíclicos, em que um ou mais átomos de carbono de anéis benzênicos são substituídos por elementos, tais como o N, O, S, entre outros. A Figura 8.17 e a Figura 8.18 apresentam alguns exemplos. Estes compostos são denominados CAPs (Compostos Aromáticos Policíclicos), ou, de acordo com o elemento que substituiu o C, N–CAP, O–CAP, S–CAP e assim por diante. A fonte principal dos HAPs e dos CAP é a combustão incompleta de material orgânico em motores, fogões, fornalhas, cigarros etc. Foram encontrados também hidrocarbonetos aromáticos de anéis não conjugados, como as bifenilas.

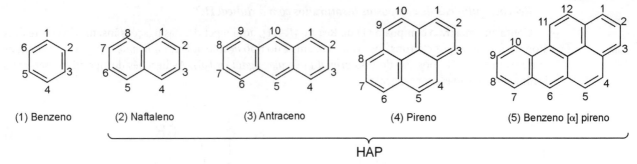

Figura 8.16 Exemplos de hidrocarbonetos aromáticos mono e policíclicos (HAPs).

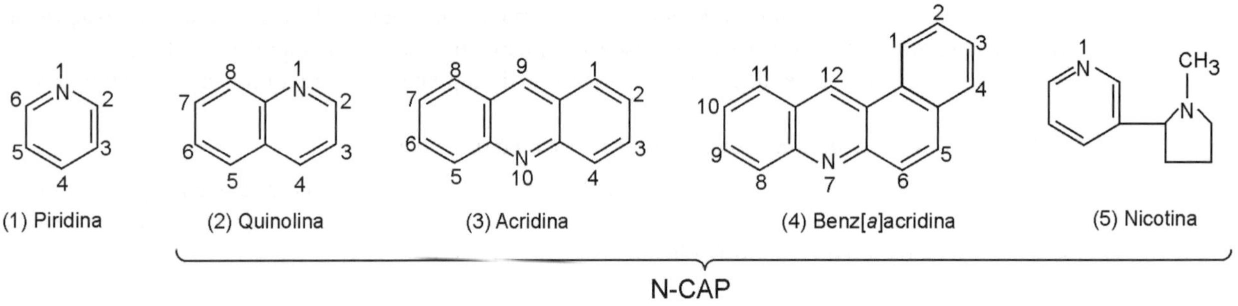

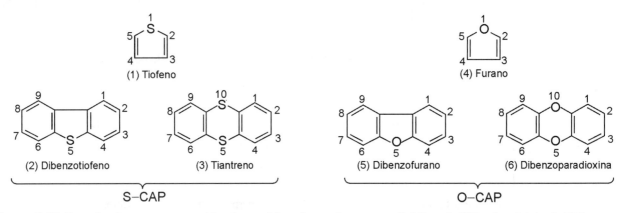

Figura 8.17 Exemplos de compostos aromáticos heterocíclicos nitrogenados mono e policíclicos N–CAP.

Figura 8.18 Exemplos de compostos aromáticos heterocíclicos de enxofre mono e policíclicos, S–CAP, e de oxigênio, O-CAP.

A importância destes compostos, em termos de preocupação com o meio ambiente e biota, deve-se ao fato de, na grande maioria, serem cancerígenos.

Reações químicas na troposfera

Conforme Reações (R-8.22) e (R-8.23), o radical hidroxilo HO• reage com os compostos aromáticos em duas etapas. Na primeira etapa, o radical é adicionado ao anel benzênico instabilizando o deslocamento dos elétrons conjugados do anel. Na segunda etapa, a presença do O_2 atmosférico retira um H do anel formando um agrupamento fenólico e mais o radical hidroperoxilo, HOO•, Reação (R-8.23).

Compostos Orgânicos Gasosos da Atmosfera **205**

Etapa 1: (1) Benzeno + HO° (Radical hidroxilo) ⟶ (2) (R-8.22)

Etapa 2: (2) + O₂ ⟶ (3) Fenol + HOO° (Radical hidroperoxilo) (R-8.23)

8.4.3 Compostos halogenados derivados dos hidrocarbonetos

Ocorrência

Os compostos organoalogenados podem originar-se biogenicamente, porém, a maior parte é de origem antrópica. O avanço da Ciência como um todo e, em especial, da Química no estudo das propriedades dos compostos e nas técnicas de síntese dos mesmos, aliada às necessidades do homem, pode-se dizer que ultrapassou barreiras quase que intransponíveis neste campo. Para compreender-se os possíveis e importantes compostos que são enquadrados neste tópico basta considerar qualquer hidrocarboneto (acíclico ou cíclico) e nele substituir (ou adicionar, dependendo do tipo de hidrocarboneto) um ou mais hidrogênios por halogênios: F, Cl, Br e I. Vejamos dois exemplos, um de substituição e outro de adição.

1º Reações de substituição:

O metano é o hidrocarboneto mais simples. Seja substituir-lhe um, dois, três e quatro hidrogênios por número equivalente de cloro, conforme Reações (R-8.24) a (R-8.27).

$$CH_4 + Cl_2 \rightleftarrows CH_3Cl + HCl \qquad \text{(R-8.24)}$$
$$\text{monoclorometano}$$

$$CH_4 + 2Cl_2 \rightleftarrows CH_2Cl_2 + 2HCl \qquad \text{(R-8.25)}$$
$$\text{diclorometano}$$

$$CH_4 + 3Cl_2 \rightleftarrows CHCl_3 + 3HCl \qquad \text{(R-8.26)}$$
$$\text{triclorometano}$$

$$CH_4 + 4Cl_2 \rightleftarrows CCl_4 + 4HCl \qquad \text{(R-8.27)}$$
$$\text{tetraclorometano}$$

Produtos formados e sua importância

*CH₃Cl – **Monoclorometano** ou simplesmente clorometano:*

Propriedades: gás incolor, odor etéreo, paladar adocicado, ponto de ebulição –23,7 °C, ponto de fusão –97 °C.

Perfil de periculosidade: **HR: 3**, teratogênico, suspeito de ser carcinogênico. Efeitos sistêmicos por inalação: convulsões, náuseas, vômitos. Gás inflamável e explosivo quando aquecido.

Aplicações: É consumido em milhões de toneladas/ano como reagente básico na síntese de compostos da família dos silicones. A Figura 8.19 mostra as três etapas básicas de síntese dos polímeros de silicones.

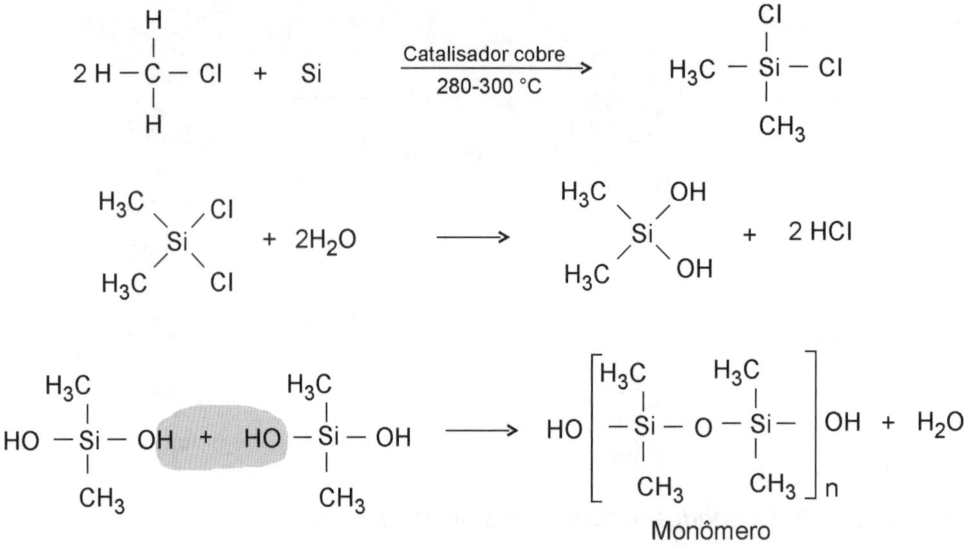

206 Capítulo Oito

O radical $H_3C°$ metil pode ser substituído por R_1, R_2, R_3, ...

Figura 8.19 Princípio da síntese dos silicones.

CH_2Cl_2 – *Diclorometano*

Propriedades: Líquido volátil e incolor, odor de clorofórmio, ponto de ebulição 39,8 °C, ponto de fusão –96,7 °C.

Perfil de periculosidade: **HR: 3**, carcinogênico, teratogênico e formador de tumores. Efeitos sistêmicos por ingestão e inalação: convulsões, sonolência, alteração dos batimentos cardíacos.

Aplicações: Excelente solvente para solutos orgânicos não polares. Utilizado na extração da cafeína do café.

$CHCl_3$ – *Triclorometano ou clorofórmio*

Propriedades: Líquido incolor, odor etéreo, ponto de ebulição 61,3 °C, ponto de fusão –63,2 °C.

Perfil de periculosidade: **HR: 3**, carcinogênico, teratogênico e formador de tumores. Efeitos sistêmicos por ingestão e inalação: alucinógeno, náusea, vômitos, anestésico.

Aplicações: Solvente para graxas, óleos, borrachas, alcaloides, ceras, resinas. Utilizados na indústria da borracha e material de limpeza.

CCl_4 – *Tetraclorometano ou tetracloreto de carbono*

Propriedades: Líquido incolor, odor etéreo, ponto de ebulição 76,8 °C, ponto de fusão –22,6 °C.

Perfil de periculosidade: **HR: 3**, carcinogênico, teratogênico e formador de tumores. Efeitos sistêmicos por ingestão e inalação: náusea, vômitos, tremores, sonolência, anorexia.

Aplicações: Solvente para óleos, pigmentos, graxas, vernizes, ceras, borrachas, resinas, material de partida para síntese orgânica.

Ao introduzir Cl e F no metano e/ou etano, está-se produzindo a família dos compostos clorofluorcarbonos, denominados **CFCs**, substâncias usadas na fabricação de espumas, *sprays*, fluidos refrigerantes e condicionadores de ar. Observou-se que são os responsáveis pela depleção do ozônio na estratosfera (buraco de ozônio). Hoje, sua produção em nível mundial é controlada, conforme o Protocolo de Montreal, e no Brasil regulado conforme a RESOLUÇÃO CONAMA Nº 267, de 14 de setembro de 2000, que traz os Anexos A e B do Protocolo de Montreal, Tabela 8.5.

Compostos Orgânicos Gasosos da Atmosfera   **207**

Tabela 8.5 — Substâncias Responsáveis pela Depleção do Ozônio e por Isso Controladas Internacionalmente

Substâncias Controladas*					
ANEXO A		**ANEXO B**			
Substância	Nome Comercial	Substância	Nome comercial	Substância	Nome comercial
Grupo I		**Grupo I**		**Grupo II**	
$CFCl_3$	CFC-11	CF_3Cl	CFC-13	CCl_4	CTC-Tetracloreto de carbono
CF_2Cl_2	CFC-12	C_2FCl_5	CFC-111		
$C_2F_3Cl_3$	CFC-113	$C_2F_2Cl_4$	CFC-112		
$C_2F_4Cl_2$	CFC-114	C_3FCl_7	CFC-211		
C_2F_5Cl	CFC-115	$C_3F_2Cl_6$	CFC-212	**Grupo III**	
		$C_3F_3Cl_5$	CFC-213	$C_2H_3Cl_3$ (esta fórmula não se refere ao 1,1,2-tricloroetano)	1,1,1-tricloroetano (metilclorofórmio)
Grupo II		$C_3F_4Cl_4$	CFC-214		
CF_2BrCl	Halon-1211	$C_3F_5Cl_3$	CFC-215		
CF_3Br	Halon-1301	$C_3F_6Cl_2$	CFC-216		
$C_2F_4Br_2$	Halon-2402	C_3F_7Cl	CFC-217		

As Substâncias Controladas listadas como Anexo I são as mesmas integrantes daquelas apresentadas nos Anexos A e B do Protocolo de Montreal sobre Substâncias que Destroem a Camada de Ozônio, conforme ratificada pelo Governo Brasileiro (Decreto nº 99.280, de 7 de junho de 1990).

A partir de 1992 novas substâncias foram incorporadas àquelas já citadas nos Anexos A e B do Protocolo de Montreal (ver Anexo 19), constituindo os Anexos C e E, reproduzidos na Tabela 8.6.

O anexo D do Protocolo trata dos produtos e equipamentos em que essas substâncias são usadas e se encontra (ver Anexo 19) ao final deste livro. *Protocolo de Montreal sobre as substâncias que deterioram a camada de ozônio.*

Tabela 8.6 — Substâncias Responsáveis pela Depleção do Ozônio e por Isso Controladas em Nível Internacional, Anexos C e E do Protocolo de Montreal

ANEXO C Substâncias regulamentadas[1]							
Grupo	Substância	Nº de isômeros	Potencial de deterioração da camada de ozônio	Grupo	Substância	Nº de isômeros	Potencial de deterioração da camada de ozônio
Grupo I				**Grupo II**			
$CHFCl_2$	HCFC-21[2]	1	0,04	$CHFBr_2$	HBFC-22B1	1	1,00
CHF_2Cl	HCFC-22[2]	1	0,055	CHF_2Br		1	0,74
CH_2FCl	HCFC-31	1	0,02	CH_2FBr		1	0,73
C_2HFCl_4	HCFC-121	2	0,01-0,04	C_2HFBr_4		2	0,3-0,8
$C_2HF_2Cl_3$	HCFC-122	3	0,02-0,08	$C_2HF_2Br_3$		3	0,5-1,8
$C_2HF_3Cl_2$	HCFC-123	3	0,02-0,06	$C_2HF_3Br_2$		3	0,4-1,6
$CHCl_2CF_3$	HCFC-123[2]	-	0,02	C_2HF_4Br		2	0,7-1,2
C_2HF_4Cl	HCFC-124	2	0,02-0,04	$C_2H_2FBr_3$		3	0,1-1,1
$CHFClCF_3$	HCFC-124[2]	-	0,022	$C_2H_2F_2Br_2$		4	0,2-1,5
$C_2H_2FCl_3$	HCFC-131	3	0,007-0,05	$C_2H_2F_3Br$		3	0,7-1,6
$C_2H_2F_2Cl_2$	HCFC-132	4	0,008-0,05	$C_2H_3FBr_2$		3	0,1-1,7
$C_2H_2F_3Cl$	HCFC-133	3	0,02-0,06	$C_2H_3F_2Br$		3	0,2-1,1
$C_2H_3FCl_2$	HCFC-141	3	0,005-0,07	C_2H_4FBr		2	0,07-0,1

(continua)

208 Capítulo Oito

Tabela 8.6 *Continuação*

| | | | | ANEXO C | | | |
| | | | | Substâncias regulamentadas[1] | | | |

Grupo	Substância	N° de isômeros	Potencial de deterioração da camada de ozônio	Grupo	Substância	N° de isômeros	Potencial de deterioração da camada de ozônio
CH_3CFCl_2	HCFC-141b[2]	-	0,11	C_3HFBr_6		5	0,3-1,5
$C_2H_3F_2Cl$	HCFC-142	3	0,008-0,07	$C_3HF_2Br_5$		9	0,2-1,9
CH_3CF_2Cl	HCFC-142b[2]	-	0,065	$C_3HF_3Br_4$		12	0,3-1,8
C_2H_4FCl	HCFC-151	2	0,003-0,005	$C_3HF_4Br_3$		12	0,5-2,2
C_3HFCl_6	HCFC-221	5	0,015-0,07	$C_3HF_5Br_2$		9	0,9-2,0
$C_3HF_2Cl_5$	HCFC-222	9	0,01-0,09	C_3HF_6Br		5	0,9-2,0
$C_3HF_3Cl_4$	HCFC-223	12	0,01-0,08	$C_3H_2FBr_5$		9	0,7-3,3
$C_3HF_4Cl_3$	HCFC-224	12	0,01-0,09	$C_3H_2F_2Br_4$		16	0,2-2,1
$C_3HF_5Cl_2$	HCFC-225	9	0,02-0,07	$C_3H_2F_3Br_3$		18	0,2-5,6
$CF_3CF_2CHCl_2$	HCFC-225ca[2]	-	0,025	$C_3H_2F_4Br_2$		16	0,3-7,5
CF_2Cl	HCFC-225cb[2]	-	0,033	$C_3H_2F_5Br$		8	0,9-14
CF_2CHClF	HCFC-226	5	0,02-0,10	$C_3H_3FBr_4$		12	0,08-1,9
C_3HF_6Cl	HCFC-231	9	0,05-0,09	$C_3H_3F_2Br_3$		18	0,1-3,1
$C_3H_2FCl_5$	HCFC-232	16	0,008-0,10	$C_3H_3F_3Br_2$		18	0,1-2,5
$C_3H_2F_2Cl_4$	HCFC-233	18	0,007-0,23	$C_3H_3F_4Br$		12	0,3-4,4
$C_3H_2F_3Cl_3$	HCFC-234	16	0,01-0,28	$C_3H_4FBr_3$		12	0,03-0,3
$C_3H_2F_4Cl_2$	HCFC-235	9	0,03-0,52	$C_3H_4F_2Br_2$		16	0,1-1,0
$C_3H_2F_5Cl$	HCFC-241	12	0,004-0,09	$C_3H_4F_3Br$		12	0,07-0,8
$C_3H_3FCl_4$	HCFC-242	18	0,005-0,13	$C_3H_5FBr_2$		9	0,04-0,4
$C_3H_3F_2Cl_3$	HCFC-243	18	0,007-0,012	$C_3H_5F_2Br$		9	0,07-0,8
$C_3H_3F_3Cl_2$	HCFC-244	12	0,009-0,014	$C_3H_6F_2Br$		5	0,02-0,7
$C_3H_3F_4Cl$	HCFC-251	12	0,001-0,01				
$C_3H_4FCl_3$	HCFC-252	16	0,005-0,04				
$C_3H_4F_2Cl_2$	HCFC-253	12	0,003-0,03				
$C_3H_4F_3Cl$	HCFC-261	9	0,002-0,02				
$C_3H_5FCl_2$	HCFC-262	9	0,002-0,02				
$C_3H_5F_2Cl$	HCFC-271	5	0,001-0,03				
C_3H_6FCl							

| | | ANEXO E | |
| | | Substâncias regulamentadas | |

Grupo	Substância	Potencial de deterioração da camada de ozônio
Grupo I CH_3Br	Brometo de metilo	0,7

(1) Sempre que for indicado um intervalo de variação para o potencial de deterioração da Camada de Ozônio, deve ser considerado o valor mais elevado para efeitos do Protocolo. Os potenciais de deterioração da camada de ozônio representados por um único valor foram determinados a partir de cálculos baseados em medições laboratoriais. Os valores representados por um intervalo de variação baseiam-se em estimativas e são menos rigorosos. Os intervalos de variação dizem respeito a grupos isoméricos. O valor mais elevado corresponde à estimativa do potencial de deterioração da camada de ozônio do isômero com o potencial de deterioração da camada de ozônio mais elevado, e o valor mais baixo corresponde à estimativa do potencial de deterioração da camada de ozônio do isômero com o potencial de deterioração da camada de ozônio mais baixo.
(2) Identifica as substâncias comercialmente mais viáveis, cujos valores de potencial de deterioração da camada de ozônio a serem utilizados para efeito do Protocolo são indicados na coluna correspondente.

Se, além do cloro (Cl) e do flúor (F), for introduzido o bromo (Br), está-se formando a família dos *halons*, também controlados pelo Protocolo de Montreal. Estes compostos têm sua aplicação no combate ao incêndio, Tabela 8.5 e Tabela 8.6. A Figura 8.20 mostra como os *halons* atuam na extinção do incêndio.

O radical H$\cdot$ ou o hidrogênio atômico gerado na chama (estado plasmático da matéria) reage com o Br do *halon* formando o HBr; este por sua vez é "atacado" por outro H$\cdot$, liberando novamente o radical Br$\cdot$, que por sua vez "elimina" outro H$\cdot$, e assim o processo entra em *reação em cadeia*. Observa-se que o radical restante do *halon* vai reagir com algum radical, até o próprio H$\cdot$, reestruturando o CFC que vai para a atmosfera.

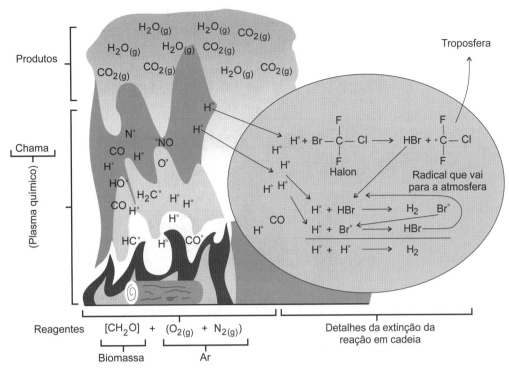

Figura 8.20 Esquematização do funcionamento da ação dos *halons* na extinção de um incêndio eliminando o H• que é o ativador da chama. FONTE: Manahan, 1994.

Aqui, abre-se um leque ilimitado de compostos organoalogenados, mais ou menos voláteis, cujo destino pode ser a atmosfera e dependem do tipo da atividade humana que os gera. Por exemplo, a mineração da bauxita, Al_2O_3, e a metalurgia da produção do alumínio geram os **perfluorcarbonos**. São hidrocarbonetos totalmente fluoretados, isto é, seus hidrogênios substituídos por F. A reação (R-8.28) mostra que o minério bauxita é misturado ao fundente, que, em geral, é uma mistura de criolita, $AlF_3 \cdot 3NaF$, e fluorita, CaF_2, e a mistura é fundida no forno elétrico.

Nos eletrodos do forno se sucedem as reações de oxidação e redução conforme Reações (R-8.29) e (R-8.30).

$$Al_2O_3 \xrightarrow[\text{Forno elétrico}]{\overset{\text{Fundente}}{AlF_3 \cdot 3NaF + CaF_2}} Al^{3+} + Na^+ + 2F^- + O^{2-} \quad \text{(R-8.28)}$$

Minério bauxita → Mistura derretida

Possíveis reações:

Anodo: $\quad F^- \longrightarrow F_{(\text{flúor atômico})} + e$ \quad (R-8.29)

$\quad\quad 4\,F + C_{(\text{eletrodo})} \longrightarrow CF_4$ (ou, C_2F_6 e outros produtos) \quad (R-8.30)

Catodo: $\quad Al^{3+} + 3\,e \longrightarrow Al_{(\text{metálico})}$

O flúor no estado atômico, gerado junto ao anodo, vai reagir com o carbono do eletrodo de carvão formando os perfluorcarbonos. A Figura 8.21 mostra o esquema de funcionamento do forno elétrico.

Os perfluorcarbonos são compostos extremamente estáveis, não são atacados pelo radical hidroxilo, HO•, pelo ozônio, O_3, nem por outros compostos existentes na atmosfera. Eles são destruídos por reações fotoquímicas. Em função desta estabilidade apresentam um longo *tempo de vida* na atmosfera.

A energia média por mol de ligações C—F é da ordem de 439 kJ mol^{-1}. A energia para "romper" uma ligação, que corresponde à energia de um *quantum* de radiação, será:

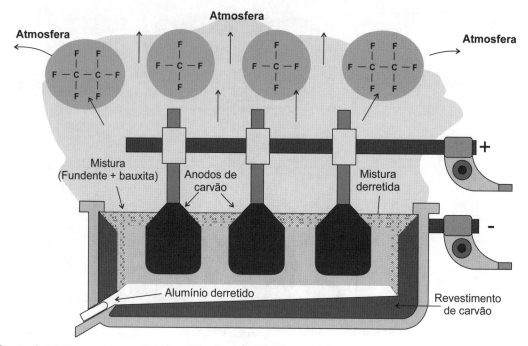

Figura 8.21 Esquematização do forno elétrico processando a bauxita, Al$_2$O$_3$, na produção do alumínio.

$$6{,}023 \cdot 10^{23} \text{ ligações C–F} = 1 \text{ mol} \longrightarrow 439 \cdot 10^3 \text{ J}$$
$$1 \text{ ligação C–F} \longrightarrow x$$

$$x = 1 \; quantum = \Delta E = 7{,}29 \cdot 10^{-19} \text{ J} \tag{8.3}$$

Como,

$$1 \; quantum = \Delta E = h\nu = \frac{hc}{\lambda} \therefore \lambda = \frac{hc}{\Delta E} \tag{8.4}$$

Em que: $h = 6{,}63 \cdot 10^{-34}$ J s; c = velocidade da luz = $3{,}00 \cdot 10^8$ m s^{-1}

$$\lambda = \frac{6{,}63 \times 10^{-34} \; 3{,}00 \times 10^8}{7{,}29 \times 10^{-19}} \frac{\text{J s m}}{\text{J s}}$$

$$\lambda = 2{,}72 \cdot 10^{-7} \text{ m} = 272 \cdot 10^{-9} \text{ m} = 272 \text{ nm} \tag{8.5}$$

O que significa que os perfluorcarbonos sofrem fotólise nas camadas superiores da atmosfera, onde esta radiação é "barrada".

2º Reações de adição:

Em geral as reações de adição acontecem em compostos insaturados. Uma ou mais das ligações duplas e/ou triplas do composto são abertas e entram os elementos adicionados, que geram o novo composto. Por exemplo, a Reação (R-8.31):

$$\underset{\text{Benzeno}}{C_6H_6} + 3Cl_2 \rightleftarrows \underset{\text{Hexacloro-ciclo-hexano}}{C_6H_6Cl_6} \tag{R-8.31}$$

O mesmo composto pode ser obtido por uma reação de substituição partindo de um composto saturado, como por exemplo o ciclo-hexano, Reação (R-8.32) ou de uma reação de adição e de substituição ao mesmo tempo, conforme Reação (R-8.33):

$$\underset{\text{Ciclo-hexano}}{C_6H_{12}} + 6Cl_2 \rightleftarrows \underset{\text{Hexaclorociclo-hexano}}{C_6H_6Cl_6} + 6HCl \tag{R-8.32}$$

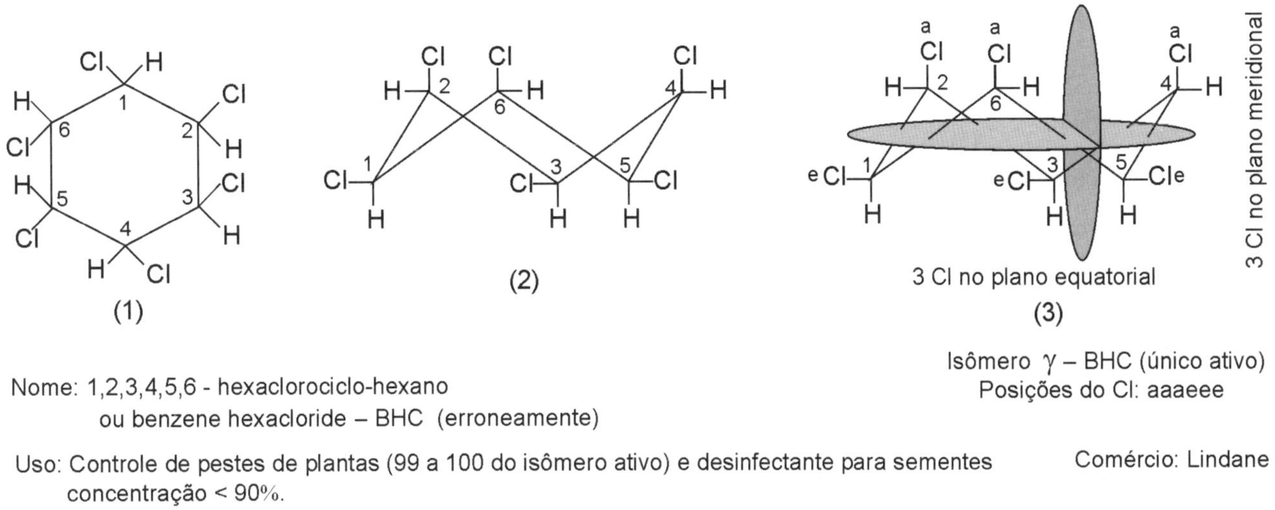

Nome: 1,2,3,4,5,6 - hexaclorociclo-hexano
ou benzene hexacloride – BHC (erroneamente)

Uso: Controle de pestes de plantas (99 a 100 do isômero ativo) e desinfectante para sementes
concentração < 90%.

Isômero γ – BHC (único ativo)
Posições do Cl: aaaeee

Comércio: Lindane

Figura 8.22 Detalhes da estrutura do hexaclorociclo-hexano, com detalhamento do isômero γ-BHC.

$$C_6H_{10} + 5Cl_2 \rightleftarrows C_6H_6Cl_6 + 4HCl \qquad \text{(R-8.33)}$$
Ciclo-hexeno · · · · · · Hexaclorociclo-hexano

A Figura 8.22 mostra a estrutura do hexaclorociclo-hexano, com detalhamento do isômero γ-BHC, que apresenta propriedades de praguicida. O termo BHC, que significa HexaCloroBenzeno, não é correto, mas o composto é conhecido como tal.

Estudos mostraram que os derivados organoclorados apresentam propriedades de pesticidas e foram fabricados em milhões de toneladas para combater as mais diversas pragas. Entre eles: DDT (derivado benzênico); policloropineno ou cloroteno (derivados dos terpenos); isodrin, dieldrin, endrin, aldrin (derivados dos ciclodienos), entre outros. São compostos sólidos cuja aplicação muitas vezes é feita por via sólida ou solução, pulverizados, ou em forma de *spray*, facilmente carreados para a troposfera. A maioria destes compostos, em função de seus efeitos nefastos no ambiente, é em grande parte cancerígena e tem longo tempo de meia-vida, permanecendo na cadeia alimentar; teve sua utilização proibida.

O DDT, Figura 8.23, foi produzido em milhares de toneladas partindo da condensação do monoclorobenzeno com o cloral, conforme Reação (R-8.34), e espalhado por toda a terra no combate de pestes, entre elas o mosquito da malária.

$$2ClC_6H_5 + Cl_3CCHO \rightleftarrows (ClC_6H_4)_2CHCCl_3 + H_2O \qquad \text{(R-8.34)}$$
monoclorobenzeno · cloral · · · · · · · · · · · DDT

Muitos compostos orgânicos, denominados compostos aromáticos policíclicos halogenados, podem ser encontrados na atmosfera do local ou região onde são formados. Por exemplo, os derivados clorados da dibenzo-para-dioxina podem ser encontrados como componentes dos gases e particulados da incineração de lixões municipais e em ambientes de tratamento para a conservação da madeira com pentaclorofenol. A Figura 8.24 apresenta a estrutura da dibenzo-p-dioxina com seus possíveis derivados clorados PCDDs, em especial o TCDD.

O TCDD é altamente tóxico e cancerígeno. É um subproduto na produção de fenóis clorados, branqueamento da polpa de papel e queima de lixões que contenham compostos clorados, como o PVC (cloretos polivinílicos). Foi usado como desfoliante na Guerra do Vietnã.

Outros compostos clorados aromáticos policíclicos, PCDFs, Figura 8.25, são os derivados do dibenzofurano, também formados em situações semelhantes ao PCDDs.

Um grupo especial de derivados clorados do benzeno são as bifenilas policloradas BPCs. A Figura 8.26 apresenta a estrutura da bifenila e as dez possibilidades de sua cloração.

As bifenilas cloradas são usadas em capacitores elétricos, transformadores elétricos, bombas a vácuo, fluido hidráulico.

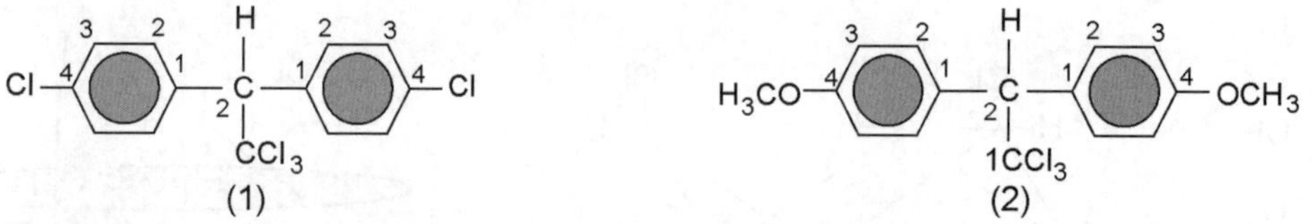

212 Capítulo Oito

Nome: 1,1,1-tricloro-2,2-bis(4-clorofenil)etano (DDT)

Dose: $LD_{50(insetos)}$ = 10-100 μg g^{-1}

Uso: Controle de insetos

Comércio: DDT

1,1,1-tricloro-2,2-bis(4-metoxifenil)etano

$LD_{50(insetos)}$ = 10-100 μg g^{-1}

Controle de pragas nas forragens

metoxicloro

Figura 8.23 Exemplo de pesticida organoclorado – DDT.

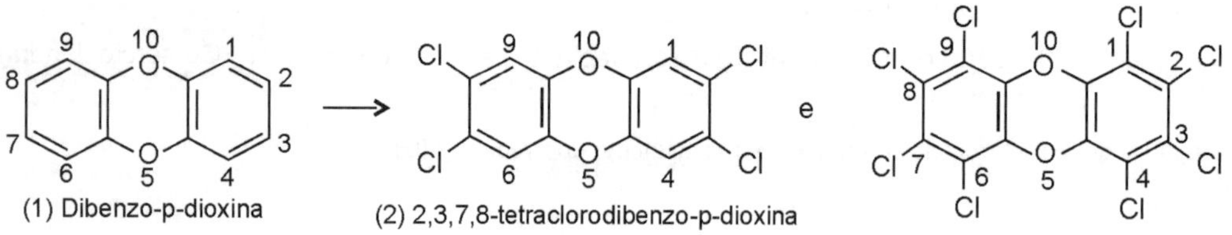

(1) Dibenzo-p-dioxina
O-CAP

(2) 2,3,7,8-tetraclorodibenzo-p-dioxina
TCDD

(3) Policloro-dibenzeno-p-dioxina

Com substituições das posições 1-9 por Cl, isto é, até 8 Cl

PCDDs

Figura 8.24 Visualização da dibenzo-p-dioxina e seus possíveis derivados clorados, entre eles o TCDD.

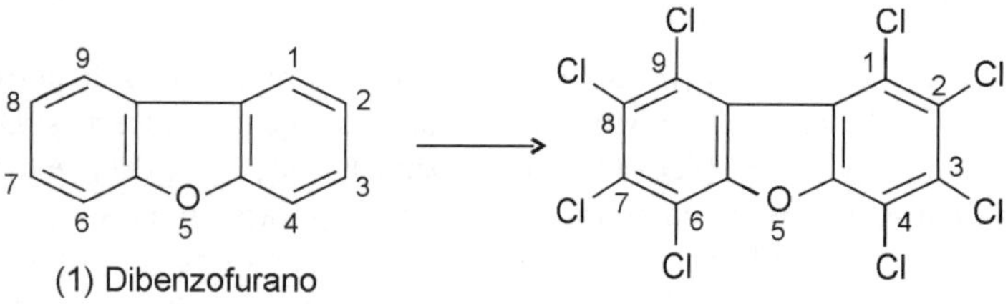

(1) Dibenzofurano
O—CAP

(2) Policlorodibenzofurano

Com substituições das posições 1-9 por Cl, isto é, até 8 Cl

PCDFs

Figura 8.25 Visualização do dibenzofurano e seus possíveis derivados clorados.

Bifenila
(Difenila)

As posições 1 a 10 podem ser substituídas por Cl originando as bifenilas, mono, di, tri, ..., policloradas – BPCs

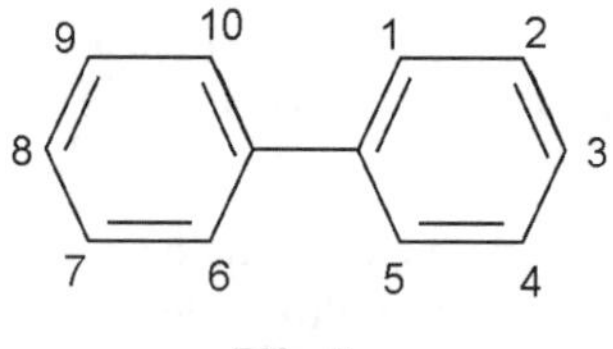

Figura 8.26 Estrutura da bifenila e possíveis derivados clorados BPCs.

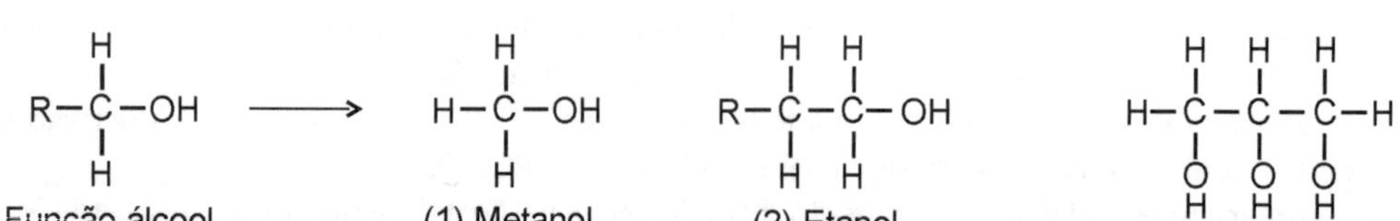

Função álcool

(1) Metanol
álcool metílico

(2) Etanol
álcool etílico

(3) Propanotriol (glicerina)

Figura 8.27 Representação da função álcool e representantes do grupo.

8.4.4 Funções orgânicas oxigenadas e derivados

Existe na atmosfera, principalmente na troposfera, uma enorme gama de compostos orgânicos oxigenados derivados de hidrocarbonetos, que serão abordados genericamente pelas respectivas funções orgânicas a que pertencem.

Sua presença na atmosfera pode ter se originado por processos biogênicos, antrópicos, e por reações químicas e fotoquímicas na própria atmosfera.

Conforme será visto, alguns compostos, apesar de não serem voláteis ou se encontrarem em abundâncias desprezíveis na atmosfera, são abordados, pois sua utilização conduz à poluição principalmente da troposfera.

Álcoois

Dos álcoois, os produzidos em maior escala são o etanol e o metanol, Figura 8.27 (1) e (2). O etanol é um dos componentes das bebidas alcoólicas. É usado em grande escala como combustível, solvente e reagente na produção de produtos químicos. O metanol é usado como solvente e reagente de síntese e produção de outros compostos, como o formaldeído, plásticos etc.

A glicerina está sendo citada por ser a base de explosivos como a nitroglicerina e a dinamite, bem como utilizada na fabricação do fumo (como umectante), cujos produtos resultantes da utilização destes derivados da glicerina poluem a atmosfera.

Fenóis

Os fenóis são compostos derivados dos hidrocarbonetos benzênicos pela substituição de um ou mais H do anel benzênico por radicais HO. A Figura 8.28 apresenta a estrutura da função fenólica e alguns exemplos de fenóis, entre eles o ácido fênico (ou chamado também fenol, hidroxibenzeno). Os fenóis, conforme visto, podem ser formados em reações atmosféricas.

O fenol é utilizado como desinfetante nos mais variados ambientes. Industrialmente é um composto (monômero) que participa da fabricação de resinas e diversos compostos orgânicos e tintas.

Os cresóis são fenóis correspondentes ao tolueno (metilbenzeno) e são três: orto, meta e paracresol, Figura 8.28 (2) a (4). São obtidos do alcatrão da hulha. Quando obtidos misturados formam o *creosoto* ou a *creolina*. Têm propriedades antissépticas e são usados como desinfetantes. A maior utilização do 1-naftol é na indústria de borracha sintética como antioxidante.

Aldeídos

Os aldeídos, conforme será visto, são um dos produtos do "*smog* fotoquímico", em uma atmosfera poluída. Além disto, podem resultar da ação antrópica. Suas grandes aplicações são a fabricação de diversos tipos: resinas sintéticas; plásticos; tintas; explosivos; compensados de madeira. Utilizado também como desinfetante, bactericida e conservação de materiais biológicos. A Figura 8.29 apresenta a estrutura da função e alguns exemplares: metanal, etanal, propenal e fenilmetanal, descritos a seguir.

a. Metanal ou formaldeído, Figura 8.29(1)

Propriedades: gás, odor pungente e sufocante, inflamável, ponto de ebulição –21 °C.

Perfil de periculosidade: **HR: 3**, carcinogênico, teratogênico, tóxico. Efeitos sistêmicos por inalação: lacrimogênico, mudanças no olfato e pulmonares, irritante aos olhos.

Usos e aplicações: fabricação de diferentes resinas, plásticos, espumas sintéticas, produtos de madeira (compensados etc.), aditivo de preservação, estabilizador, desinfetante e bactericida.

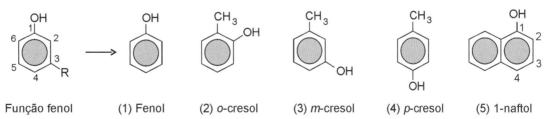

Figura 8.28 Representação da função fenol e alguns representantes do grupo.

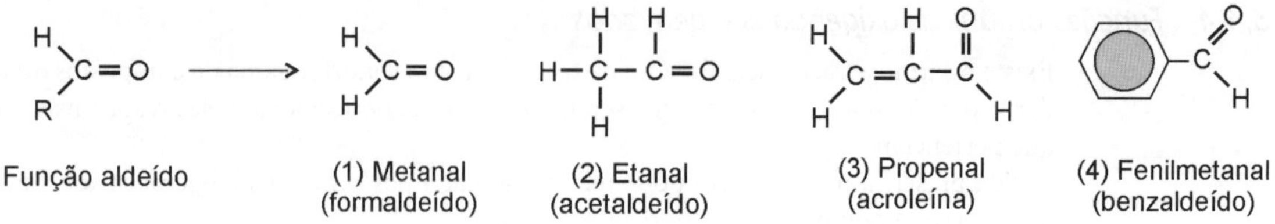

214 Capítulo Oito

Figura 8.29 Representação da função aldeído e exemplos de aldeídos.

b. Acetaldeído ou etanal, Figura 8.29(2)

Propriedades: líquido fumegante, incolor, inflamável, ponto de ebulição 20,8 °C.

Perfil de periculosidade: **HR: 3**, carcinogênico, teratogênico, irritante para a pele e os olhos; ataca o sistema nervoso central.

Usos e aplicações: fabricação de perfumes, flavorizantes (alimentos e bebidas), pigmentos, plásticos, borrachas sintéticas, espelhos.

c. Acroleína ou propenal, Figura 8.29(3)

Propriedades: líquido incolor a amarelado, volátil, inflamável, lacrimogênico, ponto de ebulição 52,5 °C.

Perfil de periculosidade: **HR: 3**, tóxico por inalação, teratogênico, irritante severo para a pele e os olhos.

Usos e aplicações: fabricação de perfumes, plásticos, sínteses orgânicas e herbicida aquático.

d. Fenilmetanal ou benzaldeído, Figura 8.29(4)

Propriedades: líquido incolor, combustível, ponto de ebulição 179 °C.

Perfil de periculosidade: **HR: 3**, evidências de ser carcinogênico, gerador de tumores, irritante severo para a pele.

Usos e aplicações: fabricação de perfumes, pigmentos, sínteses orgânicas e solvente.

Cetonas

As cetonas são compostos derivados dos álcoois secundários por oxigenação relativa, isto é, por perda de dois átomos de hidrogênio no grupo funcional alcoólico CHOH. Em geral, se encontram no estado líquido. São extremamente voláteis e se sólidas se sublimam. Elas podem ser formadas na própria atmosfera quando em condições de poluição. A Figura 8.30 apresenta a estrutura da função com três exemplares: (1) propanona; (2) cânfora e (3) quinona.

a. Propanona, acetona ou cetona, Figura 8.30(1)

Propriedades: líquido incolor, volátil, odor semelhante à menta, altamente inflamável, ponto de ebulição 56,2 °C.

Perfil de periculosidade: **HR: 3**, moderadamente tóxica, irritante para pele e os olhos, ataca o sistema respiratório e digestivo (náuseas e vômitos).

Usos e aplicações: solvente de graxas, óleos, ceras, borrachas, vernizes, plásticos e lacas. Reagente base para produção de outros. Solvente.

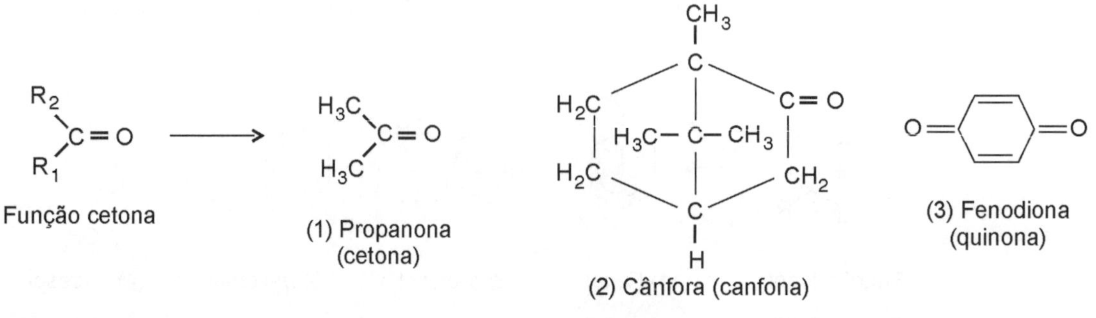

Figura 8.30 Representação da função cetona e exemplos de cetonas.

Compostos Orgânicos Gasosos da Atmosfera **215**

b. Cânfora ou canfona, Figura 8.30(2)

Ocorrência natural: ocorre naturalmente em todas as partes da planta *Cinnamomum camphora.*

Propriedades: massa cristalina branca e transparente, odor penetrante e pungente, sublima à temperatura e pressão ambientes, ponto de ebulição 205 °C.

Perfil de periculosidade: **HR: 3**, substância tóxica ao ser humano por diversas vias, sua ingestão causa náuseas, vômitos, tonturas, delírios e convulsões.

Usos e aplicações: fabricação de plásticos, celuloides, lacas e vernizes, explosivos, fogos pirotécnicos, repelente de traças e organismos semelhantes, preservativo de cosméticos e fármacos.

c. Fenodiona ou quinona, Figura 8.30(3)

Propriedades: sólido cristalino amarelo, odor semelhante ao cloro, sublima à temperatura e pressão ambientes.

Perfil de periculosidade: **HR: 3**, ação cancerígena questionável, formador de tumores, tóxica ao ser humano por diversas vias, causa severos danos à pele e às mucosas em geral.

Usos e aplicações: agente oxidante, na indústria fotográfica, indústria de tintas, curtimento de couros.

Carboxilácidos

Apesar do ácido nítrico e sulfúrico serem os grandes responsáveis pelo caráter ácido dos gases e fase aquosa da atmosfera, bem como dos precipitados secos e úmidos que chegam à superfície da Terra, está provado que há uma contribuição significativa dos ácidos orgânicos nesta acidez. Os ácidos encontrados em maior abundância na atmosfera (troposfera) são o ácido fórmico e o ácido acético. Foram detectados outros, como ácido oxálico, succínico, malônico, entre outros. A Figura 8.31 mostra a estrutura da função carboxílica e alguns exemplos, como o ácido fórmico, acético e o oxálico.

a. Ácido fórmico ou metanoico, Figura 8.31(1)

Ocorrência natural: o ácido fórmico é encontrado naturalmente em certos tipos de formigas e certos vegetais urticoides (por exemplo, as urtigas), que o usam como defesa quando atacados.

Propriedades: líquido incolor, fumegante, de odor pungente e penetrante, ponto de ebulição 100,8 °C, forma mistura azeotrópica com a água, combustível.

Perfil de periculosidade: **HR: 3**, é tóxico por inalação e por via venosa ou intraperitoneal, por ingestão é moderadamente tóxico, irritante da pele e dos olhos, corrosivo.

Usos e aplicações: reagente utilizado na síntese de produtos químicos, curtimento de couros, acidulante orgânico para diversos fins, coagulante do látex na indústria da borracha.

b. Ácido etanoico ou acético, Figura 8.31(2)

Ocorrência natural: o ácido acético resulta como último estágio da oxidação aeróbica do álcool na formação do vinagre, pelo micro-organismo *Mycorderma aceti.*

Propriedades: líquido incolor, de odor pungente, ponto de ebulição 118,1 °C , combustível.

Perfil de periculosidade: **HR: 3**, mutagênico, tóxico, severo irritante da pele e dos olhos, pode causar queimaduras, lacrimejamento e conjuntivites, poluente do ar.

Usos e aplicações: reagente utilizado na síntese de produtos químicos, plásticos e borrachas, acidulante e preservativo de alimentos, solvente para diversos materiais.

c. Ácido etanodioico ou oxálico, Figura 8.31(3)

Ocorrência natural: o ácido oxálico é encontrado naturalmente em certos vegetais como a "azedinha". Propriedades: sólido cristalino incolor, ponto de fusão 101,51 °C.

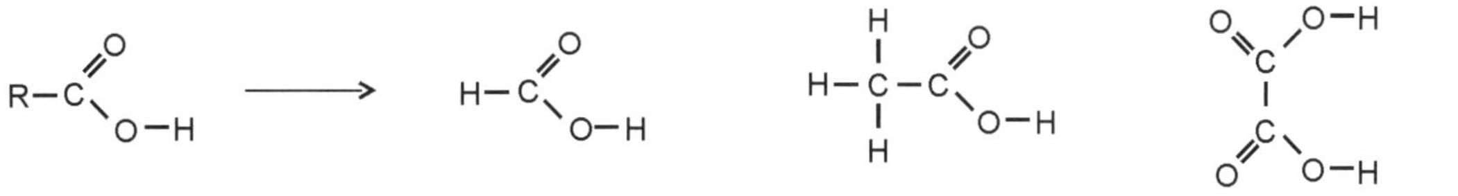

Função carboxilácido — (1) Ácido metanoico (ácido fórmico) — (2) Ácido etanoico (ácido acético) — (3) Ácido etanodioico (ácido oxálico)

Figura 8.31 Representação da função carboxilácido e exemplos de ácidos.

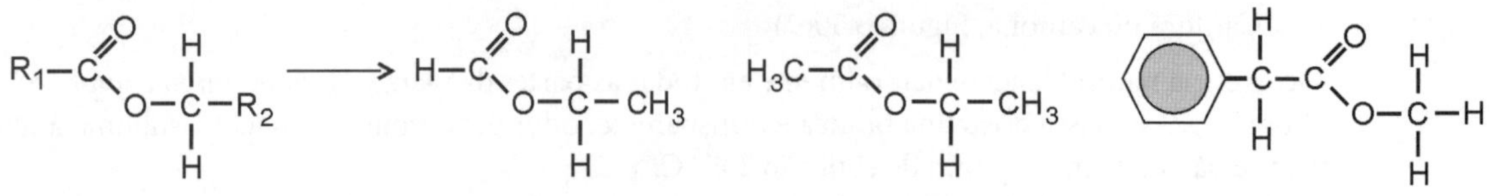

216   Capítulo Oito

Figura 8.32 Representação da função éster e exemplos de ésteres.

Perfil de periculosidade: **HR: 3**, moderadamente tóxico por algumas vias, severo irritante da pele e dos olhos, sua ingestão causa corrosão das mucosas etc., do sistema digestivo, causa problemas renais quando se forma oxalato de cálcio em excesso, convulsões, coma e morte em função do colapso cardiovascular.

Usos e aplicações: reagente utilizado na química analítica, síntese de produtos químicos, produção de tintas, limpeza de materiais, na indústria de papel, fotografia.

Ésteres

Ésteres são compostos que resultam da substituição parcial ou total do hidrogênio ácido de um ácido (orgânico ou inorgânico) por alquilas ou arilas. A Figura 8.32 mostra a função éster, com seu agrupamento típico de átomos e três exemplos descritos a seguir. Muitos ésteres, conforme dito nos compostos orgânicos biogênicos, encontram-se na natureza na forma de fragrâncias.

a.   Formiato de etila, Figura 8.32(1)

Propriedades: líquido incolor, volátil e inflamável, ponto de ebulição 54,3 °C.

Perfil de periculosidade: **HR: 3**, capacidade carcinogênica questionável, moderadamente tóxico por algumas vias, severo irritante da pele e dos olhos, explosivo.

Usos e aplicações: flavorizante para bebidas (sabor de rum), solvente, fungicida, larvicida, reagente utilizado na síntese de produtos químicos.

b.   Acetato de etila, Figura 8.32(2)

Ocorrência natural: ocorre em certas frutas maduras.

Propriedades: líquido incolor, volátil e inflamável, com odor de fragrância de frutas, ponto de ebulição 77,15 °C.

Perfil de periculosidade: **HR: 3**, moderadamente tóxico, em altas exposições irrita os olhos, vias respiratórias e garganta, perigoso à chama e ao fogo.

Usos e aplicações: flavorizante em fármacos, essência artificial de frutas utilizado em perfumarias e confeitarias, solvente.

c.   Fenilacetato de metila, Figura 8.32(3)

Ocorrência natural: ocorre em certas flores de plantas, como o jasmim.

Propriedades: líquido incolor, volátil e inflamável, sabor de mel, odor de fragrância de jasmim, ponto de ebulição 215 °C.

Perfil de periculosidade: **HR: 2**, moderadamente tóxico, em altas exposições irrita os olhos, pele, vias respiratórias e garganta.

Usos e aplicações: em perfumarias, solvente.

Éteres ou óxidos orgânicos

Os éteres-óxidos, ou simplesmente éteres, podem ser considerados como derivados da água substituindo-se os dois H desta por alquilas ou arilas, ou ainda como derivados dos álcoois ou fenóis em que o H da –OH alcoólica foi substituído por uma alquila ou arila. A Figura 8.33 apresenta a estrutura da função com alguns exemplos: metano-oxi-metano, metano-oxi-terciário-butano, isopropano-oxi-isopropano e epoxietano.

a.   Metano-oxi-metano, Figura 8.33(1)

Propriedades: gás incolor, inflamável, odor de éter, ponto de ebulição –23,7 °C.

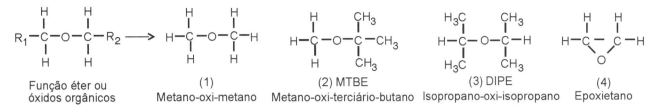

Figura 8.33. Representação da função éter e exemplos de éteres.

Perfil de periculosidade: **HR: 3**, levemente tóxico por inalação, explosivo.
Usos e aplicações: alternativa para combustível.

b. Metano-oxi-terciário-butano (em inglês MTBE–**M**ethyl *tert*-**B**uthyl **E**ther), Figura 8.33(2)

Propriedades: líquido, volátil, inflamável, ponto de ebulição 55,2 °C.
Perfil de periculosidade: **HR: 3**, levemente tóxico por inalação e ingestão, inflamável ao calor e à chama.
Usos e aplicações: utilizado para aumentar o índice de octano da gasolina em lugar do chumbo tetraetila.

c. Isopropano-oxi-isopropano (em inglês DIPE – **D**iisopropilether), Figura 8.33(3)

Propriedades: líquido, volátil, inflamável, odor de éter, ponto de ebulição 68,5 °C.
Perfil de periculosidade: **HR: 3**, levemente tóxico por inalação, ingestão e contato com a pele, explode com choque, perigoso quando exposto ao ar, pois forma peróxidos explosivos.
Usos e aplicações: aditivo de combustível e solvente.

d. Epoxietano ou óxido de etileno, Figura 8.33(4)

Propriedades: gás incolor, ponto de ebulição 10,7 °C.
Perfil de periculosidade: **HR: 3**, cancerígeno, teratogênico, veneno por ingestão e via intravenosa, irritante de pele e olhos. Efeitos sistêmicos por inalação: convulsão, náusea, vômito, explosivo quando exposto à chama.
Usos e aplicações: fumigante para diversas finalidades, esterilizante para materiais diversos, fungicida agrícola, sínteses orgânicas.

Observa-se que todos os derivados oxigenados descritos anteriormente apresentam **HR** (Hazard Rating = Grau ou Gradiente de Periculosidade, segundo **SAX's Dangerous Properties of Industrial Material**) máximo: **3**, com exceção do benzenoacetato de metila, com grau **2**.

Muitos outros compostos orgânicos de origem antrópica, não citados aqui, poderiam ser apresentados, pois, diretamente ou indiretamente, participam da poluição local, regional e global da atmosfera.

O processo de autodepuração da própria atmosfera, baseada nas propriedades: físicas (difusão, absorção, adsorção, aglutinação, precipitação, entre outras); químicas (reações ácido-base, oxirredução, complexação, trocas simples e duplas, precipitação); e reações fotoquímicas (excitação eletrônica, ionização e formação de radicais) dos seus componentes e poluentes faz com que de forma contínua haja uma precipitação seca ou úmida destes materiais; do contrário, há muito tempo a troposfera seria inviável.

Contudo, a pouca reatividade, baixa polaridade, baixa concentração e a alta estabilidade de alguns componentes apresentando um *tempo de vida* longo, como os CFCs, podem causar efeitos prejudiciais difusos que, quando observados, são um problema sério, como a depleção do ozônio.

8.5 Referências Bibliográficas e Sugestões para Leitura

ATKINS, P. W. **Moléculas**. Tradução de Paulo S. Santos e Fernando Galembeck. São Paulo: Universidade de São Paulo, 2000. 198 p.
BAIRD, C. **Environmental chemistry**. New York: W. H. Freeman and Company, 1999. 557 p.
BARKER, J. R. [Editor] **Progress and problems in atmospheric chemistry**. London: WS - World Scientific, 1995. 940 p.
BENN, F. R.; McAULIFFE, C. A. Pesticidas e Poluição. In: BENN, F. R.; McAULIFFE, C. A. **Química e Poluição**. Tradução de Luiz Roberto Moraes Pitombo e Sérgio Massaro. São Paulo: Livros Técnicos e Científicos e Universidade de São Paulo, 1981. 134 p.
BRASSEUR, G. P.; ORLANDO, J. J.; TYNDALL, G. S. **Atmospheric chemistry and global change**. Oxford (England): Oxford University, 1999. 654 p.

BRETHERICK, L. [Editor]. **Hazards in the Chemical Laboratory**. 4. ed. London: The Royal Society of Chemistry, 1986. 604 p.

BRIMBLECOMBE, P. **Air composition & chemistry**. 2. ed. Cambridge: Cambridge University. 1996. 253 p.

BUDAVARI, S. [Editor]. **The Merck Index**. 12th Edition. Whitehouse Station, NJ, USA: Merck & Co. 1996.

EMSLEY, J. **Moléculas em exposição**. Tradução de Gianluca C. Azzellini, Cassius V. Stevani e Erick L. Bastos. São Paulo: Edgard Blücher, 2001. 2008 p.

FINLAYSON-PITTS, B. J.; PITTS Jr., J. N. **Chemistry of the upper and lower atmosphere** – Theory, experiments, and applications. New York: Academic, 2000. 969 p.

HOUGHTON, J. T.; MEIRA FILHO, L. G.; CALLANDER, B. A.; *et al.* [Editors] **Climate change 1995**. Cambridge: Cambridge University, 1998. 572 p.

HUHEEY, J. E.; KEITER, E. A.; KEITER, R. L. **Inorganic chemistry** – **Principles of structure and reactions**. 4.ed. New York: Harper Collins College, 1993. 964 p.

KRAULEDAT, W. G. **Notação e nomenclatura de química inorgânica**. São Paulo: Edgard Blücher Ltda., Universidade de São Paulo, 1970. 114 p.

LEWIS, R. J. [Editor] **SAX's Dangerous properties of industrial materials**. 9. ed. New York: Van Nostrand Reinhold – ITP, A Divison of International Thomson Publishing, 1996. Volumes I, II and III.

LUXON, S. G. [Editor]. **Hazards in the chemical laboratory**. 5th. Edition. Cambridge: Royal Society of Chemistry, 1992. 675 p.

MANAHAN, S. E. **Environmental Chemistry**. 6.ed. Boca Raton (USA): Lewis, 1994. 811 p.

MEAKINS, G. D. **Functional groups: characteristics and interconversions**. Oxford: Oxford University, 2001. 92 p.

MELLOR, J. W. **Química inorgânica moderna**. Tradução de Alcides Caldas. 2. ed. Porto Alegre (RS): Editora Globo, 1952. 1090 p.

MELNIKOV, N. N. **Chemistry of Pesticides**. New York: Springer-Verlag, New York, 1971. 480 p.

MORRISON, R. T.; BOYD, R. N. **Química Orgânica**. Tradução de M. Alves da Silva. 5. ed. Lisboa: Fundação Calouste Gulbenkian, 1972. 1391 p.

MSDS. **Where to find Material Safety data Sheets on the Internet**. 2013. Disponível em: <http://www.ilpi.com/msds/>. Acessado em: 22 de outubro de 2014.

O'MALLEY, G. F. [Editor]. **Merck Manual** – **Home Health Handbook**. Germany: Merck, 2009.

PAIVA, M. R.; PEDROSA-MACEDO, J. H. **Feromonas de insetos**. Curitiba, PR: Agência Alemã de Cooperação Técnica – GTZ e Secretaria de Estado do Planejamento do Paraná – Conselho Estadual de Ciência e Tecnologia – CONCITEC, 1985. 84 p.

SCHWARZENBACH, R. P.; GSCHWEND, P. M.; IMBODEN, D. M. **Environmental organic chemistry**. New York: John Wiley, 1992. 681 p.

SEBERA, D. K. **Estrutura eletrônica & Ligações químicas**. Tradução de Caetano Belliboni. São Paulo: Polígono, 1968. 315 p.

SEINFELD, J. H.; PANDIS, S. N. **Atmospheric chemistry and physics**. New York: John Wiley, 1998. 1326 p.

THE MERCK INDEX. 12. ed. New Jersey: Merck Research Laboratories, Division of MERCK & CO., 1996.

TIMM, J. A. **General chemistry**. 4th Edition. New York: McGraw-Hill Book Company, 1966. 647 p.

CAPÍTULO

Smog **Fotoquímico**

9

9.1 Introdução

Disse certo autor, *a invenção do fogo pode ser considerada a origem da poluição da atmosfera pela ação do homem* (Seigneur, 2005). Na realidade, o domínio do fogo é uma consequência da capacidade criativa do ser humano. Esta capacidade criativa associada à ambição e à busca do suprimento das necessidades básicas do homem é que conduziram o ambiente ao estado em que se encontra hoje.

A *ambição humana*, seja em termos de pessoa (indivíduo), de grupo (associação, cidade, etnia, estado etc.), de nação, é, por assim dizer, o motor que conduz a mudanças, inovações, criações, enfim ao desenvolvimento. Contudo, neste processo é necessário que alguns princípios básicos de respeito aos outros e ao meio sejam impostos e respeitados, caso contrário chega-se aos conflitos e à poluição.

A *sobrevivência* do ser humano e a sua *busca* impõem uma série de necessidades, tais como: água, alimentos, energia, roupa, habitação, estradas, meios de transporte, entre outros, que levam o homem a interferir no meio ambiente e ter com ele um *passivo ambiental*.

Nessa caminhada, a energia, em suas diversas formas, calorífica, elétrica, gravitacional, mecânica, nuclear etc., é essencial. E o fogo, ou melhor, os processos de combustão, sempre acompanharam o homem desde o princípio. Porém, agora no início do terceiro milênio com problemas globais que ameaçam a vida na Terra, o homem deve usar sua capacidade criativa e desacelerar o uso de processos de combustão que poluem e usar os métodos de produção de energia mais limpa. Por exemplo, energia elétrica, energia solar, energia eólica, usar o combustível hidrogênio $H_{2(g)}$, conforme Reação (R-9.1), utilizar o comburente oxigênio e não o ar, que é uma mistura de oxigênio e nitrogênio.

$$2H_{2(g)} + O_{2(g)} \rightarrow 2H_2O_{(g)} + \text{Energia} \qquad \textbf{(R-9.1)}$$

Na combustão com o ar, além de o oxigênio combinar-se com o combustível (material fóssil ou biomassa) combina-se com $N_{2(g)}$, formando os NO_x que poluem a atmosfera.

Milhões de carros andam nas ruas queimando combustível fóssil (gasolina e óleo diesel) ou biorrenovável (álcool etílico) e descartam para a atmosfera: HC (hidrocarbonetos); COV (compostos orgânicos voláteis); CO; NO. Utilizando O_2, e não ar, poderiam ser otimizados e regulados no seu ponto equimolar da reação, descartando para atmosfera no máximo, ou apenas, CO_2 e H_2O, com produção máxima de energia e melhor rendimento. É claro que há um preço adicional na produção e armazenamento de oxigênio, mas este adicional do preço é o passivo ambiental com a atmosfera.

O ideal seria utilizar hidrogênio e oxigênio, cujo produto final é energia e água, evitando a formação de CO, NO, HC e COV. Estes poluentes, resultantes da combustão, em grandes centros urbanos, à medida que se concentram, além do efeito de poluentes, podem "somar" com outros ingredientes, como a inversão térmica e a radiação solar, chegando à formação de uma névoa seca (fumaça), sem umidade, constituída de componentes gasosos e particulados altamente oxidantes, denominada "*smog* fotoquímico". Contudo, pode-se formar também um *smog redutor*, conforme será visto.

9.1 Introdução

9.2 O Fenômeno *Smog* Redutor

9.3 *Smog* Fotoquímico

    9.3.1 Condições para formação do *smog*

    9.3.2 Principais reações na formação do *smog* fotoquímico

9.4 Radical Hidroxilo, HO⋅

9.5 Efeitos do *Smog* Fotoquímico

9.6 Referências Bibliográficas e Sugestões para Leitura

Em qualquer situação, a formação de um *smog* implica poluição atmosférica juntamente com inversão térmica, mediante a qual os poluentes não são espalhados pela falta de correntes de ar e ventos.

O termo *smog* é formado pela contração de duas palavras inglesas, *smoke* (fumaça) + *fog* (nuvem, neblina) = *smog*. O termo como tal pode caracterizar um "nevoeiro" tanto oxidante quanto redutor.

9.2 O Fenômeno *Smog* Redutor

Um *smog* redutor é um fenômeno químico atmosférico do qual resultam compostos químicos finais no seu estado reduzido. O fenômeno ocorrido em Londres, em dezembro de 1952, conforme falado no *Capítulo 7 – Compostos Inorgânicos Gasosos da Atmosfera*, é um exemplo típico de *smog* redutor. O grande consumo de combustível fóssil usado no aquecimento dos domicílios, isto é, carvão mineral com impurezas de pirita FeS_2, descartou para a atmosfera $SO_{2(s)}$ que se manteve sobre a cidade de Londres pela falta de circulação do ar. A produção de energia térmica mediante a queima do carvão, Reação (R-9.2), conduziu, ao mesmo tempo, à queima da impureza, a pirita FeS_2, conforme Reação (R-9.3), produzindo o gás sulfuroso, $SO_{2(g)}$, descartado na atmosfera. O $SO_{2(g)}$ reagiu com a umidade e a neve formando fumaças de $H_2SO_{3(aq)}$ e particulados, Figura 9.1.

$$C + O_{2(ar)} \longrightarrow CO_{2(gás)} + \text{Energia} \quad \text{(R-9.2)}$$

$$4 \overset{-1}{Fe S_{2(s)}} + 11 O_{2(ar)} \longrightarrow 2 Fe_2O_{3(s)} + 8 \overset{4+}{S}O_{2(gás)} \quad \text{(R-9.3)}$$
(cinza)   incolor

Se tivesse havido correntes de ar e ventos, as fumaças e os particulados seriam dispersados; porém, como havia uma *inversão térmica*, os poluentes ficaram na atmosfera local aumentando sua concentração e tornaram-se tóxicos. O fato é que morreram milhares de pessoas.

Esse "*smog*" era redutor, isto é, as espécies envolvidas e formadas no processo se encontravam no estado reduzido. No caso específico, o S encontrava-se no estado de oxidação +4, H_2SO_3, conforme Reação (R-9.3); se o *smog* fosse oxidante, seria +6, H_2SO_4.

9.3 *Smog* Fotoquímico

9.3.1 Condições para formação do smog

Um *smog* fotoquímico caracteriza-se por formar produtos finais altamente oxidantes. As condições mínimas necessárias para dar início a um *smog* fotoquímico são: inversão térmica; hidrocarbonetos, HC; óxido de nitrogênio, NO_x; radiação eletromagnética, de preferência ultravioleta.

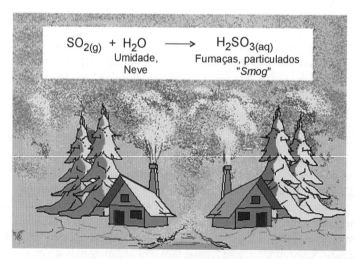

Figura 9.1 Formação de um *smog* redutor do tipo que aconteceu em Londres em dezembro de 1952.

Smog Fotoquímico   221

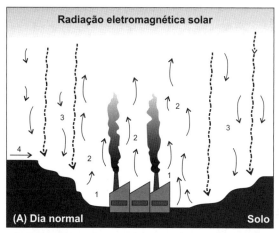
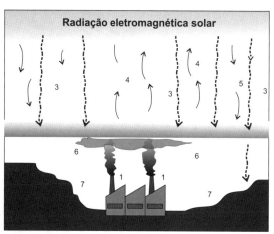

1 - Comportamento normal do aquecimento da superfície da terra pela radiação e formação das correntes de ar.

2 - Inversão térmica com formação do *smog* fotoquímico devido à presença dos poluentes HC e NO.

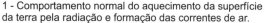

Legenda

(A) Dia normal de incidência solar: 1 - Fábricas com chaminés fumegando e fumaças ascendentes; 2 - Ar aquecido ascendente (subindo) formando correntes de ar; 3 - Ar frio descendo, correntes descendentes; 4 - Ventos.
(B) Inversão Térmica: 1 - Chaminés em atividade; 2 - Camada de nevoeiro blindando a entrada da radiação solar e a saída de fumaças; 3 - Radiação solar incidente; 4 - Ar quente subindo (correntes ascendentes); 5 - Ar frio descendo (correntes descendentes); 6 - Fumaças "presas" pela camada de nevoeiro (ou em razão da inversão térmica) com formação do *smog*; 7 - Ar frio estacionado.

Figura 9.2 Representação do comportamento normal da atmosfera (1) e formação da inversão térmica com as condições de formação do *smog* fotoquímico (2).

A *inversão térmica*, conforme explicado no *Capítulo 2 – Transferência de Energia e de Massa na Atmosfera*, é um fenômeno natural que pode acontecer na atmosfera, principalmente na troposfera, no qual cessam as correntes de ar, isto é, o ar fica estacionado em uma determinada região. O normal é a radiação solar chegar à superfície da Terra, aquecê-la e, como consequência, aquecer a camada mais próxima de ar. O ar aquecido aumenta sua energia cinética, expande-se na atmosfera, dilata-se e ocupa maior volume, diminuindo sua massa específica, ficando mais leve, e, com isso, sobe. O ar mais afastado da superfície permanece frio, mais denso, e, naturalmente, desce. Assim, começam a se estabelecer as correntes de ar, conforme Figura 9.2(1). Nessas condições, qualquer poluente descartado na atmosfera é dispersado e levado para longe do local onde se formou.

Em certas condições meteorológicas, muitas vezes facilitadas pela conformação da superfície da crosta terrestre, forma-se uma "camada" (nuvem, nevoeiro etc.) a uma dada altura da atmosfera, que intercepta a radiação eletromagnética, isto é, não deixa passar diretamente a radiação. Em consequência, a superfície da Terra (Figura 9.2(2)) na região logo abaixo dessa "camada" permanece fria. Da mesma forma, o ar na região não é aquecido e não se formam correntes de ar. Entretanto, acima dessa "camada" elas se formam normalmente. Esse fenômeno chama-se inversão térmica. Em si, a inversão térmica não é nociva. O que pode torná-la perigosa é a existência de fontes poluidoras da atmosfera, cujos materiais descartados (gases e particulados) vão se acumulando no ambiente, podendo alcançar níveis tóxicos ou criarem as condições de formação do *smog* fotoquímico.

Os *hidrocarbonetos*, HC, e *compostos orgânicos voláteis*, COV, necessários para originar um *smog* fotoquímico têm sua origem na evaporação dos derivados do petróleo e na combustão incompleta destes e de outros materiais orgânicos.

No *Capítulo 7 – Compostos Inorgânicos Gasosos da Atmosfera*, ao se analisarem os compostos inorgânicos da atmosfera, foi apresentada a Figura 7.1 com um enfoque para o CO; na Figura 7.12, o enfoque foi dado ao NO, ambos compostos inorgânicos da atmosfera. No capítulo atual, a Figura 9.3 destaca os hidrocarbonetos, HCs, compostos orgânicos da atmosfera.

Conforme as considerações colocadas na introdução desta unidade, *a invenção do fogo pode ser considerada a origem da poluição da atmosfera pela ação do homem* e subsequentes. Observa-se aqui, pela Figura 9.3, que ao se utilizar o combustível hidrogênio $H_{2(g)}$ e o comburente oxigênio puro, isto é, sem a presença de nitrogênio, não se teria a formação dos gases: CO, NO e HCs. Ter-se-ia uma energia limpa, cujo produto final, pela [R-9.1], é a água, já presente no ciclo hidrológico e suporte da vida no planeta Terra.

222 Capítulo Nove

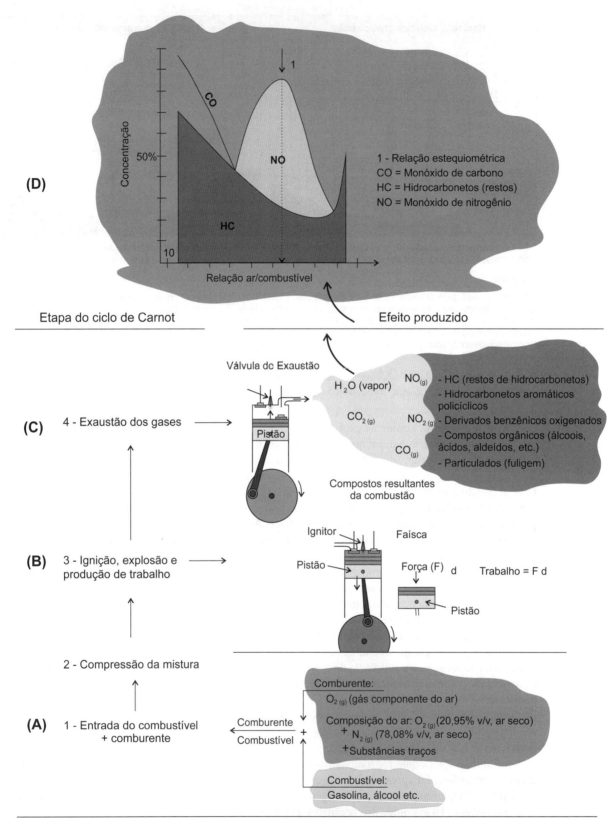

Legenda (A) Etapa inicial - *Introdução do combustível e do comburente* no reator do motor. **(B)** Momento da *explosão da mistura* e criação da força F, convertida em trabalho. **(C)** Momento da *exaustão* dos gases da combustão. **(D)** Visualização da proporção de formação dos gases NO, CO e HC em função da razão da mistura ar (comburente)/combustível (1).

Figura 9.3 Componentes descartados para a atmosfera nos gases de um motor a explosão (gasolina). Fontes: Brimblecombe, 1996; Benn & McAuliffe, 1981.

Contudo, o petróleo e seus derivados, entre eles a gasolina, são os que movimentarão o mundo por muitos anos, logo, tem-se que pensar que os HCs estão e estarão presentes na atmosfera por muito tempo ainda, principalmente na troposfera de grandes metrópoles.

O *óxido de nitrogênio*, NO_x ($NO + NO_2$), outro ingrediente para a formação do *smog* fotoquímico, já foi abordado no *Capítulo 7 – Compostos Inorgânicos Gasosos da Atmosfera*, que tratou dos compostos inorgânicos da atmosfera. Apesar dos catalisadores alocados nos escapamentos dos carros com a finalidade de eliminá-lo, sempre vai continuar existindo, pois toda a combustão que utiliza ar como comburente vai formá-lo.

A *radiação eletromagnética* de $\lambda < 420$ nm também é um "ingrediente" necessário na formação de um *smog* fotoquímico. Esta radiação torna-se necessária principalmente na formação do O atômico, que é um dos iniciadores do processo.

9.3.2 Principais reações na formação do smog fotoquímico

Para efeito didático, o conjunto das reações pode ser dividido em três etapas. A primeira se caracteriza pela formação de radicais e espécies inicializadoras do processo. A segunda, com a entrada dos hidrocarbonetos, HCs, dá continuidade na formação de radicais em reação em cadeia. A terceira é um conjunto de reações de finalização de reações em cadeia e de radicais. É evidente que após iniciar-se o *smog* acontecem as três conjuntamente.

Primeira Etapa

A formação do oxigênio atômico O pode se dar de diferentes formas dependendo da camada atmosférica considerada e do comprimento de onda da radiação que ali chega.

Na estratosfera ele pode ser formado pela dissociação fotoquímica do O_2 (O—O) com energias do ultravioleta, conforme a Reação (R-9.4).

$$O_2 + h\nu \,(\lambda < 242 \text{ nm ou ultravioleta}) \rightarrow O + O \quad \textbf{(R-9.4)}$$

Na troposfera pode também ser formado pela fotólise do ozônio, conforme Reação (R-9.5). O ozônio presente na troposfera em concentrações variando de 10 a 100 $ppb_{(volume)}$ tem uma energia de ligação de 26,0 kcal mol^{-1} ou 109 kJ mol^{-1}. Fótons da radiação solar com comprimentos de onda entre 315 a 1200 nm podem dissociar o ozônio e produzir oxigênio no seu estado eletrônico fundamental O (^3P); ver Reação (R-9.5).

$$O_3 + h\nu \,(1200 > \lambda > 315 \text{ nm}) \rightarrow O_2 + O(^3P) \quad \textbf{(R-9.5)}$$

Caso este oxigênio O(^3P) não seja utilizado em um processo químico qualquer, ele pode reagir com o O_2 e recompor o ozônio com o auxílio de um terceiro corpo M (N_2 ou O_2), segundo Reação (R-9.6).

$$O_2 + O(^3P) + M \rightarrow O_3 + M \quad \textbf{(R-9.6)}$$

Quando o ozônio absorve um fóton do ultravioleta – próximo ao visível com $\lambda < 315$ nm –, é formado ou produzido um átomo de oxigênio excitado, O(^1D), conforme Reação (R-9.7).

$$O_3 + h\nu \,(\lambda < 315 \text{ nm}) \rightarrow O_2 + O(^1D) \quad \textbf{(R-9.7)}$$

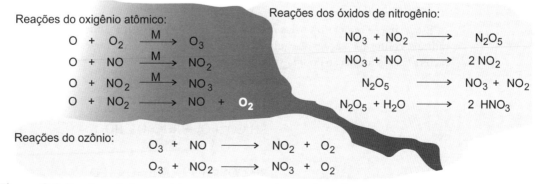

Figura 9.4 Reações químicas paralelas em um processo de *smog* fotoquímico.

Na troposfera, este oxigênio ativado mediante uma "colisão" com um terceiro corpo M vai para o estado fundamental, Reação (R-9.8).

$$O(^1D) + M \rightarrow O\,(^3P) + M \qquad \textbf{(R-9.8)}$$

Como também pode colidir com uma molécula de água e produzir dois radicais hidroxilo HO•, conforme Reação (R-9.9).

$$O(^1D) + H_2O \rightarrow 2\,HO^\bullet \qquad \textbf{(R-9.9)}$$

Estes radicais são fundamentais na continuidade do processo do *smog* fotoquímico.

Na troposfera, a reação básica de formação do oxigênio atômico é a fotólise do NO_2 com radiação do visível ($\Delta < 430$, especificamente $250 < \lambda < 430$ nm). Ainda pode ser formado a partir do NO_3, também com radiação visível ($400 < \lambda < 625$ nm), conforme as Reações (R-9.10) e (R-9.11).

$$NO_2 + h\nu_{(\lambda\,<\,430nm)} \rightarrow NO + O(^3P) \qquad \textbf{(R-9.10)}$$

$$NO_3 + h\nu_{(400\,<\,\lambda\,<\,625nm)} \rightarrow NO_2 + O(^3P) \qquad \textbf{(R-9.11)}$$

O próprio oxigênio atômico, assim formado, reage também com as espécies presentes no *smog*, formando novas espécies que irão participar do *smog* fotoquímico. (Observação: para facilitar e simplificar o trabalho será omitido o estado espectroscópico do O.)

A Figura 9.4 mostra algumas reações que podem acontecer em paralelo a um processo de *smog* fotoquímico.

Algumas destas espécies formadas na primeira etapa dão continuidade a esta etapa retornando no processo. Algumas vão participar da segunda etapa.

Segunda Etapa

A segunda etapa tem início com a entrada dos hidrocarbonetos (HCs) e outros compostos orgânicos voláteis (COV), conforme Reações abaixo.

$$RH_2C{-}H + O \rightarrow RH_2C^\bullet + HO^\bullet \qquad \textbf{(R-9.12)}$$

$$RH_2C{-}H + HO^\bullet \rightarrow RH_2C^\bullet + H_2O \qquad \textbf{(R-9.13)}$$

$$RH_2C^\bullet + O_2 \rightarrow RH_2COO^\bullet \qquad \textbf{(R-9.14)}$$

$$RH_2COO^\bullet + NO \rightarrow RH_2CO^\bullet + NO_2 \qquad \textbf{(R-9.15)}$$

$$RH_2COO^\bullet + O_2 \rightarrow RH_2CO^\bullet + O_3 \qquad \textbf{(R-9.16)}$$

A formação do radical alquilperoxilo, $RH_2COO^\bullet$, é uma característica desta etapa, pois é um agente oxidante poderoso que oxida o O_2 a ozônio e o NO a NO_2, que realimentam a primeira etapa, e, ao mesmo tempo, fica disponível para a terceira etapa da formação do *smog* fotoquímico.

A presença de O_3 e NO_2 em concentrações significativas são características de um *smog*; porém, quando só eles, apenas caracterizam um ambiente atmosférico poluído.

Terceira Etapa

Esta etapa se caracteriza pelas reações químicas de propagação, finalização de cadeias e eliminação de radicais, conforme reações a seguir. O aparecimento do PAN (do inglês: Peroxy Alkyl Nitrate) é uma característica da formação do *smog* fotoquímico.

$$RH_2COO^\bullet + NO_2 \rightarrow RH_2COONO_2 \qquad \textbf{(R-9.17)}$$
$$PAN$$

$$RH_2CO^\bullet + O_2 \rightarrow RHC{=}O + HOO^\bullet \qquad \textbf{(R-9.18)}$$
$$\text{aldeído}$$

$$RH_2CO^\bullet + HO^\bullet \rightarrow RHC{=}O + H_2O \qquad \textbf{(R-9.19)}$$
$$\text{aldeído}$$

A presença do aldeído também caracteriza a formação do *smog*.

As principais reações de eliminação de radicais do *smog* fotoquímico são as Reações de (R-9.20) a (R-9.22).

$$NO_2 + HO^\bullet \rightarrow HNO_3 \tag{R-9.20}$$

$$HO^\bullet + HO^\bullet \rightarrow H_2O_2 \tag{R-9.21}$$

$$HOO^\bullet + HOO^\bullet \rightarrow H_2O_2 + O_2 \tag{R-9.22}$$

Observa-se que na formação do *smog* fotoquímico há um aumento significativo de espécies oxidantes, conforme reações anteriores.

A Figura 9.5 apresenta em forma de esquema as condições de formação do *smog* fotoquímico, bem como as reações principais de cada etapa com as que acontecem em paralelo.

A química da atmosfera é muito variável ao longo de 24 horas, isto é, um dia. À noite, o processo é um; durante o dia, é outro. Analisando a troposfera de uma grande metrópole em que podem aparecer mais facilmente as condições de formação de um *smog* fotoquímico, pode-se observar que é uma função da atividade antrópica. A Figura 9.6 apresenta a abundância dos principais poluentes atmosféricos ao longo do período diurno das 6 horas da manhã às 6 horas da tarde ou 18 horas.

Observa-se, pela Figura 9.6, que o nível de HC_s cresce rapidamente das 8h30min às 10h e o NO tem um máximo no período das 8h às 9h30min. Esse momento é praticamente o auge da movimentação de carros, principalmente de passeio, responsáveis pela emanação dos HCs, COVs e NO para a atmosfera. A partir das 9 horas – 10 horas o sol começa a intensificar a incidência da radiação eletromagnética, acelerando o processo de formação de *smog* fotoquímico, que pode ser observado na Figura 9.6 pelo aumento da abundância do NO_2, aldeídos e espécies oxidantes (O_3, PAN, HNO_3 etc.).

As reações fotoquímicas e químicas que ocorrem na atmosfera foram testadas e comprovadas em laboratório com "câmaras *smog*" (*smog chambers*). No caso do *smog* fotoquímico foram colocados dentro de uma câmara os gases de escapamento de carro (HCs, NO) incidindo sobre eles radiação ultravioleta. A Figura 9.7 mostra os resultados para um período de 4 horas de funcionamento da câmara.

Nos experimentos de laboratórios, repetem-se as observações obtidas no *smog* atmosférico. As concentrações iniciais de HCs e NO na câmara, máximas no início, limitam a formação dos produtos do *smog*: aldeídos, PAN, ozônio e NO_2, entre outros. Na atmosfera, o fator limitante é a radiação solar, cuja incidência vai diminuindo com o avançar da tarde.

Deve ficar claro que as reações citadas na primeira, segunda e terceira etapas foram as mínimas para conduzir à formação dos produtos típicos de um *smog* fotoquímico. Existem muitas outras reações que acontecem em paralelo no *smog*, inclusive com outros compostos que se encontram no meio.

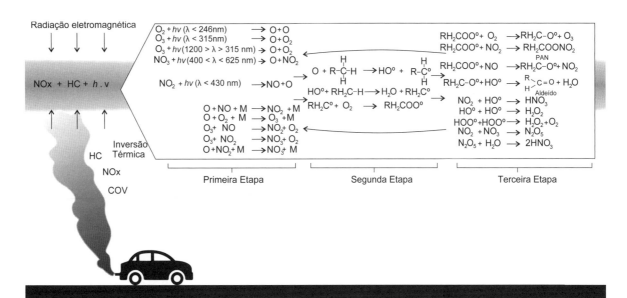

Figura 9.5 Representação das condições básicas de formação do *smog* fotoquímico, reações principais e paralelas das três etapas do mesmo.

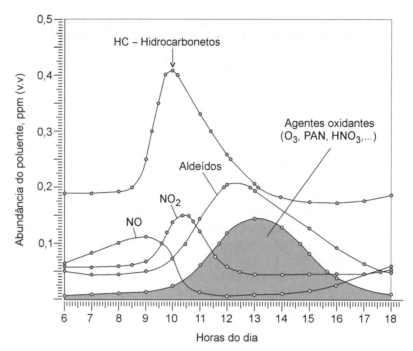

Figura 9.6 Abundância dos poluentes atmosféricos das 6 horas da manhã às 6 horas da tarde (ou 18 horas). Fontes: vanLoon & Duffy, 2001; Brasseur *et al.*, 1999; Brimblecombe, 1996; Manahan, 1994.

O gás sulfídrico, $H_2S_{(g)}$, e o dióxido de enxofre, $SO_{2(g)}$, se presentes neste meio fortemente oxidante, são oxidados a óxido de enxofre (VI), SO_3. As reações já foram abordadas no *Capítulo 7*. Este gás com umidade ou água forma o ácido sulfúrico, H_2SO_4.

Os hidrocarbonetos aromáticos, quando presentes, sofrem o ataque do radical hidroxilo, conforme exposto no *Capítulo 8 – Compostos Orgânicos Gasosos da Atmosfera*.

9.4 Radical Hidroxilo, HO•

Este estudo não pretende aprofundar-se no assunto, no entanto, é importante falar da química do radical HO•, pois apresenta um papel importante na química da atmosfera.

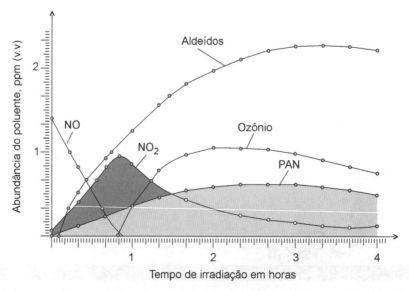

Figura 9.7 Concentrações dos produtos formados em uma "câmara *smog*" em um período de 4 horas de funcionamento. Fonte: Finlayson-Pitts & Pitts Jr., 2000; Benn & McAuliffe, 1981.

O *smog* fotoquímico no qual o radical hidroxilo participa é um processo de autodepuração da própria atmosfera. Medidas e cálculos demonstram que uma média da concentração de HO• diurna, sazonal e global está na ordem de $2 \cdot 10^5$ a $1 \cdot 10^6$ radicais por centímetro cúbico (cm^{-3}). Seu elétron desemparelhado lhe dá uma reatividade especial. Reage com os componentes traços da atmosfera, transformando-os em compostos passíveis de serem eliminados da atmosfera, principalmente por precipitação seca e úmida. É claro que esta atividade é mais intensa nas condições de um *smog* fotoquímico.

A Figura 9.8 apresenta alguns aspectos da química do radical HO•. As setas ao longo dos segmentos de reta (no início ou no fim) indicam o "caminho" em que se processa a reação. Na parte clara da figura, parte superior, encontram-se numerados os caminhos 1, 2, 3, 4, 5, 6, que correspondem a reações químicas resultantes da ação do radical HO•.

A reação do "caminho" 1 da Figura 9.8 corresponde a uma reação de finalização de radical, conforme Reação [R-9.20], a seguir.

$$NO_2 + HO^\bullet \rightarrow HNO_3 \quad\quad\quad [R\text{-}9.20]$$

As reações do "caminho" 2 da Figura 9.8, para o composto HX = HBr, são:

$$HBr + HO^\bullet \rightarrow Br^\bullet + H_2O \quad\quad\quad (R\text{-}9.23)$$

$$Br^\bullet + O_3 \rightarrow BrO + O_2 \quad\quad\quad (R\text{-}9.24)$$

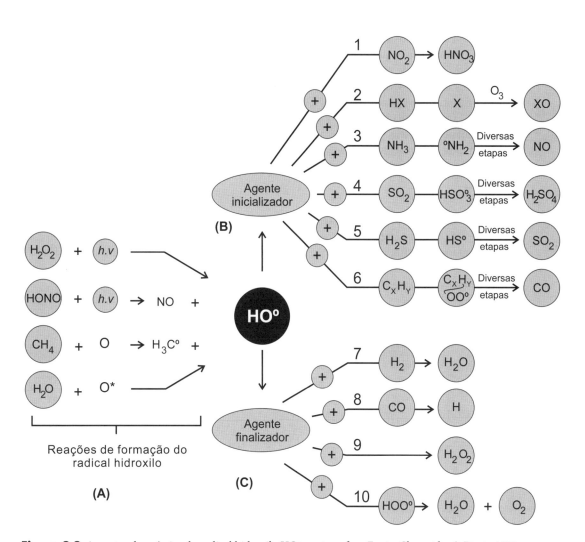

Figura 9.8 Aspectos da química do radical hidroxilo HO• na atmosfera. Fonte: Chameides & Davis, 1982.

228   Capítulo Nove

As reações do "caminho" 3 da Figura 9.8 correspondem às seguintes reações:

$$NH_3 + HO^\bullet \rightarrow H_2N^\bullet + H_2O \qquad \text{(R-9.25)}$$

$$H_2N^\bullet + NO_2 \rightarrow N_2O + H_2O \qquad \text{(R-9.26)}$$

$$H_2N^\bullet + NO_2 \rightarrow NO + NH_2O^\bullet \qquad \text{(R-9.27)}$$

As reações dos "caminhos" 4 e 5 da Figura 9.8 foram apresentadas no *Capítulo 7*.
As reações do "caminho" 6 da Figura 9.8 foram apresentadas no *Capítulo 8*.
Os "caminhos" 7, 8, 9 e 10 da Figura 9.8 apresentam as reações de formação e/ou de eliminação do radical $HO^\bullet$, já detalhadas neste e em outros capítulos anteriores.

9.5   Efeitos do *Smog* Fotoquímico

Os efeitos do *smog* fotoquímico podem ser classificados em físicos, biológicos e químicos.

Efeitos físicos

As partículas resultantes do *smog* apresentam as propriedades físicas dos particulados da atmosfera estudadas no *Capítulo 6 – Particulados da Atmosfera*. Formam aerossóis que limitam a visibilidade, dependendo da umidade relativa, abaixo de 3 milhas, se esta for menor que 60%.

Efeitos biológicos

Estes efeitos refletem-se na biota animal e vegetal. No ser humano, apresenta problemas de saúde e de desconforto. A quantificação dos efeitos não se conhece perfeitamente, depende da intensidade do *smog* e do tempo de exposição; contudo, apresentam um odor pungente. Os PAN e aldeídos causam irritação aos olhos. O ozônio, também produto do *smog*, na concentração de 0,15 ppm causa tosse, dificuldade na respiração e irritação das vias respiratórias.

Os particulados sólidos e líquidos que se depositam nas folhas das plantas provocam a formação de manchas típicas (esbranquiçadas e bronzeadas, denominadas "clorose") em função da ação dos agentes oxidantes presentes no *smog*, entre eles: PAN, óxidos nítricos, peróxidos, ácido nítrico etc. Os efeitos danosos dependem da concentração destes materiais oxidantes e do tempo de exposição.

Efeitos químicos

Os efeitos químicos refletem o caráter oxidante dos mesmos e aparecem na forma de corrosão e decomposição dos materiais com os quais entram em contato. A água é suporte para a maioria destas reações, seja na forma de umidade coalescendo no particulado sólido ou dissolvendo-se na forma de solução. A Tabela 9.1 apresenta os potenciais-padrão de eletrodo de redução para algumas semirreações de compostos formados no *smog* fotoquímico.

Tabela 9.1   Potenciais-padrão de Eletrodo (redução) de Alguns Compostos Encontrados nos Produtos do *Smog* Fotoquímico

Semirreação			Potencial (V)
$H_2O_{2(\ell)} + 2H^+_{(aq)} + 2e$	$\leftrightarrows$	$2H_2O_{(\ell)}$	+1,78
$O_{2(g)} + 4H^+_{(aq)} + 4e$	$\rightleftarrows$	$2H_2O_{(\ell)}$	+1,23
$O_{3(g)} + 2H^+_{(aq)} + 2e$	$\rightleftarrows$	$O_{2(g)} + H_2O_{(\ell)}$	+2,07
$HNO_{2(aq)} + H^+_{(aq)} + 1e$	$\rightleftarrows$	$NO_{(g)} + H_2O_{(\ell)}$	+1,00
$NO_3^-{}_{(aq)} + 3H^+_{(aq)} + 2e$	$\rightleftarrows$	$HNO_{2(aq)} + H_2O_{(\ell)}$	+0,94

Analisando os potenciais-padrão de eletrodo, de redução, dos metais observa-se que a grande maioria é negativa, e, se positivos, bem menores que os das semirreações da Tabela 9.1. Isto significa que serão oxidados, enfim corroídos.

O caráter ácido de alguns componentes do *smog* provoca o conjunto de fenômenos abordados no *Capítulo 6 – Particulados da Atmosfera*.

9.6 Referências Bibliográficas e Sugestões para Leitura

BAIRD, C. **Environmental Chemistry**. New York: W.H. Freeman and Company, 1998. 557 p.

BARKER, J. R. [Editor] **Progress and problems in atmospheric chemistry**. London: WS – World Scientific, 1995. 940 p.

BENN, F. R.; McAULIFFE, C. A. **Química e poluição**. São Paulo: Editora da Universidade de São Paulo, 1981. Cap. 4, p. 67-88.

BRASSEUR, G. P.; ORLANDO, J. J.; TYNDALL, G. S. **Atmospheric chemistry and global change**. Oxford (England): Oxford University Press, 1999. 654 p.

BRIMBLECOMBE, P. **Air composition & chemistry**. 2. ed. Cambridge: Cambridge University, 1996. 253 p.

CHAMEIDES, W. L.; DAVID, D. D. Chemistry in the troposphere (Special report). **Chemical and engineering news**, 4 (october), 39-52, 1982.

FINLAYSON-PITTS, B. J.; PITTS Jr., J. N. **Chemistry of the upper and lower atmosphere – Theory, experiments, and applications**. London: Academic, 2000. 969 p.

HOUGHTON, J. T.; MEIRA FILHO, L. G.; CALLANDER, B. A. *et al.* [Editors] **Climate change 1995 - The science of climate change**. Cambridge (UK): Cambridge University, 1998. 572 p.

MANAHAN, S. E. **Environmental chemistry**. 6. ed. Boca Raton (USA): Lewis, 1994. 811 p.

PERRY, R.; SLATER, D. H. Poluição do ar. In: BENN, F. R.; McAULIFFE, C. A. **Química e poluição**. Tradução de Luiz R. M. Pitombo e Sérgio Massaro. São Paulo: Editora da Universidade de São Paulo, 1981. 134 p.

SEIGNEUR, C. Air Pollution: Current challenges and future opportunities. **American Institute of Chemical Engineers**. 51, n. 2, p. 356-364, 2005.

SEINFELD, J. H.; PANDIS, S. N. **Atmospheric chemistry and physics**. New York: John Wiley, 1998. 1326 p.

SERRANO, O. R.; RODRIGUEZ, G. P.; GOES, T. F. van der. **Contaminación atmosférica y enfermidades respiratórias**. México: Secretaria de Salud, Universidad Nacional de México y Fondo de Cultura Econômica, 1993. 228 p.

SMITH, W. S.; GRUBER, C. W. **Atmospheric emissions from coal combustion**. An Inventory Guide. Cincinnati, Ohio: United States Department of Health, Education and Welfare, Division of Air Pollution, 1966.

vanLOON, G. W.; DUFFY, S. J. **Environmental chemistry – A global perspective**. Oxford (UK): Oxford University, 2001. 492 p.

CAPÍTULO 10

O Ozônio da Atmosfera

10.1 Aspectos Gerais

O oxigênio foi abordado no *Capítulo 4 – Ciclos Biogeoquímicos dos Principais Componentes da Atmosfera* ao estudar os ciclos dos constituintes da atmosfera não poluída. O assunto não foi esgotado, por isto será retomado aqui e analisado no tocante aos aspectos ambientais e à influência de sua forma alotrópica – o OZÔNIO.

Conforme estudado nos capítulos iniciais, a atmosfera, no princípio, tinha caráter redutor, isto é, o oxigênio não se encontrava presente. Só depois do surgimento da vida, na forma de seres autotróficos, dentro da água, onde se encontravam protegidos da radiação ultravioleta, ele começou a ser liberado para a atmosfera, conforme a Reação (R-10.1).

$$H_2O + CO_2 \xrightarrow[\text{organismo autotrófico}]{\text{luz visível}} |CH_2O|_{biomassa} + O_{2(g)} \qquad \text{(R-10.1)}$$

Apenas em 1774 é que o ser humano tomou conhecimento do oxigênio, quando o químico inglês Priestley o descobriu; logo em seguida, o sueco Scheele também o identificou e o batizou com o nome de "ar vital". Porém, foi Lavoisier que estabeleceu seu papel capital nos fenômenos da combustão e da respiração dos seres aeróbicos.

Hoje, sabe-se que o oxigênio compõe praticamente 21%, em volume, do ar seco. Na troposfera, é essencial para os seres aeróbicos na manutenção dos processos vitais e na produção de energia para o suprimento das necessidades, principalmente do homem. Na estratosfera, absorve radiação eletromagnética do ultravioleta, dissociando-se, conforme Reação (R-10.2).

$$O_2 + h\nu \longrightarrow O + O \qquad \text{(R-10.2)}$$

O oxigênio dissociado reage com a molécula do O_2 formando o ozônio com o auxílio de um terceiro corpo M, que pode ser outra molécula de O_2 ou N_2, conforme Reação (R-10.3).

$$O_2 + O + M \longrightarrow O_3 + M \qquad \text{(R-10.3)}$$

Esta camada de O_3, juntamente com o O_2 da estratosfera, forma um manto protetor que absorve as radiações do UV, que são prejudiciais à biota na superfície da Terra.

A existência do ozônio foi detectada pelo químico alemão Christian Friedrich Schönbein em meados de 1840. Observou que descargas elétricas no ar produziam um cheiro característico. Denominou este composto gasoso de ozônio, do grego, *ozein*, que significa cheirar. Em 1845, C. Marignac e M. La Rive, em Genebra, Suíça, sugeriram que o ozônio formava-se de transformações do oxigênio. O químico J. L. Soret o identificou como uma forma alotrópica do oxigênio, O_3. As primeiras medidas de ozônio no ar foram feitas pelo francês André Houzeau, em Rouen, em 1858.

10.1 Aspectos Gerais

10.2 Propriedades do Ozônio

10.3 Ozônio na Troposfera

10.3.1 Formação do ozônio na troposfera

10.3.2 Desaparecimento (perda ou depleção) do ozônio na troposfera

10.4 Ozônio na Estratosfera

10.4.1 Absorção da radiação

10.4.2 Formação do ozônio na estratosfera

10.4.3 Destruição da camada de ozônio

10.4.4 Destruição do ozônio polar

10.5 Perfil de Periculosidade do Ozônio no Ambiente

10.6 Referências Bibliográficas e Sugestões para Leitura

A capacidade do ozônio de absorver radiação eletromagnética foi observada, em 1878, por Walter Noel Hartley, que lhe atribui a absorção de radiação com $\lambda < 300$ nm, a qual foi confirmada pelo físico francês Alfred Cornu em 1881. Depois foi observado que apresenta bandas de absorção de radiação entre 500 e 700 nm, bem como em 250 nm, ultravioleta próximo. Esta propriedade foi usada em 1920 pelos pesquisadores franceses Charles Fabry e Henri Buisson para medir pela primeira vez a coluna atmosférica de ozônio. No mesmo ano, o cientista inglês G. M. B. Dobson aperfeiçoou a técnica de Fabry e Buisson e construiu o espectrofotômetro UV para medir a coluna de ozônio atmosférico.

O ozônio é encontrado na atmosfera como um gás-traço. Sua distribuição, suas principais reações de formação, sua transformação e sua importância dependem da camada da atmosfera, do local e do tempo. Até o presente momento o ozônio foi estudado principalmente na troposfera e na estratosfera.

A maior ou menor abundância de ozônio na troposfera depende de parâmetros naturais e antrópicos. Esta abundância é variável; existem processos de produção do ozônio e processos de eliminação do mesmo, havendo um certo controle natural de sua abundância com o tempo.

Entre os *parâmetros naturais* podem-se citar:

a. A presença de radiação eletromagnética (*tipo* em termos de comprimento de onda e *intensidade* da mesma), a qual depende:

- do período diurno (manhã, meio-dia, tarde, com sol sem nuvens e/ou com nuvens) e período noturno;
- da estação do ano (inverno, primavera, verão e outono);
- da posição geográfica do local da atmosfera (latitude e longitude).

b. O deslocamento de massas de ar (correntes e ventos).

c. A composição química natural da atmosfera.

Entre os *parâmetros antrópicos* podem-se citar a poluição atmosférica decorrente das atividades do ser humano; tanto é verdade que em ambientes urbanos a abundância do ozônio é maior que em outros locais.

A presença do ozônio na troposfera dá à mesma um caráter oxidante que, juntamente com o radical hidroxilo, $HO^•$, tem a capacidade de oxidar uma série de compostos químicos inorgânicos e orgânicos e eliminá-los na forma de produtos mais solúveis e/ou mais pesados que sedimentam naturalmente por via úmida e ou por via seca.

Observação: ao longo deste e de outros capítulos, as espécies com elétrons desemparelhados naturalmente ou por reações, denominadas radicais, estão assinaladas com um ponto ($^°$) sobrescrito no lado direito, quando há interesse em acentuar o caráter de radical.

10.2 Propriedades do Ozônio

A alotropia é a propriedade de um elemento formar duas ou mais substâncias com características diferentes. Por exemplo, o elemento oxigênio, de número atômico $Z = 8$ ($_8O$), forma as substâncias: oxigênio (O_2) e ozônio (O_3), que apresentam propriedades químicas e físicas diferentes. Autores descrevem a existência da espécie O_4.

As duas formas alotrópicas desempenham um papel fundamental na biosfera, o qual será objeto desta unidade.

O elemento oxigênio tem três isótopos estáveis com a seguinte abundância: $^{16}O = 0,9976$; $^{17}O = 0,00037$ e $^{18}O = 0,0024$. Mediante este fato, o ozônio apresenta ou forma diversos *isotopômeros* de massas variando de 48 u a 54 u. Apesar das diferentes possibilidades de formar *isotopômeros*, as formas mais abundantes são: $^{48}O_3$, $^{49}O_3$ e $^{50}O_3$.

O ozônio, nas condições normais de temperatura (25 °C) e pressão (1 atm), é um gás incolor tendendo ao azul, com odor característico, diamagnético, de massa específica $2,144$ g L^{-1} com ponto de ebulição, P.E. $= -112,3$ °C e ponto de fusão, P.F. $= -249,6$ °C. Na fase líquida e sólida apresenta cor azul índigo (azul-escuro), ambas as formas com propriedades paramagnéticas. Em altas temperaturas decompõe-se formando o oxigênio.

Pela termodinâmica mediram-se as seguintes características em termos de energia ou entalpia de dissociação, Reação (R-10.4), e de formação, conforme Reações (R-10.5) a (R-10.7).

$$2O_{3(g)} \quad \rightarrow \quad 3O_{2(g)} \quad \Delta H = -284,2 \text{ kJ} \qquad \textbf{(R-10.4)}$$

$$O_{(g)} + O_{(g)} \quad \rightarrow \quad O_{2(g)} \quad \Delta H = -494,1 \text{ kJ} \qquad \textbf{(R-10.5)}$$

$$O_{(g)} + O_{(g)} + O_{(g)} \quad \rightarrow \quad O_{3(g)} \quad \Delta H = -600,2 \text{ kJ} \qquad \textbf{(R-10.6)}$$

$$O_{(g)} + O_{2(g)} \quad \rightarrow \quad O_{3(g)} \quad \Delta H = -108,8 \text{ kJ} \qquad \textbf{(R-10.7)}$$

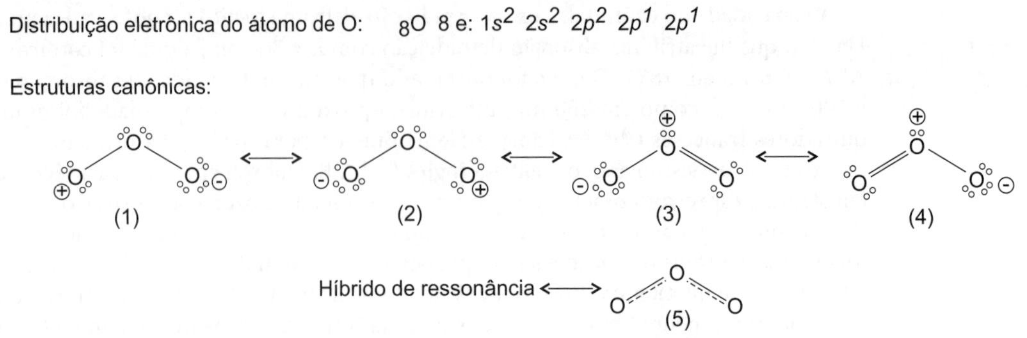

Distribuição eletrônica do átomo de O: $_8$O 8 e: $1s^2\ 2s^2\ 2p^2\ 2p^1\ 2p^1$

Estruturas canônicas:

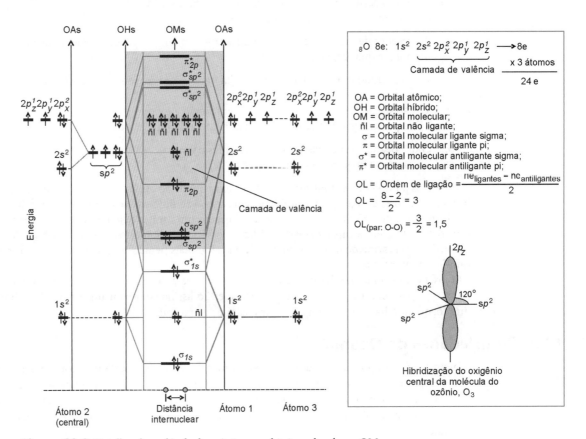

Figura 10.1 Estrutura do ozônio pela teoria da valência.

Figura 10.2 Detalhes da molécula de ozônio em orbitais moleculares, OM.

Nas Reações (R-10.4) a (R-10.7) os processos são exotérmicos, isto é, ocorrem com eliminação de energia dando um caráter de espontaneidade. Pelos valores das energias envolvidas nas Reações (R-10.5) e (R-10.6), observa-se que a energia associada a 1 átomo de O (oxigênio) é maior na molécula de oxigênio (–247,05 kJ) do que na molécula de ozônio (–200,07 kJ). O ozônio apresenta uma *ordem de ligação* menor que a do oxigênio, sendo assim, é menos estável.

A Figura 10.1 mostra, pela teoria da valência, as estruturas canônicas (1) a (4), que participam da formação do híbrido (5). Observa-se que a molécula de ozônio é angular, portanto, apresenta um momento dipolar e o átomo central de oxigênio com hibridização do tipo sp^2. A ordem de ligação O=O do ozônio é 1,5.

Pela teoria do orbital molecular, Figura 10.2, observa-se também que o átomo de oxigênio central da molécula do ozônio apresenta hibridização do tipo sp^2 e a ordem das ligações O=O é de 1,5. Em princípio, o grande número de pares eletrônicos não ligantes da molécula de ozônio explica a facilidade com que o ozônio libera um átomo de oxigênio, segundo a Reação (R-10.8).

$$O_3 \rightarrow O + O_2 \quad \Delta H = +108{,}8\ kJ \qquad \textbf{(R-10.8)}$$

10.3 Ozônio na Troposfera

10.3.1 Formação do ozônio na troposfera

- *Aspectos gerais*

Segundo Seinfeld (1989), a única forma significativa de formação de ozônio na atmosfera é a reação do oxigênio atômico com o molecular, conforme mostrado na Reação [R-10.3].

$$O_2 + O + M \quad \rightarrow \quad O_3 + M \qquad \qquad \textbf{[R-10.3]}$$

Em que M é um terceiro corpo presente no sistema, como, por exemplo, a molécula de N_2, O_2 e outras que removem a energia excedente e estabilizam a molécula do O_3.

A formação do oxigênio atômico, na atmosfera, apresenta características próprias quando se trata da estratosfera e camadas superiores, e quando se trata da troposfera.

Na estratosfera e camadas superiores há a fotodissociação da molécula de oxigênio mediante a absorção da radiação do ultravioleta ($\lambda < 242$ nm), conforme Reação (R-10.9).

$$O_2 + h\nu_{(\lambda < 242\,nm)} \quad \rightarrow \quad O + O \qquad \qquad \textbf{(R-10.9)}$$

Na troposfera a formação do oxigênio atômico dá-se por fotodissociação do dióxido de nitrogênio, segundo a reação:

$$NO_2 + h\nu_{(\lambda < 430\,nm)} \quad \longrightarrow \quad NO + O(^3P) \qquad \qquad \textbf{(R-10.10)}$$

A seguir, o estudo será detalhado para a formação e depleção do ozônio na troposfera e depois na estratosfera.

A Química da Atmosfera é um capítulo recente da Ciência. Existe muito ainda a pesquisar neste campo científico. Contudo, alguns fatos são evidentes e seus princípios confirmados. No caso específico do estudo do ozônio da atmosfera observam-se comportamentos diferenciados dependendo, por exemplo, da camada (troposfera, estratosfera etc.). No caso da troposfera, depende do ambiente atmosférico (urbano e não urbano ou poluído e não poluído), depende da estação do ano (inverno e verão), do dia e da hora (dia-luz e noite).

A formação de ozônio na troposfera tem dois processos típicos: de um ambiente atmosférico contaminado ou poluído com hidrocarbonetos e o de um ambiente livre de hidrocarbonetos de origem antrópica. Tanto em um quanto no outro o radical hidroxilo HO· tem papel iniciador dos processos. Em dia normal (luz, umidade), próximo ao meio-dia encontra-se em uma abundância de 10^6 HO· por cm^3 (Manahan, 1994).

- *Ambiente atmosférico com hidrocarbonetos não metânicos (HCNM)*

Inicialmente será analisada a formação do ozônio em uma atmosfera que contém hidrocarbonetos de origem antropogênica, isto é, poluída. O conjunto de reações praticamente é o mesmo que o estudado na formação do *smog* fotoquímico (*Capítulo 9* – Smog *Fotoquímico*), que pode ocorrer nos grandes centros urbanos e/ou grandes centros industriais, já visto. Para facilitar a leitura e a compreensão do assunto, as reações serão reescritas neste capítulo.

Sejam as Reações (R-10.11) a (R-10.16) algumas das muitas reações que originam o radical hidroxilo na atmosfera.

$$O(^1D) + H_2O \quad \longrightarrow \quad 2HO· \qquad \qquad \textbf{(R-10.11)}$$

$$HOO· + NO \quad \longrightarrow \quad HO· + NO_2 \qquad \qquad \textbf{(R-10.12)}$$

$$HNO_2 + h\nu \quad \longrightarrow \quad HO· + NO \qquad \qquad \textbf{(R-10.13)}$$

$$HNO_3 + h\nu_2 \quad \longrightarrow \quad HO· + NO_2 \qquad \qquad \textbf{(R-10.14)}$$

$$R{-}CH_3 + O \quad \longrightarrow \quad HO· + R{-}H_2C· \qquad \qquad \textbf{(R-10.15)}$$

$$HOO· + ROO· \quad \longrightarrow \quad HO· + RO· + O_2 \qquad \qquad \textbf{(R-10.16)}$$

Com a presença do radical hidroxilo e algum tipo de hidrocarboneto da atmosfera (metano ou não metânico, designado de HCNM), dá-se início ao conjunto de reações de formação do ozônio.

A seguir, na sequência das Reações (R-10.17) a (R-10.21) mais as Reações [R-10.10] e [R-10.12], apresenta-se um conjunto de reações que, somadas membro a membro, originam a reação total de formação do ozônio (R-10.22).

$$RH_2C-H + HO^\bullet \longrightarrow RH_2C^\bullet + H_2O \quad \text{(R-10.17)}$$
$$+$$
$$RH_2C^\bullet + O_2 \longrightarrow RH_2COO^\bullet \quad \text{(R-10.18)}$$
$$+$$
$$RH_2COO^\bullet + NO \longrightarrow RH_2CO^\bullet + NO_2 \quad \text{(R-10.19)}$$
$$+$$
$$RH_2CO^\bullet + O_2 \longrightarrow HOO^\bullet + RHCO \quad \text{(R-10.20)}$$
$$+$$
$$HOO^\bullet + NO \longrightarrow HO^\bullet + NO_2 \quad \text{[R-10.12]}$$
$$+$$
$$2[NO_2 + h\nu_{(\lambda < 430\,nm)} \longrightarrow NO + O(^3P)] \quad \text{[R-10.10]}$$
$$+$$
$$2[O_2 + O(^3P) + M \longrightarrow O_3 + M] \quad \text{(R-10.21)}$$

$$\underline{\mathbf{RH_2C-H + 4O_2 + h\nu} \longrightarrow \mathbf{RHCO + H_2O + 2O_3}} \quad \text{(R-10.22)}$$
HCNM   oxigênio   Aldeído   ozônio

A Figura 10.3(1) apresenta estas reações de forma visual mais didática. Conforme visto, os hidrocarbonetos (metano e não metânicos) podem ser de origem biogênica e antropogênica. A mesma Figura 10.3 esquematiza uma fonte antropogênica de hidrocarbonetos na combustão dos automotores. Quando a abundância de ozônio na troposfera for mais elevada que o normal, caracteriza-se um ambiente poluído.

A maior parte do gás metano da atmosfera tem origem biogênica, em processos anaeróbios. Na troposfera, encontra-se na abundância de 1,4 ppm. Sua presença não caracteriza poluição antrópica dos grandes

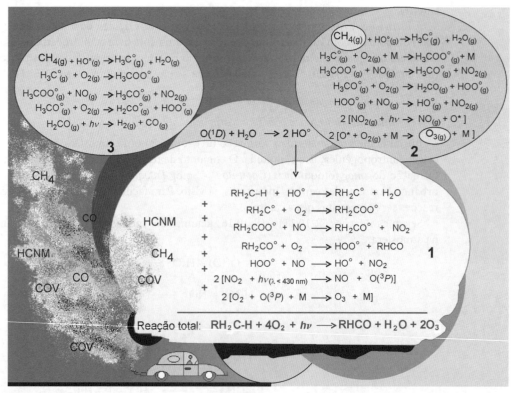

Figura 10.3 Reações de formação do ozônio na troposfera: (1) ambiente contaminado com hidrocarbonetos não metânicos, HCNM; (2) ambiente que contém metano, em geral de origem biogênica; (3) reações de formação do CO. Fonte: Brasseur *et al.*, 1999.

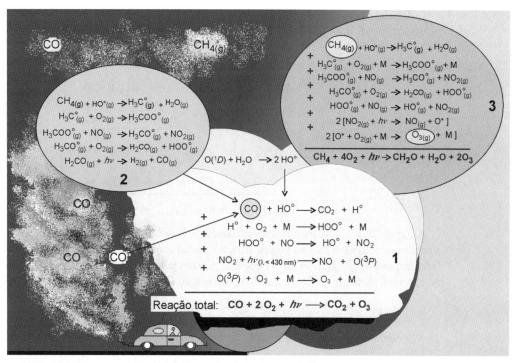

Figura 10.4 Reações de formação do ozônio na troposfera: (1) ambiente contaminado com CO (monóxido de carbono); (2) ambiente que contém metano, em geral de origem biogênica e que origina o CO na atmosfera; (3) reações de formação do O_3 a partir do metano. Fonte: Brasseur *et al.*, 1999.

centros, apesar de ali também se encontrar. De qualquer maneira, como os demais HCNM da troposfera, conduz à formação do ozônio, conforme Figura 10.3(2). O metano é um composto orgânico estável em termos de reatividade, por isto, na atmosfera, tem um tempo de vida (τ) longo, 8-10 anos, e encontra-se espalhado por toda a troposfera e estratosfera. Na estratosfera, conforme será visto, por meio de reações químicas origina água e mediante reações fotoquímicas e químicas origina o CO, conforme Figura 10.3(3).

- *Ambiente atmosférico livre de hidrocarbonetos não metânicos (HCNM)*

Um ambiente troposférico livre de HCNM pode conter metano, CH_4, e monóxido de carbono, CO, como espécies passíveis de formarem ozônio. Estes dois gases constituintes da troposfera também conduzem à formação do O_3.

O monóxido de carbono tem sua origem de processos naturais do ambiente e antrópicos. Ele apresenta um tempo de vida de aproximadamente dois meses que lhe permite deslocar-se do local de formação para outros pontos remotos.

Na superfície da Terra todas as combustões que se realizam com falta de oxigênio produzem CO. Na atmosfera, já na estratosfera, uma série de Reações (R-10.23) a (R-10.27), vistas no *Capítulo 7 – Compostos Inorgânicos Gasosos da Atmosfera* e transcritas na Figura 10.4(2), produz o CO.

$$CH_{4(g)} + HO^{\bullet}_{(g)} \longrightarrow H_3C^{\bullet}_{(g)} + H_2O_{(g)} \qquad \text{(R-10.23)}$$
metano radical   radical
        hidroxilo   alquil

$$H_3C^{\bullet}_{(g)} + O_{2(g)} \longrightarrow H_3COO^{\bullet}_{(g)} \qquad \text{(R-10.24)}$$
radical metilperoxilo

$$H_3COO^{\bullet}_{(g)} + NO_{(g)} \longrightarrow H_3CO^{\bullet}_{(g)} + NO_{2(g)} \qquad \text{(R-10.25)}$$
radical metoxilo

$$H_3CO^{\bullet}_{(g)} + O_{2(g)} \longrightarrow H_2CO_{(g)} + HOO^{\bullet}_{(g)} \qquad \text{(R-10.26)}$$
formaldeído radical
             hidroperoxilo

$$H_2CO_{(g)} + h\nu \longrightarrow CO_{(g)} + H_{2(g)} \qquad \text{(R-10.27)}$$

236 Capítulo Dez

Independentemente de sua origem, o CO troposférico, conforme Reações (R-10.28), (R-10.29), [R-10.12], [R-10.10] e [R-10.21], produz o ozônio, Reação (R-10.30).

$$CO + HO^\bullet \longrightarrow CO_2 + H^\bullet \qquad \textbf{(R-10.28)}$$
$$+$$
$$H^\bullet + O_2 + M \longrightarrow HOO^\bullet + M \qquad \textbf{(R-10.29)}$$
$$+$$
$$HOO^\bullet + NO \longrightarrow HO^\bullet + NO_2 \qquad \textbf{[R-10.12]}$$
$$+$$
$$NO_2 + h\nu_{(\lambda < 430\,nm)} \longrightarrow NO + O(^3P) \qquad \textbf{[R-10.10]}$$
$$+$$
$$O(^3P) + O_2 + M \longrightarrow O_3 + M \qquad \textbf{[R-10.21]}$$
$$\overline{\hspace{8cm}}$$
$$\mathbf{CO + 2O_2 + h\nu_{(\lambda < 430\,nm)} \longrightarrow CO_2 + O_3} \qquad \textbf{(R-10.30)}$$

A Figura 10.4(**1**) mostra o fenômeno descrito. O destaque (**2**) desta figura apresenta a formação do CO a partir do metano. A mesma Figura 10.4, no destaque (**3**), apresenta a formação do ozônio a partir do metano troposférico, seguindo etapas que não passam pelo CO. As etapas são as mesmas que as da formação do ozônio a partir dos HCNM, dando como reação total a Reação (R-10.31).

$$CH_{4(g)} + 4O_{2(g)} + h\nu \longrightarrow CH_2O_{(g)} + H_2O_{(g)} + 2O_{3(g)} \qquad \textbf{(R-10.31)}$$

- *Fontes secundárias de formação do ozônio na troposfera*

Entre as fontes secundárias de formação do ozônio na troposfera, apesar de não ser referenciada na literatura pertinente, está o conjunto de reações químicas e fotoquímicas que originam o oxigênio atômico ou o oxigênio livre, $O^\bullet$, mediante a decomposição do peróxido de hidrogênio, conforme a Reação (R-10.32).

$$H_2O_2 \underset{\xrightarrow{\hspace{2cm}}}{\overset{\text{catalisador}}{\rightleftharpoons}} H_2O + O \qquad \textbf{(R-10.32)}$$

O átomo de O formado em um ambiente com alta concentração do O_2 (~21% de oxigênio no ar seco) logo forma o O_3 pela reação já vista anteriormente [R-10.3].

$$O_2 + O + M \rightarrow O_3 + M \qquad \textbf{[R-10.3]}$$

A formação do peróxido tem sua origem nos radicais hidroxilos, $HO^\bullet$, e hidroperoxilos, $HOO^\bullet$, conforme as Reações (R-10.33) e (R-10.34).

$$2HO^\bullet \longrightarrow H_2O_2 \qquad \textbf{(R-10.33)}$$

$$HOO^\bullet + HOO^\bullet \longrightarrow H_2O_2 + O_2 \qquad \textbf{(R-10.34)}$$

Os radicais $HO^\bullet$ encontram-se em uma abundância de 2.10^5 a 1.10^6 $HO^\bullet$ por cm^3, os quais se formam naturalmente na atmosfera que apresenta níveis normais de umidade e radiação solar de um dia ensolarado, ao meio-dia. As reações químicas e fotoquímicas [R-10.11] a [R-10.16] apresentam alguns caminhos de formação do radical $HO^\bullet$, responsável pelo restante do processo.

10.3.2 Desaparecimento (perda ou depleção) do ozônio na troposfera

O desaparecimento do ozônio na troposfera ocorre por dois processos, um fotoquímico e o outro químico.

- *Processo fotoquímico*

Na troposfera pode ocorrer a fotólise do ozônio, conforme Reação (R-10.35). O ozônio presente na troposfera em concentrações variando de 10 a 100 $ppb_{(volume)}$ tem uma energia de ligação de 26,0 kcal mol^{-1} ou 108,8 kJ mol^{-1}.

$$O_3 + h\nu\,(1200 > \lambda > 315\,nm) \longrightarrow O_2 + O(^3P) \qquad \textbf{(R-10.35)}$$

Fótons da radiação solar com comprimentos de onda entre 315 e 1200 nm podem dissociar o ozônio e produzir oxigênio no seu estado eletrônico fundamental $O(^3P)$.

Caso este oxigênio, $O(^3P)$, não seja utilizado em um processo químico qualquer, pode reagir com o O_2 e recompor o ozônio com o auxílio de um 3º corpo M (N_2 ou O_2), conforme [R-10.21].

$$O_2 + O(^3P) + M \longrightarrow O_3 + M \qquad \textbf{[R-10.21]}$$

Quando o ozônio absorve um fóton do ultravioleta – próximo ao visível com $\lambda < 315$ nm na sua foto-dissociação, é formado ou produzido um átomo de oxigênio excitado, $O(^1D)$, conforme Reação (R-10.36).

$$O_3 + h\nu_{(\lambda < 315\,nm)} \longrightarrow O_2 + O(^1D) \qquad \textbf{(R-10.36)}$$

Este oxigênio excitado reage com moléculas de H_2O da atmosfera produzindo o radical $HO^{\bullet}$, [R-10.11], que desencadeia uma série de outras reações na atmosfera. Esta forma de radical, $[O(^1D)]$, pode também perder energia e se transformar em $O(^3P)$ e recompor o ozônio, [R-10.21].

- *Processo químico*

Dentro do processo químico existem diversas reações químicas em que o ozônio da troposfera age como oxidante, produzindo oxidações de compostos orgânicos e inorgânicos que, na maioria das vezes, são eliminados do meio por precipitação por via úmida (dissolução em água) ou por via seca (ação gravitacional). Neste caso, o ozônio promove uma limpeza da atmosfera contribuindo para a eliminação de muitos poluentes.

Oxidações de compostos orgânicos

Reações com compostos orgânicos que apresentam ligações insaturadas (ligações duplas e triplas). Por exemplo, o isopreno. Inicialmente o ozônio ataca uma dupla ligação e forma um composto de adição, denominado molozonídeo, (I ou II), Reação (R-10.37), altamente energético.

(R-10.37)

Em uma segunda etapa, há uma ruptura do molozonídeo com a possibilidade de formar um aldeído mais um birradical partindo-se da estrutura (I), Reações (R-10.38) e (R-10.39), caminhos 1 e 2. Partindo-se da estrutura (II), forma-se pelo caminho 1 uma cetona e um birradical; pelo caminho 2 um aldeído e um birradical.

(R-10.38)

(R-10.39)

Dependendo da posição da dupla ligação na cadeia carbônica, pode formar diretamente uma cetona (ou um aldeído), Reação (R-10.40), e um ácido, Reação (R-10.41).

238 Capítulo Dez

$$\text{(R-10.40)}$$

Alceno   Ozônio   Composto de adição ozonídeo

$$\text{(R-10.41)}$$

Ácido   Cetona

Oxidações de compostos inorgânicos (na troposfera)

a. Química do ozônio na atmosfera à luz do dia

Com ou sem a luz do dia, a reação de oxidação do NO pelo ozônio, Reação (R-10.42), dá-se normalmente.

$$NO + O_3 \longrightarrow NO_2 + O_2 \qquad \textbf{(R-10.42)}$$

Porém, dependendo do momento do dia, pode haver uma recuperação do ozônio consumido na oxidação mediante a reação de fotólise, Reação [R-10.10], e a formação do O_3, Reação [R-10.21].

$$NO_2 + h\nu_{(\lambda < 430\,nm)} \longrightarrow NO + O(^3P) \qquad \textbf{[R-10.10]}$$

$$O_2 + O(^3P) + M \longrightarrow O_3 + M \qquad \textbf{[R-10.21]}$$

A formação do radical hidroxilo depende da radiação solar, isto é, da luz do dia e umidade normal. Em dias ensolarados, a concentração de $HO^\bullet$ na troposfera é de aproximadamente $1 \cdot 10^6$ radicais por cm^3, como foi visto anteriormente. O radical hidroxilo reage com o ozônio segundo a Reação (R-10.43).

$$HO^\bullet + O_3 \longrightarrow HOO^\bullet + O_2 \qquad \textbf{(R-10.43)}$$

O radical formado, $HOO^\bullet$ (hidroperoxilo), pode reagir consumindo mais ozônio, segundo a Reação (R-10.44).

$$O_3 + HOO^\bullet \longrightarrow HO^\bullet + 2O_2 \qquad \textbf{(R-10.44)}$$

Como também pode oxidar o NO a NO_2, que por fotólise (luz do dia) gera o $O(^3P)$, Reação [R-10.10], que, em presença do gás oxigênio, é responsável pela formação do ozônio, Reação [R-10.21], já vista acima e aqui repetida.

$$HOO^\bullet + NO \longrightarrow HO^\bullet + NO_2 \qquad \textbf{[R-10.12]}$$

$$NO_2 + h\nu \longrightarrow NO + O(^3P) \qquad \textbf{[R-10.10]}$$

$$O(^3P) + O_2 + M \longrightarrow O_3 + M \qquad \textbf{[R-10.21]}$$

Verifica-se que na luz do dia há uma tendência de aumentar a abundância do ozônio na atmosfera apesar dos processos de consumo do mesmo. A tendência é estabelecer-se um *estado fotoquímico estacionário* em regiões não poluídas da troposfera (Carroll, 1995), promovendo um equilíbrio entre as duas espécies.

Observa-se também que há uma relação direta entre a abundância do ozônio em regiões urbanas e rurais poluídas e seu aumento com o aumento da temperatura ambiente (Sillman, 1995).

b. Química do ozônio da atmosfera à noite

À noite não há luz, logo a Reação [R-10.10] não ocorre; em consequência a Reação [R-10.21] também não, havendo a eliminação de uma fonte de ozônio da atmosfera.

Em continuidade, os processos químicos, Reações (R-10.45) a (R-10.47), mesmo sem a luz do dia, ocorrem normalmente, diminuindo a abundância do ozônio atmosférico, formando HNO_3, que é eliminado da atmosfera por precipitação.

$$NO_2 + O_3 \longrightarrow NO_3 + O_2 \tag{R-10.45}$$

$$NO_3 + NO_2 + M \longrightarrow N_2O_5 + M \tag{R-10.46}$$

$$N_2O_5 + H_2O_{(líq)} \longrightarrow 2HNO_{3(\text{partícula ou chuva ácida})} \tag{R-10.47}$$

Portanto, em uma mesma região o período noturno tende a apresentar menor concentração de ozônio na atmosfera que no período diurno.

- *Outras reações de depleção do ozônio*

Existem muitas espécies químicas que reagem com o ozônio provocando sua depleção da atmosfera. Aqui será citada apenas uma, Reação (R-10.48), fenômeno que finaliza com a formação do ácido sulfúrico, Reação (R-10.49).

$$SO_2 + O_3 \longrightarrow SO_3 + O_2 \tag{R-10.48}$$

$$SO_3 + H_2O_{(líq)} \longrightarrow H_2SO_{4(\text{partícula ou chuva ácida})} \tag{R-10.49}$$

- *Influência das nuvens no ozônio troposférico*

Apesar de as nuvens ocuparem cerca de 15% do volume total da troposfera mais baixa e a fração de volume da água líquida nas nuvens ocupar somente 10^{-7} a 10^{-6}%, a química da fase aquosa tem se mostrado significativa na diminuição da abundância do ozônio da troposfera.

Como já foi mostrado em diversos momentos, nos processos químicos e fotoquímicos o metano, CH_4, forma o aldeído fórmico, H_2CO. Este é um importante precursor dos $HO_x^{\bullet}$ ($HO^{\bullet}$ + $HOO^{\bullet}$), CO e H_2. O aldeído fórmico, H_2CO, após entrar em uma nuvem, dissolve-se parcialmente na **fase líquida das gotículas** formando um hidrato $H_2C(HO)_2$, conforme Reação (R-10.50).

$$\underset{\text{aldeído fórmico}}{H_2CO_{(g)}} + H_2O_{(líq)} \longrightarrow \underset{\text{hidrato de formaldeído}}{H_2C(OH)_2} \tag{R-10.50}$$

A seguir, sucedem-se as Reações (R-10.51) a (R-10.56), em que ocorre uma decomposição do ozônio.

$$O_{3(aq)} + h\nu + H_2O_{(líq)} \longrightarrow H_2O_{2(aq)} + O_{2(aq)} \tag{R-10.51}$$

$$H_2O_{2(aq)} + h\nu \longrightarrow 2HO^{\bullet}_{(aq)} \tag{R-10.52}$$

$$H_2C(OH)_2 + HO^{\bullet}_{(aq)} + O_{2(aq)} \longrightarrow H_2O_{(líq)} + HCOOH_{(aq)} + HOO^{\bullet}_{(aq)} \tag{R-10.53}$$

$$HCOOH_{(aq)} + HO^{\bullet}_{(aq)} + O_{2(aq)} \longrightarrow CO_2 + HO^{\bullet}_{(aq)} + HOO^{\bullet}_{(aq)} \tag{R-10.54}$$

$$O_{3(aq)} + HOO^{\bullet}_{(aq)} \longrightarrow HO^{\bullet}_{(aq)} + 2O_{2(aq)} \tag{R-10.55}$$

$$O_{3(aq)} + O_{2(aq)} + H_2O_{(líq)} \longrightarrow 2HO^{\bullet}_{(aq)} + 2O_{2(aq)} \tag{R-10.56}$$

Pode-se observar a participação da água líquida nos processos representados pelas Reações (R-10.50), (R-10.51), (R-10.53) e (R-10.56).

E na **fase gasosa da nuvem** há certo equilíbrio entre as espécies O_3 e $HOO^{\bullet}$, conforme Reações [R-10.43] e [R-10.44], já mostradas anteriormente.

$$O_{3(g)} + HOO^{\bullet}_{(g)} \longrightarrow HO^{\bullet}_{(g)} + 2O_2 \tag{R-10.44}$$

$$O_{3(g)} + HO^{\bullet}_{(g)} \longrightarrow HOO^{\bullet}_{(g)} + O_2 \tag{R-10.43}$$

As partículas líquidas da nuvem "lavam" a fase gasosa dentro da qual se difundem ou se movimentam dissolvendo o radical $HOO^{\bullet}$; isto afeta a química do O_3, H_2O_2 e NO_x da fase gasosa intersticial da nuvem

240   Capítulo Dez

(fase gasosa). Conforme já discutido, o passo inicial da formação do ozônio é a oxidação do NO a NO_2, no caso pelo radical $HOO^\bullet$, Reação [R-10.12], que depois por fotólise libera o O atômico, Reação [R-10.10], que reagindo com O_2 forma o O_3, conforme Reação [R-10.21], cujas equações encontram-se transcritas a seguir.

$$HOO^\bullet + NO \longrightarrow HO^\bullet + NO_2 \qquad\qquad \textbf{[R-10.12]}$$

$$NO_2 + h\nu_{(\lambda\, <\, 430\ nm)} \longrightarrow NO + O(^3P) \qquad\qquad \textbf{[R-10.10]}$$

$$O_2 + O(^3P) + M \longrightarrow O_3 + M \qquad\qquad \textbf{[R-10.21]}$$

Contudo, nas nuvens esta etapa é desacelerada ou deixa de existir como consequência da dissolução na fase aquosa do radical $HOO^\bullet$, radical iniciador do processo, causando aos poucos uma "depleção" ou diminuição da abundância do ozônio do meio.

- *Depleção do ozônio da troposfera polar*

O Ártico tem nas suas vizinhanças continentes altamente desenvolvidos – Europa, Sibéria, América do Norte –, que contribuem de forma substancial com gases e particulados atmosféricos que, conforme a época do ano, chega a formar a denominada "névoa ártica".

De 21 de setembro a 21 de março, a região do Círculo Ártico (polo norte) passa de uma situação de iluminação solar para uma completa noite, correspondendo ao outono e ao inverno no Hemisfério Norte; retornando, em seguida, à primavera e ao verão daquele hemisfério. Ao mesmo tempo, a troposfera (0 a 8 km) encontra-se estratificada dificultando a circulação vertical do ar. Neste período, a temperatura da superfície alcança –40 °C. Neste meio, as reações químicas envolvendo a luz solar são lentas ou quase inexistentes, se comparadas a regiões ensolaradas. Assim, a abundância das espécies fotoquímicas reativas é elevada antes do amanhecer polar. Em uma completa escuridão em fevereiro para uma iluminação completa em abril, processa-se um grande número de mudanças químicas na baixa troposfera estratificada. Entre estas mudanças está a depleção do ozônio. Observou-se que, conforme a época, em horas e em dias a abundância do ozônio praticamente chegava a zero.

A partir de 1986 diversas campanhas de experimentos foram realizadas no círculo polar ártico. Foram observados os seguintes fatos:

- Há uma correlação negativa entre a abundância do ozônio e a do brometo de metila $H_3C{-}Br$ e outros halogenetos orgânicos. Isto é, quando um aumenta o outro diminui;
- Uma destruição seletiva de hidrocarbonetos e alquilnitratos com produção de formaldeído e cetona;
- No grupo do NO_y do ambiente foi observada a predominância do PAN (peroxialquilnitrato).

Existem propostas de mecanismos das reações que ocorrem na depleção do ozônio, contudo admite-se que haja o envolvimento de reações heterogêneas semelhantes às envolvidas na depleção do ozônio na estratosfera, que geram átomos de halogênios (Cl, Br e I) que levam rapidamente à destruição do ozônio. Este mecanismo será visto neste capítulo mais à frente.

A Figura 10.5 mostra alguns dos processos fotoquímicos e químicos que acontecem na formação do ozônio e de sua depleção na troposfera.

10.4 Ozônio na Estratosfera

10.4.1 Absorção da radiação

No *Capítulo 3 – Interação da Radiação Eletromagnética com a Atmosfera* foi abordada a interação da radiação eletromagnética com a atmosfera e seus componentes. Em razão da especificidade da absorção de radiação para formar o oxigênio atômico a partir do qual forma-se o ozônio, este assunto foi deixado para ser detalhado neste capítulo.

- *Aspectos gerais*

Conforme visto, a absorção da energia eletromagnética pela matéria é feita pela sua interação com o(s) elétron(s); portanto, interação da energia com o elétron da matéria. Esta interação depende do tipo de energia da radiação que incide na matéria e do tipo de elétron que é atingido nesta. Por exemplo:

O Ozônio da Atmosfera 241

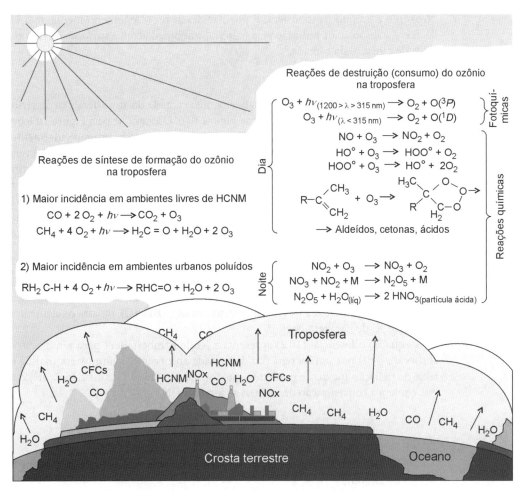

Figura 10.5 Esquematização das principais reações fotoquímicas e químicas na formação e depleção do ozônio na troposfera.

a. Quanto ao tipo de energia incidente

No *Capítulo 3*, no estudo da radiação, verificou-se que a mesma é constituída de "ondas-corpúsculos" denominados *fótons*, para a luz visível, e *quanta* para qualquer tipo de radiação. A característica básica de cada *quanta* é a energia do *quantum*, definida pelo maior comprimento da onda, λ (baixa energia), e pelo menor comprimento da onda, λ (alta energia).

b. Quanto ao tipo de energia potencial que o elétron atingido pela radiação possui.

Existem elétrons que estão na estrutura eletrônica do átomo com energias potenciais diferentes uns dos outros; quando iguais, se diferenciam pelo número quântico de *spin*. Existem elétrons que estão envolvidos em ligações químicas, como a ligação sigma, σ, (ligante e antiligante), a pi, π, (ligante e antiligante), delta, δ, (ligante e antiligante), elétrons não ligantes, entre outros. Cada tipo destes elétrons com energias potenciais próprias.

Dessas combinações, apenas são possíveis os fenômenos fotoquímicos cujas energias do *quantum* da radiação e do elétron da matéria são compatíveis. Isto acontecendo, têm-se três tipos de fenômenos possíveis de acontecer:

- Excitação eletrônica;
- Quebra da ligação de forma homóloga (formação de radicais);
- Retirada do elétron (ionização da espécie).

Em cada caso há uma absorção de determinado tipo (λ) de radiação eletromagnética. Sempre que a radiação solar é absorvida (exemplo, a ultravioleta), originam-se processos fotoquímicos em camada(s) da atmosfera, denominadas *Camadas de Chapman*. Este comportamento ocorre na formação da camada de ozônio e mesmo na ionosfera. É possível descrever o fenômeno mediante *a lei de Lambert-Beer*, que descreve a absorção da radiação pela matéria, combinada com a *variação da concentração da espécie absorvente* de radiação da camada.

- *Lei de Lambert-Beer*

Antes de aplicar a lei de Lambert-Beer a uma camada da atmosfera é necessário considerar o princípio para uma situação qualquer, conforme Figura 10.6. Observa-se pela Figura 10.6 que a radiação monocromática de comprimento de onda (λ) de intensidade I_0 incide perpendicularmente na área transversal da cubeta (ou célula), dentro da qual encontram-se os núcleos (ou espécies) absorventes. Na cubeta, a radiação passa pelo caminho ótico (l), e, ao sair (atravessar), sua intensidade ficou I, diminuindo de $I-I_0 = -dI$.

Observa-se que a diminuição da intensidade da radiação I ($-dI$) é diretamente proporcional à concentração dos núcleos absorventes (Ni), à secção σ atravessada por I, ao comprimento do caminho percorrido pela radiação no ambiente que possui os núcleos absorventes (l) e à própria radiação monocromática I incidente. Expressando estas variáveis em termos de incrementos infinitesimais tem-se a expressão diferencial da lei de Lambert-Beer, Equação (10.1).

$$dI = -\sigma N_i I \, dl \tag{10.1}$$

Conhecendo o princípio da lei de Lambert-Beer, agora será aplicado à radiação que é absorvida por uma camada da atmosfera. A Figura 10.7, partes (A), (B) e (C), mostra os elementos envolvidos, e (D), sua relação na lei de Lambert-Beer.

A equação diferencial (10.2) apresenta a lei de Lambert-Beer para a radiação solar (monocromática) absorvida ($-dI$) por um incremento da camada absorvente da atmosfera (ds) de secção transversal σ ao feixe de radiação incidente (podendo este formar um ângulo de incidência α^o) com a superfície do local que contém a concentração de núcleos absorventes, N_i:

$$dI = -\sigma N_i I \, ds \tag{10.2}$$

em que:

- I é a intensidade da radiação monocromática normalmente expressa em W m^{-2} (watt por metro quadrado);
- ds = o incremento, ou o acréscimo infinitesimal da espessura da camada, ou do caminho ótico percorrido pela radiação vinda do Sol, Figura 10.7(A) e (B). Em função da variável altitude (z) tendo como referência a terra, tem-se que, ds = $-$dz'. Caso a incidência da radiação solar tenha um ângulo $\alpha \neq 0^o$, tem-se ds = $-$ sec α dz'.

- *Concentração da espécie ou núcleos absorventes (N_i)*

Supondo os núcleos absorventes uniformemente distribuídos na atmosfera, sua concentração é dada pela Equação (10.3).

$$N_i = N_t \, x_i \tag{10.3}$$

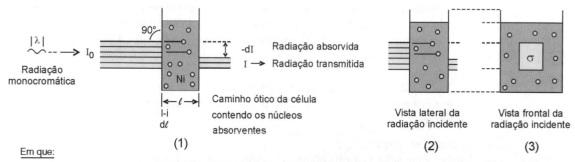

Figura 10.6 Visualização dos fundamentos da lei de Lambert-Beer: (**1**) Radiação eletromagnética (I_0) incidindo na célula (cubeta) com os núcleos absorventes de concentração (Ni ou Ci); (**2**) Vista lateral da cubeta; (**3**) Vista frontal da cubeta mostrando a área (σ) pela qual atravessa o feixe de radiação.

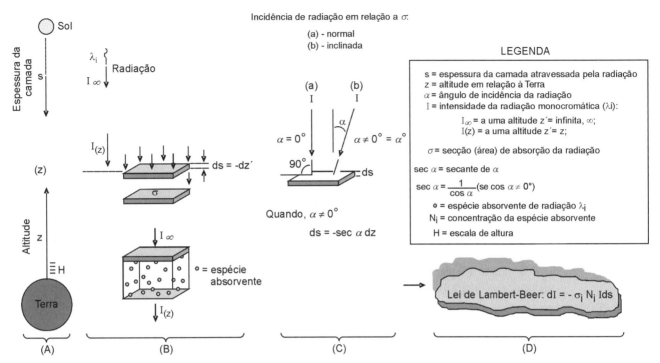

Figura 10.7 Absorção da radiação eletromagnética pela matéria por centros absorventes da atmosfera: (A) Variáveis z (altitude do ponto considerado a partir do nível do mar) e s (espessura da camada atravessada pela radiação); (B) Intensidade da radiação que chega ao ponto considerado incidente da radiação (I_∞) e final da interação (I_z); (C) Correção do incremento de espessura, (ds), em função do ângulo (α) de incidência da radiação I; (D) Expressão da lei de Lambert-Beer.

em que x_i (ou, $x(i)$) é a razão de mistura (fração molar dos núcleos absorventes no total da mistura) e N_t = concentração total dos núcleos absorventes, que pode ser dada em função de sua respectiva concentração ao nível do mar, N_t^0, conforme Equação (10.4).

$$N_t = N_t^0\, e^{z/H} \tag{10.4}$$

em que z = altitude onde se encontra o núcleo absorvente considerado e H = escala de altitude, explicada a seguir.

A pressão atmosférica P em um determinado ponto z da atmosfera (ou determinada altitude em relação ao nível do mar), conforme visto no *Capítulo 1 – Aspectos Gerais da Atmosfera*, é o peso da coluna de ar naquele ponto, Equações [1.17] e seguintes. Para uma altitude qualquer z foi demonstrado que a variação da pressão é dada pela Equação [1.19], transportada para este capítulo como Equação (10.5).

$$\frac{dP_{(z)}}{dz} = -\delta_{(h)} \gamma_{(z)} \tag{10.5}$$

Pela lei de Clayperon (dos gases ideais), Equação (10.6), tem-se:

$$\frac{m_{ar(z)}}{V_{ar(z)}} = \delta_{(z)} = \frac{M_{ar} P_{(z)}}{RT_{(h)}} \tag{10.6}$$

Relacionando as Equações (10.5) e (10.6) têm-se as Equações (10.7) a (10.11):

$$\frac{dP_{(z)}}{P_{(z)} dz} = -\frac{M_{ar} \gamma_{(z)}}{RT_{(h)}} \tag{10.7}$$

$$\frac{d \ln P_{(z)}}{dz} = -\frac{M_{ar} \gamma_{(z)}}{RT_{(z)}} = -\frac{1}{H_{(z)}} \tag{10.8}$$

$$H_{(z)} = -\frac{RT_{(z)}}{M_{ar} \gamma_{(z)}} = \text{escala de altura} \tag{10.9}$$

244 Capítulo Dez

em que,

$M_{ar} = 28,9$ g mol^{-1}

R = 8,314 · 10^7 erg K^{-1} mol^{-1} = 8,314 · 10^7 (g cm s^{-2})cm K^{-1} mol^{-1}

$$\gamma_{(h)} = 981 \text{ cm s}^{-2}$$

$$H_{(z)} = \frac{8,314 \cdot 10^7 \left(\text{g cm s}^{-2} \right) \text{cm K}^{-1}\text{mol}^{-1}T_{(z)}}{28,9 \text{ g mol}^{-1}980 \text{ cm s}^{-2}} \tag{10.10}$$

$$H_{(z)} = 2.935,53 \text{ cm K}^{-1} T_{(z)} \tag{10.11}$$

Considerando que a temperatura varia ao longo das diferentes camadas da atmosfera: 15 °C (valor médio global ao nível do mar); –56 °C (na tropopausa, ±10–16 km); – 2 °C (na estratopausa, 50 km); –92 °C (na mesopausa, 85 km), o valor da escala de altura $H_{(z)}$ assume valores. Calculando os valores $H_{(z)}$, em km, para as altitudes citadas, têm-se: $H_{(0)} = 8,5$; $H_{(10)} = 6,4$; $H_{(50)} = 8,0$; e $H_{(85)} = 5,3$ km. Tomando um valor médio, tem-se H = 7,1 ± 1,5 km, para uma altitude de aproximadamente 100 km.

Retornando à Equação [10.2] e introduzindo-lhe estas novas condições, [10.3] a [10.11], em parte, visualizadas na Figura 10.7(A), (B), (C) e (D), tem-se a Equação (10.12).

$$dI = -\sigma I N_t^0 e^{(-z'/H)} x_i \sec\alpha \, dz' \tag{10.12}$$

Separando as variáveis e integrando a Equação (10.12) para o intervalo de z' = z a z' = ∞, tem-se:

$$\int_{z'=z}^{z'=\infty} \frac{dI}{I} = \int_{z'=z}^{z'=\infty} -\sigma N_t^0 e^{\left(\frac{z'}{H}\right)} x_i \sec\alpha \, dz'$$

$$\ln\left(\frac{I_{(z)}}{I_\infty} \right) = -\sigma H N_t^0 x_i \sec\alpha \, e^{\left(-\frac{z}{H}\right)} \tag{10.13}$$

Em que I_∞ é a intensidade da radiação monocromática de comprimento de onda λ, que chega do Sol à atmosfera, ver Figura 10.7(B). Adaptando a Equação (10.13), tem-se a Equação (10.14).

$$\ln I_{(z)} = \ln I_\infty - \sigma H N_t^0 x_i \sec\alpha \, e^{\left(-\frac{z}{H}\right)} \tag{10.14}$$

Pela Equação (10.14) observa-se que, à medida que z (altitude em relação ao nível do mar) cresce, o valor do termo $e^{(-z/H)}$ diminui e o valor $I_{(z)}$ cresce até o valor limite, I_∞, que chega à atmosfera. A Figura 10.7 mostra que à altitude de z = 100 km o valor $I_{(z)} = I_{(100)} = I_\infty$. A mesma Figura 10.7 mostra também que, na proporção inversa, diminuindo z aumenta a concentração dos núcleos absorventes.

Introduzindo na Equação (10.12) as seguintes condições: z'= z; ds = –secα dz'; e, dv = incremento de volume = σ ds;

$$I_{(z)} = I_\infty - e^{\left[-\sigma H N_t^0 x_i \sec\alpha \, e^{\left(\frac{z}{H}\right)} \right]} \tag{10.15}$$

Tem-se a Equação (10.16), que dá a fração de radiação absorvida por unidade de volume, dI/σds = $R_{(z)}$, que mostra um valor máximo conforme Figura 10.8, parte sombreada.

$$R_{(z)} = -\frac{dI}{\alpha ds} = N_t^0 x_i e^{\left(-\frac{z}{H}\right)} \left\{ I_\infty - e^{\left[-\sigma H N_t^0 \sec\alpha \, e^{\left(-\frac{z}{H}\right)} \right]} \right\} \tag{10.16}$$

10.4.2 Formação do ozônio na estratosfera

Em 1930, Chapman propôs para a formação e a destruição do ozônio na estratosfera as seguintes Reações: [R-10.9], (R-10.57), [R-10.3], (R-10.58) e (R-10.59). Algumas destas Reações ([R-10.3], [R-10.9]) já foram vistas no estudo do ozônio na troposfera.

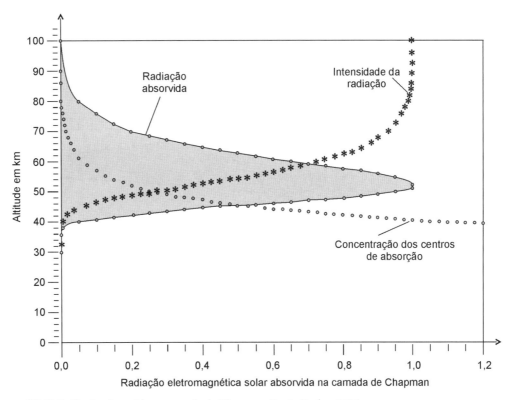

Figura 10.8 Radiação absorvida na camada de Chapman. Fonte: Barker, 1995.

$$O_2 + h\nu_{(\lambda < 242\,nm)} \longrightarrow O + O \qquad [\text{R-10.9}]$$

$$O + O + M \longrightarrow O_2 + M \qquad (\text{R-10.57})$$

$$O_2 + O + M \longrightarrow O_3 + M \qquad [\text{R-10.3}]$$

$$O_3 + O \longrightarrow 2O_2 \qquad (\text{R-10.58})$$

$$O_3 + h\nu \longrightarrow O_2 + O \qquad (\text{R-10.59})$$

A Figura 10.9 mostra a camada estratosférica do O_3 segundo cálculos baseados no modelo de Chapman.

A fotólise do O_3 pode conduzir à formação do oxigênio atômico no estado fundamental $O(^3P)$ se $\lambda >$ 310 nm, conforme Reação (R-10.60), ou pode conduzir à formação de oxigênio atômico no estado excitado $O(^1D)$, conforme Reação (R-10.61).

$$O_3 + h\nu_{(\lambda > 310\,nm)} \longrightarrow O_2 + O(^3P) \qquad (\text{R-10.60})$$

$$O_3 + h\nu_{(\lambda < 310\,nm)} \longrightarrow O_2 + O(^1D) \qquad (\text{R-10.61})$$

A fotólise do O_2 por radiação de $\lambda <$ 175,9 nm conduz à formação do oxigênio ativado, conforme Reação (R-10.62). Contudo, o $O(^1D)$ no próprio ambiente mediante um terceiro corpo é desativado conforme Reação (R-10.63). A soma das abundâncias das espécies $(O + O_3) = O_x$.

$$O_2 + h\nu_{(\lambda < 175,9\,nm)} \longrightarrow O(^3P) + O(^1D) \qquad (\text{R-10.62})$$

$$O(^1D) + M \longrightarrow O(^3P) \qquad (\text{R-10.63})$$

Em condições normais, isto é, sem agentes catalíticos na estratosfera, estas reações dependem da hora do dia, da noite, da estação do ano. Há certo *equilíbrio estacionário* entre o O_3 produzido e o O_3 decomposto ao longo do tempo, justamente o *tempo de vida* do O_3.

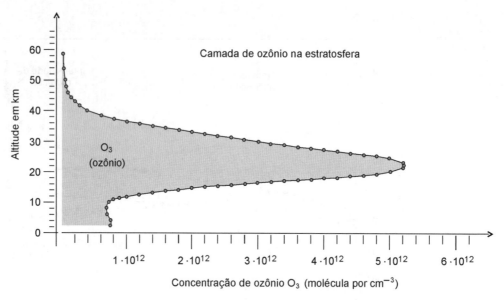

Figura 10.9 Camada de ozônio na estratosfera, segundo o modelo de Chapman. Fonte: Barker, 1995.

10.4.3 Destruição da camada de ozônio

A abundância de ozônio dada pelo modelo de Chapman, Figura 10.9, está superestimada, pois existem processos catalíticos, alguns naturais e outros antropogênicos que podem diminuir a abundância do O_3 estratosférico, conforme Reações (R-10.64) a (R-10.66).

$$X^\bullet + O_3 \longrightarrow XO + O_2 \quad \text{(R-10.64)}$$
$$+$$
$$\underline{XO + O^\bullet \longrightarrow O_2 + X^\bullet} \quad \text{(R-10.65)}$$
$$\text{Reação total: } O^\bullet + O_3 \longrightarrow 2O_2 \quad \text{(R-10.66)}$$

Existem diversos pares de compostos $X^\bullet$:XO que preenchem as condições para a destruição catalítica do O_3 estratosférico, conforme cita Brasseur *et al.* (1999); entre eles podem-se citar:

a. $H^\bullet$:$HO^\bullet$ e $HO^\bullet$:$HOO^\bullet$, (que formam os HO_x);
b. NO:NO_2, (que formam os NO_x);
c. $Cl^\bullet$:ClO, (que formam os ClO_x);
d. $Br^\bullet$:BrO, (que formam os BrO_x);
e. $I^\bullet$:IO, (que formam os IO_x); entre outros.

Processos catalíticos do HO_x

Conforme citado anteriormente, a estratosfera apresenta uma relativa abundância de $O(^1D)$ que reage conforme reações e ciclos catalíticos apresentados por Brasseur *et al.* (1999) e Barker (1995):

$$H_2O + O(^1D) \longrightarrow 2HO^\bullet \quad \text{(R-10.67)}$$

$$CH_4 + O(^1D) \longrightarrow H_3C^\bullet + HO^\bullet \quad \text{(R-10.68)}$$

$$H_2 + O(^1D) \longrightarrow H^\bullet + HO^\bullet \quad \text{(R-10.69)}$$

Na estratosfera formam-se ciclos catalíticos que destroem o $O_x = (O + O_3)$, conforme segue. Muitas reações repetem-se em mais de um ciclo; recebem, portanto, a mesma numeração para facilitar a síntese do leitor.

1º ciclo catalítico de destruição do O_3

$$HO^\bullet + O^\bullet \longrightarrow H^\bullet + O_2 \qquad \text{(R-10.70)}$$
$$+$$
$$H^\bullet + O_2 + M \longrightarrow HOO^\bullet + M \qquad \text{(R-10.71)}$$
$$+$$
$$\underline{HOO^\bullet + O^\bullet \longrightarrow HO^\bullet + O_2} \qquad \text{(R-10.72)}$$
$$\text{Reação soma: } \mathbf{O^\bullet + O^\bullet \longrightarrow O_2} \qquad \text{(R-10.73)}$$

Este processo é indireto. Como pode se observar pelas Reações (R-10.70) a (R-10.73), o ozônio não participa das reações. Neste caso ele não é propriamente destruído, mas o processo impede sua formação porque consome o $O^\bullet$ que daria origem ao ozônio, como mostra a Reação [R-10.3].

2º ciclo catalítico de destruição do O_3

$$HO^\bullet + O^\bullet \longrightarrow H^\bullet + O_2 \qquad \text{[R-10.70]}$$
$$+$$
$$\underline{H^\bullet + O_3 \longrightarrow HO^\bullet + O_2} \qquad \text{(R-10.74)}$$
$$\text{Reação soma: } \mathbf{O^\bullet + O_3 \longrightarrow 2O_2} \qquad \text{[R-10.66]}$$

Já mais dentro da estratosfera (altitude < 40 km), onde a proporção da abundância de O para O_3 diminui, o ciclo abaixo (terceiro ciclo catalítico) torna-se mais importante.

3º ciclo catalítico de destruição do O_3

$$HO^\bullet + O_3 \longrightarrow HOO^\bullet + O_2 \qquad \text{(R-10.75)}$$
$$+$$
$$\underline{HOO^\bullet + O^\bullet \longrightarrow HO^\bullet + O_2} \qquad \text{(R-10.76)}$$
$$\text{Reação soma: } \mathbf{O^\bullet + O_3 \longrightarrow 2O_2} \qquad \text{[R-10.66]}$$

Abaixo de 30 km, onde a abundância de oxigênio atômico, [O], é muito pequena, o quarto ciclo catalítico torna-se dominante.

4º ciclo catalítico de destruição do O_3

$$HO^\bullet + O_3 \longrightarrow HOO^\bullet + O_2 \qquad \text{[R-10.75]}$$
$$+$$
$$\underline{HOO^\bullet + O_3 \longrightarrow HO^\bullet + 2O_2} \qquad \text{(R-10.77)}$$
$$\text{Reação soma: } \mathbf{O_3 + O_3 \longrightarrow 3O_2} \qquad \text{(R-10.78)}$$

Processos catalíticos do NO_x

Na estratosfera, uma das fontes do óxido nítrico, NO, é a oxidação do óxido nitroso, mediante a Reação (R-10.79).

$$N_2O + O(^1D) \longrightarrow 2NO \qquad \text{(R-10.79)}$$

O óxido nítrico, NO, dá início aos ciclos de destruição do ozônio na estratosfera, como mostra o 5º e o 6º ciclos catalíticos.

5º ciclo catalítico de destruição do O_3

$$NO + O_3 \longrightarrow NO_2 + O_2 \qquad \text{[R-10.42]}$$
$$+$$
$$\underline{NO_2 + O^\bullet \longrightarrow NO + O_2} \qquad \text{(R-10.80)}$$
$$\text{Reação soma: } \mathbf{O^\bullet + O_3 \longrightarrow 2O_2} \qquad \text{[R-10.66]}$$

248   Capítulo Dez

6º ciclo catalítico de destruição do O_3

$$NO + O_3 \longrightarrow NO_2 + O_2 \qquad \text{[R-10.42]}$$
$$+$$
$$NO_2 + O_3 \longrightarrow NO_3 + O_2 \qquad \text{[R-10.45]}$$
$$+$$
$$NO_3 + h\nu \longrightarrow NO + O_2 \qquad \text{(R-10.81)}$$

$$\text{Reação soma: } O_3 + O_3 \longrightarrow 3O_2 \qquad \text{[R-10.78]}$$

Processos catalíticos do ClO_x

Diversos pesquisadores identificaram e propuseram os ciclos catalíticos de destruição do ozônio pelo Cl originado da fotólise de CFCs. A Reação (R-10.82) mostra a fotólise de uma molécula de CFC formando o Cl·.

O principal ciclo catalítico de destruição do O_3 pelo cloro na estratosfera é dado pelo sétimo ciclo catalítico, conforme segue.

7º ciclo catalítico de destruição do O_3

$$Cl^{\cdot} + O_3 \longrightarrow ClO + O_2 \qquad \text{(R-10.83)}$$
$$+$$
$$ClO + O^{\cdot} \longrightarrow Cl^{\cdot} + O_2 \qquad \text{(R-10.84)}$$

$$\text{Reação total: } O^{\cdot} + O_3 \longrightarrow 2O_2 \qquad \text{[R-10.66]}$$

Quando se encontra presente algum componente das famílias HO_x, Cl_x e NO_x, podem ocorrer outros três ciclos catalíticos iniciados pelo Cl·, envolvendo cada uma das espécies em particular, conforme segue.

8º ciclo catalítico de destruição do O_3 (envolvendo o HO·)

$$Cl^{\cdot} + O_3 \longrightarrow ClO + O_2 \qquad \text{[R-10.83]}$$
$$+$$
$$HO^{\cdot} + O_3 \longrightarrow HOO^{\cdot} + O_2 \qquad \text{[R-10.75]}$$
$$+$$
$$HOO^{\cdot} + ClO \longrightarrow HOCl + O_2 \qquad \text{(R-10.85)}$$
$$+$$
$$HOCl + h\nu \longrightarrow HO^{\cdot} + Cl^{\cdot} \qquad \text{(R-10.86)}$$

$$\text{Reação total: } O_3 + O_3 \longrightarrow 3O_2 \qquad \text{[R-10.78]}$$

9º ciclo catalítico de destruição do O_3 (envolvendo o ClO)

$$Cl^{\cdot} + O_3 \longrightarrow ClO + O_2 \qquad \text{[R-10.83]}$$
$$+$$
$$ClO + NO \longrightarrow Cl^{\cdot} + NO_2 \qquad \text{(R-10.87)}$$
$$+$$
$$NO_2 + O^{\cdot} \longrightarrow NO + O_2 \qquad \text{[R-10.80]}$$

$$\text{Reação total: } O^{\cdot} + O_3 \longrightarrow 2O_2 \qquad \text{[R-10.66]}$$

*10º ciclo catalítico de destruição do O_3 (envolvendo o **NO**)*

$$Cl^\bullet + O_3 \longrightarrow ClO + O_2 \qquad \text{[R-10.83]}$$
$$+$$
$$NO + O_3 \longrightarrow NO_2 + O_2 \qquad \text{[R-10.42]}$$
$$+$$
$$ClO + NO_2 + M \longrightarrow ClONO_2 + M \qquad \text{(R-10.88)}$$
$$+$$
$$ClONO_2 + h\nu \longrightarrow Cl^\bullet + NO_3 \qquad \text{(R-10.89)}$$
$$+$$
$$\underline{NO_3 + h\nu \longrightarrow NO + O_2} \qquad \text{[R-10.81]}$$

$$\text{Reação total: } O_3 + O_3 \longrightarrow 3O_2 \qquad \text{[R-10.78]}$$

Processos catalíticos do bromo ($BrO_x = Br + BrO$)

O comportamento do Br na destruição catalítica do ozônio da estratosfera é semelhante ao do cloro, conforme mostra a Reação (R-10.90), que representa a fotólise do *halon* formando o Br$^\bullet$. Alguns autores admitem a possibilidade da formação do radical Br$^\bullet$ a partir do BrO, conforme Reação (R-10.91).

$$\text{(R-10.90)}$$

11º ciclo catalítico de destruição do O_3

$$BrO + ClO \longrightarrow Br^\bullet + Cl^\bullet + O_2 \qquad \text{(R-10.91)}$$
$$+$$
$$Br^\bullet + O_3 \longrightarrow BrO + O_2 \qquad \text{(R-10.92)}$$
$$+$$
$$\underline{Cl^\bullet + O_3 \longrightarrow ClO + O_2} \qquad \text{[R-10.83]}$$

$$\text{Reação total: } O_3 + O_3 \longrightarrow 3O_2 \qquad \text{[R-10.78]}$$

Processos catalíticos do iodo ($IO_x = I + IO$)

A principal fonte do iodo atmosférico é o oceano, que, em condições adequadas, libera o iodo-metano, CH_3I (iodofórmio), o di-iodo-metano, CH_2I_2, e o iodo-etano, $CH_3{-}CH_2I$, espécies que foram identificadas.

Na estratosfera, estas moléculas podem sofrer fotólise, conforme Reação (R-10.93), e liberar o iodo que dá início ao processo de decomposição do ozônio, conforme o décimo segundo ciclo catalítico apresentado a seguir.

$$\text{(R-10.93)}$$

12º ciclo catalítico de destruição do O_3

$$I^{\bullet} + O_3 \longrightarrow IO + O_2 \quad \text{(R-10.94)}$$
$$+$$
$$Cl^{\bullet} + O_3 \longrightarrow ClO + O_2 \quad \text{[R-10.83]}$$
$$+$$
$$\underline{IO + ClO \longrightarrow I^{\bullet} + Cl^{\bullet} + O_2} \quad \text{(R-10.95)}$$
$$\text{Reação total: } O_3 + O_3 \longrightarrow 3O_2 \quad \text{[R-10.78]}$$

Processos catalíticos do flúor (F)

A fonte principal do flúor na estratosfera são os CFCs. Inicialmente há a fotólise com liberação do Cl$^{\bullet}$, conforme Reação (R-10.96), e nas reações subsequentes formam-se os derivados carbonílicos de F e Cl (COFCl) ou apenas de flúor, COF_2. Eles sofrem a fotólise liberando o flúor elementar (F$^{\bullet}$), Reação (R-10.100).

$$F_2ClCCl + h\nu \longrightarrow F_2ClC^{\bullet} + Cl^{\bullet} \quad \text{(R-10.96)}$$

$$F_2ClC^{\bullet} + O_2 \longrightarrow F_2ClCOO^{\bullet} \quad \text{(R-10.97)}$$

$$F_2ClCOO^{\bullet} + NO \longrightarrow F_2ClCO^{\bullet} + NO_2 \quad \text{(R-10.98)}$$

$$F_2ClCO^{\bullet} + HO^{\bullet} \longrightarrow F_2CO + HOCl \quad \text{(R-10.99)}$$

$$F_2CO + h\nu \longrightarrow FCO^{\bullet} + F^{\bullet} \quad \text{(R-10.100)}$$

O átomo livre de flúor (F$^{\bullet}$) reage com o ozônio constituindo um novo ciclo catalítico de destruição do O_3.

13º ciclo catalítico de destruição do O_3

$$F^{\bullet} + O_3 \longrightarrow FO + O_2 \quad \text{(R-10.101)}$$
$$+$$
$$\underline{FO + O^{\bullet} \longrightarrow F^{\bullet} + O_2} \quad \text{(R-10.102)}$$
$$\text{Reação total: } O^{\bullet} + O_3 \longrightarrow 2O_2 \quad \text{[R-10.66]}$$

10.4.4 Destruição do ozônio polar

Nas regiões polares, dependendo da época do ano, os derivados clorados (CFCs, entre outros) produzidos pela ação antrópica e que chegam à estratosfera polar podem produzir uma larga e dramática destruição do ozônio.

Pelos mecanismos propostos para a destruição do ozônio da estratosfera polar, são reações heterogêneas que acontecem nos particulados (gelo) dos aerossóis que se formam, denominados **P**articulados **E**stratosféricos de **N**uvens polares (PENs), conforme mostra a Figura 10.10.

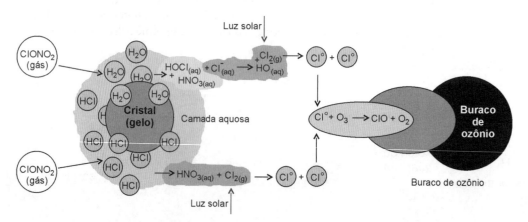

Figura 10.10 Esquematização de dois processos químicos de formação do Cl_2 que por fotólise formam o radical Cl$^{\bullet}$ que reage com o ozônio na estratosfera. Fonte: Baird, 1999.

Porém, antes de tudo, precisa-se saber a origem do nitrato de cloro $ClONO_2$, que, conforme a Figura 10.10, desencadeia o processo.

Os CFCs são compostos de baixo ponto de ebulição e facilmente volatilizados. Por exemplo, o diclorodifluormetano, CCl_2F_2, comercialmente conhecido como Freon-12, tem como ponto de ebulição $-29\ ^oC$. Qualquer escapamento deste gás, bastante inerte em termos de reações químicas, com o tempo é levado pelas correntes de ar para a estratosfera e lá sofre uma reação fotoquímica, conforme Reação [R-10.82], vista anteriormente.

O radical cloro formado na Reação [R-10.82] reage com o ozônio segundo a Reação (R-10.103).

$$Cl^{\bullet}_{(g)} + O_{3(g)} \rightarrow ClO^{\bullet} + O_{2(g)} \tag{R-10.103}$$

O $ClO^{\bullet}$ formado, dependendo do que ele encontrar, pode seguir três caminhos. O primeiro reage com o oxigênio no estado atômico presente, formado por uma reação fotoquímica, Reação (R-10.104), liberando o radical $Cl^{\bullet}_{(g)}$, Reação (R-10.105), para continuar o processo de destruição do ozônio.

$$O_{2(g)} + h\nu_{(fóton)} \rightarrow O^{\bullet}_{(g)} + O^{\bullet}_{(g)} \tag{R-10.104}$$

$$ClO^{\bullet}_{(g)} + O^{\bullet}_{(g)} \rightarrow Cl^{\bullet}_{(g)} + O_{2(g)} \tag{R-10.105}$$

No segundo caminho, ele reage com NO oxidando-o a $NO_2^{\bullet}$, conforme Reação (R-10.106), e liberando novamente o radical cloro $Cl^{\bullet}_{(g)}$ para continuar causando a depleção do ozônio. Nos dois caminhos ele funciona como um catalisador na destruição da camada de ozônio.

$$ClO^{\bullet}_{(g)} + NO_{(g)} \rightarrow Cl^{\bullet}_{(g)} + NO^{\bullet}_{2(g)} \tag{R-10.106}$$

No terceiro caminho, reage com o $NO_2^{\bullet}{}_{(g)}$ para formar o nitrato de cloro, segundo Reação (R-10.107).

$$ClO^{\bullet}_{(g)} + NO_2^{\bullet}{}_{(g)} \rightarrow ClONO_{2(g)} \tag{R-10.107}$$
$$\text{Nitrato de cloro}$$

O $ClONO_{2(g)}$ é o agente químico que, conforme a Figura 10.10, dá início a dois processos. No primeiro, o nitrato de cloro reage com a água da "gota", agora sólido-líquida, conforme a Reação (R-10.108).

$$ClONO_{2(g)} + H_2O_{(aq)} \rightarrow HOCl_{(aq)} + HNO_{3(aq)} \tag{R-10.108}$$
$$\text{ácido hipocloroso}$$

A presença de $HCl_{(aq)}$ na parte líquida da partícula libera o íon $Cl^-_{(aq)}$, segundo a Reação (R-10.109), o qual reage com o ácido hipocloroso formando $Cl_{2(g)}$ que é liberado para a atmosfera, isto é, fora da "gota d'água", Reação (R-10.110).

$$HCl_{(aq)} + H_2O_{(aq)} \rightarrow H^+_{(aq)} + Cl^-_{(aq)} \tag{R-10.109}$$

$$Cl^-_{(aq)} + HOCl_{(aq)} \rightarrow Cl_{2(g)} + HO^-_{(aq)} \tag{R-10.110}$$

No segundo processo, $ClONO_{2(g)}$ reage com o $HCl_{(aq)}$ e forma o $Cl_{2(g)}$ que é liberado para a atmosfera, conforme Reação (R-10.111).

$$ClONO_{2(g)} + HCl_{(aq)} \rightarrow Cl_{2(g)} + HNO_{3(aq)} \tag{R-10.111}$$

Em ambos os processos o $Cl_{2(g)}$ liberado, (R-10.110) e (R-10.111), sofre uma fotólise, conforme Reação (R-10.112).

$$Cl_{2(g)} + h\nu_{(fóton\ de\ radiação\ solar)} \rightarrow Cl^{\bullet}_{(g)} + Cl^{\bullet}_{(g)} \tag{R-10.112}$$

Ou, o ácido hipocloroso formado na Reação [R-10.108] pode volatilizar-se da "gota d'água" e também sofrer fotólise liberando o radical $Cl^{\bullet}_{(g)}$, conforme Reação (R-10.113).

$$HOCl_{(aq)} + h\nu_{(fóton\ de\ radiação\ solar)} \rightleftarrows HO^{\bullet}_{(g)} + Cl^{\bullet}_{(g)} \tag{R-10.113}$$

Por sua vez, os radicais $Cl^{\bullet}_{(g)}$ formados nas Reações (R-10.112) e (R-10.113) reagem com o ozônio provocando sua depleção, conforme Reação [R-10.103].

Assim, pode-se continuar com muitos outros exemplos do papel da água nas reações químicas da atmosfera.

A Figura 10.11 apresenta a troposfera com a formação dos agentes que depois na estratosfera formam os ciclos catalíticos de decomposição do ozônio. Na estratosfera da mesma Figura 10.11 são apresentados alguns dos principais ciclos catalíticos.

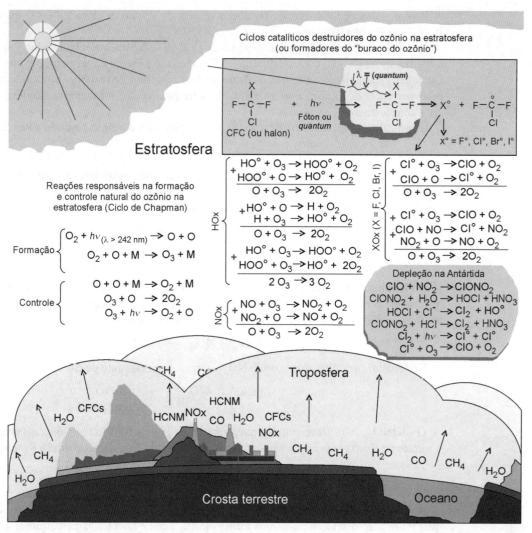

Figura 10.11 Mecanismos fotoquímicos e químicos da formação e depleção do ozônio na estratosfera, com destaque na fotodissociação dos halogênios e a depleção do ozônio na Antártida que acontece com a participação da fase sólida da água.

O ozônio da atmosfera (troposfera, estratosfera etc.) desloca-se de uma região para a outra seja por difusão ou circulação de correntes atmosféricas. Seu tempo de vida (τ) é variável. Depende da altitude do local, da latitude e longitude do ponto, e da estação do ano. Na troposfera depende também da hora do dia e da noite. Por exemplo, para o tempo de vida do ozônio a uma altitude de 10 km a 40° norte, no verão $\tau = $ 40 dias e no inverno $\tau = $ 300 dias. Na mesma altitude, porém a 20° norte, no verão $\tau = $ 30 dias e no inverno $\tau = $ 90 dias.

A notícia abaixo mostra a preocupação de cientistas e da sociedade em geral com a depleção do ozônio da estratosfera ou com o "buraco de ozônio".

10.5 Perfil de Periculosidade do Ozônio no Ambiente

Conforme visto, o binômio *oxigênio-ozônio* na camada estratosférica da atmosfera funciona como um *protetor da biota* que povoa a superfície da Terra absorvendo as radiações mais energéticas do ultravioleta. Na camada da troposfera funciona também como um *agente oxidante purificador* da atmosfera, pois reage com a maioria dos compostos de natureza inorgânica e orgânica que ali chegam como descarte da ação do homem, causando a poluição atmosférica. Os produtos formados pelas reações com o ozônio são eliminados da atmosfera por precipitação ou por "arraste" via úmida (chuva) e ou por precipitação via seca (sedimentação dos particulados formados nas referidas reações).

Estudos sobre a camada de ozônio

A base brasileira Comandante Ferraz acolhe todos os anos expedições científicas sistemáticas no sul do planeta, que ajudam a esticar a espiral do conhecimento científico. Foi revelado que o chamado buraco de ozônio aumentou de forma brutal nos últimos 10 anos. Há três anos, esse fenômeno chegou ao seu ponto máximo. "Costumo dizer que o buraco de ozônio, por causa da cobertura geográfica, está saturado", disse o pesquisador Volker Kirchhoff, do Inpe.

O que não ocorreu por completo, segundo as medições brasileiras feitas na Antártida, é a chegada ao chamado grau zero de ozônio. Mesmo nos piores dos cenários, alguma quantidade da substância é detectada pelos equipamentos científicos, diz o pesquisador. "Provavelmente chegamos ao fundo do poço. É possível que o ozônio volte a se recuperar a partir de agora. E, mesmo se isso ocorrer, apenas daqui a 100 ou 150 anos é que os níveis estarão iguais aos encontrados nos anos 1950", avalia Kirchhoff.

Terminado o verão, começam agora, em março, as atividades científicas de inverno na Antártida. O Inpe será representado pelo técnico Armando Hadano, que dará apoio logístico não apenas ao projeto sobre o ozônio e radiação ultravioleta, mas a outros como o de geoespaço, luminescência atmosférica e de meteorologia.

O Ary Rangel, navio de apoio oceanográfico brasileiro, regressou na última semana de fevereiro para águas nacionais. Essa viagem encerrou oficialmente as atividades de verão 2004/2005 do Programa Antártido Brasileiro (Proantar), iniciado em novembro do ano passado. A 23ª Operação Antártida do Brasil ainda continua até outubro.

(INPE, 2005)

O gás ozônio dependendo da sua concentração na atmosfera pode ser tóxico à biota que ali se encontra.

A sensibilidade ao odor típico do ozônio varia de indivíduo para indivíduo, contudo, a maioria detecta 0,01 ppm no ar. No entanto, esta abundância está bem abaixo do máximo permitido para uma exposição de um período de 8 horas, que, segundo a OSHA (Occupational Safety and Health Act) é de 0,1 ppm. A Figura 10.12 apresenta a relação da concentração de ozônio no ambiente com o tempo de exposição limitando as duas variáveis a valores em que se caracterizam as regiões de efeitos: não sintomáticos, sintomáticos, irritantes e fatais.

Ao ser humano é tóxico por inalação apresentando os seguintes efeitos sistêmicos: problemas na visão, lacrimejamento, dor de cabeça, baixa do ritmo cardíaco e da pressão, tosse, problemas pulmonares. É teratogênico com problemas de reprodução humana. Irritante de pele, olhos, sistema respiratório superior e mucosas. Sua capacidade cancerígena é questionável; existem dados com relação à formação de tumores. Concentrações de 1 ppm já produzem um odor desagradável semelhante ao enxofre.

Como germicida, o ozônio é utilizado para desinfetar o ar e a água. Sua ação bactericida está baseada no seu poder de agente oxidante. A Figura 10.13 mostra a reação. Em uma primeira etapa, é liberado o oxigênio atômico, e, em uma segunda etapa, este retira elétrons da bactéria que é oxidada, a qual finalmente morre.

Os países que dispõem de energia elétrica optam pelo tratamento da água nas ETAs (Estações de Tratamento de Água) com ozônio, pois os produtos finais das reações da Etapa 1 + Etapa 2, Figura 10.13, são, água, O_2 e micro-organismos mortos. Em desinfecção realizada com o cloro (Cl_2), apesar de ser mais econômica, o elemento cloro pode reagir com a matéria orgânica ainda existente na água e formar os trialometanos, que são cancerígenos. Um problema do tratamento da água com o ozônio é que este não deixa um residual ativo para continuar a ação antisséptica durante a distribuição da água, podendo assim contaminar-se depois do tratamento.

A seguir, tem-se uma notícia da *Folha de São Paulo* alertando sobre altas concentrações de ozônio na região de Paulínia (SP).

Paulínia entra em atenção por níveis de ozônio

A Cetesb declarou estado de atenção em Paulínia (SP) em razão dos altos índices de concentração de ozônio no ar.

A estação da Cetesb registrou anteontem à tarde 203 microgramas de ozônio por m^3 de ar, contra um limite de 160 microgramas por m^3 de ar.

A qualidade do ar foi classificada como "má" pela Cetesb anteontem e regular ontem.

De acordo com o órgão, o polo petroquímico de Paulínia (126 km a noroeste de São Paulo) é o principal responsável pelos elevados níveis de ozônio no ar, principalmente as indústrias que atuam na queima de combustíveis.

(Paulínia, 2004)

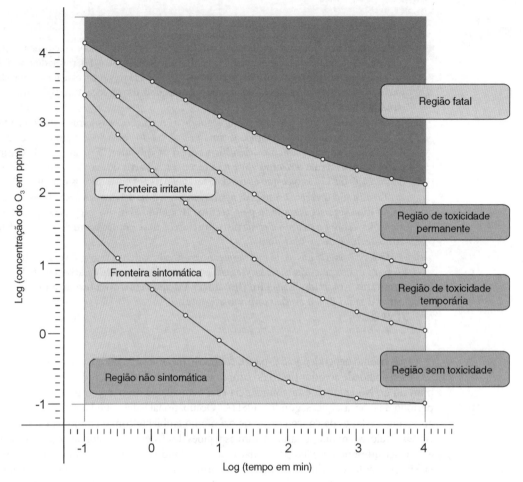

Figura 10.12 Relação da abundância do ozônio no ambiente (ocupacional) e do tempo de exposição com os consequentes resultados. Fonte: Kirk-Othmer, 1981.

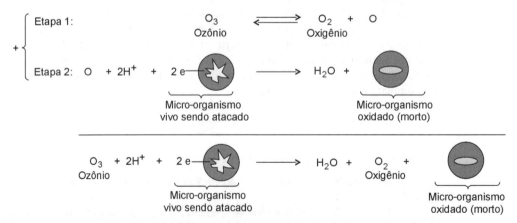

Figura 10.13 Mecanismo da ação oxidante do ozônio na desinfecção da água tratada nas Estações de Tratamento de Águas (ETAs).

10.6 Referências Bibliográficas e Sugestões para Leitura

ALLINGER, N. L.; CAVA, M. P.; JONGH, D. C. de; JOHNSON, C. R.; LEBEL, N. A.; STEVENS, C. L. **Química orgânica**. 2. ed. Tradução de Ricardo Bicca de Alencastro, Jossyl de Souza Peixoto, Luis Renam Neves de Pinho. Rio de Janeiro: Guanabara Dois, 1985. 961 p.

BAIRD, C. **Environmental chemistry**. New York: W.H. Freeman and Company, 1999. 557 p.

BARKER, J. R. [Editor] **Progress and problems in atmospheric chemistry**. London: WS - World Scientific, 1995. 940 p.

BARKER, J. R. A brief introduction to atmospheric chemistry. In: BARKER, J.R. [Editor] **Progress and problems in atmospheric chemistry**. New Jersey: WS - World Scientific, 1995. 941 p.

BRASSEUR, G. P.; ORLANDO, J. J.; TYNDALL, G. S. **Atmospheric chemistry and global change**. Oxford: Oxford University Press, 1999. 654 p.

BRIMBLECOMBE, P. **Air composition & Chemistry**. 2. ed. Cambridge (UK): Cambridge University Press, 1996. 253 p.

CARROLL, M. A. NO_x in the non-urban troposphere. In: BARKER, J. R. **Progress and problems in atmospheric chemistry**. New Jersey: WS – World Scientific, 1995. 940 p.

FINLAYSON-PITTS, B. J.; PITTS Jr., J. N. **Chemistry of the upper and lower atmosphere – Theory, experiments and applications**. London: Academic, 2000. 969 p.

HOUGHTON, J. T.; MEIRA FILHO, L. G.; CALLANDER, B. A.; HARRIS, N.; KATTNBERG, A.; MASKELL, K. [Editors] **Climate change 1995 - The science of climate change**. Cambridge (UK): Cambridge University, 1998. 572 p.

INPE estuda aumento de raios ultravioleta na Antártida. Estudos sobre a camada de ozônio. Disponível em: < www.zone. com.br/aventurabrasil/index.php?destino_comum=noticia_mostra&id_noticias=13869&id_noticias_textos=15441>. Acessado em: 28/2/2005.

JOHNSTON, H. [Reports]. Reduction of stratospheric ozone by nitrogen oxide catalysts from supersonic transport exhaust. **Science**, v. 171, p. 517-522, 1971.

KEMP, D. D. **Environmental Dictionary**. London: Routledge, 1998. 464 p.

KERR, J. A. Strength of chemical bonds. In: LIDE, D. R. [Editor] **Handbook of chemistry and physics**. 77. ed. New York: CRC, 1996-1997.

KIRK-OTHMER **Encyclopedia of Chemical Technology**. 3. ed. New York: John Wiley, 1981. v. 16, p. 652-713.

LEE, J. D. **Química inorgânica**. 3. ed. Tradução de Juergen Heinrich Maar. SP: Edgard Blücher, 1980. 507 p.

LELIEVELD, J.; CRUTZEN, P. J. Influences of cloud photochemical processes on tropospheric ozone. **Nature**, v. 343, p. 227-233, 1990.

LEWIS, R. J. [Editor] **SAX's Dangerous properties of industrial materials**. 9. ed. New York: Van Nostrand Reinhold – ITP A Division of International Thomson Publishing, 1996. Volumes I, II and III.

LIAS, S. G. Ionization potentials of gas-phase molecules. In: LIDE, D. R. [Editor] **Handbook of chemistry and physics**. 77. ed. New York: CRC, 1996-1997.

MANAHAN, S. E. **Environmental Chemistry**. 6. ed. Boca Raton (USA): Lewis, 1994. 811, p.

McELROY, M. B.; SALAWITCH, R. J. Changing composition of the global stratosphere. **Science**, v. 243, p. 763-770, 1989.

NIKI, H. Depletion of tropospheric ozone during Artic Spring: Field and laboratory studies of the role of hydrocarbons. In: BARKER, J. R. **Progress and problems in atmospheric chemistry**. New Jersey: World Scientific, 1995. 940 p.

PAULÍNIA entra em atenção por níveis de ozônio. Folha Cotidiano. *Folha de São Paulo*, São Paulo, 1º set. 2004.

PORTEUS, D. **Dictionary of Environment Science and Technology**. New York: John Wiley, 1994. 439 p.

SCHWARTZ, S. E.; WARNECK, P. Units for use in atmospheric chemistry. **Pure & Appl. Chem.**, v. 67, n. 8/9, p. 1377-1406, 1995.

SEINFELD, J. H. Urban air pollution: State of science. **Science**, v. 243, p. 745-752, 1989.

SEINFELD, J. H.; PANDIS, S. N. **Atmospheric chemistry and physics – From air pollution to climate change**. New York: John Wiley, 1998. 1326 p.

SILLMAN, S. New developments in understanding the relation between ozone, NO_x and hydrocarbons in urban atmosphere. In: BARKER, J. R. **Progress and problems in atmospheric chemistry**. New Jersey: World Scientific, 1995. 940 p.

THE MERCK INDEX. 12. ed. New Jersey: Merck Research Laboratories, Division of MERCK & CO., 1996. Disponível em: <http://www.zone.com.br/aventurabrasil.> Acessado em: 28/02/2005.

CAPÍTULO

Ar (Atmosfera) do Solo

11

11.1 Introdução

O planeta Terra é constituído de três partes: a *atmosfera*, a *hidrosfera* e a *geosfera*. Estas interagem entre si de forma permanente mediante a agentes físicos, químicos e biológicos. Dessa interação permanente surgiu o solo. Este continua em constantes transformações, pois as interações não param de acontecer, além de que a ação antrópica tem agilizado, de forma assustadora, muitos processos. Portanto, a hidrosfera, geosfera e atmosfera não são sistemas isolados no planeta Terra. Existe um intercâmbio entre os três sistemas: um interfere na dinâmica física, química e biológica do outro, refletindo na biota local e global, constituindo a *biosfera*.

A geosfera consiste na parte sólida do planeta Terra. Em sua superfície encontra-se o solo, acessível diariamente ao homem.

O solo é uma mistura de compostos minerais e orgânicos, formado pela ação de agentes físicos, químicos e biológicos, inicialmente sobre a rocha primária e depois, também, sobre todo o perfil do solo. A ação desses agentes forma no perfil do solo faixas horizontais, denominadas horizontes. Cada horizonte possui características próprias.

Em um solo encontram-se três fases fundamentais: a sólida, formada pelos minerais e pela matéria orgânica; a líquida, solução do solo; e a gasosa, ar (ou atmosfera) do solo.

Observando mais detalhadamente a fase sólida do solo percebe-se que esta apresenta macro e microporos (constituindo a sua porosidade). Esta porosidade pode ser ocupada por água (solução do solo) e/ou por ar, formando a *atmosfera do solo*, conforme Figura 11.1.

A fase sólida ocupa 50% em média do total, em volume, de um solo. É constituída por minerais provenientes da decomposição da rocha-mãe pela meteorização ou intemperismo, e da matéria orgânica, em constante processo de mineralização e humificação. A matéria orgânica pode apresentar-se em quantidades muito variadas, desde 0,5% do volume total em solos desérticos até teores de 95% em solos turfosos. Sua quantidade normalmente decresce à medida que se aprofunda no solo, ou seja, quando se aprofunda nos horizontes subsuperficiais.

A solução do solo pode ocupar entre 15 e 35% do volume total do solo. Na solução do solo encontram-se os nutrientes na forma iônica ou complexados; daí sua grande importância nos solos agrícolas.

O ar do solo, como no caso da solução do solo, encontra-se nos poros da fase sólida. Assim, o ar, dentro do sistema solo, disputa o mesmo espaço com a solução.

A Figura 11.2 demonstra graficamente a composição média da camada superficial (20-30 cm) de um solo.

11.1	Introdução
11.2	Aspectos Físicos do Solo que Interferem na Quantidade de Ar do Solo
11.3	Renovação do Ar do Solo
11.4	Composição Química do Ar do Solo
11.5	Influência do Arejamento nas Propriedades do Solo
11.6	Reações de Oxidação e Redução no Solo – Conceitos e Medida do Potencial Elétrico
	11.6.1 Reações de oxidação e redução
	11.6.2 Potencial de redução de uma reação
11.7	Influência da Atmosfera no Comportamento de Macro e Micronutrientes do Solo
	11.7.1 Aspectos gerais
	11.7.2 Oxigênio
	11.7.3 Nitrogênio
	11.7.4 Manganês
	11.7.5 Ferro
	11.7.6 Enxofre
	11.7.7 Carbono
11.8	Conclusão
11.9	Referências Bibliográficas e Sugestões para Leitura

Ar (Atmosfera) do Solo 257

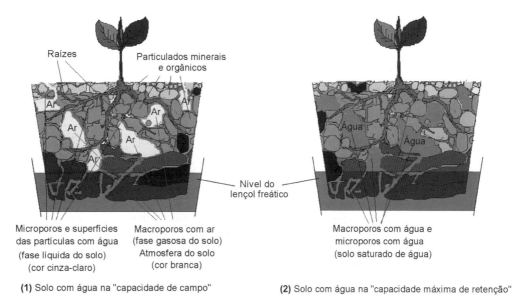

Figura 11.1 Visualização da composição do solo, fração sólida (mineral e orgânica), líquida (solução do solo) e gasosa (ar ou atmosfera do solo): **(1)** situação do solo com água na "capacidade de campo"; **(2)** situação do solo com água na "capacidade máxima de retenção de água".

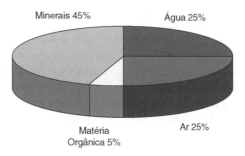

Figura 11.2 Composição volumétrica média da camada superficial do solo.

Assim como a água, a presença do ar no solo é importante, pois leva ao ambiente o oxigênio gasoso para a respiração da biota e consequente mineralização da matéria orgânica presente, conforme Reação (R-11.1).

$$\underset{\substack{\text{matéria orgânica} \\ \text{(biomassa morta)}}}{|CH_2O|} + O_{2(ar)} \xrightarrow[\text{aeróbicos}]{\text{organismos}} CO_{2(g)} + H_2O + \text{Energia} \qquad \textbf{(R-11.1)}$$

A presença do gás carbônico também é importante para que os organismos autotróficos do solo sintetizem a biomassa, conforme a Reação (R-11.2).

$$CO_{2(g)} + H_2O_{(l)} \xrightarrow[\substack{\text{organismo} \\ \text{autotrófico}}]{\text{energia solar}} \underset{\text{biomassa}}{|CH_2O|} + O_{2(g)} \qquad \textbf{(R-11.2)}$$

11.2 Aspectos Físicos do Solo que Interferem na Quantidade de Ar do Solo

Conforme citado, a solução e o ar do solo "disputam" o mesmo espaço proporcionado pelos macro e microporos do solo. Quando todo o espaço dos poros (porosidade total) é ocupado pela água (solução do solo), diz-se que o solo está na "*capacidade máxima de retenção de água*", Figura 11.1(2). Quando o solo com a "*capacidade máxima de retenção de água*" é deixado por um ou dois dias, a água que ocupa os macroporos do solo, sob a ação da gravidade, escoa dirigindo-se para o lençol freático, deixando os mesmos vazios de água, mas cheios de ar, conforme Figura 11.1(1). Nesta condição, diz-se que o solo, com relação à umidade (água), está na sua *"capacidade de campo"*. A ação da gravidade não tem força suficiente para retirar a água aderida e coesa das superfícies e microporos do solo.

A capacidade do solo para o ar é dada pela quantidade de ar retido pelo solo quando este se encontra na *capacidade de campo* em relação à umidade. Esta capacidade é muito variável e depende de fatores que afetam a porosidade, entre os quais podem-se citar:

- textura do solo – esta textura (caracterizada pelos diferentes diâmetros das partículas que o constituem) varia de solo para solo; em geral a capacidade do solo para o ar aumenta dos argilosos (partículas de menor diâmetro) para os arenosos (partículas de maior diâmetro).
- estado de agregação do solo – solos compactados possuem menor quantidade de poros, diminuindo sua capacidade para o ar.
- teor de matéria orgânica – a matéria orgânica aumenta a porosidade do solo, deixando-o mais "fofo", possibilitando ao mesmo reter maior quantidade de ar.
- profundidade do solo – neste caso há uma tendência a diminuir a quantidade de ar à medida que se aprofunda no perfil do solo.
- processos culturais; movimentação do solo durante a lavração; agentes naturais como raízes, micro-organismos.

11.3 Renovação do Ar do Solo

A composição do ar da camada superficial do solo não difere muito do ar atmosférico; isto é bom, pois fica garantido o arejamento para os processos vitais da biota. Nas camadas mais internas, o ar também é renovado pelas trocas com o ar da atmosfera. Os fatores que influenciam a troca do ar do solo são:

Difusão

A difusão é o fator predominante da renovação do ar do solo. A difusão de um gás consiste na transferência, ou deslocamento, das respectivas moléculas através do espaço livre à temperatura e pressão constantes mediante diferenças de energia livre do sistema no ponto de partida e no ponto de chegada, e a energia cinética das moléculas do gás cujos choques entre si são elásticos. A difusão do gás está diretamente relacionada com a permeabilidade do solo ao ar.

Em solos alagados, a difusão se torna muito lenta, não acompanha o consumo de O_2 pelos micro-organismos, formando, nestes solos, duas regiões distintas: uma oxidante ou aeróbica na superfície da água (0-5 cm) e outra redutora ou anaeróbica abaixo da superfície do solo. O alagamento de um solo pode diminuir em até 10.000 vezes a difusão dos gases, o que provoca várias mudanças físico-químicas e biológicas neste solo.

Variação da temperatura

Um aquecimento da superfície do solo aquece também o ar. Este, quando quente, se expande, tem menor massa específica e sobe, há uma convecção originando pequenas "correntes de ar". Após a queda da temperatura (chegada da noite, por exemplo), o ar frio, que é mais denso, ocupa o lugar do ar que saiu.

Variação de pressão

A variação da pressão determina também a renovação do ar, principalmente em macroporos onde o ar se encontra preso, ou bloqueado por partículas de água em função da tensão superficial.

Ação dos ventos

O vento, que é um deslocamento horizontal do ar sobre a superfície do solo, constitui uma renovação do ar por ações de pressão e sucção.

Ação das chuvas

No primeiro instante a água expulsa o ar dos poros e ocupa o seu lugar; depois, pela ação da gravidade, é drenada e no seu lugar entra um ar novo. Também, a água dissolve o oxigênio e outros gases da atmosfera e os leva juntos para o solo, em menor proporção.

A renovação do ar do solo é de suma importância para a manutenção dos processos químicos e bioquímicos do solo.

11.4 Composição Química do Ar do Solo

O ar do solo encontra-se na sua maior parte livre. Uma pequena porção está dissolvida na solução do solo, e outra, aderida na superfície das micelas coloidais.

O ar do solo apresenta composição parecida com o ar atmosférico em função da constante renovação deste, porém como está parcialmente ocluso, sofre pequenas modificações. A Tabela 11.1 compara a composição do ar atmosférico com a do solo.

Tabela 11.1 Valores Médios da Composição do Ar da Camada Superficial do Solo em Comparação com o Ar Atmosférico

Constituintes	Ar do solo (%V:V)	Ar atmosférico (%V:V)
O_2 (oxigênio)	15,0 – 20,0	21,00
CO_2 (gás carbônico)	0,2 – 4,0	0,03
N_2 (nitrogênio)	79,0 – 81,0	78,00
Vapor de água	Saturado	Variável
Diversos	Variável	<1,0

Fonte: Costa, 1973; Brady, 1989.

Observa-se, pela Tabela 11.1, que o ar do solo contém menos O_2 que o ar atmosférico e é mais rico em gás carbônico, CO_2. Isto é em consequência da respiração dos organismos aeróbicos que habitam o solo consumindo o gás oxigênio e expelindo o gás carbônico, Reação (R-11.1).

O teor mais elevado do gás nitrogênio, N_2, no ar do solo que no ar atmosférico pode ser explicado por dois fatores. Primeiro, a respiração diminui o teor de O_2, que é um gás pouco solúvel na solução do solo, e é expelido o CO_2, ver Reação (R-11.1), que é mais solúvel na água conforme as Reações (R-11.3) a (R-11.6), provocando um aumento na percentagem do N_2. Isto é, aumenta sua percentagem porque diminui a do O_2.

$$CO_{2(g)} + H_2O_{(l)} \rightleftarrows CO_{2(aq)} \qquad \textbf{(R-11.3)}$$

$$CO_{2(aq)} + H_2O_{(l)} \rightleftarrows H_2CO_{3(aq)} \qquad \textbf{(R-11.4)}$$

$$H_2CO_{3(aq)} + H_2O_{(l)} \rightleftarrows H_3O^+_{(aq)} + HCO_3^-{}_{(aq)} \qquad \textbf{(R-11.5)}$$

$$HCO_3^-{}_{(aq)} + H_2O_{(l)} \rightleftarrows H_3O^+_{(aq)} + CO_3^{2-}{}_{(aq)} \qquad \textbf{(R-11.6)}$$

Segundo, em alguns ambientes encontrados em solos, como no caso da anaerobiose, pode ocorrer a desnitrificação formando o nitrogênio gasoso, Reação (R-11.7).

$$4NO_3^-{}_{(aq)} + 5|CH_2O| + 4H^+_{(aq)} \rightleftarrows 2N_{2(g)} + 5CO_{2(g)} + 7H_2O \qquad \textbf{(R-11.7)}$$

Além dos fatores acima especificados, a composição do ar do solo depende de uma série de variáveis, tais como profundidade da amostragem, umidade do solo, temperatura que varia com as estações do ano. A Tabela 11.2 mostra a variação da percentagem do gás carbônico e gás oxigênio em função da profundidade e umidade do solo.

Tabela 11.2 Composição Química do Ar do Solo sob Cultura de Café, em Função da Profundidade

	Em período de seca			Em período de chuvas		
Profundidade	$\%O_2$	$\%CO_2$	$\Sigma\%(O_2+CO_2)$	$\%O_2$	$\%CO_2$	$\Sigma\%(O_2+CO_2)$
15 cm	20,1	0,6	20,7	19,9	0,5	20,4
30 cm	18,9	1,4	20,3	19,5	1,1	20,6
45 cm	18,6	1,6	20,2	10,2	1,0	20,2
60 cm	18,6	1,8	20,4	Água	Água	—
75 cm	13,6	5,2	18,8	—	—	—

Fonte: Fassbender & Bornemisza, 1994.

260 Capítulo Onze

11.5 Influência do Arejamento nas Propriedades do Solo

As variações que ocorrem na composição química do ar do solo interferem nas reações químicas e processos biológicos que nele ocorrem, modificando as propriedades e características que influem direta ou indiretamente na biota local.

Em uma concentração maior de O_2 criam-se as condições de um ambiente mais oxidante, onde se desenvolvem os processos aeróbicos, e, como consequência, as espécies químicas encontram-se em suas formas oxidadas. A diminuição do teor de O_2 conduz a um ambiente anaeróbico com propriedades redutoras em que as espécies químicas apresentam-se em suas formas reduzidas, Tabela 11.3. Portanto, em função do arejamento do solo, as espécies podem se apresentar na forma reduzida ou oxidada.

Tabela 11.3 Espécies Químicas Resultantes de um Ambiente Oxidante e de um Ambiente Redutor do Solo		
Elementos	**Forma oxidada (ambiente aeróbico)**	**Forma reduzida (ambiente anaeróbico)**
C	CO_2	CH_4
N	NO_3^-, NO_2^-	N_2, NH_3
S	SO_4^{2-}, SO_3^{2-}	S, H_2S
Fe	Fe^{3+}	Fe^{2+}
Mn	Mn^{4+}	Mn^{2+}

Fonte: Costa, 1973; McBride, 1994; Brady, 1989.

Os principais elementos químicos presentes no solo que participam de reações de oxirredução são: C; N; O; S; Mn e Fe.

O parâmetro mais importante para a definição das condições oxidantes ou redutoras de um solo é o potencial de redução E_H.

11.6 Reações de Oxidação e Redução no Solo – Conceitos e Medida do Potencial Elétrico

11.6.1 Reações de oxidação e redução

A reação de oxirredução é a reação em que há transferência de elétrons de uma espécie química para outra, entre as espécies que participam da reação. Isto é, há uma mudança nos números de oxidação dos elementos presentes, que medem o estado de oxidação de cada elemento, ou grupo de elementos que formam as espécies químicas. Seja a Reação (R-11.8):

$$Zn^0_{(metálico)} + Cu^{2+}_{(aq)} + SO_4^{2-}_{(aq)} \rightleftharpoons Zn^{2+}_{(aq)} + Cu^0_{(metálico)} + SO_4^{2-}_{(aq)} \qquad \textbf{(R-11.8)}$$

Na Reação (R-11.8), o íon sulfato, $SO_4^{2-}_{(aq)}$, que é o mesmo em ambos os lados da equação e não mudou seu estado de oxidação, é simplificado e o restante da equação pode ser desmembrado em duas semirreações, que são as seguintes:

1ª A semirreação que doou elétrons. Nesta, a espécie que doou elétrons se oxidou e provocou na outra uma redução, Reação (R-11.9).

$$Zn^0_{(metálico)} \rightleftharpoons Zn^{2+}_{(aq)} + 2e \qquad \textbf{(R-11.9)}$$

2ª A semirreação que recebeu elétrons. Nesta, a espécie que recebeu elétrons se reduziu e provocou na outra uma oxidação, Reação (R-11.10).

$$Cu^{2+}_{(aq)} + 2e \rightleftharpoons Cu^0_{(metálico)} \qquad \textbf{(R-11.10)}$$

11.6.2 Potencial de redução de uma reação

Eletrodo-padrão de hidrogênio

Qualquer semirreação na qual um elemento alterou seu número de oxidação pode ser convertida em um eletrodo que apresenta um acúmulo maior ou menor de elétrons, isto é, cede mais ou menos facil-

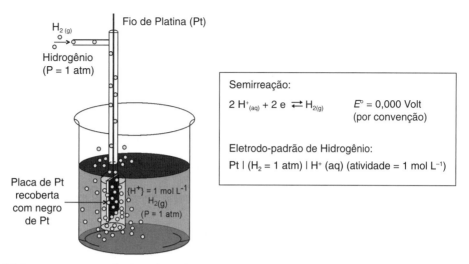

Figura 11.3 Esquematização do eletrodo-padrão de hidrogênio.

mente os elétrons. Esta semirreação tem um potencial próprio de eletrodo. Para medir e comparar estes potenciais adotou-se um eletrodo-padrão de referência, ao qual foram comparados, ou melhor, com o qual foram medidos todos os demais, que é o **Eletrodo-padrão de Hidrogênio** (EPH). Ao valor do potencial deste eletrodo deu-se por definição (convenção) o valor de 0,000 Volt. A Figura 11.3 mostra o funcionamento de um EPH. Este é essencialmente constituído por um fio de platina (coletor e condutor), tendo na sua extremidade inferior uma placa coberta com **negro de platina**, que é mais porosa e permite um contato maior dos cátions $H^+_{(aq)}$ da solução com o gás hidrogênio, $H_{2(g)}$.

Este fio de Pt está dentro de um tubo de vidro emborcado em uma solução de H^+ com atividade igual a um, $\{H^+\} = 1$ mol L^{-1}, pelo qual passa o fluxo de gás hidrogênio, $H_{2(g)}$, com pressão de 1 atmosfera, que borbulha na solução. Portanto, ali ao redor da placa de platina se estabelece o equilíbrio dado pela Reação (R-11.11). Por convenção, o potencial deste eletrodo foi considerado igual a 0,000 Volt.

$$2H^+_{(aq)} + 2e \rightleftarrows H_{2(q)} \quad E° = 0,000 \text{ V} \quad \textbf{(R-11.11)}$$

Potencial-padrão de Eletrodo (de Redução)

O Potencial-padrão de Eletrodo de Redução ($E°$) é o potencial de qualquer eletrodo medido, ou comparado com EPH, tendo as espécies presentes atividades igual a 1 mol L^{-1}. Pode ser representado por $E°_H$ para diferenciar de outros eletrodos de referência, utilizados na sua medida. Geralmente os valores correspondentes ao potencial de redução que ocorre no eletrodo são tabelados. Para achar o potencial de oxidação é só inverter o sinal do valor do potencial de redução. Quanto maior for o valor do $E°$ de redução, maior é a tendência de este eletrodo receber elétrons. Portanto, a semirreação é mais oxidante. Logo, ligando duas semirreações entre si, os elétrons fluirão da semirreação de potencial de redução menor para o de maior valor.

Em 1889, Nernst formulou empiricamente uma expressão que relacionava o potencial de semirreação de uma pilha com as concentrações dos reagentes, mais especificamente com a atividade da espécie na solução. Generalizando para a Reação (R-11.12):

$$\text{Ox} + ne \rightleftarrows \text{Red} \quad \textbf{(R-11.12)}$$

em que:
Ox é a forma oxidada da espécie (exemplo, Cu^{2+}).
Red é a forma reduzida da espécie (exemplo, $Cu°$).
Pelos trabalhos de Nernst e os conhecimentos da época, chegou-se à Equação (11.1).

$$E_H = E° - \frac{RT}{nF} \ln \frac{\{Red\}}{\{Ox\}} \quad \textbf{(11.1)}$$

em que:
E_H = potencial da semirreação;
$E°$ = potencial-padrão de redução;
R = constante dos gases perfeitos = 8,314 J $mol^{-1}K^{-1}$;

T = temperatura absoluta (graus Kelvin) = 298 K;

n = número de mols de elétrons transferidos pelo eletrodo;

F = Faraday = carga elétrica equivalente a 96.500 coulombs (C), ou, mais precisamente, 96.493 coulombs;

ln x = 2,303 · log x (fator de conversão da base logarítmica neperiana em decimal).

Substituindo os dados na Equação (11.1), tem-se:

$$E_{\mathrm{H}} = E^\circ - \frac{(2,303)(8,314)(298)}{n(96.493)} \log \frac{\{\mathrm{Red}\}}{\{\mathrm{Ox}\}} \tag{11.2}$$

Efetuando os cálculos, tem-se a Equação (11.3).

$$E_{\mathrm{H}} = E^\circ - \frac{(0,0591)}{n} \log \frac{\{\mathrm{Red}\}}{\{\mathrm{Ox}\}} \tag{11.3}$$

O potencial de redução E_{H} pode ser aplicado a solos.

Potencial eletroquímico e o solo

O potencial de redução do solo pode ser determinado diretamente na solução do solo, usando-se um eletrodo indicador e um de referência adequado. O eletrodo irá indicar a relação entre as espécies oxidadas e reduzidas, mas por meio do potencial não é possível saber as quantidades das substâncias no solo. O potencial determinado pode ser expresso pela equação de Nernst (11.3). Em que, E_{H} é a diferença de potencial entre o EPH e a solução do solo.

Se as atividades das espécies oxidadas e reduzidas forem as mesmas, a razão entre ambas será 1, e o log da Equação (11.3) igual a 0. Consequentemente, $E_{\mathrm{H}} = E^\circ$.

$$E_{\mathrm{H}} = E^\circ \tag{11.4}$$

Tome-se como exemplo o caso do ferro. Quando 50% dos íons Fe da solução estão na forma oxidada, isto é, na forma de íons Fe^{3+}, o potencial de redução é de 770 mV ou 0,770 V. Isto pode ser verificado pela Reação (R-11.13).

$$Fe^{3+}_{(aq)} + e \rightleftarrows Fe^{2+}_{(aq)} \tag{R-11.13}$$

O potencial de redução para esta reação pela equação de Nernst, Equação (11.3), é dado pela Equação (11.5).

$$E_{\mathrm{H}} = E^\circ - 0,059 \log \frac{\{Fe^{2+}\}}{\{Fe^{3+}\}} \tag{11.5}$$

Se
$$\{Fe^{3+}\} = \{Fe^{2+}\} = 50\%$$

Então:

$$E_{\mathrm{H}} = E^\circ = 0,77 \text{ V.} \tag{11.6}$$

A Tabela 11.4 traz o E_{H} de redução para algumas das reações de oxirredução do solo. Como o potencial eletroquímico do solo sofre influência do pH, os valores tabelados foram corrigidos para pH igual a 7.

Levando em consideração o fato de que o potencial de redução do solo no estado oxidado é maior que no estado reduzido, o solo pode ser classificado como mostra a Tabela 11.5.

Solos com altos potenciais de redução são solos bem arejados, onde a difusão dos gases ocorre livremente e o intercâmbio entre o ar do solo e os gases da atmosfera mantêm uma boa concentração de oxigênio para a respiração da biota local. Os solos reduzidos e principalmente os altamente reduzidos são solos alagados, onde a difusão dos gases da atmosfera é lenta. Um ambiente sem oxigênio, portanto anaeróbico.

Mudanças acentuadas nas condições físicas e químicas ocorrem em solos sob alagamento. O conteúdo de oxigênio diminui rapidamente em função da respiração das raízes das plantas e micro-organismos. O valor do E_{H} decresce, e as espécies sujeitas à reação de oxirredução passam para suas formas reduzidas. A população microbiológica também sofre mudanças. Passam de micro-organismos aeróbicos para anaeróbicos facultativos; após, prevalecem os micro-organismos anaeróbicos (*Actinomyces sp*).

Ar (Atmosfera) do Solo 263

Tabela 11.4 — Potenciais-padrão de Redução para Algumas Reações de Oxirredução no Solo

Forma oxidada		Forma reduzida	E_H^* (V)
$O_2 + 4H^+ + 4e$	$\rightleftarrows$	$2H_2O$	+ 0,816
$2NO_3^- + 12H^+ + 10e$	$\rightleftarrows$	$N_2 + 6H_2O$	+ 0,741
$NO_3^- + 2H^+ + 2e$	$\rightleftarrows$	$NO_2^- + H_2O$	+ 0,421
$MnO_2 + 4H^+ + 2e$	$\rightleftarrows$	$Mn^{2+} + 2H_2O$	+ 0,396
$CH_3COCOOH + 2H^+ + 2e$	$\rightleftarrows$	$CH_3CHOHCOOH$	– 0,158
$Fe(OH)_3 + 3H^+ + e$	$\rightleftarrows$	$Fe^{2+} + 3H_2O$	– 0,182
$SO_4^{2-} + 10H^+ + 8e$	$\rightleftarrows$	$H_2S + 4H_2O$	– 0,215
$CO_2 + 8H^+ + 8e$	$\rightleftarrows$	$CH_4 + 2H_2O$	– 0,244

E_H corrigido para pH 7,0. Fonte: Rowel, In: Greenland & Hayes, 1981; McBride 1994; Sawyer et al., 1994.

Tabela 11.5 — Classificação do Solo em Função dos Potenciais de Redução

Estado do solo	Potencial de redução (V)
Solos arejados	+0,70 a +0,50
Moderadamente arejados	+0,40 a +0,20
Reduzidos	+0,10 a –0,10
Altamente reduzidos	–0,10 a –0,30

Relação entre pH e E_H

Como pode-se observar na Tabela 11.4, reações de oxirredução alteram o pH porque envolvem íons H^+.

Após o alagamento, o pH do solo tende a subir porque as reações de redução dos íons comuns no solo consomem H^+. O aumento do pH é diretamente proporcional ao número de H^+ por elétrons consumidos em uma reação de redução. Para a redução do Fe^{3+}, como mostra a Reação (R-11.14), são consumidos três íons H^+ para cada elétron.

$$Fe(OH)_{3(s)} + 3H^+_{(aq)} + e \rightleftarrows Fe^{2+}_{(aq)} + 3H_2O_{(l)} \tag{R-11.14}$$

Outros exemplos podem ser observados na Tabela 11.4.

Mas o aumento do pH dos solos ácidos que são alagados depende principalmente dos teores de matéria orgânica e de ferro e manganês do solo. Solos com altos teores de matéria orgânica (oxidável) e altos teores de ferro e manganês, que sofrem redução, apresentam significativos aumentos no pH quando são alagados. Essas alterações, entretanto, não atingem a neutralidade.

Novamente tome-se como exemplo a redução do ferro para demonstrar a relação matemática entre E_H e pH. Considere-se a Reação (R-11.15).

$$3Fe_2O_{3(s)} + 2H^+_{(aq)} + 2e \rightleftarrows 2Fe_3O_{4(s)} + H_2O_{(l)} \tag{R-11.15}$$

Substituindo os dados na equação de Nernst, Equação (11.3), tem-se a Equação (11.7).

$$E_h = E^o - \frac{(0,0591)}{2} \log \frac{\{Fe_3O_4\}^2 \{H_2O\}}{\{Fe_2O_3\}^3 \{H^+\}^2} \tag{11.7}$$

Como a água e os óxidos Fe_2O_3 e Fe_3O_4 são substâncias puras, suas atividades são consideradas unitárias. Efetuando os cálculos, tem-se a Equação (11.8).

$$E_H = E^o - 0,059pH \tag{11.8}$$

A Equação (11.8) demonstra claramente a relação entre E_H e pH. A relação entre E_H e pH é linear, pois a Equação (11.8) é a equação da reta. Evidentemente que para cada reação deve ser deduzida a equação particular que representa a relação entre E_H e pH.

264 Capítulo Onze

Alguns autores preferem trabalhar com **pe** em lugar de E_H, isto é;

$$pe = -\log\{e\} = -\log \text{ (atividade eletrônica do meio)} = -\log a_e \qquad \textbf{(11.9)}$$

Desde que pH seja:

$$pH = -\log\{H^+\} = -\log \text{ (atividade protônica do meio)} = -\log a_H+ \qquad \textbf{(11.10)}$$

A seguir serão apresentadas as reações das principais espécies nos solos arejados e alagados, demonstrando a influência do ar nas reações do solo.

11.7 Influência da Atmosfera no Comportamento de Macro e Micronutrientes do Solo

11.7.1 Aspectos gerais

A atmosfera tem um papel importante no solo, principalmente no tocante ao estabelecimento das condições próprias ao desenvolvimento da vida. Esta importância começa com sua participação no processo de meteorismo dos minerais primários da crosta terrestre, litificação de materiais da crosta, formação dos minerais secundários –, entre eles os argilominerais e óxidos –, participação da mineralização da matéria orgânica formadora do húmus e humificação dos materiais mineralizados. No final, na composição do próprio solo, como "ar do solo".

Em termos de química, a atmosfera participa nas reações de oxidação e de redução que acontecem nestes processos, na maioria das vezes tendo como suporte o ciclo hidrológico, que possui entre suas etapas a passagem pela atmosfera.

Os seres vivos, animais e/ou vegetais, necessitam de elementos químicos que se encontram no meio ambiente, para o seu pleno desenvolvimento. Se um destes elementos faltar, apresentam problemas no seu crescimento normal. Estes elementos são denominados nutrientes. Os macronutrientes são necessários em maiores quantidades, isto é, na ordem de percentagem do total de sua massa seca, e os micronutrientes são necessários em menores quantidades, isto é, na ordem de ppm (1 parte-grama do micronutriente para 1 milhão de partes-gramas de todo o resto da massa seca do material do ser analisado).

No caso específico das plantas que possuem suas raízes no solo, ali elas retiram a maioria dos seus nutrientes, que, para serem aproveitados, isto é, absorvidos e levados aos processos químicos e bioquímicos nos diferentes pontos e momentos da planta, devem possuir determinado estado de oxidação. Nesta preparação química estão os processos de oxidação e de redução proporcionados pela atmosfera do solo.

A seguir serão abordados alguns dos macro e micronutrientes encontrados no solo com aspectos de suas respectivas reações.

11.7.2 Oxigênio

A oxidação da matéria orgânica é uma reação química que fornece energia para os processos biológicos dos organismos vivos. Nos solos arejados contendo em média 0,18 mL de $O_{2(g)}$ por mL de ar, o oxigênio molecular é o principal elemento receptor dos elétrons produzidos na oxidação do C, Reação (R-11.16).

$$C_6H_{12}O_{6(s)} + 6O_{2(g)} \rightarrow 6CO_{2(g)} + 6H_2O_{(l)} \qquad \textbf{(R-11.16)}$$

A Reação (R-11.16) pode ser desmembrada em duas semirreações, como mostram as Reações (R-11.17) e (R-11.18); em que a Reação (R-11.17) é a semirreação de oxidação do carbono com liberação de elétrons.

$$C_6H_{12}O_{6(s)} + 6H_2O_{(l)} \rightarrow 6CO_{2(g)} + 24H^+_{(aq)} + 24e \qquad \textbf{(R-11.17)}$$

Como receptor destes elétrons tem-se o oxigênio que se reduz, Reação (R-11.18).

$$6O_{2(ar)} + 24H^+_{(aq)} + 24e \rightleftarrows 12H_2O_{(l)} \qquad \textbf{(R-11.18)}$$

Os coeficientes da Reação (R-11.18) podem ser reduzidos ao menor número inteiro e tem-se a Reação (R-11.19).

$$O_{2(ar)} + 4H^+_{(aq)} + 4e \rightleftarrows 2H_2O_{(l)} \qquad \textbf{(R-11.19)}$$

A partir da Equação [11.3], equação de Nernst, e a Reação (R-11.19), pode-se chegar à relação E_H e pH para a redução do oxigênio.

$$E_H = E^\circ - \frac{(0,0591)}{n} \log \frac{\{Red\}}{\{Ox\}} \qquad [11.3]$$

Substituindo as formas oxidadas e reduzidas na Equação [11.3], tem-se a Equação (11.11). A água é uma substância pura, sua atividade é unitária, a concentração do O_2 é substituída pela pressão parcial, por se tratar de um gás que na atmosfera é de 0,21 atm, E° é igual a 1,229 V (valor tabelado e, pela Reação (R-11.19), n = 4). Substituindo esses valores na Equação (11.11) e efetuando os cálculos, tem-se a Equação (11.12).

$$E_H = E^\circ - \frac{(0,0591)}{n} \log \frac{\{H_2O\}^2}{\{O_2\}\{H^+\}^4} \qquad (11.11)$$

$$E_H = E^\circ - \frac{(0,0591)}{n} \log \frac{1}{p_{O_2}\{H^+\}^4} \quad \therefore \quad E_H = 1,229 - 0,059pH \qquad (11.12)$$

A Tabela 11.6 mostra a relação do potencial de redução do O_2 para diversos valores de pH e pressões parciais do $O_{2(g)}$.

Em solos bem arejados os principais produtos da oxidação da matéria orgânica (respiração animal) são o gás carbônico e a água; observar a Reação (R-11.16).

A água por meio do ciclo hidrológico transporta matéria e energia do solo e mananciais para a atmosfera e desta para o solo. O ciclo da água foi discutido no *Capítulo 4 – Ciclos Biogeoquímicos dos Principais Componentes da Atmosfera, item 5.*

Em solos inundados, na ausência do oxigênio, outras espécies vão receber os elétrons advindos da oxidação da matéria orgânica. Os principais receptores de elétrons são NO_3^-, Mn^{4+}, Fe^{3+}, SO_4^{2-} e CO_2.

Tabela 11.6 Relação entre E_H, em Volts, e pH para o Par de Oxirredução O_2—H_2O, a 25 °C

pH	p_{O_2} (atm) (pressão parcial)					
	0,21	0,10	0,050	0,010	0,0010	0,00010
3	1,042 V	1,037 V	1,033 V	1,032 V	1,008 V	0,993 V
5	0,924 V	0,919 V	0,915 V	0,905 V	0,890 V	0,875 V
7	0,806 V	0,801 V	0,797 V	0,787 V	0,772 V	0,757 V
9	0,688 V	0,683 V	0,679 V	0,669 V	0,654 V	0,639 V

FONTE: Rowel, In: Greenland & Hayes, 1981.

11.7.3 Nitrogênio

Em solos arejados, o nitrogênio não participa da reação de respiração animal. Ele próprio, nos processos bioquímicos aeróbicos, reage com o oxigênio e permanece em seu estado mais oxidado (NO_3^-). A seguir, ver-se-ão algumas possíveis reações de espécies nitrogenadas com o oxigênio do ar do solo.

O nitrogênio, que é um nutriente para as plantas, pode ser introduzido nos solos agricultáveis na forma do cátion NH_4^+. Este, em solos arejados, contendo oxigênio, sofre oxidação, Reação (R-11.20), formando o íon nitrato.

$$NH_4^+{}_{(aq)} + 2O_{2(ar)} \xrightarrow[\text{aeróbico}]{\text{micro-organismos}} NO_3^-{}_{(aq)} + 2H^+{}_{(aq)} + H_2O_{(l)} + \text{Energia} \qquad (R\text{-}11.20)$$

Escrevendo o mesmo processo em etapas, forma em que provavelmente acontece no solo, têm-se as Reações (R-11.21) e (R-11.22).

$$2NH_{3(g)} + 3O_{2(ar)} \xrightarrow{\text{nitrosomonas}} 2HNO_{2(aq)} + 2H_2O_{(l)} \qquad (R\text{-}11.21)$$

$$2HNO_{2(aq)} + O_{2(ar)} \xrightarrow{\text{nitrobacter}} 2HNO_{3(aq)} \qquad (R\text{-}11.22)$$

266 Capítulo Onze

Como no meio se encontra água, os ácidos HNO_2 e HNO_3 se dissociam segundo as Reações (R-11.23) e (R-11.24), acidificando a solução do solo.

$$HNO_{2(aq)} + H_2O_{(l)} \rightleftarrows H_2O^+_{(aq)} + NO_2^-_{(aq)} \qquad \text{(R-11.23)}$$

$$HNO_{3(aq)} + H_2O_{(l)} \rightleftarrows H_2O^+_{(aq)} + NO_3^-_{(aq)} \qquad \text{(R-11.24)}$$

Ainda em ambientes arejados, o gás nitrogênio do ar (N_2) sofre oxidação e fixação por meio de processos bioquímicos de micro-organismos específicos, Reação (R-11.25). A formação de óxidos de nitrogênio e posteriormente a transformação deste em nitrato (NO_3^-) são importantes para a fertilização do solo, pois o nitrogênio é um nutriente essencial para micro-organismos, plantas e animais.

$$2N_{2(ar)} + O_{2(ar)} \xrightarrow{\text{micro-organismos}} 2N_2O_{(g)} \qquad \text{(R-11.25)}$$

Como foi visto nas Reações (R-11.21), (R-11.22) e (R-11.25), o nitrogênio sofre oxidação doando elétrons para a redução do oxigênio.

Agora, na ausência de oxigênio, em ambientes anaeróbicos, o nitrogênio, principalmente na forma de NO_3^-, Tabela 11.4, é o primeiro elemento a reduzir-se receptando os elétrons da oxidação da matéria orgânica, Reação (R-11.17). O processo é chamado desnitrificação e segue o caminho inverso da nitrificação, Figura 11.4.

As Reações (R-11.26) a (R-11.29) mostram as reações químicas das principais etapas de redução do nitrogênio resumidas na Figura 11.4.

$$NO_3^-_{(aq)} + 2H^+_{(aq)} + 2e \xrightarrow{\text{micro-organismos}} NO_2^-_{(aq)} + H_2O_{(l)} \qquad \text{(R-11.26)}$$

$$NO_2^-_{(aq)} + 2H^+_{(aq)} + e \xrightarrow{\text{micro-organismos}} NO_{(g)} + H_2O_{(l)} \qquad \text{(R-11.27)}$$

$$2NO_{(g)} + 2H^+_{(aq)} + 2e \xrightarrow{\text{micro-organismos}} N_2O_{(g)} + H_2O_{(l)} \qquad \text{(R-11.28)}$$

$$N_2O_{(g)} + 2H^+_{(aq)} + 2e \xrightarrow{\text{micro-organismos}} N_{2(g)} + H_2O_{(l)} \qquad \text{(R-11.29)}$$

Pelas Reações (R-11.26) a (R-11.29), observa-se uma redução do número de nox do nitrogênio de 5+ no nitrato (NO_3^-) para 0 no $N_{2(g)}$, indicando ambiente redutor, Figura 11.4. A Reação (R-11.30) mostra a passagem direta do íon NO_3^- para o gás N_2, liberado para a atmosfera, reação em que o nitrogênio recebe cinco elétrons.

$$2NO_3^-_{(aq)} + 12H^+_{(aq)} + 10e \xrightarrow{\text{micro-organismos}} N_{2(g)} + 6H_2O_{(l)} \qquad \text{(R-11.30)}$$

Em ambientes pouco arejados, ou sem oxigênio, também ocorre a fixação de nitrogênio, mas desta vez em forma de amônio, Reação (R-11.31).

$$N_{2(ar)} + 8H^+_{(aq)} + 6e \xrightarrow{\text{micro-organismos}} 2NH_4^+_{(aq)} \qquad \text{(R-11.31)}$$

As relações entre E_H e pH foram deduzidas a partir da equação de Nernst, [11.3], para os diversos pares de oxirredução de espécies nitrogenadas e estão na Tabela 11.7.

Pela Figura 11.4, pode-se observar que a redução do NO_3^- libera para a atmosfera três principais gases: $N_{2(g)}$, $N_2O_{(g)}$, $NH_{3(g)}$.

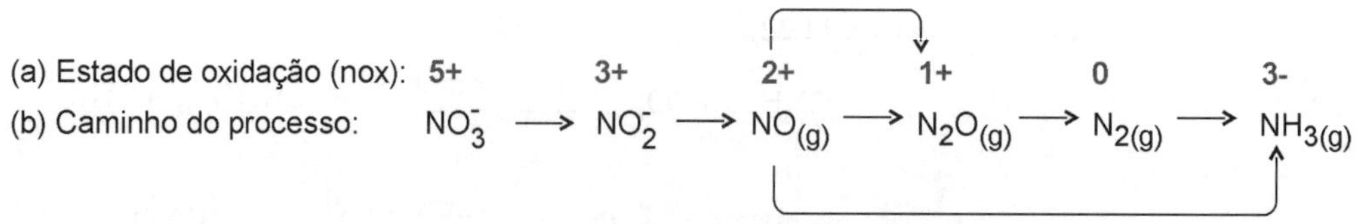

Figura 11.4 Estados de oxidação do N: (a) número de oxidação do N na espécie; (b) sequência das etapas de redução do nitrogênio em um ambiente anaeróbico.

Gás nitrogênio

O N_2, gás nitrogênio, é o principal constituinte da atmosfera, 78%, como mostra a Tabela 11.1. O N_2 é um gás pouco reativo, e faz parte do ciclo do nitrogênio na natureza. Reações do N_2 na atmosfera foram abordadas no *Capítulo 4 – Ciclos Biogeoquímicos dos Principais Componentes da Atmosfera, item 2*.

Tabela 11.7 Equações de Relação entre E_H e pH para os Diversos Pares de Oxirredução do Elemento Nitrogênio, a 25 °C

Par oxirre-dução	E^o (Volt)	Reação de redução(*)	Equação de relação entre E_H e pH
NO_3^-/N_2	1,248	$2NO_3^- + 12H^+ + 10e \rightleftarrows N_2 + 6H_2O$	$E_H = 1,248 - 0,00591\log\dfrac{p_{N_2}}{\{NO_3^-\}} - 0,0709pH$
NO_3^-/NO_2^-	0,834	$NO_3^- + 2H^+ + 2e \rightleftarrows NO_2^- + H_2O$	$E_H = 0,83 - 0,0295\log\dfrac{\{NO_2^-\}}{\{NO_3^-\}} - 0,059pH$
NO_2^-/N_2	1,519	$2NO_2^- + 8H^+ + 6e \rightleftarrows N_2 + 4H_2O$	$E_H = 1,519 - 0,00985\log\dfrac{P_{N_2}}{\{NO_2^-\}^2} - 0,0788pH$
NO_3^-/NH_4^+	0,881	$NO_3^- + 10H^+ + 8e \rightleftarrows NH_4^+ + 3H_2O$	$E_H = 0,881 - 0,00738\log\dfrac{\{NH_4^+\}}{\{NO_3^-\}} - 0,0738pH$
NO_2^-/NH_4^+	0,896	$NO_2^- + 8H^+ + 6e \rightleftarrows NH_4^+ + 2H_2O$	$E_H = 0,896 - 0,00984\log\dfrac{\{NH_4^+\}}{\{NO_3^+\}} - 0,0788pH$
N_2/NH_4^+	0,274	$N_2 + 8H^+ + 6e \rightleftarrows 2NH_4^+$	$E_H = 0,274 - 0,00984\log\dfrac{\{NH_4^+\}^2}{P_{N_2}} - 0,0788pH$

As espécies se encontram em solução aquosa. Fonte: Sawyer, 1994; Stumm & Werner, 1996, Pankow, 1991.

Óxido nitroso

O $N_2O_{(g)}$, óxido nitroso, subproduto da nitrificação e da desnitrificação, é um dos gases que provocam o efeito estufa. Sua concentração atual na atmosfera é de aproximadamente 312 ppb, com um crescimento anual de 0,25%. O N_2O é 216 vezes mais efetivo na absorção da radiação que o gás carbônico, CO_2. Seu tempo de residência na atmosfera é de 206 anos. Cerca de 60% do N_2O da atmosfera vem de fontes naturais. O oceano é sua principal fonte, o resto das emanações naturais vem do solo, principalmente os tropicais. Áreas alagadas, represas que são construídas sem a remoção da cobertura vegetal são importantes fontes de N_2O, em função da oxidação anaeróbica da matéria orgânica.

Na atmosfera, apresenta várias reações, inclusive ataca a camada de ozônio. Esses processos já foram apresentados anteriormente neste livro: *Capítulo 4 – Ciclos Biogeoquímicos dos Principais Componentes da Atmosfera, item 2*; *Capítulo 7 – Compostos Inorgânicos Gasosos da Atmosfera, item 4*; e *Capítulo 9* – Smog Fotoquímico.

Amônia

O solo emite para a atmosfera aproximadamente 19 Tg/ano de N (nitrogênio) na forma de NH_3 como pode ser observado na Tabela 11.8, que mostra as fontes de emissões e formas de remoção da amônia na atmosfera. Seu tempo de residência no ar é muito pequeno comparado com outros gases, varia entre 1 a 2 semanas, podendo ser retirado desta por processos físicos ou químicos.

Como é um dos poucos gases que apresentam reação básica na atmosfera, a amônia reage com os ácidos formados pelos óxidos de enxofre e nitrogênio, SO_2, SO_3, NO_x e outros (HCl), formando sais particulados de amônio, diminuindo a acidez da atmosfera. Estimativas apontam para a neutralização de 32% da produção anual de H^+ com amônia.

268 Capítulo Onze

As Reações (R-11.32) e (R-11.33) descrevem o processo de neutralização no ar para o ácido clorídrico.

Tabela 11.8 Estimativa das Fontes e Depósitos da Amônia Atmosférica	
Fontes e sorvedouros	**Quantidade de N (nitrogênio) na forma de amônia (Tg ano^{-1})***
Queima de combustível fóssil	2
Queima de biomassa	5
Superfície marinha	13
Resíduo de animal doméstico	32
Excremento humano	4
Emissões do solo	19
Deposição úmida	46
Deposição seca	10
Oxidação pelo radical hidroxilo (HO$^\bullet$)	1

* $1Tg = 10^{12}g$. Fonte: Felix & Cardoso, 2004.

$$NH_{3(g)} + HCl_{(g)} \rightleftarrows NH_4Cl_{(particulado)} \qquad \text{(R-11.32)}$$

$$NH_4Cl_{(particulado)} \quad \overset{\text{água da chuva}}{\rightleftarrows} \quad NH_4^+{}_{(aq)} + Cl^-{}_{(aq)} \qquad \text{(R-11.33)}$$

O particulado formado na Reação (R-11.32) se deposita (deposição seca) sob a ação da gravidade, ou sua deposição é por via úmida, quando o sal se dissolve na água da chuva ou umidade do ar (deposição úmida); verificar Tabela 11.8.

Desta forma, o aumento do gás amônia na atmosfera pode, por um lado, diminuir a acidez da atmosfera e, por outro, aumentar a concentração de particulados inaláveis e agravar o risco à saúde humana. O *Capítulo 4 – Ciclos Biogeoquímicos dos Principais Componentes da Atmosfera* e o *Capítulo 7 – Compostos Inorgânicos Gasosos da Atmosfera, item 5*, trazem outras reações envolvendo a amônia.

11.7.4 Manganês

Em solos arejados, o manganês se apresenta nas formas mais oxidadas, com nox +3 e +4. A forma mais reduzida do manganês é o íon Mn^{2+}, que aparece nos ambientes redutores, como solos alagados.

Dentro da série eletroquímica das reações de oxirredução no solo, mostrada na Tabela 11.4, com um potencial de 0,4 V a pH = 7, o manganês é o próximo elemento, depois da desnitrificação, a receber os elétrons gerados na oxidação bioquímica da matéria orgânica, Reação (R-11.17). As espécies presentes no solo são os óxidos de Mn: MnO_2 (Mn IV); Mn_2O_3 (Mn III) e Mn_3O_4 (Mn III e IV).

A Reação (R-11.34) mostra a redução do MnO_2 em um solo alagado:

$$MnO_{2(s)} + 4H^+{}_{(aq)} + 2e \rightleftarrows Mn^{2+}{}_{(aq)} + 2H_2O_{(l)} \qquad \text{(R-11.34)}$$

A partir da equação de Nernst [11.3], pode-se chegar à relação do E_H e pH para o MnO_2, Equação (11.13). Para isso, deve-se substituir os valores: $E^o = 1,23$ V; n= 2, e efetuar os cálculos.

$$E_H = 1,23 - 0,0295 \log[Mn^{2+}] - 0,119pH \qquad \text{(11.13)}$$

Por meio da Equação (11.13), pode-se chegar a que em um pH = 7, isto é, próximo à neutralidade, o potencial de redução do Mn seja 0,396 V ou aproximadamente 0,40 V.

O Mn^{2+} permanece solúvel na solução do solo, movimentando-se com ela e é um íon assimilável pelas plantas. Solos ácidos, quando inundados, frequentemente atingem concentrações tóxicas de Mn^{2+}.

Embora a mudança do estado de oxidação do manganês não envolva liberação de gases para a atmosfera, pode-se por meio desse exemplo atestar a influência dos gases da atmosfera, ou a ausência destes, nos componentes do solo.

11.7.5 Ferro

O ferro em solos arejados se apresenta como íons $Fe^{3+}{}_{(aq)}$. Para solos alagados o ferro tem sua redução favorecida pela ausência de O_2, NO_3^-, e óxidos de manganês, que como já foi visto se reduzem a um E_H mais alto. A redução dos óxidos de ferro ocorre em E_H próximo de $-0,2$ V, como mostra a Tabela 11.4, para solos com pH próximo à neutralidade.

Pode-se escrever a reação de redução do ferro, Reação (R-11.35), a partir do hidróxido de ferro III.

$$Fe(OH)_{3(S)} + 3H^+_{(aq)} + e \rightarrow Fe^{2+}_{(aq)} + 3H_2O_{(l)} \tag{R-11.35}$$

É bom lembrar que os elétrons necessários para esta reação de redução do íon Fe^{3+} têm sua origem na oxidação da matéria orgânica, segundo a Reação (R-11.17).

Partindo da equação de Nernst, Equação [11.3], para esta Reação (R-11.35) e substituindo os valores, tem-se a Equação (11.14), que mostra a relação entre E_H e o pH para a redução do ferro.

$$E_H = 1,06 - 0,059 \log\{Fe^{2+}\} - 0,177pH \tag{11.14}$$

Pode-se considerar esta mesma reação em duas etapas, como mostram as Reações (R-11.36) e (R-11.37).

$$Fe(OH)_{3(S)} \rightleftarrows Fe^{3+}_{(aq)} + 3HO^-_{(aq)} \tag{R-11.36}$$

$$Fe^{3+}_{(aq)} + e \rightleftarrows Fe^{2+}_{(aq)} \tag{R-11.37}$$

Nesse caso, o potencial de redução não depende da $[H^+]$, mas do par de oxirredução Fe^{3+}/Fe^{2+} solúvel na solução, como mostra a Equação (11.15).

$$E_H = E^o + \frac{(0,0591)}{n} \log \frac{\{Fe^{3+}\}}{\{Fe^{2+}\}} \tag{11.15}$$

Embora não seja visível na equação de Nernst, esta reação de redução altera o pH do meio, pois os íons hidróxidos liberados na Reação (R-11.36) reagem com o íon hidrônio do meio, segundo a Reação (R-11.38), aumentando o pH.

$$H^+_{(aq)} + HO^-_{(aq)} \rightleftarrows H_2O_{(l)} \tag{R-11.38}$$

O íon Fe^{2+} é adsorvido preferencialmente pelas plantas. É mais estável em soluções ácidas do que nas alcalinas. Os compostos de Fe^{2+} são mais solúveis que os correspondentes ao Fe^{3+}. Em consequência desta solubilidade, águas subterrâneas têm mais íons ferro que as superficiais e solos alagados podem atingir níveis tóxicos para as plantas.

11.7.6 Enxofre

O enxofre em solos arejados se apresenta em suas formas oxidadas. As Reações (R-11.39), (R-11.40) e (R-11.41) mostram processos de oxidação do enxofre.

$$2H_2S_{(g)} + O_{2(ar)} \xrightarrow{\text{micro-organismos}} 2S_{(s)} + 2H_2O_{(l)} \tag{R-11.39}$$

$$2S_{(s)} + 2H_2O_{(l)} + 3O_{2(ar)} \xrightarrow{\text{micro-organismos}} 4H^+_{(aq)} + 2SO_4^{2-}{}_{(aq)} \tag{R-11.40}$$

Novamente, a exemplo da oxidação dos compostos de nitrogênio, tem-se a formação do hidrogênio ácido (H^+). No caso do enxofre, estas reações podem ser usadas para acidificar solos básicos. Um exemplo desse processo é a oxidação do íon sulfeto da pirita (FeS_2), mineral de ferro, que acidifica o solo, Reação (R-11.41).

$$4FeS_{2(s)} + 15O_{2(ar)} + 8H_2O_{(l)} \xrightarrow{\text{micro-organismos}} 8SO_4^{2-}{}_{(aq)} + 2Fe_2O_{3(s)} + 16H^+_{(aq)} \tag{R-11.41}$$

Os 16 H^+ formados na Reação (R-11.41) reagem com as HO^- do meio, Reação [R-11.38], diminuindo o pH.

O enxofre sofre redução completa, com formação do íon sulfeto, apenas em ambientes muito redutores, com E_H em torno de $-0,21$ V (Tabela 11.4), Reação (R-11.42).

$$SO_4^{2-}{}_{(aq)} + 10H^+_{(aq)} + 8e \rightleftarrows H_2S_{(g)} + 4H_2O_{(l)} \tag{R-11.42}$$

A relação entre E_H e pH para esta reação (R-11.42) é dada pela Equação (11.16), em que $E^o = 0,303$ V.

270 Capítulo Onze

$$E_H = 0,30 - 0,0074 \ \log \frac{\{H_2S\}}{\{SO_4^{2-}\}} - 0,074 pH \qquad (11.16)$$

A redução do enxofre libera o ácido sulfídrico para o meio. Na solução do solo, onde outros íons estão presentes, ele forma compostos insolúveis com vários cátions, como o Fe^{2+}, Mn^{2+}, Cu^{2+}, Cu^{1+} e Zn^{2+}. O H_2S tem cheiro forte e desagradável (ovo podre), que às vezes pode ser sentido nas regiões pantanosas e é tóxico para muitos organismos.

11.7.7 Carbono

Em um ambiente arejado, portanto aeróbico, a matéria orgânica sofre oxidação formando gás carbônico (CO_2), água (H_2O) e energia, como mostra a Reação [R-11.16].

$$\underset{\text{matéria orgânica}}{C_6H_{12}O_{6(s)} + 6O_{2(ar)}} \ \xrightarrow{\text{micro-organismos}} \ 6CO_{2(g)} + 6H_2O_{(l)} + \text{Energia} \qquad \textbf{[R-11.16]}$$

Nesse caso, como já foi visto, o carbono se oxida e o oxigênio recebe os elétrons e se reduz.

Em ambientes anaeróbicos o carbono da matéria orgânica também se oxida, tendo como receptores de elétrons o nitrato (NO_3^-), óxidos de manganês e ferro, como foi visto anteriormente. A redução do carbono só ocorre em ambientes extremamente redutores, com E_H em torno de – 0,24 V, ver Tabela 11.4, Reação (R-11.43).

$$\underset{\text{matéria orgânica}}{2|CH_2O|} \ \xrightarrow{\text{micro-organismos}} \ CO_{2(g)} + CH_{4(g)} + \text{Energia} \qquad \textbf{(R-11.43)}$$

Como pode-se observar pela Reação (R-11.43), a mineralização da matéria orgânica em ambiente anaeróbico não forma apenas o gás carbônico (CO_2), onde o carbono apresenta nox 4+, mas produz também o metano (CH_4), onde o carbono tem nox 4–, sua forma mais reduzida, sinalizando uma abundância de elétrons no ambiente, portanto, redutor.

O processo de formação do metano, $CH_{4(g)}$, é realizado por bactérias metanogênicas que usam compostos de carbono de baixo peso molecular na produção de energia. Estes micro-organismos se associam a outros, as bactérias hidrolíticas e fermentativas, que, em sua busca de energia, reduzem os compostos vegetais e resíduos animais a compostos de baixo peso molecular.

Nem todo o metano produzido em solos inundados atinge a atmosfera. Parte é transferida para o subsolo e parte é oxidada por micro-organismos específicos na camada oxidada do solo, Reação (R-11.44).

$$CH_{4(g)} + 2O_{2(ar)} \ \xrightarrow{\text{micro-organismos}} \ CO_{2(g)} + 2H_2O_{(l)} \qquad \textbf{(R-11.44)}$$

Quando o solo é usado para cultivo de arroz, na região das raízes da planta existe oxigênio, transportado pela planta, e o metano se oxida nessas microrregiões. Em arrozais o metano chega até a atmosfera principalmente pelos aerênquimas das plantas.

Do gás carbônico (CO_2) formado nas Reações [R-11.16] e (R-11.43), parte vai para a atmosfera, parte é usada na fotossíntese pelos organismos autotróficos, Reação [R-11.2], e parte é reduzida a metano, segundo a Reação (R-11.45). Tem-se que considerar também que o CO_2 é um gás muito solúvel, dissolvendo-se na solução do solo, como mostraram as Reações [R-11.3] a [R-11.6].

$$CO_{2(g)} + 8H^+_{(aq)} + 8e \rightleftarrows CH_{4(g)} + 2H_2O_{(l)} \qquad \textbf{(R-11.45)}$$

Para a Reação (R-11.45), a equação que relaciona E_H e pH é a Equação (11.17). Em que $E^o = 0,17$.

$$E_H = 0,17 - 0,059 \ \log \frac{p_{CH_4}}{p_{CO_2}} - 0,059 pH \qquad (11.17)$$

Pela oxidação ou redução do carbono da matéria orgânica do solo existem trocas de matéria com a atmosfera. Ambos os gases formados, $CO_{2(g)}$ e $CH_{4(g)}$, participam do efeito estufa, causando o aquecimento do planeta Terra.

Gás carbônico CO_2

As reações do CO_2 na solução do solo são mostradas no início deste capítulo nas Reações [R-11.3] a [R-11.6]. A acidificação da solução do solo provoca a solubilização de vários minerais do solo, como foi visto no *Capítulo 4 – Ciclos Biogeoquímicos dos Principais Componentes da Atmosfera*, item *Retirada do $CO_{2(g)}$ da atmosfera e fixação na crosta terrestre*.

O $CO_{2(g)}$ que vai para a atmosfera participa de reações nesta, inclusive a reação de fotossíntese, ver Reação [R-11.2]; mas a maior preocupação a respeito deste gás é o efeito estufa. O aumento anual do teor de CO_2 na atmosfera é de 0,5% e em 1990 a sua contribuição para o efeito estufa era de 55%.

A seguir, estão citados dois textos retirados de jornais, para ilustrar a interdependência solo – atmosfera em se tratando do gás carbônico. O primeiro, "Pântano é o novo vilão do clima" foi retirado da *Folha de São Paulo* (Folha Ciência) em julho de 2004. Este texto trata do perigo de se acelerar a oxidação do C dos reservatórios de matéria orgânica de solos turfosos.

O segundo o texto "Armazenar CO_2 debaixo da terra pode conter o efeito estufa", foi também retirado do *site* do jornal *Folha de São Paulo*, em dezembro de 2004. O estudo propõe usar o fundo do oceano e jazidas de petróleo para armazenar CO_2. Confira os textos.

Pântano é o novo vilão do clima, diz estudo

Aquecimento global: Liberação de carbono por charcos subtropicais acelera e pode ultrapassar emissões humanas em 2060

O aquecimento global pode se agravar dramaticamente devido à liberação acelerada de carbono por turfas (zonas pantanosas subtropicais), diz estudo.

Analisando os imensos estoques de carbono nesse tipo de ecossistema, um grupo de cientistas britânicos estimou que, se a velocidade de emissão seguir a tendência atual, os pântanos excederão a queima de combustíveis fósseis como fonte de dióxido de carbono por volta de 2060.

O dióxido de carbono (CO_2) é o principal responsável pelo aquecimento acelerado do planeta. Atividades humanas hoje lançam por ano cerca de 6 bilhões de toneladas de carbono na atmosfera. As turfas estocam pelo menos 390 bilhões de toneladas de carbono.

Se nenhuma ação for tomada e a emissão por esses pântanos continuar, os cientistas calculam que os níveis de CO_2 na atmosfera dobrarão no final do século. Em uma série de experimentos publicados hoje no periódico científico "Nature" (www.nature.com), os pesquisadores liderados por Chris Freeman, da Universidade do País de Gales, sugerem que o aumento na concentração de dióxido de carbono na atmosfera durante as últimas décadas teve um efeito direto na desestabilização do carbono das turfas.

A pesquisa é a primeira a encontrar uma evidência direta daquilo que os cientistas chamam de "*feedback positivo*" entre o CO_2 atmosférico e a emissão do carbono trancafiado no solo. A expressão significa que quanto mais aumenta um, mais a outra cresce.

Segundo Freeman, um terço de todo o carbono estocado nos solos está em turfas, que se estendem principalmente da América do Norte à Sibéria.

"Nós temos uma quantidade de carbono trancafiada nesses pântanos que é equivalente a todo o estoque de carbono da atmosfera, e esse estoque começou a vazar", disse Freeman. A emissão de dióxido de carbono pelas turfas está acelerando 6% ao ano.

No passado, cientistas sugeriram que a diminuição das chuvas ou o aumento médio das temperaturas do planeta devido ao aquecimento global resultaria em mais carbono sendo lançado de turfas. Os últimos experimentos, no entanto, sugerem que a real causa do problema é uma quantidade cada vez maior de dióxido de carbono na atmosfera.

Testes realizados em amostras de turfas obtidas em três áreas do Reino Unido mostram que o aumento na quantidade de CO_2 no ar em volta da vegetação faz a turfa em si emitir até dez vezes mais carbono do que emitiria em condições normais.

Freeman diz que os pântanos nas zonas subtropicais e frias do planeta liberam carbono em forma orgânica dissolvida. A quantidade desse carbono que é "exportada" para rios e córregos que drenam os pântanos aumentou de 65% a 90% nos últimos seis anos. "A taxa de aceleração sugere que nós perturbamos algo muito crítico que controla a estabilidade do ciclo do carbono no planeta."

O carbono orgânico dissolvido em rios pode reagir com o cloro presente em sistemas de tratamento de água, produzindo substâncias que podem causar câncer.

"Nós sabemos, há algum tempo, que os níveis de dióxido de carbono têm subido e que isso pode causar o aquecimento global. Mas essa nova pesquisa mostra que, mesmo sem aquecimento global, o aumento nos níveis de dióxido de carbono podem danificar o ambiente", conclui Freeman.

(Connor, 2004.)

272 Capítulo Onze

> Armazenar CO_2 debaixo da terra pode conter efeito estufa, diz estudo da Agência Lusa, em Buenos Aires (Argentina)
>
> Armazenar dióxido de carbono (CO_2) debaixo da terra pode ser uma técnica promissora na luta contra o efeito estufa. É o que diz um estudo divulgado hoje pela AIE (Agência Internacional de Energia) durante a Cúpula do Clima, em Buenos Aires.
>
> A ideia é "prender" o gás no subterrâneo, evitando que ele seja liberado para a atmosfera e continue a aquecê-la. A agência preconiza que se multipliquem por cinco os orçamentos para pesquisa dedicados a esta tecnologia, de modo a atingirem US$ 500 milhões por ano em escala mundial.
>
> Ao apresentar o trabalho, o diretor executivo da AIE, Claude Mandil, lembrou que as emissões mundiais de CO_2 aumentarão 62% entre 2000 e 2030 se não houver novos esforços para reduzir as emissões dos gases-estufa.
>
> A técnica poderia chegar à fase industrial a partir de 2020 e ser utilizada em grande escala na segunda metade do século 21 até se tornar obsoleta com a generalização dos sistemas energéticos que não emitem CO_2, como pilhas de combustível e sistemas que usam o hidrogênio, diz a agência.
>
> A AIE mencionou uma centena de projetos em curso ou em estudo em todo o mundo para armazenamento de CO_2, mas apenas dois de envergadura.
>
> No Mar do Norte, a companhia norueguesa Statoil capta o CO_2 de uma jazida de gás natural e injeta-o no fundo do oceano, e em Wayburn, oeste do Canadá, o CO_2 proveniente de uma central de gaseificação de carvão é transportado por um gasoduto e injetado em uma jazida de petróleo.
>
> Em conjunto, estes projetos só permitirão armazenar 100 milhões de toneladas de CO_2 por ano até 2015, quando o potencial explorável até 2030 permitiria reter três vezes mais dióxido de carbono, segundo a agência.
>
> A tecnologia será testada pelo setor elétrico, segundo a AIE, com a construção até 2015 de dez grandes centrais térmicas dotadas de capacidade de captação e armazenamento de CO_2 nas proximidades.

(Armazenar, 2004.)

Metano (CH₄)

Metano (CH_4)

O aumento anual do teor de metano na atmosfera é de aproximadamente 0,9% ao ano. Ele é um gás que absorve por volta de 15 a 40 vezes mais radiação que o gás carbônico (CO_2) e responde por 15% do efeito estufa.

As principais fontes de metano são: solos naturalmente inundados; lavouras de arroz inundadas (15 a 20%); fermentação entérica (22%); esterco animal (7%); gás natural (15%); queima da biomassa (11%); aterros de lixo (10%); esgoto doméstico (7%); minas de carvão (8%); atividades de cupins; oceanos e outros.

Os solos naturalmente inundados e cultivo de arroz sob inundação contribuem com aproximadamente 40% do total do metano emitido para a atmosfera – só o cultivo de arroz responde por aproximadamente 15 a 20%. Entre os países que mais emitem metano o Brasil está em décimo lugar com uma emissão de 0,53 Tg/ano. O metano é um gás combustível, quando emitido em aterros sanitários. Já existem projetos para captação e uso deste gás em termoelétricas e outros, mas a emissão de metano nos pântanos é de difícil controle ou captação. Estudos quanto à otimização da adubação, controle do pH e época certa de inundação mostraram-se eficientes na diminuição da emissão de metano pelos arrozais em solos inundados.

11.8 Conclusão

Portanto, em função dos teores de O_2 no ar de um ambiente, há uma modificação completa da atividade microbiológica quanto à natureza da mineralização e humificação da matéria orgânica, da fixação do nitrogênio e dos estados de oxidação de vários elementos.

A respiração é um processo que envolve energia. Como tal, intervém diretamente no desenvolvimento das plantas e da biota toda. A deficiência de oxigênio faz-se sentir na absorção da água e dos nutrientes, mesmo que estes existam em condições ideais.

Verifica-se que a oxidação do carbono, tanto nos processos aeróbicos, Reação [R-11.1], quanto nos anaeróbicos, Reação [R-11.43], libera $CO_{2(g)}$. Mediante isso, a concentração do CO_2 é maior no ar do solo do que no ar atmosférico, como mostra a Tabela 11.1.

Os gases presentes na atmosfera são levados até os solos por meio da renovação do ar do solo. No solo, reações químicas e bioquímicas produzem e liberam gases para a atmosfera em um constante trânsito de matéria interligando os dois sistemas. A presença ou ausência de gases atmosféricos no solo modifica a solubilidade dos minerais, o pH e E_H do meio favorecendo ou impedindo determinadas espécies de vida. São a atmosfera, o solo e a água interligados na produção e manutenção da vida sobre a Terra – a Biosfera.

11.9 Referências Bibliográficas e Sugestões para Leitura

AGOSTINETO, D.; FLECK, N. G.; RIZZARDI, M. A.; BALBONOT Jr, A. A. Potencial de emissão de metano em lavouras de arroz irrigado. **Ciência Rural**, Santa Maria, v. 32, nº 6, p. 1073-1081, 2002.

ARMAZENAR CO_2 debaixo da terra pode conter efeito estufa, diz estudo da Agência Lusa, em Buenos Aires (Argentina), **Folha de São Paulo on-line**, São Paulo. Disponível em: <www.folhauol.com.br>. Acessado em: 15 dez. 2004.

BRADY, N. C. **Natureza e propriedades dos solos**. Trad. Antônio B. Neiva Figueredo. 7. ed. Rio de Janeiro: Freitas Bastos, 1989. 878 p.

BRASSEUR, G. P.; ORLANDO, J. J.; TYNDALL, G. S. **Atmospheric chemistry and global change**. Oxford (UK): Oxford University Press, 1999. 654 p.

CONNOR, S. Pântano é o novo vilão do clima, diz estudo. **Folha de São Paulo**, São Paulo, 8 jul. 2004, p. A14.

COSTA, J. B. **Caracterização e constituição do solo**. 3. ed. Lisboa: Fundação Calouste Gulbenkian, 1973. 527 p.

FASSBENDER, H. W.; BORNEMISZA, E. **Química de suelos: con énfasis en suelos de América Latina**. San José (Costa Rica): IICA, 1994. 420 p.

FELIX, E. P.; CARDOSO, A. A. Amônia (NH_3) Atmosférica: fontes, transformação, sorvedouros e métodos de análise. **Química Nova**, São Paulo, v. 27, nº 1, p. 123-130, 2004.

LENZI, E.; FAVERO, L. O. B.; TANAKA, A. S. *et al*. **Química geral experimental**. Rio de Janeiro: Freitas Bastos, 2004. 390 p.

LUCHESE, E. B.; FAVERO, L. O. B.; LENZI, E. **Fundamentos da química do solo**. Rio de Janeiro: Freitas Bastos, 2001. 159 p.

MALAVOLTA, E.; VITTI, G. C.; OLIVEIRA, S. A. **Avaliação do estado nutricional das plantas – Princípios e aplicações**. 2. ed. Piracicaba: POTAFOS – Associação Brasileira para Pesquisa da Potassa e do Fosfato, 1997. 319 p.

McBRIDE, M. B. **Environmental chemistry of soils**. Oxford (UK): Oxford University Press, 1994. 406 p.

MOUVIER, G. **A poluição atmosférica**. Tradução: Maria Clara Almeida e Luciano Machado. São Paulo: Ática, 1997. 103 p.

MOZETO, A. A. Química atmosférica: a química sobre nossas cabeças. **Cadernos temáticos de química nova na escola**. São Paulo, nº 1, maio de 2001. p. 41-49.

PANKOW, J. F. **Aquatic chemistry concepts**. Chelsea-Michigan (USA): Lewis Publishers, 1991. 673 p.

PAVAN, M. A.; MIYAZAWA, M. **Química de solos inundados**. *In*: Treinamentos em arroz irrigado e alternativas agrícolas em várzeas. Londrina: IAPAR – Instituto Agronômico do Paraná, 1983. 21 p.

ROWEL, D. L. Oxidation and reduction. *In*: GREENLAND, D. J.; HAYES, M. H. B. **The chemistry of soil processes**. New York: John Wiley, 1981. p. 401-461.

SAWYER, C. N.; McCARTY, P. L.; PARKIN, G. E. **Chemistry for environmental engineering**. 4.ed. New York: McGraw-Hill, 1994. 658 p.

STUMM, W.; MORGAN, J. J. **Aquatic chemistry – Chemical equilibria and rates in natural waters**. Third edition. New York: John Wiley & Sons, 1996. 1022 p.

TAN, K. H. **Principles of soil chemistry**. 2. ed. New York: Editor Marcel Deker, 1993. p. 298-303.

VIEIRA, L. S. **Manual das ciências do solo. Com ênfase nos solos tropicais**. 2. ed. São Paulo: Ceres, 1988. 464 p.

PARTE III
EXPERIMENTOS LABORATORIAIS EM QUÍMICA DA ATMOSFERA

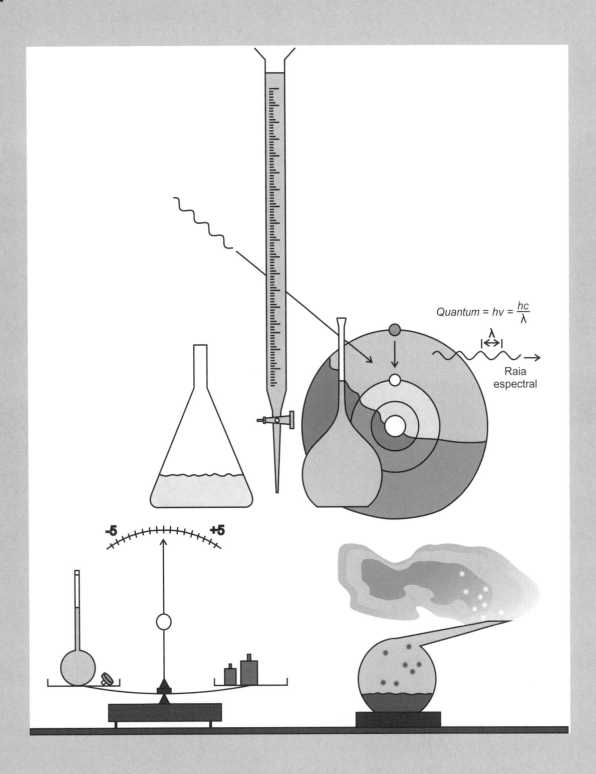

CAPÍTULO 12

O Laboratório e o Estudo da Atmosfera

12.1 Introdução

12.2 Experimento 1: Determinação da Abundância de Oxigênio no Ar e da Velocidade de Reação de Oxidação do Ferro
12.2.1 Aspectos teóricos
12.2.2 Procedimentos
12.2.3 Resultados e cálculos

12.3 Experimento 2: Dispersão da Luz por Partículas Coloidais – Efeito Tyndall
12.3.1 Aspectos teóricos
12.3.2 Procedimentos
12.3.3 Resultados e discussão

12.4 Experimento 3: Determinação do pH da Água da Chuva
12.4.1 Aspectos teóricos
12.4.2 Procedimentos
12.4.3 Resultados
12.4.4 Cálculos

12.5 Experimento 4: Acidez da Atmosfera e Meio Ambiente
12.5.1 Aspectos teóricos
12.5.2 Procedimentos
12.5.3 Cálculos

12.6 Experimento 5: Simulação do *Smog* Redutor com Precipitação Ácida
12.6.1 Aspectos teóricos
12.6.2 Procedimentos
12.6.3 Resultados e discussão

12.7 Experimento 6: Óxidos de Nitrogênio — NO_x
12.7.1 Aspectos teóricos
12.7.2 Procedimentos
12.7.3 Aspectos químicos do experimento
12.7.4 Efeitos do NO_x no ambiente

12.8 Experimento 7: Circulação Vertical do Ar (Convecções)
12.8.1 Aspectos teóricos
12.8.2 Procedimentos
12.8.3 Resultados e discussão

12.9 Experimento 8: Circulação Horizontal do Ar (Advecções ou Frentes de Ar)
12.9.1 Aspectos teóricos
12.9.2 Procedimentos
12.9.3 Resultados e discussão

12.10 Experimento 9: A Corrosão do Ferro
12.10.1 Aspectos teóricos
12.10.2 Procedimentos
12.10.3 Resultados e discussão

12.11 Experimento 10: Planejamento de um Experimento com Coleta de Gases e Particulados da Atmosfera
12.11.1 Introdução
12.11.2 Amostragem
12.11.3 Aplicação: Determinação da concentração de gás NO_2 na atmosfera

12.11.4 Reações químicas ocorridas no processo

12.12 Experimento 11: Análise do Carbono Orgânico
12.12.1 Aspectos teóricos
12.12.2 Procedimentos
12.12.3 Resultados e cálculos

12.13 Experimento 12: Análise do Nitrogênio Orgânico — Método Kjeldahl
12.13.1 Aspectos teóricos
12.13.2 Procedimentos
12.13.3 Resultados e cálculos

12.14 Experimento 13: Análise do Fósforo Total
12.14.1 Aspectos teóricos
12.14.2 Procedimentos
12.14.3 Resultados e cálculos

12.15 Experimento 14: Análise de Enxofre
12.15.1 Aspectos teóricos
12.15.2 Procedimentos
12.15.3 Resultados e cálculos

12.16 Experimento 15: Análise de Metais Pesados e Outros
12.16.1 Aspectos teóricos
12.16.2 Procedimentos
12.16.3 Cálculos
12.16.4 Comentários

12.17 Referências Bibliográficas e Sugestões para Leitura

12.1 Introdução

As ameaças ao planeta Terra, como o aquecimento global em função do aumento do efeito estufa, o buraco de ozônio, o *smog* fotoquímico, a chuva ácida etc., têm levado a sociedade como um todo a preocupar-se com a atmosfera e as nações a investimentos pesados no estudo da atmosfera. A própria ONU tem gestionado o acontecimento de encontros internacionais, formulado tratados, que têm despertado muitas nações para a problemática da poluição da atmosfera.

Reações fotoquímicas e reações químicas têm sido simuladas em laboratório, em "câmaras" apropriadas tentando imitar as condições da atmosfera, no intuito de explicar os fenômenos naturais desta, que agora foram ampliados pela ação antrópica em níveis ameaçadores, como seja a depleção da camada de ozônio, elevação da temperatura global, entre outros.

Constituintes da atmosfera, particulados e espécies químicas gasosas, como NO_2, O_3, CO, CO_2, SO_2, CFCs etc., foram analisados, seus destinos observados e, em nível antrópico, preconizados o controle de sua produção e descarte.

A Ciência Básica, a Química e a Física, respaldadas pela Tecnologia, representada pelas diversas formas da Engenharia ou vice-versa, colocaram à disposição dos homens de Ciência uma grande variedade de instrumentos sofisticados que permitem quantificar, por assim dizer, a Química da Atmosfera. Dentre estas técnicas, algumas são mais específicas para componentes gasosos e outras para componentes particulados. Conforme alguns autores, entre eles, Finlayson-Pitts & Pitts (2000); Keith (1996b), tem-se, de um modo geral, para:

Componentes químicos gasosos da atmosfera

- *Técnicas de espectroscopia óptica*, baseadas:

  – nos fenômenos provocados pela absorção da radiação eletromagnética (ultravioleta e visível) excitando elétrons e ligações químicas;
  – nos fenômenos provocados pela absorção da radiação eletromagnética (ultravioleta e visível) excitando elétrons e ligações químicas, originando a quimioluminescência e fluorescência;
  – nos fenômenos provocados pela absorção da radiação da região do infravermelho que provoca os estiramentos e oscilações das ligações dos átomos das moléculas.

- *Espectrometria de massa,* com seus acessórios.
- *Sistemas separadores de filtros fixadores e sistemas lavadores,* com as respectivas técnicas subsequentes de identificação e quantificação.

Componentes particulados da atmosfera

Estes compostos, como os gasosos, necessitam ser coletados e tratados quimicamente para preparar o analito (elemento objeto de análise) na forma em que o método vai detectá-lo.

- *Métodos de coleta*

Os métodos de coleta dos particulados são variados e dependem do seu "diâmetro". Entre eles estão:

  – coletores baseados em filtros;
  – coletores baseados na sedimentação (gravitacional ou por centrifugação);
  – coletores baseados na força inercial;
  – coletores baseados na precipitação eletrostática.

- *Métodos para a caracterização física* dos particulados: massa e tamanho (diâmetro).
- *Métodos para a caracterização química*: composição inorgânica e orgânica. Para estas análises encontra-se a instrumentação da química analítica, que não será descrita aqui.

O objetivo do presente trabalho é introduzir o estudo da atmosfera nos níveis mais simples da formação acadêmica até a graduação. É evidente que, em termos experimentais, na maioria das escolas, mesmo em faculdades, faltam os instrumentos adequados para que se possam fazer observações quantitativas da atmosfera. No entanto, com criatividade, podem ser feitos diversos experimentos, conforme segue nesta unidade, que trata de experimentos envolvendo a atmosfera. Alguns são meramente físicos, como, por exemplo, a formação das correntes de ar, das frentes frias e quentes. A maioria envolve a físico-química. Contudo, alguns estão longe dos experimentos modernos, sejam de simulação ou reais, que hoje são praticados no estudo da atmosfera em laboratórios próprios.

O estudo será desenvolvido por experimentos separados.

12.2 Experimento 1: Determinação da Abundância de Oxigênio no Ar e da Velocidade de Reação de Oxidação do Ferro

12.2.1 Aspectos teóricos

A Tabela 1.5, *Capítulo 1 – Aspectos Gerais da Atmosfera*, traz a composição do ar quando seco e não poluído. Na referida condição, o teor do gás oxigênio (O_2) é de 20,946%. Com o experimento que se segue é possível determinar o teor de oxigênio no ar e as variações próprias de cada local.

O Laboratório e o Estudo da Atmosfera **279**

O leitor que não está habituado a trabalhar com o tema oxirreduções é orientado a primeiro ler os "Lembretes de Eletroquímica" do Anexo 2.

As reações que ocorrem no experimento são a oxidação do ferro e a redução do oxigênio em presença de água, com a formação de ferrugem. O mecanismo de oxidação do $Fe_{(metálico)}$ com formação final da ferrugem é complexo e varia com as condições do meio (pH, pe etc.). Entre as possibilidades de reação de oxidação do ferro, têm-se as Reações (R-12.1), (R-12.2) e (R-12.3), com seus respectivos potenciais de oxidação. Ver os potenciais-padrão de redução de eletrodo na Tabela 12.1. O Anexo 3 traz uma tabela de potenciais-padrão de eletrodo mais completa que a Tabela 12.1.

Tabela 12.1 Potenciais-padrão de Eletrodo (Redução) em Solução Aquosa a 25 °C e 1 atm

Semirreação de eletrodo			Potencial $(E^o{}_H)$* (Volts)
$2H_2O_{(l)} + 2e$	$\rightleftarrows$	$H_{2(g)} + 2HO^-{}_{(aq)}$	– 0,83
$Fe^{2+}{}_{(aq)} + 2e$	$\rightleftarrows$	$Fe_{(s)}$	– 0,45
$Fe^{3+}{}_{(aq)} + 3e$	$\rightleftarrows$	$Fe_{(s)}$	– 0,04
$2H^+{}_{(aq)} + 2e$	$\rightleftarrows$	$H_{2(g)}$	**0,00**
$2H_2O_{(l)} + O_{2(g)} + 4e$	$\rightleftarrows$	$4HO^-{}_{(aq)}$	0,40
$Fe^{3+}{}_{(aq)} + 1e$	$\rightleftarrows$	$Fe^{2+}{}_{(aq)}$	0,77
$NO_3{}^-{}_{(aq)} + 4H^+{}_{(aq)} + 3e$	$\rightleftarrows$	$NO_{(g)} + 2H_2O_{(l)}$	0,96
$O_{2(g)} + 4H^+{}_{(aq)} + 4e$	$\rightleftarrows$	$2H_2O_{(l)}$	1,23
$H_2O_{2(aq)} + 2H^+{}_{(aq)} + 4e$	$\rightleftarrows$	$2H_2O_{(l)}$	1,78
$O_{3(g)} + 2H^+{}_{(aq)} + 2e$	$\rightleftarrows$	$O_{2(g)} + H_2O_{(l)}$	2,07

*$E^o{}_H$ – O símbolo H significa que os potenciais de redução de eletrodo foram medidos com o Eletrodo-Padrão de Hidrogênio; quando não está escrito fica subentendido que é o potencial E_H.

$$Fe_{(s)} \quad \rightleftarrows \quad Fe^{2+} + 2e \quad E_{ox} = 0,45 \text{ V} \qquad \textbf{(R-12.1)}$$

$$Fe_{(s)} \quad \rightleftarrows \quad Fe^{3+} + 3e \quad E_{ox} = 0,04 \text{ V} \qquad \textbf{(R-12.2)}$$

$$Fe^{2+}{}_{(s)} \quad \rightleftarrows \quad Fe^{3+} + e \quad E_{ox} = - 0,77 \text{ V} \qquad \textbf{(R-12.3)}$$

Para a redução do $O_{2(gás)}$, têm-se como possibilidades as Reações (R-12.4) e (R-12.5), dependendo do pH do meio. A Reação (R-12.4) representa a redução do oxigênio em presença de água em um meio neutro.

$$2H_2O + O_{2(g)} + 4e \quad \rightleftarrows \quad 4HO^- \quad E_{red} = 0,40 \text{ V} \qquad \textbf{(R-12.4)}$$

Já a Reação (R-12.5) demonstra também a redução do oxigênio em presença de água, mas em um meio ácido.

$$O_{2(g)} + 4H^+ + 4e \quad \rightleftarrows \quad 2H_2O \quad E_{red} = 1,23 \text{ V} \qquad \textbf{(R-12.5)}$$

Observando os potenciais de oxidação do ferro metálico das três reações possíveis, a que apresenta maior facilidade em ocorrer é a Reação (R-12.1), pois apresenta maior potencial de oxidação, indicando maior espontaneidade da reação. Portanto, esta será a reação escolhida.

Entre as reações de redução, aquela em que o oxigênio está em meio ácido apresenta maior potencial de redução, portanto, é mais espontânea. Mas, como no experimento que será realizado o meio é neutro, pois apenas foi adicionada a palha de aço umedecida com água destilada, a Reação (R-12.4) é a mais provável. Concluindo, o ferro em presença de oxigênio e água reage oxidando-se, segundo as Reações (R-12.1) e (R-12.4), tendo como somatório das duas semirreações (oxidação e redução) a Reação (R-12.6).

$$2Fe_{(s)} \quad \rightleftarrows \quad 2Fe^{2+} + 4e \quad E_{ox} = 0,45 \text{ V} \qquad \textbf{[R-12.1]}$$

$$2H_2O + O_{2(g)} + 4e \quad \rightleftarrows \quad 4HO^- \quad E_{red} = 0,40 \text{ V} \qquad \textbf{[R-12.4]}$$

$$2Fe_{(s)} + 2H_2O + O_{2(g)} \quad \rightleftarrows \quad 2Fe^{2+} + 4HO^- \quad \Delta E_{reação} = 0,85 \text{ V} \qquad \textbf{(R-12.6)}$$

280 Capítulo Doze

O potencial positivo da reação soma ($\Delta E_{reação} = 0,85$ V) indica que a mesma é espontânea. Em águas oxigenadas ou ar úmido as reações não param aí. Posteriormente os íons Fe^{2+} são oxidados a Fe^{3+}, consumindo mais oxigênio, Reação (R-12.7).

$$2Fe^{2+}_{(aq)} + \tfrac{1}{2}O_{2(g)} + 2H^+_{(aq)} \quad \rightarrow \quad 2Fe^{3+} + H_2O \quad \Delta E = 0,46 \text{ V} \qquad \textbf{(R-12.7)}$$

O íon férrico (Fe^{3+}) é um ácido, reage com a água e cede prótons (hidrolisa) e precipita como ferrugem, (R-12.8).

$$2Fe^{3+}_{(aq)} + (3 + x)H_2O \quad \rightarrow \quad Fe_2O_3 \cdot xH_2O_{(s)} + 6H^+_{(aq)} \qquad \textbf{(R-12.8)}$$

O consumo de íons H^+ da reação (R-12.7) contribui para o processamento da Equação (R-12.8).

Usando a limalha de ferro ou palha de aço como reagente em excesso, é possível consumir todo o oxigênio de um recipiente fechado. Com os dados calcula-se a porcentagem do gás oxigênio na atmosfera ou local analisado.

12.2.2 Procedimentos

Materiais necessários

- *Bacia com água (ou copo béquer de ± 2 litros);*
- *Suporte universal com garra para bureta;*
- *Tubo cilíndrico de vidro calibrado a 0,1 mL, tipo bureta de 50 mL, calibrado na temperatura de $t_1 = 20$ °C;*
- *Mangueira de silicone de diâmetro (d) = 0,2 a 0,3 mm;*
- *Limalha de ferro ou palha de aço;*
- *Termômetro para líquidos;*
- *Tubo de vidro, diâmetro de 0,3 a 0,5 cm, recurvado adequadamente (tipo sifão), com régua para controlar o nível da água da bacia;*
- *Cronômetro (ou relógio);*
- *Balança analítica;*
- *Bastão de vidro ou tubo de vidro (d = ± 0,5 cm) de 50 a 60 cm;*
- *Tabelas de pressão de vapor da água, dilatação do vidro, entre outras;*
- *Ambiente com temperatura controlada a 20 °C ou próximo a esta temperatura.*

Técnica

Ao ler os itens da técnica, acompanhar o procedimento pela Figura 12.1.

a. Deixar todo o material do experimento no ambiente já na temperatura de trabalho (t_2).
b. Colocar água na bacia (até quase a superfície).
c. Encher com água o tubo de vidro em forma de sifão, introduzi-lo na água da bacia e fixá-lo no suporte, e no nível da água no sifão externo colocar a régua na aferição "zero".
d. Pesar entre 1,60 a 1,80 grama de palha de aço (densidade = 7,86 gmL^{-1}) e umedecer com água destilada.
e. Com o auxílio de um bastão de vidro, introduzir a palha de aço até a extremidade fechada de um tubo de vidro graduado (tipo bureta).
f. Introduzir uma das extremidades da mangueira de silicone na parte inferior do tubo de vidro calibrado emborcado (bureta com a parte aberta para baixo) até a altura da aferição 6 a 7 mL. A seguir introduzir o tubo de vidro emborcado na água. Manter a outra extremidade da mangueira fora da água do béquer, de maneira que a pressão do ar interno do tubo de vidro cheio de ar seja igual à pressão externa.
g. Montar o esquema da Figura 12.1.
h. Nivelar a marca de aferição "zero" do tubo de vidro (bureta emborcada) ao nível da água da bacia e este com a aferição 0 (zero) na régua fixada no tubo sifão, que, externamente, regula o seu nível na bacia.
i. Retirar a mangueira de silicone e conferir o nível 0 (zero) em todas as escalas.
j. Acionar o cronômetro, como início do experimento marcar no cronômetro o tempo zero.

Observação: as etapas de **d** a **i** devem ser rápidas, porém, sem prejudicar o experimento.

k. Antes de qualquer medida de volume, o nível da água da bacia deve ser corrigido para o nível "zero" 0 mL do tubo (bureta emborcada) mediante o acréscimo de água na bacia controlando o nível na régua fixada no tubo sifão que também deve indicar 0 (zero).

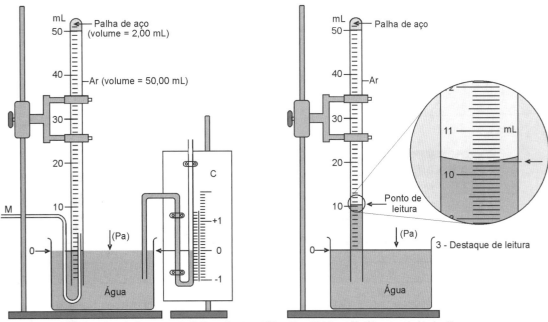

Temperatura ambiente e de trabalho, t = 19,9 °C; Pressão atmosférica, Pa = 709,0 mmHg; M = mangueira de silicone; C = controlador externo de nível.
(1) Momento inicial do experimento   (2) Momento final do experimento

Figura 12.1 Esquematização do experimento utilizado na determinação da porcentagem de oxigênio no ar: (**1**) Montagem e momento inicial do experimento; (**2**) Momento final do experimento com destaque da leitura do volume de oxigênio consumido.

l. Registrar periodicamente (com maior frequência no início, aumentando o intervalo no decorrer da reação) o volume de água que "sobe" no tubo de vidro (bureta emborcada).
m. Registrar os valores nas Tabelas 12.2 e 12.3 de acordo com a natureza dos mesmos.

12.2.3 Resultados e cálculos

Dados obtidos

Os valores medidos foram distribuídos nas Tabelas 12.2 e 12.3, de acordo com o seu significado no experimento.

Tabela 12.2 Quadro de Valores de Condições de Contorno do Experimento Medidos e/ou Calculados

Variável medida e respectivo valor
• Volume total do tubo de vidro = 52,00 mL;
• Volume ocupado pela palha de aço úmida + volume parcial do vapor de água (*) = 2,00 mL;
• Volume ocupado com ar seco = 50,00 mL;
• Temperatura = 19,0 °C = 292 K;
• Volume máximo alcançado pela água no tubo = volume de $O_{2(g)}$ no tubo de vidro = 10,30 mL;
• Pressão no dia do experimento = 709,0 mmHg = 0,933 atm;
• Pressão de vapor de água (19,0 °C) = 15,4812 mmHg = $2,037 \cdot 10^{-2}$ atm;
• Pressão do ar seco = 709,0 − 15,48 = 693,52 mmHg;
• R (constante universal dos gases) = 62,359 mmHg L mol^{-1} K^{-1}.

(*) *Volume parcial do vapor calculado a partir da pressão parcial da água a 19,0 °C (h = 15,4812 mmHg).*

Cálculo da porcentagem de oxigênio no ar

A bureta (ou tubo de vidro) foi calibrada a 20,0 °C e o experimento foi realizado a 19,0 °C. Fazendo a correção de volume envolvendo o coeficiente de dilatação do vidro, tem-se a Equação (12.1):

$$V_{19,0\ °C} = V_{20,0\ °C} + V_{20,0\ °C}\ \alpha(t_2 - t_1) \tag{12.1}$$

282 Capítulo Doze

na qual: $\alpha = 2{,}5 \cdot 10^{-5}$ (coeficiente de dilatação volumétrica do vidro); t_1 = temperatura em que a bureta foi calibrada = 20,0 °C; e t_2 = temperatura de trabalho = 19,0 °C. Substituindo os valores, calculando, obedecendo à regra de propagação dos algarismos significativos e mantendo um dígito a mais, têm-se as Equações (12.2) e (12.3).

$$V_{19{,}0\ °C} \quad = \quad 50{,}00 + 50{,}00 \cdot 2{,}5 \cdot 10^{-5} \cdot (-1{,}00) \tag{12.2}$$

$$V_{19{,}0\ °C} \quad = \quad 50{,}00 - 0{,}00125 = 49{,}9987 = 50{,}0\ \text{mL} \tag{12.3}$$

Tabela 12.3 Variação do Volume de Água no Tubo Graduado em Função do Tempo de Reação, na Temperatura de 19,0 °C e 0,933 atm de Pressão

Tempo (minutos)	Volume (mL)	Tempo (minutos)	Volume (mL)	Tempo (minutos)	Volume (mL)	Tempo (minutos)	Volume (mL)
0	0,00	142	1,60	432	3,30	1.362	8,30
12	0,20	157	1,60	582	4,30	1.417	8,50
22	0,40	227	2,20	642	4,65	1.482	8,60
37	0,60	247	2,30	667	4,80	1.542	8,80
52	0,80	262	2,35	697	4,95	1.642	9,00
67	0,90	295	2,60	717	5,10	1.727	9,10
82	1,00	322	2,70	742	5,20	1.824	9,25
97	1,10	352	2,90	778	5,40	2.014	9,70
117	1,30	382	3,10	1245	7,80	2.117	9,90
128	1,40	412	3,25	1322	8,15	2.227	10,00
						2.767	10,30

Em um volume total de 50,0 mL, volume livre do tubo de vidro, o oxigênio ocupou 10,30 mL; portanto, em porcentagem, tem-se:

$$\begin{matrix} 50{,}0\ \text{mL} \rightarrow 10{,}30\ \text{mL} \\ 100\ \text{mL} \rightarrow X \end{matrix} \qquad X = 20{,}6\ \text{mL} \quad \text{ou} \quad 20{,}6\% \ (V:V) \tag{12.4}$$

Portanto, no local onde foi realizada a medida, a percentagem de oxigênio no ar era de 20,6% (V : V). O valor tabelado na literatura é de 20,946%. Isto é, a medida realizada apresenta uma variação de 2%.

Cálculo da concentração de oxigênio, em mol L^{-1} e g L^{-1}.

O cálculo da concentração de O_2 no ar pode ser feito a partir da Lei dos Gases (PV = nRT), segundo a Equação (12.5).

$$n_{O_2} \quad = \quad \frac{P\ V_{O_2}}{RT} \tag{12.5}$$

na qual:

n_{O_2} = número de mols de O_2 presentes no ar;
P = pressão atmosférica do ar seco;
V_{O_2} = volume ocupado pelo O_2 no tubo graduado;
R = constante universal dos gases;
T = temperatura em K.

Substituindo os valores do experimento na Equação (12.5), tem-se a Equação (12.6).

$$\Delta n_{O_2} = \frac{693{,}52 \cdot 0{,}0103}{62{,}359 \cdot 292} = 3{,}94 \cdot 10^{-4}\ \text{mols} \tag{12.6}$$

Tabela 12.4 — Resultados Medidos e Calculados do Experimento Realizado na Temperatura de 19,0 °C e Pressão de 0,933 atm

$\Delta t = t_f - t_i$ (minutos)	$\Delta V_{O_2} = V_f - V_i$ Consumido (mL)	Δn_{O_2} (gastos) $\Delta n_{O_2} = \dfrac{P\Delta V_{O_2}}{RT}$ (mol) $\times 10^{-4}$	$n_{O_2} = n_0 - \Delta n_{O_2}$ (restantes) (mol) $\times 10^{-4}$	$C_{O_2} = \dfrac{n_{O_2}}{V}$ (mol L^{-1}) $\times 10^{-3}$ restante
0	0,00	0,00	3,94	7,87
12	0,20	0,076	3,86	7,72
22	0,40	0,153	3,78	7,57
37	0,60	0,229	3,71	7,41
52	0,80	0,306	3,63	7,26
67	0,90	0,344	3,59	7,18
82	1,00	0,382	3,55	7,11
97	1,10	0,420	3,52	7,03
117	1,30	0,497	3,44	6,88
128	1,40	0,535	3,40	6,80
142	1,60	0,612	3,32	6,65
157	1,60	0,612	3,32	6,65
227	2,20	0,841	3,10	6,19
247	2,30	0,879	3,06	6,12
262	2,35	0,898	3,04	6,08
295	2,60	0,994	2,94	5,89
322	2,70	1,030	2,90	5,81
352	2,90	1,110	2,83	5,66
382	3,10	1,180	2,75	5,50
412	3,25	1,240	2,69	5,39
432	3,30	1,260	2,68	5,35
582	4,30	1,640	2,29	4,59
642	4,65	1,780	2,16	4,32
667	4,80	1,830	2,10	4,20
697	4,95	1,890	2,04	4,09
717	5,10	1,950	1,99	3,97
742	5,20	1,990	1,95	3,90
778	5,40	2,060	1,87	3,74
1.245	7,80	2,980	0,955	1,91
1.322	8,15	3,110	0,822	1,64
1.362	8,30	3,170	0,764	1,53
1.417	8,50	3,250	0,688	1,38
1.482	8,60	3,290	0,650	1,30
1.542	8,80	3,360	0,573	1,15
1.642	9,00	3,440	0,497	0,993
1.727	9,10	3,480	0,458	0,917
1.824	9,25	3,540	0,401	0,802
2.014	9,70	3,710	0,229	0,458
2.117	9,90	3,780	0,153	0,305
2.227	10,00	3,820	0,115	0,229
2.767	10,30	3,940	0,000	0,000

Número inicial de mols de $O_2 = n_O = PV/RT = 3,94 \cdot 10^{-4}$ mol de oxigênio no experimento.

284 Capítulo Doze

Conhecendo o número de mols, a concentração pode ser calculada por meio da Equação (12.7).

$$C_{O_2} = \frac{n_{O_2}}{V_{(l)}}$$ (12.7)

na qual:
C_{O_2} = concentração do O_2 em mol L^{-1};
V = volume total do recipiente em L = 0,050 L;
n_{O_2} = número de mols de O_2 na mistura = $3,94 \cdot 10^{-4}$ mol.

Substituindo os valores na Equação (12.7), tem-se a Equação (12.8).

$$C_{O_2} = \frac{3,9365 \cdot 10^{-4}}{0,05} = 7,87 \cdot 10^{-3} \text{ mol L}^{-1}$$ (12.8)

Transformando número de mols em massa, lembrando que m = n · M = (número de mols × massa molar do O_2), tem-se:

$$C_{O_2} = 0,252 \text{ g L}^{-1}$$ (12.9)

A Tabela 12.4 apresenta as concentrações de O_2, em mol L^{-1}, no decorrer da reação.

Cálculo da velocidade de reação

O *Capítulo 5 – Cinética de Reações Químicas da Atmosfera* traz detalhes sobre a velocidade das reações, cálculos de velocidade e dedução das fórmulas usadas.

A velocidade média de reação, $\bar{v}$, da Reação [R-12.6] pode ser calculada pela Equação (12.10).

$$\bar{v} = -\frac{\Delta[O_2]}{\Delta t} = -\frac{[O_2]_f - [O_2]_i}{t_f - t_i}$$ (12.10)

O sinal negativo da fórmula se explica pelo fato de que a velocidade é dada por um número positivo, e a concentração do O_2 diminui com o tempo, pois, o reagente, será consumido durante a reação.

A título de exemplo, calcular a velocidade média da Reação [R-12.6] em três diferentes momentos, utilizando a Tabela 12.4 para obter os dados de concentração do O_2 no tempo escolhido para o cálculo.

a. *de 0 a 12 minutos*
em que: t_1 = 0 minuto; t_2 = 12 minutos; $[O_2]_1 = 7,87 \cdot 10^{-3}$ mol L^{-1}; $[O_2]_2 = 7,72 \cdot 10^{-3}$ mol L^{-1}.

Substituindo os valores na Equação (12.10), tem-se:

$$v = -\frac{\Delta[O_2]}{\Delta t} = -\frac{7,72 \cdot 10^{-3} - 7,87 \cdot 10^{-3}}{12 - 0} = 1,25 \cdot 10^{-5} \text{ mol (L min)}^{-1}$$ (12.11)

b. *de 582 a 642 minutos*
em que: t_1 = 582 minutos; t_2 = 642 minutos; $[O_2]_1 = 4,59 \cdot 10^{-3}$ mol L^{-1}; $[O_2]_2 = 4,32 \cdot 10^{-3}$ mol L^{-1};

$$v = -\frac{\Delta[O_2]}{\Delta t} = -\frac{4,32 \cdot 10^{-3} - 4,59 \cdot 10^{-3}}{642 - 582} = 4,50 \cdot 10^{-6} \text{ mol (L min)}^{-1}$$ (12.12)

c. *de 2.227 a 2.767 minutos*
em que: t_1 = 2.227 minutos; t_2 = 2.767 minutos; $[O_2]_1 = 0,229 \cdot 10^{-3}$ mol L^{-1}; $[O_2]_2 = 0,00$ mol L^{-1}.

$$v = -\frac{\Delta[O_2]}{\Delta t} = -\frac{0,00 - 0,229 \cdot 10^{-3}}{2767 - 2227} = 4,24 \cdot 10^{-7} \text{ mol (L min)}^{-1}$$ (12.13)

Por meio desses resultados, fica demonstrada a dependência da velocidade de reação da concentração dos seus reagentes, no caso estudado, da concentração do O_2.

A Figura 12.2 apresenta a variação da concentração de oxigênio com o tempo, ou mostra como varia a velocidade da reação analisada.

Pode-se também utilizar o gráfico da concentração *versus* tempo para calcular a velocidade instantânea (v_i) em um dado momento da reação, como seja, no ponto P da Figura 12.3. Para isso, traça-se a tangente no ponto P da curva e determina-se sua inclinação.

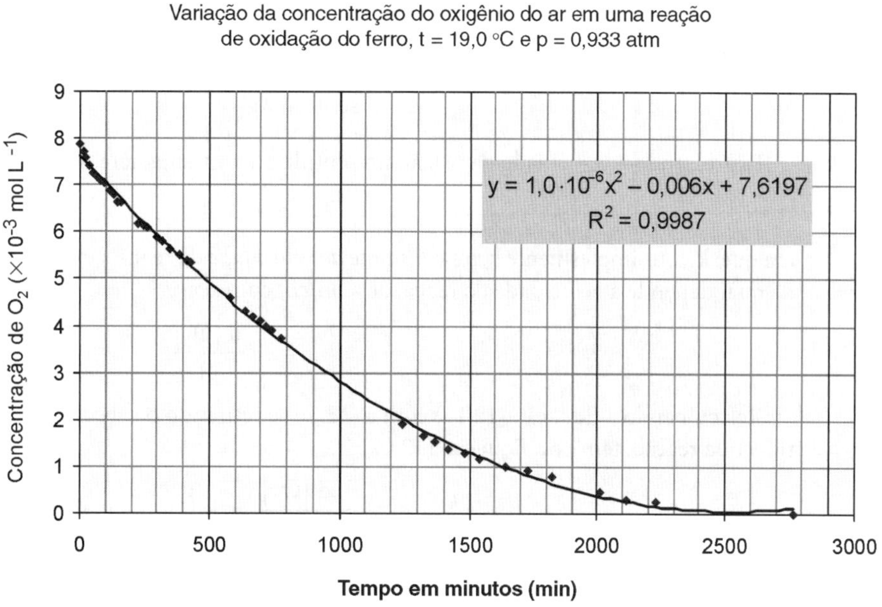

O Laboratório e o Estudo da Atmosfera 285

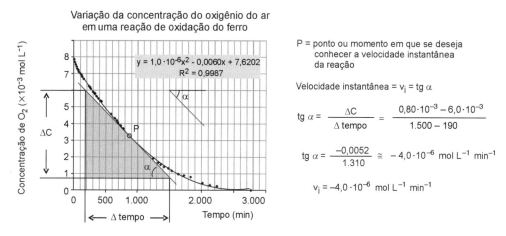

Figura 12.2 Gráfico da variação da concentração de O_2 em função do tempo de reação, em uma temperatura de 19,0 °C e uma pressão ambiente de 0,933 atm.

Figura 12.3 Determinação da velocidade instantânea da reação no ponto P, a 19,0 °C e 0,933 atm.

Ou seja,

$$\text{tg } \alpha = \text{inclinação da reta que passa pelo ponto } P = \frac{\text{cateto oposto}}{\text{cateto adjacente}} \quad (12.14)$$

Conforme Figura 12.3, fazendo os cálculos encontrou-se $v_i = 4 \cdot 10^{-6}$ mol L^{-1} min^{-1}. *O número pequeno deve-se ao fato* de a escala gráfica ser muito pobre em algarismos significativos e, com isto, não permitir ler valores precisos. O sinal negativo da tangente mostra que a velocidade da reação está diminuindo.

Ordem de reação e constante de velocidade da reação, k

Para os cálculos da constante k e da ordem de reação foram utilizados os dados iniciais do experimento; desta forma, está sendo considerada apenas a Reação [R-12.6]. A partir do momento em que a concentração de Fe^{2+} aumenta, reações secundárias podem acontecer, estas também consomem oxigênio originando óxidos e hidróxidos de Fe^{3+}, Reações [R-12.7] e [R-12.8].

Reescrevendo a Reação [R-12.6], tem-se:

$$2Fe_{(s)} + 2H_2O + O_{2(g)} \underset{\text{sentido 2}}{\overset{\text{sentido 1}}{\rightleftharpoons}} 2Fe^{2+} + 4HO^- \quad \Delta E_{\text{reação}} = 0,85 \text{ V.} \qquad \textbf{[R-12.6]}$$

Expressando a velocidade da reação no sentido 1 da mesma, têm-se as Equações (12.15) e (12.16):

$$v_1 = k_1[O_2]^1 \qquad \textbf{(12.15)}$$

em que: k_1, ou simplesmente k, é a *constante de velocidade* da reação, e o expoente 1 da concentração de O_2, da qual depende a velocidade da reação, é a *ordem* da reação.

$$v_1 = -\frac{d\,[O_2]}{dt} \qquad \textbf{(12.16)}$$

Relacionando a Equação (12.15) com a (12.16) e retirando o subscrito 1 de k_1, que apenas indica o sentido 1 da reação, tem-se a Equação (12.17):

$$-\frac{d\,[O_2]}{dt} = k\,[O_2] \qquad \textbf{(12.17)}$$

na qual:

$$[O_2] = a - x \qquad \textbf{(12.18)}$$

$a = [O_2]_i =$ concentração inicial de oxigênio; e,
$x = [O_2]_f =$ concentração final de oxigênio.

$$-\frac{d[a-x]}{dt} = k(a-x) \qquad \textbf{(12.19)}$$

A Equação (12.19) por integração origina a Equação (12.20):

$$-\ln(a–x) = kt + \text{constante} \qquad \textbf{(12.20)}$$

$$-\ln(a–x) = kt - \ln a \qquad \textbf{(12.21)}$$

$$\ln(a–x) = -kt + \ln a \qquad \textbf{(12.22)}$$

na qual: $(a - x) =$ concentração de O_2 em um tempo qualquer; e,
   $a =$ concentração inicial do O_2.
Pode-se fazer uma analogia entre a Equação (12.22) e a equação da reta, como mostra a Equação (12.23).

$$\ln[a–x] = -kt + \ln[a] \qquad \textbf{(12.23)}$$
$$\uparrow \qquad \uparrow \quad \uparrow\ \uparrow$$
$$y \ = \ mx + b \ (\text{equação da reta})$$

em que:
   m = coeficiente angular da reta;
   b = coeficiente linear da reta.

A Figura 12.4 é a representação gráfica de ln $[O_2]$ (eixo dos y) *versus* Tempo (eixo dos x).

A reta da Figura 12.4 representa uma reação de primeira ordem, pois este tipo de gráfico resulta em uma reta apenas para as reações de primeira ordem.

A constante k (verificar Equação da reta (12.23)) da reação é obtida por meio da inclinação da reta, Equação (12.24).

$$k = -\text{inclinação da reta} = \frac{\Delta(\ln[O_2])}{\Delta t} \qquad \textbf{(12.24)}$$

A inclinação da reta, portanto, a constante k, também pode ser calculada pelo método dos *mínimos quadrados*, Equação (12.25).

$$k = \frac{n\left(\sum xy\right) - \left(\sum x\right)\left(\sum y\right)}{n\left[\sum (x)^2\right] - \left(\sum x\right)^2} \qquad \textbf{(12.25)}$$

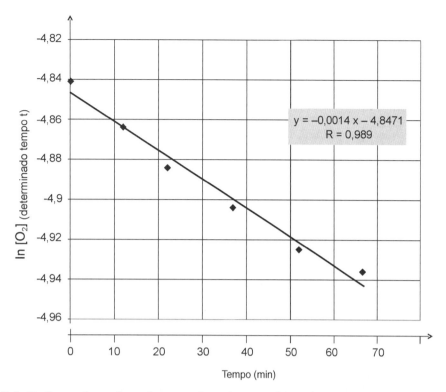

Figura 12.4 Verificação da reta formada, característica da reação de 1ª ordem quando plotado o ln [O₂]₍presente no momento da reação₎ *versus* o tempo de reação.

Tabela 12.5 Dados Necessários para o Cálculo de k pelo Método dos Mínimos Quadrados

y = ln[O₂]	x = t (min)	x · y	x²
−4,841	0	0,000	0
−4,864	12	−58,368	144
−4,884	22	−107,448	484
−4,904	37	−181,448	1.369
−4,925	52	−256,100	2.704
−4,936	67	−330,712	4.489
Σy = −29,357	Σ x = 190	Σxy = −934,076	Σ(x²) = 9.190

Substituindo os valores da Tabela 12.5 na Equação (12.25), temos a Equação (12.26).

$$k = \frac{6(-934,076) - (190)(-29,357)}{6[9190] - (190)^2} = 0,001398 = 0,0014 \quad (12.26)$$

Portanto, a equação para o cálculo da velocidade para esta reação é dada pela Equação (12.27).

$$v = -0,0014 \, [O_2] \quad (12.27)$$

12.3 Experimento 2: Dispersão da Luz por Partículas Coloidais — Efeito Tyndall

12.3.1 Aspectos teóricos

A importância da luz do Sol para o planeta Terra já foi tratada em vários capítulos deste trabalho. No *Capítulo 2 – Transferência de Energia e Massa na Atmosfera*, foi visto como a Química da Atmosfera depende das espécies presentes e da energia da radiação solar que chega até ela, e como essa energia interage com a matéria na atmosfera. O *Capítulo 3 – Interação da Radiação Eletromagnética com a Atmosfera*, analisou

288 Capítulo Doze

a radiação solar que atravessa ou é retida na atmosfera e as reações fotoquímicas que ela provoca. No *Capítulo 4 – Ciclos Biogeoquímicos dos Principais Componentes da Atmosfera*, verificou-se que o ciclo dos elementos químicos em muitas de suas etapas depende da energia que vem do Sol. E finalmente no *Capítulo 6 – Particulados da Atmosfera*, foram estudadas as reações químicas dos particulados da atmosfera e suas interações com a radiação solar.

O particulado da atmosfera tem muitas origens: indústrias; fenômenos naturais, como vulcões; queimadas; entre outras. O artigo transcrito no quadro a seguir foi publicado na revista *Pesquisa, Ciência e Tecnologia no Brasil*, da Fapesp, e trata dos problemas causados pelo excesso de particulados na atmosfera.

SOMBRAS SOBRE A FLORESTA

Nuvens de fumaça das queimadas bloqueiam 20% da luz solar, diminuem as chuvas e esfriam a Amazônia

Quase todo mundo já viu esta cena ao vivo ou na televisão: nuvens de fumaça tingem de cinza o céu da Amazônia no auge da estação das queimadas, entre agosto e outubro, a época mais seca do ano na região. Nesse período, por falta de visibilidade, microscópicas partículas decorrentes da combustão da vegetação, chamadas de aerossóis, turvam de forma tão marcante o firmamento que aeroportos de capitais como Rio Branco e Porto Velho fecham constantemente para pousos e decolagens. Num dia especialmente opaco, um falso, lento – e lindo – pôr do sol pode começar ao meio-dia e se arrastar por horas. Tudo por causa da sombra de aerossóis que paira sobre partes significativas da Amazônia quando o homem usa uma das formas mais primitivas e poluidoras de limpar e preparar a terra para o cultivo, o fogo. A escuridão fora de hora, como se sobre a floresta houvesse um guarda-sol fabricado pelo homem, pode ser o efeito mais visível de uma atmosfera saturada de finíssimas partículas suspensas, mas nem de longe é o único.

....

Há muitas incertezas sobre o impacto das partículas em suspensão, mas uma coisa é certa: elas realmente são muito eficientes em bloquear a luz durante as queimadas na Amazônia, uma vez que o manto de fumaça pode se estender por uma área de 2 a 4 milhões de quilômetros quadrados, algo entre 40% e 80% do território total desse ecossistema.

É verdade que para enxergar isso nem é preciso ser cientista, basta olhar para o céu num dia enfumaçado. Mas os pesquisadores acabam de quantificar esse decréscimo de radiação solar na superfície com grande riqueza de detalhes. Cálculos feitos em dois pontos da região Norte – em Alta Floresta, no Mato Grosso, e em Ji-Paraná, em Rondônia – mostram que, em média, de agosto a outubro, 20% da radiação solar são absorvidos pelos aerossóis ou refletidos e enviados de volta ao espaço. Em casos extremos ocorrem picos em que a retenção ou a reflexão dos raios de sol pode chegar a 50%. Mesmo a luz que consegue atravessar a espessa camada de fumaça chega à superfície em grande parte alterada: a quantidade de radiação difusa (que não incide frontalmente sobre os olhos) pode aumentar até sete vezes.

Fonte: PIVETTA, 2003.

O experimento aqui proposto simula a formação de particulados na atmosfera e as modificações físicas na radiação eletromagnética que por eles passa.

12.3.2 Procedimentos

Materiais necessários

Reagentes:

- *Tiossulfato de sódio, $Na_2S_2O_3$;*
- *Água destilada;*
- *Ácido clorídrico concentrado, HCl.*

Vidrarias e materiais diversos:

- *Proveta de 10 mL;*
- *Balão volumétrico de 100 mL;*

- *Folha de papel preto (ou papelão preto);*
- *Copo béquer de 250 mL.*

Instrumentos:

- *Balança semianalítica;*
- *Projetor (retroprojetor).*

Preparação de soluções

Solução de tiossulfato de sódio 0,03 mol L^{-1}: Em um béquer de 25 mL pesar 0,70 g de tiossulfato de sódio (Na$_2$S$_2$O$_3$) e dissolver em aproximadamente 15 mL de água. Transferir quantitativamente para um balão volumétrico de 100 mL e completar com água destilada até a marca.

Técnica

- Fazer uma abertura (orifício) do tamanho do fundo do béquer em um papel escuro.
- Colocar cerca de 100 mL da solução de tiossulfato de sódio 0,03 mol L^{-1} em um béquer de 250 mL.
- Fixar o papel escuro sobre o retroprojetor e colocar o béquer na abertura, conforme Figura 12.5.
- Colocar 10 mL do ácido clorídrico concentrado e agitar a mistura.
- Observar na tela de projeção as mudanças de cor da luz.

12.3.3 Resultados e discussão

A reação entre o ácido clorídrico concentrado e o tiossulfato de sódio produz o enxofre elementar particulado que forma uma suspensão coloidal.

Esta reação pode ser escrita em duas etapas. A primeira etapa se dá com a formação do ácido tiossulfúrico, conforme Reação (R-12.9).

$$2H^+_{(aq)} + S_2O_3^{2-}_{(aq)} \rightarrow H_2S_2O_{3(aq)} \quad \text{(R-12.9)}$$

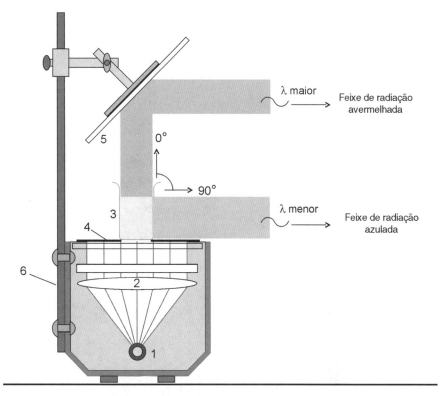

Figura 12.5 Visualização do espalhamento da radiação *scattering* pelas micelas coloidais que se encontra no copo béquer mediante o uso de um retroprojetor.

O ácido tiossulfúrico se decompõe produzindo o ácido sulfuroso e enxofre, que se apresenta na forma de um sólido particulado, Reação (R-12.10).

$$H_2S_2O_{3(aq)} \rightarrow H_2SO_{3(aq)} + S_{(s)} \quad \text{(R-12.10)}$$
Enxofre particulado

As partículas coloidais de enxofre espalham parte da luz vinda do retroprojetor, termo conhecido em inglês como "*scattering*". Este fenômeno é denominado efeito Tyndall.

Porém, as partículas coloidais do enxofre espalham certos comprimentos de onda eletromagnética, outros não. Ao olhar para o béquer, em um ângulo de 90° em relação ao eixo fundo-boca, observa-se a luz azul que tem comprimentos de onda mais curtos, ver Figura 12.5. A luz que atravessa a solução na direção projetada do retroprojetor (direção 0°) é vermelha.

A Figura 12.5 apresenta uma situação semelhante ao que ocorre naturalmente na atmosfera, tanto ao entardecer quanto ao amanhecer, conforme foto da Figura 12.6.

Durante o dia, a luz do sol penetra na atmosfera. Parte, a de mais alta energia (comprimentos de ondas curtos – Raios-X, ultravioleta), é absorvida e parte é espalhada por moléculas e partículas de poeira – *scattering*. Como a camada da atmosfera que contém estes particulados é relativamente de pequena espessura, permite enxergar o céu azul, chegando à superfície a radiação do visível, isto é, a radiação de comprimentos de onda mais curtos.

Já no amanhecer e/ou no pôr do sol, a radiação solar é vista pelo observador na linha do horizonte, Figuras 12.6 e 12.7. A radiação eletromagnética percorre um longo caminho horizontal na troposfera onde as *partículas coloidais* que provocam o espalhamento da radiação encontram-se presentes. Assim, a radiação visível de comprimentos de onda mais curtos é dispersa em um ângulo de 90°, perdendo-se no espaço, e o observador vê os comprimentos da radiação complementar do azul que se encontram no vermelho e amarelo; comprimentos mais longos. A foto da Figura 12.6 demonstra a explicação.

12.4 Experimento 3: Determinação do pH da Água da Chuva

12.4.1 Aspectos teóricos

Atividade de H⁺ na água e pH

A maior ou menor *acidez* de um meio qualquer, por exemplo, as águas da chuva, é a maior ou menor atividade dos íons H_3O^+, ou simplesmente H^+, presentes no meio, que pode ser expressa em função da concentração dos íons H^+ ($[H^+]$) ou da atividade dos íons H^+ (a_{H^+}) presentes, conforme Equação (12.28).

$$a_{H^+} = \{H^+\} = \gamma_{H^+}\left[H^+\right] \quad (12.28)$$

Figura 12.6 Amanhecer do dia na praia de Guaratuba, Guaratuba, Paraná (2005).

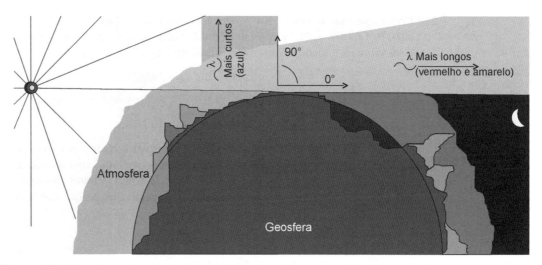

Figura 12.7 Visualização de um amanhecer ou de um entardecer com particulados compatíveis a provocarem o espalhamento, *scattering*, dos comprimentos de onda mais curtos da luz visível (azul).

em que:
{H^+} = atividade de H^+ em mol L^{-1};
Υ_{H+} = coeficiente de atividade do H^+;
[H^+] = concentração de H^+ em mol L^{-1}.

A água pura se ioniza segundo a Reação (R-12.11):

$$2H_2O + \text{água} \rightleftarrows H_3O^+_{(aq)} + HO^-_{(aq)} \tag{R-12.11}$$

Ou simplesmente a (R-12.12),

$$H_2O + \text{água} \rightleftarrows H^+_{(aq)} + OH^-_{(aq)} \tag{R-12.12}$$

cuja constante de equilíbrio, chamada constante de ionização da água, K_w, é dada pela Equação (12.29):

$$K_w = \frac{(a_{H^+})(a_{HO^-})}{(a_{H_2O})} = \frac{\{H^+\}\{HO^-\}}{\{H_2O\}} \tag{12.29}$$

Como, por definição, a atividade de uma espécie química pura no seu estado-padrão é igual a 1,0, tem-se {H_2O} = 1, Equação (12.30):

$$K_w = a_{H^+} a_{HO^-} \tag{12.30}$$

Em soluções diluídas, como o caso das chuvas ácidas, a atividade é igual a concentração, pois $\Upsilon_i = 1$, logo:

$$K_w = [H^+][HO^-] \tag{12.31}$$

Medidas experimentais da constante de dissociação da água a 25 °C e 1,0 atm de pressão mostram que:

$$K_w = 1,0 \cdot 10^{-14} \quad \text{ou} \quad K_w = [H^+][HO^-] = 1,0 \cdot 10^{-14} \tag{12.32}$$

Na água pura, o número de mols por litro de H^+ e o número de mols por litro de HO^- proveniente da dissociação da água, Reação (R-12.12), são iguais, o que permite calcular:

$$a_{H^+} = a_{HO^-} = \sqrt{1,0 \cdot 10^{-14}} = 1,0 \cdot 10^{-7} \, mol \, L^{-1} \tag{12.33}$$

Como o valor de $1,0 \cdot 10^{-7}$ mol L^{-1} é um valor pequeno, podem-se fazer duas considerações:

1. Uma solução com concentração igual a $1,0 \cdot 10^{-7}$ mol L^{-1} é considerada praticamente diluída ao infinito e seu comportamento é tido como ideal, e como tal:

$$a_{H^+} = \gamma_{H^+}[H^+], \text{ se } \gamma_{H^+} = 1,0 \quad \text{então,} \quad a_{H^+} = [H^+] \tag{12.34}$$

292   Capítulo Doze

2. Como uma solução neutra, isto é, nem ácida nem básica, possui $a_{H+} = 1,0 \cdot 10^{-7}$ mol L^{-1}, que é igual a $[H^+] = 1,0 \cdot 10^{-7}$ mol L^{-1} e este valor é muito pequeno, convencionou-se trabalhar com o logaritmo deste número, tomado negativamente, denominado **pH**. Ou seja,

$$pH = -\log a_{H+} = -\log [H^+] \qquad (12.35)$$

Para o exemplo citado, tem-se a Equação (12.36).

$$pH = -\log 1,0 \cdot 10^{-7} = 7,0 \qquad (12.36)$$

Concluindo, o pH é uma forma mais simples de expressar a acidez, por meio de números pequenos, variando no intervalo de interesse de 0 a 14, que correspondem aos expoentes dados à base 10, tomados com sinal negativo, equivalentes aos respectivos valores da acidez. Valores abaixo de 0 e acima de 14 correspondem a concentrações elevadas de $[H^+]$ e $[HO^-]$, respectivamente, que não se costumam representar por $-\log [i]$.

Origem da acidez da água da chuva

A acidez da água da chuva depende do estado da atmosfera na hora da chuva, se está poluída ou não.

No caso da atmosfera poluída com óxidos de enxofre e de nitrogênio, estes conduzem à **chuva ácida**, conforme visto nos capítulos anteriores. No caso de queimadas em que se formam cinzas voláteis (Na_2O, K_2O, CaO etc.), a água da chuva será básica.

Em uma atmosfera não poluída há sempre a presença de CO_2, gás carbônico, proveniente da respiração dos seres vivos e dos processos de combustão normais na natureza. Encontra-se na atmosfera em uma concentração média de 350 ppm (ar seco). Este valor tem aumentado nos últimos anos em razão da poluição antrópica. O CO_2 é um óxido que confere caráter levemente ácido à água da chuva.

Medida da concentração de H^+

A medida da concentração de H^+ na água é feita por dois métodos, um clássico ou químico e o outro instrumental.

O método clássico enquadra-se na *Titulometria de neutralização*, que mede a concentração de H^+ pela sua reação com o padrão HO^- e vice-versa. O método instrumental enquadra-se nos *Métodos potenciométricos*, que, no caso, medem a atividade de H^+ da amostra com um instrumento chamado *pH-metro*. O método necessita de um padrão ou de uma solução padronizada para calibrar o instrumento.

O método potenciométrico baseia-se na medida do potencial de uma célula galvânica constituída por dois eletrodos: um de referência, outro indicador.

Utiliza-se como eletrodo indicador uma membrana de vidro seletiva aos íons H^+ e como eletrodo de referência, o eletrodo de prata/cloreto de prata. A Equação (R-12.13) traz a representação desta pilha.

$$Ag, AgCl_{(s)}/HCl \ (0,1 \ mol \ L^{-1})/membrana \ de \ vidro/Solução \ problema \qquad (R-12.13)$$

Se a concentração do HCl que preenche o bulbo do eletrodo for constante, o potencial do eletrodo prata/cloreto de prata que está em contato com a solução de HCl também será constante, estabelecendo um potencial constante na superfície interna da membrana de vidro. Desta forma, somente o potencial pode variar, da superfície externa da membrana de vidro em função da concentração da solução problema.

O aparelho transforma a medida da ddp (diferença de potencial), em pH, e a leitura é direta. O pH depende da temperatura; estabelecida a temperatura da solução problema, esta deve ser corrigida no pH-metro.

12.4.2 Procedimentos

Materiais necessários

- *5 a 6 bacias de plástico (2 a 5 litros) para coletar as amostras de água da chuva;*
- *Termômetro (°C);*
- *Copo béquer de 50 mL;*
- *Instrumento pH-metro;*
- *Suporte metálico para o eletrodo de vidro do pH-metro;*
- *Soluções-tampão para calibrar o pH-metro (pH = 3,00; 4,00; 5,00; 6,00; 7,00 e 8,00);*
- *Lenços de papel para secar materiais.*

O Laboratório e o Estudo da Atmosfera **293**

> *Técnica*

- Coletar uma amostra da chuva nos primeiros 5 minutos de precipitação em recipiente limpo e seco. Tomar cuidado para que a amostra recolhida não tenha entrado em contato com telhados, árvores etc.
- Determinar a temperatura da água com auxílio de um termômetro.
- Acertar a temperatura correspondente no pH-metro.
- Calibrar o pH-metro com soluções-tampão de pH mais próximo ao valor a ser medido.
- No ato da finalização da coleta da água da chuva, transferir aproximadamente 40 mL da mesma no copo béquer de 50 mL, enxaguá-lo e descartar a água. Após, transferir nova alíquota e medir o pH da água introduzindo o eletrodo (conforme o pH-metro pode-se introduzir o eletrodo diretamente no recipiente de coleta da água da chuva).
- Repetir a amostragem após tempos diferentes de precipitação. Por exemplo: 10 minutos, 20 minutos, e assim por diante.
- Fazer a determinação do pH imediatamente após a coleta.
- Comparar o pH das amostras coletadas.
- Fazer a determinação em vários locais (cidade, campo etc.).

Observação: Valores de pH mais ácidos nos primeiros instantes de precipitação podem indicar "chuva ácida" e consequente presença de poluentes na atmosfera.

12.4.3 Resultados

Tabela 12.6 Variação do pH da Chuva com o Tempo de Precipitação

Tempo de precipitação	Valor de pH
Início da precipitação	
10 minutos	
20 minutos	
30 minutos	

12.4.4 Cálculos

Problema: Supondo que a atmosfera não esteja poluída e tenha gás carbônico, CO_2, na abundância de 350 ppm (ar seco), temperatura de 25 °C e 1,0 atm de pressão. Qual é o pH desta água de chuva?

Solução: Na solução do problema serão seguidas as etapas preconizadas para a solução de problemas em equilíbrio químico, conforme seguem abaixo.

Visualização do problema, conforme Figura 12.8.

$1^{\underline{o}}$ Passo: Escrever e balancear as reações que representam o **estado de equilíbrio**.

$$H_2CO^*_{3(aq)} + H_2O_{(chuva)} \rightleftarrows H_3O^+_{(aq)} + HCO_3^-_{(aq)} \quad Ka_1 \tag{R-12.14}$$

$$HCO_3^-_{(aq)} + H_2O_{(chuva)} \rightleftarrows H_3O^+_{(aq)} + CO_3^{2-}_{(aq)} \quad Ka_2 \tag{R-12.15}$$

$$H_2O_{(chuva)} \rightleftarrows H^+_{(aq)} + HO^-_{(aq)} \quad K_w \tag{R-12.16}$$

$2^{\underline{o}}$ Passo: Formular todas as constantes de equilíbrio (desprezando os subscritos).

$$K_{a_1} = \frac{\left[H^+\right]\left[HCO_3^-\right]}{\left[H_2CO_3^*\right]} \tag{12.37}$$

$$K_{a_2} = \frac{\left[H^+\right]\left[CO_3^{2-}\right]}{\left[HCO_3^-\right]} \tag{12.38}$$

$$K_w = [H^+][HO^-] \tag{12.31}$$

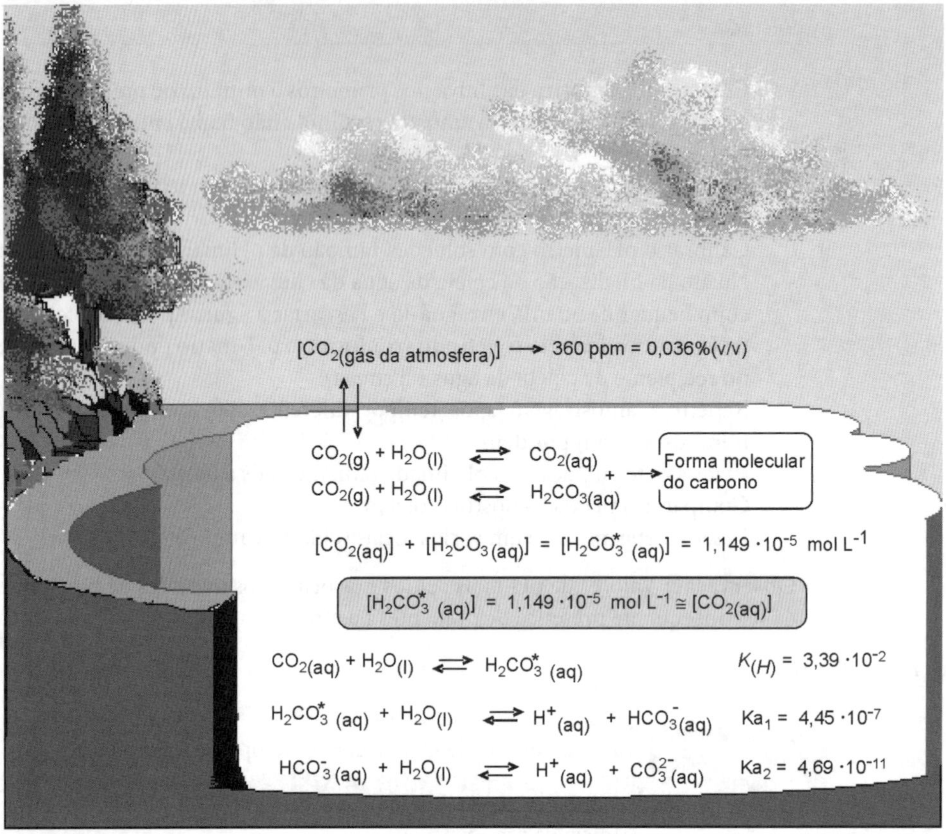

294 Capítulo Doze

Figura 12.8 Equilíbrios entre o $CO_{2(atmosfera)}$ e o $CO_{2(dissolvido)}$ em um corpo de água natural ou na água da chuva e respectivas constantes sem a presença de outras espécies químicas. (O valor da $[H_2CO_3^*{}_{(aq)}] = 1,149 \cdot 10^{-5}$ mol L^{-1} foi calculado no *Capítulo 4* – Eq. 4.20.)

3º Passo: Escrever equações adicionais possíveis.

Aplicando o princípio do balanço de massa, BM, para as espécies que contêm C (carbono), tem-se:

$$[\text{espécies com C}] = [C_T] = [H_2CO_3^*] + [HCO_3^-] + [CO_3^{2-}] \tag{12.39}$$

Aplicando o princípio do balanço de cargas, BC, para o sistema, tem-se:

$$[H_3O^+]_{total} = 2[CO_3^{2-}] + [HCO_3^-] + [HO^-]_{(água)} \tag{12.40}$$

4º Passo: Após ter n-equações (independentes), efetuar os cálculos.

Fazer a especiação do sistema

Esta etapa consiste em diferentes operações para substituir todas as variáveis do sistema: na Equação (12.39) em função de uma e respectivas constantes, e depois na Equação (12.40), em que será obtido o polinômio de grau n em H⁺, que, resolvido, permite calcular o pH.

- *Espécie* $[\mathbf{H_2CO_3^*}]$

Relacionando as Equações (12.37), (12.38) e (12.31) com (12.39), em função de $[H_2CO_3^*]$, têm-se: da Equação (12.37):

$$\left[HCO_3^-\right] = \frac{Ka_1 \left[H_2CO_3^*\right]}{\left[H^+\right]} \tag{12.41}$$

das Equações (12.38), (12.41) tem-se a Equação (12.42).

$$\left[CO_3^{2-}\right] = \frac{Ka_2\left[HCO_3^-\right]}{\left[H^+\right]} = \frac{Ka_1Ka_2\left[H_2CO_3^*\right]}{\left[H^+\right]^2} \tag{12.42}$$

Relacionando a equação do BM (12.39) com (12.41) e (12.42), tem-se a Equação (12.43).

$$\left[C_T\right] = \left[H_2CO_3^*\right] + \frac{Ka_1\left[H_2CO_3^*\right]}{\left[H^+\right]} + \frac{Ka_1Ka_2\left[H_2CO_3^*\right]}{\left[H^+\right]^2} \tag{12.43}$$

Separando a variável (ou espécie) $[H_2CO_3^*]$, tem-se a Equação (12.44).

$$\left[H_2CO_3^*\right] = \frac{\left[C_T\right]\left[H^+\right]^2}{\left[H^+\right]^2 + Ka_1[H^+] + Ka_1Ka_2} \tag{12.44}$$

Procedendo da mesma maneira, determina-se a expressão de cálculo para as espécies $[HCO_3^-]$ e $[CO_3^{2-}]$, resultando (12.45) e (12.46).

- *Espécie* $[HCO_3^-]$

$$\left[HCO_3^-\right] = \frac{\left[C_T\right]Ka_1\left[H^+\right]}{\left[H^+\right]^2 + Ka_1\left[H^+\right] + Ka_1Ka_2} \tag{12.45}$$

- *Espécie* $[CO_3^{2-}]$

$$\left[CO_3^{2-}\right] = \frac{\left[C_S\right]_T Ka_1Ka_2}{\left[H^+\right]^2 + Ka_1\left[H^+\right] + Ka_1Ka_2} \tag{12.46}$$

- *Espécie* HO^-

Pela Equação [12.31] obtém-se a Equação (12.47).

$$\left[HO^-\right] = \frac{K_w}{\left[H^+\right]} \tag{12.47}$$

- *Espécie* H^+

Relacionando as Equações (12.45), (12.46) e (12.47) com a equação do balanço de cargas, (12.40), tem-se a Equação (12.48).

$$\left[H^+\right] = \frac{\left[C_T\right]Ka_1\left[H^+\right]}{\left[H^+\right]^2 + Ka_1\left[H^+\right] + Ka_1Ka_2} + 2\left(\frac{\left[C_T\right]Ka_1Ka_2}{\left[H^+\right]^2 + Ka_1\left[H^+\right] + Ka_1Ka_2}\right) + \frac{K_w}{\left[H^+\right]} \tag{12.48}$$

Explicitando o polinômio em $[H^+]$ da Equação (12.48), tem-se a Equação (12.49).

$$[H^+]^4 + Ka_1[H^+]^3 - (-Ka_1Ka_2 + [C_T]Ka_1 + K_w)[H^+]^2 - (2[C_T]Ka_1Ka_2 + Ka_1K_w)[H^+] - K_wKa_1Ka_2 = 0 \tag{12.49}$$

Introduzindo as constantes e condições do experimento, em que: $Ka_1 = 4{,}45 \cdot 10^{-7}$, $Ka_2 = 4{,}69 \cdot 10^{-11}$; $K_w = 1{,}0 \cdot 10^{-14}$ e $[C_T] = 1{,}149 \cdot 10^{-5}$ mol L^{-1} (verificar Figura 12.8), tem-se a Equação (12.50).

$$[H^+]^4 + 4{,}45 \cdot 10^{-7}[H^+]^3 - 5{,}11 \cdot 10^{-12}[H^+]^2 - 4{,}93 \cdot 10^{-21}[H^+] - 1{,}106 \cdot 10^{-31} = 0 \tag{12.50}$$

Resolvendo o polinômio, tem-se:

$$[H^+] = 2{,}049 \cdot 10^{-6} \text{ mol } L^{-1} \tag{12.51}$$

$$\mathbf{pH = 5{,}69} \tag{12.52}$$

Com o valor de $[H^+]$ calcula-se a concentração das demais espécies conforme Equações: (12.44), (12.45), (12.46) e (12.47).

296 Capítulo Doze

12.5 Experimento 4: Acidez da Atmosfera e Meio Ambiente

12.5.1 Aspectos teóricos

Na água pura, como foi visto, a concentração do íon H^+ é igual à concentração do íon HO^- [R-12.12]. Esses dois íons têm origem na dissociação da água, formando um equilíbrio dado pela constante de ionização da água, K_w. Mas, se for acrescentado a um litro de água, por exemplo, 0,1 mol de uma substância como o HCl, cuja reação de ionização em solução aquosa está representada pela Equação (R-12.17), este, um eletrólito forte, vai se dissociar completamente formando 0,1 mol de H^+ e 0,1 mol de Cl^-.

$$H_2O + \text{água} \quad \rightleftarrows \quad H^+_{(aq)} + OH^-_{(aq)} \qquad \text{[R-12.12]}$$

$$HCl + \text{água} \quad \rightleftarrows \quad H^+_{(aq)} + Cl^-_{(aq)} \qquad \text{(R-12.17)}$$
$$0,1 \text{ mol} \qquad\qquad 0,1 \text{ mol} \quad 0,1 \text{ mol}$$

Neste caso, ocorreu um desbalanço na concentração dos íons H^+ e HO^-, pois agora existe maior quantidade de H^+ na solução. O aumento da concentração de H^+ diminui a concentração de HO^- para manter o valor da constante de K_w. A Equação [12.31] pode ser usada para calcular a concentração de HO^-.

$$K_w = \left[H^+\right]\left[HO^-\right] = \left(\left[H^+\right]_{\text{água}} + \left[H^+\right]_{\text{ácido}}\right)\left(HO^-\right)_{\text{água}} \qquad \text{[12.31]}$$

Como:

$$\left(\left[H^+\right]_{\text{água}} + \left[H^+\right]_{\text{ácido}}\right) \cong \left[H^+\right]_{\text{ácido}}$$

Então:

$$\left[HO^-\right] = \frac{K_w}{\left[H^+\right]} = \frac{1\cdot10^{-14}}{1\cdot10^{-1}} = 1\cdot10^{-13}\,\text{mol}\,L^{-1} \qquad \text{(12.53)}$$

Com maior concentração de H^+ o meio se torna ácido. Para calcular o pH basta aplicar a Equação [12.35].

$$pH = -\log a_{H^+} = -\log\left[H^+\right] = -\log10^{-1} = 1 \qquad \text{[12.35]}$$

Situação inversa ocorre ao se acrescentar a esta água 0,1 mol de NaOH. Esta, em solução aquosa, vai se dissociar, ver Reação (R-12.18), aumentando a concentração de HO^-, e a concentração de H^+ vai diminuir, mantendo constante o valor de K_w.

$$NaOH + \text{água} \quad \rightleftarrows \quad Na^+_{(aq)} + OH^-_{(aq)} \qquad \text{(R-12.18)}$$

$$K_w = \left[H^+\right]\left[HO^-\right] = \left(\left[H^+\right]_{\text{água}}\right)\left(\left[HO^-\right]_{\text{água}} + \left[HO^-\right]_{\text{base}}\right)$$

Como:

$$\left(\left[HO^-\right]_{\text{água}} + \left[HO^-\right]_{\text{base}}\right) \cong \left[HO^-\right]_{\text{base}}$$

Então:

$$\left[H^+\right] = \frac{K_w}{\left[HO^-\right]} = \frac{1\cdot10^{-14}}{1\cdot10^{-1}} = 1\cdot10^{-13}\,\text{mol}\,L^{-1} \qquad \text{(12.54)}$$

O HCl e o NaOH são eletrólitos fortes. Em solução aquosa estão totalmente dissociados.

Segundo a teoria de Bronsted e Lowry, ácido é a espécie, meio ou ambiente que é capaz de doar H^+ (próton), e base é a espécie capaz de receber prótons. Portanto, a atividade dos íons H^+ forma a acidez do meio e toma parte em muitas reações importantes no meio ambiente natural e industrial. São catalisadores de muitas reações, como, por exemplo, a decomposição do ácido fórmico com o ácido sulfúrico, em que o H^+ age como catalisador aumentando a velocidade de reação.

A acidez regula o desenvolvimento dos micro-organismos. Os fungos aceitam uma faixa maior de pH, enquanto as bactérias desenvolvem-se melhor em pH neutro ou ligeiramente alcalino.

As reações do solo também são reguladas pelo pH do mesmo. Em solos ácidos ocorre a solubilização mais acentuada de minerais como a calcita ($CaCO_3$), Reação (R-12.19), e a gibbsita ($Al(OH)_3$), Reação (R-12.20).

$$CaCO_{3(s)} + 2H_3O^+_{(aq)} \rightleftarrows Ca^{2+}_{(aq)} + CO_{2(g)} + 3H_2O_{(líq)} \qquad \textbf{(R-12.19)}$$
Calcita

$$Al(OH)_{3(s)} + 3H_3O^+ \rightleftarrows Al^{3+}_{(aq)} + 6H_2O_{(líq)} \qquad \textbf{(R-12.20)}$$
Gibbsita

A gibbsita ao se solubilizar libera para o meio o íon Al^{3+}, que é tóxico para as plantas. A variação do pH interfere também na disponibilidade de nutrientes para as plantas. Para os micronutrientes o aumento de pH diminui a disponibilidade do Zn, Fe, Mn, Cu e B e aumenta a disponibilidade do Mo e Cl. A deficiência de Fe tem sido associada a solos de pH elevado, sendo comum em solos calcários ou alcalinos, pela precipitação de hidróxido férrico, $Fe(OH)_{3(ppt)}$, ver Reação (R-12.21).

$$Fe^{3+}_{(aq)} + 3HO^-_{(aq)} \rightleftarrows Fe(OH)_{3(s)} \qquad \textbf{(R-12.21)}$$

A melhor faixa de pH para a disponibilização do macronutriente fósforo está entre 6,0 e 7,0. Para pH abaixo de 6,5 a disponibilidade diminui em função da precipitação de fosfato de Fe^{3+} e Al^{3+}, que são abundantes em solos ácidos. Para pH acima de 7,0, o P é adsorvido nos óxidos de ferro e alumínio formados em solos de pH alcalino.

Como as reações do solo, disponibilidade de nutrientes para as plantas, solubilização de elementos tóxicos, dependem do pH do meio, a chuva ácida vai interferir em todos esses processos, modificando, muitas vezes de maneira nefasta, o equilíbrio existente no ambiente.

Nos corpos de água, a acidez excessiva provocada por ações antrópicas, como a chuva ácida e despejos industriais, provoca mortandade dos peixes, interferindo de maneira geral na biota local.

A poluição da atmosfera com óxidos ácidos como os do enxofre (SO_2, SO_3) e do nitrogênio (N_2O, N_2O_5) retornam ao solo e corpos d'água por meio das chuvas ácidas. Desta forma, a determinação do pH da água da chuva pode ser importante para esclarecer o estado de contaminação da atmosfera com esses óxidos.

No Experimento 3, Item 12.4, a acidez da água da chuva foi determinada pelo método potenciométrico, valendo-se de um pH-metro para a determinação. Neste experimento será determinada a acidez pelo método clássico, Titulometria de Neutralização.

O método titulométrico baseia-se no fato de um padrão (substância ou solução de concentração conhecida) reagir total e rapidamente com a espécie de concentração desconhecida (chamada também de analito), possibilitando o balanceamento da reação e ter um indicador do ponto final da titulação. Após, calcula-se estequiometricamente a concentração do analito.

12.5.2 Procedimentos

Materiais necessários

Vidraria e diversos:

- *Bureta de 25 mL de capacidade;*
- *Copo erlenmeyer de 250 mL;*
- *Pipeta volumétrica de 100 mL de capacidade;*
- *Conta-gotas;*
- *Copos béquer de 250 mL (opcional);*
- *Balões volumétricos de 250 e 500 mL, para preparações (opcional);*
- *Suporte universal com garras para bureta.*

Reagentes:
- *Solução padronizada de NaOH 0,0500 mol L^{-1} (ou mais diluída);*
- *Solução de indicador alaranjado de metila, com ponto de viragem (mudança de cor) em pH = 4,3;*
- *Solução de indicador de fenolftaleína, com ponto de viragem (mudança de cor) em pH = 8,3.*

> *Técnica*

1ª Titulação com indicador alaranjado de metila – teor de "acidez mineral livre" da água

- Montar o sistema suporte-bureta, conforme Figura 12.9.
- Encher a bureta com solução-padrão de NaOH 0,0500 mol L^{-1}, (C_p) retirando todo e qualquer ar abaixo da torneira, bem como possíveis bolhas acima da torneira da bureta. Deixar o nível na marca 0 (zero).
- Transferir com pipeta volumétrica 100 mL de água de chuva (V_A) para o copo *erlenmeyer*.
- Adicionar 4 gotas do indicador alaranjado de metila; se o indicador ficar vermelho-rosa, significa que o pH da água é menor que 4,3 e há na água acidez devida a *ácidos minerais fortes* (poluição). Continuar o roteiro da titulação ao alaranjado de metila; se o indicador ficar amarelo, significa que não há *acidez mineral livre*. Suspender a titulação e partir para a titulação à fenolftaleína.
- Dar início à titulação, isto é, deixar gotejar, "escorrer", a solução-padrão da bureta agitando o *erlenmeyer* com a água para que aconteça a reação entre o padrão (HO$^-$) e o analito (H$^+$).
- Continuar adicionando solução-padrão até que o indicador alaranjado de metila de cor rosa-vermelha passe a amarelo, indicando o ponto final da titulação, ou que foi alcançado o ponto de equivalência (ponto em que a quantidade de padrão equivaleu ao do analito, isto é, não sobrou e nem faltou).
- Registrar o volume de solução-padrão que foi adicionado (escorreu da bureta) (V_p).
- Repetir a titulação mais duas vezes.
- Fazer os cálculos da concentração do analito, isto é, do [H$^+$], conforme explicado a seguir.

2ª Titulação com indicador fenolftaleína – teor de acidez total da água

- Repetir todas as etapas conforme foi feito na titulação com o alaranjado de metila, utilizando agora uma nova amostra de 100 mL de água de chuva e 4 gotas de indicador fenolftaleína no início, o indicador deverá ficar incolor; após o pH = 8,3, ficará vermelho-rosa.
- Repetir mais duas vezes a titulação.
- Fazer os cálculos da concentração do analito, isto é, do [H$^+$], conforme explicado a seguir.

12.5.3 Cálculos

Cálculos da "acidez mineral" livre (ao alaranjado de metila)

- Inicialmente devem-se registrar os valores dos volumes gastos de solução-padrão e calcular o valor médio; seja por hipótese V_p = 5,08 mL.

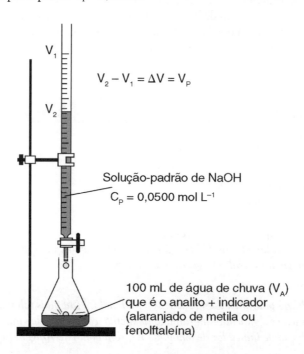

Figura 12.9 Esquematização da titulação com respectivo material.

– Estabelecer o quadro de valores medidos:

V_P = 5,08 mL;
C_P = 0,0500 mol L^{-1}; e
V_A = 100 mL.

– Fazer os cálculos conforme passos a seguir:

1º Cálculo do número de mols da substância-padrão (n_P) que foram adicionados na reação, Equação (12.55):

$$C_{P(mol\ L^{-1})} = \frac{n_P}{V_{P(em\ litros)}} \therefore n_P = C_P V_P \tag{12.55}$$

n_P =(0,0500 mol L^{-1})(0,00508 L)= 2,54 $\cdot 10^{-4}$ mol de HO$^-$

2º Cálculo do número de mols do analito (n_A) que reagiram com o padrão.

Para efetuar este cálculo necessita-se estabelecer a equação balanceada ocorrida entre o padrão e o analito.

$$1HO^-_{(padrão)} + 1H^+_{(analito)} = 1H_2O_{(líq)} \tag{R-12.22}$$

Como, para a reação em estudo, 1 mol de padrão reage com 1 mol de analito, tem-se:

$$n_A = n_P = 2,54 \cdot 10^{-4} \text{ mol de H}^+ \tag{12.56}$$

3º Cálculo da concentração do analito, no caso, H$^+$ e pH.

$$C_{A(mol\ L^{-1})} = \frac{n_A}{V_A} = \frac{n_{H^+}}{V_{água\ da\ chuva}} = \frac{2,54 \cdot 10^{-4} \text{mols de H}^+}{0,100\,L}$$

$$C_{A(mol\ L^{-1})} = [H+] = 2,54 \cdot 10^{-3} \text{ mol L}^{-1} \tag{12.57}$$

$$pH = 2,595 \tag{12.58}$$

Cálculos da acidez total (a fenolftaleína)

Seguir as mesmas etapas do cálculo da acidez mineral livre.

12.6 Experimento 5: Simulação do *Smog* Redutor com Precipitação Ácida

12.6.1 Aspectos teóricos

O *Capítulo 9* – Smog *Fotoquímico* traz detalhes sobre a formação do *smog*, reações que ocorrem e seu efeito na natureza e seres vivos. Os gases formadores do *smog* fotoquímico ou redutor podem agir tanto como gases, ou depois que se precipitam alterando o pH do meio.

Sabe-se que o fenômeno denominado "chuva ácida" em razão da elevada acidez da água da chuva provocada pela dissolução de gases e partículas de ácidos fortes, como o ácido sulfúrico e o ácido nítrico, formadas na própria atmosfera resultantes de reações fotoquímicas e químicas. Estes dois ácidos formam-se a partir do $SO_{2(g)}$ e dos $NO_{x(g)}$, (NO_x = NO + NO_2), cujos elementos característicos S e N encontram-se em seus estados de oxidação baixos: SO_2 (S^{4+}), NO (N^{2+}) e NO_2 (N^{4+}). Estes gases, conforme visto em capítulos próprios, são descartados na atmosfera, principalmente pelos processos de combustão. Na atmosfera são oxidados e com a água do ambiente formam partículas de ácido sulfúrico, $H_2SO_{4(part)}$, e de ácido nítrico, $HNO_{3(part)}$. No caso de formação de uma chuva, estas partículas são dissolvidas nas gotas de água que caem por precipitação – **chuva**, porém, com uma acidez elevada, daí o nome de "chuva ácida".

Histórico da chuva ácida

Em 1881 já foi observado, na Noruega, que a água da chuva continha substâncias estranhas. Na época foi chamada de "chuva suja". O termo "chuva ácida" foi usado pela primeira vez, em 1872, pelo cientista Robert Angus Smith, na Inglaterra.

Os gases (óxidos de nitrogênio e enxofre, principalmente) causadores da chuva ácida podem percorrer grandes distâncias na atmosfera juntamente com outros poluentes do ar. Quanto maior o tempo de permanência do poluente na atmosfera (tempo de vida), mais a sua composição química se modifica e maiores as distâncias que podem ser percorridas. A acidificação dos lagos da Escandinávia é provocada pelos gases gerados na Grã-Bretanha e Leste Europeu. O Canadá sofre com a poluição das indústrias do Nordeste dos Estados Unidos. A termelétrica de Candiota, em Bagé, Rio Grande do Sul, acidifica as chuvas que caem no Uruguai. Portanto, o controle dos poluentes atmosféricos deve ser feito pelo conjunto de países para que possa ser eficiente.

A acidez da chuva altera as propriedades do solo, rios e lagos, prejudicando plantas e florestas, acelerando a deterioração dos materiais nas construções e debilitando a saúde de pessoas e animais.

Nos solos, os ácidos trazidos pela água da chuva reagem com substâncias que fazem parte dos mesmos alterando a composição da solução do solo. Solos formados por rochas básicas, como as calcárias, neutralizam os ácidos da água da chuva, minimizando os problemas causados no meio ambiente. Já para solos naturalmente ácidos ou acidificados pelo uso na agricultura, o efeito negativo da chuva ácida aumenta. Elevando a acidez da solução do solo, esta pode solubilizar compostos de metais pesados, como o Pb, Cu, Zn, Cd e Hg. Esses metais, chegando ao lençol freático, podem ir parar em fontes, rios e lagos, contaminando a biota local até o ser humano. O alumínio é outro metal solubilizado. É fitotóxico, prejudicando o sistema radicular das plantas, influenciando negativamente na absorção dos nutrientes e debilitando os organismos vegetais, inclusive causando prejuízos para a agricultura.

Quando o solo não tem capacidade de neutralizar a acidez da água da chuva (no caso de ela ser ácida), ela vai acidificar os rios e lagos; considerando também que há a chuva que cai diretamente nestes sistemas. O pH de um lago em condições naturais está em torno de 6,5, pH propício para o desenvolvimento de uma série de plantas, animais e micro-organismos. O aumento da acidez altera esse equilíbrio de várias formas, interferindo na reprodução de peixes e seres vivos, solubilizando metais tóxicos das margens e fundo do lago. Em pH próximo de 5,0, muitas espécies de vida já começam a desaparecer. A matéria orgânica pode se acumular nas águas, pois as bactérias decompositoras têm suas atividades prejudicadas.

A chuva ácida ataca os materiais usados na construção de edifícios, pontes e represas, turbinas de hidroelétricas e cabos elétricos.

Atualmente existem no mercado muitos equipamentos para evitar a liberação de gases causadores da chuva ácida. O carvão com alto teor de enxofre pode ser beneficiado e o enxofre retirado antes da sua queima, diminuindo assim a possibilidade da acidez da chuva.

A Tabela 12.7 reproduz resultados do monitoramento do ar em relação às substâncias causadoras da chuva ácida nas principais cidades brasileiras.

Tem-se como limite de emissão considerado aceitável para o SO_2 365 µg/1.000 L de ar e para o NO_2 320 µg/1.000 L. Comparando esses valores com aqueles que constam na Tabela 12.7, podem-se observar sinais de perigo nas emissões de SO_2 em Salvador, ano 2003 (525 µg/1.000 L de ar), e nas emissões de NO_2 em São Paulo, que nos três anos monitorados ultrapassaram o máximo aceitável (355 µg/1.000 L em 2001, 339 µg/1.000 L em 2002, 391 µg/1.000 L em 2003).

O descarte do gás sulfuroso, SO_2, para a atmosfera é resultante da combustão de materiais que contêm o enxofre, S, como impureza. O $SO_{2(g)}$ é um óxido ácido, conforme Reação (R-12.23), que com a água da chuva forma o ácido sulfuroso, H_2SO_3, segundo Reação (R-12.24), que na água se dissocia liberando prótons, segundo Reações (R-12.25) e (R-12.26).

Tabela 12.7 Máxima Concentração de SO_2 e NO_2 no Ar (em Microgramas por 1.000 Litros de Ar)

Capitais	Dióxido de enxofre (SO_2)			Dióxido de nitrogênio (NO_2)		
	2001	2002	2003	2001	2002	2003
Vitória	74	65	38	136	100	112
Curitiba	93	121	**	198	281	**
Belo Horizonte	**	**	**	**	141	86
Salvador*	**	**	525	260	186	151
Rio de Janeiro	68	141	170	**	**	**
São Paulo	98	79	62	355	339	391

A medição foi feita apenas na cidade de Camaçari, na região metropolitana de Salvador.
** Não há dados. Fonte: Lange, 2004.

$$\text{Combustão}$$
$$(\text{Material com enxofre})\text{-S} + O_{2(ar)} \longrightarrow SO_{2(\text{gás descartado para a atmosfera})} \qquad \textbf{(R-12.23)}$$

$$SO_{2(g)} + H_2O_{(chuva)} \rightleftarrows H_2SO_{3(aq)} \qquad \textbf{(R-12.24)}$$

$$H_2SO_{3(partícula)} + H_2O_{(chuva)} \rightleftarrows H_3O^+_{(aq)} + HSO_3^-_{(aq)} \qquad \textbf{(R-12.25)}$$

$$HSO_3^-_{(aq)} + H_2O_{(chuva)} \rightleftarrows H_3O^+_{(aq)} + SO_3^{2-}_{(aq)} \qquad \textbf{(R-12.26)}$$

$$2H_2O_{(chuva)} \rightleftarrows H_3O^+_{(aq)} + HO^-_{(aq)} \qquad \textbf{[R-12.11]}$$

Seu retorno, dissolvido na água da chuva, isto é, "lavado da atmosfera pela chuva", em princípio, não é caracterizado como "chuva ácida". No entanto, observa-se que, apesar de o ácido sulfuroso, H_2SO_3, não ser classificado como um ácido forte, caso sua dissolução se dê na chuva, em uma concentração idêntica à dos ácidos fortes, apresentará acidez aproximada à dos mesmos; no caso, pH = 2,14, e do ácido nítrico, 2,00.

No presente experimento será simulada a formação de um *smog* redutor e não fotoquímico, conforme aconteceu em Londres em 1952, provocando a morte de milhares de pessoas.

Há a formação do $SO_{2(g)}$, que com a umidade do ambiente forma os particulados de $H_2SO_{3(particulados)}$ que se precipitam. Estes na água formam uma água ácida, conforme se verá na prática a seguir.

12.6.2 Procedimentos

Materiais necessários

- *Balão de vidro (ou um frasco de vidro transparente) de 2 a 5 litros ou mais;*
- *Rolha de borracha para a boca do balão de vidro;*
- *Furador de rolha (opcional);*
- *Enxofre elementar (pó amarelo);*
- *Fios metálicos maleáveis;*
- *Naveta metálica (pode ser uma tampinha de garrafa);*
- *Folhas verdes;*
- *Pétalas de flores (azaleia, rosa etc.);*
- *Água;*
- *Fósforo (palitos) ou bico de bunsen;*
- *Indicador fenolftaleína;*
- *Solução concentrada de NaOH;*
- *Cerâmica branca (azulejo branco);*
- *Bateria de tubos de ensaio;*
- *Solução de ácido clorídrico.*

Técnica

a. *Formação do* smog

- Preparar o material conforme disposto na Figura 12.10 (A), (B) e (C):
- Furar a rolha (é opcional), cortar os fios metálicos e neles "espetar" as folhas e as pétalas de flores que se deseja submeter aos efeitos do *smog* redutor; ao mesmo tempo guardar uma folha de cada espécie, bem como das pétalas de flores, para, no final, comparar e observar alguma mudança provocada pelo *smog*, isto é, "testemunhas".
- Colocar de 100 a 200 mL de água destilada no balão com 2 gotas de solução de NaOH e 5 gotas de fenolftaleína, que simula um ambiente básico (água, solo etc.).
- Colocar uma quantidade de enxofre suficiente para encher o dispositivo de combustão (naveta metálica).
- Com um palito de fósforo (ou no bico de Bunsen) dar início à combustão do enxofre, que queima com chama azulada. O gás SO_2 provoca irritação nas vias respiratórias (tosse).
- Introduzir o sistema no balão, conforme Figura 12.11(A).
- Deixar o enxofre queimar até a chama apagar.

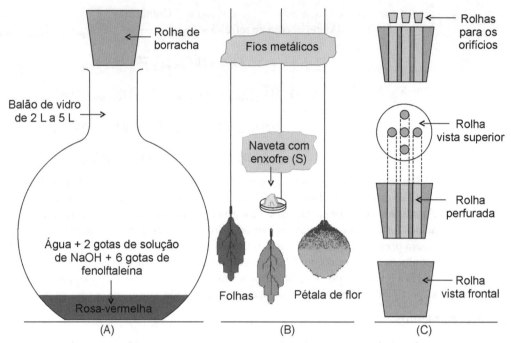

Figura 12.10 Preparação do material necessário para a montagem do experimento.

- Observar o que aconteceu (houve formação de chuva? Houve mudança de cores nas folhas, nas pétalas e na solução aquosa do balão?).
- Etapa opcional: como a combustão termina quando acaba o oxigênio do ar que está no balão de vidro, pode-se através de um dos orifícios da rolha, via tubo de vidro, introduzir mais ar, e prolongar mais a combustão. Ou deixar o experimento acontecer e após chegar à etapa final (desaparecido o *smog*) abrir o balão, deixar entrar ar e reiniciar o experimento.
- Deixar o experimento acontecer até que desapareçam por completo os vestígios de fumaça.
- Ao final, com o balão fechado, incliná-lo para os lados, a fim de a "água" do fundo do balão "lavar" as paredes do mesmo e levar para a solução todo o H_2SO_3 formado.
- Retirar as folhas e as pétalas de flores, colocando-as ao lado das folhas e pétalas "testemunhas" sobre uma cerâmica branca.
- Transferir a solução do balão para um copo béquer, para análise posterior.

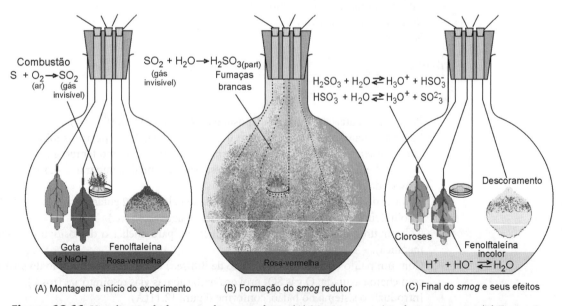

Figura 12.11 Visualização da formação do *smog* redutor: (A) Montagem e início do experimento; (B) Formação do *smog* redutor; (C) Desaparecimento do *smog* e final do experimento.

O Laboratório e o Estudo da Atmosfera **303**

b. *Confirmação do caráter ácido da solução obtida em (a)*

– Dispor 8 tubos de ensaio em duas séries (A e B) e numerá-los de 1A a 4A e de 1B a 4B.
– Adicionar: aos tubos 1A e 1B, 5,0 mL de água destilada; aos tubos 2A e 2B, 5,0 mL de solução de hidróxido de sódio; aos tubos 3A e 3B, 5,0 mL de solução de ácido clorídrico e aos tubos 4A e 4B a solução obtida em (a).
– Acrescentar, aos tubos da série A, duas gotas do indicador fenolftaleína e observar.
– Acrescentar, aos tubos da série B, duas gotas do indicador vermelho-congo e observar.
– Observar as cores dos respectivos tubos e anotar na Tabela 12.8.

12.6.3 Resultados e discussão

Aspectos químicos

Ao ser aquecido, o enxofre (S) passa do estado sólido para o estado líquido e gasoso, Reação (R-12.27). Após o resfriamento do sistema, pode-se observar a ressolidificação do enxofre nas paredes da naveta e até do balão de vidro e superfície da água. No entanto, este enxofre não reagiu com o O_2 presente no ar do balão.

$$S_{(s)} \rightleftarrows S_{(liq)} \rightleftarrows S_{(g)} \tag{R-12.27}$$

Com a chama do palito de fósforo ou da chama do bico de Bunsen, o enxofre reage com o oxigênio do ar, queimando com chama azulada formando o gás $SO_{2(g)}$, segundo a Reação (R-12.28).

$$S_{(s)} + O_{2(g)} \rightarrow SO_{2(g)} \tag{R-12.28}$$

Ao entrar em contato com a água da umidade do ar, o $SO_{2(g)}$ reage formando o ácido sulfuroso [R-12.24], que, com mais moléculas de água, forma *partículas visíveis*, isto é, *fumaças brancas*, que vão enchendo o balão. Estes particulados por gravidade se precipitam alcançando a superfície da água do fundo do balão. Ali o ácido sulfuroso completa a dissociação que tinha começado nas partículas (que compõem a fumaça), conforme Reações [R-12.25] e [R-12.26].

$$SO_{2(g)} + H_2O_{(umidade\ do\ ar)} \rightleftarrows \underset{\text{fumaças brancas}}{H_2SO_{3(aq)}} \tag{R-12.24}$$

$$H_2SO_{3(partícula)} + H_2O_{(líq)} \rightleftarrows H_3O^+_{(aq)} + HSO_3^-_{(aq)} \tag{R-12.25}$$

$$HSO_3^-_{(aq)} + H_2O_{(líq)} \rightleftarrows H_3O^+_{(aq)} + SO_3^{2-}_{(aq)} \tag{R-12.26}$$

Após a Tabela 12.8 ser completada poderá ser observado que a solução formada a partir da água destilada e o gás SO_2 é ácida, segundo as cores desenvolvidas pelos indicadores, que são semelhantes às cores do ácido clorídrico (HCl), confirmando as Reações [R-12.24] a [R-12.26].

Tabela 12.8 Cores Obtidas com os Dois Diferentes Indicadores Ácido–Base

Solução	Fenolftaleína	Vermelho-congo	Conclusão quanto ao pH
Água destilada			
Hidróxido de sódio			
Ácido clorídrico			
Solução obtida em 2(a)			

Cálculos da acidez

Fazendo a suposição de que uma água de chuva contenha H_2SO_3 em todas as suas formas, na concentração 0,010 mol L^{-1}, qual o pH desta água?

1º Passo: Escrever e balancear as equações que representam o **estado de equilíbrio**.

$$H_2SO_{3(partícula)} + H_2O_{(chuva)} \rightleftarrows H_3O^+_{(aq)} + HSO_3^-_{(aq)} \qquad Ka_1 \tag{R-12.25}$$

$$HSO_3^-_{(aq)} + H_2O_{(chuva)} \rightleftarrows H_3O^+_{(aq)} + SO_3^{2-}_{(aq)} \qquad Ka_2 \tag{R-12.26}$$

$$2H_2O_{(chuva)} \rightleftarrows H_3O^+_{(aq)} + HO^-_{(aq)} \qquad K_w \tag{R-12.11}$$

304 Capítulo Doze

2º Passo: Formular todas as constantes de equilíbrio.

Desprezando os subscritos das espécies dos equilíbrios acima, e tomando H_3O^+ como H^+, têm-se:

$$Ka_1 = \frac{\left[H^+\right]\left[HSO_3^-\right]}{\left[H_2SO_3\right]} \tag{12.59}$$

$$Ka_2 = \frac{\left[H^+\right]\left[SO_3^{2-}\right]}{\left[HSO_3^-\right]} \tag{12.60}$$

$$K_w = [H^+][HO^-] = 1,0 \cdot 10^{-14} \tag{12.31}$$

3º Passo: Escrever equações adicionais possíveis.

Aplicando o princípio do balanço de massa, BM, para as espécies com S.

$$[\text{Espécies com S}] = [C_S]_T = 0,010 = [H_2SO_3] + [HSO_3\text{-}] + [SO_3^{2-}] \tag{12.61}$$

Aplicando o princípio do balanço de cargas, BC, para o sistema.

$$[H^+] = [HSO_3\text{-}] + 2[SO_3^{2-}] + [HO^-] \tag{12.62}$$

4º Passo: Após ter n-equações (independentes), efetuar os cálculos.

Fazer a especiação do sistema

Esta etapa consiste em, por diferentes operações, substituir todas as variáveis do sistema: na Equação (12.61) em função de uma e respectivas constantes, e depois na Equação (12.62), onde será obtido o polinômio de grau n em H^+, que, resolvido, permite calcular o pH.

- *Espécie* $[H_2SO_3]$

Relacionando (12.59) a (12.60) com (12.63), em função de $[H_2SO_3]$, têm-se:
da Equação (12.59):

$$\left[HSO_3^-\right] = \frac{Ka_1\left[H_2SO_3\right]}{\left[H^+\right]} \tag{12.63}$$

Das Equações (12.60), (12.63) tem-se a Equação (12.64):

$$\left[SO_3^{2-}\right] = \frac{Ka_2\left[HSO_3^-\right]}{\left[H^+\right]} = \frac{Ka_1Ka_2\left[H_2SO_3\right]}{\left[H^+\right]^2}. \tag{12.64}$$

Relacionando a equação do BM (12.61) com (12.63) e (12.64), tem-se:

$$\left[C_S\right]_T = \left[H_2SO_3\right] + \frac{Ka_1\left[H_2SO_3\right]}{\left[H^+\right]} + \frac{Ka_1Ka_2\left[H_2SO_3\right]}{\left[H^+\right]^2}. \tag{12.65}$$

Separando a variável (ou espécie) $[H_2SO_3]$, tem-se:

$$\left[H_2SO_3\right] = \frac{\left[C_S\right]_T\left[H^+\right]^2}{\left[H^+\right]^2 + Ka_1\left[H^+\right] + Ka_1Ka_2}. \tag{12.66}$$

Procedendo da mesma maneira, determina-se a expressão de cálculo para as espécies $[HSO_3^-]$ e $[SO_3^{2-}]$, resultando (12.67) e (12.68).

- *Espécie* $[HSO_3^-]$

$$\left[HSO_3^-\right] = \frac{\left[C_S\right]_T Ka_1\left[H^+\right]}{\left[H^+\right]^2 + Ka_1\left[H^+\right] + Ka_1Ka_2} \tag{12.67}$$

- *Espécie* $[SO_3^{2-}]$

$$\left[SO_3^{2-}\right] = \frac{\left[C_S\right]_T Ka_1 Ka_2}{\left[H^+\right]^2 + Ka_1 \left[H^+\right] + Ka_1 Ka_2} \tag{12.68}$$

- *Espécie* HO^-

Pela Equação [12.31] obtém-se a Equação [12.47], como foi demonstrado anteriormente.

$$\left[HO^-\right] = \frac{K_w}{\left[H^+\right]} \tag{[12.47]}$$

- *Espécie* H^+

Relacionando (12.67), (12.68) e (12.47) com a equação do balanço de cargas, (12.62), tem-se a Equação (12.69).

$$\left[H^+\right] = \frac{\left[C_S\right]_T Ka_1 \left[H^+\right]}{\left[H^+\right]^2 + Ka_1 \left[H^+\right] + Ka_1 Ka_2} + 2\left(\frac{\left[C_S\right]_T Ka_1 Ka_2}{\left[H^+\right]^2 + Ka_1 \left[H^+\right] + Ka_1 Ka_2}\right) + \frac{K_w}{\left[H^+\right]} \tag{12.69}$$

Explicitando o polinômio em $[H^+]$ de (12.69), tem-se a Equação (12.70).

$$[H^+]^4 + Ka_1 [H^+]^3 - ([C_S]_T Ka_1 + K_w) [H^+]^2 - (2 [C_S]_T Ka_1 Ka_2 + Ka_1 K_w) [H^+] - K_w Ka_1 Ka_2 = 0 \tag{12.70}$$

Introduzindo as constantes e condições do experimento, tem-se a Equação (12.71).

$$[H^+]^4 + 1{,}72 \cdot 10^{-2} [H^+]^3 - 1{,}72 \cdot 10^{-4} [H^+]^2 - 2{,}219 \cdot 10^{-11} [H^+] - 1{,}106 \cdot 10^{-23} = 0 \tag{12.71}$$

Resolvendo o polinômio, tem-se:

$$[H^+] = 7{,}083 \cdot 10^{-3} \text{ mol L}^{-1}$$

e:

$$\mathbf{pH} = \mathbf{2{,}15} \tag{12.72}$$

O mesmo resultado pode ser obtido por aproximações. Entre elas, pode-se admitir que os prótons do meio são em função da 1ª dissociação e a solução dá um polinômio do 2º grau que pode ser resolvido pela fórmula de Báscaras, Equação (12.73).

$$ax^2 + bx + c = 0$$
$$x = \frac{-b^2 \pm \sqrt{b^2 - 4ac}}{2} \tag{12.73}$$

Efeitos ambientais do smog

A Figura 12.12 mostra os efeitos do gás SO_2 sobre folhas e pétalas de flores. Os efeitos são diretamente proporcionais à concentração do SO_2 e ao tempo de exposição. Deve-se levar em conta que o material está "morto", isto é, não respira. Se respirasse, os efeitos seriam mais intensos.

Um dos intuitos do experimento é mostrar que os óxidos ácidos atacam os tecidos vegetais, deteriorando-os. Outra influência do *smog* formado pelo $SO_{2(g)}$ é que deixa ácido o ambiente que contém água. As Reações [R-12.25] e [R-12.26] mostram a química do processo. No experimento, a água do balão de vidro havia sido alcalinizada com uma gota de NaOH, comprovada pela fenolftaleína com cor rosa-vermelha; após o experimento, a fenolftaleína ficou incolor, significando que o ácido formado neutralizou o hidróxido de sódio que dava o caráter básico, conforme Reação (R-12.29).

$$2NaOH(s) + \text{água} \rightleftarrows 2Na^+_{(aq)} + 2HO^-_{(aq)} \tag{R-12.18}$$
$$+$$
$$H_2SO_{3(\text{partícula})} + H_2O_{(\text{líq})} \rightleftarrows H_3O^+_{(aq)} + HSO_3^-_{(aq)} \tag{R-12.25}$$
$$+$$
$$HSO_3^-_{(aq)} + H_2O_{(\text{líq})} \rightleftarrows H_3O^+_{(aq)} + SO_3^{2-}_{(aq)} \tag{R-12.26}$$

$$\mathbf{2NaOH_{(s)} + H_2SO_{3(\text{partícula})} \rightleftarrows Na_2SO_{3(aq)} + 2H_2O_{(aq)}} \tag{R-12.29}$$

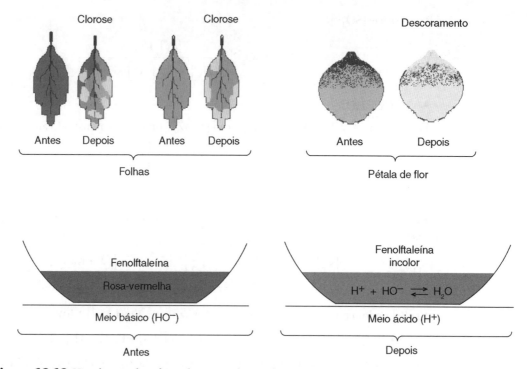

Figura 12.12 Visualização dos efeitos do *smog* redutor sobre o meio ambiente: clorose nas folhas de plantas; descoramento de flores e mudança de pH (água e solução do solo).

Dessa forma, inicialmente houve a neutralização do hidróxido de sódio que foi colocado para alcalinizar o meio, e, depois, o excesso de H_2SO_3 deixou o ambiente ácido.

Assim acontece na água ou no solo, onde os produtos do *smog* redutor do $SO_{2(g)}$ se depositam.

12.7 Experimento 6: Óxidos de Nitrogênio — NO_x

12.7.1 Aspectos teóricos

O gás nitrogênio, N_2, compõe 79% do ar seco (atmosfera). É evidente que, nos processos de combustão em que o oxigênio do ar participa, o nitrogênio também está presente e sofre oxidação, em menor proporção que o O_2, originando o óxido de nitrogênio (II), NO, que é descartado na atmosfera. Lá, conforme visto, sofre oxidação por processos químicos formando o óxido de nitrogênio (IV), NO_2. Este pode ir a ácido nítrico reagindo com o radical hidroxilo, $HO^\bullet$, ou por uma reação fotoquímica retornar a NO. A Figura 12.13 mostra os caminhos seguidos pelos óxidos de nitrogênio na atmosfera. Esta figura faz parte do *Capítulo 4 – Ciclos Biogeoquímicos dos Principais Componentes da Atmosfera* (Figura 4.9), e aqui transcrita.

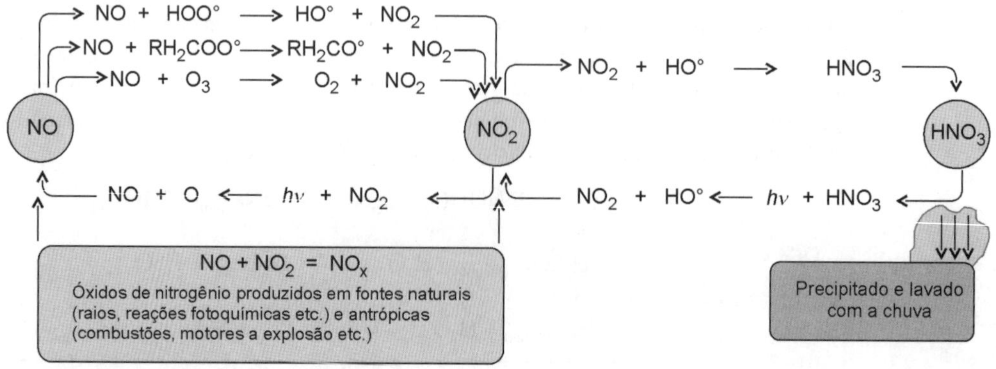

Figura 12.13 Destino dos NO_x da atmosfera.

A soma das abundâncias dos diversos tipos de óxidos de nitrogênio e seus derivados atmosféricos origina as designações, NO_x, NO_y e NO_z.

- **$NO_x = (NO + NO_2)$.**
  Em termos de balanço de massa, é a soma das concentrações do óxido de nitrogênio (II) e óxido de nitrogênio (IV).

- **$NO_y = (NO_x + N_2O_5 + NO_3 + HNO_3 + $ nitratos orgânicos (como o PAN e outros) + nitratos particulados).**
  Em termos de balanço de massa, é a soma das concentrações do óxido de nitrogênio (II), óxido de nitrogênio (IV) e outros derivados oxidantes, entre eles o PAN (peroxilalquilnitrato).

- **$NO_z = (NO_y - NO_x) = (N_2O_5 + NO_3 + HNO_3 + $ nitratos orgânicos (PAN etc.) + nitratos particulados).**
  Em termos de balanço de massa, corresponde à diferença entre os valores de **$NO_y - NO_x$**.

A Tabela 12.9 mostra as estruturas dos NO_x e a forma dimerizada do NO_2. Observa-se que o NO e NO_2 apresentam um elétron desemparelhado que os torna mais reativos e lhes dá o caráter paramagnético. Para comparar com outros óxidos de nitrogênio: N_2O, N_2O_3 e N_2O_5, ver a Tabela 7.3 do *Capítulo 7 – Compostos Inorgânicos Gasosos da Atmosfera*.

O objetivo deste experimento é possibilitar ao interessado obter em laboratório os NO_x em concentrações visíveis e testar suas propriedades sobre a biota.

Tabela 12.9 Estrutura dos NO_x e a Forma Dimerizada do NO_2 e Propriedades Magnéticas

Fórmula nome	Geometria parâmetros	Fórmulas canônicas	Propriedades magnéticas
NO Óxido nítrico	N — O 1,188		Paramagnético
NO_2 Dióxido de nitrogênio	1,19 N 1,19 O 134,1° O		Paramagnético
N_2O_4 Tetróxido de dinitrogênio	O, N 1,78 N, O 134° 1,18 O		Diamagnético

— – Par eletrônico do octeto; ● – Elétron desemparelhado; ●→ – Par eletrônico coordenado

12.7.2 Procedimentos

Materiais necessários

- *Copo erlenmeyer de 250 a 500 mL;*
- *Balão de vidro de 2 a 5 litros;*
- *Rolhas de borracha para o balão e para o copo erlenmeyer;*
- *Furador de rolhas;*
- *Tubo de vidro (d = 0,4 cm);*
- *Bico de Bunsen;*
- *Pedaços de metal cobre (em forma de lâmina ou de fios);*
- *Ácido nítrico;*
- *Água destilada;*
- *Suporte universal com garras (opcional);*
- *Folhas verdes de plantas e pétalas de flores.*

> *Técnica*

Preparar o material conforme o disposto na Figura 12.14. Isto é:

- Em um *erlenmeyer* de 250 a 500 mL adicionar aproximadamente 100 a 150 mL de solução de ácido nítrico, HNO_3, (1:1).
- Em um balão de vidro de 2 a 5 L preparar o material.
- Preparar os fios de cobre (retirar a proteção de verniz que isola um fio do outro para evitar curtos-circuitos) ou as lâminas de metal cobre.
- Preparar o balão de vidro com folhas, pétalas de flores, moscas etc., para ver o efeito do NO_x sobre a biota e ambiente, conforme Figura 12.14(B).

Dar início ao processo de produção do NO e NO_2:

- Mergulhar na solução de ácido nítrico (1:1) as placas de cobre (ou fios de cobre).
- Tampar o *erlenmeyer* com uma rolha de borracha, com adaptador de segurança e tubo condutor de gás com conector, conforme Figura 12.15(A).
- Observar a formação de gases de cor marrom-castanho no interior do *erlenmeyer*. O aparecimento da cor é lento.

Observar os efeitos do NO_x no ambiente:

- Conectar o gerador de NO_x ao balão de vidro com o material para a observação dos efeitos, conforme Figura 12.15.

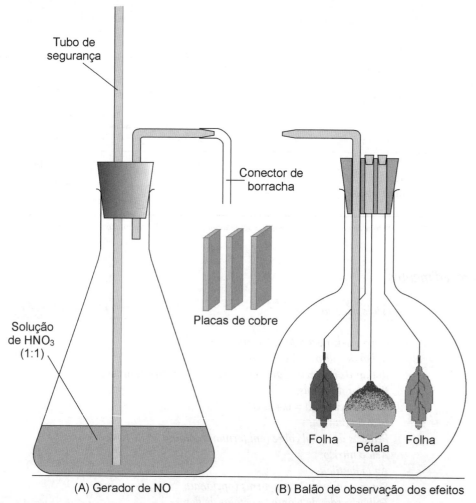

Figura 12.14 Materiais necessários para a produção de NO_x e estudo de seus efeitos no ambiente.

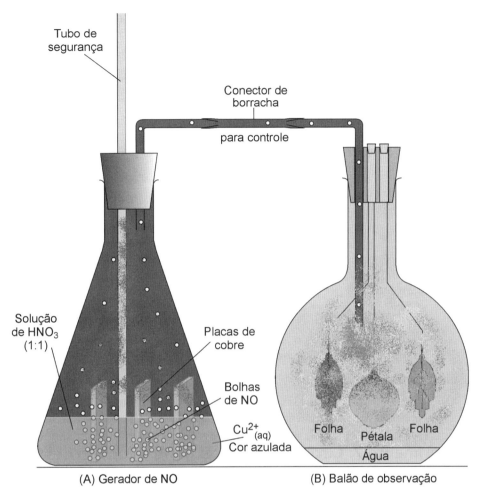

Figura 12.15 Esquematização da formação e observação do NO$_x$: **(A)** gerador do NO; **(B)** sistema de observação dos efeitos.

12.7.3 Aspectos químicos do experimento

A reação entre o cobre metálico e o ácido nítrico (1:1) forma o NO, segundo a Reação (R-12.30).

$$3Cu_{(m)} + 8HNO_{3(aq)} \rightarrow 2NO_{(g)} + 3Cu(NO_3)_{2(aq)} + 4H_2O_{(l)} \quad \textbf{(R-12.30)}$$

cobre metálico — ácido nítrico — óxido de nitrogênio II (incolor) — cor azul-esverdeado

O óxido de nitrogênio (II) no ar reage com o oxigênio formando NO$_{2(g)}$, segundo a Reação (R-12.31).

$$2NO_{(g)} + O_{2(g)} \xrightarrow{\text{catalisador}} 2NO_{2(g)} \quad \textbf{(R-12.31)}$$

gás incolor — dióxido de nitrogênio (gás marrom-castanho)

Em condições de concentração mais elevadas de HNO$_3$, forma-se o óxido de nitrogênio (IV), NO$_{2(g)}$, conforme Reação (R-12.32).

$$Cu_{(m)} + 4HNO_3 \rightarrow 2NO_{2(g)} + Cu(NO_3)_2 + 2H_2O \quad \textbf{(R-12.32)}$$

cobre metálico — ácido nítrico concentrado — dióxido de nitrogênio

O *Capítulo 7 – Compostos Inorgânicos Gasosos da Atmosfera*, traz no Item 7.4, Óxidos de Nitrogênio, detalhes sobre a Reação (R-12.32) e as etapas em que a mesma ocorre.

310 Capítulo Doze

O dióxido de nitrogênio dimeriza formando o tetróxido de dinitrogênio, incolor, no equilíbrio representado pela Reação (R-12.33).

$$2NO_{2(g)} \quad \rightleftarrows \quad N_2O_{4(g)} \quad \Delta H = -13{,}6 \text{ kcal} \qquad \textbf{(R-12.33)}$$
dióxido de   tetróxido de dinitrogênio
nitrogênio   (gás incolor e diamagnético)
(gás marrom-castanho
paramagnético)

O NO_2, ao se dissolver em água, forma o ácido nítrico e ácido nitroso, conforme Reação (R-12.34).

$$2NO_{2(g)} + H_2O_{(l)} \quad \rightleftarrows \quad HNO_{3(aq)} + HNO_{2(aq)} \qquad \textbf{(R-12.34)}$$

O N_2O_4 também reage com a água formando o ácido nítrico e o ácido nitroso, como mostra a Equação (R-12.35).

$$N_2O_{4(g)} + H_2O_{(l)} \quad \rightleftarrows \quad HNO_{3(aq)} + HNO_{2(aq)} \qquad \textbf{(R-12.35)}$$

As Equações (R-12.34) e (R-12.35) demonstram a formação de ácidos a partir de óxidos de nitrogênio. Por sua vez, o ácido nitroso em concentração elevada se decompõe em uma reação de autorredox, conforme (R-12.36).

$$3HNO_{2(aq)} \quad \rightleftarrows \quad HNO_{3(aq)} + 2NO_{(g)} + H_2O_{(líq)} \qquad \textbf{(R-12.36)}$$

Na solução aquosa do balão de vidro, após o experimento completar-se, podem ser realizados diversos testes qualitativos para ânions presentes. Porém, não são objeto de análise no momento.

12.7.4 Efeitos do NO_x no ambiente

Este tópico não será apresentado aqui, pois já foi abordado em outro local deste estudo. Contudo, um dos objetivos deste experimento é o leitor fazer o experimento, observar e concluir quais são estes efeitos.

12.8 Experimento 7: Circulação Vertical do Ar (Convecções)

12.8.1 Aspectos teóricos

Um **ambiente gasoso** ou um **sistema gasoso** para efeito deste experimento é definido como o espaço de um local físico qualquer (por exemplo: uma sala, um salão, um balão, e, extrapolando, uma parte da atmosfera – parte regional da troposfera, estratosfera etc.), ocupado por um gás (exemplo, ar), que apresente propriedades físicas (densidade, temperatura, pressão, umidade etc.) e químicas iguais em todos os seus pontos.

As partículas de um gás puro ou de uma mistura gasosa homogênea (exemplo o ar) de um **ambiente gasoso**, sem forças atuantes sobre ele (diferenças de temperatura e de pressão), apresentam um **movimento molecular** permanente em todas as direções, dito **movimento** *browniano*, e é uma função da temperatura do sistema que reflete sua energia cinética. Se, em um local qualquer (canto direito inferior, superior etc.) de um ambiente desta natureza, for introduzido um perfume, o mesmo desloca-se em todas as direções do ambiente até homogeneizar-se. Este fenômeno denomina-se **difusão**.

A partir deste momento, o **sistema gasoso** para este estudo é formado pelo ar (uma mistura homogênea de diversos gases, sendo os componentes principais o nitrogênio e o oxigênio).

Uma modificação da temperatura e/ou da pressão em um ponto deste sistema gasoso gera no sistema dois tipos de movimento de partículas ou moléculas: a **convecção** do ar (circulação vertical) e/ou a **corrente** de ar (deslocamento horizontal – **frente** fria ou quente).

O aquecimento (aumento de temperatura) de um ponto do sistema gasoso (local etc.) provoca um aumento na energia cinética das moléculas, que tendem a afastar-se umas das outras, provocando uma expansão do volume ocupado pelas moléculas do ar e como consequência uma diminuição da densidade do ar. Com menor densidade, a massa de ar quente sobe e em seu lugar se desloca o ar vizinho mais frio, fazendo com que o ar **circule**, formando correntes ascendentes e descendentes de ar (convecção do ar). Este fato é muito importante para dissipar e diluir substâncias presentes no ar, seja de origem antrópica ou natural.

O *Capítulo 2 – Transferência de Energia e de Massa na Atmosfera* e o *Capítulo 9 – Smog Fotoquímico*, ambos enfocam a movimentação do ar e suas consequências com detalhes.

Como, na observação direta da atmosfera, talvez não seja fácil identificar estes movimentos, este experimento tem por objetivo mostrar esses fenômenos de forma simples.

12.8.2 Procedimentos

Materiais necessários

- 4 Suportes universais com garra (dobrável) para vela;
- Velas de cera (ou parafina);
- Caixa de fósforo;
- Uma sala fechada (sem movimentação de ar).

Técnica

Experimento 1

- Em uma sala fechada, impedir qualquer entrada de ar, montar o esquema da Figura 12.16(**A**) – Velas na posição vertical (inicialmente velas 1 e 2 apagadas) e Figura 12.16(**B**) – Velas na posição horizontal (inicialmente velas 1 e 2 apagadas).
- Acender as velas 2 de (**A**) e de (**B**), Figura 12.16.
- Observar com cuidado: as chamas, a direção das chamas, a cor das chamas, os pavios das velas, entre outros.

Experimento 2

- Em uma sala fechada, impedir qualquer entrada de ar, montar o esquema da Figura 12.17, isto é, em um suporte metálico fixar duas velas em garras próprias uma abaixo da outra, verticalmente, distanciadas de 40 a 45 cm sobre a haste metálica, e inicialmente apagadas (1 – Velas apagadas).
- Depois, acender as duas (2 – Velas acesas).
- Observar com cuidado: as chamas, a direção das chamas, a cor das chamas, os pavios das velas, a interferência da chama da vela que está na base do suporte (abaixo) sobre a chama da vela que se encontra na parte superior do suporte.

12.8.3 Resultados e discussão

A chama, que é um estado plasmático da matéria, é muito sensível à movimentação do ar, por isso foi usada neste experimento como indicadora do ar parado, em movimento e a direção do movimento.

No *Experimento 1*, da Figura 12.16, as chamas das velas acesas, tanto na posição vertical como na horizontal, a chama dirige-se verticalmente para cima, seguindo a direção oposta da ação da gravidade.

Isto explica-se pelo fato de a chama aquecer o ar próximo (ou vizinho), e este, menos denso, logo, mais leve, sobe "arrastando" consigo a chama, que se dirige para cima, mesmo que a vela e seu pavio fiquem na horizontal. Nesta posição, observa-se que o pavio na base da chama, mas dentro da mesma fica preto e sua ponta ficando fora adquire aparência de uma brasa vermelha devido à chegada de mais ar que é "arrastado" para a chama pelo vácuo criado pelo ar quente que subiu. Assim começa a formar-se uma "circulação" vertical do ar (*convecção* do ar), conforme Figura 12.18. O ar quente sobe e o ar frio desce entrando pela base e laterais da chama.

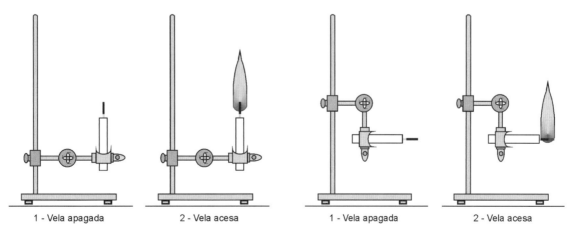

Figura 12.16 Montagem do experimento 1. Observação da circulação vertical do ar (convecção): (**A**) Vela na posição vertical (1 - apagada, 2 - acesa); (**B**) Vela na posição horizontal (1 - apagada, 2 - acesa).

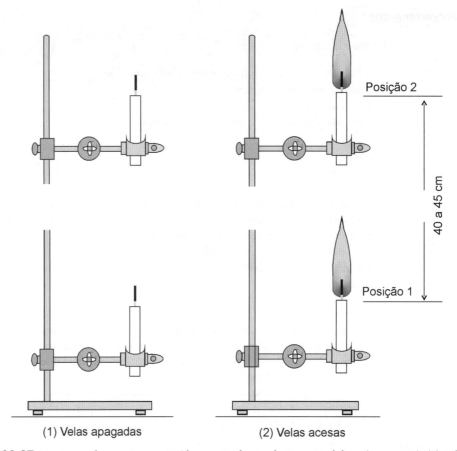

Figura 12.17 Montagem do experimento 2. Observação da circulação vertical do ar (convecção): (1) Velas apagadas; (2) Velas acesas.

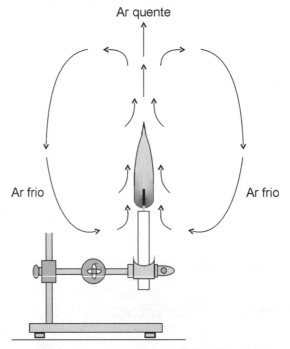

Figura 12.18 Esquematização da circulação vertical do ar provocada pelo aquecimento de uma chama – fenômeno da *convecção do ar*.

No *Experimento 2*, da Figura 12.17, a vela acesa, posição 2, encontra-se de 40 a 45 cm verticalmente acima de outra acesa abaixo, posição 1. A circulação vertical do ar (*convecção*), em razão da vela acesa da posição 1, cria uma espécie de "turbulência" na chama da vela acesa da posição 2, que parece "tremeluzir", conforme Figura 12.19, enquanto a chama da vela da posição 1 permanece perfeitamente em repouso.

Assim, quando as duas velas estão acesas, a vela na posição 1 (inferior) tem a função de aquecer o ar, e a chama da vela superior (2), a função de indicar a movimentação do ar, que pode ser observada pelo tremeluzir da chama.

No caso de estar acesa apenas a vela da posição 2 (superior), o ar abaixo desta permanece frio e não sobe. O que pode ser observado pelo perfeito estado de repouso da chama da vela da posição 1.

Pode-se usar esta situação como uma analogia para explicar o fenômeno meteorológico da *inversão térmica*, em que o aquecimento ocorre a certa distância da superfície da Terra. Como consequência disto, o ar na superfície da Terra permanece frio e parado, não sobe, não se movimenta, Figura 12.19 (parte sombreada na base), por isso, a poluição (caso o ar esteja poluído) não se dispersa; enquanto na parte superior onde ocorre o aquecimento dá-se início à circulação do ar. Mais detalhes sobre a inversão térmica podem ser encontrados no *Capítulo 2 – Transferência de Energia e de Massa na Atmosfera* e *Capítulo 9 – Smog Fotoquímico*, deste livro.

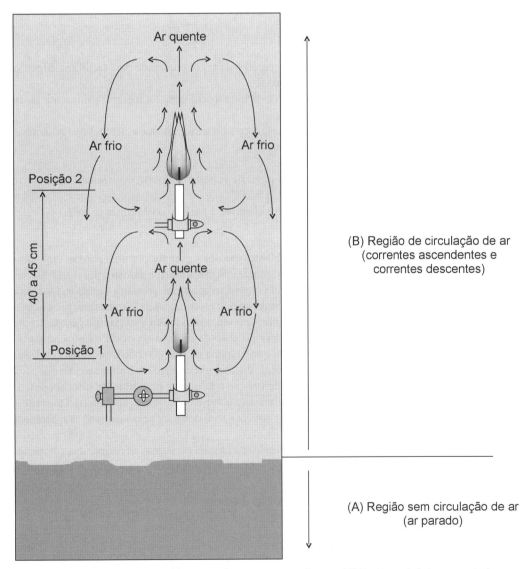

Figura 12.19 Esquematização da formação de uma inversão térmica: (**A**) Região mais baixa, ar mais denso e maior ação gravitacional, sem circulação de ar; (**B**) Região de formação das correntes ascendentes e descentes de ar (convecção), ar mais quente e mais leve.

314 Capítulo Doze

12.9 Experimento 8: Circulação Horizontal do Ar (Advecções ou Frentes de Ar)

12.9.1 Aspectos teóricos

No Experimento 7, Item 12.8 deste capítulo, já foi usada a chama de uma vela para mostrar movimentos verticais do ar (convecção). Neste experimento, será novamente usada a chama da vela na demonstração da condução horizontal do calor, denominada advecção. Situação própria em que massa ou volume considerável de ar constituem as frentes de deslocamento horizontal.

Nesta situação, forma-se um sistema gasoso frio e outro quente. No encontro dos dois, a frente fria se desloca na linha horizontal mais baixa e a frente quente se desloca na linha horizontal mais alta. Conforme as condições de temperatura e pressão, podem surgir os tornados, furacões etc.

12.9.2 Procedimentos

Materiais necessários

- – *Velas de cera (ou parafina);*
- – *Caixa de fósforo;*
- – *Uma sala com ar condicionado com temperatura 10 a 15 °C acima da temperatura ambiente externa.*

Técnica

- – Usar uma sala que possua aparelho de ar condicionado para facilitar a diferenciação da temperatura no exterior e interior da sala.
- – Fechar a sala, ligar o ar condicionado em uma temperatura diferente da temperatura ambiente (mais fria ou mais quente).
- – Com a sala fechada, esperar tempo suficiente para que as temperaturas, dentro da sala e no ambiente externo, estejam diferentes.
- – Desligar o ar condicionado.
- – Posicionar uma vela acesa na parte superior da porta e outra vela também acesa na parte inferior da porta, Figura 12.20.
- – Abrir a porta parcialmente e observar a posição das chamas da vela.

12.9.3 Resultados e discussão

Neste experimento têm-se dois **ambientes gasosos** separados por uma parede: uma sala climatizada em 30 °C, mediante um ar-condicionado, e do lado de fora um **ambiente gasoso** natural a 17 °C. Na sala climatizada, tem-se uma **massa de ar** caracterizada pela mesma temperatura, pressão e umidade. Do lado de fora da sala, tem-se também uma **massa de ar** caracterizada por outras condições de temperatura, pressão e umidade.

Ao abrir a porta, os dois ambientes apresentam cada um a sua **frente gasosa**, frente a frente. Se, ao abrir a porta, for colocada uma vela acesa no chão da entrada da porta e outra na parte superior da mesma, conforme Figura 12.20, observa-se que a chama da vela do chão desloca-se em direção ao interior da sala e a chama da vela da parte superior desloca-se em direção ao ambiente externo. Isto acontece porque o ar frio do **ambiente externo** é mais denso que o ar quente do **ambiente interno**, tem a tendência de ocupar o lugar do ar quente. O ar quente tende a subir e como o teto da sala não permite, sai pela porta para o **ambiente gasoso** externo e depois sobe. O fenômeno inverso acontece se o ambiente gasoso interno for mais frio que o externo.

Este fenômeno aparentemente simples é a base da explicação da origem dos complexos **tornados** e **furacões**, chuvas de pedras (granizo), em condições mais extremadas de temperatura, pressão e umidade.

12.10 Experimento 9: A Corrosão do Ferro

12.10.1 Aspectos teóricos

A **corrosão** é um fenômeno que acontece espontaneamente no meio ambiente, no qual um metal se oxida (cede elétrons), transformando-se em íons positivos (M^{n+}) dissolvendo-se no meio. Esta oxidação é forçada pelo oxigênio do ar e a umidade do próprio ambiente, que captam os elétrons do metal. Portanto, é uma reação de oxirredução.

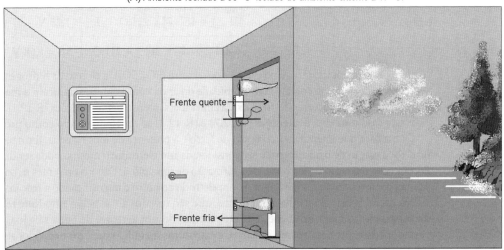

(A) Ambiente fechado a 30 °C isolado do ambiente externo a 17 °C.

(B) Ambiente a 30 °C em contato com o ambiente externo a 17 °C.

Figura 12.20 Simulação da advecção do ar: **(A)** Formação de dois ambientes gasosos de condições diferentes de "massas de ar" (temperatura, pressão, umidade etc.); **(B)** Simulação do encontro de dois ambientes gasosos de condições diferentes com formação das correntes horizontais de ar: frente quente e frente fria.

Acredita-se que 20% da produção anual do ferro seja "perdida por corrosão", causando grandes prejuízos para o homem. Estes prejuízos podem ser observados em desgaste de pontes, estruturas metálicas (torres), carros e outros artefatos de ferro. Mediante esta importância, a prática seguinte abordará a corrosão do ferro.

A corrosão do ferro no meio ambiente só acontece na *presença do gás oxigênio* do ar e da *água ambiente*, seja ela líquida ou constituinte da umidade do ar.

No Experimento 1, Item 12.2 deste capítulo, foram vistas as reações de oxidação do ferro em presença de ar e da umidade. Portanto, neste tópico retomar-se-ão apenas as reações mais importantes.

Corrosão do ferro em meio neutro

Quando o ferro está exposto em um meio neutro, a Reação [R-12.4] é a mais provável. Concluindo, o ferro em presença de oxigênio e água reage, segundo as Reações [R-12.1] e [R-12.4], tendo como somatória das duas semirreações (oxidação e redução) a Reação [R-12.6].

$$2Fe_{(s)} \rightleftarrows 2Fe^{2+} + 4e \quad E_{ox} = 0,45 \text{ V} \quad \text{[R-12.1]}$$

$$2H_2O + O_{2(g)} + 4e \rightleftarrows 4HO^- \quad E_{red} = 0,40 \text{ V} \quad \text{[R-12.4]}$$

$$2Fe_{(s)} + 2H_2O + O_{2(g)} \rightleftarrows 2Fe^{2+} + 4HO^- \quad \Delta E_{reação} = 0,85 \text{ V} \quad \text{[R-12.6]}$$

316 Capítulo Doze

O potencial positivo da reação indica que a mesma é espontânea. Em águas oxigenadas ou ar úmido as reações não param aí. Posteriormente os íons Fe^{2+} são oxidados a Fe^{3+}, consumindo mais oxigênio.

$$2Fe^{2+}_{(aq)} + \tfrac{1}{2}O_{2(g)} + 2H^+_{(aq)} \quad \rightarrow \quad 2Fe^{3+} + H_2O \qquad \Delta E = 0,46 \text{ V} \qquad \textbf{[R-12.7]}$$

O íon férrico (Fe^{3+}) é um ácido, reage com a água e cede prótons (hidrolisa) e precipita como **ferrugem**, [R-12.8].

$$2Fe^{3+}_{(aq)} + (3 + x)H_2O \quad \rightarrow \quad Fe_2O_3 \cdot xH_2O_{(s)} + 6H^+_{(aq)} \qquad \textbf{[R-12.8]}$$
$$\text{ferrugem}$$

O consumo de íons H^+ da Reação [R-12.7] contribui para o processamento da Reação [R-12.8].

Fatores que influem na corrosão do ferro

Existem fatores que podem aumentar a velocidade de oxidação do ferro. Um destes fatores é a acidez da água ou do ar presente. A redução do O_2 em presença de ácido tem maior potencial de redução, como mostra a Reação [R-12.5], aumentando a espontaneidade da reação global, (R-12.37).

$$2Fe_{(s)} \quad \rightleftarrows \quad 2Fe^{2+} + 4e \qquad E_{ox} = 0,45 \text{ V} \qquad \textbf{[R-12.1]}$$
$$O_{2(g)} + 4H^+_{(aq)} + 4e \quad \rightleftarrows \quad 2H_2O \qquad E_{red} = 1,23 \text{ V} \qquad \textbf{[R-12.5]}$$
$$\overline{\hspace{6cm}}$$
$$2Fe_{(s)} + O_{2(g)} + 4H^+_{(aq)} \quad \rightleftarrows \quad 2Fe^{2+} + 2H_2O \qquad \Delta E = 1,68 \text{ V} \qquad \textbf{(R-12.37)}$$

Os óxidos ácidos de nitrogênio (NO_x) e de enxofre (SO_2, SO_3), o cloreto de hidrogênio (HCl), poluentes presentes na atmosfera, em contato com a umidade do ar ou com a chuva, acidificam o meio e aceleram a oxidação do ferro. Nestas condições, o ferro se oxida ainda mais intensamente, Reações [R-12.1], [R-12.5] e (R-12.37).

Neste caso também, as Reações [R-12.7] e [R-12.8] se repetem, dando como produto final a ferrugem.

Outro fator que intensifica a corrosão do ferro é a presença de íons na água, formando uma solução eletrolítica. Toda reação de oxidação pode ser considerada um **eletrodo**; o mesmo pode ser dito da reação de redução. Portanto, na oxidação do ferro tem-se a formação de uma **pilha**. Os íons presentes na solução agem como **ponte salina** promovendo a corrente iônica de um eletrodo ao outro e intensificando a reação.

No litoral, a brisa marinha contém sais, que são levados ao ar pelo vento (que retira pequenas gotículas da superfície do mar), arrebentações etc., formando um aerossol de água salgada. Pode-se ver a ação devastadora dos íons na corrosão de carros e estruturas metálicas de ferro nesses locais. Sujeiras (terra, outras substâncias) têm o mesmo efeito em ferramentas que são guardadas sem a devida limpeza. O *Capítulo 6 – Particulados da Atmosfera*, Item 6.4.2, *Efeitos químicos*, em "Reações de oxirredução", traz mais detalhes e explicações para esse assunto, inclusive com ilustrações (Figuras 6.19, 6.20, 6.21).

Proteção do metal ferro da corrosão

No sentido de minimizar a corrosão do ferro, o homem aprendeu a usar artifícios que impeçam o contato entre o metal e os agentes oxidantes. A **pintura** é a proteção mais usada. Uma camada de tinta se interpõe entre o metal, o oxigênio e a umidade, impedindo o contato dos reagentes. Sem o contato, não ocorre a reação. Se a pintura formar uma camada contínua não haverá perigo de corrosão, mas se houver rompimento os reagentes penetram pela abertura e a oxidação prossegue mesmo por baixo da tinta. Outra forma de amenizar a corrosão em ferramentas e objetos domésticos é a lubrificação com óleos e graxas. A água é insolúvel na graxa e não consegue atravessar o filme protetor para chegar até o ferro.

Também se pode evitar a corrosão do ferro fazendo uma proteção com outro metal que sofra corrosão antes que o ferro, por exemplo, o magnésio, o qual é chamado de "metal de sacrifício".

O experimento a seguir tem como objetivo mostrar a interação de substâncias da atmosfera com materiais usados pelo homem. Neste caso observar-se-á a influência de diversos meios (neutro, ácido, salino), que reproduzam situações ambientais, na corrosão do ferro sem proteção e protegido com uma fina camada de graxa.

12.10.2 Procedimentos

Materiais necessários

Equipamentos:

– *Balança analítica;*
– *Voltímetro (medidor de voltagem);*

O Laboratório e o Estudo da Atmosfera **317**

- *pH-metro (medidor de pH ou papel pH apropriado);*
- *Botija de oxigênio (ou, na falta, um borbulhador de ar).*

Reagentes:

- *Cloreto de sódio, NaCl;*
- *Ácido clorídrico, HCl;*
- *Ferricianeto de potássio, $K_3[Fe(CN)_6]$;*
- *Sulfato ferroso, $Fe(SO_4)$;*
- *Nitrato de amônio, NH_4NO_3.*

Materiais diversos:

- *Lâmina de ferro de dimensões aproximadas: $2 \times 12 \times 0,3$ cm;*
- *Pregos com comprimento de aproximadamente 6 cm;*
- *Graxa de silicone;*
- *Tubo de vidro dobrado em U (para formar a ponte salina).*

Preparação de soluções

a. *Solução de cloreto de sódio 1 mol L^{-1}:* Em um béquer pesar 5,85 g de cloreto de sódio (NaCl) e dissolver em aproximadamente 30 mL de água destilada. Transferir para um balão volumétrico de 100 mL e completar o volume com água.

b. *Solução de ácido clorídrico 1 mol L^{-1}:* Em um béquer contendo aproximadamente 30 mL de água destilada adicionar 8,35 mL de ácido clorídrico (HCl) concentrado, conteúdo em 37%. Este procedimento deve ser executado em capela. Transferir para um balão volumétrico de 100 mL e completar o volume com água.

c. *Solução de ferricianeto de potássio 0,1 mol L^{-1}:* Em um béquer pesar 3,29 g de ferricianeto de potássio ($K_3Fe(CN)_6$) e dissolver em aproximadamente 30 mL de água destilada. Transferir para um balão volumétrico de 100 mL e completar o volume com água.

d. *Solução de sulfato ferroso 0,1 mol L^{-1}:* Em um béquer pesar 1,51 g de sulfato ferroso ($FeSO_4$) e dissolver em aproximadamente 30 mL de água destilada. Transferir para um balão volumétrico de 100 mL e completar o volume com água.

Técnica

Experimento 1

- Montar o experimento conforme Figura 12.21. Preparar as soluções nas concentrações de 1 mol L^{-1}, temperatura de 25 °C e 1 atm de pressão.
- Com auxílio de um voltímetro, medir a diferença de potencial da pilha.
- Comparar com $E^0_{reação}$ da Reação (R-12.6).
- Se tiver o eletrodo-padrão de hidrogênio ou outro qualquer (calomelano): – Medir o potencial de eletrodo e calcular o valor de E^0_H de cada semirreação;
- Comparar com os valores tabelados (Ver *Tabela de Potenciais-padrão de Eletrodo – Anexo 3*).

Experimento 2

- Montar o experimento conforme Figura 12.22. Preparar as soluções nas concentrações de 1 mol L^{-1}, temperatura de 25 °C e 1 atm de pressão.
- Medir a diferença de potencial da pilha, com o auxílio de um voltímetro.
- Comparar com $E^0_{reação}$ da equação com o valor teórico da Reação [R-12.37].
- Se tiver o eletrodo-padrão de hidrogênio ou outro qualquer (calomelano): – Medir o potencial de eletrodo e calcular o valor de E^0_H de cada semirreação;
- Comparar com os valores tabelados (Ver *Tabela de Potenciais-padrão de Eletrodo – Anexo 3*).

Experimento 3

- Tomar três tubos de ensaio e em cada um colocar um prego limpo e polido (lixado, isto é, desengordurado). Fazê-los escorrer cuidadosamente ao longo das paredes para evitar quebrar o fundo dos tubos.

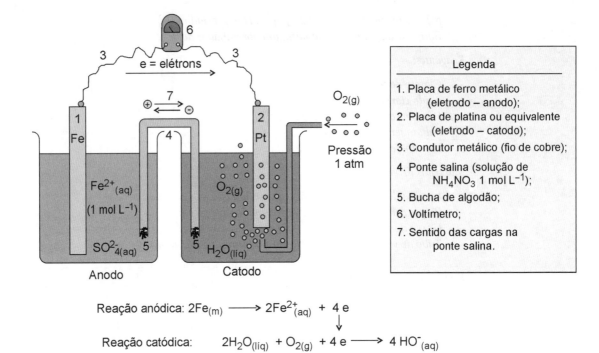

Figura 12.21 Pilha constituída pelas semirreações da corrosão do ferro em um ambiente neutro.

- Em cada tubo colocar, até cobrir os pregos, soluções dos reagentes: NaCl, HCl e água destilada. Ambas as soluções com concentração igual a 1 mol L^{-1}.
- Com auxílio de um potenciômetro (ou papel indicador universal), determinar o pH de cada solução e anotar na Tabela 12.10.
- Deixar os pregos mergulhados nas soluções durante 1 hora. Observar e anotar qualquer modificação que tenha ocorrido.
- Acrescentar a cada tubo, 2 ou 3 gotas de ferricianeto de potássio (K$_3$[Fe(CN)$_6$]) 0,1 mol L^{-1}. Observar qualquer modificação.

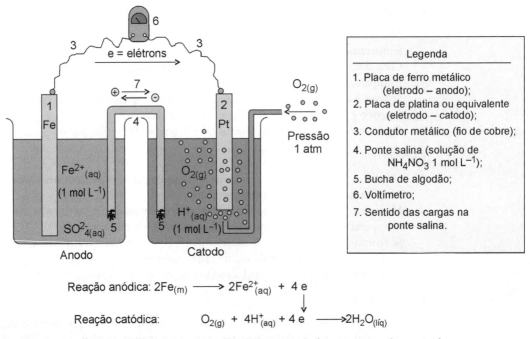

Figura 12.22 Pilha constituída pelas semirreações da corrosão do ferro em um ambiente ácido.

O Laboratório e o Estudo da Atmosfera **319**

- Em um tubo limpo e seco transferir 1 mL de solução de sulfato ferroso ($FeSO_4$) 0,1 mol L^{-1} e acrescentar 2 a 3 gotas de solução de ferricianeto de potássio 0,1 mol L^{-1}.
- Comparar este resultado com o obtido quando o ferricianeto de potássio foi acrescentado às soluções que continham os pregos. Que conclusões podem ser tiradas dos resultados?

Experimento 4

- Repetir o procedimento do Experimento 3, cobrindo inicialmente os pregos com uma graxa de silicone.

12.10.3 Resultados e discussão

O ferricianeto de potássio, $K_3[Fe(CN)_6]$, é um sólido amarelo-claro solúvel na água. É usado como indicador dos íons ferrosos (Fe^{2+}) em razão da intensa cor azul formada em presença deste íon, Reação (R-12.38). Portanto, nos tubos que apresentarem cor azul a oxidação (corrosão) foi intensa; naqueles que apresentarem cor verde (mistura da cor azul do complexo, $KFe[Fe(CN)_6]$, e amarela do indicador, $K_3[Fe(CN)_6]$) a oxidação (corrosão) foi mediana. Nos tubos que permanecerem com a cor amarela (cor do indicador) não houve corrosão.

$$Fe^{2+} + K_3[Fe(CN)_6] \ \rightleftarrows \ KFe[Fe(CN)_6] + 2K^+ \qquad \text{(R-12.38)}$$
$$\text{Complexo azul intenso}$$
$$\text{(azul de Turnbull)}$$

A seguir, são disponibilizadas, para a organização dos resultados obtidos e observados no experimento, as Tabelas 12.10, 12.11 e 12.12.

Tabela 12.10 pH das Soluções em Contato com o Prego

Solução	pH
Água destilada	
Solução de NaCl 1 mol L^{-1}	
Solução de HCl 1 mol L^{-1}	

Tabela 12.11 Relato das Observações Feitas nos Pregos e Soluções após 1 Hora de Contato

Solução	Observações	Observações após adição de $K_3[Fe(CN)_6]$
Água destilada		
Solução de NaCl 1 mol L^{-1}		
Solução de HCl 1 mol L^{-1}		

Tabela 12.12 Relato das Observações Feitas nos Pregos Protegidos por Graxa de Silicone e Soluções após 1 Hora de Contato e Adição de Solução de Ferricianeto de Potássio

Solução 1 mol L^{-1}	Pregos sem nenhuma proteção	Pregos protegidos pela graxa
Água destilada		
Solução de NaCl 1 mol L^{-1}		
Solução de HCl 1 mol L^{-1}		

12.11 Experimento 10: Planejamento de um Experimento com Coleta de Gases e Particulados da Atmosfera

12.11.1 Introdução

Os particulados da atmosfera

O Capítulo 6 deste livro trata dos particulados na atmosfera. Traz explicações sobre as fontes, formas de dispersão, efeitos físicos e reações químicas, métodos de remoção do particulado na atmosfera, bem como seu efeito no meio e biota de determinado local.

A Figura 12.23 mostra um complexo industrial em pleno funcionamento. Os particulados dispersos na atmosfera em geral são de natureza antrópica. São os mais comprometedores que diuturnamente entram na atmosfera e poluem o meio ambiente.

A Tabela 12.13 contém vários componentes do particulado da atmosfera e suas principais fontes.

Muitos estudos a fim de quantificar e monitorar o teor de particulados na atmosfera têm sido desenvolvidos. A especificação da composição do particulado é importante no sentido de identificar a fonte poluidora e verificar o grau de toxicidade do mesmo. Também é importante conhecer o tamanho das partículas formadoras de um particulado. Pois as partículas menores de 10 μm (conhecidas com PM 10) são inaláveis. Elas atravessam os filtros naturais do sistema respiratório e podem atingir os pulmões provocando várias doenças.

Uma das dificuldades de se estudar os particulados da atmosfera é a coleta das amostras. Vários métodos de coleta estão sendo usados pelos pesquisadores ambientais. O método mais usado de amostragem de particulados na atmosfera é a filtração por bombeamento de determinado volume de ar e posterior análise

Figura 12.23 Complexo industrial em pleno funcionamento, liberando para a atmosfera poluentes gasosos e particulados. Fonte: Klintowitz *et al.*, 2006.

Tabela 12.13 Principais Constituintes do Material Particulado da Atmosfera e Suas Fontes

Componentes	Principais fontes
Material carbônico	– fumaça
Na^+, K^+, Ca^{2+}, Mg^{2+}	– sal marinho; poeira trazida pelo vento
SO_4^{2-}	– SO_2 emitida na combustão de combustíveis contaminados com enxofre
NO_3^-	– óxidos de nitrogênios emitidos pela combustão
Cl^-	– sal marinho; HCl vindo da combustão
Minerais insolúveis	– poeira levantada pelo vento

Fonte: Radojevic & Bashkin, 1999.

do filtro. Pode ser usado também um impactador de cascata. Neste caso, os filtros são colocados sobre um anteparo e o ar não passa através deles, mas choca-se com uma superfície e as partículas ficam retidas sobre a superfície do filtro através do impacto do ar atmosférico. Como esses métodos ocupam certo número de equipamentos, é difícil usá-los em monitoramento onde vários pontos de coletas são requeridos.

Materiais particulados suspensos na atmosfera se decantam espontaneamente em razão da força da gravidade. Este princípio pode ser usado para amostrar particulados no ar. Estes podem ser recolhidos em um recipiente limpo e seco. Esta alternativa aos sistemas acima mencionados é o emprego do método das Precipitações Sólidas Atmosféricas (PSA), no qual é recolhido em recipiente apropriado o particulado que espontaneamente se decanta. Mas, a quantidade de material coletado é, muitas vezes, pequena, trazendo dificuldades na hora da análise.

Outro fator a ser observado é a unidade a ser expresso o resultado. A unidade mais usada na determinação de um componente do particulado atmosférico é μg m^{-3} de ar; neste caso, é necessário se conhecer o volume de ar bombeado através do filtro ou agente fixador. No entanto, alguns pesquisadores preferem expressar em μg g^{-1} de particulado ou ainda em mg kg^{-1}. Quando o material é recolhido pela precipitação espontânea em que não se mensura o volume de ar, resta a última alternativa de unidades para expressar um analito.

A água da chuva tem a ação de limpar a atmosfera de seus compostos poluentes. Ela carrega consigo o material particulado suspenso na atmosfera, mas não só os particulados; arrasta também os gases solúveis. Os elementos constituintes dos particulados estarão presentes na água da chuva, seja em maior ou menor quantidade. Esta pode ser filtrada antes da análise, a fim de ser retirado o particulado que não se solubilizou na mesma. Os gases que são solúveis em água vão modificar suas propriedades, tornando-a ácida ou básica, ou até mesmo tóxica dependendo do que está presente no ar e pode ser dissolvido na água. Por isso, o estudo da composição da água da chuva é também um estudo do estado de conservação da atmosfera.

Coletar uma **amostra composta** e **representativa** de um universo que é objeto de análise não é trabalho fácil para sistemas ambientais em fase sólida e líquida, quanto mais para um universo ambiental gasoso, como é o ar atmosférico (Keith, 1996).

O ar da atmosfera apresenta **componentes gasosos** (orgânicos e inorgânicos) e **componentes particulados sólidos** e **líquidos** (também podendo ser orgânicos e/ou inorgânicos).

Antes de qualquer passo a ser dado, é necessário planejar o experimento e na maioria das vezes assessorar-se de especialistas para não perder tempo e dinheiro, e, ao final, os dados medidos tenham mérito científico.

Este planejamento passa pelas quatro etapas do método analítico:

1ª **coleta, estocagem** e **transporte** das amostras;
2ª **preparação prévia** e **decomposição** das amostras;
3ª **método de análise** do analito; e
4ª **cálculo** e **expressão** dos resultados.

Assim, neste "planejar" do experimento, muitos questionamentos devem ser feitos e respondidos, dentro de cada etapa, entre eles:

*Quanto ao **analito** que será o objeto da análise*

O analito, isto é, o objeto da análise, é muito variado, podendo ser: um **elemento** (por exemplo, O, C, Ca, Cl etc.); uma espécie química, **molécula** ou **íon** (por exemplo, O_3, NO, NO_2, NO_3^-, SO_2, SO_4^{2-} etc.); uma **função** (por exemplo: álcool, fenol, aldeído, cetona etc.); ou **estrutura química** (benzênica, antracênica etc.). Assim, questiona-se:

- O que se deseja analisar?

*Quanto à **coleta, estocagem** e **transporte** das amostras*

- Em qual local (ponto) da atmosfera a amostra é coletada: É da troposfera? Baixa troposfera? Superfície da Terra? Ambiente urbano? Ambiente rural? Alta troposfera? É da estratosfera? De qual camada?
- Como chegar lá ou ao local? Carro? Avião? Balão? Quanto custa?
- Qual material é necessário para fazer a coleta? Tem-se este material?
- Quantas **amostras simples** serão necessárias para se ter uma amostra composta e estatisticamente representativa do local (universo) amostrado? (Se não souber fazer o cálculo, assessorar-se de um profissional da estatística.)
- Quais os cuidados para não contaminar a amostra? Como conservar, estocar e transportar as amostras?

322 Capítulo Doze

*Quanto à **preparação prévia** e **decomposição** das amostras*

As respostas aos questionamentos desta etapa devem estar relacionadas com a próxima etapa, que é o método analítico utilizado na quantificação do analito.

- Há necessidade de pré-concentrar a amostra?
- Há necessidade de separar os interferentes do método, os quais se encontram na amostra?
- Há necessidade de decompor a amostra?

*Quanto ao **método de análise** do analito*

A maioria dos métodos de análise química classifica-se em dois grandes grupos: **métodos químicos**, baseados em uma reação química entre o analito e um padrão, o resultado é calculado estequiometricamente; e os **métodos instrumentais** de análise química, baseados em propriedades físico-químicas do analito. Isto é, o analito quando introduzido no instrumento gera uma resposta, R_A, (um sinal), que é função da quantidade de analito (C_A) introduzido. Inicialmente calibra-se o instrumento com um padrão que contém quantidades conhecidas do analito C_P, gerando uma equação de trabalho $R = f(C_P)$. A concentração do analito é calculada pela introdução de R_A na equação de trabalho. A sensibilidade do método é de fundamental importância na escolha do mesmo, isto é, o método deve dar um sinal (uma resposta, R_A) que seja do analito presente na amostra. Assim:

- Qual é o método analítico e os respectivos equipamentos que serão utilizados para obter o valor desejado?

*Quanto ao **cálculo** e **expressão** do resultado*

Qualquer medida de uma grandeza física sempre apresenta uma **incerteza**, que se acumula ao longo das diversas etapas do método analítico. Portanto, o **verdadeiro valor** de uma grandeza medida nunca é conhecido. O que se conhece é a **melhor estimativa** do verdadeiro valor que corresponde a uma **média** (aritmética) de n medidas, em que cada uma compreende todas as etapas do método, descartando-se a coleta se a amostra coletada for, de fato, estatisticamente representativa do universo (ambiente) amostrado. Logo, o resultado é apresentado com um limite de confiança, em cujo intervalo de valores tenha-se a certeza de que esteja incluído o verdadeiro valor. Dependendo do que se deseja, o número de amostras analisadas também varia. Assim:

- Qual é o nível de confiança que se deseja para o resultado esperado?

O objetivo deste tópico é mostrar ao leitor que o assunto não é tão simples como se pensa e os resultados nem sempre têm significado estatístico. Tentar-se-á mostrar um processo geral que permite coletar particulados e gases ao mesmo tempo, conforme o analito que depois se deseja analisar. Contudo, cabe mais estudo e criatividade no assunto.

12.11.2 Amostragem

Componente gasoso e particulado

A Figura 12.24 apresenta um sistema que simultaneamente pode coletar de forma fracionada particulados, certos tipos de gases e, ao mesmo tempo, medir o fluxo de ar, que permite determinar o volume amostrado e calcular as respectivas concentrações. Observando a Figura 12.24 vê-se que se resume a uma bomba que succiona o ar (9) que deve passar pelo sistema. O ar que está sendo coletado (1) entra no sistema pelo funil (2). A seguir, passa por um filtro (3), que se encontra fixado em um suporte próprio (4) do sistema. O filtro pode ser de papel ou outro tipo de material para reter os particulados da atmosfera, ou pode estar impregnado por algum reagente para fixar determinado poluente ou analito de interesse.

Após, o fluxo de ar passa por um frasco que contém uma solução com a finalidade de "fixar" algum gás específico, o analito, em uma "solução fixadora", para posterior análise ou apenas retirá-lo da mistura gasosa, por interferir mais adiante no processo (5). O fluxo de ar passa por um sistema secador formado por um tubo em U tendo na entrada e na saída uma "bucha" de algodão de vidro (6) e no seu interior uma substância desidratante porosa (sílica-gel seca, cloreto de cálcio anidro etc.) (7), que permita passar o fluxo de ar e retirar toda a umidade para proteger o medidor de fluxo (8) e a bomba (9). Finalmente o ar é descartado (10). Mais detalhes sobre cada parte do sistema, com opções próprias, o leitor pode encontrar em Radojevic & Bashkin (1999).

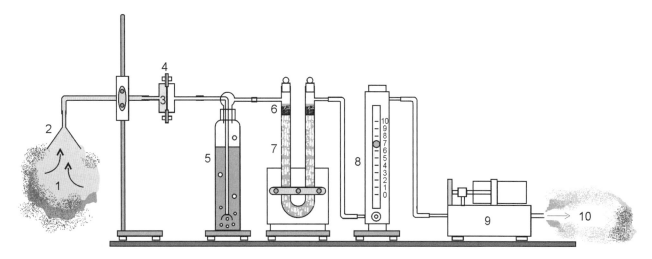

(1) Entrada do ar (poluído); (2) Funil de captação do ar; (3) Papel-filtro para reter particulados; (4) Suporte do papel-filtro; (5) Frasco lavador com solução absorvedora de materiais; (6) Algodão de vidro; (7) Sílica-gel; (8) Medidor de fluxo de ar; (9) Bomba de sucção; (10) Saída do ar.

Figura 12.24 Visualização das partes de um sistema de amostragem do ar. Fonte: Radojevic & Bashkin, 1999.

Essa amostragem pode ser feita de várias maneiras. A substância de interesse (analito) geralmente é fixada em solventes apropriados ou filtros impregnados de solventes fixadores. A Tabela 12.14 traz uma relação de componentes e/ou poluentes do ar e solventes fixadores para os mesmos com as respectivas reações.

Tabela 12.14 Principais Poluentes da Atmosfera e Respectivos Solventes Fixadores

Analito	Reagente fixador	Reação que ocorre
SO_2	Tetracloromercurato de potássio	$K_2[HgCl_4] + 2SO_2 + 2H_2O \longrightarrow [Hg(SO_3)_2]^{2-} + 4Cl^- + 4H^+ + 2K^+$
NO_2	Arsenito de sódio	$Na_3AsO_3 + 2NO_2 + H_2O \longrightarrow AsO_4^{3-} + 2NO_2^- + 2H^+ + 3Na^+$
O_3	Iodeto de potássio	$2KI + O_3 + 2H^+ \longrightarrow O_2 + I_2 + H_2O + 2K^+$
NH_3	Ácido sulfúrico diluído	$H_2SO_4 + 2NH_3 \longrightarrow (NH_4)_2SO_4$
HCl	Hidróxido de sódio 0,001 mol L^{-1}	$NaOH + HCl \longrightarrow NaCl + H_2O$

Ao final do experimento:

a. Registram-se o tempo de funcionamento do sistema e o respectivo fluxo no rotâmetro (medidor de fluxo) para calcular o volume de ar que foi amostrado.
b. Retira-se o papel-filtro impregnado do analito de interesse.
c. Retira-se do frasco a solução fixadora, com outro analito.

Componentes particulados que por gravidade sedimentam

- Particulados sólidos

Dependendo da finalidade e do tipo de particulado, pode-se definir o local e o período e fazer a coleta dos particulados que sedimentam sob a ação da gravidade. Contudo, o resultado não será expresso por quantidade de analito/volume de ar amostrado, mas, quantidade de analito precipitado/tempo (horas, dias, semanas etc.). A coleta pode ser realizada da seguinte forma:

– Colocar um recipiente de plástico (balde ou bacia grande) em um terraço (não deve estar perto do chão para evitar a coleta de poeira que se levante no local). Escolher um lugar onde o coletor (balde ou bacia) não esteja sob telhados ou árvores.

324 Capítulo Doze

- Recolher o depósito de particulado com o auxílio de um pincel a cada 24 horas.
- Repetir o processo até obter uma quantidade de amostra suficiente para se proceder às análises.
- Misturar as amostras diárias para obter uma amostra composta.
- Triturar em almofariz, secar até peso constante.
- Acondicionar e reservar para as análises.

- *Particulados líquidos*

Os particulados líquidos que sedimentam sob a ação da gravidade correspondem à chuva. A coleta pode ser realizada da seguinte forma:

- Colocar um recipiente plástico (balde ou bacia grande) para coletar a água. Escolher um lugar onde o coletor (balde ou bacia) não esteja ao alcance da água que cai de telhados ou árvores.
- Recolher o material coletado e dividir em três partes.
- A primeira, para medir o pH, o que deve ser feito imediatamente. Nesta porção da amostra também deve ser determinada a matéria orgânica dentro de um período de 24 horas.
- Em frasco plástico, adicionar 3 mL de ácido nítrico concentrado p.a. ($HNO_{3(conc.)}$) por litro de água, até pH igual ou menor do que 2 e reservar para análise de metais pesados.
- Na terceira parte, adicionar 0,40 g de cloreto mercuroso (Hg_2Cl_2) por litro de água e reservar para análise de fósforo e nitrogênio.
- Repetir o processo até obter uma quantidade de amostra suficiente para se proceder às análises.

12.11.3 Aplicação: Determinação da concentração de gás NO_2 na atmosfera

- *Procedimentos*

Definições iniciais

- *Espécie de analito*: gás NO_2
- *Local para a coleta das amostras*: na atmosfera de um laboratório onde se realizam digestões de amostras por via úmida mediante a mistura nítrico-perclórica.
- *Condições ambientes*: temperatura em °C e pressão ambiente em atm ou mmHg, dia (hora), noite (hora).

Materiais necessários

Para avaliar as condições ambientes:
- *Termômetro com escala em °C;*
- *Barômetro para medir a pressão ambiente (em atm ou mmHg).*

Para a absorção do gás da atmosfera:

- *Montar a aparelhagem conforme a esquematização da Figura 12.24;*
- *O frasco contendo a solução fixadora (5) pode ser menor;*
- *O filtro (3) – utilizar uma membrana com 0,45 μm de porosidade e 47 mm de diâmetro, fixando-o no suporte (4);*
- *Reagente absorvente: dissolver 4 gramas de NaOH e 1,0 g de arsenito de sódio, Na_3AsO_3, em água destilada e diluir a um litro.*

Para a análise espectrofotométrica UV-Vis:

- *Um espectrofotômetro UV-Vis;*
- *Reagentes para a curva analítica (reagentes analíticos p.a.):*
- *Reagente A – Solução de ácido sulfanílico: dissolver 0,5 g de ácido sulfanílico em uma mistura de 120 mL de água destilada e 30 mL de ácido acético;*
- *Reagente B – Solução de naftilamina: dissolver 0,2 g de 1-naftilamina-7-sulfônico (ou só naftilamina, conforme alguns autores) em uma mistura de 120 mL de água destilada e 30 mL de ácido acético;*
- *Solução-estoque padronizada de nitrito de sódio com 1.000 $mg\ L^{-1}$ de NO_2^{1-}: dissolver em água destilada 1,50 g de $NaNO_2$ previamente seco em um balão volumétrico de 1 litro (se for o caso padronizar a solução);*

- *Peróxido de hidrogênio a 30%;*
- *Preparação da curva analítica, conforme Figura 12.25;*
- *Preparar 100 a 150 mL de diluições da solução-estoque de NO_2^- que contenham: 0,625; 1,25; 2,50; 3,75; 5,00; 7,50 e 10,0 µg mL^{-1} de NO_2^-.*

Técnica

a. *Fixação do NO_2*

- Colocar um volume definido (V_F) (15, 20, 25 mL etc.) da solução fixadora de $NaOH/Na_3AsO_3$.
- Verificar os demais itens da Figura 12.24.
- Acionar a bomba (9) em um fluxo de 0,2 a 0,4 mL por minuto (F_X), em um período de 6, 12 e/ou 24 h (T_F) conforme a concentração do NO_2 na atmosfera.
- Desligar o sistema e levar a solução fixadora para a preparação da amostra, e posterior leitura no espectrofotômetro.

b. *Preparação dos padrões e do branco*

Em um balão volumétrico de 25 mL adicionar:

- 10 mL de solução de NO_2^-, conforme preparação acima, um balão para cada solução.
- 0,2 mL de H_2O_2.
- 2 mL do reagente A, misturar e esperar uns 20 minutos.
- 5 mL do reagente B, diluir a 25 mL com água destilada e homogeneizar a solução.
- Deixar por mais 20 minutos.
- Medir a absorbância no comprimento de onda de 520 nm, em uma cubeta de 1 cm de caminho ótico, contra a solução branco, que contém todos os reagentes menos a 10 mL de solução de NO_2^-.
- Construir a curva analítica do método, conforme Figura 12.25.
- Estabelecer a equação de trabalho, obtendo o coeficiente angular da reta (**b** = inclinação da reta) e o coeficiente linear (**a** = A quando C = 0).

$$A = a + bC \tag{12.74}$$

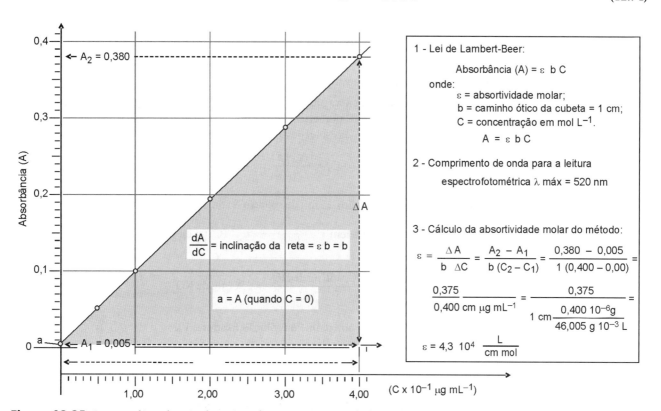

Figura 12.25 Curva analítica do método espectrofotométrico UV-Vis da determinação NO_2^-.

326 Capítulo Doze

Para a leitura da absorbância da amostra $A_{amostra} = A_a$ introduzida na Equação (12.74), obtém-se o valor da concentração da amostra $C_{amostra} = C_a$, dada pela Equação (12.75).

$$C_{amostra} = C_a = \frac{(A_a - a)}{b} \qquad (12.75)$$

– Repetir a técnica de preparação das soluções acima, introduzindo 10 mL de solução fixadora de NO_2 no lugar da solução-padrão de NO_2^-.
– Medir a absorbância no comprimento de onda de 520 nm, em uma cubeta de 1 cm de caminho ótico, contra a solução branco, que contém todos os reagentes menos os 10 mL de solução de NO_2^-.

• **Cálculos**

Registrar todos os parâmetros do experimento, conforme Tabela 12.15.

Supondo que o espectrofotômetro leia o sinal gerado pela amostra e mostre o valor da absorbância da mesma (A_a).

Tabela 12.15 Parâmetros Medidos na Determinação do NO_2 no Ar da Atmosfera

Parâmetro medido	Valor medido
Tempo de funcionamento do medidor de fluxo	T_F, (min)
Valor do fluxo, ver no próprio medidor	F_x, (mL min^{-1})
Leitura da absorbância da amostra	$A_{amostra} = A_a$ (cm^{-1} μg^{-1} mL)
Volume de ar que passou pela solução fixadora	$V_{ar} = T_F F_x$
Volume da solução fixadora	V_F, (mL)
Temperatura ambiente	T, (°C)
Pressão ambiente	P_{amb}, em atm
Hora (dia ou noite)	

Cálculos da concentração de NO_2 em $\mu g\ L^{-1}$

a. Cálculo da concentração da amostra lida C_a

Pela Equação (12.75), deduzida da curva analítica, Figura 12.25, conforme Equação (12.74), calcula-se o valor de C_a do analito NO_2^-, que é igual numericamente à do $NO_{2(g)}$. Com as cubetas de 1 cm de caminho ótico e pelas unidades de concentração das soluções-padrão, obtém-se a concentração em μg mL^{-1}.

$$C_a = \frac{(A_a - a)}{b} \ \mu g\ mL^{-1} \qquad [12.75]$$

b. Cálculo da quantidade de NO_2 nos 25 mL de solução da amostra submetida à reação no balão.

1 mL de solução lida tem $\longrightarrow$ C_a μg de NO_2

25 mL do balão $\longrightarrow$ X

$$X = \frac{25C_a}{1}\frac{mL\,\mu g\ de\ NO_2}{mL} = 25C_a\ \mu g\ de\ NO_2 \qquad (12.76)$$

c. Cálculo da quantidade de NO_2 no volume da solução fixadora, V_F.

25 C_a μg de NO_2 estão em $\longrightarrow$ 10 mL de sol. fixadora

Y $\longrightarrow$ V_F mL de sol. fixadora

$$Y = \frac{25C_a V_F}{10}\frac{mL\,\mu g\ de\ NO_2}{mL} = \frac{25C_a V_F}{10}\mu g\ de\ NO_2 \qquad (12.77)$$

d. Volume de ar, V_{ar}, que foi aspirado pela bomba e que passou pela solução fixadora.

$$V_{ar} = T_F \, F_X \, \frac{mL \, min}{min} = T_F \, F_X \, mL \tag{12.78}$$

e. Concentração de NO_2 na atmosfera em $\mu g \, L^{-1}$.

Relacionando (12.77) com (12.75) e o respectivo volume de ar (12.78), tem-se (12.79).

$$C_{\left(\mu g \, L^{-1}\right)} = \frac{\left(\dfrac{25}{10}\right) \dfrac{\left(A_a - a\right)}{b} V_F}{10^{-3} \, T_F \, F_X} \frac{\mu g}{L} \tag{12.79}$$

Substituindo em (12.79) as variáveis pelos valores medidos no experimento, obtém-se a resposta desejada.

Cálculos da concentração de NO_2 em ppm

A concentração de $NO_{2(g)}$ na atmosfera tem diversas formas de ser calculada; aqui será calculada como relação entre o número de mol do NO_2 e o número de mols do ar, como mostra a Equação (12.80).

$$C_{\left(em \, ppm\right)} = \frac{mols \, de \, NO_{2(g)} \left(soluto\right)}{mols \, de \, ar \left(solução\right)} \tag{12.80}$$

a. Cálculo de número de mols de NO_2 (soluto)

$$1 \, mol \, de \, NO_2 \, tem \quad \longrightarrow \quad 46{,}005 \cdot 10^6 \, \mu g \, de \, NO_2$$

$$X \quad \longrightarrow \quad (25/10) \, C_a \, V_F \, \mu g \, de \, NO_2$$

$$\textbf{Número de mols de } NO_2 = n_{NO_2} = 5{,}434 \; 10^{-8} \, C_a \, V_F \, \textbf{mol} \tag{12.81}$$

b. Cálculo do número de mols de ar (solução)

Aplicando a lei dos gases perfeitos $PV = nRT$, para as condições do experimento, tem-se:

$$n_{ar} = \frac{PV}{RT} \tag{12.82}$$

Relacionando a Equação (12.78) com (12.82), tem-se a Equação (12.83).

$$n_{ar} = \frac{P \, T_F \, F_X}{RT} \tag{12.83}$$

c. Cálculo da concentração de NO_2 em ppm

$$C_{(ppm)} = \frac{5{,}434 \cdot 10^{-8} \, C_a \, V_F}{\dfrac{P \, T_F \, F_X}{RT}} \frac{mol \, de \, NO_2 \left(soluto\right)}{mol \, de \, ar \left(solução\right)}$$

$$C_{(ppm)} = \frac{5{,}434 \cdot 10^{-2} \, C_a \, V_F}{\dfrac{P \, T_F \, F_X}{RT}} \frac{10^{-6} \, mol \, de \, NO_2 \left(soluto\right)}{1 \, mol \, de \, ar \left(solução\right)} \tag{12.84}$$

$$C_{(ppm)} = \frac{5{,}434 \cdot 10^{-2} \, \dfrac{\left(A_a - a\right)}{b} V_F}{\dfrac{P \, T_F \, F_X}{RT}} \, ppm \, de \, NO_2 \tag{12.85}$$

Substituindo as variáveis pelos valores medidos no experimento e as constantes pelos valores tabelados, nos respectivos sistemas de grandezas, tem-se o resultado esperado.

328 Capítulo Doze

12.11.4 Reações químicas ocorridas no processo

- *Reações ocorridas na "fixação" do gás NO_2*

O ar que contém disperso o gás $NO_{2(g)}$, ao ser forçado, pela bomba (9) da Figura 12.24, a passar através da solução fixadora (5) que contém arsenito de sódio ($Na_3ASO_{3(aq)}$), reage com ele sofrendo uma redução a nitrito, NO_2^-. O nitrogênio passa do estado de oxidação 4+ no NO_2 para a 3+ no NO_2^-. As reações entre o arsenito de sódio e o $NO_{2(do\ ar)}$ e o respectivo balanceamento estão representadas nas Reações (R-12.39) a (R-12.42).

$$\text{Reação desbalanceada:} \quad \overset{3+}{Na_3AsO_{3(aq)}} + \overset{4+}{NO_{2(g)}} \rightleftharpoons \overset{3+}{NO_{2(aq)}^-} + \overset{5+}{Na_3AsO_{4(aq)}} \qquad \textbf{(R-12.39)}$$

arsenito de sódio   óxido de nitrogênio (IV)

$$\text{Reação anódica:} \quad \overset{3+}{Na_3AsO_{3(aq)}} + H_2O_{(líq)} \rightleftharpoons \overset{5+}{Na_3AsO_{4(aq)}} + 2H_{(aq)}^+ + 2\,e \qquad \textbf{(R-12.40)}$$

$-2\,e \quad \text{oxidação}$

$$\text{Reação catódica:} \quad 2\,\overset{4+}{NO_{2(g)}} + 2\,e \rightleftharpoons 2\,\overset{3+}{NO_{2(aq)}^-} \qquad \textbf{(R-12.41)}$$

$+2\times1\,e \quad \text{redução}$

$$\text{Reação soma:} \quad Na_3AsO_{3(aq)} + 2\,NO_{2(g)} + H_2O_{(líq)} \rightleftharpoons 2\,NO_{2(aq)}^- + Na_3AsO_{4(aq)} + 2\,H_{(aq)}^+ \qquad \textbf{(R-12.42)}$$

O H^+ produzido na semirreação (R-12.40) é eliminado pelo meio alcalino de NaOH, deslocando a Reação (R-12.41) no sentido de formar mais nitrito, no caso, de sódio.

- *Reações de formação do composto colorido que absorve na região de 520-525 nm.*

A Equação (R-12.43) mostra a reação entre o nitrito e o ácido sulfanílico formando um azo-composto. E a Reação (R-12.44) mostra a reação entre o azo-composto e o ácido 1-naftilamina-7-sulfônico, ou simplesmente a naftilamina, produzindo o composto que absorve radiação do espectro visível na faixa de 520 a 525 nm, dependendo dos radicais e da posição dos mesmos na naftilamina.

Ácido sulfanílico

Ácido 1 – naftilamina -7-sulfônico (ou só naftilamina)

(R-12.43)

Composto colorido que absorve radiação em 520-525 nm

(R-12.44)

12.12 Experimento 11: Análise do Carbono Orgânico

12.12.1 Aspectos teóricos

O método descrito a seguir determina a abundância de carbono total na amostra e indiretamente seu equivalente de matéria orgânica, partindo da hipótese de que o carbono tenha estado de oxidação zero, como na fórmula generalizada da biomassa $|CH_2O|_n$.

Na determinação do C orgânico, a oxidação do mesmo é feita por uma solução de dicromato de potássio ($K_2Cr_2O_7$) em excesso e em presença de ácido sulfúrico concentrado (H_2SO_4). Em seguida, titula-se o excesso de dicromato com uma solução de sulfato ferroso ($FeSO_4 \cdot 7H_2O$).

Nesta reação ocorre a redução do $Cr_2O_7^{2-}$ pelos compostos de carbono, segundo a Reação (R-12.45).

$$2Cr_2O_7{}^{2-}{}_{(aq)} + 3C_{(mat.org.)} + 16H^+{}_{(aq)} \rightleftarrows 4Cr^{3+}{}_{(aq)} + 3CO_{2(g)} + 8H_2O_{(l)} \qquad \textbf{(R-12.45)}$$

Como o dicromato de potássio é colocado em excesso, parte dele não sofre redução. Este excesso, posteriormente, é determinado com sulfato ferroso; o dicromato é então reduzido e o ferro II oxidado a ferro III, como mostra a reação abaixo (R-12.46).

$$Cr_2O_7{}^{2-}{}_{(aq)} + 6Fe^{2+}{}_{(aq)} + 14H^+{}_{(aq)} \rightleftarrows 2Cr^{3+}{}_{(aq)} + 6Fe^{3+}{}_{(aq)} + 7H_2O_{(l)} \qquad \textbf{(R-12.46)}$$

A atmosfera possui certa abundância de compostos orgânicos, na forma de gases e particulados. Conforme o método de coleta da amostra, pode-se obter uma espécie ou um conjunto de espécies.

No presente experimento, pretende-se analisar o carbono orgânico proveniente da atmosfera via precipitação seca (particulados ou poeiras que sedimentam) ou úmida (chuva).

12.12.2 Procedimentos

Materiais necessários

Vidraria:

- *Balão volumétrico de 1 litro;*
- *2 copos béquer de 100 e 250 mL;*
- *2 copos erlenmeyer de 250 mL;*
- *1 Proveta de 100 mL;*
- *1 Bureta de 50 e de 25 mL;*
- *1 Pipeta volumétrica de 10, 25 e 50 mL;*
- *Demais materiais comuns a um laboratório de análises químicas (como dessecador, funis, pesa-filtros, bastão de vidro etc.).*

Equipamentos e diversos:

- *Suporte universal com garras para bureta;*
- *Estufa;*
- *Balança analítica.*

Reagentes:

- *Dicromato de potássio,* $K_2Cr_2O_7$, *p.a.;*
- *Ácido sulfúrico,* H_2SO_4, *p.a.;*
- *Difenilamina,* $H_5C_6\text{-}NH\text{-}C_6H_5$, *p.a.;*
- *Sulfato ferroso hepta-hidratado,* $FeSO_4 \cdot 7H_2O$, *p.a.*

Preparação de soluções

a. *Solução de dicromato de potássio 0,1667 mol L^{-1}:* Dissolver em água 49,04 g de dicromato de potássio ($K_2Cr_2O_7$ p.a.), com 99,99% de pureza, previamente seco em estufa a 105 °C. Completar o volume para um litro, em balão volumétrico e homogeneizar. Esta solução é considerada solução-padrão, porque o $K_2Cr_2O_7$ tem características de padrão primário.
b. *Difenilamina 1%:* Dissolver 1,0 g do indicador difenilamina em 100 mL de H_2SO_4 concentrado.
c. *Solução de sulfato ferroso 1,0 mol L^{-1}:* Dissolver 278,02 g de sulfato ferroso ($FeSO_4 \cdot 7H_2O$) em água destilada e deionizada, adicionar 80 mL de ácido sulfúrico concentrado. Após resfriamento, transferir para balão volumétrico de 1 litro e completar o volume. Esta solução deve ser titulada, com a solução de dicromato, na hora do uso. Alterar a concentração desta solução caso seja necessário.

330 Capítulo Doze

> ### Técnica

(Esta parte do experimento deve ser desenvolvida na capela.)

Prova em branco:

- Pipetar com o auxílio de uma pipeta volumétrica 10 mL da solução de dicromato de potássio 0,1667 mol L^{-1} e transferir para um *erlenmeyer* de 250 mL.
- Adicionar, com proveta, 20 mL de ácido sulfúrico concentrado.
- Agitar manualmente e aguardar 30 minutos.
- Com uma proveta, adicionar 100 mL de água destilada e deionizada.
- Adicionar (com proveta) 10 mL de ácido ortofosfórico concentrado (H_3PO_4) e 6 gotas de difenilamina 1%.
- Titular com sulfato ferroso 1,0 mol L^{-1}. A viragem se dá de azul-escuro para verde, observar atentamente.
- Anotar o volume (V_b).

Amostra:

- Pesar, em uma balança semianalítica, 1,00 g da amostra de particulado (m_a) ou um valor próximo de 1,00 g e transferir para o *erlenmeyer* de 250 mL.
- Repetir as operações do item "Prova em branco".
- Anotar o volume (V_a).

Observação: Para amostras da água da chuva, substituir 1 g da amostra por 1 mL de água. Aumentar a quantidade de amostra caso o teor de matéria orgânica seja muito pequeno na mesma.

12.12.3 Resultados e cálculos

Fórmula: A Equação (12.86) traz a fórmula para cálculo de carbono no particulado. Por esta fórmula o resultado será expresso em g kg^{-1} de particulado; após os cálculos, os resultados poderão ser transformados em uma unidade mais apropriada a cada amostra.

$$C = \frac{(V_b - V_a)C_{sf}\,3{,}896}{m_a} \tag{12.86}$$

na qual:
C = concentração do carbono orgânico em g kg^{-1};
V_b = volume da solução de sulfato ferroso, em mL, gasto na titulação do branco;
V_a = volume da solução de sulfato ferroso, em mL, gasto na titulação da amostra;
C_{sf} = concentração da solução de sulfato ferroso, em mol L^{-1};
m_a = massa de particulado (amostra), em g.

Demonstrativo do cálculo:

- Cálculo do número de mols do $Cr_2O_7^{2-}$ (dicromato) que reage com o sulfato ferroso.

Pela titulação, o $Cr_2O_7^{2-}$ (dicromato) reage com o sulfato ferroso; tem-se a Equação [R-12.46].

$$Cr_2O_7^{2-}{}_{(aq)} + 6Fe^{2+}{}_{(aq)} + 14H^+{}_{(aq)} \ \rightleftarrows \ 2Cr^{3+}{}_{(aq)} + 6Fe^{3+}{}_{(aq)} + 7H_2O_{(l)} \tag{R-12.46}$$

Logo, 1 mol de Fe^{2+} reage com 1/6 de $Cr_2O_7^{2-}$.

- Cálculo do número de mols de $Cr_2O_7^{2-}$ no branco (n_b).

Pela titulação:

$$C_{sf} = \frac{n_{sf}}{V_b\,10^{-3}} \tag{12.87}$$

na qual:
n_{sf} = número de mols de sulfato ferroso;
10^{-3} = fator que converte mL para litros (L);
C_{sf} = concentração do sulfato ferroso;
V_b = volume de sulfato ferroso que reagiu com o branco.

$$n_{sf} = C_{sf}V_b\,10^{-3} \tag{12.88}$$

Pela Reação [R-12.46], tem-se:

$$1 \text{ mol de } Cr_2O_7^{2-} \longrightarrow 6 \text{ mols de } FeSO_4$$

$$n_b \longrightarrow C_{sf} V_b \, 10^{-3}$$

$$n_b = \frac{1}{6} C_{sf} V_b 10^{-3} \text{ mols} \qquad (12.89)$$

– Cálculo do número de mols de $Cr_2O_7^{2-}$ que sobraram após a reação deste com a amostra (n_s).

Pela titulação:

$$C_{sf} = \frac{n_{sf}}{V_a 10^{-3}} \qquad (12.90)$$

em que:
n_{sf} = número de mols de sulfato ferroso;
10^{-3} = fator que converte mL para litros (L);
C_{sf} = concentração do sulfato ferroso;
V_a = volume de sulfato ferroso que reagiu com a amostra.

$$n_{nf} = C_{sf} V_a \, 10^{-3} \qquad (12.91)$$

Pela Reação [R-12.46], temos:

$$1 \text{ mol de } Cr_2O_7^{2-} \longrightarrow 6 \text{ mols de } FeSO_4$$

$$n_s \longrightarrow C_{sf} V_a \, 10^{-3}$$

$$n_s = \frac{1}{6} C_{sf} V_a 10^{-3} \text{ mol} \qquad (12.92)$$

– Cálculo do número de mols de $Cr_2O_7^{2-}$ que reagiram com o carbono da amostra (n_r).

$$n_r = n_b - n_s \qquad (12.93)$$

$$n_r = \left(\frac{1}{6} C_{sf} V_b 10^{-3} \right) - \left(\frac{1}{6} C_{sf} V_a 10^{-3} \right)$$

$$n_r = \left(V_b - V_a \right) C_{sf} \frac{1}{6} 10^{-3} \text{ mol de } Cr_2O_7^{2-} \qquad (12.94)$$

– Cálculo do número de mols de carbono (C) que reagiram com $Cr_2O_7^{2-}$ (n_r).

Conforme colocado na introdução, parte-se da hipótese de que o carbono tenha estado de oxidação zero, como se fosse um hidrato de carbono, $|CH_2O|_n$.

Pela Reação [R-12.45], tem-se que, 2 mols de $Cr_2O_7^{2-}$ reagem com 3 mols de C.

$$2Cr_2O_7^{2-}{}_{(aq)} + 3C_{(mat.org.)} + 16H^+{}_{(aq)} \rightleftarrows 4Cr^{3+}{}_{(aq)} + 3CO_{2(g)} + 8H_2O_{(l)} \qquad [R\text{-}12.45]$$

Pela titulação do $Cr_2O_7^{2-}$ que reagiu:

$$2 \text{ mols de } Cr_2O_7^{3-} \longrightarrow 3 \text{ mols de C}$$

$$n_r \longrightarrow X$$

$$X = n_r \frac{3}{2} \text{ mol de C} \qquad (12.95)$$

Substituindo n_r pela Equação (12.94) em (12.95), tem-se a Equação (12.96).

$$X = \left(V_b - V_a \right) C_{sf} \frac{1}{6} 10^{-3} \frac{3}{2} \text{ mol de C} \qquad (12.96)$$

332 Capítulo Doze

– Cálculo da massa de C na amostra, em g.

$$1 \text{ mol de C} \longrightarrow 12,011 \text{ g}$$

$$(V_b - V_a)C_{sf}\frac{1}{6}10^{-3}\frac{3}{2} \text{ mol de C} \longrightarrow X$$

$$X = \left(V_b - V_a\right)C_{sf}\frac{1}{6}10^{-3}\frac{3}{2}12,011 \text{ g de C} \qquad (12.97)$$

– Cálculo da massa de C por kg da amostra, em g kg^{-1}

$$m_a 10^{-3} \longrightarrow (V_b - V_a)C_{sf}\frac{1}{6}10^{-3}\frac{3}{2}12,011 \text{ g de C}$$

$$1 \text{ kg} \longrightarrow X \text{ g de C}$$

$$X = \frac{\left(V_b - V_a\right)C_{sf}3\cdot10^{-3}12,011}{m_a 6\cdot2\cdot10^{-3}} \text{ g kg}^{-1} \qquad (12.98)$$

– Simplificando e multiplicando este resultado pelo fator de correção 1,30 proposto pelo autor do método, chegou-se à Equação [12.86].

$$X = \frac{\left(V_b - V_a\right)C_{sf}3\cdot10^{-3}\cdot12,011}{m_a 6\cdot2\cdot10^{-3}} 1,30 \text{ g kg}^{-1} \therefore \quad X = C$$

$$C = \frac{\left(V_b - V_a\right)C_{sf}3,896}{m_a} \text{ g kg}^{-1} \qquad [12.86]$$

na qual:

C = teor de carbono na amostra, em g kg^{-1};

V_b = volume da solução de sulfato ferroso gasto na titulação do branco, em mL;

V_a = volume da solução de sulfato ferroso gasto na titulação da amostra, em mL;

C_{sf} = concentração da solução de sulfato ferroso, em mol L^{-1};

m_a = massa da amostra de particulado, em g;

3,896 = constante resultante dos cálculos, conforme demonstrado.

Desta forma, chega-se à fórmula proposta no início (12.86), em que $X = C$ em g kg^{-1} de amostra de particulado.

No caso da amostra de água o resultado deve ser expresso em g L^{-1}, ou um submúltiplo (mg L^{-1}). Substituindo a massa da amostra (m_a) pelo volume da amostra (V_a), a fórmula (12.86) passa a ser a Equação (12.99), cuja dedução é a mesma já demonstrada.

$$C = \frac{\left(V_b - V_a\right)C_{sf}3,896}{V_a} \text{ g L}^{-1} \qquad (12.99)$$

12.13 Experimento 12: Análise do Nitrogênio Orgânico – Método Kjeldahl

12.13.1 *Aspectos teóricos*

O método Kjeldahl é usado para determinar o nitrogênio orgânico total em uma amostra. Este método é constituído de duas etapas. A primeira trata da digestão da amostra para converter o N orgânico em NH_4^+.

A matéria orgânica é mineralizada pelo ácido sulfúrico em presença da mistura digestora (K_2SO_4, $CuSO_4$ e Se) que aumenta a temperatura da mistura e age como catalisador. Nesta etapa ocorre a formação do sulfato de amônio, Equação (R-12.47).

$$MO_{(N)} + H_2SO_4 \overset{\text{Catalisador}}{\rightleftarrows} (NH_4)_2SO_4 + ... \qquad (R\text{-}12.47)$$

O segundo passo é a determinação do N-NH$_4^+$ na amostra digerida. No destilador, o amônio (NH$_4^+$) em presença do hidróxido de sódio forma amônia (NH$_3$), que é destilada e recolhida em uma solução de ácido bórico, Reações (R-12.48) a (R-12.50).

$$(NH_4)_2SO_4 + 2NaOH \rightleftarrows Na_2SO_4 + 2NH_{3(g)} + 2H_2O \qquad \text{(R-12.48)}$$

Ou mostrando apenas os íons de interesse, tem-se a Equação (R-12.49).

$$NH_4^+{}_{(aq)} + HO^-{}_{(aq)} \rightleftarrows NH_{3(g)} + H_2O_{(l)} \qquad \text{(R-12.49)}$$

A Equação (R-12.50) mostra a reação da amônia gasosa com o ácido bórico da solução que recebe o destilado.

$$NH_{3(g)} + H_3BO_3 \rightleftarrows NH_4^+ + H_2BO_3^- \qquad \text{(R-12.50)}$$

Após, a solução é titulada com uma solução padronizada de ácido sulfúrico; a Reação (R-12.51) mostra apenas os íons de interesse na reação.

$$H^+ + H_2BO_3^- \rightleftarrows H_3BO_3 \qquad \text{(R-12.51)}$$

Todas as reações são quantitativas, fazendo do método um clássico na determinação do nitrogênio orgânico total em várias amostras ambientais.

No presente trabalho pretende-se analisar o nitrogênio orgânico proveniente da atmosfera via precipitação seca (particulados ou poeiras que sedimentam) ou via úmida (chuva).

12.13.2 Procedimentos

Materiais necessários

Materiais diversos:

- *Vidraria comum de laboratório (balões volumétricos, copos béquer, copos erlenmeyer de 250 mL, dessecador etc.);*
- *Bureta de 25 mL ou de capacidade menor;*
- *Almofariz com pistilo.*

Instrumentos:

- *Bloco digestor de amostras;*
- *Destilador de nitrogênio – Kjeldahl;*
- *Balança analítica;*
- *Estufa.*

Reagentes:

- *Sulfato de potássio, K_2SO_4, p.a.;*
- *Sulfato de cobre penta-hidratado, $CuSO_4 \cdot 5H_2O$, p.a.;*
- *Selenito de sódio, Na_2SeO_3, p.a.;*
- *Verde de bromocresol;*
- *Vermelho de metila;*
- *Álcool etílico, p.a.;*
- *Hidróxido de sódio, NaOH, p.a.;*
- *Ácido sulfúrico, H_2SO_4, p.a.;*
- *Carbonato de sódio, Na_2CO_3, p.a.;*
- *Ácido bórico, H_3BO_3, p.a.*

Preparação de soluções

a. *Solução digestora*: Em um almofariz colocar 21,4 g de sulfato de potássio (K_2SO_4), 4 g de sulfato de cobre II ($CuSO_4$), 2 g de selenito de sódio (Na_2SeO_3 ou Se). Triturar com o auxílio de um pistilo até se obter uma mistura homogênea.

b. *Solução indicadora*: Em um béquer de 100 mL adicionar 0,25 g de verde de bromocresol, 0,25 g de vermelho de metila e dissolver em álcool etílico 96%. Transferir quantitativamente para um balão volumétrico de 250 mL e completar o volume com álcool etílico 96%.

334 Capítulo Doze

c. *Solução de hidróxido de sódio 40%*: Em um béquer de 1.000 mL pesar 400 g de hidróxido de sódio (NaOH) e dissolver em aproximadamente 300 mL de água destilada e deionizada. Resfriar até a temperatura ambiente e transferir para um balão volumétrico de 1.000 mL e completar o volume com água destilada e deionizada.

d. *Solução de ácido sulfúrico 0,01 mol L⁻¹*: Em um balão volumétrico contendo 300 mL de água destilada e deionizada adicionar 0,56 mL de ácido sulfúrico (H_2SO_4) concentrado p.a. e completar o volume com água destilada e deionizada. Padronizar a solução com carbonato de sódio (Na_2CO_3), que é um padrão primário, ou outra solução básica padronizada.

e. *Ácido bórico 42 g L⁻¹*: Em um béquer de 500 mL, pesar 42 g de ácido bórico (H_3BO_3), acrescentar aproximadamente 200 mL de água destilada e deionizada. Agitar até completa dissolução. Transferir quantitativamente para um balão volumétrico de 1.000 mL e completar o volume com água destilada e deionizada.

Técnica

a. *Digestão da amostra*
– Transferir para um tubo de ensaio de 25 × 250 mm 15 mL da amostra de água da chuva conservada com Hg_2Cl_2, adicionar 5 mL de ácido sulfúrico concentrado, $H_2SO_{4(conc.)}$, aguardar de 15 a 20 minutos para restabelecer o equilíbrio térmico.
– Acrescentar 0,7 g da mistura digestora e aquecer em bloco digestor a 250 °C por 20 minutos. Cuidado com as espumas que se formam, pois a mistura pode transbordar e a amostra ser perdida.
– Elevar a temperatura a 330 °C por 2 horas. Resfriar.

Observação: Para as amostras de particulado repetir a metodologia usando de 0,1 a 0,2 g de amostra.

b. *Determinação do nitrogênio total – Kjeldahl*
– Acrescentar na amostra digerida 25 mL da solução de NaOH 40%, e destilar no aparelho de Kjeldahl.
– Recolher o destilado em um *erlenmeyer* de 100 mL contendo 25 mL de solução de ácido bórico 42 g L⁻¹ e 3 gotas do indicador.
– Após recolher de 30 a 35 mL do destilado, titular com solução padronizada de ácido sulfúrico 0,01 mol L⁻¹.

12.13.3 Resultados e cálculos

Considerando que na titulação tenha sido gasto um volume V, em mL, de ácido sulfúrico de concentração C em mol L⁻¹, o número de mol de H_2SO_4 contido neste volume é dado pela Equação (12.100).

$$\text{1.000 mL} \longrightarrow \text{C mol}$$
$$\text{V mL} \longrightarrow X_1$$
$$X_1 = \frac{VC}{1.000} \text{ mols de } H_2SO_4 \tag{12.100}$$

Pela reação de titulação, Reação (R-12.53), tem-se que 2 mols de NH_3 reagem com 1 mol de H_2SO_4, então o número de mols de NH_3 na amostra é dada pela Equação (12.101).

$$2NH_3 + 2H_3BO_3 \rightleftarrows 2NH_4^+ + 2H_2BO_3^- \tag{R-12.50}$$
$$+$$
$$H_2SO_4 + 2H_2BO_3^- \rightleftarrows 2H_3BO_3 + SO_4^{2-} \tag{R-12.52}$$

$$2NH_3 + H_2SO_4 \rightleftarrows 2NH_4^{1+} + SO_4^{-2} \tag{R-12.53}$$

$$\text{2 mols de } NH_3 \longrightarrow \text{1 mol de } H_2SO_4$$
$$X_2 \longrightarrow \frac{VC}{1.000}$$
$$X_2 = \frac{2VC}{1.000} \text{ mol de } NH_3 \tag{12.101}$$

Como em cada mol de NH_3 tem-se 1 mol de nitrogênio (N), o número de mols de nitrogênio na amostra é dado pela Equação (12.102).

$$1 \text{ mol de } NH_3 \longrightarrow 1 \text{ mol de } N$$
$$\frac{2VC}{1.000} \longrightarrow X_3$$

$$X_3 = \frac{2VC}{1.000} \text{ mol de N na amostra} \qquad (12.102)$$

Transformando número de mols de nitrogênio para massa de nitrogênio na amostra, tem-se a Equação (12.103).

$$1 \text{ mol de } N \longrightarrow 14g$$
$$\frac{2VC}{1.000} \longrightarrow X_4$$

$$X_4 = \frac{14 \cdot 2VC}{1.000} = \frac{28VC}{1.000} \text{ g de N na amostra} \qquad (12.103)$$

Dando o resultado de nitrogênio em percentagem, para a amostra de particulado tem-se a Equação (12.104), e para a amostra de água, a Equação (12.105).

$$\frac{28VC}{1.000} \longrightarrow m_a \text{ g de amostra}$$
$$X_5 \longrightarrow 100 \text{ g de amostra}$$

$$X_5 = \frac{28 \cdot 100VC}{1.000 \, m_a} = \frac{2,8 \cdot VC}{m_a} \% \qquad (12.104)$$

$$\frac{28VC}{1.000} \longrightarrow V_a \text{ mL de amostra}$$
$$X_6 \longrightarrow 100 \text{ mL de amostra}$$

$$X_6 = \frac{28 \cdot 100VC}{1.000 V_a} = \frac{2,8VC}{V_a} \% \qquad (12.105)$$

Em que:

V = volume de solução de H_2SO_4 gasto na titulação, em mL;

C = concentração da solução de H_2SO_4, em mol L^{-1};

m_a = massa da amostra, em g;

V_a = volume da amostra, em mL.

12.14 Experimento 13: Análise do Fósforo Total

12.14.1 Aspectos teóricos

As formas mais frequentes em que o fósforo pode ser encontrado no ambiente são: ortofosfato, pirofosfato, apatita, óxido de fósforo (nas cinzas voláteis) e fósforo orgânico. Desses, os ortofosfatos (H_3PO_4, $H_2PO_4^-$, HPO_4^{2-}, PO_4^{3-}) são os mais comuns. O fósforo é um nutriente essencial, portanto, participa do ciclo biológico de um sistema.

Na determinação do fósforo total em uma amostra, o fósforo orgânico deve ser transformado em inorgânico, isto é, em fosfato. A destruição da matéria orgânica da amostra pode ser feita com ácido perclórico, ácido nítrico/ácido sulfúrico e persulfato. O ácido perclórico é o oxidante mais forte, mas também é um reagente perigoso que exige cuidado no manuseio.

O fosfato pode ser determinado por gravimetria, volumetria, colorimetria ou espectrofotometria. Porém, as concentrações usuais em amostras de águas da chuva e particulados da atmosfera devem ser determinadas por colorimetria (espectrofotometria). Este método apresenta boa acuracidade para pequenas concentrações.

Têm-se três metodologias para o Método Colorimétrico, que diferem entre si apenas pelo reagente que desenvolve a cor.

336 Capítulo Doze

O íon fosfato combina-se com o molibdato de amônio em meio ácido, formando o complexo molibdofosfato, Reação (R-12.54).

$$PO_4^{3-} + 12(NH_4)_2MoO_4 + 24H^+ \rightarrow (NH_4)_3PO_4 \cdot 12MoO_3 + 21NH_4^+ + 12H_2O \qquad \textbf{(R-12.54)}$$

Para altas concentrações, o complexo forma um precipitado amarelo que pode ser separado por filtração e determinado por gravimetria. Em concentrações intermediárias, ocorre a formação de um coloide amarelo, base para determinações colorimétricas. Para concentrações normalmente encontradas na água, a cor amarela formada pelo complexo molibdofosfato não pode ser discriminada pelo espectrofotômetro. Com a adição do íon vanádio, dá a formação do ácido vanadomolibdofosfórico, que possui cor amarela intensa. Assim, concentrações 1 mg L^{-1} ou menores podem ser determinadas.

O fosfomolibdato de amônio reduzido desenvolve cor azul. Esta reação é proporcional à quantidade de fósforo presente e o excesso de molibdato de amônio não é reduzido e não interfere no processo. Como agente redutor pode ser usado o ácido ascórbico ou o cloreto de estanho. Este método foi escolhido e aqui proposto para a determinação do fósforo.

12.14.2 Procedimentos

Materiais necessários

Materiais diversos:

- *Vidraria comum de laboratório (balões volumétricos de diversas capacidades, copos béquer, provetas, dessecador etc.).*

Instrumentos:

- *Chapa elétrica ou bloco digestor;*
- *Espectrofotômetro UV-Vis;*
- *Balança analítica;*
- *Estufa.*

Reagentes:

- *Molibdato de amônio, $(NH_4)_2MoO_4$, p.a.;*
- *Carbonato básico de bismuto, $(BiO)_2CO_3$, p.a.;*
- *Ácido sulfúrico, H_2SO_4, p.a.;*
- *Ácido nítrico, HNO_3, p.a.;*
- *Ácido perclórico, $HClO_4$, p.a.;*
- *Cloreto mercuroso, Hg_2Cl_2, p.a.;*
- *Ácido ascórbico, p.a.*

Preparação de soluções

Solução de molibdato de amônio: Dissolver 20 g de molibdato de amônio p.a. $((NH_4)_2MoO_4)$ em 300 mL de água destilada e deionizada. Dissolver 1 g de carbonato básico de bismuto em aproximadamente 200 mL de água destilada e deionizada. Adicionar lentamente 138,8 mL de H_2SO_4 p.a. concentrado. Esperar restabelecer o equilíbrio térmico e misturar as duas soluções em balão volumétrico e completar o volume para 1.000 mL com água destilada e deionizada.

Técnica

a. Digestão da amostra

Amostra de particulado

- Em um tubo de ensaio longo pesar entre 0,1 e 0,2 g do material particulado e adicionar 5,00 mL de $HNO_{3(conc.)}$.
- Levar os tubos para um bloco digestor e aquecer com aumento gradativo da temperatura, a um máximo de (±170 °C), até que o volume se reduza à metade. Resfriar.
- Adicionar mais 1 mL de $HNO_{3(conc.)}$ e aquecer por mais 1 hora. Resfriar.

O Laboratório e o Estudo da Atmosfera **337**

– Acrescentar 1 mL de $HClO_{4(conc.)}$ e retomar o aquecimento com o aumento gradativo da temperatura até o máximo de 170 °C. Continuar o aquecimento até que a exalação de vapores esbranquiçados diminua. Resfriar.
– Dissolver em água destilada e deionizada e transferir quantitativamente para um balão volumétrico de 50 mL completando o volume. (A.O.A.C., 1983)

Amostra de água

– Homogeneizar a amostra de água conservada com Hg_2Cl_2 e transferir 500 mL para um copo de béquer de 1.000 mL (tipo alto).
– Adicionar 5,00 mL de $HNO_{3(conc.)}$ e aquecer em banho-maria até restarem aproximadamente 25 mL.
– Acrescentar mais 5 mL de $HNO_{3(conc.)}$ e deixar evaporar por mais ou menos 30 minutos. O aquecimento deve ser interrompido antes de a amostra secar.
– Esfriar e transferir quantitativamente para um balão volumétrico de 50 mL. (Normatização Técnica – CETESB – L5.105/78)

b. Curva analítica

– Em um copo béquer de 50 mL transferir 1 mL dos 50 mL de cada solução-padrão preparados conforme Tabela 12.16. Adicionar 10 mL de solução de molibdato de amônio e uma pitada (uma ponta de espátula) de ácido ascórbico.
– Aguardar um tempo definido e constante para todas as determinações, no mínimo 30 minutos e no máximo 2 horas.
– Passado o tempo marcado, fazer as leituras das concentrações de fósforo no espectrofotômetro previamente calibrado no comprimento de onda de 680 nm e fenda 1,0.

Observações:

– O ideal seria submeter os padrões de fósforo e o branco ao mesmo processo de digestão da amostra. Se tomados os volumes de solução-padrão com 5,00 ppm de P da Tabela 12.16 – isto é: 0,00; 2,00; ... 18,00 mL –, ao final transferir a solução para um balão de 50 mL.
– O experimento deve ser realizado com três repetições (triplicata).

Tabela 12.16 Valores Referentes à Construção da Curva Analítica para a Determinação do Fósforo pela Espectrofotometria UV-Vis

Volume de solução-padrão com 5,00 $\mu g\ mL^{-1}$ de P (fósforo) a ser diluído a 50 mL(*) (mL)	Concentração de P na solução de 50 mL (ppm)
0,00 (branco)	0,00 (branco)
2,00	0,20
4,00	0,40
6,00	0,60
8,00	0,80
10,00	1,00
12,00	1,20
14,00	1,40
18,00	1,80

(*) 1 ppm é considerado (erroneamente) = 1 $\mu g\ mL^{-1}$.

c. Leitura da amostra no espectrofotômetro UV-Vis.

– Pipetar 1 mL da amostra preparada anteriormente e colocar em copo de béquer de 50 mL.
– Adicionar 10 mL da solução de molibdato de amônio e uma pitada (uma ponta de espátula) de ácido ascórbico.
– Aguardar um tempo definido e constante para todas as determinações, no mínimo 30 minutos e no máximo 2 horas.
– Ler as amostras e o branco em λ = 680 nm.

338 Capítulo Doze

12.14.3 Resultados e cálculos

Considerando L, a leitura feita no aparelho, dada em $\mu g\ mL^{-1}$, o total de μg de fósforo nos 11 mL de solução preparada (1 mL da amostra + 10 mL da solução de molibdato de amônio) é dado pela Equação (12.106).

$$L\mu g \longrightarrow 1\ mL$$
$$X_1 \longrightarrow 11\ mL$$
$$X_1 = L \cdot 11\ \mu g \qquad\qquad (12.106)$$

Como estes 11 mL de solução continham 1 mL da amostra e o total da solução da amostra preparada foi de 50 mL, então o total de fósforo nos 50 mL é dado pela Equação (12.107).

$$L11 \longrightarrow 1\ mL$$
$$X_2 \longrightarrow 50\ mL$$
$$X_2 = L\ 11 \cdot 50\ \mu g \qquad\qquad (12.107)$$

A Equação (12.107) traz o teor de fósforo no total da amostra usada; para 1 g da amostra, esse teor é dado pela Equação (12.108).

$$L\ 11 \cdot 50\ \mu g \longrightarrow m_a$$
$$X \longrightarrow 1\ g$$
$$X = \frac{L\ 11 \cdot 50}{m_a} \mu g\ g^{-1} \qquad\qquad (12.108)$$

em que:

X = teor de fósforo, em $\mu g\ g^{-1}$;
L = leitura feita no espectofotômetro UV-Vis, em $\mu g\ mL^{-1}$;
m_a = massa da amostra, em g.

O mesmo cálculo pode ser desenvolvido para amostra de água, substituindo a massa da amostra (m_a) pelo volume dado em mL, Equação (12.109).

$$X = \frac{L11 \cdot 50}{V_a} \mu g\ mL^{-1} \qquad\qquad (12.109)$$

em que:

X = teor de fósforo, em $\mu g\ mL^{-1}$;
L = leitura feita no espectrofotômetro UV-Vis, em $\mu g\ mL^{-1}$;
V_a = volume da amostra, em mL.

12.15 Experimento 14: Análise de Enxofre

12.15.1 Aspectos teóricos

A maior parte do enxofre da atmosfera vem da combustão de combustíveis fósseis contaminados com enxofre, principalmente a pirita, que, após a combustão, libera o enxofre em forma de SO_2. O SO_2 na atmosfera sofre diversas reações (*Capítulo 6 – Particulado da Atmosfera, Capítulo 7 – Compostos Inorgânicos Gasosos da Atmosfera*) até ser removido da mesma ou por precipitação do particulado ou pela água da chuva na qual se solubiliza.

Outra fonte de enxofre gasoso que se difunde na atmosfera é o sulfeto de hidrogênio, H_2S, formado nos pântanos, digestores de esgoto domésticos, cultura de arroz alagado, isto é, em ambientes anaeróbicos, ver *Capítulo 11 – Ar (Atmosfera) do Solo*. Uma vez na atmosfera, o H_2S é oxidado a SO_3 seguindo os mesmos caminhos, já expostos nos Capítulos 6 e 7.

Na determinação do enxofre total de uma amostra, o enxofre orgânico ou outras espécies contendo enxofre são oxidados a SO_4^{2-}, e determinados como tais. A mineralização e oxidação do enxofre são feitas mediante aquecimento com os ácidos nítrico e perclórico para amostras de particulados (sedimentos) e apenas o ácido nítrico para o caso da água.

Os principais métodos para determinação de sulfato são: o método redutor do ácido iodídrico, que apresenta boa precisão, mas é caro e demorado; a cromatografia iônica (IC), um método mais moderno, mas que exige equipamento sofisticado; a quantificação turbidimétrica, entre outros.

O Laboratório e o Estudo da Atmosfera **339**

A determinação de sulfato pelo método turbidimétrico baseia-se na precipitação do sulfato de bário, $BaSO_4$, Reação (R-12.55), e na quantificação do precipitado pelo colorímetro ou espectrofotômetro UV-Vis.

$$Ba^{2+}_{(aq)} + SO_4^{2-}_{(aq)} \rightleftarrows BaSO_{4(ppt)} \quad Kps = 1,5 \times 10^{-9} \qquad \textbf{(R-12.55)}$$

Os íons Ba^{2+} são introduzidos na solução através de um sal solúvel. Geralmente é usado o cloreto de bário, $BaCl_2$, cuja reação de ionização é dada pela Reação (R-12.56). Após a precipitação do sulfato, procede-se à leitura em um comprimento de onda de 420 nm.

$$BaCl_{2(s)} \xrightarrow{\text{água}} Ba^{2+}_{(aq)} + 2Cl^-_{(aq)} \qquad \textbf{(R-12.56)}$$

Para um bom resultado deste método, exige-se que o extrato esteja completamente límpido e a suspensão de sulfato de bário seja estável no intervalo de tempo proposto para a leitura.

A limpidez do extrato pode ser obtida pela filtração em papel quantitativo e carvão ativado. Neste caso, exige-se papel livre de $S-SO_4^{2-}$, mas a filtração é lenta. O papel quantitativo pode ser substituído por papel qualitativo, mas este deve ser lavado com ácido clorídrico 0,1 mol L^{-1}, e depois com água destilada até estar livre de todo $S-SO_4^{2-}$. O carvão ativado, quando não é de boa procedência, também pode estar contaminado com $S-SO_4^{2-}$ e deve ser lavado com ácido clorídrico e água destilada. Ambos, papel e carvão ativado, devem estar secos antes do uso. A secagem pode ser feita a temperatura ambiente ou em estufa a 60 °C.

Algumas substâncias podem ser usadas como estabilizantes da suspensão de sulfato de bário. As mais indicadas são goma arábica e álcool polivinílico. O uso de cristais de cloreto bário de boa qualidade e tamanho homogêneos (cristais retidos entre as peneiras 20 e 60 *mesh*), e concentração máxima de enxofre de 40 mg L^{-1} dispensa o uso de estabilizante, agilizando o processo de análise.

12.15.2 Procedimentos

Materiais necessários

Materiais diversos:

– *Vidraria comum de laboratório (balões volumétricos de diversas capacidades, copos béquer, provetas, dessecador etc.).*

Instrumentos:

– *Espectrofotômetro UV-Vis;*
– *Balança analítica;*
– *Estufa.*

Reagentes:

– *Ácido clorídrico, HCl, p.a.;*
– *Sulfato de potássio, K_2SO_4, p.a.*
– *Carvão ativado;*
– *Cloreto de bário di-hidratado, $BaCl_2 \cdot 2H_2O$, p.a.*

Preparação de soluções

Solução de ácido clorídrico 6,0 mol L^{-1} contendo 20 ppm de $S-SO_4^{2-}$: Em um balão volumétrico de 1.000 mL acrescentar aproximadamente 200 mL de água destilada e deionizada, em seguida acrescentar 500 mL de ácido clorídrico (HCl) p.a. (d = 1,19 g mL^{-1}) e 0,1087 g de sulfato de potássio (K_2SO_4), p.a. (pureza mínima 99,5%). Agitar até dissolver o sal e completar o volume com água destilada e deionizada.

Técnica

a. Digestão da amostra

– Repetir o procedimento proposto para a determinação do fósforo, Item 12.14.2 do Experimento 12, subitem (a) Digestão da amostra.

340 Capítulo Doze

b. Curva analítica

– Preparar uma curva-padrão de absorbância em função da concentração utilizando padrões de sulfato de sódio, Na_2SO_4, na faixa de 0,0 a 40,0 mg L^{-1} de SO_4^{2-}, com intervalos de 5 mg L^{-1}. Após o preparo das soluções-padrão, transferir 25 mL de cada padrão para *erlenmeyer* de 125 mL.

– Adicionar ao *erlenmeyer* aproximadamente 0,25 g de carvão ativado; para tal, utilizar um tubo de vidro previamente calibrado.

– Agitar em agitador horizontal por 3 minutos.

– Filtrar em papel-filtro qualitativo com 0,25 g de carvão ativado em seu interior. Papel-filtro e carvão ativado devem ser previamente lavados com ácido clorídrico 0,1 mol L^{-1} e água destilada quando necessário (se ambos ou um dos dois não forem livres de $S-SO_4^{2-}$).

– Tomar alíquotas de 10 mL do filtrado e transferir para *erlenmeyer* 125 mL, adicionar 1,0 mL da solução de ácido clorídrico, HCl 6,0 mol L^{-1} contendo 20 ppm de $S-SO_4^{2-}$.

– Acrescentar cerca de 500 mg de cristais de cloreto de bário, $BaCl_2 \cdot 2H_2O$ (cristais menores do que 20 e maiores do que 60 *mesh*), às soluções e esperar cerca de 1 minuto sem agitar. A adição dos cristais pode ser feita com o auxílio de um tubo de vidro previamente calibrado, introduzindo-o diretamente no frasco contendo o cloreto de bário.

– Agitar durante 30 segundos, dissolvendo os cristais, e fazer a leitura em um prazo máximo de até 8 (oito) minutos.

– Usar um colorímetro ou espectrofotômetro em 420 nm, zerando a absorbância com o branco.

c. Leitura da amostra no espectrofotômetro UV-Vis.

– Tomar alíquotas de 25 mL da amostra preparada anteriormente, (item a) Digestão da amostra, e colocar em *erlenmeyer* de 125 mL.

– Proceder da mesma forma como foi feito para a curva analítica.

12.15.3 Resultados e cálculos

Considerando L, a leitura feita no aparelho, dada em μg mL^{-1}, o total de μg de enxofre nos 11 mL de solução preparada (10 mL da amostra + 1 mL da solução de ácido clorídrico 6 mol L^{-1}) é dado pela Equação [12.106].

$$L\ \mu g \longrightarrow 1\ mL$$
$$X_1 \longrightarrow 11\ mL$$
$$X_1 = L\ 11\ \mu g \qquad\qquad \textbf{[12.106]}$$

Como estes 11 mL de solução continham 10 mL da amostra e o total da solução da amostra preparada foi de 50 mL, então o total de enxofre nos 50 mL é dado pela Equação [12.107].

$$L\ 11 \longrightarrow 10\ mL$$
$$X_2 \longrightarrow 50\ mL$$
$$X_2 = \frac{L\ 11 \cdot 50}{10} = L\ 11 \cdot 5\ \mu g \qquad\qquad \textbf{[12.107]}$$

A Equação [12.107] traz o teor de enxofre no total da amostra usada; para 1 g da amostra, esse teor é dado pela Equação [12.108]:

$$L\ 11 \cdot 5\ \mu g \longrightarrow m_a$$
$$X \longrightarrow 1\ g$$
$$X = \frac{L\ 11 \cdot 5}{m_a}\ \mu g\ g^{-1} \qquad\qquad \textbf{[12.108]}$$

na qual:

X = teor de enxofre, em μg g^{-1};

L = leitura feita no espectrofotômetro UV-Vis, em μg mL^{-1};

m_a = massa da amostra, em g.

O mesmo cálculo pode ser desenvolvido para amostra de água, substituindo a massa da amostra (m_a) pelo volume dado em mL, Equação [12.109].

$$X = \frac{L\,11 \cdot 5}{V_a}\,\mu g\ mL^{-1} \qquad\qquad \textbf{[12.109]}$$

na qual:

X = teor de enxofre, em $\mu g\ mL^{-1}$;

L = leitura feita no espectrofotômetro UV-Vis, em $\mu g\ mL^{-1}$;

V_a = volume da amostra, em mL.

12.16 Experimento 15: Análise de Metais Pesados e Outros

12.16.1 Aspectos teóricos

Existem diversos métodos analíticos, que com algumas modificações e calibrações próprias podem ser usados para determinar muitos elementos com o mesmo sistema. É o caso da espectrometria de absorção atômica, que será utilizada neste experimento.

A abertura total de uma amostra contendo minerais implicaria no uso do ácido fluorídrico (HF), que solubiliza o SiO_2 e outros silicatos. Como o uso do ácido fluorídrico é problemático em função da necessidade de materiais de teflon, pois o mesmo ataca o vidro, e no estudo aqui proposto não se tem a intenção de determinar o teor de silício (Si), optou-se pela digestão nitro-perclórica já usada para o fósforo e enxofre. Ressalta-se que a amostra aqui utilizada foi conservada com ácido nítrico, que é o método de conservação indicado para análise de metais.

A seguir, a leitura da concentração de cada elemento é feita pelo método da absorção atômica, que é um dos métodos mais indicados para metais pesados.

12.16.2 Procedimentos

> **Materiais necessários**

Materiais diversos:

- *Vidraria comum de laboratório (balões volumétricos de diversas capacidades, copos béquer, provetas, dessecador etc.).*

Instrumentos:

- *Espectrofotômetro de absorção atômica com os seus diferentes acessórios (lâmpadas, gases, Manual de Preparação das Curvas Analíticas etc.);*
- *Balança analítica;*
- *Estufa;*
- *Chapa elétrica.*

Reagentes:

- *Ácido clorídrico, HCl, p.a.;*
- *Ácido nítrico, HNO_3, p.a.;*
- *Ácido perclórico, $HClO_4$, p.a.;*
- *Soluções-padrão dos metais ou elementos a serem analisados;*
- *Reagentes específicos para alguns elementos a serem analisados.*

> **Técnica**

a. Digestão da amostra

Repetir o procedimento proposto para a determinação do fósforo, Item 12.14.2, Experimento 12, Digestão da amostra. No caso da água, substituir a amostra conservada com Hg_2Cl_2 por aquela conservada com HNO_3.

b. Leitura das concentrações dos metais

- A leitura das concentrações dos metais será realizada pelo método da espectrometria de absorção atômica, modalidade chama, mediante a curva analítica para cada elemento, dentro do intervalo seguro em relação ao limite de detecção (Analytical Methods Committee, 1987), preparada de acordo com o Manual do Instrumento e recomendações de Welz and Sperling (1999).

342 Capítulo Doze

12.16.3 Cálculos

Com os valores lidos das concentrações, em geral, em µg mL⁻¹, na solução levada ao instrumento, são feitos os cálculos da concentração de cada elemento na amostra, levando-se em conta a amostra inicial (massa ou volume que foi tomada na partida da análise), as diluições e/ou concentrações que foram feitas até chegar à solução que foi levada ao instrumento.

12.16.4 Comentários

Este capítulo, como foi visto, traz metodologias para a determinação de vários elementos na água da chuva e particulados da atmosfera. Com este estudo, pode-se ter uma estimativa do estado de conservação do ar de determinada localidade, e por comparação com outras regiões identificar as fontes poluidoras.

Tabela 12.17 Concentrações Típicas de Metais Traços no Ar

Elemento	Intervalo de concentração (μ m^{-3})	
	Área urbana	Área rural
Fe	0,1 – 10	0,04 – 2
Pb	0,1 – 10	0,02 – 2
Mn	0,01 – 0,5	0,001 – 0,01
Cu	0,05 – 1	0,001 – 0,1
Cd	0,0005 – 0,5	0,0001 – 0,1
Zn	0,02 – 2	0,003 – 0,1
V	0,02 – 2	0,001 – 0,05

Fonte: Radojevic & Bashkin, 1999.

A Tabela 12.17 traz as concentrações de alguns metais normalmente encontrados na atmosfera. Pela referida tabela, pode-se observar a diferença nas concentrações dos metais em amostras de ar da zona urbana e rural, indicando que a atmosfera da zona urbana apresenta indícios de contaminação.

Na Tabela 12.18 estão relacionados os resultados de três meses de análises da água da chuva e particulados da atmosfera da cidade de Maringá – Paraná. As análises foram feitas pela metodologia proposta no texto. A alta concentração de ferro nos particulados pode ser explicada pelo tipo de solo local, que foi formado sobre rocha basáltica, altamente ferruginosa. O enxofre pode ter sua origem nas queimadas das regiões canavieiras que circundam a cidade. O tratamento do esgoto doméstico também é fonte de enxofre na atmosfera, pois o enxofre reduzido em ambientes anaeróbicos é liberado para a atmosfera na forma de $H_2S_{(g)}$, e posteriormente sofre reações e passa a fazer parte dos particulados do ar; ver *Capítulo 6 – Particulados da Atmosfera* e *Capítulo 7 – Compostos Inorgânicos Gasosos da Atmosfera*.

Tabela 12.18 Teores de Metais e Não Metais em Amostras de Água da Chuva e Particulados da Atmosfera na Cidade de Maringá

Elementos	Água da chuva (µg mL⁻¹)	Particulado atmosférico (µg g⁻¹)
Metais		
Cd (cádmio)	nd	nd
Mn (manganês)	3,50	11,04
Cu (cobre)	0,23	nd
Fe (ferro)	35,14	32989,52
Ni (níquel)	nd	nd
Pb (chumbo)	3,89	8,59
Zn (zinco)	12,51	180,69
Cr (cromo)	nd	12,53
Co (cobalto)	nd	nd
Não metais		
P (fósforo)	0,023	111,74
S (enxofre)	2,91	54430,08

12.17 Referências Bibliográficas e Sugestões para Leitura

ALFASSI, Z. B. **Determination of trace elements**. Weinheim (Germany): VCH Verlagsgesellschaft mbH, 1994. 607 p.

American Society for Testing and Materials. **Annual book of ASTM – Standards**. Designation: D 1357 – 57. Recommended Practice for PLANNING THE SAMPLING OF THE ATMOSPHERE. ASTM, 1972. Part 26, p. 300-309.

ANALYTICAL METHODS COMMITTEE. Recommendations for definition, estimation and use of the detection limit. **Analyst,** 112: 199-204, 1987.

A.O.A.C. – ASSOCIATION OF OFFICIAL ANALYTICAL CHEMISTS. **Official methods of analysis**. 30. ed. Washington: Association of Official Analytical Chemists, 1983. 1018 p.

ATKINS, P. W.; BERAN, J. A. **General chemistry**. 2. ed. New York: Scientific American Books, 1992. 850 p.

BARKER, J. R. [Editor] **Progress and problems in atmospheric chemistry**. London: World Scientific, 1995. 940 p.

BARTRAM, J.; BALLANCE, R. [Editors] **Water quality monitoring – A practical guide to the design and implementation of freshwater quality studies and monitoring programmes**. London: E & FN SPON, 1996. 383 p.

BRASSEUR, G. P.; ORLANDO, J. J.; TYNDALL, G. S. **Atmospheric chemistry and global change**. Oxford (England): Oxford University, 1999. 654 p.

CHAGAS, A. P. O ensino de aspectos históricos e filosóficos da química e as teorias ácido-base do século XX. **Química nova,** v. 23, n. 01, p. 126-133, 2000.

CHAPMAN, D. [Editor] **Water quality assessments – A guide to the use of biota, sediments and water in environmental monitoring**. 2. ed. London: E & FN SPON, 1996. 626 p.

CIENFUEGOS, F.; VAITSMAN, D. **Análise instrumental**. Rio de Janeiro: Interciências, 2000. 606 p.

COTTON, F. A.; WILKINSON, G.; MURILLO, C. A. *et al.* **Advanced inorganic chemistry**. 6. ed. New York: John Wiley, 1999. 1355 p.

DUNNIVANT, F. M. **Environmental laboratory exercises for intrumental analysis and environmental chemistry**. Hoboken (New Jersey): John Wiley, 2004. 330 p.

DURRANT, P. J.; DURRANT, B. **Introduction to advanced inorganic chemistry**. 2. ed. London: Longman Group, 1970. 1250 p.

EBBING, D. D. **Química geral**. Tradução de Horácio Macedo. Rio de Janeiro: LTC, 1998. Vol. I e II, 569 p.

ESTEVES, F. A. **Fundamentos de limnologia**. Rio de Janeiro: Interciência, 1998. 575 p.

FINLAYSON-PITTS, B. J.; PITTS Jr, J. N. **Chemistry of the upper and lower atmosphere – Theory, experiments, and applications**. New York: Academic, 2000. 969 p.

FRIES, F.; GETROST, H. **Organic reagents for trace analysis**. Darmstadt, Germany: E. Merck, 1977. 453 p.

GLASSTONE, S. **Tratado de química física**. Tradución de la 2^{nda} Edición norte-americana por Juan Sancho Gómez. Madrid: D. Van Nostrand, 1949. 1180 p.

Grupo de Pesquisa em Educação Química. **Interações e transformações I – Elaborando conceitos sobre transformações químicas** 9. ed. São Paulo: Universidade de São Paulo, 2005. 344 p.

HARRIS, D. C. **Análise química quantitativa**. Tradução da quinta edição inglesa feita por Carlos Alberto da Silva Riehl & Alcides Wagner Serpa Guarino. Rio de Janeiro: LTC, 2001. 862 p.

HOUGHTON, J. T.; MEIRA FILHO, L. G.; CALLANDER, B. A. *et al.* [Editors] **Climate change 1995 – The science of climate change**. Cambridge (UK): Cambridge University Press, 1998, 572 p.

HUHEEY, J. E. **Inorganic chemistry** – *Principles of structure and reactivity*. New York: Harper & Row, 1975. 737 p.

JEFFERY, G. H.; BASSETT, J.; MENDHAM, J. *et al.* **Vogel – Análise química quantitativa**. Rio de Janeiro: LTC, 1989. 712 p.

KEITH, L. H. [Editor] **Principles of environmental sampling**. 2. ed. Washington: American Chemical Society – Professional Reference Book, 1996. 848 p.

KEITH, L. H. [Editor] (1996b), **Compilation of EPA's sampling and analysis methods**. 2. ed. New York: Lewis, 1691 p.

KLINTOWITZ, J.; TEXEIRA, D.; CARELLI, G.; CAMARGO, L; CORREA, R.; COSTAS, R. FAVARO, T. *Apocalipse já*. **Revista Veja**, edição 1961, ano 39, Nº 24, de 21 de junho de 2006, p. 68-82.

KOTZ, J. C.; TRICHEL, P. **Química & reações químicas**. Vol. 1. Tradução de Horácio Macedo. Rio de Janeiro: LTC, 1998. 458 p.

LANGE, Janaína. Ar está mais puro em grandes cidades. Jornal: **O Diário do Norte do Paraná**. Maringá-Pr. Nº 9.457, p. 6. 05/11/2004.

LEE, J. D. **Química Inorgânica**. Tradução da 3ª edição inglesa feita por MAAR, J. H., São Paulo: Edgard Blücher, 1980. 527 p.

LENZI, E.; FAVERO, L. O. B.; TANAKA, A. S. *et al.* **Química geral experimental**. Rio de Janeiro: Freitas Bastos, 2004. 390 p.

LEWIS, R. J. [Editor] **SAX's Dangerous properties of industrial material**. 9. ed. New York: Van Nostrand Reinhold, 1996. V. I, II e III.

LIU, L. Y.; SHI, P. J.; GAO, S. Y. *et al.* Dustfall in China's western loess plateau as influenced by dust storm and haze events. **Atmospheric Environment,** Nº 38, 2004. p. 1699-1703.

LUCHESE, E. B.; FAVERO, L. O. B .; LENZI, E. **Fundamentos de química do solo**. 2. ed. Rio de Janeiro: Freitas Bastos, 2004.

MACÊDO, J. A. B. de. **Métodos laboratoriais de análises físico-químicas & microbiológicas**. Juiz de Fora (MG): Macedo, 2001. 302 p.

MAHAN, B. H. **Química: um curso universitário**. São Paulo: Edgard Blücher, 1970. 654 p.

MALAVOLTA, E.; VITTI, G. C.; OLIVEIRA, S. A. **Avaliação do estado nutricional das plantas – Princípios e aplicações**. 2. ed. Piracicaba: POTAFOS – Associação Brasileira para Pesquisa da Potassa e do Fosfato, 1997. 319 p.

MANAHAN, S. E. **Environmental chemistry**. 6. ed. Boca Raton (USA): Lewis, 1994. 811 p.

MASTERTON, W. L; SLOWINSKI, E. J. e STANITSKI, C. L. **Princípios de química**. 6. ed. Tradução de Jossyl de Souza Peixoto. Rio de Janeiro: Guanabara, 1990. 706 p.

McMURRY, J.; FAY, R. C., **Chemistry**. 2. ed. New Jersey: Prentice Hall, 1998. p. 728-742.

MEE, A. J. **Química física**. Versión de la 4. ed. inglesa por Juan Sancho. Barcelona: Gustavo Gili, S.A., 1953. 800 p.

MENDHAN, J.; DENNEY, R. C.; BARNES, J. D. *et al.* **Vogel – Análise química quantitativa**. Tradução da 6ª edição inglesa feita por Júlio Carlos Afonso; Paula Fernandes de Aguiar e Ricardo Bicca de Alencastro. Rio de Janeiro: LTC, 2000. 462 p.

MORITA, T.; ASSUMPÇÃO, R. M. V. **Manual de soluções, reagentes & solventes** – *Padronização, preparação e purificação*. 2. ed. São Paulo (SP): Edgard Blücher, 1976. 627 p.

NORMATIZAÇÃO TÉCNICA SANEAMENTO AMBIENTAL. NT-07 – *Análises físico-químicas de águas*. São Paulo: Companhia de Tecnologia de Saneamento Ambiental (CETESB), 1978. L.5.128, L.5.133 e L.5.105.

PAGE, A. L. [Editor] **Methods of soil analysis – Chemical and microbiological properties Part 2**. 2. ed. Madison: American Society of Agronomy, Inc. Soil Science Society of America, Inc. 1982. 1158 p.

PANKOW, J. F. **Aquatic chemistry concepts.** 2. ed. Michigan (USA): Lewis, 1992. 673 p.

PARK, Kun-Ho; JO, Wan-Kuen Personal volatile organic compound (VOCO exposure of children attending elementary schools adjacent to industrial complex. **Atmospheric environment** Nº 38, 2004. p. 1303-1312.

PIVETTA, M. Sombra sobre a floresta. **Pesquisa: Ciência e tecnologia no Brasil.** Nº 86, FAPESP, 2003, p. 31-35.

QUAGLIANO, J. V.; VALLARINO, L. M. **Química.** 3. ed. Tradução de Aïda Espínola. Rio de Janeiro: Guanabara Dois, 1979. 855 p.

RADOJEVIC, M; BASHKIN, V. N. **Practical environmental analysis.** Cambridge: The Royal Society of Chemistry, 1999. 466 p.

RUSSEL, J. B. **Química geral** Volume 1, 2. ed. Tradução e revisão técnica de Márcia Guekezian *et al.* São Paulo: Makron Books, 1994. 621 p.

SAFAI, P. D.; RAO, P. S. P.; MOMIN, G. A. *et al.* Chemical composition of precipitation during 1984-2002 at Pune, India. **Atmospheric environment** Nº 38, 2004. p. 1705-1714.

SAWYER, C. N.; McCARTY, P. L.; PARKIN, G. E. **Chemistry for environmental engineering.** 4. ed. New York: McGraw-Hill, 1994. 658 p.

SEINFELD, J. H.; PANDIS, S. N. **Atmospheric chemistry and physics.** New York: John Wiley, 1998. 1326 p.

SEMISHIN, V. **Prácticas de química general – Inorgânica.** Traducido del Ruso por K. Steinberg, Moscu: Editorial MIR, 1967.

SHRIVER, D. F.; ATKINS, P. W.; LANGFORD, C. H. **Inorganic chemistry.** 2. ed. Oxford: Oxford University, 1994. 819 p.

SKOOG, D. A.; WEST, D. M.; HOLLER, F. J. *et al.* **Fundamentos de química analítica.** Tradução da 8. ed. americana de Marcos Tadeu Grassi. São Paulo: Thomsom Learning, 2006. 999 p.

STUMM, W.; MORGAN, J. J. **Aquatic chemistry – An introduction emphasizing chemical equilibria in natural waters.** New York (USA): John Wiley, 1996. 780 p.

SUBRAMANIAN, G. [Editor] **Quality assurance in environmental monitoring.** Weinheim (Germany): VCH Verlagsgesellschaft mbH, 1995. 334 p.

SUMMERLIN, L. R.; EALY Jr., J. **Chemical demonstrations: A sourcebook for teachers.** Volume 1, 2. ed. Washington: American Chemical Society, 1988. 209 p.

VITTI, G. C. **Avaliação e interpretação do enxofre no solo e na planta.** Jaboticabal-SP: UNESP, 1989.

WELZ, B.; SPERLING, M. **Atomic absorption spectrometry.** 3. rev. edition. Weinheim (Germany): VCH Verlag GmbH, 1999. 941 p.

PARTE IV
A VIDA, A ATMOSFERA E A BIOSFERA

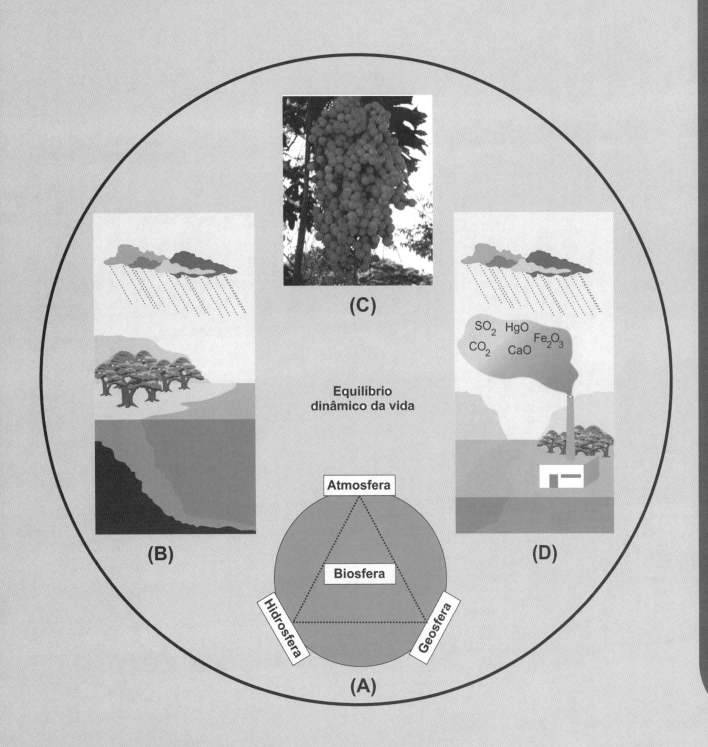

CAPÍTULO

Equilíbrio Dinâmico: Vida, Atmosfera e Biosfera

13

13.1 Introdução

13.2 Sinais de Vida no Universo
    13.2.1   Conceito de Universo
    13.2.2   Localização do planeta
           Terra e vida no universo

13.3 Teorias da Origem e Primeiras
Formas de Vida no Planeta Terra

13.4 Seres Autotróficos

13.5 Seres Heterotróficos

13.6 Um Detalhe Mais Profundo

13.7 Dependência dos Princípios Vitais
com a Biosfera

13.8 Aparecimento do Ser Humano

13.9 Inteligência, Capacidade Criadora e
Ação do Homem na Atmosfera

13.10 Interações da Ação do Homem na
Biosfera

13.11 Quantificação da Energia Produzida
por um Ser Anaeróbico
    13.11.1 Aspectos gerais
    13.11.2 Balanceamento da reação
    13.11.3 Cálculo da energia livre
            produzida

13.12 Estado de Equilíbrio Dinâmico

13.13 O Ser Humano e Seus
Compromissos com a Biosfera

13.14 Referências Bibliográficas e
Sugestões para Leitura

13.1 Introdução

O que é a vida? Você já se fez essa pergunta, ou a fez a algum homem de Ciência? Qual foi a resposta? Aliás, teve resposta?

Hoje em dia, toda criança que frequenta a escola primária leva para casa uma tarefa (experimento) muito simples, da Disciplina de Ciências, a qual deve ser implantada, observada por certo tempo, com descrição do que acontece. É o começo do futuro caminho da Pesquisa em Ciências da Natureza.

A experiência é a seguinte:

Em três copos descartáveis (ou garrafas de plástico de um litro cortadas a meia altura) deve-se colocar terra moída, até dois dedos da borda. Em um dos copos, semeam-se dois ou três grãos de feijão; em outro, dois a três grãos de milho; e no terceiro, dois a três grãos de trigo. Diariamente deve-se regar com um pouco de água e deixá-los em uma bandeja, em local arejado e iluminado durante o dia. Observa-se ao longo de um mês ou mais e registram-se os fenômenos que ocorrem.

É claro, o experimento tem a finalidade de induzir a criança ao método de pesquisa em Ciências da Natureza: *observação*, *hipótese*, *experimentação* e *conclusão*.

Também pode ter uma segunda finalidade; a de induzir a criança ao questionamento: o que é que "desperta" nos diferentes tipos de grãos? O que parece "acordar" os grãos de um sono e, então, surgir a plantinha? A plantinha cresce, se desenvolve em tamanhos diferentes, dá frutos, muitos frutos, e depois, quando "velha", parece que *sai alguém dela ... e morre*?

Parece que cada grão tem armazenado um *quantum* de energia, que "desperta" em condições apropriadas de temperatura (calor), umidade, luz, ar. Inicialmente, é ele que está "comandando", suprindo as necessidades do grão com o conteúdo contido nele próprio (polpa); depois, busca suas necessidades no meio ambiente, ou seja, terra, água e ar (atmosfera) – a *biosfera* –, parecendo "alguém que tem juízo", porém sem o livre-arbítrio.

A vida (o sopro vital) dos seres vivos (micro-organismos, vegetais, animais) é igual à vida (sopro vital) do ser humano? Como surgiram? Onde se diferenciam?

Hoje, de biólogos a físicos, de químicos a filósofos, de escritores a meros observadores dos fatos, de homens de Ciência a religiosos, todos estão procurando respostas em termos racionais, independentemente daquelas baseadas na fé da religião de cada um.

348 Capítulo Treze

Observadores autônomos, escritores, até autoridades, independentemente do caminho da Ciência, começaram a observar, registrar e relatar sinais, figuras, objetos voadores, seres estranhos, entre outros, existentes na Terra. Constam desses registros OVNIs (Objetos Voadores Não Identificados) e ETs (Seres Extraterrestres). Muitos escritos foram feitos, dentre os quais: *Eram os deuses astronautas?* (von Däniken, 2011); *O 12º Planeta* (Sitchin, 2013); *Existe alguém lá fora do Universo* (Anunciação, 2012). Além desses, dezenas (para não dizer centenas) deles abarrotam as livrarias e bibliotecas.

Prezado leitor, ligue seu computador e mediante um *site* de busca de sua confiança acesse, por exemplo: ETs; OVNIs; planetas, origem da vida, entre outros. Verdade ou mentira, este é realmente um assunto misterioso, no qual cada um deve ter ou formar sua opinião.

A Ciência, baseada na razão, fortalecida por fatos reais, está procurando provas mais concretas da existência de vida extraterrestre, bem como da sua origem. Naves espaciais foram lançadas aos confins do universo nesta busca. Assim, em meados de 1984, surgiu o Instituto SETI (*Search for Extraterrestrial Intelligence*). Sua missão está transcrita a seguir:

> The SETI Institute is a not-for-profit *organization whose mission is to "explore, understand and explain the origin, nature and prevalence of* life *in the* universe. (SETI, 2015).

13.2 Sinais de Vida no Universo

13.2.1 Conceito de Universo

Inicialmente, serão colocados alguns conceitos próprios da área, a fim de facilitar o entendimento do leitor.

Neste texto, as expressões cosmo, universo e espaço significam o conjunto de tudo o existe (incluindo-se a Terra, os astros, as galáxias e toda a matéria disseminada no espaço) tomado como um todo (Ferreira, 2009).

A galáxia é um sistema estelar aparentemente isolado no espaço cósmico. É constituída por milhões ou bilhões de estrelas, planetas, poeiras, gases e ainda pela desconhecida matéria escura, tudo mantido agrupado pela ação da gravidade – um universo-ilha. A um destes sistemas pertence o sistema solar, bem como todas as estrelas visíveis individualmente a olho desarmado.

Existem muitas galáxias, de tamanhos diferentes; algumas com milhões de estrelas e outras com trilhões de estrelas, que orbitam em torno de seu centro. No tocante às formas de galáxia, existem três tipos: elípticas, espirais e irregulares.

A galáxia à qual pertence o sistema solar tem formato de espiral. É conhecida como Via Láctea. A Figura 13.1 apresenta uma visualização, baseada nos dados científicos encontrados hoje na literatura pertinente.

O termo Via Láctea foi originado na Grécia antiga, como "caminho de leite" que atravessa o cosmos. À noite, sem nuvens e com o céu limpo, basta levantar o olhar que se observaria o tal "caminho de leite", cortando o céu estrelado. A Via Láctea é a nossa galáxia, na qual está inserido o sistema solar.

O sistema solar, que constitui parte da galáxia Via Láctea, é formado por um conjunto de corpos celestes. Possui o Sol como centro e, ao seu redor, planetas, cometas, planetas-anões, asteroides, entre outros corpos celestes. Além do planeta Terra, outros sete planetas integram o sistema: Mercúrio, Vênus, Marte, Júpiter, Saturno, Urano e Netuno.

O sistema solar orbita em volta do centro da galáxia a uma velocidade de aproximadamente 240 km/s, demorando aproximadamente 200 milhões de anos para completar uma volta.

Quatro planetas são classificados como planetas rochosos por serem formados principalmente por rochas. São eles: Mercúrio, Vênus, Terra e Marte; isto é, semelhantes à Terra. São os mais próximos do Sol. Os outros quatro planetas, Júpiter, Saturno, Urano e Netuno, são denominados planetas gasosos, pois são formados principalmente por gases, com rocha e gelo sólido de gás carbônico em seus núcleos. A Figura 13.2 mostra o Sol com o conjunto de planetas do sistema solar.

Entre os planetas-anões, que são os que recebem influência de outros planetas, estão: Plutão (que desde 2006 deixou de ser considerado planeta), Ceres, Éris, Makemake e Haumea. A maioria dos planetas possui um ou mais satélites.

O Sol é uma estrela que centraliza o sistema solar, que é uma pequena parcela da Via Láctea. Os planetas são corpos sem luz própria e giram em torno do Sol. Os satélites são corpos naturais e/ou artificiais e giram em torno dos planetas. Por sua vez, planetas com seus satélites giram em movimento de translação ao redor do Sol. A Figura 13.3 visualiza algumas informações sobre o conjunto Sol-Terra-Lua.

Além dos termos apresentados, existe um conjunto de termos próprios da área que o leitor deve conhecer, tais como: Nebulosa; Estrela; Constelação; Planeta; Satélite (natural e artificial), entre outros.

Equilíbrio Dinâmico: Vida, Atmosfera e Biosfera 349

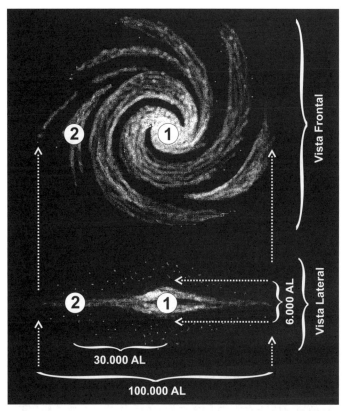

Figura 13.1 Visualização da Galáxia Via Láctea: (1) o seu núcleo; (2) a posição do sistema solar, no qual está o planeta Terra, onde vive o ser humano. Fonte: Faria, 2015; Wikipedia, 2015a; Wikipedia, 2015b; Santana, 2015; Patrick, 2013; Las Casas, 2001.

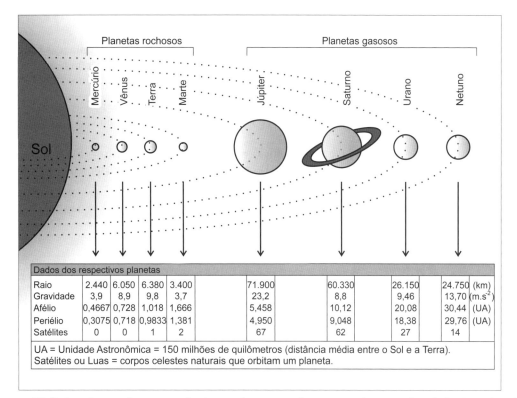

Figura 13.2 Visualização do conjunto de planetas do sistema solar posicionados por ordem de distância do Sol. A figura também apresenta um conjunto de dados referentes aos respectivos planetas. Fonte: Planetas, 2015a; Planetas, 2015b; Wikipedia, 2015c; Abalakin, 1996-1997; Brimblecombe, 1996.

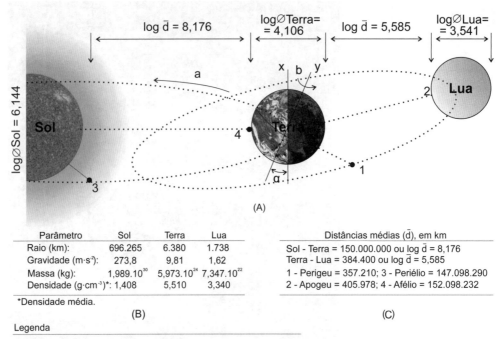

Legenda

(A) Visualização do sistema Sol-Terra-Lua tendo suas dimensões expressas em termos do logaritmo: x - Eixo perpendicular ao plano de translação da Terra; y - Eixo norte sul da Terra; = 23°27'30" = Inclinação da Terra que origina as estações; **a** - Movimento da translação da Terra ao redor do Sol; **b** - Movimento de rotação da Terra sobre o próprio eixo que origina o dia e a noite; 1 - Perigeu (ponto da órbita de translação da Lua mais próximo da Terra); 2 - Apogeu (ponto da órbita de translação da Lua mais afastado da Terra); 3 - Periélio (ponto da órbita da Terra em torno do Sol mais próximo deste); 4 - Afélio (ponto da órbita da Terra em torno do Sol mais afastado deste). **(B)** e **(C)** Tabelas contendo valores de alguns parâmetros utilizados em **(A)**.

Figura 13.3 Visualização de algumas informações sobre o Sol (estrela), Terra (planeta) e Lua (satélite). Na Figura, as distâncias são dadas pelos logaritmos decimais dos valores das distâncias reais. Fonte: Planeta, 2015; Wikipedia, 2015d; Wikipedia, 2015e; Wikipedia, 2015f; Abalakin, 1996-1997; Brimblecombe, 1996.

Tanto na Figura 13.1 como na 13.2 são utilizadas unidades denominadas Unidades Astronômicas, comuns para quem é da área. Assim, para facilitar ao leitor, a seguir são indicadas algumas delas. No caso de grandes distâncias, pode-se expressar o valor de diferentes formas, entre elas:

- **Ano-luz** = Distância percorrida pela luz, no vácuo, no tempo de um ano em segundos (velocidade da luz, c = 299.792 km s^{-1}, e 1 ano = 365 d·24 h·60 min·60 s = 3,1536·10^7 s), o que equivale a 9,460·10^{12} km.
- **UA (Unidade Astronômica)** = 150 milhões de quilômetros = distância média entre a Terra e o Sol.
- **SI (Sistema Internacional)**, colocando o prefixo conveniente à frente da unidade, conforme Tabela 13.1.

Seja o exemplo de 1 yottametro (Ym) = 1·10^{24} m = 1·10^{21} km = 1.000.000.000.000.000.000.000 km = 1 sextilhão de quilômetros.

Tabela 13.1 Prefixos para Múltiplos Decimais de Unidades do Sistema Internacional (SI)

Múltiplo	Prefixo	Símbolo	Múltiplo	Prefixo	Símbolo
10^9	giga	G	10^{18}	exa	E
10^{12}	tera	T	10^{21}	zetta[(*)]	Z
10^{15}	peta	P	10^{24}	yotta[(*)]	Y

(*) Adoções recentes. Fonte: Brasil – CONMETRO/MDIC, Resolução nº 4, 2012; Brasil – INMETRO, 2007; Brasil – CONMETRO/MDIC, Resolução nº 13, 2006; Schwartz & Warneck, 1995; Brasil – CONMETRO/MDIC, Resolução nº 11, 1988; Brasil – CONMETRO/MDIC, Resolução nº 12, 1988; Dodd, 1986.

13.2.2 Localização do planeta Terra e vida no universo

Conforme a Figura 13.1, o planeta Terra está no sistema solar, que faz parte da galáxia Via Láctea. Encontra-se a 30.000 AL do núcleo da mesma.

Aqui, está o ser humano e os demais seres vivos, dividindo o mesmo espaço, no "mesmo barco". Porém, o ser humano possui aptidão para desenvolver consciência sobre: onde está; saber de onde veio; para onde vai; quais são seus vizinhos.

Sua capacidade criadora, mental, intelectual, racional, entre outras, é o que o diferencia dos demais seres animados, em termos de capacidade, e já o levou à Lua (satélite da Terra); agora, o homem pretende visitar planetas mais próximos. Já enviou ao espaço sondas, satélites, naves, entre outros engenhos, no intuito de conhecer, estudar e comunicar-se com possíveis seres extraterrestres.

A NASA (sigla em inglês de *National Aeronautics and Space Administration*) é uma agência do Governo dos Estados Unidos, responsável pela pesquisa e desenvolvimento de tecnologias e programas de exploração espacial. Em meados de 1969, no calor da corrida espacial, solicitou ao químico inglês James Ephraim Lovelock que investigasse a existência de vida em outros planetas, especialmente em Marte. Lovelock contou com o apoio da bióloga e filósofa norte-americana Lynn Margulis e começou seus trabalhos.

Além do apoio de Lynn Margulis, Lovelock desenvolveu trabalhos com Dian Hitchcock. Um dos testes elaborados por Lovelock e Hitchcock consistia em comparar a composição química da atmosfera de outros planetas, como Marte e Vênus, com a da atmosfera terrestre. A base teórica do teste era simples: se um planeta não apresentasse vida, a composição química da sua atmosfera seria determinada apenas por processos físicos e químicos e, desse modo, deveria estar próxima ao estado de equilíbrio químico. Em contraste, a atmosfera de um planeta com vida apresentaria uma espécie de *assinatura química* característica, uma combinação especial de gases que indicaria uma atmosfera em estado de constante desequilíbrio químico. Esta assinatura seria o resultado da presença de organismos vivos, que usariam a atmosfera (assim como os oceanos, os solos) como fonte de matéria-prima e depósito para resíduos de seu metabolismo. Lovelock e Hitchcock, analisando os nossos vizinhos do sistema solar, disseram que não existia nada que pudesse ser considerado vivo por lá. Mas, ao olhar para a própria Terra, eles concluíram que, além de ser residência de diversas formas de vida, ela mesma se comporta como um grande ser vivo, com mecanismos que ajudam a preservar os outros seres vivos que abriga. Então, batizaram esse ser de Gaia, em homenagem à deusa grega da Terra. Esta teoria propõe a existência de um sistema cibernético de controle (natural), que compreenderia a biosfera, a hidrosfera, a atmosfera, os solos e parte da crosta terrestre, e teria a capacidade de manter propriedades do ambiente, como a composição química e a temperatura, em estados adequados para a vida. Lovelock apresentou sua teoria à comunidade científica, pela primeira vez, na carta de 1972, "*Gaia as Seen Through the Atmosphere*" (Araújo, 2008; Nunes Neto *et al.*, 2005).

No início, esta teoria não agradou a comunidade de cientistas tradicionais. Foi, primeiramente, aceita por ambientalistas e defensores da ecologia. Hoje em dia, porém, com o problema do aquecimento global, está sendo revista, e muitos cientistas tradicionais já aceitam algumas ideias da Teoria de Gaia.

No planeta Terra, foram encontrados fósseis de bactérias e algas microscópicas datando de 3,8 bilhões de anos atrás. O *Homo sapiens* provavelmente surgiu há aproximadamente 300.000 anos (Oliveira Filho & Saraiva, 2004).

Em abril de 2014, a NASA, mediante a sonda Kepler, descobriu que a estrela-mãe Kepler-186, da constelação Cygnus, a uma distância de 492 anos-luz da Terra, tem um planeta, batizado de Kepler-186f, muito semelhante ao planeta Terra. Ele faz parte de um sistema de cinco planetas. É o primeiro planeta rochoso fora do sistema solar. Dos planetas do sistema solar, apenas quatro são rochosos, e o único que tem comprovadamente seres vivos é a Terra.

13.3 Teorias da Origem e Primeiras Formas de Vida no Planeta Terra

Apesar dos avanços da Ciência e da Tecnologia, as hipóteses sobre como foi a origem da vida no planeta Terra continuam as mesmas (Mullen, 2009). Existem diversas teorias a respeito. Sem entrar em detalhes da história das teorias e respectivas citações, serão nominadas algumas de interesse como mais prováveis para explicar a origem da vida no planeta Terra.

- Teoria da **Origem por evolução química** ou teoria da **Evolução molecular**. Foi iniciada por Tomas Huxley e com ela admite-se que o princípio vital surgiu com a evolução química. Isto é, tudo começou com moléculas de compostos orgânicos simples (açúcares, ácidos graxos), que, combinadas, fizeram surgir moléculas mais complexas e assim por diante.

352 Capítulo Treze

- Teoria da **Origem endossimbiótica**, criada pela bióloga americana Lynn Margulis, em 1981. Ela propõe que os primeiros eucariontes (organismos com núcleo celular organizado) eram organismos anaeróbios heterotróficos. Depois, evoluindo para a capacidade fotossintetizante, tornando-se autotróficos (Silva & Nishida, 2015).
- Teoria da **Origem extraterrestre**, também chamada de **Panspermia**. Está baseada na possibilidade do princípio vital ter chegado à Terra por meio de meteoritos, asteroides e outros corpos celestes que viajaram pelo espaço e caíram na Terra, trazendo o princípio da vida. Admite que a vida é fruto de sementes dispersas no Universo, e que a Terra é apenas um dos planetas que receberam essa semente, que se propagou com o passar do tempo, dando origem a todas as formas vivas existentes hoje (Cardoso, 2015).
- **Origem extraterrestre**, também chamada de **Panspermia dirigida**. Afirma que seres mais desenvolvidos de outras galáxias colonizaram o planeta Terra, e, é claro, trouxeram o princípio da vida.

Se a teoria da Origem por evolução química for correta, não há dúvidas de que o primeiro ser vivo era heterotrófico anaeróbio, pois já havia compostos orgânicos simples, conforme demonstrado no experimento de Harold Urey e Stanley Miller, que possibilitariam a obtenção de energia para manter seu sistema vivo. Aliás, os gases dos vulcões já possuíam esses compostos. Contudo, para afirmar que a mera matéria por reações químicas tenha capacidade de gerar um princípio vital, que contenha a capacidade de evoluir e chegar a formar um humanoide, a Ciência tem muito caminho a percorrer. Portanto, é uma hipótese que precisa ser demonstrada. Para chegar lá, pode-se até sugerir um caminho: o ser humano precisa saber que tipo de potencial energético constitui ou está associado à vida.

No tocante à teoria da Origem por panspermia, pelo que se conhece hoje, é viável que possa ser a explicação de tudo, e tudo tenha começado com um ou outro tipo de princípio vital com capacidade evolutiva; porém, as chances de ter chegado um princípio vital heterotrófico ou autotrófico são iguais.

Aqui, no planeta Terra, nas condições atuais, as observações mostram e ficou provado: *a vida surge sempre de outra vida (ou de um princípio vital) preexistente.*

Entende-se que a Ciência está presente para demonstrar quem é quem, na história do aparecimento da vida no planeta Terra e do homem – único entre todos os seres vivos capaz de pensar, raciocinar, criar, construir e destruir. Contudo, enquanto não se demostrar o contrário, acredita-se que o princípio vital ou o *quantum* da vida, capaz de evoluir, sofrer mutação e chegar ao humanoide, tem origem em seres extraterrestres, que aqui vieram e trouxeram o princípio vital; se existirem, também criados por Alguém – o Criador. Porém, isso é fé. Aqui, a Ciência terá de demonstrar a verdade científica. Enquanto isso não acontecer, palpites, hipóteses, explicações plausíveis sempre são bem-vindos.

Neste estudo, coloca-se a questão: qual foi o primeiro tipo de ser a surgir na Terra? Deve-se ao fato de que a vida no planeta, em todas as suas formas, tem participado e ainda hoje participa intensamente da formação da atmosfera no *equilíbrio dinâmico do sistema biosfera.*

13.4 Seres Autotróficos

Todo e qualquer ser vivo teve, em princípio, algumas condições básicas para nascer, crescer, manter-se vivo. Logo, o surgimento da vida no planeta Terra pressupõe certas condições, para começar.

Neste sentido, a primeira forma de vida que surgiu deveria ter um mínimo de condições ambientais para começar; e as condições restantes ela mesma seria capaz de produzir, a fim de adaptar-se.

Por isto, apesar da hipótese, colocada anteriormente, de ter surgido primeiro um ser heterotrófico anaeróbio, não restam dúvidas, logo surgiu um ser autotrófico, pois ele se alimenta e respira o que ele mesmo sintetiza e produz, baseado nas condições apropriadas e já existentes no meio ambiente (luz, água, gás carbônico, nutrientes, temperatura, entre outras condições). Este ser parece ter mais chances de sobreviver.

Esse princípio de vida surgiu na forma de um ser autotrófico simples, que com um mínimo de condições produzisse alimento para si, possibilitando sobrar para outras formas de vida que poderiam surgir.

Voltando ao experimento descrito, realizado pelo acadêmico do curso fundamental, no caso, o plantio dos grãos de feijão, milho e trigo, sabe-se que as plantas originadas destes grãos, entre muitos outros, são seres autotróficos, isto é, capazes de produzir ou sintetizar seu próprio alimento, conforme Reação (R-13.1).

Equilíbrio Dinâmico: Vida, Atmosfera e Biosfera 353

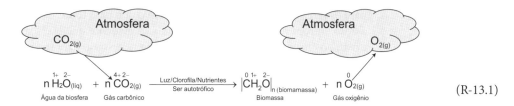

(R-13.1)

Os números sobrescritos nos símbolos dos elementos representam o estado de oxidação dos respectivos elementos.

A Reação (R-13.1) é a fotossíntese. Ela acontece com o auxílio da clorofila, que se encontra nos cloroplastos envolvidos por uma estrutura esponjosa e incolor – o estroma – dentro das células, principalmente das células das folhas e das partes verdes das plantas. Ela é que dá a tonalidade verde das plantas. Cada célula de uma folha pode conter até 60 cloroplastos.

A Figura 13.4, na parte (A), apresenta uma folha de pitangueira (*Eugenia uniflora*), na qual foi feito um corte vertical, que está sendo ampliado em (B). Nesta parte, observa-se:

- Em 1, uma camada superficial de células, tipo epitélio estratificado pavimentoso, com pouca substância intercelular, que reveste a superfície e permite contato com o ambiente externo, principalmente da luz (energia solar).
- Em 2, uma camada de células com a presença dos cloroplastos, que dão a pigmentação verde às folhas.
- Em 3, um estômato, que permite um contato maior com o meio ambiente, a atmosfera, por onde entram e saem componentes necessários para a célula, como água (H_2O) e gás carbônico (CO_2).

Na Parte (C) da mesma Figura 13.4, encontra-se de forma esquemática e simplificada a ampliação de uma célula vegetal: 1 – o núcleo e no seu interior o nucléolo; 2 – o vacúolo; 3 – o cloroplasto com a clorofila, que dá a tonalidade verde à folha e onde se processa o fenômeno da fotossíntese; 4 – o restante do citoplasma; 5 – a membrana celular.

A reação de fotossíntese (R-13.1) se dá em três etapas básicas:

- Fotólise da água, isto é, decomposição da água pela ação da luz, conforme Reação (R-13.2). Esta dá início à liberação dos elétrons vindos da oxidação da água, que são utilizados no processo restante da fotossíntese, e à liberação do gás oxigênio, $O_{2(g)}$, para o ambiente celular (visando sua respiração e consequente produção de energia) e o que sobrar para a atmosfera. Esse oxigênio é necessário

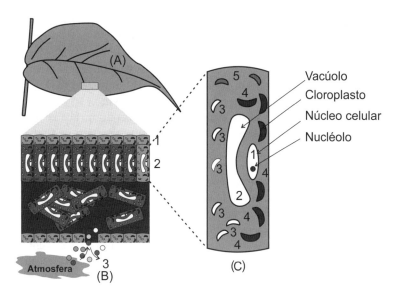

Figura 13.4 Visualização de uma folha de um ser autotrófico com a sua organização celular, onde se processa a fotossíntese: (A) Folha de pitangueira; (B) Corte transversal da folha visualizando suas partes principais; (C) Partes da célula vegetal com os cloroplastos. Fonte: Klucevsek, 2015; Thylakoid, 2015; Photosyntesis, 2015; Brum *et al.*, 1994; Braverman, 1967.

para os seres heterotróficos aeróbicos, bem como para todos os engenhos à combustão necessários à ação antrópica e à manutenção da vida. É evidente que esses seres heterotróficos só poderiam existir ao encontrar na atmosfera o oxigênio necessário para sua respiração.

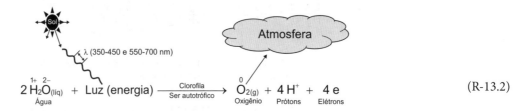

(R-13.2)

Os números acima dos elementos representam o respectivo estado de oxidação. O oxigênio que passou de 2– (Reagente) para 0 (Produto) se oxidou ou deu elétrons.

- Os prótons H$^+$ gerados na fotólise da água são conduzidos para a cavidade tilacoide para posterior utilização na síntese de carboidratos, por exemplo. A cavidade tilacoide é uma fase fluida-aquosa envolvida pela membrana tilacoide. Tem papel vital no processo de fotofosforilação durante a fotossíntese. Neste processo da reação dependente da luz, os prótons são conduzidos através da membrana tilacoide na cavidade tilacoide, tornando o meio aquoso ácido, com pH 4 (Photosyntesis, 2015; Thylakoid, 2015; Järvi *et al.*, 2013).
- Em uma terceira etapa, com mais energia solar, em comprimentos de onda maior, 600 a 700 nm, com os prótons e elétrons gerados na fotólise e mais o $CO_{2(g)}$ (gás carbônico) vindo da atmosfera via estômatos, em um processo bioquímico complexo é sintetizada a biomassa, $(CH_2O)_n$.

O estômato é uma pequena abertura na epiderme foliar ou caulinar que permite a entrada e saída de material necessário ou produzido pelo processo vital das plantas, Figura 13.4. Pelo estômato entra o gás CO_2 e, se necessário, a água, $H_2O_{(vapor)}$, na forma de vapor, vindos da atmosfera.

O termo biomassa da Reação (R-13.1), representado por $[CH_2O]_n$, é o produto carboidrato formado na reação de fotossíntese. Corresponde à fórmula mínima tomada n vezes. Por exemplo, ao se tomar, n = 6, $[CH_2O]_6 = C_6H_{12}O_6$, tem-se a glicose, que é alimento para a planta. As sobras são armazenadas para si ou para as outras espécies, como as espécies heterotróficas.

Outro produto importante da reação é a liberação do gás oxigênio, $O_{2(g)}$, que é utilizado na respiração dos seres aeróbios ou aeróbicos e mesmo pelo ser autotrófico que o produziu. Ocorre, ainda, a formação da atmosfera, que contém o gás oxigênio em uma abundância de 21% v:v de ar seco.

Porém, todos os seres vivos, inclusive os autotróficos, necessitam de alguns elementos especiais para o seu desenvolvimento normal, que são obtidos da litosfera: os nutrientes. Estes são agrupados em macronutrientes e micronutrientes (Malavolta, 1981; Malavolta, 1980; Van Raij, 1991).

Os macronutrientes são os elementos que se encontram na ordem de percentagem na massa seca analisada. Entre eles encontram-se: C (Carbono), H (Hidrogênio), O (Oxigênio), N (Nitrogênio), P (Fósforo), S (Enxofre), Ca (Cálcio), Mg (Magnésio) e K (Potássio).

Os micronutrientes são os elementos que se encontram abaixo da ordem de percentagem (ou em partes por milhão – ppm) na massa seca analisada. Entre eles, têm-se: Cl (Cloro), B (Boro), Fe (Ferro), Mn (Manganês), Zn (Zinco), Cu (Cobre) e Mo (Molibdênio).

Esses elementos, macro e micronutrientes, são obtidos pela planta (ou ser autotrófico) diretamente na solução do solo. Esta operação de obtenção dos nutrientes é realizada pelas radicelas da planta em contato com a solução. Cria-se uma diferença de pressão osmótica que origina a energia livre favorável à sua absorção. Depois, são levados às células pela capilaridade.

A solução do solo é a fase líquida do solo, que se encontra nos macro e microporos do mesmo. A parte sólida do solo (os minerais e matéria orgânica – a terra) dá sustentação física à planta. A fase gasosa do solo, ou ar do solo, contém o oxigênio do ar para o processo de respiração das radicelas da planta.

Observa-se que a vida para se desenvolver precisa de oxigênio da atmosfera, água da hidrosfera e da atmosfera, e nutrientes da litosfera (geosfera). Estes dois últimos são disponibilizados dentro do *ciclo hidrológico*.

13.5 Seres Heterotróficos

Os seres heterotróficos não sintetizam seu próprio alimento. Eles utilizam como alimento a biomassa sintetizada pelos seres autotróficos. Fica aqui a explicação lógica, para o caso dos seres superiores, de quem veio primeiro: não poderia ter aparecido primeiro a vaca (ser heterotrófico), pois não haveria capim para comer nem oxigênio para respirar na atmosfera.

Na natureza, a capacidade de produzir trabalho ou energia é denominada *potencial*. Existem diferentes tipos de potenciais: elétrico, gravitacional, gravitacional/hidráulico, nuclear, químico, bioquímico, entre outros que são conhecidos.

A Reação (R-13.3) mostra o potencial bioquímico utilizado pelos seres autotróficos na busca de energia para suprir suas atividades.

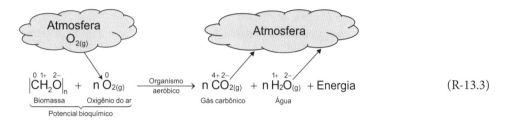

(R-13.3)

Os números sobrescritos nos símbolos dos elementos representam o estado de oxidação dos respectivos elementos.

Conforme consta na Reação (R-13.3), o sistema reagente denomina-se potencial bioquímico, pois tudo acontece nas células do organismo aeróbico. É uma reação de *combustão bioquímica*. Ela é lenta e gera energia. O material combustível é a própria biomassa sintetizada $|CH_2O|_n$, quando o ser é autotrófico. Quando o ser é heterotrófico, ele a busca pronta no alimento deixado pelos autotróficos. O material comburente, o oxigênio ($O_{2(g)}$), é retirado da atmosfera, daí o nome aeróbico. Os seres aeróbicos heterotróficos obtêm esta biomassa na forma de alimento: trigo, batata, açúcar, mandioca, salada, carne. O organismo vivo heterotrófico, por meio do sistema digestor, prepara esse alimento da forma necessária para posteriormente ser levado a nível celular, onde se dá a combustão bioquímica e a produção de energia demandada pelo organismo.

Retornando ao experimento executado pelos acadêmicos do grau fundamental, aparentemente apenas observa-se que a planta cresce e se desenvolve. Em si, os materiais – solo, água, gás carbônico, oxigênio, luz, nutrientes – não fazem nada sozinhos. Acontece que naquelas sementes plantadas há um *quantum de vida*, um *sopro vital* ou têm *vida*, que, quando presente, e em condições apropriadas, por assim dizer, "acorda" e organiza, recolhe, dimensiona, prioriza o que é necessário, e o ser cresce e se desenvolve. Contudo, há um porém: sem as condições ambientes, luz, atmosfera (CO_2, O_2 etc.), água (H_2O), solo (macro e micronutrientes), temperatura adequada, entre outras condições, nada acontece, e a plantinha morre ou nem nasce. Estas condições que envolvem vida, solo, água, atmosfera, luz, energia, entre outras condições, são denominadas *biosfera*.

13.6 Um Detalhe Mais Profundo

Quem entende de pintura, arte, e dos respectivos artistas, ao contemplar uma obra (pintura), pela maneira dos traços, intensidade das cores, leveza do pincel, já reconhece seu autor. Assim é também na Natureza.

Com o avanço da Biologia, Física, Química, Bioquímica, Engenharia Genética, entre outras áreas do conhecimento, observa-se que o processo vital ou a vida da maioria dos seres, de micro-organismos aos seres superiores, ou ao próprio homem, apresenta algumas estruturas moleculares químicas complexas e fundamentais, conduzindo à hipótese de que o responsável pela criação da vida é o próprio processo vital. Essas estruturas químicas coordenando a execução de reações nas células, tendo como objetivo o desenvolvimento da vida, não poderiam ter aparecido neste cenário da vida pelo mero acaso dos fatos.

A mera junção de C, H, N, O, H_2O e descargas elétricas pode sintetizar hidrocarbonetos, aminas, ácidos e muitos outros compostos. Porém, aquele princípio vital, que o pequeno acadêmico "viu acordar" nas sementes que plantou, não será visto neste experimento.

356 Capítulo Treze

O responsável pela criação da vida tem engendrado em cada *quantum* vital, de forma indelével e codificada, o poder ou a capacidade de comandar a síntese destas estruturas moleculares, desde que haja as condições ambientes necessárias, e estas estão intimamente ligadas à biosfera que alimenta o processo vital.

A Figura 13.5 mostra uma estrutura química básica utilizada pelo princípio vital.

A preocupação dos autores na apresentação de algumas estruturas químicas, conforme segue, foi para mostrar ao leitor que elas não aparecem por acaso nos seres vivos. Como são montadas pelo princípio vital, por si só dizem que o responsável pelo princípio vital entendia de Química.

Se não fosse esse princípio vital, organizador e controlador do que deve ser coletado, transformado e organizado, qualquer lugar (planetas, satélites) que tem os mesmos elementos (macro e micronutrientes) poderia ter a mesma vida existente no planeta Terra. A probabilidade de se encontrarem, juntarem, combinarem e a partir daí um ser se formar é a mesma. A probabilidade de um fato acontecer sempre em uma mesma direção até pode existir; mas, que dele aconteça a vida, parece que não. Os antigos já diziam: o efeito nunca é maior que a causa.

Hoje, com a capacidade da ciência em quantificar e qualificar elementos, pode-se até produzir uma semente de coco, milho ou outra, com todos os elementos em suas respectivas concentrações. Imagine-se que seja produzida e plantada. O acadêmico envolvido no experimento inicial vai regar e esperar por muito tempo, mas não verá a planta surgir.

A Figura 13.6 apresenta a estrutura da clorofila α. Observa-se que a estrutura da porfina é utilizada. Os dois hidrogênios das posições (b) de (B) da Figura 13.5 são substituídos pelo metal magnésio (Mg), conforme Figura 14.6. E o metal magnésio liga-se nas posições (a) de (B) da mesma Figura por coordenação, ligação pontilhada da Figura 13.6.

A Figura 13.7 mostra que, ao se substituir o metal magnésio (Mg) pelo ferro (Fe), forma-se a estrutura do grupo porfirínico férrico (ou grupo Heme), que faz parte da hemoglobina do sangue e é responsável pelo transporte de oxigênio do pulmão para as células, na forma de sangue hematosado, e delas traz de volta o gás carbônico no sangue não hematosado.

A mesma estrutura porfirínica é largamente utilizada na natureza e forma partes de importantes enzimas oxidantes, tais como: catalases, peroxidases e citocromos.

13.7 Dependência dos Princípios Vitais com a Biosfera

Pelo que foi exposto, as diferentes formas de vida sobre o planeta Terra estão interligadas e quanto mais superiores forem, são mais dependentes das demais, ao que parece.

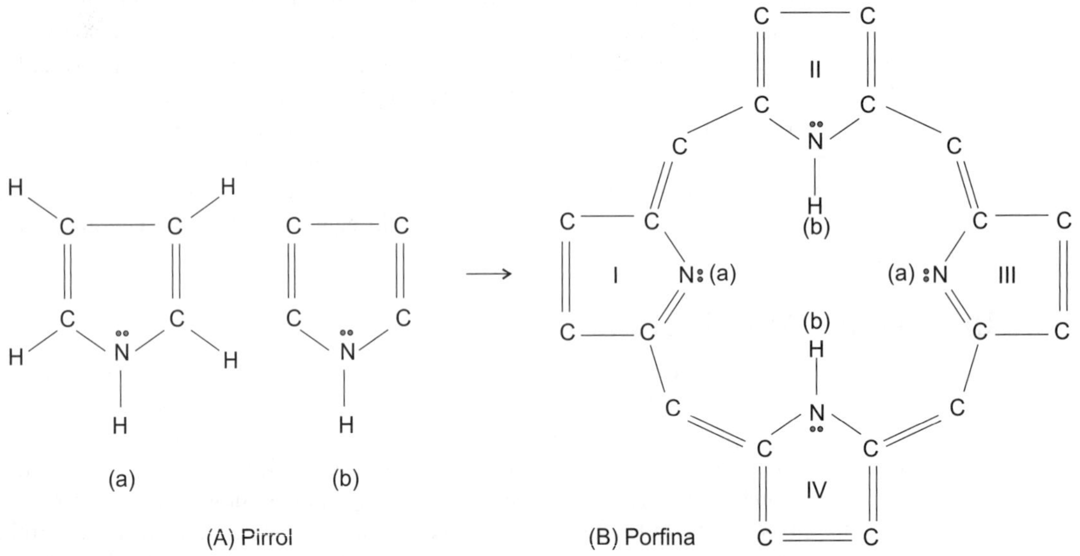

Figura 13.5 Visualização de estruturas químicas: (A) Pirrol: (a) molécula do pirrol com todas as suas ligações satisfeitas e o nitrogênio com seu par eletrônico disponível; (b) fórmula simplificada do pirrol usada nas demais fórmulas. (B) Estrutura da porfina: (a) pares eletrônicos para fazer ligações coordenadas; (b) hidrogênios reativos podendo ser substituídos por metais (nutrientes). (Atenção: não houve preocupação com as dimensões e posições corretas dos átomos e estruturas e respectivas escalas.) Fonte: Brum *et al.*, 1994; Cotton *et al.*, 1999; Huheey *et al.*, 1993; Cotton & Wilkinson, 1978; Braverman, 1967; Morrison & Boyd, 1961.

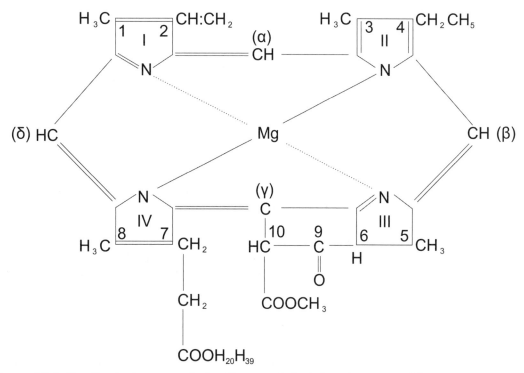

Figura 13.6 Visualização da estrutura da clorofila responsável pela fotossíntese, na qual formam-se o oxigênio e a biomassa. Fonte: Cotton *et al.*, 1999; Brum *et al.*, 1994; Huheey *et al.*, 1993; Cotton & Wilkinson, 1978; Braverman, 1967; Morrison & Boyd, 1961.

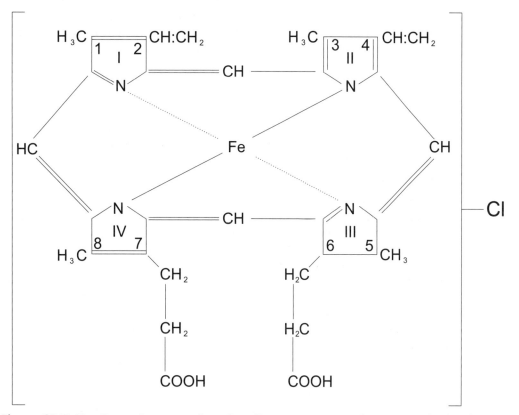

Figura 13.7 Visualização da estrutura da porfirina férrica que se encontra largamente utilizada pelos princípios vitais na natureza. Fonte: Cotton *et al.*, 1999; Brum *et al.*, 1994; Huheey *et al.*, 1993; Cotton & Wilkinson, 1978; Braverman, 1967; Morrison & Boyd, 1961.

Seja o caso do ser humano. Para sobreviver, precisa:

- do *oxigênio* para respirar, o mesmo vindo da atmosfera e gerado na fotossíntese, realizada pelos seres autotróficos, conforme Reação (R-13.1);
- da *água*, que é o suporte do princípio vital: no organismo, para a síntese da biomassa, conforme Reação (R-13.1), transporte de material e nutrientes, suporte das reações químicas no organismo, distribuição e controle de calor-temperatura, entre outras; no meio ambiente, praticamente com as mesmas funções, reguladas pelo *ciclo hidrológico*, já estabelecido antes do ser humano aparecer na natureza;
- dos *alimentos* obtidos dos seres autotróficos (arroz, feijão, batata, frutas, entre outros) e heterotróficos (leite, queijo, ovos, carne, entre outros);
- de *um sistema tampão* que estabiliza o pH dos fluidos das diferentes partes do organismo, bem como da temperatura, em valor ideal para o bom funcionamento do todo e solubilidade de nutrientes. A pressão ambiente deve estar em um valor compatível com a biosfera que foi se formando ao longo dos milhões de anos;
- dos *organismos aeróbicos* e *anaeróbicos* que na natureza fazem uma limpeza dos restos de vegetais e animais mortos; por exemplo, no intestino dos animais e do próprio ser humano, é recebido o resto do bolo alimentar que o organismo descarta, que é transformado em material mais estabilizado (fezes), e essa transformação (mineralização e humificação) é continuada por outros micro-organismos até sua reintegração na natureza. Lavoisier dizia: Na natureza nada se perde, nada se cria, tudo se transforma.

O princípio vital dos seres vivos tem alguns comportamentos gerais comuns a todas as espécies, entre eles:

- uma tendência codificada em si mesmo de manter-se vivo e criar ou reproduzir a própria espécie.
- são pródigos na produção de biomassa e sementes, conforme Figuras 13.8, 13.9, 13.10, 13.11 e 13.12.
- uma tendência de propagar-se, expandir-se, semear por si só, e por processos próprios da biosfera, como:
  - flores coloridas (estrutura reprodutora vegetal) e aromatizadas, conforme Figura 13.11, que atraem insetos na busca de alimento e com isso levam aderido ao corpo o pólen que é transportado para outras flores provocando a fertilização das mesmas, conforme Figura 13.12.
  - frutos maduros coloridos e aromatizados que atraem seres heterotróficos para deles se alimentar. Nesta operação, sementes são engolidas e no processo digestivo são descartadas à distância do ponto de consumo.
  - ação dos meios fluidos da biosfera: vento e água que levam o pólen, sementes, a quilômetros de distância do local de origem.
- uma tendência de *balanço* no material produzido e consumido;
- uma capacidade de adaptar-se a condições pouco favoráveis à vida;
- uma capacidade de misturar-se, hibridizar-se com espécies semelhantes, tender ao princípio da *máxima multiplicidade*;
- uma dependência até de sobrevivência com a biosfera.

Conforme colocado na *Introdução* desta obra, o princípio vital destes seres teria sido inoculado e iniciado na água, que os protegeu da radiação ultravioleta, letal à vida, vinda do sol. Depois de formada a camada de oxigênio e ozônio na atmosfera, estes seres começaram a sair da água e estabeleceram-se no solo da litosfera, que sofreu o intemperismo, já mais adequado à vida de espécies superiores de autotróficos (ervas, capim, plantas). Estabelecida esta etapa, surgiram os seres heterotróficos, que foram estabelecendo o equilíbrio na produção dos autotróficos. Por exemplo, a vaca, que come capim, não poderia ter surgido antes do capim.

Parte do oxigênio produzido pelo ser autotrófico é utilizada pelo próprio ser para sua respiração, e o que sobra vai para a atmosfera, constituindo o reservatório natural de 21% da sua composição. O que sobra do oxigênio na atmosfera é utilizado por todos os seres aeróbicos na respectiva respiração e produção de energia necessária ao organismo.

Parte da biomassa produzida é consumida pelo próprio organismo no seu desenvolvimento e parte é armazenada na forma de frutos, nos quais, quase sempre, se encontra a semente (espiga de milho, espiga de trigo, vagem de feijão, cacho de cocos, de bananas), ou na forma de tubérculos (batata, raiz de mandioca) e assim por diante. Esta biomassa armazenada inicialmente é utilizada pela própria semente para germinar ou ter as condições iniciais de subsistência e é utilizada como alimento para os heterotróficos. Muitas vezes, estes consomem a própria planta, dependendo do sistema de digestão que possuem.

Equilíbrio Dinâmico: Vida, Atmosfera e Biosfera 359

Figura 13.8 Cacho de coco: um, com cocos maduros e outro, com frutos imaturos (*Cariota-de-espinhos*). Cortesia do autor.

Figura 13.9 Espiga de trigo (*Triticum vulgare*), com dezenas de grãos que surgiram de um grão que foi semeado. Cortesia do autor.

Figura 13.10 Visualização de um *mamão papaia* inteiro e cortado; no seu interior, as muitas dezenas de sementes. Cortesia do autor.

Figura 13.11 Flores coloridas e cheias de aromas mostrando suas futuras sementes. Cortesia do autor.

Figura 13.12 Visualização de uma flor semelhante à flor de girassol, com um inseto buscando alimento. Cortesia do autor.

13.8 Aparecimento do Ser Humano

Estabelecido este conjunto de equilíbrios dinâmicos entre as diversas formas de vida evoluídas do princípio vital e o meio ambiente – atmosfera, litosfera, hidrosfera, energia solar, isto é, estabelecida a biosfera –, surgiu via evolução um ser heterotrófico e aeróbico, um animal, sujeito às leis do princípio vital, capaz de pensar, raciocinar, escolher, decidir, construir e destruir, entre outras coisas. O animal dito racional – o ser humano. Observa-se que possui um *quantum* vital diferente dos demais animais, denominados seres irracionais, que são codificados geneticamente e apresentam comportamentos predefinidos, regulados nos instintos e leis clássicas da natureza.

Porém, observa-se também que o ser humano está sujeito ao processo vital dos demais seres: *nasce, cresce, reproduz-se* e *morre*. Contudo, conforme já citado, é o único ser animal capaz de pensar, raciocinar, escolher, construir, destruir, entre outras coisas. Diz-se que possui o livre arbítrio, isto é, a capacidade de se autodeterminar.

Um dos livros mais antigos da humanidade do qual se tem conhecimento, de caráter religioso, fala da criação da vida e da criação do ser humano na Terra; o *Gênesis*, que compõe o primeiro livro da *Bíblia Sagrada* (1962). O assunto é tratado nos seus três primeiros capítulos. Este conteúdo foi abordado na *Introdução* desta obra, contudo, aqui será retomado e complementado em alguns aspectos. Assim, lê-se no Capítulo 1 do Livro do Gênesis:

> **1** ¹*No princípio Deus criou o céu e a terra.* ²*A terra, porém, estava informe e vazia, e as trevas cobriam o Abismo, mas o espírito de Deus pairava por sobre as águas.* ³*[...] Houve tarde e houve manhã: **um primeiro dia***.

Na continuidade da tarefa da criação, descrita pelo Gênesis, sucedem-se: *um segundo dia*; *um terceiro dia*; *um quarto dia*; *um quinto dia*; *um sexto dia* (no qual foi criado o homem); e *um sétimo dia* (no qual o Criador descansou de toda a obra que havia feito).

Os autores esclarecem que não são autoridades em assuntos de Biologia, tampouco em assuntos de Religião, e também que a *Bíblia*, da qual o Gênesis faz parte, é um livro de caráter religioso e não de caráter científico. Deixam claro ao leitor que cada um tem sua forma de livre de pensar. Seu intuito é apenas associar alguns fatos da origem da vida ao *Livro Sagrado*.

Parece que esta origem da vida no planeta Terra apresenta dois momentos significativos:

- a inoculação da vida, ou surgimento da vida, no planeta Terra, com sua capacidade evolutiva que chegou a um ser humanoide em uma biosfera em equilíbrio dinâmico;
- o momento em que o ser humanoide diferenciou-se dos demais seres pela capacidade de pensar, raciocinar, construir, escolher; surgimento do sopro vital: o ser humano.

Segundo o Gênesis, a criação pela qual surgiu a vida na Terra e o próprio homem foi realizada em sete dias. Estes sete dias citados devem ser interpretados como períodos de tempo necessários para que se estabelecessem certas condições, a fim de que a vida inoculada inicialmente na água pudesse subsistir e dar condições às próximas etapas, evoluir e adaptar-se às novas situações juntamente com a biosfera. Este período da criação, que durou seis dias, pode significar milhares e mesmo bilhões de anos. Esta ideia de *período de tempo* fica clara ao se ler os versículos 5 e 6 do Capítulo 2, do Gênesis.

A expressão "o espírito de Deus" significa a força, a vida, a energia, a engenharia criadora, o poder de Deus presente nas águas. Na água surgiu o princípio vital, a vida, que começou a se desenvolver. Talvez inicialmente engendrou-se um pequeno micro-organismo com toda aquela engenharia química e genética contendo o cloroplasto e dentro deste a clorofila, capaz de fazer a fotossíntese.

Por que na água? Dois motivos explicam o fato.

O primeiro é que a água é um componente básico dos seres vivos e necessária para as diferentes reações, seja como suporte ou como reagente. E nesta água estavam dissolvidos os nutrientes necessitados. A água também é reguladora da temperatura.

Segundo, conforme dito na *Introdução* e no *Capítulo 1 – Aspectos Gerais da Atmosfera*, a atmosfera primitiva não tinha oxigênio ($O_{2(g)}$), muito menos camada de ozônio para conter a radiação ultravioleta e outras, letais à vida (Barker, 1995). Esta atmosfera protetora da vida começou a se formar com a inoculação da vida na água. As ligações *sigma* e *elétrons não ligantes* da molécula da água (Silverstein & Bassler, 1967) protegeram a vida inicialmente absorvendo essas radiações letais que a ela chegavam, deixando passar a luz visível necessária à fotossíntese, até que a atmosfera se formasse e as retivesse nas camadas superiores da mesma.

Segundo o Gênesis, a criação do ser humano se deu ao final, conforme Cap. 1, vers. 27 e 31. Isso demonstra sua dependência com relação às etapas anteriores da Criação, ou ao tempo necessário para o princípio da vida evoluir nas diversas formas e estruturar a Biosfera, necessária à sua sobrevivência, fato este, comprovado pela Ciência. O *Homo sapiens* surgiu há aproximadamente 300.000 anos (Oliveira Filho & Saraiva, 2004).

A capacidade do ser humano de pensar, raciocinar, calcular, projetar, criar, fazer, construir, entre outras, o diferencia dos demais animais. Veio do pó, isto é, evoluiu como os outros seres, mas esta capacidade lhe foi dada em um dado momento. Na criação, este é o momento diferenciado das demais formas de vida sobre a Terra. O ser humano possui um *quantum de energia vital superior* comparado aos demais seres. Esta é a percepção dos autores, mas nada impede de haver outras.

Contudo, como foi dito, cabe à Ciência, por caminhos próprios e de natureza científica, demonstrar e chegar à explicação dos fatos da origem da vida e da capacidade diferenciada do ser humano em relação aos demais seres vivos.

Como se verá, é o ser que mais interfere na biosfera e, é claro, também na atmosfera. O que os demais seres vivos, ditos irracionais, fazem, está limitado ou dentro de um controle natural.

13.9 Inteligência, Capacidade Criadora e Ação do Homem na Atmosfera

O ser humano é o único capaz de construir máquinas dos mais variados tipos. É o único ser a utilizar, de forma racional e consciente, potenciais energéticos naturais existentes na natureza.

Entende-se por potencial energético um sistema que, adequadamente estruturado, é capaz de produzir trabalho ou outra forma de energia (gravitacional, calorífica, elétrica, luminosa, entre outras).

Entre as primeiras, das muitas formas de produção de energia que o homem controlou para as suas necessidades, está a combustão, a qual até hoje é utilizada pela humanidade. A Reação (R-13.4) mostra a reação de combustão da biomassa (lenha, madeira – celulose) ou proveniente da biomassa (álcool) ou biomassa fossilizada (gasolina).

$$|CH_2O|_n + n\,O_{2(ar)} \xrightarrow{\text{Fogão/forno Incêndio}} n\,CO_{2(g)} + n\,H_2O_{(g)} + \text{Energia} \quad (R\text{-}13.4)$$

Os números sobrescritos nos símbolos dos elementos representam o estado de oxidação dos respectivos elementos.

A Reação (R-13.4) é inversa a da fotossíntese. Quando realizada em nível celular, pelos processos bioquímicos, é lenta. Quando realizada como um potencial químico, é rápida. A energia solar captada pela clorofila na fotossíntese e armazenada quimicamente na biomassa agora é liberada na forma de energia, principalmente a calorífica. Esta energia pode ser liberada e utilizada em diversas formas:

- na forma de calor, como, por exemplo, na preparação de alimentos;
- na forma de luz, como, por exemplo, uma lamparina a álcool;
- na forma de trabalho, como, por exemplo, em um motor de carro a gasolina, conforme Reação (R-14.5).

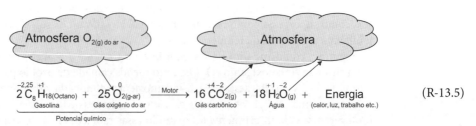

$$2\,C_8H_{18(\text{Octano})} + 25\,O_{2(g\text{-}ar)} \xrightarrow{\text{Motor}} 16\,CO_{2(g)} + 18\,H_2O_{(g)} + \text{Energia} \quad (R\text{-}13.5)$$

Os números sobrescritos nos símbolos dos elementos representam o estado de oxidação dos respectivos elementos.

Neste potencial químico, tanto para a reação química acontecer quanto para os produtos formados, são envolvidas a *atmosfera* e, finalmente, a *biosfera.*

A Figura 13.13 apresenta os cálculos estequiométricos relativos à Reação (R-13.5), supondo a mesma nas proporções corretas de reação.

A parte (A) da Figura 13.13 apresenta a reação de combustão devidamente balanceada e respectivas proporções de combinação.

A parte (B) visualiza a armação das razões de combinação dos reagentes e de formação dos produtos na queima de 1,000 g de gasolina.

Na parte (C) são apresentados os resultados em gramas e em L ou mL de oxigênio consumido da atmosfera e de gás carbônico e água descartados para a atmosfera.

Desde o início deste Capítulo, deseja-se demonstrar que a vida no planeta Terra está intimamente ligada à *atmosfera*, bem como ao todo da *biosfera.*

Para ter-se uma ideia do quão intensa é a interação antrópica com a atmosfera, em termos de descarte de $CO_{2(g)}$ e outros restos para a atmosfera e de retirada de matéria-prima da mesma, em termos de $O_{2(g)}$, conforme a Reação (R-13.5), será feito um cálculo rápido, conforme segue:

- Seja a densidade do octano (gasolina sem aditivos), $D = 0{,}703\ g \cdot cm^{-3}$; massa de um cm^3 de octano, $m = D \cdot v = 0{,}703 \cdot 1 \cdot (g \cdot cm^{-3}\ cm^3) = 0{,}703\ g$ (por centímetro cúbico de octano) ou 703 g (em um litro ou decímetro cúbico de octano).
- Supondo que um carro gaste por dia uma média de 10 litros de octano (gasolina), em um ano gastará $10 \cdot 365 = 3.650$ L. A massa correspondente em gramas será $m = 703 \cdot 3.650\ (g\ L^{-1}\ L) = 2.565.950$ g.
- Supondo uma frota de 1.000.000 carros, seu consumo em um ano será: $2.565.950 \cdot 1.000.000$ g = $2{,}56595 \cdot 10^{12}$ g de octano.

Convertendo estequiometricamente em massa de $CO_{2(g)}$ descartado na atmosfera, tem-se: m = 7,9083 10^{12} g de $CO_{2(g)}$. Convertendo em litros nas CNTP (Condições Normais de Temperatura e Pressão), tem-se o volume, $V = 4{,}0277 \cdot 10^{12}$ litros de $CO_{2(g)}$.

Calculando estequiometricamente a massa e o volume da quantidade de gás oxigênio, $O_{2(g)}$, retirado da atmosfera para movimentar a frota de carros, tem-se, respectivamente: $8{,}9845 \cdot 10^{12}$ g e $6{,}2938 \cdot 10^{12}$ L de $O_{2(g)}$.

Além dos carros, deve ser adicionado o descarte de $CO_{2(g)}$ com o respectivo consumo de oxigênio de milhões de fogões de cozinha; fornos industriais; incêndios; entre outros.

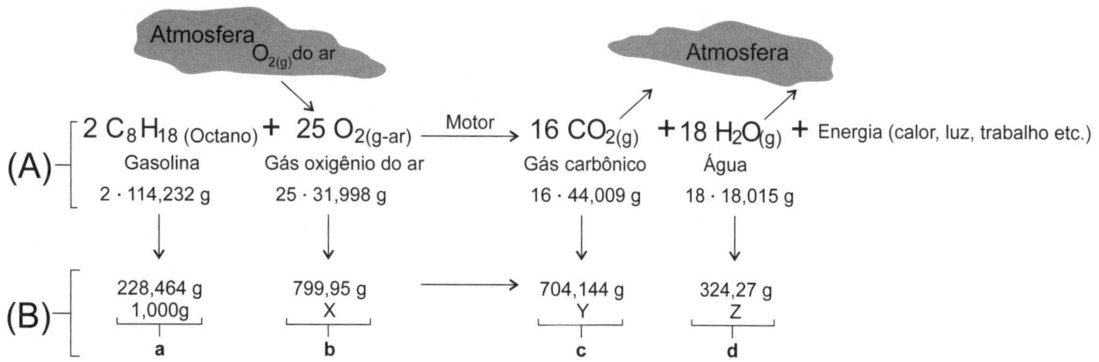

Relacionando as razões: **a** com **b**; **a** com **c** e **a** com **d**, e resolvendo as respectivas proporções, chega-se aos valores de X, Y e Z, conforme segue:

(C)

$$X = \frac{1{,}000 \cdot 799{,}95\ (g\ g)}{228{,}464\ g} = 3{,}501\ g \text{ de } O_{2(g)} \text{ (ou em volume nas CNTP = 2,451 L ou 2.451 mL } O_{2(g)})$$

$$Y = \frac{1{,}000 \cdot 704{,}144\ (g\ g)}{228{,}464\ g} = 3{,}082\ g \text{ de } CO_{2(g)} \text{ (ou em volume nas CNTP = 1,569 L ou 1.569 mL } CO_{2(g)})$$

$$Z = \frac{1{,}000 \cdot 324{,}27\ (g\ g)}{228{,}464\ g} = 1{,}419\ g \text{ de } H_2O_{(g)} \text{ (ou em volume nas CNTP = 1,765 L ou 1.765 mL } H_2O_{(g)})$$

Figura 13.13 Cálculos estequiométricos relativos à combustão da gasolina: (A) Reação balanceada e respectivas proporções de combinação; (B) Armação das razões de combinação dos reagentes e de formação dos produtos na queima de 1,000 g de gasolina; (C) Resultados em gramas e em L ou mL de oxigênio consumido da atmosfera e de gás carbônico e água descartados para a atmosfera.

Contudo, os equilíbrios dinâmicos estabelecidos na biosfera, aos poucos são restabelecidos: o $CO_{2(g)}$ é consumido nos processos de fotossíntese dos seres autotróficos com liberação de $O_{2(g)}$ para a atmosfera; e parte do $CO_{2(g)}$ é dissolvida formando ácido carbônico e carbonatos.

A Figura 13.14 visualiza a combustão da gasolina (octano) utilizando o oxigênio do ar em um motor à explosão.

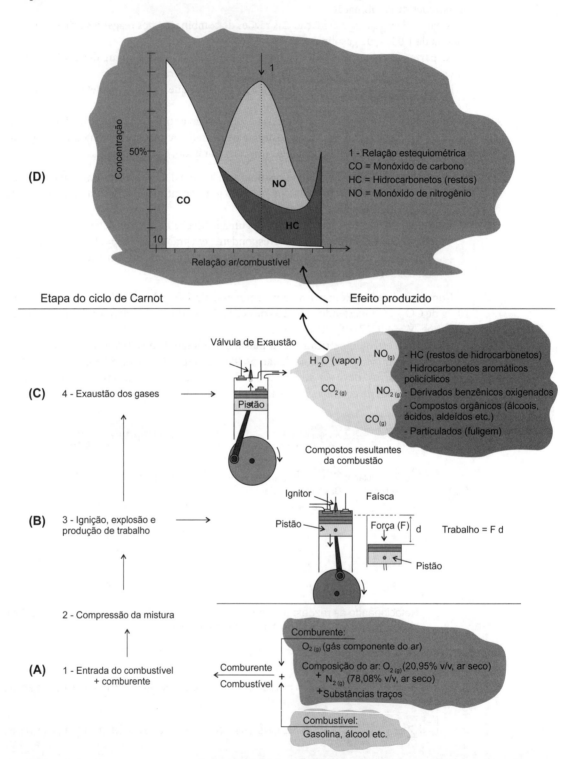

Figura 13.14 Visualização das etapas do ciclo de Carnot na combustão ar/gasolina: (A) Formação da mistura explosiva; (B) Explosão da mistura e trabalho produzido; (C) Gases produzidos na combustão; (D) Proporção da percentagem de CO, NO e HC com a proporção de ar (comburente)/combustível, com destaque para o $CO_{(g)}$. Fonte: vanLoon & Duffy, 2001; Manahan, 1994; Perry & Slater, 1981.

A reação entre o octano e o oxigênio nas proporções estequiométricas, com reagentes puros, resulta na formação de $CO_{2(g)}$, $H_2O_{(vapor)}$ e energia. Porém, isto é assunto de laboratório e das células (da natureza) as quais, quando deixam material a ser descartado, é de forma controlada e reutilizada.

O ar seco é constituído de 21% de gás oxigênio e 79% de gás nitrogênio (Finlayson-Pitts & Pitts, 2000; Brimblecombe, 1996; Manahan, 1994). Ao queimar essa mistura no cilindro do motor a explosão, ou mesmo ao ar livre (fogueira), conforme foi colocado em capítulos anteriores, tem-se que:

- a mistura nem sempre está nas proporções molares da reação e ao queimar sobram restos indesejáveis, que vão para a atmosfera. A parte (C) e (D) da Figura 13.14 visualiza os produtos formados e indesejáveis, dependendo da proporção da mistura;
- o nitrogênio da mistura do ar encontra-se em maior concentração, e apesar de ser um composto inerte, sua reação pode ser catalisada com o próprio oxigênio formando ao final os $NOx_{(g)}$ que vão parar na atmosfera, conforme *Capítulo 4 – Ciclos Biogeoquímicos dos Principais Componentes da Atmosfera* e *Capítulo 7 – Compostos Inorgânicos Gasosos da Atmosfera*.

A Figura 13.15 mostra o caso de uma fogueira, cujos reagentes são tomados da biosfera e cujos produtos, sem aproveitamento da energia calorífica, são descartados na atmosfera/biosfera.

A capacidade criadora do ser humano é incrível. Ao longo de sua existência, fez e faz observações, acumulando-as de forma científica. Com elas faz hipóteses e experimentos e chega a conclusões ou a teorias. Leva essas teorias a tecnologias (máquinas dos mais variados tipos) úteis para sua própria vida.

Com raras exceções, essas tecnologias não interferem na biosfera e, é claro, na atmosfera.

Hoje, o número de bocas ultrapassa a casa dos 6 a 7 bilhões de seres humanos. Todos precisam comer, dormir, vestir, movimentar-se... Para isso, são necessários água potável, ar puro, energia em suas mais variadas formas, roupas. Tudo isso reflete uma interação cada vez mais intensa do ser humano na *biosfera*. Porém, tudo indica que há um limite, o qual em algum momento será alcançado, e cabe ao ser humano, dotado desta capacidade de conhecer, raciocinar e prevenir, preparar-se – preparar-se de forma digna à vida, e não com a destruição dos princípios da vida, como, por exemplo, aborto, guerras, entre outras formas.

Entre os principais potenciais de energia, isto é, sistemas capazes de produzir energia (calor, luz, trabalho, entre outros), têm-se: potencial gravitacional; potencial elétrico; potencial nuclear; potencial eólico; potencial químico, já discutido, entre outros. Parece que o homem se esqueceu do potencial da energia solar, que corresponde a uma energia limpa e que está disponível para todos.

Considere-se o potencial gravitacional hidráulico, do qual o ser humano conhece e domina uma fração muito pequena.

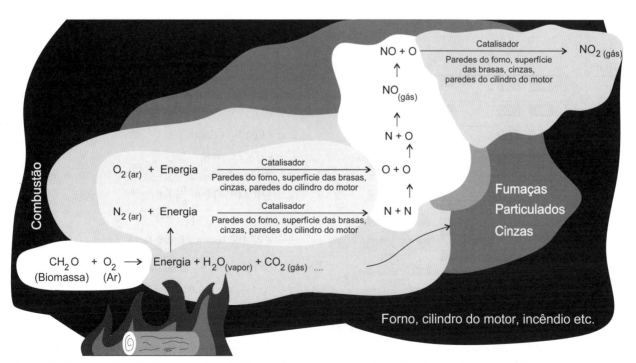

Figura 13.15 Visualização de uma combustão (fogueira) com os produtos formados, descartados na atmosfera.

Seja o caso de uma pedra de massa de 70 kg (massa de uma pessoa) que se encontra no alto do edifício, em uma altura h = 40 metros do chão (Figura 13.16). Para ser levada a esta altura, a pedra de 70 kg necessitou de um trabalho para carregá-la. Após ser carregada e lá deixada, ficou com a capacidade de liberar aquele trabalho quando cair ao chão (ou à altura de zero m). Este trabalho ou energia armazenada é denominada energia potencial gravitacional, porque é a gravidade o agente responsável por sua produção. Ao soltar a pedra e esta cair da altura de 40 m, libera a energia potencial armazenada em trabalho, ou energia mecânica, ou outra forma.

O problema está na pedra, que, sozinha, não volta; aliás, nenhum corpo sozinho volta a uma energia mais elevada.

O ser humano, com sua capacidade observadora, inventiva e criadora, associou a pedra caindo a uma queda d'água de 40 m de altura. Depois que a água cai, o calor do sol (radiação eletromagnética) a leva de volta sem ter que carregá-la, e de graça ou sem gastos. Isto é, a energia solar a aquece, quebra as ligações das pontes de hidrogênio, que a mantêm no estado líquido, ela evapora, sobe, condensa em nevoeiro, depois em nuvem, que pela diferença de densidade sobe, e o vento a leva para o alto das montanhas. Lá, esfria, condensa e precipita na forma de chuva. Agora, essa água líquida corre morro abaixo e chega aos mesmos 40 m de altura de onde ela caiu. Este trajeto e mudanças que a água fez denomina-se *ciclo hidrológico* e se processa na biosfera, graças à energia solar e demais condições necessárias à biosfera.

Neste momento, esta energia mecânica da queda da água faz girar uma bobina de fios de cobre entre o norte e o sul de um magneto ou vice-versa, que cria um campo magnético, o qual força os elétrons do fio a se deslocar no fio da bobina (induz uma corrente elétrica – Princípio de Lenz), e a energia mecânica da queda d'água é convertida em um potencial elétrico que, mesmo longe dali, pode produzir um trabalho. Por exemplo, o leitor de 70 kg (ou a pedra) entra no elevador, aperta o botão do elevador, este aciona o potencial elétrico que produz o trabalho mecânico/gravitacional de levá-lo a 40 metros de altura, isto é, no décimo andar, lá onde estava a pedra de 70 kg. O leitor só teve o trabalho de entrar no elevador e apertar o botão, não precisou gastar essa energia; a água que caiu fez girar a turbina entre os polos de um magneto (ou vice-versa) cujo campo magnético induziu uma corrente elétrica que armazenou nos elétrons o potencial elétrico que, ao apertar o botão do elevador, a liberou, e o leitor (ou a pedra) foi levado(a) a 40 metros de altura.

O homem, para evitar faltas de água e ter um sistema estável, construiu uma represa. Esta conteve a água, que inundou uma área de terras muito grande e causou um transtorno ao mundo animal e vegetal. Causou um *impacto ambiental*. Mexeu com a biosfera. Será que alterou a atmosfera? Tudo indica que sim.

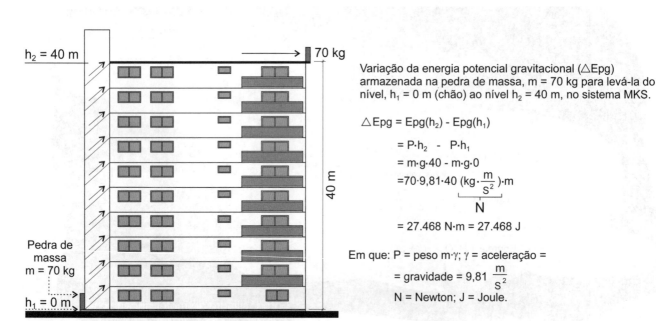

Figura 13.16 Visualização do que é *energia potencial*, no caso, *gravitacional*, como armazená-la e como liberá-la, imitando uma pessoa de 70 kg que sobe uma escada de 40 m de altura ou até o décimo andar.

13.10 Interações da Ação do Homem na Biosfera

Conforme se falou, muitos dos seres vivos que compõem a natureza são aeróbicos, necessitam do ar com o seu oxigênio para respirar e ter o potencial bioquímico de energia de que necessita. Porém, existem outros que são anaeróbicos. Vivem em ambientes em que não se encontra o ar, ou especificamente o componente oxigênio, para desenvolver seus processos vitais. Estes ambientes são redutores. Esta parece ser a "preocupação da Vida da Natureza" em não deixar resíduos. A Figura 13.17 mostra um corte vertical de uma represa.

Dependendo da época do ano, no caso, verão, a parte superior, o *epilímnio* do corpo de água, está mais quente, logo, a densidade da água é menor e é mais leve. Na parte inferior, ou no fundo da represa ou do corpo d'água, denominado *hipolímnio*, tem-se uma temperatura menor e a densidade da água é maior. Com isto, o corpo d'água fica estratificado. Entre as duas camadas se forma uma intermediária, o *metalímnio*. Em outras épocas do ano, como na primavera e outono, em regiões em que as estações são definidas, a mudança de temperatura da superfície modifica a densidade da água superficial, e começa a formar-se uma circulação vertical do corpo d'água, denominada *overturn*.

A região superior, o *epilímnio*, em contato com a atmosfera, dissolve o oxigênio que é utilizado pelos organismos aeróbicos, inclusive em função da radiação solar, para realizar a fotossíntese. Do oxigênio gerado pelos micro-organismos autotróficos, conforme Reação (R-13.1) e Reação (R-13.2) o que sobrar do consumo próprio é descartado para a atmosfera/biosfera, e as reações que se dão na região são de oxidação. Nesta região, os elementos envolvidos nos processos químicos adquirem um estado mais elevado de oxidação. Por exemplo: o nitrogênio é oxidado a nitrato $NO_3^-{}_{(aq)}$ (N → 5+); o enxofre é oxidado a sulfato $SO_4^{2-}{}_{(aq)}$ (S → 6+); o ferro é oxidado a $Fe^{3+}{}_{(aq)}$; entre outros. Nesta região, a *atividade eletrônica* é muito baixa, exatamente por ser um ambiente oxidante, elétrons disponíveis não existem ou são difíceis de serem obtidos. Em termos matemáticos, tem-se: $a_e = \{e\}$, que normalmente por ser um valor pequeno ou grande é representado por, $-\log a_e = -\log \{e\} = pe$.

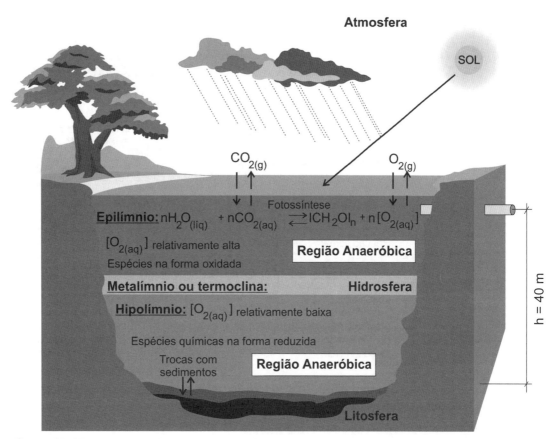

Figura 13.17 Visualização de um corte vertical de uma represa (lago) cujas águas estão estratificadas em três partes: epilímnio; metalímnio; hipolímnio; ao mesmo tempo, apresenta a região superior, a *região aeróbica*, e a inferior, a *região anaeróbica*. Fonte: Lenzi *et al.*, 2009; Manahan, 1994; Esteves, 1988.

Na região inferior, o *hipolímnio*, em função da estratificação do corpo d'água, o oxigênio, $O_{2(g)}$, não chega, e, se chega, é pouco. Desta forma, o hipolímnio passa por um estado de hipoxia (baixa concentração de oxigênio) à anoxia (concentração zero de oxigênio). Ali, vivem os organismos anaeróbios, que, na busca de energia nos seus processos bioquímicos, são responsáveis pelas reações de redução; nesta região a atividade eletrônica é alta, trata-se de um ambiente redutor, com elétrons disponíveis, que também se costuma representar por, pe = $-\log \{e\}$.

Nesta região, as espécies oxidadas são reduzidas. Por exemplo: o enxofre do sulfato (6+), $SO_4^{2-}{}_{(aq)}$, reduz-se para $S \rightarrow 2-$, (H_2S); o carbono da biomassa (0), $|CH_2O|_n$, reduz-se para $C \rightarrow 4-$, (CH_4); o nitrogênio do nitrato (5+), $NO_3^-{}_{(aq)}$, reduz-se para $N \rightarrow 3-$, (NH_3); e assim por diante. As Reações (R-13.6), (R-13.7) e (R-13.8) mostram a reação de redução do carbono da biomassa.

A Reação (R-13.6) apresenta o que acontece nesta região anaeróbica. Os seres desta região buscam energia consumindo a biomassa (fazendo uma limpeza da matéria orgânica presente), e produzem energia para o seu consumo.

$$2\,|\overset{0\ 1+\ 2-}{CH_2O}|_n \xrightarrow[\text{anaeróbicos}]{\text{Organismos}} n\,\overset{4-1+}{CH_{4(g)}} + n\,\overset{4+2-}{CO_{2(g)}} + \text{Energia} \qquad \text{(R-13.6)}$$

A Reação (R-13.6) se dá em duas etapas, conforme Reação (R-13.7) e Reação (R-13.8), as quais podem ser somadas originando uma Reação única, (R-13.6).

Primeira etapa (oxidação do C):

$\Delta nox = 2n \cdot (4+) - 2n \cdot (0) = 8n$ elétrons (doados pelo carbono)

$$2\,|\overset{0\ 1+\ 2-}{CH_2O}|_n + 2\,\overset{1+\ 2-}{H_2O} \xrightarrow[\text{anaeróbicos}]{\text{Organismos}} 2n\,\overset{4+2-}{CO_{2(g)}} + 8n\,\overset{1+}{H^+_{(aq)}} + 8n\,e \qquad \text{(R-13.7)}$$

Segunda etapa (redução do C):

$\Delta nox = n \cdot (4-) - n \cdot (4+) = n[(4-) - (4+)] = 8n$ elétrons (recebidos pelo carbono)

$$n\,\overset{4+2-}{CO_{2(g)}} + 8n\,\overset{1+}{H^+_{(aq)}} + 8n\,e \xrightarrow[\text{anaeróbicos}]{\text{Organismos}} 2n\,\overset{1+\ 2-}{H_2O} + n\,\overset{4-1+}{CH_{4(g)}} \qquad \text{(R-13.8)}$$

K_{Henry} (25 °C)
$K_H = 1{,}29 \cdot 10^{-3}$

Reação soma:

$$2\,|\overset{0\ 1+\ 2-}{CH_2O}|_n \xrightarrow[\text{anaeróbicos}]{\text{Organismos}} n\,\overset{4+2-}{CO_{2(g)}} + n\,\overset{4-1+}{CH_{4(g)}} + \text{Energia} \qquad \text{[R-13.6]}$$

Legenda
Δnox = Variação do número de oxidação (mede o número de elétrons que o elemento recebeu ou deu em uma reação química). É calculado pela diferença do número de oxidação do estado final – o número de estado de oxidação do estado inicial.

Seja o caso de um ambiente anaeróbico que tenha o íon $SO_4^{2-}{}_{(aq)}$ presente. A reação de busca de energia dos organismos anaeróbicos é dada pela Reação (R-13.9).

Legenda

Δnox = Variação do número de oxidação (mede o número de elétrons que o elemento recebeu ou deu em uma reação química). É calculado pela diferença do número de oxidação do estado final – o número de estado de oxidação do estado inicial.

Portanto, ocorrem estes processos nos reservatórios de água (lagos, represas, entre outros), em suas regiões anaeróbicas. Nos intestinos dos animais ocorrem os mesmos processos anaeróbicos.

A natureza, especificamente os processos vitais, tem tendência de não deixar restos ou descartes que possam atrapalhar o caminho da vida.

13.11 Quantificação da Energia Produzida por um Ser Anaeróbico

13.11.1 Aspectos gerais

A propósito, qual é a energia (ΔE) produzida em uma reação deste tipo? Para efeito de cálculos, em termos de biomassa será considerada a glicose, de fórmula $C_6H_{12}O_6$. A energia da reação será calculada pela de definição de potencial químico (μ_i) de cada espécie, que é dada pela Equação (13.1).

$$\mu_i = \left(\frac{\partial G}{\partial n_i} \right)_{Temperatura,\ pressão,\ atividade} \tag{13.1}$$

A Equação (13.1), quando integrada nas condições-padrão e por mol da espécie i, gera o μ_i^0, potencial químico padrão da espécie i (Barrow, 1968; Glasstone, 1966).

Como a energia produzida na forma de energia livre de Gibbs (G) é uma grandeza de estado, depende do estado inicial e final da reação. Seja a Reação (R-13.10).

$$\underbrace{C_6H_{12}O_{6(s)}}_{Glicose} + \underbrace{SO_{4(aq)}^{2-}}_{Ânion\ sulfato} + \underbrace{H_{(aq)}^+}_{Meio\ ácido} \longrightarrow \underbrace{H_2S_{(g)}}_{Gás\ sulfídrico} + \underbrace{CO_{2(g)}}_{Gás\ carbônico} + \underbrace{H_2O}_{Água}$$

$$\underbrace{\phantom{C_6H_{12}O_{6(s)} + SO_{4(aq)}^{2-} + H_{(aq)}^+}}_{G_{Reagentes\ (R)}} \qquad \underbrace{\phantom{H_2S_{(g)} + CO_{2(g)} + H_2O}}_{G_{Produtos\ (P)}}$$

$$\Delta G = [G_{Produtos\ (P)}] - [G_{Reagentes\ (R)}] \tag{R-13.10}$$

Se, $\Delta G > 0$ a reação se deu com absorção de energia;

Se, $\Delta G < 0$ a reação se deu com produção de energia.

Primeiramente a reação será balanceada, pois o cálculo da energia produzida ou consumida necessita de quem e quanto reage (Reagentes), e de quem e quanto é produzido (Produtos), nesta reação.

13.11.2 Balanceamento da reação

O método de balanceamento que será utilizado é o do *balanceamento eletrônico*, que significa o estado de reagentes e produtos nos quais:

O número de elétrons doados por parte de quem se oxida é igual ao número de elétrons recebidos por parte de quem se reduz.

Desta forma, é necessário conhecer os reagentes que se oxidam e se reduzem e os produtos oxidados e os reduzidos. A Reação (R-13.11) mostra quem se oxidou (doou elétrons) e quem se reduziu (recebeu elétrons).

370 Capítulo Treze

$$\underset{\text{Ânion sulfato}}{\overset{6+\ 2-}{S}\overset{2-}{O_{4(aq)}^{2-}}} + \underset{\text{Glicose}}{\overset{0\ 1+\ 2-}{C_6H_{12}O_{6(s)}}} \xrightarrow[\text{anaeróbicos}]{\text{Organismos}} \underset{\text{Gás carbônico}}{\overset{4+\ 2-}{C}\overset{}{O_{2(g)}}} + \underset{\text{Gás sulfídrico}}{\overset{1+\ 2-}{H_2}\overset{}{S_{(g)}}} \qquad \text{(R-13.11)}$$

C doou elétrons (oxidou)
S recebeu elétrons (reduziu)

A seguir, é feito o balanço da semirreação que doou elétrons e, logicamente, os produtos são oxidados, conforme Reação (R-13.12). No processo de balanceamento, após ter sido ajustado quantitativamente o elemento-chave, no caso, o **C**, adicionam-se à esquerda e à direita os elementos necessários, em geral, **H_2O, H^+**, que tenham o mesmo estado de oxidação nos dois lados. A única modificação de estado de oxidação é do elemento-chave.

$$\Delta nox = 6\ (4+) - 6\ (0) = 24\ e\ \text{(elétrons doados)}$$
$$\overset{0\ 1+\ 2-}{C_6H_{12}O_{6(s)}} + 6\ H_2O \longrightarrow 6\ \overset{4+2-}{C}O_{2(g)} + 24\ H_{(aq)}^{+} + 24\ \text{elétrons} \qquad \text{(R-13.12)}$$

Depois, se faz o balanço da semirreação que recebeu elétrons, com seus produtos reduzidos, conforme Reação (R-13.13). O balanço é feito da mesma forma.

$$\underset{\text{Ânion sulfato}}{\overset{6+\ 2-\ 2-}{S}\overset{}{O_{4(aq)}^{2-}}} + 10\ H_{(aq)}^{+} + 8\ e_{\cdot\text{elétrons}} \longrightarrow \underset{\text{Gás sulfídrico}}{\overset{1+\ 2-}{H_2}\overset{}{S_{(g)}}} + 4\ H_2O$$

$$\Delta nox = (2-) - (6+) = 8 - \text{elétrons recebidos}$$

$$\text{(R-13.13)}$$

Contagem do nox:

$$+6 \quad +5 \quad +4 \quad +3 \quad +2 \quad +1 \quad 0 \quad -1 \quad -2$$
$$1e + 1e + 1e + 1e + 1e + 1e + 1e + 1e = 8\ e\ \text{(elétrons)}$$

Finalmente, procede-se o balanço dos elétrons doados e recebidos, isto é, o número de elétrons doados deve ser igual ao número de elétrons recebidos. Se o número for diferente, determina-se o mínimo múltiplo comum (**m.m.c.**) dos dois valores. A seguir multiplica-se o número de elétrons doados pela semirreação pelo fator (**a**) que dê o valor do **m.m.c.**, no caso, **a** = 1. E, n = 24·**a** = 24·1 = 24, conforme Reação (R-13.14). O balanceamento da semirreação que recebeu elétrons é realizado da mesma forma. O valor do **m.m.c.** gera o fator (**b**), no caso **b** = 3, pois, 8·**b** = 8·3 = 24 e elétrons recebidos, conforme Reação (R-13.15).

A seguir, multiplicam-se os coeficientes de cada semirreação pelo respectivo fator, conforme Reação (R-13.16) e Reação (R-13.17). Finalmente, faz-se a soma das duas semirreações balanceadas, em que resulta a Reação (R-13.18).

$$(C_6H_{12}O_{6(s)} + 6\ H_2O \longrightarrow 6\ CO_{2(g)} + 24\ H_{(aq)}^{+} + 24\ e_{\text{(elétrons)}}) \cdot a = 1 \qquad \text{(R-13.14)}$$

$$n = 24\ e$$

$$(SO_{4(aq)}^{2-} + 10\ H_{(aq)}^{+} + 8\ e_{\text{(elétrons)}} \longrightarrow H_2S_{(g)} + 4\ H_2O) \quad \cdot b = 3 \qquad \text{(R-13.15)}$$

$$C_6H_{12}O_{6(s)} + 6\ H_2O \longrightarrow 6\ CO_{2(g)} + 24\ H_{(aq)}^{+} + \cancel{24\ \text{elétrons}} \qquad \text{(R-13.16)}$$

$$+$$

$$3\ SO_{4(aq)}^{2-} + 30\ H_{(aq)}^{+} + \cancel{24\ e_{\text{(elétrons)}}} \longrightarrow 3\ H_2S_{(g)} + 12\ H_2O \qquad \text{(R-13.17)}$$

$$\overline{C_6H_{12}O_{6(s)} + 3\ SO_{4(aq)}^{2-} + 6\ H_{(aq)}^{+} \longrightarrow 3\ H_2S_{(g)} + 6\ CO_{2(g)} + 6\ H_2O} \qquad \text{(R-13.18)}$$

13.11.3 Cálculo da energia livre produzida

Nos cálculos da energia livre envolvida na Reação (R-13.18) são necessários os valores das energias livres padrão de formação de cada espécie, conforme a Tabela 13.2, e, alguns conceitos fundamentais da termodinâmica sobre potencial químico, conforme Equação (13.2) e (13.3).

Equilíbrio Dinâmico: Vida, Atmosfera e Biosfera **371**

Tabela 13.2 Energia Livre Padrão de Formação e Entalpia-padrão de Formação de Algumas Espécies, Baseadas nas Condições do Estado-padrão.

Espécie Química	$G_f^\circ = \Delta G_f^\circ$ (kJ mol^{-1})	$H_f^\circ = \Delta H_f^\circ$ (kJ mol^{-1})	Espécie Química	$G_f^\circ = \Delta G_f^\circ$ (kJ mol^{-1})	$H_f^\circ = \Delta H_f^\circ$ (kJ mol^{-1})
$SO_4^{2-}{}_{(aq)}$	$-744,6$	$-909,2$	$H_2S_{(aq)}$	$-27,87$	$-39,75$
$C_6H_{12}O_{6(aq)}$	$-910,4$	$-1.273,3$	$CO_{2(g)}$	$-394,37$	$-393,5$
$H^+{}_{(aq)}$	$0,0$	$0,0$	$H_2O_{(l)}$	$-237,18$	$-285,83$

Fonte: Poling et al. (2001); LANGE's HANDBOOK OF CHEMISTRY (1999); Lide (1996); Stumm & Morgan (1996); Pankow (1991); Peters et al. (1974); AMERICAN INSTITUTE OF PHYSICS HANDBOOK (1972); Barrow (1968); Glasstone (1966).

$$\Delta G_{Reação}^0 = \sum_{i=1}^{n} \left(n_i \cdot \mu_i^0 \right)_{Produtos} - \sum_{j=1}^{k} \left(n_j \cdot \mu_j^0 \right)_{Reagentes} \qquad (13.2)$$

Aplicando o contido na Equação (13.2) na Reação (R-13.18) e usando a igualdade $\mu_i^0 = \Delta G_{f(i)}^0$, chega-se à Equação (13.3).

$$\Delta G^0 = \left[3 \cdot \Delta G_{f(H_2S_{(g)})}^0 + 6 \cdot \Delta G_{f(CO_{2(g)})}^0 + 6 \cdot \Delta G_{f(H_2O_{(l)})}^0 \right]_{Produtos} - \left[1 \cdot \Delta G_{f(C_6H_{12}O_{6(a)})}^0 + 3 \cdot \Delta G_{f(SO_4^{2-}{}_{(aq)})}^0 + 6 \cdot \Delta G_{f(H^+{}_{(aq)})}^0 \right]_{Reagentes} \qquad (13.3)$$

Introduzindo na Equação (13.3) os valores das energias livres padrão da Tabela 13.2, chega-se à Equação (13.4), que resolvida gera as Equações (13.5) e (13.6).

$$\Delta G^0 = [3 \cdot (-27,87) + 6 \cdot (-394,37) + 6 \cdot (-237,18)]_{Produtos} - [1 \cdot (-910,4) + 3 \cdot (-744,6) + 6 \cdot 0]_{Reagentes} \qquad (13.4)$$

$$\Delta G^0 = [-3.872,91]_{Produtos} - [-3.144,2]_{Reagentes} \qquad (13.5)$$

$$\Delta G^0_{Reação} = -728,71 \text{ kJ mol}^{-1} \qquad (13.6)$$

O sinal negativo de $\Delta G_f^0 (-\Delta G_f^0)$ significa que a reação deu para o organismo anaeróbico 728,71 kJ no envolvimento de 24 mol de elétrons, conforme balanceamento. Para a Reação (R-13.11) ou (R-13.18) envolvendo 1 mol de elétrons, a energia captada pelo organismo anaeróbico é de 30,36 kJ, ou, convertendo em kcal, tem-se 7,26 kcal ou 7.264 calorias.

Essa energia, em grande parte, havia sido armazenada anteriormente do Sol pela clorofila na fotossíntese realizada pelo ser autotrófico que produziu a biomassa, no caso a glicose ($C_6H_{12}O_6$).

Observa-se que em uma reação química há uma desmontagem de estruturas (íons, moléculas) e uma remontagem de outras estruturas (íons, moléculas). Nesta desmontagem e remontagem de estruturas químicas pode faltar ou sobrar energia. Quando falta, é necessário fornecer-lhe energia, ou ela busca energia para acontecer, a qual leva o sinal +, isto é, $(+\Delta G_f^0)$. Na natureza e processos vitais, em geral, quem fornece essa energia é o Sol.

Nos processos vitais ou não, em que sobra energia, esta leva o sinal menos (−), isto é, $(-\Delta G_f^0)$, porque ela sai do sistema. Esses são os processos que o ser humano busca para suprir suas necessidades energéticas.

13.12 Estado de Equilíbrio Dinâmico

Um grande princípio da natureza, denominado Princípio de Le Châtelier, dá a definição de *estado de equilíbrio dinâmico*, conforme segue:

Todo sistema em estado de equilíbrio ao ser acionado por um agente qualquer reage para compensar esta ação e restabelece um novo estado de equilíbrio.
Henry Le Châtelier (Paris: 1850-1936)

Esse princípio foi postulado e testado para processos físico-químicos em dimensões laboratoriais, regidos por *constantes* e *valores de contorno* conhecidos; mas ele vale para qualquer sistema em estado de equilíbrio.

372 Capítulo Treze

Por exemplo, considere-se uma sociedade livre, dita democrática, na qual existe uma organização, formada de pessoas livres e racionais. Bem ou mal, nela existe certo equilíbrio econômico e social. De repente, um grupo deseja implantar um regime ditatorial não democrático. Não há dúvidas, aparecerá uma reação no sentido de neutralizar esta ação e se estabelecerá um novo estado de equilíbrio; no caso, quase sempre após o derramamento de muito sangue.

Agora, considere-se a natureza sozinha (Sol, Terra, atmosfera e a vida, enfim a biosfera), sem a presença do ser humano com sua ação antrópica. Conforme descrito anteriormente, os processos vitais (autotróficos, heterotróficos, aeróbios e anaeróbios) foram se desenvolvendo e evoluindo. Com a vida sobre a Terra, foram descartados para o ambiente – a biosfera, especificamente para a atmosfera – gases como: $H_2O_{(g)}$; $O_{2(g)}$; $CO_{2(g)}$; $CH_{4(g)}$; $H_2S_{(g)}$; $NH_{3(g)}$; $N_{2(g)}$ e muitos outros. Apesar de tratar-se de um sistema aberto, estes compostos reagiram e reagem entre si e formaram e formam outros produtos químicos.

A radiação solar, praticamente em função de suas interações com estes componentes da atmosfera, dividiu a mesma em camadas: troposfera e tropopausa; estratosfera e estratopausa; mesosfera e mesopausa; termosfera; exosfera. A radiação resultante da reemissão da mesma pela superfície terrestre (ondas eletromagnéticas de comprimento do infravermelho) criou o *efeito estufa,* benéfico à vida sobre a Terra. Este efeito é provocado pelas moléculas de gases, tais como água, gás carbônico, metano, entre outros, que absorvem essa radiação, provocando estiramentos, vibrações, torções, rotações, translações moleculares, que finalmente se degrada em calor.

Os excessos de produtos químicos e particulados da atmosfera, mediante reações fotoquímicas e químicas, foram precipitando e mesmo "lavados" da mesma, pelas chuvas, dentro do sistema do *ciclo hidrológico.* Este macrossistema – a *biosfera* – aos poucos foi se estabilizando e formando um grande e complexo sistema em *estado de equilíbrio dinâmico.*

13.13 O Ser Humano e Seus Compromissos com a Biosfera

A natureza, dita *irracional,* já estava em seu *estado de equilíbrio dinâmico* quando "apareceu" o ser humano, dito racional.

Hoje, são 6 a 7 bilhões de seres humanos, que precisam de comida, casa, roupa, energia, água potável, transporte etc. O ser humano, por ser inteligente e capaz de pensar, criar, resolver problemas, entre outras coisas, está tentando superar as necessidades.

Conforme mencionado, o princípio vital do ser humano também está amarrado ou depende da biosfera, como os demais seres vivos. Deve manter a biosfera em estado de equilíbrio dinâmico, digno para todos os seres vivos, sejam racionais ou irracionais.

Vamos analisar apenas um exemplo de como estes equilíbrios são afetados. Os mais de 6 a 7 bilhões de seres humanos necessitam:

a) **Comida**

O princípio básico de obtenção de qualquer espécie de comida necessita de terra ou espaço da litosfera, água, Sol ou da biosfera para ser produzida. Por exemplo:

- o trigo com o qual é feita a farinha e dela o pão; assim é com o milho, a batata, o feijão, a soja, a mandioca, o amendoim.
- Para a produção de leite e carne bovina necessita-se do gado bovino, a vaca. A vaca precisa de alimentos e o principal é o capim (pastagem, campo), e ela ocupa espaço da superfície da Terra. O articulista Schelp (2009) escreveu na revista *Veja* um artigo muito interessante, que vale a pena ler. Além do leite, a vaca também produz nata, manteiga, carne, couro; é o animal que acompanha o ser humano desde os primórdios da humanidade. Só que, hoje, com um rebanho de aproximadamente 1,4 bilhão de cabeças, necessárias para suprir as necessidades do homem, são gerados, via fermentações entéricas mediante os organismos anaeróbicos, bilhões de litros de gás metano $CH_{4(g)}$/ano, que via flatos são descartados na atmosfera e nela vão se acumulando, pois é um gás estável com *tempo de vida* de sete a dez anos (Brasseur *et al.,* 1999; Finlayson-Pitts & Pitts Jr., 2000).

b) **Energia**
- energia elétrica produzida com potenciais gravitacionais hidroelétricos, que necessitam de represamento de águas, o que envolve grandes áreas aráveis e agricultáveis da superfície terrestre. Além do mais, em seus níveis de hipolímnio, os organismos anaeróbicos produzem o gás metano, $CH_{4(g)}$, que, descartado, vai para a atmosfera, aumentando o *efeito estufa,* como acontece nos processos entéricos da maioria dos animais, inclusive do próprio ser humano.

c) Assim acontece com: *transporte; estradas; moradia; água potável; roupa...*

Tudo o que está sendo analisado é apenas a ocupação da superfície terrestre (pela agropecuária/alimentos, hidroelétricas/energia, estradas/transporte, cidades/moradia e água) e a produção de gás metano que vai para a atmosfera.

O motivo de ater-se ao gás metano deve-se ao fato de que é um dos agentes causadores do *efeito estufa*, que eleva a temperatura global média e provoca derretimento das geleiras das calotas polares e, consequentemente, o aumento do nível do mar (Houghton *et al.*, 1998; Houghton *et al.*, 1991), causando efeitos irreversíveis em regiões abaixo e próximas à superfície do mar. A abundância do gás metano na atmosfera manteve-se constante em 700 ppb até os anos 1800. A partir de 1900 até os dias de hoje sua abundância na atmosfera passou de 850 ppb para 1.700 ppb.

O aumento de uma pessoa, com suas necessidades, no planeta Terra não é motivo de preocupação para deslocar equilíbrios milenares da biosfera, mas, mais um bilhão de pessoas às que já existem deve ser motivo de preocupação de todos.

Já em 1968 foi fundado pelo industrial italiano Aurelio Peccei e o cientista escocês Alexander King o denominado **Clube de Roma**, formado por um grupo de pessoas ilustres do mundo científico, político, religioso e ambientalista, que se reúne para debater um vasto conjunto de assuntos relacionados com política, economia internacional e, sobretudo, o meio ambiente e o desenvolvimento sustentável. O mundo científico e político ficou preocupado em 1972 com o conteúdo da publicação do relatório das atividades do Clube, intitulado "Os Limites do Crescimento", elaborado por uma equipe do MIT (Instituto de Tecnologia de Massachusetts) contratada pelo Clube de Roma e chefiada por Dana Meadows (Lima, 2012).

Muitos já falaram, escreveram e publicaram o que o ser humano deve fazer nos próximos anos para debelar problemas futuros. Dentre muitas atitudes, estão algumas mais importantes, que aqui são transcritas:

- *Educar o ser humano para:*
  - manter a biosfera (interação solo, água, atmosfera com os seres vivos) digna da vida;
  - fazer um controle digno da natalidade humana baseada na dignidade da maternidade e da paternidade;
  - viver em paz consigo mesmo, com os outros (pessoas, família, vizinhos, comunidade ou países) e com a natureza (com quem lhe sustenta a vida).
- *Investimento em fontes limpas e renováveis de energia:*
  - investir pesado no aproveitamento da energia solar;
  - desativar as fontes poluidoras, na medida do possível.
- *Investimento em máquinas de todos os tipos e níveis menos poluidoras.*
- *Investir em meios de transporte coletivo e de massas.*
- *Investimento nos recursos hídricos:*
  - conservação dos recursos hídricos existentes;
  - aproveitamento das águas residuárias (industriais, urbanas e rurais);
  - aproveitamento das águas pluviais;
  - potabilização econômica das águas salgadas.
- *Controle da poluição atmosférica:*
  - fontes fixas; escapamento de carros;
  - componentes gasosos naturais provenientes tanto de processos aeróbicos quanto anaeróbicos.
- *A Organização das Nações Unidas – ONU deve ser uma organização voltada à proteção da vida e ao estado de equilíbrio dinâmico da biosfera.*

13.14 Referências Bibliográficas e Sugestões para Leitura

ABALAKIN, V. *Astronomical Constants*. In: LIDE, D. R. [Editor]. **CRC Handbook of Chemistry and Physics**. 77th Edition. New York: CRC Press, 1996-1997.

AMERICAN INSTITUTE OF PHYSICS HANDBOOK. 3rd Edition. New York: McGraw-Hill Book Company, 1972.

ANUNCIAÇÃO, P. E. M. **Existe alguém lá fora no universo**. São Paulo: Livre Expressão, 2012. 201 p.

ARAÚJO, T. *O planeta Terra é um ser vivo?* Janeiro de 2008. Disponível em: <http://planetasustentavel.abril.com.br/noticia/ambiente/conteudo_266733.shtml>. Acessado em: 12 de fevereiro de 2015.

BARKER, J. R. [Editor]. **Progress and problems in atmospheric chemistry**. London: WS – World Scientific, 1995. 940 p.

BARROW, G. M. **Química Física**. Segunda Edición. Versión española de Salvador Senent. Barcelona: Editorial Reverté, 1968. 893 p.

BÍBLIA SAGRADA. 4. ed. Traduzida da Vulgata e anotada pelo Pe. Matos Soares. São Paulo: Edições Paulinas, 1962. 1500 p.

BRASIL – CONMETRO/MDIC, Resolução n. 11 (1988), de 12 de outubro de 1988. *Aprova Regulamentação Metrológica das Unidades de Medida*. Ministério do Desenvolvimento, Indústria e Comércio (MDIC), Conselho Nacional de Metrolo-

374 Capítulo Treze

gia, Normalização e Qualidade Industrial (CONMETRO). **Diário Oficial da União**, 12 de outubro de 1988, Seção 1, p. 20524.

BRASIL – CONMETRO/MDIC, Resolução n. 13 (2006), de 20 de dezembro de 2006. *Autoriza a utilização da supervisão metrológica como forma de execução do controle legal de instrumentos de medição para determinadas classes de instrumentos.* Ministério do Desenvolvimento, Indústria e Comércio (MDIC), Conselho Nacional de Metrologia, Normalização e Qualidade Industrial (CONMETRO). **Diário Oficial da União**, 22 de dezembro de 2006, Seção 1, p. 176.

BRASIL – CONMETRO/MDIC, Resolução n. 12 (1988), de 12 de outubro de 1988. *Adota quadro geral de unidades de medida e emprego de unidades fora do Sistema do Sistema Internacional de Unidades – SI.* Ministério do Desenvolvimento, Indústria e Comércio (MDIC), Conselho Nacional de Metrologia, Normalização e Qualidade Industrial (CONMETRO). **Diário Oficial da União**, 21 de outubro de 1988, Seção 1, p. 20524.

BRASIL – CONMETRO/MDIC, Resolução n. 4 (2012), de 5 de dezembro de 2012. *Revoga Resoluções do Conmetro por caducidade do tema ou por já estarem integralmente implementadas.* Ministério do Desenvolvimento, Indústria e Comércio (MDIC), Conselho Nacional de Metrologia, Normalização e Qualidade Industrial (CONMETRO). **Diário Oficial da União**, 27 de dezembro de 2012, Seção 1, p. 256.

BRASIL – INMETRO (Instituto Nacional de Metrologia, Normatização e Qualidade Industrial). **SI – Sistema Internacional de Unidades**. 8. ed. (revisada). Rio de Janeiro: INMETRO – Instituto Nacional de Metrologia, Normalização e Qualidade Industrial, 2007. 114 p.

BRASSEUR, G. P.; ORLANDO, J. J.; TYNDALL, G. S. **Atmospheric chemistry and global change**. Oxford (England): Oxford University Press, 1999. 654 p.

BRAVERMAN, J. B. S. **Introducción a la bioquímica de los alimentos**. Traducción de Bernabé Sanz Pérez y Justino Burgos González. Barcelona: Ediciones Omega, 1967. p. 355.

BRIMBLECOMBE, P. **Air composition & chemistry**. 2. ed. Cambridge (UK): Cambridge University Press, 1996. 253 p.

BRUM, G.; McKANE, L.; KARP, G. **Biology exploring life**. Second edition. New York: John Wiley & Sons, 1994. 1030 p.

CARDOSO, M. Panspermia. Disponível em: <http://www.infoescola.com/biologia/panspermia/>. Acessado em: 08 de março de 2015.

COTTON, F. A.; WILKINSON, G. **Química inorgânica**. Tradução de Horácio Macedo. Rio de Janeiro: LTC, 1978. 601 p.

COTTON, F. A.; WILKINSON, G.; MURILLO, C. A.; BOCHMANN, M. **Advanced inorganic chemistry**. 6. ed. New York: John Wiley, 1999. 1355 p.

DODD, J. S. [Editor]. **The ACS Style Guide** – *A Manual for authors and editors*. Washington: American Chemical Society, 1986. 264 p.

ESTEVES, F. A. **Fundamentos de limnologia**. Rio de Janeiro, Editora Interciência, 1988. 575 p.

FARIA, C. *Galaxia*. 2015. Disponível em: <http://www.infoescola.com/astronomia/galaxia/>. Acessado em: 14 de março de 2015.

FERREIRA, A. B. H. **Novo dicionário Aurélio da língua portuguesa**. Curitiba: Positivo, 2009. 2012 p.

FINLAYSON-PITTS, B. J.; PITTS Jr., J. N. **Chemistry of the upper and lower atmosphere – Theory, experiments and applications**. London: Academic Press, 2000. 969 p.

GLASSTONE, S. **Termodinámica para químicos**. Versión española de Juan Sancho Gómes. Madrid: Aguilar S.A. de Ediciones, 1966. 637 p.

HOUGHTON, J. T.; JENKINS, G. J.; EPHRAUMS, J. J. **Climate change – The IPCC Scientific Assessment.** Cambridge: Cambridge University Press, 1991. 364 p.

HOUGHTON, J. T.; MEIRA FILHO, L. G.; CALLANDER, B. A.; HARRIS, N.; KATTENBERG, A.; MASKELL, K. [Editors]. **Climate change 1995**. Cambridge (UK): Cambridge University Press, 1998. 572 p.

HUHEEY, J. E.; KEITER, E. A.; KEITER, R. L. **Inorganic chemistry – Principles of structure and reactions**. 4. ed. New York: Harper Collins College Publishers, 1993. 964 p.

JÄRVI, S.; GOLLAN, P. J.; ARO, E. Understanding the roles of the thylakoid lumen in photosynthesis regulation. **Front. Plant Sci.** v. 4, 2013. 434 p.

KLUCEVSEK, K. *Chloroplast Structure: Chlorophyll, Stroma, Thylakoid, and Grana*. Chapter 6/Lesson 11. Disponível em: <http://education-portal.com/academy/lesson/chloroplast-structure-chlorophyll-stroma-thylakoid-and-grana.html>. Acessado em: 27 de fevereiro de 2015.

LANGE's HANDBOOK OF CHEMISTRY. 50th Edition. New York: MacGraw-Hill, 1999.

LAS CASAS, 2001. *A Via-láctea*. 02 de agosto de 2001. Disponível em: <http://www.observatorio.ufmg.br/pas32.htm>. Acessado em: 15 de março de 2015.

LENZI, E.; FAVERO, L. O. B.; LUCHESE, E. B. **Introdução à Química da Água – Ciência, vida e sobrevivência**. Rio de Janeiro: LTC, 2009. 604 p.

LIDE, D. R. [Editor-in-Chief]. **Handbook of Chemistry and Physics**. 77th Edition. Boca Raton, Florida (USA): CRC Press (Chemical Rubber Publishing Company), 1996.

LIMA, C. *Clube de Roma debate futuro do planeta há quatro décadas*. 16 de março de 2012. Disponível em: <http://puc-rio-digital.com.puc-rio.br/Jornal/Meio-Ambiente/Clube-de-Roma-debate-futuro-do-planeta-ha-quatro-decadas-12080.html#.VO3QZ01ASUk>. Acessado em: 25 de fevereiro de 2015.

MALAVOLTA, E. **Elementos de nutrição mineral de plantas**. São Paulo: Editora Agronômica Ceres, 1980. 251 p.

MALAVOLTA, E. **Manual de química agrícola, adubos e adubação**. 3. ed. São Paulo: Editora Agronômica Ceres, 1981. 596 p.

MANAHAN, S. E. **Environmental chemistry**, 6. ed. Boca Raton, Florida (EUA): Lewis Publishers, 1994. 811 p.

MORRISON, R. T.; BOYD, R. N. **Química orgânica**. Tradução de M. Alves da Silva. São Paulo: Edições Cardoso, 1961. 1057 p.

MULLEN, L. The enduring mystery of life's origin. February 05, 2009. Disponível em: <http://www.space.com/3511-enduring-mystery-life-origin.html>. Acessado em: 10 de março de 2015.

NUNES NETO, N. F.; LIMA-TAVARES, M.; EL-HANI, C. N. *Teoria Gaia: de ideia pseudocientífica a teoria respeitável*. Atualizada em 10 de novembro de 2005. Disponível em: <http://www.comciencia.br/reportagens/2005/11/08.shtml>. Acessado em: 10 de março de 2015.

OLIVEIRA FILHO, K. S.; SARAIVA, M. F. O. **Astronomia & astrofísica**. 2. ed. São Paulo: Editora e Livraria de Física, 2004. 557 p.

PANKOW, J. F. **Aquatic chemistry concepts**. Chelsea, Michigan (EUA): Lewis Publishers, 1991. 673 p.

PATRICK, F. *Via Láctea – A nossa Galáxia*. 09 de outubro de 2013. Disponível em: <http://www.siteastronomia.com/tag/galaxias-2>. Acessado em: 14 de março de 2015.

PERRY, R.; SLATER, D. H. *Poluição do ar*. In: BENN, F. R.; McAULIFFE, C. A. **Química e poluição**. Tradução de Luiz R. M. Pitombo e Sérgio Massaro. São Paulo: Editora da Universidade de São Paulo, 1981. 134 p.

PETERS, D. G.; HAYES, J. M.; HIEFTJE, G. M. **Chemical separations and measurements**. EUA: W. B. Saunders Company, 1974. 749 p.

PHOTOSYNTESIS. 2015. Disponível em: <http://phototroph.blogspot.com.br/2006/12/chloroplast.html>. Acessado em: 20 de fevereiro de 2015.

PLANETA, 2015. Planeta Terra. 2015. Disponível em: <http://www.suapesquisa.com/geografia/planeta_terra.htm>. Acessado em: 11 de março de 2015

PLANETAS, 2012a. *Planetas gasosos*. 02 de maio de 2012. Disponível em: <http://www.planetariodorio.com.br/bloguinho/index.php?option=com_k2&view=item&id=294:planetas-gasosos&Itemid=207>. Acessado em: 15 de março de 2015.

PLANETAS, 2012b. *Planetas Rochosos*. 02 de abril de 2012. Disponível em: <http://www.planetariodorio.com.br/bloguinho/index.php?option=com_k2&view=item&id=272:planetas-rochosos&Itemid=207>. Acessado em: 15 de março de 2015.

PLANETAS, 2015a. *Planetas gasosos*. 2015. Disponível em: <http://www.galeriadometgeorito.com/p/planetas-gasosos-ou-gigantes-gasosos.html#.VQQm801ASUk>. Acessado em: 15 de março de 2015.

PLANETAS, 2015b. *Planetas rochosos*. 2015. Disponível em: <http://www.galeriadometiorito.com/p/planetas-rochosos.html#.VQQi-01ASUk>. Acessado em: 15 de março de 2015.

POLING, B. E.; PRAUSNITZ, J. M.; O'CONNELL, J. P. **The properties of gases and liquids**. 5th Edition. New York: McGraw-Hill Professional, 2001. 768 p.

SANTANA, A. S. *Via-Láctea*. 2015. Disponível em: <http://www.infoescola.com/astronomia/via-lactea/>. Acessado em: 15 de março de 2015.

SCHELP, D. A melhor amiga do homem. **Revista VEJA**. Edição n. 2117, 17 de junho de 2009. p. 90-92.

SCHWARTZ, S. E.; WARNECK, P. Units for use in atmospheric chemistry (IUPAC Recommendations, 1995). **Pure & Applied Chemistry**, vol. 67, n. 8/9, p. 1377-1406. 1995.

SETI, 2015. Disponível em: <http://www.seti.org/>. Acesso em: 02 de março de 2015.

SILVA, M. S.; NISHIDA, S. M. Vida primitiva: como teriam surgido os primeiros organismos vivos. Sem data de publicação. Disponível em: <http://www.museuescola.ibb.unesp.br/subtopico.php?id=6&pag=48&num=1>. Acessado em: 5 de março de 2015.

SILVERSTEIN, R. M.; BASSLER, G. C. **Spectrometric identification of organic compounds**. Second Edition. New York: John Wiley & Sons, 1967. 256 p.

SITCHIN, Z. **O 12º Planeta: Livro I das crônicas da terra**. Tradução de Teodoro Lorent. São Paulo: Madras Editora, 2013. 416 p.

STUMM, W.; MORGAN, J. J. **Aquatic chemistry – *An introduction emphasizing chemical equilibria in natural waters***. New York (EUA): John Wiley, 1996. 780 p.

THYLAKOID, 2015. Disponível em: <http://en.wikipedia.org/wiki/Thylakoid>. Acessado em: 18 de fevereiro de 2015.

VAN RAIJ, B. **Fertilidade do solo e adubação**. São Paulo: Editora Agronômica Ceres e Associação Brasileira para a Pesquisa da Potassa e do Fosfato (Piracicaba), 1991. 343 p.

vanLOON, G. W.; DUFFY, S. J. **Environmental chemistry – a global perspective**. New York: Oxford University Press, 2001. 492 p.

Von DÄNIKEN, E. **Eram os deuses astronautas**. São Paulo: Editora Melhoramentos, 2011. 200 p.

WIKIPEDIA, 2015a. *Galaxia*. 2015. Disponível em: <http://pt.wikipedia.org/wiki/Gal%C3%A1xia>. Acessado em: 14 de março de 2015.

WIKIPEDIA, 2015b. Via-Láctea. 2015. Disponível em: <http://pt.wikipedia.org/wiki/Via_L%C3%A1ctea>. Acessado em: 14 de março de 2015.

WIKIPEDIA, 2015c. *Sistema solar*. 2015. Disponível em: <http://pt.wikipedia.org/wiki/Sistema_Solar>. Acessado em: 14 de março de 2015.

WIKIPEDIA, 2015d. *Terra*. 2015. Disponível em: <http://pt.wikipedia.org/wiki/Terra>. Acessado em: 10 de março de 2015.

WIKIPEDIA, 2015e. *Lua*. 2015. Disponível em: <http://pt.wikipedia.org/wiki/Lua>. Acessado em: 15 de março de 2015.

WIKIPEDIA, 2015f. *Sol*. 2015. Disponível em: <http://pt.wikipedia.org/wiki/Sol>. Acessado em: 16 de março de 2015.

***Sites* eletrônicos** – Em qualquer *site de busca eletrônica*, mediante *palavras-chave*, o leitor ou o pesquisador terá em mãos o material (tabelas, figuras, textos etc.) que deseja consultar.

PARTE V
ASPECTOS LEGAIS DA QUÍMICA DA ATMOSFERA

O ar é essencial para o homem vermelho, pois todas as coisas compartilham do mesmo sopro — o animal, o homem, todos compartilham o mesmo sopro. Parece que o homem branco não sente o ar que respira. (...) Se lhe vendermos nossa terra, vocês devem mantê-la intacta e sagrada, como um lugar onde até mesmo o homem branco possa saborear o vento açucarado pelas flores dos prados. (...) Ensinem às suas crianças o que ensinamos às nossas, que a terra é nossa mãe.

Trecho da *Carta do Cacique Seattle*, 1854.

CAPÍTULO 14

Atmosfera: Preocupação da Sociedade e Legislação Pertinente

14.1 Introdução

14.2 Preocupação da Humanidade
    14.2.1 Aspectos gerais
    14.2.2 Esforços da sociedade na conscientização do problema

14.3 Normalizações Nacionais
    14.3.1 Política nacional do meio ambiente
    14.3.2 Normalizações próprias relacionadas com a atmosfera

14.4 Tentativas Globais ou Internacionais para a Proteção da Atmosfera

14.5 Referências Bibliográficas e Sugestões para Leitura

14.1 Introdução

O ser humano reflete em seu comportamento os interesses mais profundos do seu ego. Ao viver em comunidades, forma grupos, instituições, associações, com os mais variados objetivos e interesses. A convivência pacífica do indivíduo, do grupo, da associação em sociedade exige normas, regras, enfim, leis, para que o direito de todos, bem como o dever de cada um para com todos, seja garantido.

A *Nação* é a unidade básica dos agrupamentos antrópicos que povoam a Terra. É formada de indivíduos de mesma origem (em geral), mesma língua, mesmos costumes, tradições, história, ambições, agrupados em sociedades, instituições etc., com as mais diversas finalidades e interesses. A Nação, por sua vez, pode estar dividida em regiões administrativas: *Estados* e *Municípios*.

Hoje, a atividade antrópica tem efeitos e consequências que extrapolam os limites da Nação. Por isto, foi criada a Organização das Nações Unidas, a ONU, em cujas finalidades encontram-se os esforços conjuntos das Nações para uma convivência pacífica, respeitosa e construtiva entre todos os povos e os cuidados conjuntos para preservar o planeta Terra.

Tratando de meio ambiente, um dos primeiros esforços globais da ONU foi a Assembleia Geral (Conferência) das Nações Unidas, realizada em Estocolmo, de 05 a 16 de junho de 1972, a qual foi concluída com a "Declaração sobre o Ambiente Humano" (*Anexo 5*), constituída de uma visão global, na forma de princípios para servir de orientação à humanidade na preservação e melhoria do ambiente humano.

Desta forma, pode-se dividir o estudo das Orientações e Normalizações Ambientais da Atmosfera em dois níveis: o nível regional ou nacional e nível global ou internacional. Nos últimos anos, as preocupações globais (internacionais) para a atmosfera ou o próprio ambiente se tornaram quase que obrigatoriamente preocupações regionais (nacionais). Algumas vezes por conscientização do problema ambiental; outras, motivadas pelo estímulo global na obtenção de recursos, aprovação de projetos e mesmo direitos internacionais (Gouvello, 2010).

380 Capítulo Quatorze

Uma Nação sob os mais variados regimes (democráticos e não democráticos, monárquicos e republicanos etc.) quase sempre se apresenta na forma de uma União ou uma Federação de Estados, constituídos por unidades – células administrativas denominadas Municípios. Desta forma, surgem as Leis, Decretos, Normalizações etc. Federais, Estaduais e Municipais.

A Lei maior é a Constituição da Federação, no caso do Brasil, a Constituição da República Federativa do Brasil. A Constituição aborda aspectos gerais, que, depois, são detalhados em Leis, Normalizações próprias, mais específicas. A Constituição Brasileira reservou o Capítulo V ao Meio Ambiente, no qual o *caput* do Artigo 225 diz:

> Art. 225. Todos têm direito ao meio ambiente ecologicamente equilibrado, bem de uso comum do povo e essencial à sadia qualidade de vida, impondo-se ao Poder Público e à coletividade o dever de defendê-lo e preservá-lo para as presentes e futuras gerações.

Existem assuntos cuja legislação é competência apenas da União, por exemplo: águas, energia, informática e radiodifusão (Art. 22 da Constituição Federal). Existem assuntos de competência concorrente e suplementar entre União, Estado e Município (Art. 24 da Constituição Federal), como é o caso do Meio Ambiente.

Os fenômenos globais atmosféricos que nos últimos anos tomaram vulto, preocuparam e preocupam a humanidade são: o *efeito estufa*, a *depleção* (buraco) *do ozônio* e *materiais radioativos*. Os fenômenos atmosféricos regionais que rondam a sociedade são: a *chuva ácida*, o *smog fotoquímico*, contaminação por *materiais tóxicos e radioativos*. É claro que estes fenômenos são causados por substâncias, agentes, elementos emitidos por fontes de origem antrópica.

Para efeito de ordem didática, separa-se e estuda-se a *atmosfera*; contudo, ela faz parte de um todo denominado *biosfera*, na qual há um *estado* de equilíbrio dinâmico, que, acionado por algum fator, reage para compensar a ação deste fator. Por exemplo, a derrubada, ou a submersão pela água, ou a queimada de uma floresta interfere na atmosfera (Soares & Higuchi, 2006). Contudo, a emissão descontrolada de gases que atuam no efeito estufa, em geral, continua como a ação primária responsável e que necessita de controle.

A nível global (internacional) e regional (nacional), as fontes de emissões poluidoras da atmosfera podem ser classificadas quanto ao princípio da formação dos agentes poluidores, em:

- fontes baseadas em reações de combustão de materiais fósseis e biorrenováveis;
- fontes baseadas em reações nucleares;
- fontes baseadas na produção de materiais necessários ao conforto da sociedade moderna, por exemplo, os CFCs.

Entre as fontes baseadas em reações de combustão de materiais fósseis e biorrenováveis podem-se distinguir:

- fontes fixas de emissões poluidoras (fornalhas, fornos, combustões controladas) consumidoras de combustíveis fósseis (carvão, óleo diesel, gasolina, entre outros) e combustíveis biorrenováveis (lenha, carvão de lenha, álcool, óleos vegetais etc.);
- fontes *móveis* de emissões poluidoras (motores tipo Otto e/ou Diesel de máquinas pesadas, carros pesados e leves, motos etc.) consumidoras de combustíveis fósseis e biorrenováveis (gasolina, óleo diesel, álcool e outros);
- fontes acidentais de emissões poluidoras, incêndios dos mais variados tipos.

Entre os produtos poluidores emitidos para a atmosfera por estas fontes encontram-se: particulados; gás carbônico, CO_2; dióxido de enxofre, SO_2; óxidos de nitrogênio, NO_x ($NO + NO_2$); hidrocarbonetos, HC; compostos orgânicos voláteis, COV; entre outros.

As normalizações, sejam de caráter global (internacional) ou regional (nacional), versam e versarão sobre o controle das emissões e respectivas fontes, conforme será visto.

A *Comissão Mista Permanente sobre Mudanças Climáticas* – CMMC apresentou a *Legislação Brasileira sobre Mudanças Climáticas*, CMMC, 2013, conforme se verá à frente.

A atmosfera, a hidrosfera e a geosfera (crosta terrestre) são os componentes da biosfera. Nelas encontram-se as condições necessárias à vida, seja para a manutenção ou para a sustentação. Para cuidar de um, necessita-se cuidar de todos ao mesmo tempo: o *Meio Ambiente*.

Também não se pode esquecer de que a mera supressão das emissões implica a supressão de postos de trabalho (ou desemprego), elevação do custo de energia, e outros problemas. Por isto, muitos países estão reticentes em se comprometer com a redução imediata da emissão dos gases de efeito estufa. Apresentam planos atingíveis a longo prazo.

Hoje, pode-se afirmar que existem metodologias que, adaptadas nas fontes emissoras, podem reduzir estas emissões comprometedoras.

14.2 Preocupação da Humanidade

14.2.1 Aspectos gerais

Conforme citado em diversos pontos desta obra, o crescimento demográfico, com suas necessidades inerentes, tem "acionado" os equilíbrios naturais que a própria Natureza estabeleceu ao longo dos tempos e os administrava naturalmente.

Entre essas "necessidades inerentes", têm-se:

- *Comida* – e para isso, são requeridos:
  - mais terras aráveis utilizadas na agricultura e pecuária, tendo como consequência a derrubada de florestas, utilização de brejos, encostas das montanhas etc.;
  - aumento da fertilidade do solo e da produção, como consequência da utilização de fertilizantes, espécies modificadas geneticamente etc.
- *Moradia* e *necessidades pessoais* (roupa, material de limpeza etc.).
- *Energia de diversos tipos* – e para isso, são requeridos:
  - mais lenha, mais carvão, mais gás combustível descartando para a atmosfera poluentes dos mais diversos tipos;
  - mais energia elétrica, que dependendo da forma de geração precisa de mais terras inundadas, limitando fronteiras agropecuárias.
- *Transporte* dos mais variados tipos.
- Água para beber, higiene, irrigação.
- *Sistema industrial* cada dia mais aperfeiçoado. O semeador foi substituído pela máquina; o bancário foi substituído pelo caixa eletrônico; a lavadeira de roupa foi substituída pela máquina; o cavalo foi substituído pelo automóvel; a escada foi substituída pelo elevador e assim por diante.
- *Bem-estar* de modo geral. Quanto maior o nível de bem-estar, maior é o consumo de "necessidades" e das diferentes formas de energia.

Os *sábios equilíbrios dinâmicos* estabelecidos naturalmente foram acionados e se estabeleceram em novas condições, conforme o Princípio de Le Châtelier. Por exemplo, a Temperatura Média Global da Superfície da Terra começou a elevar-se, provocando efeitos nefastos se não controlada.

A preocupação crescente da sociedade humana está estampada no aumento das orientações e da legislação tanto em *nível global* quanto em *nível regional*, conforme se verá. As consequências dos impactos ambientais atmosféricos são mais difíceis de serem detectadas e controladas, e afetam a todos de forma implacável. Recomenda-se ao leitor acessar via *internet* a reportagem "Níveis de CO_2 dão um salto sem precedentes" publicada pelo jornal *Folha de São Paulo* há mais de dez anos, em 12 de outubro de 2004.

A Figura 14.1 (A) mostra o aumento da concentração do gás carbônico na atmosfera nas últimas décadas. Não há como negar seu aumento. Apesar de altos e baixos, a *Linha de Tendência* (LT) do conjunto de dados é aumentar cada vez mais.

Aqui, trata-se de uma *conclusão* e não de uma *discussão*, contudo, é bom lembrar que o gás carbônico produzido na natureza e seu respectivo consumo, com o que sobrava na atmosfera, ou seja, o seu balanço, foi afetado nos últimos anos.

Os dados experimentais comprovam o fato. Porém, existem outros gases que também incrementaram sua concentração na atmosfera, todos de origem natural, mas podendo ser de natureza antrópica. Por exemplo: metano, $CH_{4(g)}$; óxido nitroso, $N_2O_{(g)}$; compostos orgânicos fluorclorados, CFCs. Todos esses gases estão envolvidos no efeito estufa.

A atmosfera reflete a vida que acontece na biosfera. O aumento demográfico exigindo mais comida, mais energia, mais conforto (roupa, casa, transporte, espaço etc.), reflete-se nos métodos de obtenção que geram além do normal estes gases de *efeito estufa*.

Conforme dito aqui, trata-se de uma *conclusão*, não de uma *discussão*, porém cabe um detalhe para entender melhor a conclusão. Pergunta-se: qual era a frota de carros em 1900 e em 2000?

O efeito estufa é benéfico para a superfície da Terra, porém, parece que está descontrolado.

A Figura 14.1 (B) apresenta as medidas das variações da Temperatura Global Média (ΔT), tendo como nível zero (0) a Temperatura Global Média de 15 °C. Pela Figura 14.1 (B), observa-se que a partir do ano

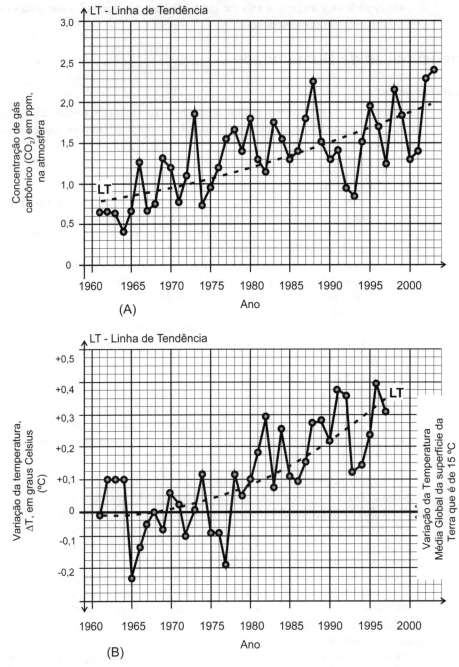

Figura 14.1 Comportamento da concentração de gás carbônico (CO_2) na atmosfera e variação da Temperatura Média Global da Superfície da Terra: (A) visualização do aumento da concentração do $CO_{2(g)}$ na atmosfera; (B) Variação da Temperatura Média Global da Superfície da Terra, em relação ao valor médio de 15 °C, considerado nível zero (0). Fonte: Baird, 2002; vanLoon & Duffy, 2001; Finlayson-Pitts & Pitts, 2000; Baird, 1999; Brasseur *et al.*, 1999; Houghton *et al.*, 1998; Kemp, 1998; Brimblecombe, 1996; Manahan, 1994.

de 1978 sempre foi positiva, ou seja, a Temperatura Média Global da superfície da Terra sempre foi maior que 15 °C.

A Figura 14.2 apresenta a *análise estatística da correlação* do crescimento da concentração de $CO_{2(g)}$ na atmosfera (variável Y) com a variação da Temperatura Média Global da superfície da Terra (variável X). No nível de 5% de confiança da análise, há correlação positiva entre as duas variáveis.

A Natureza, por meio dos seus processos naturais de produção, estocagem e consumo destes gases, manteve seu equilíbrio em um patamar adequado à vida. Com a intensificação da ação antrópica, o desequilíbrio começou a aparecer, provocando aumento do aquecimento médio global.

14.2.2 Esforços da sociedade na conscientização do problema

A partir da segunda metade do século passado (1900-2000), os homens responsáveis em termos de Ciência, Política, Religião, Poder, Riqueza, entre outros aspectos, começaram a se preocupar com o problema ambiental e a atividade antrópica.

1968 – Foi fundado o *Clube de Roma*, em abril de 1968. Composto de personalidades de nível mundial, começou a debater assuntos relacionados com ambiente, política econômica e política internacional.

1972 – Foi publicado o relatório "The Limits to Grouth" (Os Limites de Crescimento), de autoria de uma equipe altamente qualificada do MIT (Massachusetts Institute of Technology – Estados Unidos), chefiada por Donella Meadows, por solicitação do Clube de Roma.

1972 – A Assembleia Geral (Conferência) das Nações Unidas, reunida em Estocolmo de 5 a 16 de junho de 1972, publicou a "Declaração sobre o Ambiente Humano" (*Anexo 5*), constituída de uma visão global na forma de princípios para servir de orientação à humanidade na preservação e melhoria do ambiente humano.

1980 – Publicação do "Relatório Brandt", em julho de 1980, com o título "Norte-Sul: um programa para a sobrevivência". O trabalho decorreu dos estudos da Comissão Independente sobre Questões de Desenvolvimento Internacional, chefiada pelo ex-chanceler alemão Willy Brandt. O documento propôs medidas que diminuíssem a crescente assimetria econômica entre países ricos do Hemisfério Norte e pobres do Hemisfério Sul.

1983 – Assinatura do Protocolo de Helsinque sobre a Qualidade do Ar (Organização da Nações Unidas – ONU).

1983 – Criação pela Assembleia Geral da ONU da Comissão Mundial sobre o Meio Ambiente e Desenvolvimento (CMMAD), sob a Presidência de Gro Harlem Brundtlant, na época Primeira-Ministra da Noruega, e Mansour Khalid. A Comissão foi criada 11 anos após a Conferência de Estocolmo, com a finalidade de avaliar os seus resultados.

1985 – Foi realizada a Convenção de Viena para a proteção da camada de ozônio, gerando o Protocolo de Viena (*Anexo 6*).

1987 – Foi apresentado o "Relatório Brundtland" intitulado *Our Common Future* (Nosso Futuro Comum). Neste documento, aparece explicitamente a expressão "o desenvolvimento sustentável", que é concebido como "*o desenvolvimento que satisfaz as necessidades presentes, sem comprometer a capacidade das gerações futuras de suprir suas próprias necessidades*".

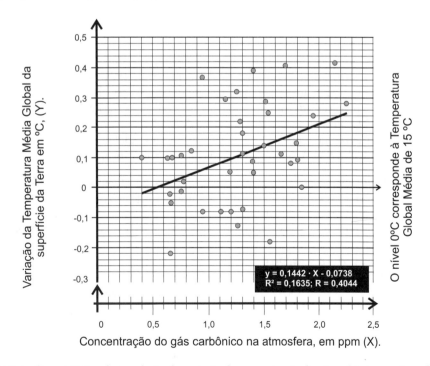

Figura 14.2 Análise estatística da correlação da variação da concentração do gás carbônico na atmosfera com a respectiva variação da Temperatura Média Global da superfície da Terra. Fonte: Costa Neto, 1997; Miller & Miller, 1988; Spiegel, 1972; Vuolo, 1992.

No mesmo relatório foi preconizado o estabelecimento de um novo consenso de segurança; assim diz o Relatório:

"Não haverá paz global sem direitos humanos, desenvolvimento sustentável e redução das distâncias entre os ricos e os pobres. Nosso Futuro Comum depende do entendimento e do senso de responsabilidade em relação ao direito de oportunidade para todos."

1987 – A partir de 16 de setembro de 1987 o *Protocolo de Montreal sobre substâncias que empobrecem a camada de ozônio (Anexo 7)* ficou à disposição para a respectiva assinatura. É um tratado internacional em que os países signatários comprometem-se a substituir as substâncias que demonstrarem estar reagindo com o ozônio (O_3) na parte superior da estratosfera. O tratado esteve aberto para adesões a partir de 16 de setembro de 1987 e entrou em vigor em 1º de janeiro de 1989. Teve adesão de 150 países e foi revisado em 1990, 1992, 1995, 1997 e 1999. Em comemoração, a ONU declarou a data de 16 de setembro como o *Dia Internacional para a Preservação da Camada de Ozônio*.

Observa-se que a ONU, baseada nos anseios da sociedade (Científica, Governamental, Não governamental, meramente Civil etc.) já mais consciente dos problemas globais, começou a organizar conferências para tratar de assuntos globais generalizados e outros mais específicos.

I - Conferências Globais da ONU em assuntos generalizados.

Na Natureza, qualquer assunto, quase sempre, está interligado com os demais. Assim, surge a necessidade destas conferências. Pode-se afirmar que a Assembleia Geral da ONU de Estocolmo, realizada em 1972, da qual surgiu o documento "Declaração sobre o Ambiente Humano" (*Anexo 5*) foi um dos primeiros esforços.

A partir de meados da década de 1980, foi preparada a Conferência da "Cúpula da Terra", realizada em 1992, na cidade do Rio de Janeiro, conforme segue.

1992 – Foi realizada a Conferência das Nações Unidas sobre o Meio Ambiente e Desenvolvimento, que ficou conhecida como a "Cúpula da Terra", "Rio-92" ou "Eco-92". Após a Conferência, a ideia de *Desenvolvimento Sustentável* ganhou vida própria, impondo-se nas deliberações de organismos, desde Conselhos Municipais a Organizações Internacionais.

Da Conferência Rio-92 surgiram os seguintes documentos:

- *Declaração do Rio sobre Meio Ambiente e Desenvolvimento* – Possui 27 princípios para guiar os países nas suas políticas de *desenvolvimento sustentável*.
- *Agenda 21* – Programa de transição para o desenvolvimento sustentável inspirado no Relatório Brundtland. Com 40 capítulos, tem sua execução monitorada pela Comissão sobre Desenvolvimento Sustentável da ONU (CDS).
- *Convenção-Quadro das Nações Unidas sobre a Mudança do Clima (CQNUMC)* – Disponível para assinaturas na Eco-92, vigora desde março de 1994. Reconhece que o sistema climático pode ser afetado por atividades humanas – industriais, agrícolas e o desmatamento, entre outras.
- *Convenção das Nações Unidas sobre Diversidade Biológica (CDB)* – Aberta para assinatura na Rio-92, começou a valer em dezembro de 1993.
- *Convenção sobre Combate à Desertificação* – Adotada em junho de 1994, fruto de uma solicitação da Rio-92 à Assembleia Geral da ONU, entrou em vigor em dezembro de 1996.

Finalmente, tanto da parte dos países desenvolvidos quanto da parte dos em desenvolvimento houve o comprometimento de modificarem seus modelos de produção a fim de diminuir os impactos ambientais e mitigar as mudanças climáticas.

Ainda no quadro das Conferências Globais da ONU em aspectos gerais, em 24 de dezembro de 2009 a ONU convocou oficialmente a Conferência da ONU denominada Conferência Rio+20 para se realizar em 2012, isto é, 20 anos depois da Rio-92.

2012 – Foi realizada, de 13 a 22 de junho de 2012, na cidade do Rio de Janeiro, a *Conferência das Nações Unidas sobre o Desenvolvimento Sustentável*. O objetivo da Conferência foi a revisão e renovação do compromisso político com o *desenvolvimento sustentavel*.

A Rio+20 foi realizada em três momentos: nos primeiros dias, 13 a 15 de junho, aconteceu a *III Reunião do Comitê Preparatório*; entre os dias 16 a 19 de junho foram programados os *Diálogos para o Desenvolvimento Sustentável*; entre os dias 20 a 22 de junho foi realizado o *Segmento de Alto Nível da Conferência*, em que houve a participação dos Chefes de Estado e de Governo dos países-membros das Nações Unidas.

II - Conferências Globais da ONU em Mudança do Clima.

Após, a Conferência Rio-92, a ONU, no tocante à sua parte, procurou cumprir as metas que foram colocadas na Conferência. Assim, sistematicamente a ONU reúne a Conferência das Partes (COP).

A seguir, são colocados o ano, a cidade e algumas palavras da respectiva Conferência das Partes (COP). Mais detalhes podem ser encontrados mediante a busca do assunto, via *internet*. Veja, por exemplo, o *site*: <http://www.terra.com.br/noticias/ciencia/infograficos/cops/>.

1995 – Berlim, Alemanha – COP-1

A primeira Conferência das Partes na Convenção-Quadro das Nações Unidas sobre Mudança do Clima (COP-1) ocorreu no período de 28 de março a 7 de abril de 1995, em Berlim, Alemanha. Nela, deu-se início o processo de negociação de metas e prazos específicos para a redução de emissões de gases de efeito estufa pelos países desenvolvidos.

1996 – Genebra, Suíça – COP-2

De 9 a 19 de julho de 1996 foi realizada em Genebra, Suíça, a segunda Conferência das Partes na Convenção-Quadro das Nações Unidas sobre Mudança do Clima. Foi na COP-2, por meio da *Declaração de Genebra*, que as partes decidiram pela criação de obrigações legais de metas de redução.

1997 – Kyoto, Japão – COP-3

A terceira Conferência das Partes na Convenção-Quadro das Nações Unidas sobre Mudança do Clima (COP-3) ocorreu no período de 1º a 10 de dezembro de 1997 em Kyoto, Japão. No encontro foi adotado o *Protocolo de Kyoto* (*Anexo 8*).

1998 – Buenos Aires, Argentina – COP-4

De 2 a 13 de novembro de 1998, foi realizada em Buenos Aires, Argentina, a quarta Conferência das Partes na Convenção-Quadro das Nações Unidas sobre Mudança do Clima (COP-4). A reunião centrou esforços na implementação e ratificação do Protocolo de Kyoto, adotado na COP-3.

1999 – Bonn, Alemanha – COP-5

A quinta COP foi realizada em Bonn, Alemanha, no período de 25 de outubro a 5 de novembro de 1999 (COP-5). O encontro teve como destaque a execução do Plano de Ações de Buenos Aires e as discussões sobre LULUCF (sigla em inglês para Land Use, Land-Use Change and Forestry; atividades que promovem a remoção de gás carbônico da atmosfera, ou seja, florestamento e reflorestamento).

2000 – Haia, Países Baixos – COP-6 (Primeira Parte)

A sexta Conferência das Partes na Convenção-Quadro das Nações Unidas sobre Mudança do Clima – Parte I (COP-6) foi realizada no período de 13 a 24 de novembro de 2000, em Haia, Países Baixos. O encontro foi uma amostra da dificuldade de consenso em torno das questões de mitigação.

2001 – Bonn, Alemanha – COP-6 (Segunda Parte)

No período de 16 a 27 de julho de 2001, foi realizada em Bonn, Alemanha, a segunda parte da sexta Conferência das Partes na Convenção-Quadro das Nações Unidas sobre Mudança do Clima (COP-6).

2001 – Marraquexe, Marrocos – COP-7

A COP-7 foi realizada no período de 29 de outubro a 9 de novembro de 2001, em Marraquexe, Marrocos.

2002 – Nova Déli, Índia – COP-8

No período de 23 de outubro a 1º de novembro de 2002, foi realizada em Nova Déli, Índia, a oitava Conferência das Partes na Convenção-Quadro das Nações Unidas sobre Mudança do Clima (COP-8). No mesmo ano da Cúpula Mundial sobre Desenvolvimento Sustentável (Rio+10), tem-se início a discussão sobre uso de fontes renováveis na matriz energética das Partes.

2003 – Milão, Itália – COP-9

A nona Conferência das Partes na Convenção-Quadro das Nações Unidas sobre Mudança do Clima (COP-9) ocorreu de 1º a 12 de dezembro de 2003, em Milão, Itália.

2004 – Buenos Aires, Argentina – COP-10

Em Buenos Aires, Argentina, ocorreu de 6 a 17 de dezembro de 2004 a 10ª Conferência das Partes da Convenção-Quadro das Nações Unidas sobre Mudança do Clima (COP-10), na qual houve a aprovação de regras para a implementação do Protocolo de Kyoto, que entrou em vigor no início do ano seguinte, após a ratificação pela Rússia.

2005 – Montreal, Canadá – COP-11

A 11ª Conferência das Partes na Convenção-Quadro das Nações Unidas sobre Mudança do Clima (COP-11) foi realizada em Montreal, Canadá, de 28 de novembro a 9 de dezembro de 2005, juntamente com a Primeira Conferência das Partes do Protocolo de Kyoto.

386 Capítulo Quatorze

2006 – Nairóbi, Quênia – COP-12

A COP-12 ocorreu no período de 6 a 17 de novembro de 2006, em Nairóbi, Quênia, tendo como principal compromisso a revisão dos prós e contras do Protocolo de Kyoto, com um esforço das 189 nações participantes de realizarem internamente processos de revisão.

2007 – Bali, Indonésia – COP-13

Em Bali, Indonésia, foi realizada a COP-13, de 3 a 15 de dezembro de 2007. A reunião estabeleceu compromissos transparentes e verificáveis para a redução de emissões causadas por desmatamento das florestas tropicais para o acordo que substituirá o Protocolo de Kyoto.

2008 – Poznan, Polônia – COP-14

No período de 1º a 12 de dezembro de 2008, ocorreu em Poznan, Polônia, a 14ª Conferência das Partes na Convenção-Quadro das Nações Unidas sobre Mudança do Clima (COP-14), na qual representantes dos governos mundiais reuniram-se para discussão de um possível *Acordo Climático Global*, uma vez que na COP-13 chegaram ao consenso de que era necessário um novo acordo.

2009 – Copenhague, Dinamarca – COP-15

Na COP-15, realizada entre 7 a 19 de dezembro de 2009, em Copenhague, Dinamarca, tentou-se buscar consenso em torno do chamado *Acordo de Copenhague* (AC). Tal feito, contudo, não foi aprovado pela totalidade dos 192 países-membros da Convenção.

2010 – Cancún, México – COP-16

A 16ª Conferência das Nações Unidas sobre Mudança do Clima (COP-16) ocorreu de 29 de novembro a 11 de dezembro de 2010, sem muitas expectativas. Contudo, uma série de acordos foram fechados. Entre eles, a criação do *Fundo Verde do Clima*, para administrar o dinheiro que os países desenvolvidos se comprometeram a contribuir para deter as mudanças climáticas – foram previstos US$ 30 bilhões para o período 2010-2012 e mais US$ 100 bilhões anuais a partir de 2020.

2011 – Durban, África do Sul – COP-17

Realizada de 28 de novembro a 11 de dezembro de 2011, a 17ª Conferência das Nações Unidas sobre Mudança do Clima (COP-17) reuniu representantes de mais de 190 países em Durban, na África do Sul.

2012 – Doha, Catar – COP-18

A 18ª Conferência das Nações Unidas para o Clima (COP-18) foi realizada de 26 de novembro a 7 de dezembro de 2012, em Doha, no Catar, com participação de representantes de 190 países.

2013 – Varsóvia, Polônia – COP-19

A grande tarefa da 19ª Conferência das Partes da Convenção-Quadro da Organização das Nações Unidas sobre Mudança do Clima (COP-19), que começou dia 11 de novembro e seguiu até 22 de novembro, em Varsóvia (Polônia), foi preparar o terreno para que a próxima grande conferência do clima, que aconteceria em Paris, em 2015, não repetisse o fiasco da COP-15 em gerar um documento legal de redução de emissões mais eficiente do que o Protocolo de Kyoto.

2014 – Lima, Peru – COP-20

No período de 1º a 12 de dezembro de 2014, em Lima, Peru, foi realizada a Conferencia das Nações Unidas sobre Mudança do Clima (COP-20). Os representantes de 190 países que integram a Convenção-Quadro das Nações Unidas sobre Mudança do Clima (UNFCCC – United Nations Frammework Convention on Climate Change) articularam por um documento que vai obrigar por força de lei seus signatários a tomar medidas para frear a elevação da temperatura global. O texto foi aprovado e assinado em 2015, na COP-21, realizada em Paris, e seu conteúdo passará a vigorar a partir de 2020.

2015 – Paris, França – COP-21

A COP-21 aconteceu em Paris, França, no período de 30 de novembro a 12 de dezembro de 2015. Gerou um documento, o Acordo de Paris, que foi aprovado pelos 195 países-membros da UNFCCC.

O objetivo da Convenção foi assegurar que o aumento da temperatura média global ficasse abaixo de 2 ºC, acima dos níveis da temperatura pré-industrial, além de as nações signatárias terem se comprometido em limitar o aumento da temperatura em 1,5 ºC, também acima dos níveis da temperatura pré-industrial. Além disso, teve como objetivo criar um fundo financeiro a ser aplicado a fim de se promover baixas emissões de gases constituintes do efeito estufa.

2016 – Marraquexe, Marrocos – COP-22

A Conferência das Nações Unidas sobre Mudanças Climáticas de 2016, a COP-22, aconteceu em Marraquexe, Marrocos, no período de 7 a 18 de novembro de 2016.

A COP-22 teve como objetivo regulamentar os detalhes a respeito do Acordo de Paris. Mais de 190 países estiveram e permanecem envolvidos neste pacto que visa conter as emissões dos gases de efeito estufa e, também, limitar o aumento da temperatura média global abaixo de 2 ºC, acima dos níveis de temperatura pré-industrial. A COP-22 representa um "ponto de partida", tendo em foco principal as regras que estabelecerão a implementação dos compromissos assumidos em Paris, que entrarão em vigor em 2020.

Conforme colocado, cada país-membro da ONU assumiu compromissos nas Conferências e estes são sistematicamente avaliados. Assim, cada país signatário do acordo cria normatizações e regras próprias para alcançar os objetivos e metas assumidos nas Assembleias Gerais.

14.3 Normalizações Nacionais

14.3.1 Política nacional do meio ambiente

A Lei nº 6.938, de 31 de agosto de 1981, dispõe sobre a *Política Nacional do Meio Ambiente*, seus fins e mecanismos de formulação e aplicação e dá outras providências. Por ter sido a Lei que deu "a partida formal" da Política Ambiental no Brasil, a mesma encontra-se transcrita no *Anexo 4*. Ela foi modificada por uma série de outras Leis, entre elas: Lei nº 7.735, de 22 de fevereiro de 1989 (extingue a SEMA e cria o Ibama); Lei nº 7.803, de 18 de julho de 1989; Lei nº 7.804, de 31 de agosto de 1989; Lei nº 8.028, de 12 de abril de 1990; Lei nº 9.960, de 28 de janeiro de 2000; Lei nº 9.966, de 28 de abril de 2000; Lei nº 10.165, de 27 de dezembro de 2000; Lei nº 11.284, de 02 de março de 2006; Lei nº 11.941, de 27 de maio de 2009; Lei Complementar nº 140, de 8 de dezembro de 2011; Lei nº 12.651, de 25 de maio de 2012; Lei nº 12.856, de 02 de setembro de 2013 e, finalmente, pela Medida Provisória nº 687, de 17 de agosto de 2015.

A estrutura funcional e hierárquica da *Política Nacional do Meio Ambiente* é apresentada no Artigo 6º da Lei nº 6.938 e deu outras providências. Assim reza o seu Art. 6º:

Art. 6º – Os órgãos e entidades da União, dos Estados, do Distrito Federal, dos Territórios e dos Municípios, bem como as fundações instituídas pelo Poder Público, responsáveis pela proteção e melhoria da qualidade ambiental, constituirão o Sistema Nacional do Meio Ambiente – SISNAMA, assim estruturado:

I - Órgão Superior: o Conselho de Governo, com a função de assessorar o Presidente da República na formulação da política nacional e nas diretrizes governamentais para o meio ambiente e os recursos ambientais; (Redação dada pela Lei nº 8.028, de 1990)

II - Órgão Consultivo e Deliberativo: o Conselho Nacional do Meio Ambiente (CONAMA), com a finalidade de assessorar, estudar e propor ao Conselho de Governo, diretrizes de políticas governamentais para o meio ambiente e os recursos naturais e deliberar, no âmbito de sua competência, sobre normas e padrões compatíveis com o meio ambiente ecologicamente equilibrado e essencial à sadia qualidade de vida; (Redação dada pela Lei nº 8.028, de 1990)

III - Órgão Central: a Secretaria do Meio Ambiente da Presidência da República, com a finalidade de planejar, coordenar, supervisionar e controlar, como órgão federal, a política nacional e as diretrizes governamentais fixadas para o meio ambiente; (Redação dada pela Lei nº 8.028, de 1990)

IV - Órgãos Executores: o Instituto Brasileiro do Meio Ambiente e dos Recursos Naturais Renováveis – Ibama, e o Instituto Chico Mendes de Conservação da Biodiversidade – Instituto Chico Mendes, com a finalidade de executar e fazer executar a política e as diretrizes governamentais fixadas para o meio ambiente, de acordo com as respectivas competências; (Redação dada pela Lei nº 12.856, de 2013)

V - Órgãos Seccionais: os órgãos ou entidades estaduais responsáveis pela execução de programas, projetos e pelo controle e fiscalização de atividades capazes de provocar a degradação ambiental; (Redação dada pela Lei nº 7.804, de 1989)

VI - Órgãos Locais: os órgãos ou entidades municipais, responsáveis pelo controle e fiscalização dessas atividades, nas suas respectivas jurisdições (Incluído pela Lei nº 7.804, de 1989).

A Lei Federal nº 9.795, de 27 de abril de 1999, dispõe sobre a educação ambiental e institui a *Política Nacional de Educação Ambiental* e dá outras providências.

Conforme o texto da carta do Cacique Seattle (1854) (*Anexo 1*) dirigida ao Presidente dos Estados Unidos da América, abordada na *Introdução* desta obra, a preocupação dele era com a educação principalmente das crianças e dos jovens, conforme segue a seguir:

[...]
Se lhe vendermos a terra, vocês devem lembrar-se de que ela é sagrada, e devem ensinar às suas crianças que ela é sagrada e que cada reflexo ...
[...]

388 Capítulo Quatorze

Se lhe vendermos nossa terra, vocês devem lembrar e ensinar a seus filhos que os rios são nossos irmãos, e seus também.

[...]

Vocês devem ensinar às suas crianças que o solo a seus pés é a cinza de nossos avós. Para que respeitem a terra, digam a seus filhos que foi enriquecida com as vidas de nosso povo. Ensinem às suas crianças o que ensinamos às nossas, que a terra é nossa mãe. Tudo o que acontecer à terra acontecerá aos filhos da terra. Se os homens cospem no solo, estão cuspindo em si mesmos.

[...]

A Lei nº 9.795, de 27 de abril de 1999, mostra que há de fato a preocupação da Nação para com a educação de todos, no sentido de cuidarmos da água, ar, solo e biota da nossa terra, ou seja, o meio ambiente. O seu Art. 1º assim reza:

Art. 1º Entendem-se por educação ambiental os processos por meio dos quais, o indivíduo e a coletividade constroem valores sociais, conhecimentos, habilidades, atitudes e competências voltadas para a conservação do meio ambiente, bem de uso comum do povo, essencial à sadia qualidade de vida e sua sustentabilidade.

A Lei Federal nº 10.165, de 27 de dezembro de 2000, dá nova redação a alguns artigos da Lei Federal nº 6.938, de 31 de agosto de 1981, e introduz novos. Entre outras coisas, introduz a *Taxa de Controle e Fiscalização Ambiental* (TCFA).

Os instrumentos legais citados referem-se, de modo geral, ao Meio Ambiente, do qual a atmosfera faz parte. Agora veremos as regulamentações mais específicas.

14.3.2 Normalizações próprias relacionadas com a atmosfera

A seguir serão citadas por ordem cronológica as principais Normatizações Nacionais que envolvem a atmosfera. Os autores recomendam aos leitores a busca de qualquer Documento de interesse, mediante um *site* eletrônico de busca de informação.

1976

A Portaria nº 231/76, do Ministério do Interior, de 27 de março de 1976, estabelece os Padrões de Qualidade do Ar. Ao longo da Portaria quantifica valores e respectivos métodos de dosagem para: Partículas em suspensão, Dióxido de enxofre, Monóxido de carbono, Oxidantes fotoquímicos.

1980

A Portaria nº 100, do Ministério do Interior, de 14 de julho de 1980, limita o aumento da quota de óleo diesel a empresas de transporte, à apresentação de Certificado do Órgão do Meio Ambiente, indicando o *índice de emissão de fumaça*.

1986

A Resolução CONAMA nº 18/86, de 06 de maio de 1986, institui o *PROCONVE – Programa de Controle da Poluição do Ar por Veículos Automotores*, bem como, a *Comissão de Acompanhamento e Avaliação do PROCONVE-CAP*. Esta Resolução foi modificada diversas vezes. Foi complementada pela Resolução CONAMA nº 8/93, ratificada pela Resolução CONAMA nº 16/93, alterada pela Resolução CONAMA nº 15/95, complementada pela Resolução CONAMA nº 282/01, alterada pela Resolução CONAMA nº 315/02, atualizada pela Resolução CONAMA nº 354/04 e alterada pela Resolução CONAMA nº 414/09.

1989

A Resolução CONAMA nº 3/89, de 15 de junho de 1989, estabelece os limites para a emissão de aldeídos presentes no gás de escapamento de veículos automotores leves do Ciclo Otto. Esta resolução foi alterada pela RESOLUÇÃO CONAMA nº 15, de 1995.

A Resolução CONAMA nº 4/89, de 15 de junho de 1989, regulamenta a emissão de hidrocarbonetos por veículos automotores leves equipados com motor a álcool.

A Resolução CONAMA nº 5/89, de 15 de junho de 1989, instituição do Programa Nacional de Controle da Qualidade do Ar (PRONAR). Foi complementada pelas Resoluções: Resolução CONAMA nº 03, de 1990; Resolução CONAMA nº 08, de 1990 e Resolução CONAMA nº 436, de 2011.

1990

A Resolução CONAMA nº 03/90, de 28 de junho de 1990, modifica os padrões de qualidade do ar e o seu monitoramento em função de novas informações científicas e técnicas.

A Resolução CONAMA nº 08/90, de 06 de dezembro de 1990, estabelece limites máximos de emissão de poluentes do ar a nível nacional para máquinas de processos de combustão externa de fontes fixas de poluentes atmosféricos.

1993

A Resolução CONAMA nº 07/93, de 31 de agosto de 1993, define as diretrizes básicas e padrões de emissão básicos e padrões de emissão para o estabelecimento de Programas de Inspeção e Manutenção de Veículos em Uso.

Resolução CONAMA nº 08/93, de 31 de agosto de 1993, estabelece limites máximos de emissão de poluentes para motores destinados a veículos pesados novos, nacionais e importados. Complementada pela Resolução nº 16, de 1995. Alterada pelas Resoluções: Resolução CONAMA nº 16, de 1994; Resolução CONAMA nº 27, de 1994; Resolução CONAMA nº 15, de 1995; Resolução CONAMA nº 17, de 1995 e Resolução CONAMA nº 241, de 1998. Complementa a Resolução CONAMA n 18, de 1986. Altera a Resolução CONAMA nº 01, de 1993. Revoga as Resoluções: Resolução CONAMA nº 04, de 1988 e Resolução CONAMA nº 10, de 1989.

A Lei nº 8.723, de 28 de outubro de 1993, dispõe sobre a redução de emissão de poluentes por veículos automotores. Esta lei foi alterada pela Lei nº 10.203, de 2001 e Lei nº 13.033, de 2014.

1994

A Resolução CONAMA nº 09/94, de 4 de maio de 1994, estabelece limites para a emissão de hidro-carbonetos e aldeídos dos veículos automotores leves e equipamentos com motor a álcool, com base em limites internacionais e de novas informações científicas e tecnológicas.

1995

O Decreto de 19 de setembro de 1995, do Vice-Presidente da República, cria o Comitê Interministerial com a finalidade de estabelecer diretrizes e coordenar as ações relativas "a proteção da camada de ozônio".

A Resolução CONAMA nº 13, de 13 de dezembro de 1995, estabelece o Ibama como controlador de toda empresa que produz, importa, exporta, comercializa e/ou utiliza Substâncias Controladas (que destroem a camada de ozônio), em quantidade superior a uma tonelada anual.

A Resolução CONAMA nº 15/95, de 13 de dezembro de 1995, estabelece normas de controle da emissão veicular de gases, material particulado e evaporativa – nova classificação dos automotores a partir de 1º de janeiro de 1996.

A Resolução CONAMA nº 16/95, de 13 de dezembro de 1995, estabelece exigência de homologação e certificação quanto ao *índice de fumaça* para veículos leves e pesados com motores novos de ciclo Diesel.

A Resolução CONAMA nº 17/95, de 13 de dezembro de 1995, ratifica níveis de ruído emitidos por veículos.

1997

A Resolução CONAMA nº 226/97, de 20 de agosto de 1997, atualiza os limites de emissão de fuligem por veículos. Esta resolução foi alterada pelas Resoluções: Resolução CONAMA nº 241, de 1998, e Resolução CONAMA nº 321, de 2003 e complementa a Resolução CONAMA nº 08, de 1993.

A Resolução CONAMA nº 230, de 22 de agosto de 1997, revoga a Resolução CONAMA nº 20/96 e dispõe sobre a proibição do uso de equipamentos que possam reduzir, nos veículos automotores, a eficácia do controle de emissão de ruídos e de poluentes atmosféricos.

1998

A Resolução CONAMA nº 242/98, de 30 de junho de 1998, estabelece limites máximos de emissão de particulados, em função do Mercosul.

1999

A Resolução CONAMA nº 256/99, de 30 de junho de 1999, estabelece normas para a inspeção de emissão de poluentes e ruídos para licenciamento de veículos automotores.

2000

O Decreto da Presidência da República s/nº, de 28 de agosto de 2000, dispõe sobre o *Fórum Brasileiro de Mudanças Climáticas* e dá outras providências.

O Decreto da Presidência da República, nº 3.515, de 28 de agosto de 2000, cria o *Fórum Brasileiro de Mudanças Climáticas* e dá outras providências.

A Resolução CONAMA nº 267/00, de 14 de setembro de 2000, proíbe a utilização das substâncias controladas e especificadas nos Anexos A e B do Protocolo de Montreal sobre substâncias que destroem a Camada de Ozônio. Esta Resolução foi alterada pela Resolução CONAMA nº 340, de 2003.

2002

A Resolução CONAMA nº 297/02, de 26 de fevereiro de 2002, estabelece limites para emissões de gases poluentes de ciclomotores, motociclos e veículos similares novos.

2003

O Decreto de 6 de março de 2003, cria o Comitê Executivo Interministerial para a Proteção da Camada de Ozônio, com a finalidade de estabelecer diretrizes e coordenar as ações relativas à proteção da Camada de Ozônio. Este Decreto revoga o Decreto de 19 de setembro de 1995.

A Resolução CONAMA nº 340/03, de 25 de setembro de 2003, dispõe sobre o uso de cilindros para o envasamento de gases que destroem a Camada de Ozônio.

A Resolução CONAMA nº 342/03, de 25 de setembro de 2003, estabelece novos limites para emissões de gases poluentes de ciclomotores, motociclos e veículos similares novos, em observância à Resolução nº 297, de 26 de fevereiro de 2002.

2006

A Resolução CONAMA nº 382, de 26 de dezembro de 2006, estabelece os limites máximos de emissão de poluentes atmosféricos para fontes fixas. Resolução complementada pela Resolução CONAMA nº 436, de 2011.

2007

Decreto da Presidência da República, nº 6.263, de 21 de novembro de 2007, institui o *Comitê Interministerial sobre Mudança Climática* (CIM) e orienta a elaboração do *Plano Nacional sobre Mudança do Clima* e dá outras providências.

2009

Resolução CONAMA nº 414, de 24 de setembro de 2009, altera a Resolução nº 18/1986 e reestrutura a *Comissão de Acompanhamento e Avaliação do PROCONVE – CAP*.

Resolução CONAMA nº 415, de 24 de setembro de 2009, altera, entre outras providências, os itens 3.3, 3.4, 3.5 e 3.7 do Anexo da Resolução nº 299/2001.

Lei nº 12.114, da Presidência da República, de 9 de dezembro de 2009, cria o *Fundo Nacional sobre Mudança do Clima*, altera os arts. 6º e 50 da Lei nº 9.478, de 6 de agosto de 1997, e dá outras providências.

Lei nº 12.187, da Presidência da República, de 29 de dezembro de 2009, institui a *Política Nacional sobre a Mudança do Clima – PNMC* é dá outras providências.

2010

Decreto da Presidência da República, nº 7.343, de 26 de outubro de 2010, regulamenta a Lei nº 12.114, de 9 de dezembro de 2009, que cria o *Fundo Nacional sobre a Mudança de Clima* – FNMC, e dá outras providências.

Decreto da Presidência da República, nº 7.390, de 9 de dezembro de 2010, regulamenta os arts. 6º, 11 e 12 da Lei nº 12.187, de 29 de dezembro de 2009, que institui a *Política Nacional sobre Mudança do Clima* – PNMC, e dá outras providências.

2011

Resolução CONAMA nº 432, de 13 de julho de 2011, complementa a Resolução nº 297, de 2002.

Resolução CONAMA nº 433, de 13 de julho de 2011, dispõe sobre a inclusão no *Programa de Controle da Poluição do Ar por veículos Automotores – PROCONVE* e estabelece limites máximos de emissão de ruídos para máquinas agrícolas e rodoviárias novas.

Resolução CONAMA nº 435, de 16 de dezembro de 2011, altera o Art. 20 e o Art. 33 da Resolução nº 418 de 2009.

Resolução CONAMA nº 436, de 22 de dezembro 2011, estabelece limites máximos de emissão de poluentes atmosféricos para fontes fixas instaladas ou com pedidos de licença de instalação anteriores a 02 de janeiro de 2007.

2012

Resolução CONAMA nº 451, de 03 de maio de 2012, altera os limites da Tabela 3 do Anexo I da Resolução nº 418, de 25 de novembro de 2009.

2017

Decreto nº 9.082, de 26 de junho de 2017, revoga o Decreto de 28 de agosto de 2000 e institui o Fórum Brasileiro de Mudança do Clima.

14.4 Tentativas Globais ou Internacionais para a Proteção da Atmosfera

Todos os Eventos citados anteriormente no item 14.2.2 – *Esforços da sociedade na conscientização do problema*, podem ser enquadrados neste momento. Em todos eles houve sempre um *Documento Final* que serviu para todas as Nações refletirem, observarem e tomarem alguma providência.

Conforme citado, a ONU sistematicamente vem fazendo Conferências Globais, tentando despertar o compromisso de cada Nação fazer a sua parte.

A seguir, serão repetidas algumas Conferências ou Assembleias da ONU em função do Documento gerado nesses eventos.

1972

Reunião de Estocolmo – A Assembleia Geral das Nações Unidas, reunida em Estocolmo, de 05 a 16 de junho de 1972, atendendo à necessidade de estabelecer uma visão global e princípios comuns, que sirvam de inspiração e orientação à humanidade, para a preservação e melhoria do ambiente, estabeleceu vinte e três princípios norteadores, publicados no Documento *Declaração sobre o Ambiente Humano* (*Anexo 5*).

1985

Protocolo de Viena – Convenção de Viena para a Proteção da Camada de Ozônio, adotada em 22 de março de 1985 (*Anexo 6*).

1987

Protocolo de Montreal – Adoção de um conjunto de medidas para promover uma cooperação internacional em matéria de investigação e desenvolvimento da ciência e tecnologia para o controle e a redução das emissões de substâncias que deterioram a camada de ozônio, tendo em conta as necessidades específicas dos países em vias de desenvolvimento (*Anexo 7*).

1992

Foi realizada a Conferência das Nações Unidas sobre o Meio Ambiente e Desenvolvimento, que ficou conhecida como a Cúpula da Terra, Rio-92 ou Eco-92. Após a Conferência, a ideia de *Desenvolvimento Sustentável* ganhou vida própria, impondo-se nas deliberações de organismos, desde Conselhos Municipais a Organizações Internacionais.

Da Conferência Rio-92 surgiram os seguintes documentos norteadores e orientadores das políticas e atividades das Nações envolvidas:

- *Declaração do Rio sobre Meio Ambiente e Desenvolvimento* – Possui 27 princípios para guiar os países nas suas políticas de desenvolvimento sustentável.
- *Agenda 21* – Programa de transição para o desenvolvimento sustentável inspirado no Relatório Brundtland. Com 40 capítulos, tem sua execução monitorada pela Comissão sobre Desenvolvimento Sustentável da ONU (CDS)

392 Capítulo Quatorze

- *Convenção-Quadro das Nações Unidas sobre a Mudança do Clima (CQNUMC)* – Disponível para assinaturas na Eco-92, vigora desde março de 1994. Reconhece que o sistema climático pode ser afetado por atividades humanas – industriais, agrícolas e o desmatamento, entre outras.
- *Convenção das Nações Unidas sobre Diversidade Biológica (CDB)* – Aberta para assinatura na Rio-92, começou a valer em dezembro de 1993.
- *Convenção sobre Combate à Desertificação* – Adotada em junho de 1994, fruto de uma solicitação da Rio-92 à Assembleia Geral da ONU, entrou em vigor em dezembro de 1996.

1997

Protocolo de Kyoto – Cerca de 10.000 delegados, observadores e jornalistas participaram desse evento de alto nível realizado em Kyoto, Japão, em dezembro de 1997. A conferência culminou na decisão por consenso de adotar-se um Protocolo segundo o qual os países industrializados reduziriam suas emissões combinadas de gases de *efeito estufa* em pelo menos 5% em relação aos níveis de 1990 até o período entre 2008 e 2012. Esse compromisso, com vinculação legal, promete reduzir uma reversão da tendência histórica de crescimento das emissões iniciadas nesses países há cerca de 150 anos (*Anexo 8*).

O assunto *redução dos gases* causadores do *efeito estufa* sempre teve problemas entre as nações que são as maiores poluidoras, pois o corte imediato provoca redução de empregos, alta da energia e problemas internos.

Hoje, a Ciência e a Tecnologia possuem a capacidade de resolver o problema da emissão de gases causadores do efeito estufa, porém, sua aplicação é cara e os lucros diminuem.

Nos Anexos, foram transcritos na íntegra os principais documentos (Leis, Resoluções, Decretos, Protocolos) de medidas de proteção ao meio ambiente; outros podem ser consultados em *sites* próprios na *internet*.

14.5 Referências Bibliográficas e Sugestões para Leitura

BAIRD, C. **Environmental chemistry**. New York: W.H. Freeman and Company, 1999. 557 p.

BAIRD, C. **Química ambiental**. 2. ed. Tradução de: Maria Angeles Lobo Recio e Luiz Carlos Marques Carrera. Porto Alegre (RS): Bookman Companhia Editora, 2002. 622 p.

BRASSEUR, G. P.; ORLANDO, J. J.; TYNDALL, G. S. **Atmospheric chemistry and global change.** Oxford: Oxford University, 1999. 654 p.

BRIMBLECOMBE, P. **Air composition & chemistry**. 2. ed. Cambridge (UK): Cambridge University Press, 1996. 253 p.

CARTA SEATTLE. Carta escrita em 1854 pelo Cacique da tribo Seattle ao Presidente dos Estados Unidos da América. A ONU (Organização das Nações Unidas), via Programa para o Meio Ambiente, após criar o dia 05 de junho como o *Dia Mundial do Meio Ambiente*, distribui a referida carta, para que a humanidade tome conhecimento.

CMMC (Comissão Mista Permanente sobre Mudanças Climáticas). **Legislação Brasileira sobre Mudanças Climáticas**. Brasília: Senado Federal, 2013. 330 p.

Coletânea de Legislação Ambiental. Edição organizada e compilada por Técnicos da Secretaria do Estado do Meio Ambiente e dos Recursos Hídricos – SEMA e da Deutsche Gesellschaft für Technische Zuzammenarbeit/GTZ (GmbH). Curitiba (PR): Instituto Ambiental do Paraná (IAP), 1996.

Coletânea de Legislação Ambiental. Edição organizada e compilada por Geraldo Luiz Farias e Márcia Cristina Lima. Curitiba (PR): Secretaria de Estado de Desenvolvimento Urbano e do Meio Ambiente – Coordenadoria de Estudos e Defesa do Meio Ambiente, 1991. 536 p.

CONSTITUIÇÃO DA REPÚBLICA FEDERATIVA DO BRASIL. 13. ed., atualizada até a Emenda Constitucional n. 9, de 9.11.1995. Organização de textos, notas remissivas e índices por Juarez de Oliveira. São Paulo: Editora Saraiva, 1996. 200 p.

COSTA NETO, P. L. O. **Estatística**. 15. Reimpressão. São Paulo: Editora Edgard Blücher, 1997. 264 p.

FINLAYSON-PITTS, B. J.; PITTS Jr., J. N. **Chemistry of the upper and lower atmosphere – Theory, experiments and applications**. London: Academic Press, 2000. 969 p.

GOUVELLO, C. **Estudo de baixo carbono para o Brasil**. Coordenadores de temas: Britaldo S. Soares Filho, André Nassar (para o uso da Terra, mudanças do uso da Terra e Florestas); Roberto Schaedffer (Energia); Fuad Jorge Alves (Transporte); João Wagner Silva Alves (Resíduos). Washington: Banco Mundial, Departamento de Desenvolvimento Sustentável, Região da América Latina e Caribe, 2010. 280 p.

HOUGHTON, J. T.; MEIRA FILHO, L. G.; CALLANDER, B. A.; HARRIS, N.; KATTNBERG, A.; MASKELL, K. [Editors]. **Climate change 1995 – The science of climate change**. Cambridge (UK): Cambridge University Press, 1998. 572 p.

JUNGSTEDT, L. O. C. **Direito Ambiental**. Rio de Janeiro: Thex Editora, 1999. 787 p.

KEMP, D. D. **Environmental dictionary**. London: Routledge, 1998. 464 p.

LEX COLETÂNEA DE LEGISLAÇÃO E JURISPRUDÊNCIA – LEGISLAÇÃO FEDERAL E MARGINÁLIA. Organizada segundo plano de Dr. Pedro Vicente Bobbio. Ano 59, 3º Trimestre de 1995. São Paulo: Lex Editora, 1995. p. 1687-1688.

LEX COLETÂNEA DE LEGISLAÇÃO E JURISPRUDÊNCIA – LEGISLAÇÃO FEDERAL E MARGINÁLIA. Organizada segundo plano de Dr. Pedro Vicente Bobbio. Agosto de 2000. São Paulo: Lex Editora, 2000. p. 4107-4109.

MANAHAN, S. E. **Environmental chemistry**. 6. ed. Boca Raton (USA): Lewis Publishers, 1994. 811, p.

MILLER, J. C.; MILLER, J. N. Basic statistical methods for analytical chemistry. Part I – Statistic of repeated measurements. **Analyst**, v. 113, p. 1351-1356, 1988.

PREFEITURA DE MARINGÁ. **Leis Ambientais Federais e Cidadania**. Administração do Governo Popular de Maringá, Comissão de Assessoramento para Recuperação de Fundos de Vales: Maringá, 2002. 172 p.

SOARES, T. J.; HIGUCHI, N. A convenção do clima e a legislação brasileira pertinente, com ênfase para a legislação ambiental no Amazonas. **Acta amazônica**. v. 36, n. 4, p. 573-580, 2006.

SPIEGEL, M. R. **Estatística**. Tradução de Pedro Cosentino e revisão de Carlos José Pereira de Lucena. Rio de Janeiro: Editora McGraw-Hill do Brasil, 1972. 580 p.

vanLOON, G. W.; DUFFY, S. J. **Environmental chemistry – A global perspective**. Oxford (UK): Oxford University Press, 2001. 492 p.

VUOLO, A. **Fundamentos da teoria dos erros**. São Paulo: Editora Edgard Blücher, 1992. 225 p.

Sites eletrônicos de interesse:

A história das COPs. Disponível em: <http://www.terra.com.br/noticias/ciencia/infograficos/cops/>. Acessado em: 2015.

Diário Oficial da União. Disponível em: <www.imprensanacional.gov.br>

Greenpeace. Disponível em: <http://www.greenpeace.org>. Acessado em: 2015.

Ibama. Disponível em: <http://www.ibama.gov.br>. Acessado em: 2015.

Ministério da Ciência, Tecnologia e Inovação. Disponível em: <http://www.mct.gov.br/brasil>. Acessado em: 2015.

<http://www.mp.rs.gov.br>. Acessado em: 2015.

Mudanças Climáticas. Disponível em: <http://www.mudancasclimaticas.andi.org.br/>. Acessado em: 2015.

Planeta Sustentável. Disponível em: <http://planetasustentavel.abril.com.br>. Acessado em: 2015.

Radar Rio+20. Disponível em: <http://www.radarrio20.org.br/>. Acessado em: 2015.

Sobre a Rio+20. Disponível em: <http://www.rio20.gov.br/sobre_a_rio_mais_20.html>. Acessado em: 2015.

TN Sustentável. Disponível em: <http://www.tnsustentavel.com.br/>. Acessado em: 2015.

<http://ozone.unep.org/>. Acessado em: 2015.

Wikipedia, a enciclopédia livre. Disponível em: <http://pt.wikipedia.org>. Acessado em: 2015.

<http://www.diramb.gov.pt/>. Acessado em: 2015.

A Carta de Seattle

ANEXO

1

Em 1854, o presidente dos Estados Unidos fez a uma tribo indígena a proposta de comprar grande parte de suas terras, oferecendo, em contrapartida, a concessão de uma outra "reserva". O texto da resposta do chefe Seattle foi tão importante que, até hoje, a ONU (Programa para o Meio Ambiente) o distribui para que a humanidade tome conhecimento.

Como é que se pode comprar ou vender o céu, o calor da terra? Essa ideia nos parece estranha. Se não possuímos o frescor do ar e o brilho da água, como é possível comprá-los?

Cada pedaço desta terra é sagrado para meu povo. Cada ramo brilhante de um pinheiro, cada punhado de areia das praias, a penumbra na floresta densa, cada clareira e inseto a zumbir são sagrados na memória e experiência de meu povo. A seiva que percorre o corpo das árvores carrega consigo as lembranças do homem vermelho.

Os mortos do homem branco esquecem sua terra de origem quando vão caminhar entre as estrelas. Nossos mortos jamais esquecem esta bela terra, pois ela é a mãe do homem vermelho. Somos parte da terra e ela faz parte de nós. As flores perfumadas são nossas irmãs; o cervo, o cavalo, a grande águia, são nossos irmãos. Os picos rochosos, os sulcos úmidos nas campinas, o calor do corpo do potro, e o homem – todos pertencem à mesma família.

Portanto, quando o Grande Chefe em Washington manda dizer que deseja comprar nossa terra, pede muito de nós. O Grande Chefe diz que reservará um lugar onde possamos viver satisfeitos. Ele será nosso pai e nós seremos seus filhos. Portanto, nós vamos considerar sua oferta de comprar nossa terra. Mas, isso não será fácil. Esta terra é sagrada para nós.

Essa água brilhante que escorre dos riachos e rios não é apenas água, mas sangue de nossos antepassados. Se lhe vendermos a terra, vocês devem lembrar-se de que ela é sagrada, e devem ensinar às suas crianças que ela é sagrada e que cada reflexo nas águas límpidas dos lagos fala de acontecimentos e lembranças da vida do meu povo. O murmúrio das águas é a voz de meus ancestrais.

Os rios são nossos irmãos, saciam nossa sede. Os rios carregam nossas canoas e alimentam nossas crianças. Se lhe vendemos nossa terra, vocês devem lembrar e ensinar a seus filhos que nossos rios são nossos irmãos, e seus também. E, portanto, vocês devem dar aos rios a bondade que dedicariam a qualquer irmão.

Sabemos que o homem branco não compreende nossos costumes. Uma porção de terra, para ele, tem o mesmo significado que qualquer outra, pois é um forasteiro que vem à noite e extrai da terra aquilo de que necessita. A terra não é sua irmã, mas sua inimiga, e quando ele a conquista, prossegue seu caminho. Deixa para trás os túmulos de seus antepassados e não se incomoda. Rapta da terra aquilo que seria de seus filhos e não se incomoda. A sepultura do seu pai e os direitos de seus filhos são esquecidos. Trata sua mãe, a terra, o seu irmão, o céu, como coisas que possam ser compradas, saqueadas, vendidas como carneiros ou enfeites coloridos. Seu apetite devorará a terra, deixando somente um deserto.

Eu não sei, nossos costumes são diferentes dos seus. A visão de suas cidades fere os olhos do homem vermelho. Talvez seja porque o homem vermelho é um selvagem e não compreenda.

Não há lugar quieto nas cidades do homem branco. Nenhum lugar onde se possa ouvir o desabrochar de folhas na primavera ou o bater das asas de um inseto. Mas, talvez seja porque sou um selvagem e não compreenda. O ruído parece somente insultar os ouvidos. E o que resta da vida se um homem não pode ouvir o choro solitário de uma ave ou o debate dos sapos ao redor de uma lagoa, à noite? Eu sou um homem vermelho e não compreendo. O índio prefere o suave murmúrio do vento encrespando a face do lago, e o próprio vento, limpo por uma chuva diurna ou perfumado pelos pinheiros.

O ar é preciso para o homem vermelho, pois todas as coisas compartilham do mesmo sopro – o animal, a árvore, o homem, todos compartilham o mesmo sopro. Parece que o homem branco não sente o ar que respira. Como um homem agonizante há vários dias, é insensível ao mau cheiro. Mas, se vendermos nossa terra ao homem branco, ele deve lembrar que o ar é precioso para nós, que o ar compartilha seu espírito com toda a vida que mantém. O vento que deu a nosso avô seu primeiro inspirar também recebe seu último respiro. Se lhe vendermos nossa terra, vocês devem mantê-la intacta e sagrada, como um lugar onde até mesmo o homem branco possa saborear o vento açucarado pelas flores dos prados.

Portanto, vamos meditar sobre sua oferta de comprar nossa terra. Se decidirmos aceitar, imporei uma condição: o homem branco deve tratar os animais da terra como seus irmãos.

Sou um selvagem e não compreendo nenhuma outra forma de agir. Vi um milhar de búfalos apodrecendo na planície abandonados pelo homem branco que os alvejou de um trem ao passar. Eu sou selvagem e não compreendo como é que um fumegante cavalo de ferro pode ser mais importante que o búfalo, que sacrificamos somente para permanecer vivos.

O que é o homem sem animais? Se todos os animais se fossem, o homem morreria de uma grande solidão de espírito. Pois o que ocorre com os animais, breve acontece com o homem. Há uma ligação em tudo.

Vocês devem ensinar a suas crianças que o solo a seus pés é a cinza de nossos avós. Para que respeitem a terra, digam a seus filhos que ela foi enriquecida com as vidas de nosso povo. Ensinem às suas crianças o que ensinamos às nossas, que a terra é nossa mãe. Tudo o que acontecer à terra acontecerá aos filhos da terra. Se os homens cospem no solo, estão cuspindo em si mesmos.

Isto sabemos: a terra não pertence ao homem; o homem pertence à terra. Isto sabemos: todas as coisas estão ligadas como sangue que une uma família. Há uma ligação em tudo.

O que ocorrer com a terra recairá sobre os filhos da terra. O homem não tramou o tecido da vida: ele é simplesmente um de seus fios. Tudo o que fizer ao tecido, fará a si mesmo.

Mesmo o homem branco, cujo Deus caminha e fala com ele de amigo para amigo, não pode estar isento do destino comum. É possível que sejamos irmãos, apesar de tudo. Veremos. De uma coisa estamos certos – e o homem branco poderá vir a descobrir um dia: nosso Deus é o mesmo Deus. Vocês podem pensar que O possuem, como desejamos possuir nossa terra, mas, não é possível. Ele é o Deus do homem, e sua compaixão é igual para o homem vermelho e para o homem branco. A terra lhe é preciosa e feri-la é desprezar seus criados. Os brancos também passarão: talvez mais cedo que todas as outras tribos. Contaminam suas camas e uma noite serão sufocados pelos próprios dejetos.

Mas, quando da sua desapropriação, vocês brilharão intensamente, iluminados pela força do Deus que os trouxe a esta terra e por alguma razão especial lhes deu o domínio sobre a terra e sobre o homem vermelho. Esse destino é um mistério para nós, pois não compreendemos que todos os búfalos sejam exterminados, os cavalos bravios sejam todos domados, os recantos secretos da floresta densa impregnados do cheiro de muitos homens, e a visão dos morros obstruída por fios que falam. Onde está o arvoredo? Desapareceu. Onde está a águia? Desapareceu. É o final da vida e o início da sobrevivência.

Referências Bibliográficas e Sugestões para Leitura

Texto disponível em: <www.mtg.org.br>. Acessado em: 7/12/2007.
Disponível em: <http://boasaude.uol.br>. Acessado em: 7/12/2007.

ANEXO 2

Lembretes de Eletroquímica

1. Em qualquer "ponto" (local) pode-se criar um aumento de atividade eletrônica ou uma diminuição da mesma, formando o potencial elétrico deste ponto.

2. O "ponto" com carga negativa acumulada num condutor (eletrodo negativo) atrai as cargas positivas (denominadas **cátions**, e é por isto que este ponto é denominado **catodo)**, cedendo-lhes elétrons provocando uma **redução**. O "ponto" com carga positiva, isto é, com menos elétrons (eletrodo positivo), atrai as cargas negativas (denominadas **ânions**, e é por isto que este ponto é denominado **anodo)**, atraindo-lhes seus elétrons, provocando uma oxidação.

3. Qualquer reação química de oxirredução pode ser desdobrada em duas semirreações: uma em que vai ocorrer uma **redução – catodo** e outra em que vai ocorrer uma **oxidação – anodo**.

4. A medida do potencial elétrico deste ponto é feita com o eletrodo-padrão de hidrogênio (EPH), e seu valor é representado por E_H ou simplesmente por E quando não há dúvidas.

5. O potencial do eletrodo-padrão de hidrogênio por definição (convenção) é 0 (zero) volts.

6. O potencial-padrão de um eletrodo (PPE) é a medida da diferença de potencial do eletrodo-padrão de hidrogênio com o eletrodo considerado em condições-padrão (atividade das espécies presentes $a_i = 1{,}0$ mol L^{-1}).

7. Os potenciais-padrão de eletrodo, $E°$, em geral são tabelados na forma de redução da semirreação. Exemplo:

$$Fe^{2+} + 2e \ \rightleftarrows \ Fe_{(s)} \qquad E°_{red} = -0{,}45 \text{ V}$$

No caso de representar a semirreação na forma de oxidação, pode-se apresentar o potencial de oxidação, cujo valor é o mesmo que o de redução com o sinal trocado.

$$Fe_{(s)} \ \rightleftarrows \ Fe^{2+} + 2e \qquad E°_{ox} = 0{,}45 \text{ V}$$

8. Os valores dos potenciais-padrão de eletrodo têm um significado sobre a maior e menor espontaneidade de uma semirreação quando comparada com outra. Em termos de potenciais-padrão de redução, $E°_{red}$, a semirreação que tiver maior potencial retira os elétrons da que tiver menor. Se a análise for feita com os potenciais-padrão de oxidação $E°_{ox}$, a semirreação de maior valor de potencial cede elétrons para a de menor valor.

9. O potencial elétrico de um eletrodo é dado pela equação de Nernst para este eletrodo, onde n = número de elétrons envolvidos na semirreação, segundo:

$$E_{eletrodo} = E_{Ox,Red} - \frac{0{,}0591}{n} \log \frac{\left[Red \right]}{\left[Ox \right]}$$

10. Ao ligar dois eletrodos, correspondendo a semirreações de potenciais diferentes, mediante uma solução salina, denominada **ponte salina**, para que haja condução das cargas elétricas através da solução, há a formação do potencial da reação química e as partículas carregadas eletricamente deslocam-se, "viajam", na solução: são os íons (em grego íon = viajante). As reações ocorrem no catodo e no anodo.

O potencial elétrico de uma reação química, E_r (combinação de duas semirreações), é dado também pela equação de Nernst, que resulta da soma dos potenciais do catodo e do anodo ou a diferença dos potenciais de **redução** do catodo e anodo.

$$E_r = (E_{catodo})_{redução} - (E_{anodo})_{redução}$$

E,

$$E_{Red} = E°_{Ox,Red} - \frac{0,0591}{n} \log\frac{[Produtos]}{[Reagentes]}$$

em que, n = número de elétrons da reação balanceada.

11. O potencial elétrico do sistema, E_s, é o potencial elétrico do catodo, E_{cat}, igual ao do anodo, E_{an} quando o potencial da reação é igual a 0 (zero), isto é, quando a reação alcançou o estado de equilíbrio.

$$0 = (E_{catodo})_{redução} - (E_{anodo})_{redução}$$

$$E_s = (E_{catodo})_{redução} = (E_{anodo})_{redução}$$

Potenciais-Padrão de Eletrodo (Redução) em Solução Aquosa a 25 °C e 1 ATM*

ANEXO

3

Eletrodo			Potencial (E^o_H)** (Volts)
$Li^+_{(aq)} + 1e$	$\rightleftarrows$	$Li_{(s)}$	$-3,04$
$K^+_{(aq)} + 1e$	$\rightleftarrows$	$K_{(s)}$	$-2,92$
$Ca^{2+}_{(aq)} + 2e$	$\rightleftarrows$	$Ca_{(s)}$	$-2,76/2,87$
$Na^+_{(aq)} + 1e$	$\rightleftarrows$	$Na_{(s)}$	$-2,71$
$Mg^{2+}_{(aq)} + 2e$	$\rightleftarrows$	$Mg_{(s)}$	$-2,38$
$Al^{3+}_{(aq)} + 3e$	$\rightleftarrows$	$Al_{(s)}$	$-1,66$
$2H_2O_{(l)} + 2e$	$\rightleftarrows$	$H_{2(g)} + 2HO^-$	$-0,83$
$Zn^{2+}_{(aq)} + 2e$	$\rightleftarrows$	$Zn_{(s)}$	$-0,76$
$Cr^{3+}_{(aq)} + 3e$	$\rightleftarrows$	$Cr_{(s)}$	$-0,74$
$Fe^{2+}_{(aq)} + 2e$	$\rightleftarrows$	$Fe_{(s)}$	$-0,45$
$Cd^{2+}_{(aq)} + 2e$	$\rightleftarrows$	$Cd_{(s)}$	$-0,40$
$Ni^{2+}_{(aq)} + 2e$	$\rightleftarrows$	$Ni_{(s)}$	$-0,23$
$Sn^{2+}_{(aq)} + 2e$	$\rightleftarrows$	$Sn_{(s)}$	$-0,14$
$Pb^{2+}_{(aq)} + 2e$	$\rightleftarrows$	$Pb_{(s)}$	$-0,13$
$Fe^{3+}_{(aq)} + 3e$	$\rightleftarrows$	$Fe_{(s)}$	$-0,04$
$2H^+_{(aq)} + 2e$	$\rightleftarrows$	$H_{2(g)}$	$0,00$
$Sn^{4+}_{(aq)} + 2e$	$\rightleftarrows$	$Sn^{2+}_{(aq)}$	$0,15$
$Cu^{2+}_{(aq)} + 1e$	$\rightleftarrows$	$Cu^+_{(aq)}$	$0,16$
$ClO_4^-_{(aq)} + H_2O_{(l)} + 2e$	$\rightleftarrows$	$ClO_3^-_{(aq)} + 2HO^-_{(aq)}$	$0,17$
$AgCl_{(s)} + 1e$	$\rightleftarrows$	$Ag_{(s)} + Cl^-_{(aq)}$	$0,22$

(continua)

Retirada de: SKOOG, D. A.; WEST, D. M.; HOLLER, F. J. Fundamentals of analytical chemistry. 6 ed. Philadelphia; Saunders College, 1992 e CHRISTEN, H. R. Fundamentos de la química general e inorgánica, Barcelona: Reverté, 1977.
** E^o_H – O símbolo H significa que os potenciais de redução de eletrodo foram medidos com o Eletrodo-padrão de Hidrogênio ou simplesmente por E quando não gerar dúvidas.*

Potenciais-Padrão de Eletrodo (Redução) em Solução Aquosa a 25 °C e 1 ATM

Continuação

Eletrodo			Potencial (E^o_H)** (Volts)
$Cu^{2+}_{(aq)} + 2e$	$\rightleftarrows$	$Cu_{(s)}$	0,34
$ClO_3^-{}_{(aq)} + H_2O_{(l)} + 2e$	$\rightleftarrows$	$ClO_2^-{}_{(aq)} + 2OH^-{}_{(aq)}$	0,35
$2H_2O + O_{2(g)} + 4e$	$\rightleftarrows$	$4HO^-{}_{(aq)}$	0,40
$IO^-{}_{(aq)} + H_2O_{(l)} + 2e$	$\rightleftarrows$	$I^-{}_{(aq)} + 2OH^-{}_{(aq)}$	0,49
$Cu^+{}_{(aq)} + 1e$	$\rightleftarrows$	$Cu_{(s)}$	0,52
$I_{2(s)} + 2e$	$\rightleftarrows$	$2I^-{}_{(aq)}$	0,54
$ClO_2^-{}_{(aq)} + H_2O_{(l)} + 2e$	$\rightleftarrows$	$ClO^-{}_{(aq)} + 2OH^-{}_{(aq)}$	0,59
$Fe^{3+}{}_{(aq)} + 1e$	$\rightleftarrows$	$Fe^{2+}{}_{(aq)}$	0,77
$Hg_2^{2+}{}_{(aq)} + 2e$	$\rightleftarrows$	$2Hg_{(l)}$	0,80
$Ag^+{}_{(aq)} + 1e$	$\rightleftarrows$	$Ag_{(s)}$	0,80
$Hg^{2+}{}_{(aq)} + 2e$	$\rightleftarrows$	$Hg_{(l)}$	0,85
$ClO^-{}_{(aq)} + H_2O_{(l)} + 2e$	$\rightleftarrows$	$Cl^-{}_{(aq)} + 2OH^-{}_{(aq)}$	0,90
$2\,Hg^{2+}{}_{(aq)} + 2e$	$\rightleftarrows$	$Hg_2^{2+}{}_{(aq)}$	0,90
$NO_3^-{}_{(aq)} + 4H^+{}_{(aq)} + 3e$	$\rightleftarrows$	$NO_{(g)} + 2H_2O_{(l)}$	0,96
$Br_{2(l)} + 2e$	$\rightleftarrows$	$2Br^-{}_{(aq)}$	1,07
$O_{2(g)} + 4H^+{}_{(aq)} + 4e$	$\rightleftarrows$	$2H_2O_{(l)}$	1,23
$Cr_2O_7^{2-}{}_{(aq)} + 14H^+{}_{(aq)} + 6e$	$\rightleftarrows$	$2Cr^{3+}{}_{(aq)} + 7H_2O_{(l)}$	1,33
$Cl_{2(g)} + 2e$	$\rightleftarrows$	$2Cl^-{}_{(aq)}$	1,36
$Ce^{4+}{}_{(aq)} + 1e$	$\rightleftarrows$	$Ce^{3+}{}_{(aq)}\,(1F \cdot H_2SO_4)$	1,44
$MnO_4^-{}_{(aq)} + 8H^+{}_{(aq)} + 5e$	$\rightleftarrows$	$Mn^{2+}{}_{(aq)} + 4H_2O_{(l)}$	1,51
$MnO_4^-{}_{(aq)} + 4H^+{}_{(aq)} + 3e$	$\rightleftarrows$	$MnO_2 + 2H_2O$	1,69
$H_2O_{2(aq)} + 2H^+{}_{(aq)} + 2e$	$\rightleftarrows$	$2H_2O_{(l)}$	1,78
$Co^{3+}{}_{(aq)} + 1e$	$\rightleftarrows$	$Co^{2+}{}_{(aq)}$	1,84
$S_2O_8^{2-}{}_{(aq)} + 2e$	$\rightleftarrows$	$2SO_4^{2-}{}_{(aq)}$	2,01
$O_{3(g)} + 2H^+{}_{(aq)} + 2e$	$\rightleftarrows$	$O_{2(g)} + H_2O_{(l)}$	2,07
$F_{2(g)} + 2e$	$\rightleftarrows$	$2F^-{}_{(aq)}$	2,87

Referência Bibliográfica e Sugestão para Leitura

BUTLER, J. N. **Ionic equilibrium: a mathematical approach.** London: Addison Wesley Publishing Company, 1964. 547p.

Lei Federal Nº 6.938, de 31 de agosto de 1981

ANEXO

4

Dispõe sobre a Política Nacional do Meio Ambiente, seus fins e mecanismos de formulação e aplicação, e dá outras providências.

O PRESIDENTE DA REPÚBLICA, faço saber que o CONGRESSO NACIONAL decreta e eu sanciono a seguinte Lei:

Art. 1º Esta lei, com fundamento nos incisos VI e VII do art. 23 e no art. 235* da Constituição, estabelece a Política Nacional do Meio Ambiente, seus fins e mecanismos de formulação e aplicação, constitui o Sistema Nacional do Meio Ambiente (SISNAMA) e institui o Cadastro de Defesa Ambiental. (*Redação dada pela Lei nº 8.028, de 1990.*)

Lei nº 8.028, de 1990

DA POLÍTICA NACIONAL DO MEIO AMBIENTE

Art. 2º A Política Nacional do Meio Ambiente tem por objetivo a preservação, melhoria e recuperação da qualidade ambiental propícia à vida, visando assegurar, no País, condições ao desenvolvimento socioeconômico, aos interesses da segurança nacional e à proteção da dignidade da vida humana, atendidos os seguintes princípios:

I – ação governamental na manutenção do equilíbrio ecológico, considerando o meio ambiente como um patrimônio público a ser necessariamente assegurado e protegido, tendo em vista o uso coletivo;

II – racionalização do uso do solo, do subsolo, da água e do ar;

III – planejamento e fiscalização do uso de recursos ambientais;

IV – proteção dos ecossistemas, com a preservação de áreas representativas;

V – controle e zoneamento das atividades potencial ou efetivamente poluidoras;

VI – incentivos ao estudo e a pesquisas de tecnologias orientadas para o uso racional e a proteção dos recursos ambientais;

VII – acompanhamento do estado da qualidade ambiental;

VIII – recuperação de áreas degradadas; (Regulamento)

IX – proteção de áreas ameaçadas de degradação;

X – educação ambiental a todos os níveis de ensino, inclusive a educação da comunidade, objetivando capacitá-la para participação ativa na defesa do meio ambiente.

---

* No texto original desta Lei, extraído do *site* do Governo Federal, consta artigo 235 da Consitituição Federal de 1988. Todavia, versões da Lei nº 6.938 apresentadas nos *sites*:
<www.ambiente.sp.gov.br/uploads/arquivos/legislacoesambientais/1981_Lei_Fed_6938.pdf> e
<www.cetesb.sp.gov.br/licenciamento/legislacao/federal/leis/1981_Fed_6938.pdf>, acessados em 19/05/08, foram corrigidas para artigo 225 da CF/1988.

Lei Federal N° 6.938, de 31 de agosto de 1981 **401**

Art. 3° Para os fins previstos nesta Lei, entende-se por:

I – meio ambiente, o conjunto de condições, leis, influências e interações de ordem física, química e biológica, que permite, abriga e rege a vida em todas as suas formas;

II – degradação da qualidade ambiental, a alteração adversa das características do meio ambiente;

III – poluição, a degradação da qualidade ambiental resultante de atividades que direta ou indiretamente:

a) prejudiquem a saúde, a segurança e o bem-estar da população;
b) criem condições adversas às atividades sociais e econômicas;
c) afetem desfavoravelmente a biota;
d) afetem as condições estéticas ou sanitárias do meio ambiente;
e) lancem matérias ou energia em desacordo com os padrões ambientais estabelecidos;

IV – poluidor, pessoa física ou jurídica, de direito público ou privado, responsável, direta ou indiretamente, por atividade causadora de degradação ambiental;

V – recursos ambientais: a atmosfera, as águas interiores, superficiais e subterrâneas, os estuários, o mar territorial, o solo, o subsolo, os elementos da biosfera, a fauna e a flora. (*Redação dada pela Lei n° 7.804, de 1989.*)

DOS OBJETIVOS DA POLÍTICA NACIONAL DO MEIO AMBIENTE

Art. 4° A Política Nacional do Meio Ambiente visará:

I – à compatibilização do desenvolvimento econômico-social com a preservação da qualidade do meio ambiente e do equilíbrio ecológico;

II – à definição de áreas prioritárias de ação governamental relativa à qualidade e ao equilíbrio ecológico, atendendo aos interesses da União, dos Estados, do Distrito Federal, dos Territórios e dos Municípios;

III – ao estabelecimento de critérios e padrões de qualidade ambiental e de normas relativas ao uso e manejo de recursos ambientais;

IV – ao desenvolvimento de pesquisas e de tecnologias nacionais orientadas para o uso racional de recursos ambientais;

V – à difusão de tecnologias de manejo do meio ambiente, à divulgação de dados e informações ambientais e à formação de uma consciência pública sobre a necessidade de preservação da qualidade ambiental e do equilíbrio ecológico;

VI – à preservação e restauração dos recursos ambientais com vistas a sua utilização racional e disponibilidade permanente, concorrendo para a manutenção do equilíbrio ecológico propício à vida;

VII – à imposição, ao poluidor e ao predador, da obrigação de recuperar e/ou indenizar os danos causados, e ao usuário, de contribuição pela utilização de recursos ambientais com fins econômicos.

Art. 5° As diretrizes da Política Nacional do Meio Ambiente serão formuladas em normas e planos, destinados a orientar a ação dos Governos da União, dos Estados, do Distrito Federal, dos Territórios e dos Municípios no que se relaciona com a preservação da qualidade ambiental e manutenção do equilíbrio ecológico, observados os princípios estabelecidos no Art. 2° desta Lei.

Parágrafo único. As atividades empresariais públicas ou privadas serão exercidas em consonância com as diretrizes da Política Nacional do Meio Ambiente.

DO SISTEMA NACIONAL DO MEIO AMBIENTE

Art. 6° Os órgãos e entidades da União, dos Estados, do Distrito Federal, dos Territórios e dos Municípios, bem como as fundações instituídas pelo Poder Público, responsáveis pela proteção e melhoria da qualidade ambiental, constituirão o Sistema Nacional do Meio Ambiente – SISNAMA, assim estruturado:

I – órgão superior: o Conselho de Governo, com a função de assessorar o Presidente da República na formulação da política nacional e nas diretrizes governamentais para o meio ambiente e os recursos ambientais; (*Redação dada pela Lei n° 8.028, de 1990.*)

II – órgão consultivo e deliberativo: o Conselho Nacional do Meio Ambiente (CONAMA), com a finalidade de assessorar, estudar e propor ao Conselho de Governo, diretrizes de políticas governamentais para o meio ambiente e os recursos naturais e deliberar, no âmbito de sua competência, sobre normas e padrões compatíveis com o meio ambiente ecologicamente equilibrado e essencial à sadia qualidade de vida; (*Redação dada pela Lei n° 8.028, de 1990.*)

III – órgão central: a Secretaria do Meio Ambiente da Presidência da República, com a finalidade de planejar, coordenar, supervisionar e controlar, como órgão federal, a política nacional e as diretrizes governamentais fixadas para o meio ambiente; (*Redação dada pela Lei n° 8.028, de 1990.*)

402 Anexo Quatro

IV – órgãos executores: o Instituto Brasileiro do Meio Ambiente e dos Recursos Naturais Renováveis – IBAMA e o Instituto Chico Mendes de Conservação da Biodiversidade – Instituto Chico Mendes, com a finalidade de executar e fazer executar a política e as diretrizes governamentais fixadas para o meio ambiente, de acordo com as respectivas competências; *(Redação dada pela Lei nº 8.028, de 1990.)*

V – órgãos seccionais: os órgãos ou entidades estaduais responsáveis pela execução de programas, projetos e pelo controle e fiscalização de atividades capazes de provocar a degradação ambiental; *(Redação dada pela Lei nº 7.804, de 1989.)*

VI – órgãos locais: os órgãos ou entidades municipais, responsáveis pelo controle e fiscalização dessas atividades, nas suas respectivas jurisdições; *(Incluído pela Lei nº 7.804, de 1989.)*

§ 1º Os Estados, na esfera de suas competências e nas áreas de sua jurisdição, elaborarão normas supletivas e complementares e padrões relacionados com o meio ambiente, observados os que forem estabelecidos pelo CONAMA.

§ 2º Os Municípios, observadas as normas e os padrões federais e estaduais, também poderão elaborar as normas mencionadas no parágrafo anterior.

§ 3º Os órgãos central, setoriais, seccionais e locais mencionados neste artigo deverão fornecer os resultados das análises efetuadas e sua fundamentação, quando solicitados por pessoa legitimamente interessada.

§ 4º De acordo com a legislação em vigor, é o Poder Executivo autorizado a criar uma Fundação de apoio técnico-científico às atividades do IBAMA. *(Redação dada pela Lei nº 7.804, de 1989.)*

CONSELHO NACIONAL DO MEIO AMBIENTE

Art. 7º *(Revogado pela Lei nº 8.028, de 1990.)*

Art. 8º Compete ao CONAMA: *(Redação dada pela Lei nº 8.028, de 1990.)*

I – estabelecer, mediante proposta do IBAMA, normas e critérios para o licenciamento de atividades efetivas ou potencialmente poluidoras, a ser concedido pelos Estados e supervisionado pelo IBAMA; *(Redação dada pela Lei nº 7.804, de 1989.)*

II – determinar, quando julgar necessário, a realização de estudos das alternativas e das possíveis consequências ambientais de projetos públicos ou privados requisitando aos órgãos federais, estaduais e municipais, bem assim a entidades privadas, as informações indispensáveis para apreciação dos estudos de impacto ambiental, e respectivos relatórios, no caso de obras ou atividades de significativa degradação ambiental, especialmente nas áreas consideradas patrimônio nacional; *(Redação dada pela Lei nº 8.028, de 1990.)*

III – *(Revogado pela Lei nº 11.941, de 2009);*

IV – homologar acordos visando à transformação de penalidades pecuniárias na obrigação de executar medidas de interesse para proteção ambiental; (VETADO);

V – determinar, mediante representação do IBAMA, a perda ou restrição de benefícios fiscais concedidos pelo Poder Público, em caráter geral ou condicional, e a perda ou suspensão de participação em linhas de financiamento em estabelecimentos oficiais de crédito; *(Redação dada pela Vide Lei nº 7.804 de 1989.)*

VI – estabelecer, privativamente, normas e padrões nacionais de controle da poluição por veículos automotores, aeronaves e embarcações, mediante audiência dos Ministérios competentes;

VII – estabelecer normas, critérios e padrões relativos ao controle e à manutenção da qualidade do meio ambiente com vistas ao uso racional dos recursos ambientais, principalmente os hídricos.

Parágrafo único. O Secretário do Meio Ambiente é, sem prejuízo de suas funções, o Presidente do CONAMA. *(Incluído pela Lei nº 8.028, de 12.04.90.)*

DOS INSTRUMENTOS DA POLÍTICA NACIONAL DO MEIO AMBIENTE

Art. 9º São Instrumentos da Política Nacional do Meio Ambiente:

I – o estabelecimento de padrões de qualidade ambiental;

II – o zoneamento ambiental; (Regulamento);

III – a avaliação de impactos ambientais;

IV – o licenciamento e a revisão de atividades efetivas ou potencialmente poluidoras;

V – os incentivos à produção e instalação de equipamentos e à criação ou absorção de tecnologia, voltados para a melhoria da qualidade ambiental;

VI – a criação de espaços territoriais especialmente protegidos pelo Poder Público federal, estadual e municipal, tais como áreas de proteção ambiental, de relevante interesse ecológico e reservas extrativistas; *(Redação dada pela Lei nº 7.804, de 1989.)*

VII – o sistema nacional de informações sobre o meio ambiente;

VIII – o Cadastro Técnico Federal de Atividades e Instrumento de Defesa Ambiental;

IX – as penalidades disciplinares ou compensatórias ao não cumprimento das medidas necessárias à preservação ou correção da degradação ambiental;

X – a instituição do Relatório de Qualidade do Meio Ambiente, a ser divulgado anualmente pelo Instituto Brasileiro do Meio Ambiente e Recursos Naturais Renováveis – IBAMA; *(Incluído pela Lei nº 7.804, de 1989.)*

XI – a garantia da prestação de informações relativas ao Meio Ambiente, obrigando-se o Poder Público a produzi-las, quando inexistentes; *(Incluído pela Lei nº 7.804, de 1989.)*

XII – o Cadastro Técnico Federal de atividades potencialmente poluidoras e/ou utilizadoras dos recursos ambientais; *(Incluído pela Lei nº 7.804, de 1989.)*

XIII – instrumentos econômicos, como concessão florestal, servidão ambiental, seguro ambiental e outros. *(Incluído pela Lei nº 11.284, de 2006.)*

Art. 9º-A. O proprietário ou possuidor de imóvel, pessoa natural ou jurídica, pode, por instrumento público ou particular ou por termo administrativo firmado perante órgão integrante do Sisnama, limitar o uso de toda a sua propriedade ou de parte dela para preservar, conservar ou recuperar os recursos ambientais existentes, instituindo servidão ambiental. *(Redação dada pela Lei nº 12.651, de 2012.)*

§ 1º O instrumento ou termo de instituição da servidão ambiental deve incluir, no mínimo, os seguintes itens: *(Redação dada pela Lei nº 12.651, de 2012.)*

I – memorial descritivo da área da servidão ambiental, contendo pelo menos um ponto de amarração georreferenciado; *(Incluído pela Lei nº 12.651, de 2012.)*

II – objeto da servidão ambiental; *(Incluído pela Lei nº 12.651, de 2012.)*

III – direitos e deveres do proprietário ou possuidor instituidor; *(Incluído pela Lei nº 12.651, de 2012.)*

IV – prazo durante o qual a área permanecerá como servidão ambiental. *(Incluído pela Lei nº 12.651, de 2012.)*

§ 2º A servidão ambiental não se aplica às Áreas de Preservação Permanente e à Reserva Legal mínima exigida. *(Redação dada pela Lei nº 12.651, de 2012.)*

§ 3º A restrição ao uso ou à exploração da vegetação da área sob servidão ambiental deve ser, no mínimo, a mesma estabelecida para a Reserva Legal. *(Redação dada pela Lei nº 12.651, de 2012.)*

§ 4º Devem ser objeto de averbação na matrícula do imóvel no registro de imóveis competente: *(Redação dada pela Lei nº 12.651, de 2012.)*

I – o instrumento ou termo de instituição da servidão ambiental; *(Incluído pela Lei nº 12.651, de 2012.)*

II – o contrato de alienação, cessão ou transferência da servidão ambiental. *(Incluído pela Lei nº 12.651, de 2012.)*

§ 5º Na hipótese de compensação de Reserva Legal, a servidão ambiental deve ser averbada na matrícula de todos os imóveis envolvidos. *(Redação dada pela Lei nº 12.651, de 2012.)*

§ 6º É vedada, durante o prazo de vigência da servidão ambiental, a alteração da destinação da área, nos casos de transmissão do imóvel a qualquer título, de desmembramento ou de retificação dos limites do imóvel. *(Incluído pela Lei nº 12.651, de 2012.)*

§ 7º As áreas que tenham sido instituídas na forma de servidão florestal, nos termos do *art. 44-A da Lei nº 4.771, de 15 de setembro de 1965*, passam a ser consideradas, pelo efeito desta Lei, como de servidão ambiental. *(Incluído pela Lei nº 12.651, de 2012.)*

Art. 9º-B. A servidão ambiental poderá ser onerosa ou gratuita, temporária ou perpétua. *(Incluído pela Lei nº 12.651, de 2012.)*

§ 1º O prazo mínimo da servidão ambiental temporária é de 15 (quinze) anos. *(Incluído pela Lei nº 12.651, de 2012.)*

§ 2º A servidão ambiental perpétua equivale, para fins creditícios, tributários e de acesso aos recursos de fundos públicos, à Reserva Particular do Patrimônio Natural – RPPN, definida no *art. 21 da Lei nº 9.985, de 18 de julho de 2000. (Incluído pela Lei nº 12.651, de 2012.)*

§ 3º O detentor da servidão ambiental poderá aliená-la, cedê-la ou transferi-la, total ou parcialmente, por prazo determinado ou em caráter definitivo, em favor de outro proprietário ou de entidade pública ou privada que tenha a conservação ambiental como fim social. *(Incluído pela Lei nº 12.651, de 2012.)*

404 Anexo Quatro

Art. 9º-C. O contrato de alienação, cessão ou transferência da servidão ambiental deve ser averbado na matrícula do imóvel. *(Incluído pela Lei nº 12.651, de 2012.)*

§ 1º O contrato referido no caput deve conter, no mínimo, os seguintes itens: *(Incluído pela Lei nº 12.651, de 2012.)*

I – a delimitação da área submetida a preservação, conservação ou recuperação ambiental; *(Incluído pela Lei nº 12.651, de 2012.)*

II – o objeto da servidão ambiental; *(Incluído pela Lei nº 12.651, de 2012.)*

III – os direitos e deveres do proprietário instituidor e dos futuros adquirentes ou sucessores; *(Incluído pela Lei nº 12.651, de 2012.)*

IV – os direitos e deveres do detentor da servidão ambiental; *(Incluído pela Lei nº 12.651, de 2012.)*

V – os benefícios de ordem econômica do instituidor e do detentor da servidão ambiental; *(Incluído pela Lei nº 12.651, de 2012.)*

VI – a previsão legal para garantir o seu cumprimento, inclusive medidas judiciais necessárias, em caso de ser descumprido. *(Incluído pela Lei nº 12.651, de 2012.)*

§ 2º São deveres do proprietário do imóvel serviente, entre outras obrigações estipuladas no contrato: *(Incluído pela Lei nº 12.651, de 2012.)*

I – manter a área sob servidão ambiental; *(Incluído pela Lei nº 12.651, de 2012.)*

II – prestar contas ao detentor da servidão ambiental sobre as condições dos recursos naturais ou artificiais; *(Incluído pela Lei nº 12.651, de 2012.)*

III – permitir a inspeção e a fiscalização da área pelo detentor da servidão ambiental; *(Incluído pela Lei nº 12.651, de 2012.)*

IV – defender a posse da área serviente, por todos os meios em direito admitidos. *(Incluído pela Lei nº 12.651, de 2012.)*

§ 3º São deveres do detentor da servidão ambiental, entre outras obrigações estipuladas no contrato: *(Incluído pela Lei nº 12.651, de 2012.)*

I – documentar as características ambientais da propriedade; *(Incluído pela Lei nº 12.651, de 2012.)*

II – monitorar periodicamente a propriedade para verificar se a servidão ambiental está sendo mantida; *(Incluído pela Lei nº 12.651, de 2012.)*

III – prestar informações necessárias a quaisquer interessados na aquisição ou aos sucessores da propriedade; *(Incluído pela Lei nº 12.651, de 2012.)*

IV – manter relatórios e arquivos atualizados com as atividades da área objeto da servidão; *(Incluído pela Lei nº 12.651, de 2012.)*

V – defender judicialmente a servidão ambiental. *(Incluído pela Lei nº 12.651, de 2012.)*

Art. 10 A construção, instalação, ampliação e funcionamento de estabelecimentos e atividades utilizadoras de recursos ambientais, efetiva e potencialmente poluidores ou capazes sob qualquer forma, de causar degradação ambiental, dependerão de prévio licenciamento ambiental. *(Redação dada pela Lei Complementar nº 140, de 2011.)*

§ 1º Os pedidos de licenciamento, sua renovação e a respectiva concessão serão publicados no jornal oficial, bem como em um periódico regional ou local de grande circulação, ou em meio eletrônico de comunicação mantido pelo órgão ambiental competente.

§ 2º (Revogado) *(Redação dada pela Lei complementar nº 140, 2011.)*

§ 3º (Revogado) *(Redação dada pela Lei complementar nº 140, 2011.)*

§ 4º (Revogado) *(Redação dada pela Lei complementar nº 140, 2011.)*

Art. 11 Compete ao IBAMA propor ao CONAMA normas e padrões para implantação, acompanhamento e fiscalização do licenciamento previsto no artigo anterior, além das que forem oriundas do próprio CONAMA. *(Redação dada pela Lei nº 7.804, de 1989.)*

§ 2º Inclui-se na competência da fiscalização e controle a análise de projetos de entidades, públicas ou privadas, objetivando a preservação ou a recuperação de recursos ambientais, afetados por processos de exploração predatórios poluidores.

Art. 12 As entidades e órgãos de financiamento e incentivos governamentais condicionarão a aprovação de projetos habilitados a esses benefícios ao licenciamento, na forma desta Lei, e ao cumprimento das normas, dos critérios e dos padrões expedidos pelo CONAMA.

Parágrafo único. As entidades e órgão referidos no *"caput"* deste artigo deverão fazer constar dos projetos a realização de obras e aquisição de equipamentos destinados ao controle de degradação ambiental e a melhoria da qualidade do meio ambiente.

Art. 13 O Poder Executivo incentivará as atividades voltadas ao meio ambiente, visando:

Lei Federal Nº 6.938, de 31 de agosto de 1981 **405**

I – ao desenvolvimento, no País, de pesquisas e processos tecnológicos destinados a reduzir a degradação da qualidade ambiental;

II – à fabricação de equipamentos antipoluidores;

III – a outras iniciativas que propiciem a racionalização do uso de recursos ambientais.

Parágrafo único. Os órgãos, entidades e programas do Poder Público, destinados ao incentivo das pesquisas científicas e tecnológicas, considerarão, entre as suas metas prioritárias, o apoio aos projetos que visem a adquirir e desenvolver conhecimentos básicos e aplicáveis na área ambiental e ecológica.

Art. 14 Sem prejuízo das penalidades definidas pela legislação federal, estadual e municipal, o não cumprimento das medidas necessárias à preservação ou correção dos inconvenientes e danos causados pela degradação da qualidade ambiental sujeitará os transgressores:

I – à multa simples ou diária, nos valores correspondentes, no mínimo, a 10 (dez) e, no máximo, a 1.000 (mil) Obrigações Reajustáveis do Tesouro Nacional – ORTNs, agravada em casos de reincidência específica, conforme dispuser o regulamento, vedada a sua cobrança pela União se já tiver sido aplicada pelo Estado, Distrito Federal, Territórios ou pelos Municípios;

II – à perda ou restrição de incentivos e benefícios fiscais concedidos pelo Poder Público;

III – à perda ou suspensão de participação em linhas de financiamento em estabelecimentos oficiais de créditos;

IV – à suspensão de sua atividade.

§ 1º Sem obstar a aplicação das penalidades previstas neste artigo, é o poluidor obrigado, independentemente da existência de culpa, a indenizar ou reparar os danos causados ao meio ambiente e a terceiros, afetados por sua atividade. O Ministério Público da União e dos Estados terá legitimidade para propor ação de responsabilidade civil e criminal, por danos causados ao meio ambiente.

§ 2º No caso de omissão da autoridade estadual ou municipal, caberá ao Secretário do Meio Ambiente a aplicação das penalidades pecuniárias previstas neste artigo.

§ 3º Nos casos previstos nos incisos II e III deste artigo, o ato declaratório da perda, restrição ou suspensão será atribuição da autoridade administrativa ou financeira que concedeu os benefícios, incentivos ou financiamento, em cumprimento a resolução do CONAMA.

§ 4º *Revogado pela Lei nº 9.966, de 2000.*

§ 5º A execução das garantias exigidas do poluidor não impede a aplicação das obrigações de indenização e reparação de danos previstas no § 1º deste artigo. *(Incluído pela Lei nº 11.284, de 2006.)*

Art. 15 O poluidor que expuser a perigo a incolumidade humana, animal ou vegetal, ou estiver tornando mais grave situação de perigo existente, fica sujeito à pena de reclusão de 1 (um) a 3 (três) anos e multa de 100 (cem) a 1.000 (mil) MVR. *(Redação dada pela Lei nº 7.804, de 1989.)*

§ 1º A pena é aumentada até o dobro se: *(Redação dada pela Lei nº 7.804, de 1989.)*

I – resultar: *(incluído pela Lei nº 7.804, de 1989.)*

a) dano irreversível à fauna, à flora e ao meio ambiente; *(Incluído pela Lei nº 7.804, de 1989.)*

b) lesão corporal grave. *(Incluído pela Lei nº 7.804, de 1989.)*

II – a poluição é decorrente de atividade industrial ou de transporte. *(Incluído pela Lei nº 7.804, de 1989)*

III – o crime é praticado durante a noite, em domingo ou em feriado. *(Incluído pela Lei nº 7.804, de 1989.)*

§ 2º Incorre no mesmo crime a autoridade competente que deixar de promover as medidas tendentes a impedir a prática das condutas acima descritas. *(Redação dada pela Lei nº 7.804, de 1989.)*

Art. 16 *(Revogado pela Lei nº 7.804, de 1989.)*

Art. 17 Fica instituído, sob a administração do Instituto Brasileiro do Meio Ambiente e dos Recursos Naturais Renováveis – IBAMA: *(Redação dada pela Lei nº 7.804, de 1989.)*

I – Cadastro Técnico Federal de Atividades e Instrumentos de Defesa Ambiental, para registro obrigatório de pessoas físicas ou jurídicas que se dedicam a consultoria técnica sobre problemas ecológicos e ambientais e à indústria e comércio de equipamentos, aparelhos e instrumentos destinados ao controle de atividades efetiva ou potencialmente poluidoras; *(Incluído pela Lei nº 7.804, de 1989.)*

II – Cadastro Técnico Federal de Atividades Potencialmente Poluidoras ou Utilizadoras de Recursos Ambientais, para registro obrigatório de pessoas físicas ou jurídicas que se dedicam a atividades potencialmente poluidoras e/ou à extração, produção, transporte e comercialização de produtos potencialmente perigosos ao meio ambiente, assim como de produtos e subprodutos da fauna e flora. *(Incluído pela Lei nº 7.804, de 1989.)*

Art. 17-A São estabelecidos os preços dos serviços e produtos de Instituto Brasileiro do Meio Ambiente e dos Recursos Naturais Renováveis – IBAMA, a serem aplicados em âmbito nacional, conforme Anexo a esta Lei. *(Incluído pela Lei nº 9.960, de 2000.) (Vide Medida Provisória nº 687, de 2015.)*

Art. 17-B Fica instituída a Taxa de Controle e Fiscalização Ambiental – TCFA, cujo fato gerador é o exercício regulador do poder de polícia conferido ao Instituto Brasileiro do Meio Ambiente e dos Recursos Naturais Renováveis – IBAMA para controle e fiscalização das atividades potencialmente poluidoras e utilizadoras de recursos naturais. *(Redação dada pela Lei nº 10.165, de 2000.) (Vide Medida Provisória nº 687, de 2015.)*

§ 1º Revogado. *(Redação dada pela Lei nº 10.165, de 2000.)*

§ 2º Revogado. *(Redação dada pela Lei nº 10.165, de 2000.)*

Art. 17-C É sujeito passivo da TCFA todo aquele que exerça as atividades constantes do Anexo VIII desta Lei. *(Redação dada pela Lei nº 10.165, de 2000.)*

§ 1º O sujeito passivo da TCFA é obrigado a entregar até o dia 31 de março de cada ano o relatório das atividades exercidas no ano anterior, cujo modelo será definido pelo IBAMA, para o fim de colaborar com os procedimentos de controle e fiscalização. *(Redação dada pela Lei nº 10.165, de 2000.)*

§ 2º O descumprimento da providência determinada no § 1º sujeita o infrator a multa equivalente a vinte por cento da TCFA devida, sem prejuízo da exigência desta. *(Redação dada pela Lei nº 10.165, de 2000.)*

§ 3º Revogado. *(Redação dada pela Lei nº 10.165, de 2000.)*

Art.17-D A TCFA é devida por estabelecimento e os seus valores são os fixados no Anexo IX desta Lei. *(Redação dada pela Lei nº 10.165, de 2000.)*

§ 1º Para os fins desta Lei, consideram-se: *(Redação dada pela Lei nº 10.165, de 2000.)*

I – microempresa e empresa de pequeno porte, as pessoas jurídicas que se enquadrem, respectivamente, nas descrições dos incisos I e II do *caput* do art. 2º da Lei nº 9.841, de 5 de outubro de 1999; *(Redação dada pela Lei nº 10.165, de 2000.)*

II – empresa de médio porte, a pessoa jurídica que tiver receita bruta anual superior a R$ 1.200.000,00 (um milhão e duzentos mil reais) e igual ou inferior a R$ 12.000.000,00 (doze milhões de reais); *(Redação dada pela Lei nº 10.165, de 2000.)*

III – empresa de grande porte, a pessoa jurídica que tiver receita bruta anual superior a R$ 12.000.000,00 (doze milhões de reais). *(Incluído pela Lei nº 10.165, de 2000.)*

§ 2º O potencial de poluição (PP) e o grau de utilização (GU) de recursos naturais de cada uma das atividades sujeitas à fiscalização encontram-se definidos no Anexo VIII desta Lei. *(Incluído pela Lei nº 10.165, de 2000.)*

§ 3º Caso o estabelecimento exerça mais de uma atividade sujeita à fiscalização, pagará a taxa relativamente a apenas uma delas, pelo valor mais elevado. *(Incluído pela Lei nº 10.165, de 2000.)*

Art. 17-E É o IBAMA autorizado a cancelar débitos de valores inferiores a R$ 40,00 (quarenta reais), existentes até 31 de dezembro de 1999. *(Incluído pela Lei nº 9.960, de 2000.)*

Art. 17-F São isentas do pagamento da TCFA as entidades públicas federais, distritais, estaduais e municipais, as entidades filantrópicas, aqueles que praticam agricultura de subsistência e as populações tradicionais. *(Redação dada pela Lei nº 10.165, de 2000.)*

Art. 17-G A TCFA será devida no último dia útil de cada trimestre do ano civil, nos valores fixados no Anexo IX desta Lei, e o recolhimento será efetuado em conta bancária vinculada ao IBAMA, por intermédio de documento próprio de arrecadação, até o quinto dia útil do mês subsequente. *(Redação dada pela Lei nº 10.165, de 2000.)*

Parágrafo único revogado. *(Redação dada pela Lei nº 10.165, de 2000.)*

§ 2º Os recursos arrecadados com a TCFA terão a utilização restrita em atividades de controle e fiscalização ambiental. *(Incluído pela Lei nº 11.284, de 2006.)*

Art. 17-H A TCFA não recolhida nos prazos e nas condições estabelecidas no artigo anterior será cobrada com os seguintes acréscimos: *(Redação dada pela Lei nº 10.165, de 2000.)*

I – juros de mora, na via administrativa ou judicial, contados do mês seguinte ao vencimento, à razão de um por cento; *(Redação dada pela Lei nº 10.165, de 2000.)*

II – multa de mora de vinte por cento, reduzida a dez por cento se o pagamento for efetuado até o último dia útil do mês subsequente ao do vencimento; *(Redação dada pela Lei nº 10.165, de 2000.)*

III – encargo de vinte por cento, substitutivo da condenação do devedor em honorários de advogado, calculado sobre o total do débito inscrito como Dívida Ativa, reduzido para dez por cento se o pagamento for efetuado antes do ajuizamento da execução. *(Incluído pela Lei nº 10.165, de 2000.)*

Lei Federal Nº 6.938, de 31 de agosto de 1981 **407**

§ 1º-A Os juros de mora não incidem sobre o valor da multa de mora. *(Incluído pela Lei nº 10.165, de 2000.)*

§ 1º Os débitos relativos à TCFA poderão ser parcelados de acordo com os critérios fixados na legislação tributária, conforme dispuser o regulamento desta Lei. *(Redação dada pela Lei nº 10.165, de 2000.)*

Art. 17-I As pessoas físicas e jurídicas que exerçam as atividades mencionadas nos incisos I e II do Art. 17 e que não estiverem inscritas nos respectivos cadastros até o último dia útil do terceiro mês que se seguir ao da publicação desta Lei incorrerão em infração punível com multa de: *(Redação dada pela Lei nº 10.165, de 2000.)*

I – R$ 50,00 (cinquenta reais), se pessoa física; *(Incluído pela Lei nº 10.165, de 2000.)*

II – R$ 150,00 (cento e cinquenta reais), se microempresa; *(Incluído pela Lei nº 10.165, de 2000.)*

III – R$ 900,00 (novecentos reais), se empresa de pequeno porte; *(Incluído pela Lei nº 10.165, de 2000.)*

IV – R$ 1.800,00 (mil e oitocentos reais), se empresa de médio porte; *(Incluído pela Lei nº 10.165, de 2000.)*

V – R$ 9.000,00 (nove mil reais), se empresa de grande porte. *(Incluído pela Lei nº 10.165, de 2000.)*

Parágrafo único. Revogado. *(Redação dada pela Lei nº 10.165, de 2000.)*

Art. 17-J Revogado pela Lei nº 10.165, de 2000.

Art. 17-L As ações de licenciamento, registro, autorizações, concessões e permissões relacionadas à fauna, à flora, e ao controle ambiental são de competência exclusiva dos órgãos integrantes do Sistema Nacional do Meio Ambiente. *(Incluído pela Lei nº 9.960, de 2000.)*

Art. 17-M Os preços dos serviços administrativos prestados pelo IBAMA, inclusive os referentes à venda de impressos e publicações, assim como os de entrada, permanência e utilização de áreas ou instalações nas unidades de conservação, serão definidos em portaria do Ministro de Estado do Meio Ambiente, mediante proposta do Presidente daquele Instituto. *(Incluído pela Lei nº 9.960, de 2000.)*

Art. 17-N Os preços dos serviços técnicos do Laboratório de Produtos Florestais do IBAMA, assim como os para venda de produtos da flora, serão, também, definidos em portaria do Ministro de Estado do Meio Ambiente, mediante proposta do Presidente daquele Instituto. *(Incluído pela Lei nº 9.960, de 2000.)*

Art. 17-O Os proprietários rurais que se beneficiarem com redução do valor do Imposto sobre Propriedade Territorial Rural – ITR, com base em Ato Declaratório Ambiental – ADA, deverão recolher ao IBAMA a importância prevista no item 3.11 do Anexo VII da Lei nº 9.960, de 29 de janeiro de 2000, a título de Taxa de Vistoria. *(Redação dada pela Lei nº 10.165, de 2000.)*

§ 1º-A A Taxa de Vistoria a que se refere o *caput* deste artigo não poderá exceder a dez por cento do valor da redução do imposto proporcionada pelo ADA. *(Incluído pela Lei nº 10.165, de 2000.)*

§ 1º A utilização do ADA para efeito de redução do valor a pagar do ITR é obrigatória. *(Redação dada pela Lei nº 10.165, de 2000.)*

§ 2º O pagamento de que trata o *caput* deste artigo poderá ser efetivado em cota única ou em parcelas, nos mesmos moldes escolhidos pelo contribuinte para pagamento do ITR, em documento próprio de arrecadação do IBAMA. *(Redação dada pela Lei nº 10.165, de 2000.)*

§ 3º Para efeito de pagamento parcelado, nenhuma parcela poderá ser inferior a R$ 50,00 (cinquenta reais). *(Redação dada pela Lei nº 10.165, de 2000.)*

§ 4º O inadimplemento de qualquer parcela ensejará a cobrança de juros e multa nos termos dos incisos I e II do *caput* e §§ 1º-A e 1º, todos do Art. 17-H desta Lei. *(Redação dada pela Lei nº 10.165, de 2000.)*

§ 5º Após a vistoria, realizada por amostragem, caso os dados constantes do ADA não coincidam com os efetivamente levantados pelos técnicos do IBAMA, estes lavrarão, de ofício, novo ADA, contendo os dados reais, o qual será encaminhado à Secretaria da Receita Federal, para providências cabíveis. *(Redação dada pela Lei nº 10.165, de 2000.)*

Art. 17-P Constitui crédito para compensação com o valor devido a título de TCFA, até o limite de sessenta por cento e relativamente ao mesmo ano, o montante efetivamente pago pelo estabelecimento ao Estado, ao Município e ao Distrito Federal em razão de taxa de fiscalização ambiental. *(Incluído pela Lei nº 10.165, de 2000.)*

§ 1º Valores recolhidos ao Estado, ao Município e ao Distrito Federal a qualquer outro título, tais como taxas ou preços públicos de licenciamento e venda de produtos, não constituem crédito para compensação com a TCFA. *(Incluído pela Lei nº 10.165, de 2000.)*

§ 2º A restituição, administrativa ou judicial, qualquer que seja a causa que a determine, da taxa de fiscalização ambiental estadual ou distrital compensada com a TCFA restaura o direito de crédito do IBAMA contra o estabelecimento, relativamente ao valor compensado. *(Incluído pela Lei nº 10.165, de 2000.)*

Art. 17-Q É o IBAMA autorizado a celebrar convênios com os Estados, os Municípios e o Distrito Federal para desempenharem atividades de fiscalização ambiental, podendo repassar-lhes parcela da receita obtida com a TCFA. *(Incluído pela Lei nº 10.165, de 2000.)*

Art. 18 *(Revogado pela Lei nº 9.985, de 2000.)*

Art. 19 (VETADO)

Art. 19 Ressalvado o disposto nas Leis nᵒˢ 5.357, de 17 de novembro de 1967, e 7.661, de 16 de junho de 1988, a receita proveniente da aplicação desta Lei será recolhida de acordo com o disposto no Art. 4º da Lei nº 7.735, de 22 de fevereiro de 1989. *(Incluído pela Lei nº 7.804, de 1989.)*

Art. 20 Esta Lei entrará em vigor na data de sua publicação.

Art. 21 Revoguem-se as disposições em contrário.

Brasília, em 31 de agosto de 1981; 160º da Independência e 93º da República.

JOÃO FIGUEIREDO
Mário David Andreazza

Referência Bibliográfica e Sugestão para Leitura

BRASIL. Presidência da República. Subchefia para Assuntos Jurídicos. Lei nº 6.938, de 31 de agosto de 1981. Dispõe sobre a Política Nacional do Meio Ambiente, seus fins e mecanismos de formulação e aplicação, e dá outras providências. Brasília, DF, 31 de agosto de 1981. Disponível em: <http://www.planalto.gov.br/CCIVIL/LEIS/L6938.htm>. Acessado em: 19 maio 2008.

Reunião de Estocolmo (Junho de 1972)

ANEXO

5

A Assembleia Geral das Nações Unidas, reunida em Estocolmo, de 05 a 16 de junho de 1972, atendendo à necessidade de estabelecer uma visão global e princípios comuns, que sirvam de inspiração e orientação à humanidade, para a preservação e melhoria do ambiente humano através dos vinte e três princípios enunciados a seguir, expressa a convicção comum de que:

1   O homem tem o direito fundamental à liberdade, à igualdade e ao desfrute de condições de vida adequadas, em um meio ambiente de qualidade tal que lhe permita levar uma vida digna, gozar de bem-estar e é portador solene de obrigação de proteger e melhorar o meio ambiente, para as gerações presentes e futuras. A esse respeito, as políticas que promovem ou perpetuam o *apartheid*, a segregação racial, a discriminação, a opressão colonial e outras formas de opressão e de dominação estrangeira permanecem condenadas e devem ser eliminadas.

2   Os recursos naturais da Terra, incluídos o ar, a água, o solo, a flora e a fauna e, especialmente, parcelas representativas dos ecossistemas naturais, devem ser preservados em benefício das gerações atuais e futuras, mediante um cuidadoso planejamento ou administração adequados.

3   Deve ser mantida e, sempre que possível, restaurada ou melhorada a capacidade da Terra de produzir recursos renováveis vitais.

4   O homem tem a responsabilidade especial de preservar e administrar judiciosamente o patrimônio representado pela flora e fauna silvestres, bem assim o seu *habitat*, que se encontram atualmente em grave perigo, por uma combinação de fatores adversos. Em consequência, ao planificar o desenvolvimento econômico, deve ser atribuída importância à conservação da natureza, incluídas a flora e a fauna silvestres.

5   Os recursos não renováveis da Terra devem ser utilizados de forma a evitar o perigo de seu esgotamento futuro e a assegurar que toda a humanidade participe dos benefícios de tal uso.

6   Deve-se pôr fim à descarga de substâncias tóxicas ou de outras matérias e à liberação de calor, em quantidades ou concentrações tais que não possam ser neutralizadas pelo meio ambiente, de modo a se evitarem danos graves e irreparáveis aos ecossistemas. Deve ser apoiada a justa luta de todos os povos contra a poluição.

7   Os países deverão adotar todas as medidas possíveis para impedir a poluição dos mares por substâncias que possam pôr em perigo a saúde do homem, prejudicar os recursos vivos e a vida marinha, causar danos às possibilidades recreativas ou interferir em outros usos legítimos do mar.

8   O desenvolvimento econômico e social é indispensável para assegurar ao homem um ambiente de vida e trabalho favorável e criar, na Terra, as condições necessárias à melhoria da qualidade de vida.

9   As deficiências do meio ambiente decorrentes das condições de subdesenvolvimento e de desastres naturais ocasionam graves problemas; a melhor maneira de atenuar suas consequências é promover o desenvolvimento acelerado, mediante a transferência maciça de recursos consideráveis de assistência fi-

nanceira e tecnológica que complementem os esforços internos dos países em desenvolvimento e a ajuda oportuna, quando necessária.

10 Para os países em desenvolvimento, a estabilidade de preços e pagamento adequado para comodidades primárias e matérias-primas são essenciais à administração do meio ambiente, de vez que se deve levar em conta tanto os fatores econômicos como os processos ecológicos.

11 As políticas ambientais de todos os países deveriam melhorar e não afetar adversamente o potencial desenvolvimentista atual e futuro dos países em desenvolvimento, nem obstar o atendimento de melhores condições de vida para todos; os Estados e as organizações internacionais deveriam adotar providências apropriadas, visando a chegar a um acordo, para fazer frente às possíveis consequências econômicas nacionais e internacionais resultantes da aplicação de medidas ambientais.

12 Deveriam ser destinados recursos à preservação e melhoramento do meio ambiente, tendo em conta as circunstâncias e as necessidades especiais dos países em desenvolvimento e quaisquer custos que possam emanar, para esses países, a inclusão de medidas de conservação do meio ambiente, em seus planos de desenvolvimento, assim como a necessidade de lhes ser prestada, quando solicitada, maior assistência técnica e financeira internacional para esse fim.

13 A fim de lograr um ordenamento mais racional dos recursos e, assim, melhorar as condições ambientais, os Estados deveriam adotar um enfoque integrado e coordenado de planificação de seu desenvolvimento, de modo a que fique assegurada a compatibilidade do desenvolvimento com a necessidade de proteger e melhorar o meio ambiente humano, em benefício de sua população.

14 A planificação racional constitui um instrumento indispensável para conciliar as diferenças que possam surgir entre as exigências do desenvolvimento e a necessidade de proteger e melhorar o meio ambiente.

15 Deve-se aplicar a planificação aos agrupamentos humanos e à urbanização, tendo em mira evitar repercussões prejudiciais ao meio ambiente e à obtenção do máximo de benefícios sociais, econômicos e ambientais para todos. A esse respeito, devem ser abandonados os projetos destinados à dominação colonialista e racista.

16 Nas regiões em que exista o risco de que a taxa de crescimento demográfico ou concentrações excessivas de população prejudiquem o meio ambiente ou o desenvolvimento, ou em que a baixa densidade de população possa impedir o melhoramento do meio ambiente humano e obstar o desenvolvimento, deveriam ser aplicadas políticas demográficas que representassem os direitos humanos fundamentais e contassem com a aprovação dos governos interessados.

17 Deve ser confiada, às instituições nacionais competentes, a tarefa de planificar, administrar e controlar a utilização dos recursos ambientais dos Estados, com o fim de melhorar a qualidade do meio ambiente.

18 Como parte de sua contribuição ao desenvolvimento econômico e social, devem ser utilizadas a ciência e a tecnologia para descobrir, evitar e combater os riscos que ameaçam o meio ambiente, para solucionar os problemas ambientais e para o bem comum da humanidade.

19 É indispensável um trabalho de educação em questões ambientais, visando tanto às gerações jovens como os adultos, dispensando a devida atenção ao setor das populações menos privilegiadas, para assentar as bases de uma opinião pública bem-informada e de uma conduta responsável dos indivíduos, das empresas e das comunidades, inspirada no sentido de sua responsabilidade, relativamente à proteção e melhoramento do meio ambiente, em toda a sua dimensão humana.

20 Deve ser fomentada, em todos os países, especialmente naqueles em desenvolvimento, a investigação científica e medidas desenvolvimentistas, no sentido dos problemas ambientais, tanto nacionais como multinacionais. A esse respeito, o livre intercâmbio de informação e de experiências científicas atualizadas deve constituir objeto de apoio e assistência, a fim de facilitar a solução dos problemas ambientais; as tecnologias ambientais devem ser postas à disposição dos países em desenvolvimento, em condições que favoreçam sua ampla difusão, sem que constituam carga econômica excessiva para esses países.

21 De acordo com a Carta das Nações Unidas e com os princípios do direito internacional, os Estados têm o direito soberano de explorar seus próprios recursos, de acordo com a sua política ambiental, desde que as atividades levadas a efeito, dentro da jurisdição ou sob seu controle, não prejudiquem o meio ambiente de outros Estados ou de zonas situadas fora de toda a jurisdição nacional.

22 Os Estados devem cooperar para continuar desenvolvendo o direito internacional, no que se refere à responsabilidade e à indenização das vítimas da poluição e outros danos ambientais que as atividades realizadas dentro da jurisdição ou sob o controle de tais Estados causem às zonas situadas fora de sua jurisdição.

23   Sem prejuízo dos princípios gerais que possam ser estabelecidos pela comunidade internacional e dos critérios e níveis mínimos que deverão ser definidos em nível nacional, em todos os casos será indispensável considerar os sistemas de valores predominantes em cada país, o limite de aplicabilidade de padrões que são válidos para os países mais avançados, mas, que possam ser inadequados e de alto custo social para os países em desenvolvimento.

Referência Bibliográfica e Sugestão para Leitura

JUNGSTEDT, L. O. C. (Organizador), **Direito Ambiental**. Rio de Janeiro: Thex Editora, 1999. 808 p.

Convenção de Viena para a Proteção da Camada de Ozônio de 22 de Março de 1985

ANEXO 6

Preâmbulo

As Partes desta Convenção:

Conscientes do impacto potencialmente negativo na saúde e no ambiente provocado pela modificação da camada de ozônio;

Lembrando as previsões pertinentes da Conferência das Nações Unidas sobre o Ambiente Humano e em particular o princípio 21, que determina que, "de acordo com a Carta das Nações Unidas e os princípios do direito internacional, os Estados têm o direito soberano de exploração dos seus recursos próprios, de acordo com as suas próprias políticas ambientais, e responsabilizando-se para que as atividades desenvolvidas na sua jurisdição ou controle não causem danos ao ambiente de outros Estados ou marcas fora dos limites da jurisdição nacional";

Tendo em conta as circunstâncias e necessidades particulares dos países em desenvolvimento;

Atentos aos trabalhos e aos estudos desenvolvidos, quer por organizações internacionais, quer nacionais, em particular o Plano de Ação Mundial sobre a Camada de Ozônio do Programa das Nações Unidas para o Ambiente;

Atentos ainda às medidas preventivas de proteção da camada de ozônio que têm vindo a ser tomadas tanto a nível nacional como internacional;

Conscientes de que as medidas para a proteção da camada de ozônio provocadas pelas modificações efetuadas pelas atividades humanas requerem ações e cooperação a nível internacional e de que estas deverão ser fundamentadas em importantes considerações científicas e técnicas;

Conscientes ainda da necessidade de uma maior investigação e observação sistemática que conduza a um maior desenvolvimento do conhecimento científico acerca da camada de ozônio e dos possíveis efeitos nocivos resultantes da sua modificação;

Determinadas a proteger a saúde e o ambiente contra os efeitos nocivos resultantes das modificações da camada de ozônio;

Acordaram o seguinte:

Artigo 1º

Definições

Para os fins da presente Convenção:

1 "Camada de ozônio" significa a camada de ozônio atmosférico acima da camada-limite planetária;

2 "Efeitos negativos" significa as alterações verificadas no ambiente físico ou biota, incluindo alterações climáticas, com efeitos nocivos significativos na saúde ou na composição, recuperação e produtividade dos ecossistemas naturais ou construídos ou nas matérias úteis ao homem;

3 "Tecnologias ou equipamentos alternativos" significa tecnologias ou equipamentos cuja utilização torna possível a redução ou eliminação efetiva de emissões de substâncias que têm ou poderão vir a ter efeitos nocivos na camada de ozônio;

Convenção de Viena para a Proteção da Camada de Ozônio de 22 de Março de 1985 **413**

4 "Substâncias alternativas" significa substâncias que reduzem, eliminam ou evitam os efeitos nocivos na camada de ozônio;

5 "Partes" significa, a exceção de indicação em contrário no texto, as Partes da presente Convenção;

6 "Organização de integração econômica regional" significa uma organização formada por Estados soberanos de determinada região, com competência nas matérias constantes na presente Convenção ou nos seus protocolos, e que forem legalmente autorizados, de acordo com os seus procedimentos internos, a assinar, ratificar, aceitar, aprovar ou aderir aos instrumentos em questão;

7 "Protocolos" significa os protocolos da presente Convenção.

Artigo 2º
Obrigações gerais

1 As Partes deverão adotar as medidas adequadas de acordo com os objetivos desta Convenção e dos protocolos em vigor dos quais sejam partes, para proteção da saúde e do ambiente, contra os efeitos resultantes ou que poderão vir a resultar das atividades humanas que modificam ou poderão vir a modificar a camada de ozônio.

2 Com esse objetivo, as Partes deverão, de acordo com os meios ao seu dispor e as suas capacidades:

a) Cooperar, através da observação sistemática, troca de investigação e informação, de forma a um melhor conhecimento e avaliação dos efeitos das atividades humanas na camada de ozônio e dos efeitos na saúde e no ambiente provocados pelas modificações na camada de ozônio;

b) Adotar medidas legislativas ou administrativas apropriadas e cooperar na harmonização das políticas de controle, limitação, redução ou prevenção das atividades humanas sob sua jurisdição ou controle, sempre que se verifique que essas atividades têm ou poderão vir a ter efeitos nocivos resultantes de modificações efetivas ou possíveis da camada de ozônio;

c) Cooperar na formulação de medidas, procedimentos ou *standards* comuns, para a implementação da presente Convenção, com vista à adoção de protocolos e anexos;

Cooperar com os competentes organismos internacionais na implementação efetiva desta Convenção e dos protocolos de que são parte.

3 As determinações da presente Convenção não deverão, por forma alguma, afetar o direito das Partes de adotarem, de acordo com a legislação internacional, medidas internas adicionais às referidas nos parágrafos 1 e 2, nem deverão afetar as medidas internas adicionais já adotadas por uma Parte, desde que essas medidas não sejam incompatíveis com as obrigações a que ficam sujeitas pela presente Convenção.

4 A aplicação deste artigo deverá ser fundamentada em relevantes considerações científicas e técnicas.

Artigo 3º
Investigação e observações sistemáticas

1 As Partes deverão, como lhes compete, iniciar e cooperar, diretamente ou através dos órgãos internacionais competentes, com a condução da investigação e de estudos científicos nos seguintes campos:

a) Processos físicos e químicos que possam afetar a camada de ozônio;

b) Efeitos sobre a saúde e outros efeitos biológicos resultantes de quaisquer modificações da camada de ozônio, particularmente os resultantes das alterações nas radiações ultravioletas que têm efeitos biológicos (UV-B);

c) Efeitos climáticos resultantes de quaisquer modificações da camada de ozônio;

d) Efeitos resultantes de quaisquer codificações na camada de ozônio e consequentes alterações nas radiações UV-B nos materiais naturais e sintéticos úteis ao homem;

e) Substâncias, práticas, processos e atividades que possam afetar a camada de ozônio e seus efeitos cumulativos;

f) Substâncias e tecnologias alternativas;

g) Assuntos socioeconômicos afins; e o elaborado nos anexos I e II.

2 As Partes deverão fomentar ou estabelecer, diretamente ou através dos órgãos internacionais competentes e tendo em conta a legislação nacional e as atividades em curso com interesse tanto a nível nacional como internacional, programas conjuntos ou complementares de observação sistemática sobre o estado da camada de ozônio e de outros parâmetros relevantes, tal como elaborados no anexo I.

3 As Partes deverão cooperar, diretamente ou através dos órgãos internacionais competentes, assegurando a recolha, validação e transmissão dos dados de investigação e observação, através dos centros de dados mundiais apropriados.

Artigo 4º

Cooperação no campo legal, científico e técnico

1   As Partes deverão facilitar e encorajar a troca de informação científica, técnica, socioeconômica, comercial e legal de importância para esta Convenção, tal como está elaborado no anexo II. Esta informação será fornecida aos grupos já acordados pelas Partes. Cada um destes grupos, que recebe a informação considerada confidencial pela Parte fornecedora, deverá assegurar que esta informação não é divulgada e deverá reuni-la de modo a proteger a sua confidenciabilidade enquanto não estiver disponível a todas as Partes.

2   As Partes deverão cooperar, de acordo com as suas leis, regulamentos e práticas nacionais e tendo em conta, em especial, as necessidades dos países em desenvolvimento, promovendo, diretamente ou através dos órgãos internacionais competentes, o desenvolvimento e a transferência de tecnologia e conhecimento. Esta cooperação será levada a cabo particularmente:

a)   Facilitando a aquisição de tecnologias alternativas por outras Partes;

b)   Fornecendo informação sobre tecnologias e equipamentos alternativos e cedendo manuais e guias específicos para estes;

c)   Fornecendo equipamento e facilidades necessárias à investigação e às observações sistemáticas;

d)   Adequada formação de pessoal científico e técnico.

Artigo 5º

Transmissão de informação

As Partes deverão transmitir, através do secretariado, a Conferência das Partes, estabelecida no Artigo 6º, a informação sobre as medidas adotadas por elas na implementação desta Convenção e dos protocolos de que fazem parte, da maneira e com a regularidade determinada nas reuniões das Partes.

Artigo 6º

Conferência das Partes

1   A Conferência das Partes é aqui estabelecida. O primeiro encontro da Conferência das Partes deverá ser convocado pelo secretariado designado interinamente no Artigo 7º não mais de um ano após a entrada em vigor desta Convenção. Depois disso, as reuniões ordinárias da Conferência das Partes deverão ter lugar com a regularidade determinada pela Conferência no seu primeiro encontro.

2   As reuniões extraordinárias da Conferência das Partes deverão ter lugar sempre que a Conferência o julgue necessário ou através de pedido por escrito feito por qualquer das Partes, desde que no prazo de seis meses, a partir da data em que o secretariado lhes tenha comunicado o pedido, seja subscrito pelo menos por um terço das Partes.

3   A Conferência das Partes deverá acordar e adotar, por consenso, regras de procedimento e regras financeiras para si própria e para quaisquer órgãos subsidiários que possa fixar, bem como provisões financeiras que regulem o funcionamento do secretariado.

4   A Conferência das Partes deverá manter a revisão contínua da implementação da Convenção e, além disso, deverá:

a)   Estabelecer a forma e a regularidade da transmissão da informação a ser apresentada de acordo com o Artigo 5º e considerar esta informação como relatórios apresentados por qualquer órgão subsidiário;

b)   Rever a informação científica sobre a camada de ozônio, sobre a sua possível alteração e sobre os possíveis efeitos de qualquer modificação;

c)   Promover, de acordo com o Artigo 2º, a harmonização de políticas, estratégias e medidas adequadas à minimização da emissão de substâncias que causem ou possam vir a causar alteração na camada de ozônio, e fazer recomendações sobre quaisquer outras medidas relacionadas com esta Convenção;

d)   Adotar, de acordo com os Artigos 3º e 4º, programas de investigação, observações sistemáticas, cooperação científica e tecnológica, troca de informação e transferência de tecnologia e conhecimento;

e)   Ter em consideração e adotar, conforme os casos, de acordo com os Artigos 9º e 10, emendas a esta Convenção e aos seus anexos;

f)   Ter em consideração as emendas a qualquer Protocolo, bem como a qualquer dos anexos, e, se assim for decidido, recomendar às Partes a adoção do Protocolo em questão;

g)   Ter em consideração e adotar, conforme os casos, de acordo com o Artigo 10, anexos adicionais a esta Convenção;

Convenção de Viena para a Proteção da Camada de Ozônio de 22 de Março de 1985 **415**

h) Ter em consideração e adotar, conforme o caso, protocolos de acordo com o Artigo 8º;
i) Estabelecer os órgãos subsidiários necessários à implementação desta Convenção;
j) Procurar, onde for caso disso, os serviços de órgãos internacionais competentes e comitês científicos, em particular a Organização Meteorológica Mundial e a Organização Mundial de Saúde, bem como o Comitê de Coordenação sobre a Camada de Ozônio, para investigação científica, observações sistemáticas e outras atividades pertinentes para os objetivos desta Convenção, e utilizar de modo adequado a informação destes órgãos ou comitês;
k) Considerar e levar a cabo as atividades adicionais necessárias à obtenção dos objetivos desta Convenção.

5 As Nações Unidas, os seus departamentos especializados e a Agência Internacional de Energia Atômica, bem como qualquer Estado que não faça parte desta Convenção, podem estar representados como observadores nos encontros da Conferência das Partes. Qualquer órgão ou departamento, tanto nacional como internacional, governamental ou não, qualificado em áreas referentes à proteção da camada de ozônio, que tenha informado o secretariado do seu desejo de estar representado num encontro da Conferência das Partes como observador, pode ser admitido, a não ser que pelo menos um terço das Partes ponha objeções. A admissão e participação de observadores deverão estar sujeitas às regras de procedimento adotadas pela Conferência das Partes.

Artigo 7º

Secretariado

1 As funções do secretariado deverão ser:

a) Organizar os encontros previstos nos Artigos 6º, 8º, 9º e 10;
b) Preparar e transmitir relatórios baseados na informação recebida, de acordo com os Artigos 4º e 5º, bem como a informação resultante dos encontros dos órgãos subsidiários estabelecidos no Artigo 6º;
c) Executar as funções que lhe forem atribuídas por qualquer Protocolo;
d) Preparar relatórios de atividades realizadas na implementação das suas funções sob esta Convenção e apresentá-los à Conferência das Partes;
e) Assegurar a coordenação necessária com outros importantes órgãos internacionais e em particular entrar em acordos administrativos e contratuais que sejam necessários ao desempenho eficaz das suas funções;
f) Executar quaisquer outras funções que sejam determinadas pela Conferência das Partes.

2 As funções do secretariado serão executadas provisoriamente pelo Programa das Nações Unidas para o Ambiente até a conclusão da primeira reunião ordinária da Conferência das Partes realizada de acordo com o Artigo 6º. Na sua primeira reunião ordinária, a Conferência das Partes deverá designar o secretariado de entre as existentes organizações internacionais competentes que tenham mostrado disposição para executar as funções de secretariado nesta Convenção.

Artigo 8º

Adoção dos protocolos

1 A Conferência das Partes, numa reunião, pode adotar protocolos de acordo com o Artigo 2º.

2 O texto de qualquer Protocolo proposto deverá ser comunicado às Partes pelo secretariado pelo menos seis meses antes da reunião.

Artigo 9º

Emendas à Convenção ou protocolos

1 Qualquer Parte pode propor emendas a esta Convenção ou a qualquer Protocolo. Estas emendas deverão ter em devida conta, *inter alia,* as considerações científicas e técnicas relevantes.

2 As emendas a esta Convenção deverão ser adotadas numa reunião das Partes. As emendas a qualquer Protocolo deverão ser adotadas na reunião das Partes sobre o Protocolo em questão. O texto de qualquer proposta de emenda a esta Convenção ou a qualquer Protocolo, exceto se algo em contrário estiver disposto nesse Protocolo, deverá ser comunicado às Partes pelo secretariado pelo menos seis meses antes da reunião em que irá ser proposta para adoção. O secretariado deverá também comunicar as emendas propostas aos signatários desta Convenção.

3 As Partes deverão esforçar-se por entrar em acordo por consenso sobre qualquer emenda proposta à presente Convenção. Se não for possível entrar em acordo, a emenda deverá ser adotada por pelo menos

uma maioria de três quartos dos votos das Partes presentes com direito a voto e deve ser submetida pelo depositário a todas as Partes para ratificação, aprovação e aceitação.

4 O processo mencionado no parágrafo 3 deverá aplicar-se às emendas a qualquer Protocolo, a não ser que haja uma maioria de dois terços das Partes deste Protocolo, presentes e com direito a voto na reunião, o que será suficiente para a sua adoção.

5 A ratificação, aprovação e aceitação das emendas deverão ser notificadas por escrito pelo depositário. As emendas adotadas de acordo com os parágrafos 3 ou 4 deverão entrar em vigor, entre as Partes que as aceitaram, no 90º dia depois de o depositário ter recebido a notificação da sua ratificação, aprovação ou aceitação de pelo menos três quartos das Partes desta Convenção ou de pelo menos dois terços das Partes do Protocolo em questão, exceto se houver algo em contrário explícito no Protocolo. Depois disso, as emendas deverão entrar em vigor para qualquer outra Parte no 90º dia depois de a Parte depositar o seu instrumento de ratificação, aprovação ou aceitação das emendas.

6 Para os objetivos deste artigo, "Partes presentes e com direito a voto" significa Partes presentes dispondo de um voto afirmativo ou negativo.

Artigo 10

Adoção e alteração dos anexos

1 Os anexos a esta Convenção ou a qualquer Protocolo farão parte integrante desta Convenção ou deste Protocolo, conforme os casos, e, salvo determinação em contrário, qualquer referência a esta Convenção ou aos seus protocolos constitui simultaneamente uma referência a qualquer dos seus anexos. Estes anexos reportar-se-ão apenas a assuntos científicos, técnicos e administrativos.

2 À exceção do que for estabelecido em contrário em qualquer Protocolo relativamente aos seus anexos, o procedimento seguinte aplicar-se-á à proposta, adoção e entrada em vigor de anexos adicionais a esta Convenção ou de anexos a um Protocolo:

   a) Os anexos a esta Convenção deverão ser propostos e adotados de acordo com o procedimento estabelecido no Artigo 9º, parágrafos 2 e 3, enquanto os anexos a qualquer Protocolo deverão ser propostos e adotados de acordo com os procedimentos estabelecidos no Artigo 9º, parágrafos 2 e 4;

   b) Qualquer Parte que não aprove um anexo adicional a esta Convenção ou um anexo a qualquer Protocolo do qual seja parte deverá notificar o depositário, por escrito, no período de seis meses a partir da data da comunicação da adoção pelo depositário. O depositário deverá sem demora notificar todas as Partes de cada uma das notificações recebidas. Uma Parte poderá, em qualquer altura, substituir a aceitação por uma declaração de objeção prévia e os anexos entrarão imediatamente em vigor para essa Parte;

   c) A partir do momento em que expirar o período de seis meses depois da data de circulação da comunicação pelo depositário, o anexo tornar-se-á efetivo para todas as Partes desta Convenção ou de qualquer Protocolo a ela relativo que não tenham apresentado uma notificação de acordo com o estabelecido na alínea b.

3 A proposta, adoção e entrada em vigor das alterações aos anexos a esta Convenção ou a qualquer Protocolo serão sujeitas aos mesmos procedimentos que a proposta, adoção e entrada em vigor dos anexos à Convenção ou dos anexos a um Protocolo. Os anexos e as alterações também deverão ter na devida conta, *inter alia,* considerações científicas e técnicas.

4 Se um anexo adicional ou uma alteração a um anexo implicar uma alteração a esta Convenção ou a qualquer Protocolo, o anexo adicional ou alterado não entrará em vigor enquanto a correspondente alteração a esta Convenção ou ao Protocolo não entrar em vigor.

Artigo 11

Resolução dos diferendos

1 Na eventualidade de uma disputa entre as Partes relativamente à interpretação ou aplicação desta Convenção, as Partes envolvidas procurarão uma solução por negociação.

2 Se as Partes envolvidas não chegarem a acordo pela negociação, poderão, em conjunto, recorrer aos bons ofícios ou à mediação de uma terceira Parte.

3 Quando da ratificação, aceitação, aprovação ou adesão a esta Convenção, ou em qualquer outra ocasião posterior, um Estado ou organização de integração econômica regional poderá declarar, por escrito, ao depositário que, no caso de diferendo não solucionado de acordo com os parágrafos 1 e 2, aceitará obrigatoriamente um ou ambos dos seguintes métodos:

Convenção de Viena para a Proteção da Camada de Ozônio de 22 de Março de 1985 **417**

a) Arbitragem de acordo com os procedimentos a serem adaptados pela Conferência das Partes na sua primeira reunião ordinária;

b) Apresentação do diferendo ao Tribunal Internacional de Justiça.

4 Se as Partes não tiverem aceito nenhum dos métodos de acordo com o parágrafo 3, o diferendo será apresentado para conciliação de acordo com o estabelecido no parágrafo 5, a não ser que as Partes acordem noutro sentido.

5 Será criada uma comissão de conciliação, a pedido de uma das Partes envolvidas no diferendo. A comissão será formada por um número igual de membros indicados por cada uma das Partes envolvidas e um presidente escolhido conjuntamente pelos membros indicados por cada uma das Partes. A comissão elaborará uma recomendação final, que deverá ser tomada em consideração pelas Partes.

6 O estabelecido no presente artigo será aplicado em relação a todos os protocolos, a não ser que seja estabelecido o contrário no Protocolo em questão.

Artigo 12

Assinatura

A presente Convenção estará aberta para assinatura dos Estados e organizações de integração econômica regional no Ministério Federal dos Negócios Estrangeiros da República da Áustria, em Viena, de 22 de março de 1985 a 21 de setembro de 1985, e na sede da Organização das Nações Unidas, em Nova Iorque, de 22 de setembro de 1985 a 21 de março de 1986.

Artigo 13

Ratificação, aceitação ou aprovação

1 A presente Convenção e qualquer Protocolo serão submetidos para ratificação, aceitação ou aprovação pelos Estados e pelas organizações de integração econômica regional. Os instrumentos de gratificação, aceitação ou aprovação serão depositados junto do depositário.

2 Qualquer das organizações referidas no parágrafo 1 que se torne Parte da presente Convenção ou de qualquer Protocolo em que alguns dos seus Estados membros não sejam Parte deve ficar vinculada a todas as obrigações desta Convenção ou do Protocolo, conforme o caso. No caso de organizações em que um ou mais dos seus Estados membros sejam Parte da Convenção ou do Protocolo, a organização e os seus Estados membros deverão decidir das suas responsabilidades em relação ao cumprimento das suas obrigações para com a Convenção ou Protocolo, conforme o caso. Nesta situação, a organização e os Estados membros não poderão exercer os direitos consignados pela Convenção ou pelo Protocolo.

3 Nos instrumentos de ratificação, aceitação ou aprovação, as organizações referidas no parágrafo 1 deverão declarar o âmbito das suas competências relativamente aos assuntos constantes da Convenção ou do Protocolo respectivo. Estas organizações deverão ainda informar o depositário de qualquer modificação significativa no âmbito das suas competências.

Artigo 14

Adesão

1 A presente Convenção e todos os protocolos estarão abertos para adesão pelos Estados ou pelas organizações de integração econômica regional a partir da data em que a Convenção ou o Protocolo estejam encerrados para assinatura. Os instrumentos de adesão deverão ser depositados no depositário.

2 Nos seus instrumentos de adesão, as organizações referidas no parágrafo 1 deverão declarar o âmbito das suas competências relativamente à matéria constante da Convenção ou do Protocolo. Estas organizações deverão ainda informar o depositário de todas as alterações substanciais no âmbito das suas competências.

3 O estabelecido no Artigo 13, parágrafo 2, aplica-se às organizações de integração econômica regional que adiram à presente Convenção ou a qualquer Protocolo.

Artigo 15

Direito de voto

1 Cada uma das Partes da presente Convenção ou de qualquer Protocolo disporá de um voto.

2 Como exceção ao estabelecido para o efeito no parágrafo 1, as organizações de integração econômica regional, em assuntos que se enquadrem na sua competência, exercerão o seu direito de voto com um número de votos igual ao número de Estados membros que sejam Partes da presente Convenção ou de quaisquer Protocolo em questão. Estas organizações não exercerão o seu direito de voto se os seus Estados membros o fizerem, e vice-versa.

418 Anexo Seis

Artigo 16

Relação entre a Convenção e os seus protocolos

1   Um Estado ou organização de integração econômica regional não poderá tornar-se parte de um Protocolo, a não ser que seja Parte, simultaneamente, da presente Convenção.

2   As decisões relativas a qualquer Protocolo deverão ser tomadas unicamente pelas partes do Protocolo em questão.

Artigo 17

Entrada em vigor

1   A presente Convenção entrará em vigor no 90º dia a contar da data do depósito do 20º instrumento de ratificação, aceitação, aprovação ou adesão.

2   Qualquer Protocolo, a não ser que se verifique disposição em contrário, entrará em vigor no 90º dia a contar da data do depósito do 11º instrumento de ratificação, aceitação, aprovação ou adesão desse Protocolo.

3   Para cada uma das Partes que ratifique, aceite ou aprove a presente Convenção ou a ela adira depois do depósito do 20º instrumento de ratificação, aceitação, aprovação ou adesão, a Convenção entrará em vigor no 90º dia a contar da data do depósito, efetuado pela referida Parte, do instrumento de ratificação, aceitação, aprovação ou adesão.

4   Qualquer Protocolo, sempre que não exista disposição em contrário, entrará em vigor para uma parte que o ratifique, aceite, aprove ou adira depois da sua entrada em vigor nos termos do parágrafo 2 no 90º dia a contar da data em que esta parte deposite o instrumento de ratificação, aceitação, aprovação ou adesão ou na data em que a Convenção entrar em vigor para essa Parte.

5   Para efeito do disposto nos parágrafos 1 e 2, qualquer instrumento depositado por uma organização de integração econômica regional não será considerado um adicional aos depositados pelos Estados membros dessa organização.

Artigo 18

Reservas

Não poderão ser efetuadas reservas à presente Convenção.

Artigo 19

Denúncia

1   Quatro anos após a entrada em vigor da presente Convenção relativamente a uma Parte, esta poderá, em qualquer momento, denunciar a Convenção, mediante notificação por escrito dirigida ao depositário.

2   À exceção de outra disposição em contrário relativamente a um Protocolo, quatro anos após a data de entrada em vigor desse Protocolo relativamente a uma Parte, esta poderá, em qualquer momento, denunciar o Protocolo, mediante notificação por escrito dirigida ao depositário.

3   Qualquer denúncia produzirá efeitos um ano após a data de recepção da notificação pelo depositário ou em data posterior se tal for estabelecido na notificação da denúncia.

4   Qualquer Parte que denuncie a presente Convenção considerar-se-á como tendo denunciado todos os protocolos de que era parte.

Artigo 20

Depositário

1   O Secretário-Geral das Nações Unidas assumirá as funções de depositário da presente Convenção e de todos os protocolos.

2   O depositário deverá informar, particularmente, as Partes do seguinte:

a)   Assinatura da presente Convenção e de todos os protocolos e do depósito dos instrumentos de ratificação, aceitação, aprovação ou adesão de acordo com os artigos 13º e 14º;

b)   Data em que a presente Convenção e todos os protocolos entram em vigor de acordo com o Artigo 17º;

c)   Notificação de denúncia quando efetuada de acordo com o Artigo 19;

d)   Alterações introduzidas relativamente à Convenção ou a qualquer Protocolo, aceitação pelas Partes e data de entrada em vigor de acordo com o artigo 9º;

e)   Todas as comunicações relacionadas com a adoção e aprovação dos anexos e das suas alterações de acordo com o artigo 10;

Convenção de Viena para a Proteção da Camada de Ozônio de 22 de Março de 1985 **419**

f) Notificações das organizações de integração econômica regional do alargamento do âmbito das suas competências no que respeita aos assuntos a que a Convenção e os protocolos respeitam e de quaisquer notificações posteriores;

g) Declarações efetuadas de acordo com o Artigo 11, parágrafo 3.

Artigo 21

Textos autênticos

O original da presente Convenção, cujos textos em árabe, chinês, inglês, francês, russo e espanhol são igualmente autênticos, será depositado junto do Secretário-Geral das Nações Unidas.

Em fé do que os abaixo-assinados, para isso devidamente autorizados, assinaram a presente Convenção.

Feito em Viena aos 22 dias do mês de março de 1985.

Anexo I

Investigação e observações sistemáticas

1 As Partes da Convenção reconhecem que os mais importantes temas científicos são:

a) A modificação da camada de ozônio que tenha como resultado uma alteração na quantidade de radiações ultravioletas com efeitos biológicos (UV-B) que atinjam a superfície da Terra e com consequências potenciais na saúde, organismos, ecossistemas e nas matérias úteis ao homem;

b) A modificação na distribuição vertical do ozônio que possa alterar o perfil da temperatura da atmosfera, com consequências no tempo e no clima.

2 De acordo com o Artigo 3º, as Partes da Convenção devem cooperar na orientação da investigação e observações sistemáticas e na formulação de recomendações para futuras investigações e observações nas seguintes áreas:

a) *Investigação dos elementos físicos e químicos da atmosfera:*

i) Amplos modelos teóricos: um maior desenvolvimento de modelos que tenham em consideração a interação entre processos radioativos, dinâmicos e químicos; estudos sobre os efeitos simultâneos das diversas espécies naturais e artificiais no ozônio da atmosfera; interpretação da medição de conjuntos de dados, obtidos ou não por satélite; avaliação das tendências ou parâmetros atmosféricos e geofísicos e o desenvolvimento de métodos de atribuição de alterações nestes parâmetros por causas específicas;

ii) Estudos laboratoriais de: coeficientes de avaliação, observação de secções cruzadas e mecanismos de processos químicos e fotoquímicos troposféricos e estratosféricos; dados espectroscópicos para apoio de medições de campo em todas as regiões relevantes do espectro;

iii) Medições de campo: a concentração e fluxos de importantes fontes de emissões gasosas, tanto de origem natural como antropogênica; estudos da dinâmica atmosférica; medições simultâneas de espécies fotoquimicamente relacionadas com a camada planetária em redor, utilizando instrumentos *in situ* ou de detecção remota; comparação entre diferentes sensores, incluindo medições correlativas coordenadas para instrumentalização por satélite; campos tridimensionais de vestígios de constituintes atmosféricos importantes, fluxos velares espectrais e parâmetros meteorológicos;

iv) Desenvolvimento dos instrumentos, incluindo sensores, por satélite ou não, para constituintes atmosféricos, fluxos solares e parâmetros meteorológicos;

b) *Investigação sobre os efeitos biológicos e de fotodegradação na saúde:*

i) A relação entre a exposição humana à radiação solar visível e ultravioleta e *(a)* o desenvolvimento do câncer de pele, melanoma ou não, e *(b)* os efeitos no sistema imunológico;

ii) Efeitos da radiação UV-B, incluindo dependência dos comprimentos de onda sobre (a) cereais, florestas e outros ecossistemas terrestres e (b) sobre a rede de alimentação aquática e na pesca, bem como possíveis reduções na produção de oxigênio pelo fitoplâncton;

iii) Os mecanismos de ação da radiação UV-B em matéria biológica, espécies e ecossistemas, incluindo: relacionamento entre doseamento, índice de doseamento e resposta; fotorreparação, adaptação e proteção;

iv) Estudos sobre o espectro de ação biológica e a resposta espectral utilizando radiação policromática com o fim de incluir as interações possíveis das regiões com diversos comprimentos de onda;

420 Anexo Seis

v) A influência da radiação UV-B em: sensibilidades e atividades das espécies biológicas importantes para o equilíbrio biosférico; processos primários, tais como fotossíntese e biossíntese;

vi) A influência da radiação UV-B na fotodegradação de poluentes, químicos agrícolas e outros materiais;

c) *Investigação dos efeitos no clima:*

i) Estudos teóricos e de observação dos efeitos radioativos do ozônio e de outros elementos e o impacto nos parâmetros climáticos, tais como temperatura da superfície terrestre e do mar, níveis de precipitação, trocas entre a troposfera e a estratosfera;

ii) A investigação dos efeitos dos impactos climáticos nos vários aspectos da atividade humana;

d) *Observações sistemáticas sobre:*

i) O estado da camada de ozônio (isto é, a variação espacial e temporal do conteúdo total da coluna e da distribuição vertical) através do Sistema de Observação Global do Ozônio, baseado na integração de sistemas via satélite e terrestres, totalmente operacionais;

ii) As concentrações troposféricas e estratosféricas de fontes de HO_X, NO_X, ClO_X e derivados do carbono;

iii) A temperatura do solo para a mesosfera, utilizando tanto os sistemas terrestres como via satélite;

iv) O fluxo sobre comprimento de onda determinado, que atinja a atmosfera da Terra, e a radiação térmica que dela emana, utilizando medições via satélite;

v) Fluxo solar com comprimento de onda determinado atingindo a superfície da Terra no campo de ação ultravioleta tendo efeitos biológicos UV-B;

vi) Propriedade e distribuição do aerossol, distribuição do solo para a mesosfera, utilizando sistemas terrestres, aéreos e via satélite;

vii) Variáveis climaticamente importantes pela manutenção de programas de medições de superfície meteorológica de alta qualidade;

viii) Espécies observadas, temperaturas, fluxo solar e aerossóis, utilizando métodos melhorados de análise de dados globais.

3 As Partes da Convenção devem cooperar, tendo em conta as necessidades particulares dos países em vias de desenvolvimento, na promoção de adequados programas de formação científica e técnica requeridos à participação na investigação e nas observações sistemáticas delineadas neste anexo. Deve ser dada ênfase particular à intercalibração da instrumentalização de observação e métodos com vista à obtenção de conjuntos de dados científicos comparáveis ou estandardizados.

4 As seguintes substâncias químicas de origem natural e antropogênica, não listadas por ordem de prioridade, pensa-se que têm o potencial para modificar as propriedades químicas e físicas da camada de ozônio:

a) Compostos de carbono:

i) *Monóxido de carbono (CO)* – O monóxido de carbono tem fontes naturais e antropogênicas significativas e considera-se que representa um importante papel direto na fotoquímica troposférica e um papel indireto na fotoquímica estratosférica;

ii) *Dióxido de carbono (CO_2)* – O dióxido de carbono tem significativas origens naturais e antropogênicas e afeta o ozônio estratosférico, influenciando a estrutura térmica da atmosfera;

iii) *Metano (CH_4)* – O metano tem origens naturais e antropogênicas e afeta tanto o ozônio troposférico como o estratosférico.

iv) *Espécies de hidrocarbonetos sem metano* – As espécies de hidrocarbonetos sem metano, que consistem num grande número de substâncias químicas, têm origens naturais e antropogênicas e têm um papel direto na fotoquímica troposférica e um papel indireto na fotoquímica estratosférica;

b) Compostos de azoto:

i) *Óxido nitroso (N_2O)* – As origens dominantes do N_2O são naturais, mas as contribuições antropogênicas tornam-se cada vez mais importantes. O óxido nitroso é a fonte primária do NO_X estratosférico, que tem um papel vital no controle da quantidade de ozônio estratosférico;

Convenção de Viena para a Proteção da Camada de Ozônio de 22 de Março de 1985 **421**

    ii) *Óxidos de azoto* (NO_X), – As origens ao nível do solo do NO_X têm um importante papel direto unicamente nos processos fotoquímicos troposféricos e um papel indireto na fotoquímica da estratosfera, onde a injeção de NO_X perto da tropopausa pode levar diretamente a uma alteração na parte superior do ozônio troposférico e estratosférico;

c) Compostos de cloro:

    i) *Alquenos totalmente halogenados, por exemplo*: CCl_4, $CFCl_3$ (CFC-11), CF_2CI_2 (CFC-12), $C_2F_2Cl_3$ (CFC-113), $C_2F_4Cl_2$ (CFC-114) – Os alquenos totalmente halogenados são antropogênicos e atuam como uma fonte de ClO_X, que tem um papel vital na fotoquímica do ozônio, especialmente numa altitude entre 30 km e 50 km;

    ii) *Alquenos parcialmente halogenados, por exemplo:* CH_3Cl, CHF_2Cl (CFC-22), CH_3CCl_3, $CHFCl_2$ (CFC-21) – As fontes do CH_3Cl são naturais, considerando que os outros alquenos parcialmente halogenados acima mencionados são, na origem, antropogênicos. Estes gases também atuam como uma fonte de ClO_X estratosférico;

d) Compostos de bromo:

Alquenos totalmente halogenados, por exemplo: CF_3Br. Estes gases são antropogênicos e atuam como uma fonte de BrO_X que tem um comportamento de certo modo semelhante ao ClO_X;

e) Compostos de hidrogênio:

    i) *Hidrogênio* (H_2). O hidrogênio, cuja origem é natural e antropogênica, tem um papel menor na fotoquímica estratosférica;

    ii) *Água* (H_2O). A água, cuja origem é natural, tem um papel vital tanto na fotoquímica troposférica como na estratosférica. Fontes locais de vapor de água na estratosfera incluem a oxidação do metano e, a uma escala menor, do hidrogênio.

Anexo II

Troca de informação

1 As Partes da Convenção reconhecem que a recolha e partilha da informação é um meio importante de implementar os objetivos desta Convenção e de assegurar que quaisquer decisões a tomar sejam adequadas e imparciais. Portanto, as Partes devem trocar informação científica, técnica, socioeconômica, industrial, comercial e legal.

2 As Partes da Convenção, quando decidirem qual a informação a ser recolhida e trocada, devem ter em conta a utilidade da informação e os custos da sua obtenção. As Partes também reconhecem que a cooperação, sob este anexo, tem de estar de acordo com a legislação nacional, regulamentos e práticas referentes a patentes, segredos comerciais e proteção da informação confidencial e registrada.

3 *Informação científica.* – Inclui informação sobre:

a) Investigação planeada e em curso, tanto governamental como privada, que facilite a coordenação dos programas de investigação, de modo a haver a utilização mais eficaz dos recursos nacionais e internacionais;

b) Os dados sobre emissões, necessários à investigação;

c) Resultados científicos publicados em documentação especializada, revista sobre o conhecimento da física e da química da atmosfera terrestre e da sua susceptibilidade a alterações, em particular sobre o estado da camada de ozônio e nos efeitos na saúde, ambiente e clima resultantes das alterações em todos os níveis, tanto no conteúdo total da coluna como na distribuição vertical do ozônio;

d) A determinação dos resultados da investigação e as recomendações para investigação futura.

4 *Informação técnica.* – Inclui informação sobre:

a) A eficácia e o custo de substitutos químicos e das tecnologias alternativas na redução de emissões de substâncias susceptíveis de alterarem o ozônio e da investigação planeada e em curso sobre o mesmo assunto;

b) As limitações e quaisquer riscos envolvidos na utilização de produtos químicos ou outros substitutos e tecnologias alternativas.

5 *Informação socioeconômica e comercial sobre substâncias referidas no anexo I.* – Inclui informação sobre:

422 Anexo Seis

a) Produção e capacidade de produção;
b) Utilização e padrões de utilização;
c) Importações/exportações;
d) Custos, riscos e benefícios das atividades humanas que podem indiretamente modificar a camada de ozônio e dos impactos de ações reguladoras tomadas ou a serem consideradas para controlar essas atividades.

6 *Informação legal.* – Inclui informação sobre:

a) Legislação nacional, medidas administrativas e investigação legal relevantes para a proteção da camada de ozônio;
b) Acordos internacionais, incluindo acordos bilaterais, importantes para a proteção da camada de ozônio;
c) Métodos e termos de licenciamento e viabilidade das patentes importantes para a proteção da camada de ozônio.

1941 Legislação Internacional Convenção de Viena para a Proteção da Camada de Ozônio de 22-03-1985 (Versão 1 - Originária) Convenção de Viena para a Proteção da Camada de Ozônio-22-03-1985-01-09, 1988-17-10. UN/PNUA Portugal; Reino Unido; EUA; C.E.; Turquia etc. Convenção de Viena para a Proteção da Camada de Ozônio. Proteção da Camada de Ozônio 01-09-1988-20-2 Português; Inglês; ar, ozônio, poluição atmosférica, efeito estufa Direito do Ambiente, Direito Internacional 1985-03-22 S.

Referência Bibliográfica e Sugestão para Leitura

Disponível em: <http://www.onu-brasil.org.br/doc_ozonio.php>. Acessado: em 7/12/2007.

Protocolo de Montreal sobre as Substâncias que Deterioram a Camada de Ozônio

ANEXO

7

As Partes do presente Protocolo:

Sendo Partes da *Convenção de Viena para a Proteção da Camada de Ozônio*;

Conscientes das suas obrigações, impostas pela Convenção, de tomar as medidas apropriadas para proteger a saúde do homem e o ambiente contra os efeitos nefastos que resultam ou podem resultar de atividades humanas que modificam ou podem modificar a camada de ozônio;

Reconhecendo que as emissões de certas substâncias, em escala mundial, podem deteriorar de forma significativa e modificar a camada de ozônio de modo que corra o risco de ter efeitos nocivos na saúde do homem e no ambiente;

Tendo consciência dos potenciais efeitos climáticos originados pela emissão destas substâncias;

Conscientes de que as medidas que visam a proteger a camada de ozônio contra o risco de deterioração deverão ter como base conhecimentos científicos relevantes, tendo em conta considerações técnicas e econômicas;

Determinadas a proteger a camada de ozônio, adotando medidas preventivas para regulamentar equitativamente o total das emissões mundiais de substâncias que a deterioram, sendo o objetivo final a sua eliminação, em função da evolução dos conhecimentos científicos e tendo em conta considerações técnicas e econômicas;

Reconhecendo que se impõem medidas específicas para dar resposta às necessidades dos países em vias de desenvolvimento no que diz respeito a estas substâncias;

Constatando que já foram tomadas medidas preventivas em escala nacional e regional para regulamentar as emissões de certos clorofluorcarbonos;

Considerando a necessidade de promover uma cooperação internacional em matéria de investigação e desenvolvimento da ciência e tecnologia para o controle e a redução das emissões de substâncias que deterioram a camada de ozônio, tendo em conta as necessidades específicas dos países em vias de desenvolvimento, acordam o seguinte:

Artigo 1º

Definições

Para os fins do presente Protocolo:

1 Por "Convenção", entende-se a Convenção de Viena para a Proteção da Camada de Ozônio, *Convenção de Viena para a Proteção da Camada de Ozônio*, adotada em 22 de março de 1985;

2 Por "Partes", entendem-se as Partes do presente Protocolo, salvo indicações em contrário;

3 Por "secretariado" entende-se o secretariado da Convenção;

4 Por "substância regulamentada" entende-se uma substância que figura no anexo A do presente Protocolo, quer se apresente isolada ou num composto. Contudo, a definição exclui qualquer substância desta

natureza se esta se encontrar num produto manufaturado que não seja um contendor utilizado no transporte ou armazenagem da referida substância;

5 Por "produção" entende-se a quantidade de substâncias regulamentadas produzidas, deduzindo-se a quantidade eliminada através de técnicas que hão de ser aprovadas pelas Partes;

6 Por "consumo" entende-se a produção, adicionando-lhe as importações e deduzindo-lhe as exportações das substâncias regulamentadas;

7 Por "níveis calculados" de produção, das importações, exportações e consumo entendem-se os níveis determinados de acordo com o artigo 3º;

8 Por "racionalização industrial" entende-se a transferência da totalidade ou de uma parte do nível de produção calculado de uma Parte para outra, tendo em vista a otimização do rendimento econômico ou a satisfação das necessidades em caso de insuficiências de aprovisionamento resultantes do encerramento de fábricas.

Artigo 2º

Medidas de controle

1 Durante o período de doze meses a contar do 1º dia do 7º mês depois da data de entrada em vigor do presente Protocolo e, a partir daí, durante cada período de doze meses, cada uma das Partes providenciará que o seu nível calculado de consumo de substâncias regulamentadas do grupo I do anexo A não exceda o seu nível calculado de consumo de 1986. No fim do mesmo período, cada Parte que produza uma ou várias destas substâncias providenciará que o seu nível de produção dessas substâncias não exceda o seu nível calculado de produção de 1986. Contudo, este nível poderá aumentar no máximo 10% em relação aos níveis de 1986. Este aumento só será autorizado para dar resposta às necessidades internas fundamentais das Partes, previstas no artigo 5º, e para racionalização industrial entre as Partes.

2 Durante o período de doze meses a contar do 1º dia do 37º mês depois da data de entrada em vigor do presente Protocolo e, a partir daí, durante cada período de doze meses, cada uma das Partes providenciará que o seu nível calculado de consumo de substâncias regulamentadas do grupo II do anexo A não exceda o seu nível calculado de consumo de 1986. Cada Parte que produza uma ou várias destas substâncias providenciará que o seu nível calculado de produção das referidas substâncias não exceda o seu nível calculado de produção de 1986. Todavia, a sua produção poderá ser acrescida no máximo de 10% relativamente ao nível de 1986. Este aumento só será autorizado para dar resposta às necessidades fundamentais das Partes, previstas no artigo 5º, e para a racionalização industrial entre as Partes. Os mecanismos de aplicação das presentes medidas serão decididos pelas Partes na primeira reunião depois da primeira análise científica.

3 No período compreendido entre 1º de julho de 1993 e 30 de junho de 1994 e, a partir daí, durante cada período de doze meses, cada uma das Partes providenciará que o seu nível calculado de consumo de substâncias regulamentadas do grupo I do anexo A não exceda, anualmente, 80% do seu nível calculado de consumo de 1986. Cada Parte que produza uma ou várias destas substâncias providenciará, durante os mesmos períodos, que o seu nível calculado de produção dessas substâncias não exceda, anualmente, 80% do seu nível calculado de produção de 1986. Contudo, para dar resposta às necessidades internas fundamentais das Partes, previstas no artigo 5º, e com o objetivo de racionalização industrial entre as Partes, o seu nível calculado de produção pode exceder este limite num máximo de 10% do seu nível calculado de produção de 1986.

4 No período compreendido entre 1º de julho de 1998 e 30 de junho de 1999 e, a partir daí, durante cada período de doze meses, cada uma das Partes providenciará que o seu nível calculado de consumo de substâncias regulamentadas do grupo I do anexo A não exceda, anualmente, 50% do seu nível calculado de consumo de 1986. Cada Parte que produza uma ou várias destas substâncias providenciará, durante os mesmos períodos, que o seu nível calculado de produção dessas substâncias não exceda, anualmente, 50% do seu nível calculado de produção de 1986. Contudo, para dar resposta às necessidades internas fundamentais das Partes, previstas no artigo 5º, e com o objetivo de racionalização industrial entre as Partes, o seu nível calculado de produção pode exceder este limite num máximo de 15% do seu nível calculado de produção de 1986. As disposições do presente parágrafo aplicam-se, salvo decisão em contrário das Partes, tomada em reunião por uma maioria de dois terços das Partes presentes e votantes, representando, pelo menos, dois terços do nível calculado total de consumo das Partes para essas substâncias. Esta decisão é analisada e tomada tendo em conta as avaliações referidas no artigo 6º.

Protocolo de Montreal sobre as Substâncias que Deterioram a Camada de Ozônio **425**

5 Qualquer das Partes cujo nível calculado de produção de 1986 em relação às substâncias regulamentadas do grupo I do anexo A seja inferior a 25 quilotoneladas pode, com o objetivo de racionalização industrial, transferir para qualquer outra Parte, ou receber de qualquer outra Parte, o excedente de produção em relação aos limites fixados nos parágrafos 3 e 4, desde que o total combinado dos níveis calculados de produção das Partes em causa não exceda os limites de produção fixados no presente artigo. Nestes casos, o secretariado é avisado, o mais tardar na data da transferência, de toda a transferência de produção.

6 Se uma Parte isenta do artigo 5º tiver começado antes de 16 de setembro de 1987 a construção de instalações de produção de substâncias regulamentadas ou se antes dessa data já tiver adjudicado a sua construção e se essa construção estiver prevista na legislação nacional anterior a 1º de janeiro de 1987, essa Parte poderá adicionar a produção dessas instalações à sua produção dessas substâncias em 1986, com vista à determinação do seu nível de produção de 1986, na condição de a construção das referidas instalações estar concluída em 31 de dezembro de 1990 e desde que a referida produção não aumente em mais do que 0,5 kg por habitante o nível calculado de consumo anual dessa parte relativamente às substâncias regulamentadas.

7 Toda a transferência de produção por via do parágrafo 5 ou todo o aumento à produção em virtude do parágrafo 6 será notificado ao secretariado o mais tardar na data da transferência ou do aumento.

8 a) Todas as Partes que são Estados membros de uma organização regional de integração econômica segundo a definição do parágrafo 6 do artigo 1º da Convenção podem acordar que, em conjunto, cumprirão as suas obrigações no que diz respeito ao consumo nos termos do presente artigo, com a condição de o seu nível calculado total combinado não exceder os níveis exigidos pelo presente artigo.

b) As Partes deste acordo informarão o secretariado dos termos desse acordo antes da data de redução de consumo ao qual o acordo diz respeito.

c) Um acordo desta natureza só entra em vigor se todos os Estados membros da organização regional de integração econômica e se a própria organização forem Partes do presente Protocolo e tenham avisado o secretariado do seu método de funcionamento.

9 a) Baseando-se nas avaliações feitas pela aplicação do artigo 6º, as Partes poderão decidir:

i) Ajustamentos aos valores calculados da potencial deterioração do ozônio referido no anexo A e, se assim for, quais deverão ser os ajustamentos a introduzir;

ii) Quaisquer outros ajustamentos e reduções de produção ou do consumo de substâncias regulamentadas em relação aos níveis de 1986 e, nesses casos, determinar qual deverá ser o alcance, o valor e o calendário desses ajustamentos e reduções.

b) O secretariado comunica às Partes as propostas relativas a estes ajustamentos pelo menos seis meses antes da reunião das Partes na qual as ditas propostas serão apresentadas para adoção.

c) As Partes farão tudo para tomarem as decisões por consenso. Se, apesar destes esforços, não for possível chegar a um consenso ou a um acordo, as Partes, em último recurso, tomarão as suas decisões por uma maioria de dois terços das Partes presentes e votantes, representados, pelo menos, 50% do consumo total das substâncias regulamentadas.

d) As decisões dizem respeito a todas as Partes e são-lhe comunicadas sem demora pelo depositário. Salvo indicação em contrário, as decisões entram em vigor num prazo de seis meses a contar da data da sua comunicação pelo depositário.

10 a) Baseando-se nas avaliações feitas para aplicação do artigo 6º do presente Protocolo e de acordo com o estabelecido no artigo 9º da Convenção, as Partes poderão decidir:

i) Se certas substâncias deverão ser acrescidas a todos os anexos do presente Protocolo ou ser dele retiradas e, nesses casos, de que substâncias se trata;

ii) Do mecanismo, do alcance e do calendário de aplicação das medidas de regulamentação que se deverão aplicar a estas substâncias.

b) Qualquer decisão deste gênero entra em vigor desde que aprovada por uma maioria de dois terços das Partes presentes e votantes.

11 Não obstante as disposições do presente artigo, as Partes poderão adotar medidas mais rigorosas do que aquelas aqui prescritas.

426 Anexo Sete

Artigo 3º

Cálculo dos níveis das substâncias regulamentadas

Para os objetivos dos artigos 2º e 5º, cada uma das Partes determina, para cada grupo de substâncias do anexo A, os níveis calculados:

a) Da sua produção:

    i) Multiplicando a quantidade anual das substâncias regulamentadas que produz pelo potencial de deterioração da camada de ozônio especificado no anexo A para essa substância;

    ii) Adicionando os resultados para cada um desses grupos;

b) Das suas importações e exportações, seguindo, *mutatis mutandis*, o procedimento definido na alínea *a*;

c) Do seu consumo, adicionando os níveis calculados da sua produção e das suas importações e subtraindo o nível calculado das suas exportações, determinado de acordo com as alíneas *a* e *b*. No entanto, a partir de 1º de janeiro de 1993, qualquer exportação de substâncias regulamentadas para os Estados que não são Partes não serão subtraídas no cálculo do nível de consumo da Parte exportadora.

Artigo 4º

Regulamentação das trocas comerciais com Estados não Partes do Protocolo

1 No prazo de um ano a contar da data da entrada em vigor do presente Protocolo, cada uma das Partes proibirá a importação de substâncias regulamentadas provenientes de qualquer Estado que não seja Parte do presente Protocolo.

2 A partir de 1º de janeiro de 1993, as Partes referidas no parágrafo 1 do artigo 5º não deverão exportar substâncias regulamentadas para Estados que não sejam Parte do presente Protocolo.

3 Num prazo de três anos a partir da data de entrada em vigor do presente Protocolo, as Partes estabelecerão, num anexo, uma lista dos produtos que contêm substâncias regulamentadas, de acordo com os procedimentos especificados no artigo 10º da Convenção. As Partes que não se tenham oposto a este anexo, de acordo com estes procedimentos, deverão interditar, no prazo de um ano a partir da data da entrada em vigor do anexo, a importação dos produtos provenientes de qualquer Estado que não seja Parte do presente Protocolo.

4 No prazo de cinco anos a contar da data de entrada em vigor do presente Protocolo, as Partes decidirão da possibilidade de interditar ou limitar as importações de Estados que não sejam Parte do presente protocolo de produtos fabricados com substâncias regulamentadas, mas que não as contenham. Se esta possibilidade for reconhecida, as Partes estabelecerão num anexo uma lista dos referidos produtos, de acordo com os procedimentos do artigo 10º da Convenção. As Partes que se não tenham oposto interditarão ou limitarão, no prazo de um ano a contar da data da entrada em vigor do anexo, a importação desses produtos provenientes de qualquer Estado que não seja Parte do presente Protocolo.

5 Cada uma das Partes deverá desencorajar a exportação de tecnologia de produção ou utilização de substâncias regulamentadas para Estados que não sejam Parte deste Protocolo.

6 Cada uma das Partes abster-se-á de fornecer subsídios, ajuda, créditos, garantias ou seguros suplementares para exportação para Estados que não sejam Parte do presente Protocolo de produtos, equipamentos, instalação ou tecnologia de natureza a facilitar a produção de substâncias regulamentadas.

7 As disposições dos parágrafos 5 e 6 não se aplicam a produtos, equipamentos, instalações ou tecnologia que sirvam para incrementar a limitação, a recuperação, a reciclagem ou a destruição de substâncias regulamentadas, a promoção da produção de substâncias de substituição ou a contribuir de outra forma para a redução das emissões de substâncias regulamentadas.

8 Não obstante as disposições do presente artigo, as importações referidas nos parágrafos 1, 3 e 4 provenientes de um Estado que não seja Parte do presente Protocolo poderão ser autorizadas se as Partes determinarem, em reunião, que o referido Estado está inteiramente de acordo com as disposições do artigo 2º e do presente artigo e se este Estado comunicou informação a este respeito, como o previsto no artigo 7º.

Artigo 5º

Situação especial dos países em vias de desenvolvimento

1   Para poder dar resposta a estas necessidades internas fundamentais, a todas as Partes consideradas como um país em vias de desenvolvimento e cujo nível calculado anual de consumo de substâncias regulamentadas seja inferior a 0,3 kg por habitante à data da entrada em vigor do Protocolo a que diz respeito, ou em qualquer data posterior nos dez anos seguintes à data da entrada em vigor do Protocolo, autoriza-se o adiamento por dez anos, a contar do ano especificado nos parágrafos 1 a 4 do artigo 2º, da observação das medidas de regulamentação aí enunciadas. Todavia, o seu nível anual calculado de consumo não deverá exceder 0,3 kg por habitante. A referida Parte está autorizada a utilizar tanto a média do seu nível calculado anual de consumo para o período de 1995 a 1997, inclusive, como um nível calculado de consumo de 0,3 kg por habitante, se este último valor for o mais baixo dos dois, como base para a observação das medidas de controle.

2   As Partes comprometem-se a facilitar bi ou multilateralmente a autorização de subsídios, ajuda, crédito, garantias ou seguros às Partes que sejam países em vias de desenvolvimento para que estas possam recorrer a tecnologias alternativas e produtos de substituição.

Artigo 6º

Avaliação e exame das medidas de controle

A partir de 1990 e, pelo menos, nos quatro anos seguintes, as Partes verificarão a eficácia das medidas de controle referidas no artigo 2º, com base em dados científicos, ambientais e econômicos de que disponham pelo menos um ano antes de cada avaliação, as Partes reunirão os grupos de peritos qualificados nos domínios referidos e determinarão a sua composição e o seu mandato. No prazo de um ano a partir da data da sua criação, os referidos grupos comunicarão as suas conclusões às Partes por intermédio do secretariado.

Artigo 7º

Comunicação de dados

1   Cada Parte comunicará ao secretariado, no prazo de três meses a partir da data em que aderiu ao Protocolo, os dados estatísticos relativos a sua produção, importações e exportações de cada uma das substâncias regulamentadas para o ano de 1986, ou as estimativas o mais aproximadamente possível, nos casos em que as informações não estejam disponíveis.

2   Cada parte comunicará ao secretariado dados estatísticos sobre a sua produção anual (as quantidades destruídas por tecnologias aprovadas pelas Partes serão objeto de informações separadas), importações e exportações para Partes e não Partes dessas substâncias no ano em que se constituíram como Parte e para cada um dos anos seguintes. Estes dados serão comunicados no prazo de nove meses a seguir ao fim do ano a que dizem respeito.

Artigo 8º

Não conformidade

Na sua primeira reunião, as Partes examinam e aprovam procedimentos e mecanismos institucionais para determinar a não conformidade com as disposições do presente Protocolo e as medidas a tomar em relação às Partes em transgressão.

Artigo 9º

Investigação, desenvolvimento, sensibilização do público e troca de informações

1   As Partes colaboram, de acordo com as suas próprias leis, regulamentos e práticas e tendo em conta especialmente as necessidades dos países em vias de desenvolvimento, para promover, diretamente e por intermédio dos organismos internacionais competentes, atividades de investigação-desenvolvimento e troca de informação sobre:

a)   As tecnologias mais apropriadas para melhorar a limitação, recuperação, reciclagem ou destruição das substâncias regulamentadas ou para reduzir por outros meios as emissões dessas substâncias;

b)   Alternativas às substâncias regulamentadas, nos produtos que contêm essas substâncias e nos produtos fabricados com a ajuda destas substâncias;

c)   Os custos e benefícios das estratégias de regulamentação pertinentes.

2   As Partes, individualmente, em conjunto ou por intermédio dos organismos internacionais competentes, colaboram para favorecer a sensibilização do público em relação aos efeitos no ambiente das emissões de substâncias regulamentadas e de outras emissões que deteriorem a camada de ozônio.

428 Anexo Sete

3   No período de dois anos a contar da data da entrada em vigor do presente Protocolo e, depois disso, todos os dois anos, cada Parte remeterá ao secretariado um resumo das atividades que levou a cabo por via da aplicação do presente artigo.

Artigo 10
Assistência técnica

1   As Partes, no contexto das disposições do artigo 4º da Convenção e tendo em conta especialmente as necessidades dos países em vias de desenvolvimento deverão cooperar na promoção da assistência técnica com vista a facilitar a participação na implementação deste Protocolo.

2   Todas as Partes ou signatários do presente Protocolo podem apresentar ao secretariado um pedido de assistência técnica para a implementação ou participação no Protocolo.

3   Na sua primeira reunião, as Partes debatem os meios que irão permitir satisfazer as obrigações enunciadas no artigo 9º e nos parágrafos 1 e 2 do presente artigo, incluindo a preparação de planos de trabalho. Esses planos de trabalho terão em conta especialmente as necessidades dos países em vias de desenvolvimento. Os países e as organizações regionais de integração econômica que não são Parte do Protocolo deverão ser encorajados a tomar parte nas atividades especificadas nos planos de trabalho.

Artigo 11
Reuniões das Partes

1   As Partes se reunirão com intervalos regulares. O secretariado convocará a primeira reunião das Partes o mais tardar um ano depois da entrada em vigor do presente Protocolo, por ocasião de uma reunião da Conferência das Partes à Convenção, se esta última reunião estiver prevista para esse período.

2   Salvo se as Partes decidirem em contrário, as reuniões ordinárias posteriores realizar-se-ão por ocasião das reuniões da Conferência das Partes à Convenção. As Partes realizarão reuniões extraordinárias em qualquer altura se julgarem necessário ou se qualquer das Partes o solicitar por escrito, desde que o pedido seja apoiado por, pelo menos, um terço das Partes, nos seis meses seguintes à data em que ele lhes é comunicado pelo secretariado.

3   Na primeira reunião, as Partes:

a)   Adotarão por consenso o regulamento interno das suas reuniões;
b)   Adotarão por consenso as regras financeiras referidas no parágrafo 2 do artigo 13º;
c)   Formarão os grupos de peritos mencionados no artigo 6º e definirão o seu mandato;
d)   Examinarão e aprovarão os procedimentos e os mecanismos institucionais referidos no artigo 8º;
e)   Iniciarão o estabelecimento dos planos de trabalho de acordo com o parágrafo 3 do artigo 10;

4   As reuniões das Partes têm como objetivo as funções seguintes:

a)   Revisão da aplicação do presente Protocolo;
b)   Decisão sobre os ajustamentos ou reduções referidos no parágrafo 9 do artigo 2º;
c)   Decisão sobre as substâncias a enumerar, acrescentar ou retirar dos anexos e sobre as medidas de regulamentação conexas de acordo com o parágrafo 10 do artigo 2º;
d)   Estabelecimento, se for caso disso, das diretrizes ou procedimentos que dizem respeito à comunicação das informações em aplicação do artigo 7º e do parágrafo 3 do artigo 9º;
e)   Exame dos pedidos de assistência técnica, apresentados em virtude do parágrafo 2 do artigo 10;
f)   Exame dos relatórios feitos pelo secretariado em aplicação da alínea *c)* do artigo 12;
g)   Avaliação, pela aplicação do artigo 6º, das medidas de regulamentação previstas no artigo 2º;
h)   Exame e adoção, conforme as necessidades, das propostas de alteração do presente Protocolo ou de qualquer dos seus anexos ou da inclusão de um novo anexo;
i)   Exame e adoção do orçamento para aplicação do presente Protocolo;
j)   Exame e adoção de medidas suplementares necessárias para fazer face aos objetivos do presente Protocolo.

5   A Organização das Nações Unidas, as suas instituições especializadas e a Agência Internacional de Energia Atômica, bem como todos os Estados que não sejam Parte do presente Protocolo, poderá fazer-se representar nas reuniões das Partes por observadores. Qualquer organismo ou instituição, nacional ou internacional, governamental ou não, qualificados nos domínios ligados à proteção da camada de ozônio que informem o secretariado do seu desejo de se fazer representar como observadores numa reunião das Partes

Protocolo de Montreal sobre as Substâncias que Deterioram a Camada de Ozônio **429**

poderão ser admitidos e nela tomar parte, a não ser que haja oposição de pelo menos um terço das Partes presentes. A admissão e a participação de observadores ficam subordinadas ao respeito pelo regulamento interno adotado pelas Partes.

Artigo 12

Secretariado

Para os fins do presente Protocolo, o secretariado:

a) Organiza as reuniões das Partes referidas no artigo 11 e assegura o serviço;

b) Recebe os dados fornecidos por força do artigo 7º e comunica-os às Partes, a seu pedido;

c) Estabelece e difunde regularmente às Partes relatórios baseados nas informações recebidas em aplicação dos artigos 7º e 9º;

d) Comunica às Partes todos os pedidos de assistência técnica recebidos em cumprimento do artigo 10, a fim de facilitar o fornecimento dessa assistência;

e) Encoraja os países que não são Partes a assistirem às reuniões como observadores e a respeitarem as decisões do Protocolo;

f) Comunica aos observadores que não são Partes, se for caso disso, as informações e pedidos referidos nas alíneas *c)* e *d)* do presente artigo;

g) Cumpre, por determinação das Partes, quaisquer outras funções para a realização dos objetivos do presente Protocolo.

Artigo 13

Disposições financeiras

1   Os recursos financeiros destinados à aplicação do presente Protocolo, incluindo as despesas de funcionamento do secretariado ligado ao presente Protocolo, provêm exclusivamente das contribuições das Partes.

2   Na sua primeira reunião, as Partes adotarão por consenso as regras financeiras que deverão reger a entrada em vigor do presente Protocolo.

Artigo 14

Relação entre o presente Protocolo e a Convenção

Salvo disposição em contrário no presente Protocolo, as disposições da Convenção relativas aos seus protocolos aplicam-se ao presente Protocolo.

Artigo 15

Assinatura

O presente Protocolo está aberto para assinatura dos Estados e das organizações regionais de integração econômica em Montreal em 16 de setembro de 1987, em Ottawa de 17 de setembro de 1987 a 16 de janeiro de 1988 e na sede das Nações Unidas, em Nova York, de 17 de janeiro de 1988 a 15 de setembro de 1988.

Artigo 16

Entrada em vigor

1   O presente Protocolo entra em vigor no dia 1 de janeiro de 1989, desde que, pelo menos, onze instrumentos de ratificação, aceitação e aprovação ou adesão ao Protocolo tenham sido depositados pelos Estados ou pelas organizações regionais de integração econômica cujo consumo de substâncias regulamentadas representa, pelo menos, dois terços do consumo calculado mundial de 1986 e na condição de que as disposições do parágrafo 1 do artigo 17 da Convenção tenham sido respeitadas. Se nesta data estas condições não tiverem sido respeitadas, o presente Protocolo entra em vigor no 90º dia a contar da data em que estas condições tenham sido respeitadas.

2   Para os objetivos do parágrafo 1, nenhum dos instrumentos depositados por uma organização regional de integração econômica pode ser considerado como adicional aos instrumentos já depositados pelos Estados membros da referida organização.

3   Posteriormente à entrada em vigor do presente Protocolo, todos os Estados e todas as organizações regionais de integração econômica tornam-se Partes de presente Protocolo no 90º dia a contar da data do depósito do seu instrumento de ratificação, aceitação, aprovação ou adesão.

430 Anexo Sete

Artigo 17

Partes que aderem depois da entrada em vigor

Condicionados às disposições do artigo 5º, todos os Estados ou organizações regionais de integração econômica que se tornem Partes do presente Protocolo posteriormente à data da sua entrada em vigor assumem imediatamente a totalidade das suas obrigações nos termos das disposições do artigo 2º e do artigo 4º, que se aplicam nesse momento aos Estados e às organizações regionais de integração econômica que se tenham tornado Partes na data da entrada em vigor do Protocolo.

Artigo 18

Reservas

O presente Protocolo não pode ser objeto de reservas.

Artigo 19

Denúncia

Para os fins do presente Protocolo, as disposições do artigo 19 da Convenção que visam à sua denúncia aplicam-se a todas as Partes à exceção das referidas no parágrafo 1 do artigo 5º. Estas últimas podem denunciar o presente Protocolo através de notificação escrita, entregue ao depositário, pelo menos quatro anos após terem aceito as obrigações especificadas nos parágrafos 1 e 4 do artigo 2º. Qualquer denúncia entra em vigor após o prazo de um ano a contar da data da sua recepção pelo depositário ou em qualquer data posterior que possa estar especificada na notificação da denúncia.

Artigo 20

Textos autênticos

O original do presente Protocolo, cujo texto nas línguas inglesa, árabe, chinesa, espanhola, francesa e russa, e igualmente autêntico, está depositado no Secretário-Geral da Organização das Nações Unidas.

Em testemunho do que, estando devidamente autorizados para o efeito, assinaram este Protocolo.

Feito em Montreal aos 16 dias do mês de setembro de 1987.

Observação: Os anexos deste Protocolo são revistos e atualizados por ocasião das Reuniões das Partes. Embora o texto do documento seja o original de setembro de 1987, os anexos estão atualizados até a data presente.

Anexos (Modificado)

Anexo A

Substâncias regulamentadas		
Grupo	Substância	Potencial de deterioração da camada de ozônio*
Grupo I		
$CFCl_2$	CFC-11	1,0
CF_2Cl	CFC-12	1,0
$C_2F_3Cl_2$	CFC-113	0,8
$C_2F_4Cl_2$	CFC-114	1,0
C_2F_5Cl	CFC-115	0,6
Grupo II		
CF_2BrCl	Halon-1211	3,0
CF_3Br	Halon-1301	10,0
$C_2F_4Br_2$	Halon-2402	(a determinar)

* Os valores do potencial de deterioração da camada de ozônio são valores estimados, fundamentados nos conhecimentos atuais. Serão examinados e revistos periodicamente.

Protocolo de Montreal sobre as Substâncias que Deterioram a Camada de Ozônio

Anexo B

Substâncias regulamentadas		
Grupo	**Substância**	**Potencial de deterioração da camada de ozônio***
Grupo I		
CF_3Cl	CFC-13	1,0
C_2FCl_5	CFC-111	1,0
$C_2F_2Cl_4$	CFC-112	1,0
C_3FCl_7	CFC-211	1,0
$C_3F_2Cl_6$	CFC-212	1,0
$C_3F_3Cl_5$	CFC-213	1,0
$C_3F_4Cl_4$	CFC-214	1,0
$C_3F_5Cl_3$	CFC-215	1,0
$C_3F_6Cl_2$	CFC-216	1,0
C_3F_7Cl	CFC-217	1,0
Grupo II		
CCl_4	CTC-tetracloreto de carbono	1,1
Grupo III		
$C_2H_3Cl_3$ (esta fórmula não se refere ao 1,1,2-tricloetano)	1,1,1-tricloroetano (metilclorofórmio)	0,1

* Os valores do potencial de deterioração da camada de ozônio são valores estimados, fundamentados nos conhecimentos atuais. Serão examinados e revistos periodicamente.

Anexo C

Substâncias regulamentadas							
Grupo	**Substância**	**Nº de isômeros**	**Potencial de deterioração da camada de ozônio[1]**	**Grupo**	**Substância**	**Nº de isômeros**	**Potencial de deterioração da camada de ozônio[1]**
Grupo I				**Grupo II**			
$CHFCl_2$	HCFC-21[2]	1	0,04	$CHFBr_2$	HBFC-22B1	1	1,00
CHF_2Cl	HCFC-22[2]	1	0,055	CHF_2Br		1	0,74
CH_2FCl	HCFC-31	1	0,02	CH_2FBr		1	0,73
C_2HFCl_4	HCFC-121	2	0,01-0,04	C_2HFBr_4		2	0,3-0,8
$C_2HF_2Cl_3$	HCFC-122	3	0,02-0,08	$C_2HF_2Br_3$		3	0,5-1,8
$C_2HF_3Cl_2$	HCFC-123	3	0,02-0,06	$C_2HF_3Br_2$		3	0,4-1,6
$CHCl_2CF_3$	HCFC-123[2]	-	0,02	C_2HF_4Br		2	0,7-1,2
C_2HF_4Cl	HCFC-124	2	0,02-0,04	$C_2H_2FBr_3$		3	0,1-1,1
$CHFClCF_3$	HCFC-124[2]	-	0,022	$C_2H_2F_2Br_2$		4	0,2-1,5
$C_2H_2FCl_3$	HCFC-131	3	0,007-0,05	$C_2H_2F_3Br$		3	0,7-1,6
$C_2H_2F_2Cl_2$	HCFC-132	4	0,008-0,05	$C_2H_3FBr_2$		3	0,1-1,7
$C_2H_2F_3Cl$	HCFC-133	3	0,02-0,06	$C_2H_3F_2Br$		3	0,2-1,1
$C_2H_3FCl_2$	HCFC-141	3	0,005-0,07	C_2H_4FBr		2	0,07-0,1

(Continuação)

Grupo	Substância	Nº de isômeros	Potencial de deterioração da camada de ozônio[1]	Grupo	Substância	Nº de isômeros	Potencial de deterioração da camada de ozônio[1]
Grupo I				**Grupo II**			
CH_3CFCl_2	HCFC-141b[2]	-	0,11	C_3HFBr_6		5	0,3-1,5
$C_2H_3F_2Cl$	HCFC-142	3	0,008-0,07	$C_3HF_2Br_5$		9	0,2-1,9
CH_3CF_2Cl	HCFC-124b[2]	-	0,065	$C_3HF_3Br_4$		12	0,3-1,8
C_2H_4FCl	HCFC-151	2	0,003-0,005	$C_3HF_4Br_3$		12	0,5-2,2
C_3HFCl_6	HCFC-221	5	0,015-0,07	$C_3HF_5Br_2$		9	0,9-2,0
$C_3HF_2Cl_5$	HCFC-122	9	0,01-0,09	C_3HF_6Br		5	0,7-3,3
$C_3HF_3Cl_4$	HCFC-223	12	0,01-0,08	$C_3H_2FBr_5$		9	0,1-1,9
$C_3HF_4Cl_3$	HCFC-224	12	0,01-0,09	$C_3H_2F_2Br_4$		16	0,2-2,1
$C_3HF_5Cl_2$	HCFC-225	9	0,02-0,07	$C_3H_2F_3Br_3$		18	0,2-5,6
$CF_3CF_2CHCl_2$	HCFC-225ca[2]	-	0,025	$C_3H_2F_4Br_2$		16	0,3-7,5
CF_2ClCF_2CHClF	HCFC-225cb[2]	-	0,033	$C_3H_2F_5Br$		8	0,9-14
C_3HF_6Cl	HCFC-226	5	0,02-0,10	$C_3H_3FBr_4$		12	0,08-1,9
$C_3H_2FCl_5$	HCFC-231	9	0,05-0,09	$C_3H_3F_2Br_3$		18	0,1-3,1
$C_3H_2F_2Cl_4$	HCFC-232	16	0,008-0,10	$C_3H_3F_3Br_2$		18	0,1-2,5
$C_3H_2F_3Cl_3$	HCFC-233	18	0,007-0,23	$C_3H_3F_4Br$		12	0,3-4,4
$C_3H_2F_4Cl_2$	HCFC-234	16	0,01-0,28	$C_3H_4FBr_3$		12	0,03-0,3
$C_3H_2F_5Cl$	HCFC-235	9	0,03-0,52	$C_3H_4F_2Br_2$		16	0,1-1,0
$C_3H_3FCl_4$	HCFC-241	12	0,004-0,09	$C_3H_4F_3Br$		12	0,07-0,8
$C_3H_3F_2Cl_3$	HCFC-242	18	0,005-0,13	$C_3H_5FBr_2$		9	0,04-0,4
$C_3H_3F_3Cl_2$	HCFC-243	18	0,007-0,012	$C_3H_5F_2Br$		9	0,07-0,8
$C_3H_3F_4Cl$	HCFC-244	12	0,009-0,014	$C_3H_6F_2Br$		5	0,02-0,7
$C_3H_4FCl_3$	HCFC-251	12	0,001-0,01				
$C_3H_4F_2Cl_2$	HCFC-252	16	0,005-0,04				
$C_3H_4F_3Cl$	HCFC-253	12	0,003-0,03				
$C_3H_5FCl_2$	HCFC-261	9	0,002-0,02				
$C_3H_5F_2Cl$	HCFC-262	9	0,002-0,02				
C_3H_6FCl	HCFC-271	5	0,001-0,03				

[1] *Sempre que for indicado um intervalo de variação para o potencial de deterioração da camada de ozônio, deve ser considerado o valor mais elevado para efeitos do Protocolo. Os potenciais de deterioração da camada de ozônio representados por um único valor foram determinados a partir de cálculos baseados em medições laboratoriais. Os valores representados por um intervalo de variação baseiam-se em estimativas e são menos rigorosos. Os intervalos de variação dizem respeito a grupos isoméricos. O valor mais elevado corresponde à estimativa do potencial de deterioração da camada de ozônio do isômero com o potencial de deterioração da camada de ozônio mais elevado, e o valor mais baixo corresponde à estimativa do potencial de deterioração da camada de ozônio do isômero com potencial de deterioração da camada de ozônio mais baixo.*

[2] *Identifica as substâncias comercialmente mais viáveis cujos valores de potencial de deterioração da camada de ozônio, a serem utilizados para efeito do Protocolo, são indicados na coluna correspondente.*

Protocolo de Montreal sobre as Substâncias que Deterioram a Camada de Ozônio **433**

Anexo D*

Lista dos Produtos** que contêm substâncias controladas especificadas no Anexo A	
Produtos	**Número de Código Aduaneiro**
1 Equipamentos de ar-condicionado em automóveis e caminhões (estes incorporados ou não aos veículos).	
2 Equipamentos de refrigeração e ar-condicionado/bomba de aquecimento doméstico ou comercial***. Por exemplo: Refrigeradores; Freezers; Desumidificadores (secadores); Refrigeradores de água; Máquinas produtoras de gelo; Equipamentos de ar-condicionado e bombas de sistemas de aquecimento.	
3 Produtos em aerossol, exceto produtos médicos em aerossol.	
4 Extintores portáteis.	
5 Pranchas, painéis e recobrimento de tubos isolantes.	
6 Pré-polímeros	

Este anexo foi aprovado na Terceira Reunião das Partes, celebrada em Nairóbi, 21 de junho de 1991, em conformidade com o parágrafo 3 do Artigo 4º deste Protocolo.
** *Exceto quando se transportam para efeitos pessoais ou domésticos, ou em situações similares sem caráter comercial normalmente eximidas de trâmite aduaneiro.*
*** *Quando contêm substâncias controladas, especificadas no Anexo A, tais como refrigeradores e/ou materiais isolantes do produto.*

Anexo E

Substâncias regulamentadas		
Grupo	**Substâncias**	**Potencial de deterioração da camada de ozônio**
Grupo I		
CH_3Br	Brometo de metilo	0,7

1966 Legislação Internacional Protocolo de Montreal Relativo às Substâncias que Empobrecem a Camada de Ozônio de 16-09-1987 (Versão 1 - Originária); Protocolo de Montreal Relativo às Substâncias que Empobrecem a Camada de Ozônio, 16-09-1987, 30-08-1988, 17-10-1988. UN/PNUA Portugal; Comunidade Europeia; Espanha; Reino Unido; EUA, Portugal; C.E.; Espanha; Reino Unido; EUA; Protocolo de Montreal sobre as Substâncias que Empobrecem a Camada de Ozônio. Substâncias que Empobrecem a Camada de Ozônio, 30-08-1988-200 inglês e português, ar, ozônio, poluição atmosférica, Direito do Ambiente, Direito Internacional 1987-09-16 N.

Referência Bibliográfica e Sugestão para Leitura

Disponível em: <http://www.diramb.gov.pt/data/basedoc/TXT_LI_1966_1_0001.htm>. Acessado em: 7/12/2007.

Protocolo de Kyoto

ANEXO

8

Introdução

Quando adotaram a Convenção-Quadro das Nações Unidas sobre Mudança do Clima, em 1992, os governos reconheceram que ela poderia ser a propulsora de ações mais enérgicas no futuro. Ao estabelecer um processo permanente de revisão, discussão e troca de informações, a Convenção possibilita a adoção de compromissos adicionais em resposta a mudanças no conhecimento científico e nas disposições políticas.

A primeira revisão da adequação dos compromissos dos países desenvolvidos foi conduzida, como previsto, na primeira sessão da Conferência das Partes (COP-1), que ocorreu em Berlim, em 1995. As Partes decidiram que o compromisso dos países desenvolvidos de voltar suas emissões para os níveis de 1990, até o ano 2000, era inadequado para se atingir o objetivo de longo prazo da Convenção, que consiste em impedir "Uma interferência antrópica (produzida pelo homem) perigosa no sistema climático".

Ministros e outras autoridades responderam com a adoção do "Mandato de Berlim" e com o início de um nova fase de discussões sobre o fortalecimento dos compromissos dos países desenvolvidos. O grupo *ad hoc* sobre o Mandato de Berlim (AGBM) foi então formado para elaborar o esboço de um acordo que, após oito sessões, foi encaminhado à COP-3 para negociação final.

Cerca de 10.000 delegados, observadores e jornalistas participaram desse evento de alto nível realizado em Kyoto, Japão, em dezembro de 1997. A conferência culminou na decisão por consenso (1/CP.3) de adotar-se um Protocolo segundo o qual os países industrializados reduziriam suas emissões combinadas de gases de efeito estufa em pelo menos 5% em relação aos níveis de 1990 até o período entre 2008 e 2012. Esse compromisso, com vinculação legal, promete produzir uma reversão da tendência histórica de crescimento das emissões iniciadas nesses países há cerca de 150 anos.

O Protocolo de Kyoto foi aberto para assinatura em 16 de março de 1998. Entrará em vigor 90 dias após a sua ratificação por pelo menos 55 Partes da Convenção, incluindo os países desenvolvidos do grupo de países industrializados que contabilizaram pelo menos 55% das emissões totais de dióxido de carbono em 1990. Enquanto isso, as Partes da Convenção sobre Mudança do Clima continuarão a observar os compromissos assumidos sob a Convenção e a preparar-se para a futura implementação do Protocolo.

Índice

Os Artigos do Protocolo de Kyoto à Convenção-Quadro das Nações Unidas sobre Mudança do Clima não têm títulos; os tópicos indicativos abaixo visam apenas a auxiliar o leitor e não fazem parte do texto oficial, que inicia na pág. 3 (do documento).

Preâmbulo
    01   Definições
    02   Políticas e medidas
    03   Compromissos de redução e limitação quantificadas de emissões

04   Cumprimento de compromissos em conjunto
05   Questões metodológicas
06   Transferência e aquisição de unidades de redução de emissões (implementação conjunta)
07   Comunicação de informações
08   Revisão de informações
09   Revisão do Protocolo
10   Continuação da implementação dos compromissos existentes
11   Mecanismo financeiro
12   Mecanismo de desenvolvimento limpo
13   Conferência das Partes na qualidade de reunião das Partes do Protocolo
14   Secretariado
15   Órgãos subsidiários
16   Processo de consulta multilateral
17   Comércio de emissões
18   Não cumprimento
19   Solução de controvérsias
20   Emendas
21   Adoção e emendas a anexos
22   Direito de voto
23   Depositário
24   Assinatura e ratificação, aceitação, aprovação ou adesão
25   Entrada em vigor
26   Reservas
27   Denúncia
28   Textos autênticos

Anexo A: Gases de efeito estufa e categorias de setores/fontes

Anexo B: Compromissos de redução ou limitação quantificadas de emissões por Parte.

A tabela a seguir e três decisões da COP não fazem parte do Protocolo de Kyoto mas foram incluídas porque fornecem informações relevantes para a adoção do Protocolo e sua implementação.

Decisão 1/CP.3:	Adoção do Protocolo de Kyoto à Convenção-Quadro das Nações Unidas sobre Mudança do Clima
Decisão 2/CP.3:	Questões metodológicas relacionadas ao Protocolo de Kyoto
Decisão 3/CP.3:	Implementação do Artigo 4, parágrafos 8 e 9, da Convenção
Tabela:	Total das Emissões de Dióxido de Carbono das Partes do Anexo I em 1990, para os Fins do Artigo 25 do Protocolo de Kyoto

Protocolo de Kioto

Convenção-Quadro das Nações Unidas sobre Mudança do Clima

As Partes deste Protocolo

Sendo Partes da Convenção-Quadro das Nações Unidas sobre Mudança do Clima, doravante denominada "Convenção",

Procurando atingir o objetivo final da Convenção, conforme expresso no Artigo 2º,

Lembrando as disposições da Convenção,

Seguindo as orientações do Artigo 3º da Convenção,

Em conformidade com o Mandato de Berlim adotado pela decisão I/CP. 1 da Conferência das Partes da Convenção em sua primeira sessão,

Convieram no seguinte:

Artigo 1º

Para os fins deste Protocolo, aplicam-se as definições contidas no Artigo 1º da Convenção. Adicionalmente:

1 "Conferência das Partes" significa a Conferência das Partes da Convenção.

2 "Convenção" significa a Convenção-Quadro das Nações Unidas sobre Mudança do Clima, adotada em Nova York em 9 de maio de 1992.

436 Anexo Oito

3 "Painel Intergovernamental sobre Mudança do Clima" significa o Painel Intergovernamental sobre Mudança do Clima estabelecido em 1988 conjuntamente pela Organização Meteorológica Mundial e o Programa das Nações Unidas para o Meio Ambiente.

4 "Protocolo de Montreal" significa o Protocolo de Montreal sobre Substâncias que Destroem a Camada de Ozônio, adotado em Montreal em 16 de setembro de 1987 e com os ajustes e emendas adotados posteriormente.

5 "Partes presentes e votantes" significa as Partes presentes e que emitam voto afirmativo ou negativo.

6 "Parte" significa uma Parte deste Protocolo, a menos que de outra forma indicado pelo contexto.

7 "Parte incluída no Anexo I" significa uma Parte incluída no Anexo 1 da Convenção, com as emendas de que possa ser objeto, ou uma Parte que tenha feito uma notificação conforme previsto no Artigo 4º, parágrafo 2(g), da Convenção.

Artigo 2º

1 Cada Parte incluída no Anexo 1, ao cumprir seus compromissos de redução e limitação quantificadas de emissões assumidos sob o Artigo 3º, a fim de promover o desenvolvimento sustentável, deve:

a) Implementar e/ou aprimorar políticas e medidas de acordo com suas circunstâncias nacionais, tais como:

  i) O aumento da eficiência energética em setores relevantes da economia nacional;

  ii) A proteção e o aumento de sumidouros e reservatórios de gases de efeito estufa não controlados pelo Protocolo de Montreal, levando em conta seus compromissos assumidos em acordos internacionais relevantes sobre o meio ambiente, a promoção de práticas sustentáveis de manejo florestal, florestamento e reflorestamento;

  iii) A promoção de formas sustentáveis de agricultura à luz das considerações sobre a mudança do clima;

  iv) A pesquisa, a promoção, o desenvolvimento e o maior uso de formas novas e renováveis de energia, de tecnologias de sequestro de dióxido de carbono e de tecnologias ambientalmente seguras, que sejam avançadas e inovadoras;

  v) A redução gradual ou eliminação de imperfeições de mercado, de incentivos fiscais, de isenções de impostos e taxas e de subsídios para todos os setores emissores de gases de efeito estufa que sejam contrários ao objetivo da Convenção e aplicação de instrumentos de mercado;

  vi) O estímulo a reformas adequadas em setores relevantes, visando à promoção de políticas e medidas que limitem ou reduzam emissões de gases de efeito estufa não controlados pelo Protocolo de Montreal;

  vii) Medidas para limitar e/ou reduzir as emissões de gases de efeito estufa não controlados pelo Protocolo de Montreal no setor de transportes;

  viii) A limitação e/ou redução de emissões de metano por meio de sua recuperação e uso na disposição de resíduos, bem como na produção, no transporte e na distribuição de energia;

b) Cooperar com outras Partes incluídas no Anexo 1 no aumento da eficácia individual e combinada de suas políticas e medidas adotadas segundo este Artigo, conforme o Artigo 4º, parágrafo 2(e)(i), da Convenção. Para esse fim, essas Partes devem adotar medidas para compartilhar experiências e trocar informações sobre tais políticas e medidas, incluindo o desenvolvimento de maneiras para melhorar sua comparabilidade, transparência e efetividade. A Conferência das Partes na qualidade de reunião das Partes deste Protocolo deve, em sua primeira sessão ou tão logo seja praticável a partir de então, considerar maneiras de facilitar tal cooperação, levando em conta toda a informação relevante.

2 As Partes incluídas no Anexo I devem procurar limitar ou reduzir as emissões de gases de efeito estufa não controlados pelo Protocolo de Montreal originárias de combustíveis para o abastecimento de aeronaves em voos internacionais e navios de longo curso (*"bunker fuels"*), conduzindo o trabalho pela Organização Internacional de Aviação Civil e pela Organização Marítima Internacional, respectivamente.

3 As Partes incluídas no Anexo 1 devem empenhar-se em implementar políticas e medidas segundo este Artigo de forma a minimizar efeitos adversos, incluindo os efeitos adversos da mudança do clima, os efeitos sobre o comércio internacional e os efeitos sociais, ambientais e econômicos sobre outras Partes, especialmente as Partes países em desenvolvimento e em particular aquelas identificadas no Artigo 4º, parágrafos 8 e 9, da Convenção, levando em conta o Artigo 3º da Convenção. A Conferência das Partes

na qualidade de reunião das Partes deste Protocolo pode realizar ações adicionais, conforme o caso, para promover a implementação das disposições deste parágrafo.

4 Caso a Conferência das Partes na qualidade de reunião das Partes deste Protocolo considere proveitoso coordenar qualquer uma das políticas e medidas do parágrafo 1(a) acima, levando em conta as diferentes circunstâncias nacionais e os possíveis efeitos, deve considerar modos e meios de definir a coordenação de tais políticas e medidas.

Artigo 3º

1 As Partes incluídas no Anexo 1 devem, individual ou conjuntamente, assegurar que suas emissões antrópicas agregadas equivalentes de dióxido de carbono dos gases de efeito estufa listados no Anexo A não excedam suas quantidades atribuídas, calculadas em conformidade com seus compromissos de redução e limitação quantificadas de emissões descritos no Anexo B e de acordo com as disposições deste Artigo, com vistas a reduzir suas emissões totais desses gases em pelo menos 5 por cento abaixo dos níveis de 1990 no período de compromisso de 2008 a 2012.

2 Cada Parte incluída no Anexo I deve, até 2005, ter realizado um progresso comprovado no cumprimento dos compromissos assumidos sob este Protocolo.

3 As mudanças líquidas nas emissões por fontes e remoções por sumidouros de gases de efeito estufa resultantes de mudança direta, induzida pelo homem, no uso da terra e nas atividades de silvicultura, limitadas ao florestamento, reflorestamento e desflorestamento desde 1990, medidas como mudanças verificáveis em estoques de carbono em cada período de compromisso, deverão ser usadas para o cumprimento dos compromissos assumidos sob este Artigo por cada Parte incluída no Anexo I. As emissões por fontes e remoções por sumidouros de gases de efeito estufa associadas a essas atividades devem ser relatadas de maneira transparente e comprovável e revistas em conformidade com os Artigos 7º e 8º.

4 Antes da primeira sessão da Conferência das Partes na qualidade de reunião das Partes deste Protocolo, cada Parte incluída no Anexo I deve submeter à consideração do órgão Subsidiário de Assessoramento Científico e Tecnológico dados para o estabelecimento do seu nível de estoques de carbono em 1990 e possibilitar a estimativa das suas mudanças nos estoques de carbono nos anos subsequentes. A Conferência das Partes na qualidade de reunião das Partes deste Protocolo deve, em sua primeira sessão ou assim que seja praticável a partir de então, decidir sobre as modalidades, regras e diretrizes sobre como e quais são as atividades adicionais induzidas pelo homem relacionadas com mudanças nas emissões por fontes e remoções por sumidouros de gases de efeito estufa nas categorias de solos agrícolas e de mudança no uso da terra e florestas, que devem ser acrescentadas ou subtraídas da quantidade atribuída para as Partes incluídas no Anexo 1, levando em conta as incertezas, a transparência na elaboração de relatório, a comprovação, o trabalho metodológico do Painel Intergovernamental sobre Mudança do Clima, o assessoramento fornecido pelo órgão Subsidiário de Assessoramento Científico e Tecnológico em conformidade com o Artigo 5º e as decisões da Conferência das Partes. Tal decisão será aplicada a partir do segundo período de compromisso. A Parte poderá escolher aplicar essa decisão sobre as atividades adicionais induzidas pelo homem no seu primeiro período de compromisso, desde que essas atividades tenham se realizado a partir de 1990.

5 As Partes em processo de transição para uma economia de mercado incluídas no Anexo 1, cujo ano base ou período foi estabelecido em conformidade com a decisão 9/CP.2 da Conferência das Partes em sua segunda sessão, devem usar esse ano base ou período para a implementação dos seus compromissos previstos neste Artigo. Qualquer outra Parte em processo de transição para uma economia de mercado incluída no Anexo 1 que ainda não tenha submetido a sua primeira comunicação nacional, conforme o Artigo 12 da Convenção, também pode notificar a Conferência das Partes na qualidade de reunião das Partes deste Protocolo da sua intenção de usar um ano base ou período históricos que não 1990 para a implementação de seus compromissos previstos neste Artigo. A Conferência das Partes na qualidade de reunião das Partes deste Protocolo deve decidir sobre a aceitação de tal notificação.

6 Levando em conta o Artigo 4º, parágrafo 6, da Convenção, na implementação dos compromissos assumidos sob este Protocolo que não os deste Artigo, a Conferência das Partes na qualidade de reunião das Partes deste Protocolo concederá um certo grau de flexibilidade às Partes em processo de transição para uma economia de mercado incluídas no Anexo 1.

7 No primeiro período de compromissos de redução e limitação quantificadas de emissões, de 2008 a 2012, a quantidade atribuída para cada Parte incluída no Anexo 1 deve ser igual à porcentagem descrita no Anexo B de suas emissões antrópicas, agregadas equivalentes de dióxido de carbono dos gases de efeito estufa listados no Anexo A em 1990, ou o ano base ou período determinado em conformidade com o

parágrafo 5 acima, multiplicado por cinco. As Partes incluídas no Anexo 1 para as quais a mudança no uso da terra e florestas tenha constituído uma fonte líquida de emissões de gases de efeito estufa em 1990 devem fazer constar, no seu ano base ou período de emissões de 1990, as emissões antrópicas agregadas equivalentes de dióxido de carbono por fontes menos as remoções por sumidouros em 1990 da mudança no uso da terra com a finalidade de calcular sua quantidade atribuída.

8 Qualquer Parte incluída no Anexo 1 pode usar 1995 como o ano base para os hidrofluorcarbonos, perfluorcarbonos e hexafluoreto de enxofre, na realização dos cálculos mencionados no parágrafo 7 acima.

9 Os compromissos das Partes incluídas no Anexo 1 para os períodos subsequentes devem ser estabelecidos em emendas ao Anexo B deste Protocolo, que devem ser adotadas em conformidade com as disposições do Artigo 21, parágrafo 7. A Conferência das Partes na qualidade de reunião das Partes deste Protocolo deve dar início à consideração de tais compromissos pelo menos sete anos antes do término do primeiro período de compromisso ao qual se refere o parágrafo 1 acima.

10 Qualquer unidade de redução de emissão, ou qualquer parte de uma quantidade atribuída, que uma Parte adquira de outra Parte em conformidade com as disposições do Artigo 6º ou do Artigo 17 deve ser acrescentada à quantidade atribuída à Parte adquirente.

11 Qualquer unidade de redução de emissão, ou qualquer parte de uma quantidade atribuída, que uma Parte transfira para outra Parte em conformidade com as disposições do Artigo 6º ou do Artigo 17 deve ser subtraída da quantidade atribuída à Parte transferidora.

12 Qualquer redução certificada de emissão que uma Parte adquira de outra Parte em conformidade com as disposições do Artigo 12 deve ser acrescentada à quantidade atribuída à Parte adquirente.

13 Se as emissões de uma Parte incluída no Anexo 1 em um período de compromisso forem inferiores a sua quantidade atribuída prevista neste Artigo, essa diferença, mediante solicitação dessa Parte, deve ser acrescentada à quantidade atribuída a essa Parte para períodos de compromisso subsequentes.

14 Cada Parte incluída no Anexo 1 deve empenhar-se para implementar os compromissos mencionados no parágrafo 1 acima de forma tal que sejam minimizados os efeitos adversos, tanto sociais como ambientais e econômicos, sobre as Partes países em desenvolvimento, particularmente aquelas identificadas no Artigo 4º, parágrafos 8 e 9, da Convenção. Em consonância com as decisões pertinentes da Conferência das Partes sobre a implementação desses parágrafos, a Conferência das Partes na qualidade de reunião das Partes deste Protocolo deve, em sua primeira sessão, considerar quais as ações se fazem necessárias para minimizar os efeitos adversos da mudança do clima e/ou os efeitos de medidas de resposta sobre as Partes mencionadas nesses parágrafos. Entre as questões a serem consideradas deve estar a obtenção de fundos, seguro e transferência de tecnologia.

Artigo 4º

1 Qualquer Parte incluída no Anexo 1 que tenha acordado em cumprir conjuntamente seus compromissos assumidos sob o Artigo 3º será considerada como tendo cumprido esses compromissos, se suas emissões antrópicas totais combinadas agregadas equivalentes de dióxido de carbono dos gases de efeito estufa listados no Anexo A não excederem suas quantidades atribuídas, calculadas de acordo com seus compromissos de redução e limitação quantificadas de emissões, descritos no Anexo B, e em conformidade com as disposições do Artigo 3º. O respectivo nível de emissão determinado para cada uma das Partes do acordo deve ser nele especificado.

2 As Partes de qualquer um desses acordos devem notificar o Secretariado sobre os termos do acordo na data de depósito de seus instrumentos de ratificação, aceitação, aprovação ou adesão a este Protocolo. O Secretariado, por sua vez, deve informar os termos do acordo às Partes e aos signatários da Convenção.

3 Qualquer desses acordos deve permanecer em vigor durante o período de compromisso especificado no Artigo 3º, parágrafo 7.

4 Se as Partes atuando conjuntamente assim o fizerem no âmbito de uma organização regional de integração econômica e junto com ela, qualquer alteração na composição da organização após a adoção deste Protocolo não deverá afetar compromissos existentes no âmbito deste Protocolo. Qualquer alteração na composição da organização só será válida para fins dos compromissos previstos no Artigo 3º que sejam adotados em período subsequente ao dessa alteração.

5 Caso as Partes desses acordos não atinjam seu nível total combinado de reduções de emissão, cada Parte desses acordos deve se responsabilizar pelo seu próprio nível de emissões determinado no acordo.

6 Se as Partes atuando conjuntamente assim o fizerem no âmbito de uma organização regional de integração econômica que seja Parte deste Protocolo e junto com ela, cada Estado-Membro dessa organização regional de integração econômica individualmente e junto com a organização regional de integração econô-

mica, atuando em conformidade com o Artigo 24, no caso de não ser atingido o nível total combinado de reduções de emissões, deve se responsabilizar pelo seu nível de emissões como notificado em conformidade com este Artigo.

Artigo 5º

1 Cada Parte incluída no Anexo 1 deve estabelecer, dentro do período máximo de um ano antes do início do primeiro período de compromisso, um sistema nacional para a estimativa das emissões antrópicas por fontes e remoções por sumidouros de todos os gases de efeito estufa não controlados pelo Protocolo de Montreal. As diretrizes de tais sistemas nacionais, que devem incorporar as metodologias especificadas no parágrafo 2 abaixo, devem ser decididas pela Conferência das Partes na qualidade de reunião das Partes deste Protocolo em sua primeira sessão.

2 As metodologias para a estimativa das emissões antrópicas, por fontes e remoções por sumidouros de todos os gases de efeito estufa não controlados pelo Protocolo de Montreal devem ser aquelas aceitas pelo Painel Intergovernamental sobre Mudança do Clima e acordadas pela Conferência das Partes em sua terceira sessão. Onde não forem usadas tais metodologias, ajustes adequados devem ser feitos de acordo com as metodologias acordadas pela Conferência das Partes na qualidade de reunião das Partes deste Protocolo em sua primeira sessão. Com base no trabalho, *inter alia*, do Painel Intergovernamental sobre Mudança do Clima e no assessoramento prestado pelo órgão Subsidiário de Assessoramento Científico e Tecnológico, a Conferência das Partes na qualidade de reunião das Partes deste Protocolo deve rever periodicamente e, conforme o caso, revisar tais metodologias e ajustes, levando plenamente em conta qualquer decisão pertinente da Conferência das Partes. Qualquer revisão das metodologias ou ajustes devem ser usados somente com o propósito de garantir o cumprimento dos compromissos previstos no Artigo 3º com relação a qualquer período de compromisso adotado posteriormente a essa revisão.

3 Os potenciais de aquecimento global usados para calcular a equivalência de dióxido de carbono das emissões antrópicas por fontes e remoções por sumidouros dos gases de efeito estufa listados no Anexo A devem ser aqueles aceitos pelo Painel Intergovernamental sobre Mudança do Clima e acordados pela Conferência das Partes em sua terceira sessão. Com base no trabalho, *inter alia*, do Painel Intergovernamental sobre Mudança do Clima e no assessoramento prestado pelo órgão Subsidiário de Assessoramento Científico e Tecnológico, a Conferência das Partes na qualidade de reunião das Partes deste Protocolo deve rever periodicamente e, conforme o caso, revisar o potencial de aquecimento global de cada um dos gases de efeito estufa, levando plenamente em conta qualquer decisão pertinente da Conferência das Partes. Qualquer revisão de um potencial de aquecimento global deve ser aplicada somente aos compromissos assumidos sob o Artigo 3º com relação a qualquer período de compromisso adotado posteriormente a essa revisão.

Artigo 6º

1 A fim de cumprir os compromissos assumidos sob o Artigo 3º, qualquer Parte incluída no Anexo 1 pode transferir ou adquirir de qualquer outra dessas Partes unidades de redução de emissões resultantes de projetos visando a redução das emissões antrópicas por fontes ou o aumento das remoções antrópicas por sumidouros de gases de efeito estufa em qualquer setor da economia, desde que:

a) O projeto tenha a aprovação das Partes envolvidas;

b) O projeto promova uma redução das emissões por fontes ou um aumento das remoções por sumidouros que sejam adicionais aos que ocorreriam na sua ausência,

c) A Parte não adquira nenhuma unidade de redução de emissões se não estiver em conformidade com suas obrigações assumidas sob os Artigos 5º e 7º; e

d) A aquisição de unidades de redução de emissões seja suplementar às ações domésticas realizadas com o fim de cumprir os compromissos previstos no Artigo 3º.

2 A Conferência das Partes na qualidade de reunião das Partes deste Protocolo pode, em sua primeira sessão ou assim que seja viável a partir de então, aprimorar diretrizes para a implementação deste Artigo, incluindo para verificação e elaboração de relatório.

3 Uma Parte incluída no Anexo 1 pode autorizar entidades jurídicas a participarem, sob sua responsabilidade, de ações que promovam a geração, a transferência ou a aquisição, sob este Artigo, de unidades de redução de emissões.

4 Se uma questão de implementação por uma Parte incluída no Anexo 1 das exigências mencionadas neste parágrafo é identificada de acordo com as disposições pertinentes do Artigo 8º, as transferências e aquisições de

440 Anexo Oito

unidades de redução de emissões podem continuar a ser feitas depois de ter sido identificada a questão, desde que quaisquer dessas unidades não sejam usadas pela Parte para cumprir os seus compromissos assumidos sob o Artigo 3º até que seja resolvida qualquer questão de cumprimento dos compromissos.

Artigo 7º

1   Cada Parte incluída no Anexo 1 deve incorporar ao seu inventário anual de emissões antrópicas por fontes e remoções por sumidouros de gases de efeito estufa não controlados pelo Protocolo de Montreal, submetido de acordo com as decisões pertinentes da Conferência das Partes, as informações suplementares necessárias com o propósito de assegurar o cumprimento do Artigo 3º, a serem determinadas em conformidade com o parágrafo 4 abaixo.

2   Cada Parte incluída no Anexo 1 deve incorporar à sua comunicação nacional, submetida de acordo com o Artigo 12 da Convenção, as informações suplementares necessárias para demonstrar o cumprimento dos compromissos assumidos sob este Protocolo, a serem determinadas em conformidade com o parágrafo 4 abaixo.

3   Cada Parte incluída no Anexo 1 deve submeter as informações solicitadas no parágrafo 1 acima anualmente, começando com o primeiro inventário que deve ser entregue, segundo a Convenção, no primeiro ano do período de compromisso após a entrada em vigor deste Protocolo para essa Parte. Cada uma dessas Partes deve submeter as informações solicitadas no parágrafo 2 acima como parte da primeira comunicação nacional que deve ser entregue, segundo a Convenção, após a entrada em vigor deste Protocolo para a Parte e após a adoção de diretrizes como previsto no parágrafo 4 abaixo. A frequência de submissões subsequentes das informações solicitadas sob este Artigo deve ser determinada pela Conferência das Partes na qualidade de reunião das Partes deste Protocolo, levando em conta qualquer prazo para a submissão de comunicações nacionais conforme decidido pela Conferência das Partes.

4   A Conferência das Partes na qualidade de reunião das Partes deste Protocolo deve adotar em sua primeira sessão, e rever periodicamente a partir de então, diretrizes para a preparação das informações solicitadas sob este Artigo, levando em conta as diretrizes para a preparação de comunicações nacionais das Partes incluídas no Anexo 1, adotadas pela Conferência das Partes. A Conferência das Partes na qualidade de reunião das Partes deste Protocolo deve também, antes do primeiro período de compromisso, decidir sobre as modalidades de contabilização das quantidades atribuídas.

Artigo 8º

1   As informações submetidas de acordo com o Artigo 7º por cada Parte incluída no Anexo 1 devem ser revistas por equipes revisoras compostas por especialistas em conformidade com as decisões pertinentes da Conferência das Partes e em consonância com as diretrizes adotadas com esse propósito pela Conferência das Partes na qualidade de reunião das Partes deste Protocolo, conforme o parágrafo 4 abaixo. As informações submetidas segundo o Artigo 7º, parágrafo 1, por cada Parte incluída no Anexo 1 devem ser revistas como parte da compilação anual e contabilização dos inventários de emissões e das quantidades atribuídas. Adicionalmente, as informações submetidas de acordo com o Artigo 7º, parágrafo 2, por cada Parte incluída no Anexo 1 devem ser revistas como parte da revisão das comunicações.

2   As equipes revisoras formadas por especialistas devem ser coordenadas pelo Secretariado e compostas por especialistas selecionados a partir de indicações das Partes da Convenção e, conforme o caso, por organizações intergovernamentais, em conformidade com a orientação dada para esse fim pela Conferência das Partes.

3   O processo de revisão deve produzir uma avaliação técnica completa e abrangente de todos os aspectos da implementação deste Protocolo por uma Parte. As equipes revisoras compostas por especialistas devem preparar um relatório para a Conferência das Partes na qualidade de reunião das Partes deste Protocolo, avaliando a implementação dos compromissos da Parte e identificando possíveis problemas e fatores que possam estar influenciando o cumprimento dos compromissos. Esses relatórios devem ser distribuídos pelo Secretariado a todas as Partes da Convenção. O Secretariado deve listar aquelas questões de implementação indicadas em tais relatórios para consideração adicional pela Conferência das Partes na qualidade de reunião das Partes deste Protocolo.

4   A Conferência das Partes na qualidade de reunião das Partes deste Protocolo deve adotar em sua primeira sessão, e rever periodicamente a partir de então, as diretrizes para a revisão da implementação deste Protocolo por equipes revisoras compostas por especialistas levando em conta as decisões pertinentes da Conferência das Partes.

5 A Conferência das Partes na qualidade de reunião das Partes deste Protocolo deve, com a assistência do órgão Subsidiário de Implementação e, conforme o caso, do órgão de Assessoramento Científico e Tecnológico, considerar:

a) As informações, submetidas pelas Partes segundo o Artigo 7º, e os relatórios das revisões dos especialistas sobre essas informações, elaborados de acordo com este Artigo, e

b) As questões de implementação listadas pelo Secretariado no parágrafo 3 acima, bem como qualquer questão levantada pelas Partes.

6 A Conferência das Partes na qualidade de reunião das Partes deste Protocolo deve tomar decisões sobre qualquer assunto necessário para a implementação deste Protocolo, de acordo com as considerações feitas sobre as informações a que se refere o parágrafo 5 acima.

Artigo 9º

1 A Conferência das Partes na qualidade de reunião das Partes deste Protocolo deve rever periodicamente este Protocolo à luz das melhores informações e avaliações científicas disponíveis sobre a mudança do clima e seus efeitos, bem como de informações técnicas, sociais e econômicas relevantes. Tais revisões devem ser coordenadas com revisões pertinentes segundo a Convenção, em particular aquelas dispostas no Artigo 4º, parágrafo 2(d), e Artigo 7º, parágrafo 2(a), da Convenção. Com base nessas revisões, a Conferência das Partes na qualidade de reunião das Partes deste Protocolo deve tomar as providências adequadas.

2 A primeira revisão deve acontecer na segunda sessão da Conferência das Partes na qualidade de reunião das Partes deste Protocolo. Revisões subsequentes devem acontecer em intervalos de tempo regulares e de maneira oportuna.

Artigo 10

Todas as Partes, levando em conta suas responsabilidades comuns, mas diferenciadas, e suas prioridades de desenvolvimento, objetivos e circunstâncias específicos, nacionais e regionais, sem a introdução de nenhum novo compromisso para as Partes não incluídas no Anexo 1, mas reafirmando os compromissos existentes no Artigo 4º, parágrafo 1, da Convenção, e continuando a fazer avançar a implementação desses compromissos a fim de atingir o desenvolvimento sustentável, levando em conta o Artigo 4º, parágrafos 3, 5 e 7, da Convenção, devem:

a) Formular, quando apropriado e na medida do possível, programas nacionais e, conforme o caso, regionais adequados, eficazes em relação aos custos, para melhorar a qualidade dos fatores locais de emissão, dados de atividade e/ou modelos que reflitam as condições socioeconômicas de cada Parte para a preparação e atualização periódica de inventários nacionais de emissões antrópicas por fontes e remoções por sumidouros de todos os gases de efeito estufa não controlados pelo Protocolo de Montreal, empregando metodologias comparáveis a serem acordadas pela Conferência das Partes e consistentes com as diretrizes para a preparação de comunicações nacionais adotadas pela Conferência das Partes;

b) Formular, implementar, publicar e atualizar regularmente programas nacionais e, conforme o caso, regionais, que incluam medidas para mitigar a mudança do clima, bem como medidas para facilitar uma adaptação adequada à mudança do clima:

i) Tais programas envolveriam, *inter alia*, os setores de energia, transporte e indústria, bem como os de agricultura, silvicultura e disposição de resíduos. Além disso, tecnologias de adaptação e métodos para aperfeiçoar o planejamento espacial melhorariam a adaptação à mudança do clima; e

ii) As Partes incluídas no Anexo 1 devem submeter informações sobre ações no âmbito deste Protocolo, incluindo programas nacionais, em conformidade com o Artigo 7º; e as outras Partes devem buscar incluir em suas comunicações nacionais, conforme o caso, informações sobre programas que contenham medidas que a Parte acredite contribuir para enfrentar a mudança do clima e seus efeitos adversos, incluindo a redução dos aumentos das emissões de gases de efeito estufa e aumento dos sumidouros e remoções, capacitação e medidas de adaptação;

c) Cooperar na promoção de modalidades efetivas para o desenvolvimento, a aplicação e difusão e tomar todas as medidas possíveis para promover, facilitar e financiar, conforme o caso, a transferência ou o acesso a tecnologias ambientalmente seguras, *know-how*, práticas e processos relativos à mudança do clima, em particular para os países em desenvolvimento, incluindo a formulação de políticas e programas para a transferência efetiva de tecnologias ambientalmente seguras que sejam de propriedade pública ou de domínio público e a criação de um ambiente propício para o setor privado, promover e melhorar a transferência de tecnologias ambientalmente seguras e o acesso a elas;

d) Cooperar na pesquisa científica e técnica e promover a manutenção e o desenvolvimento de sistemas de observação sistemática e desenvolvimento de arquivos de dados para reduzir as incertezas relacionadas ao sistema climático, os efeitos adversos da mudança do clima e as consequências econômicas e sociais de várias estratégias de resposta e promover o desenvolvimento e o fortalecimento de capacidades e recursos endógenos para participar dos esforços, programas e redes internacionais e intergovernamentais sobre pesquisa e observação sistemática, levando em conta o Artigo 5º da Convenção;

e) Cooperar e promover em nível internacional e, conforme o caso, por meio de organismos existentes, a elaboração e a execução de programas educacionais e de treinamento, incluindo o fortalecimento da capacitação nacional, em particular a capacitação humana e institucional e o intercâmbio ou cessão de pessoal para treinar especialistas nessas áreas, em particular para os países em desenvolvimento, e facilitar em nível nacional a conscientização pública e o acesso público a informações sobre a mudança do clima. Modalidades adequadas devem ser desenvolvidas para implementar essas atividades por meio dos órgãos apropriados da Convenção, levando em conta o Artigo 6º da Convenção;

f) Incluir em suas comunicações nacionais informações sobre programas e atividades empreendidas em conformidade com este Artigo de acordo com as decisões pertinentes da Conferência das Partes; e

g) Considerar plenamente, na implementação dos compromissos previstos neste Artigo, o Artigo 4º, parágrafo 8, da Convenção.

Artigo 11

1   Na implementação do Artigo 10, as Partes devem levar em conta as disposições do Artigo 4º, parágrafos 4, 5, 7, 8 e 9, da Convenção.

2   No contexto da implementação do Artigo 4º, parágrafo 1, da Convenção, em conformidade com as disposições do Artigo 4º, parágrafo 3, e do Artigo 11 da Convenção, e por meio da entidade ou entidades credenciadas para a operação do mecanismo financeiro da Convenção, as Partes países desenvolvidos e as demais Partes desenvolvidas incluídas no Anexo II da Convenção devem:

a) Prover recursos financeiros novos e adicionais para cobrir integralmente os custos por elas acordados incorridos por Partes países em desenvolvimento para fazer avançar a implementação dos compromissos assumidos sob o Artigo 4º, parágrafo 1(a), da Convenção que são previstos no Artigo 10, alínea (a); e

b) Também prover esses recursos financeiros, inclusive para transferência de tecnologia, de que necessitem as Partes países em desenvolvimento para cobrir integralmente os custos incrementais para fazer avançar a implementação dos compromissos existentes sob o Artigo 4º, parágrafo 1, da Convenção descritos no Artigo 10 e que sejam acordados entre uma Parte país em desenvolvimento e a entidade ou entidades internacionais a que se refere o Artigo 11 da Convenção, em conformidade com esse Artigo.

A implementação dos compromissos existentes deve levar em conta a necessidade de que o fluxo de recursos seja adequado e previsível e a importância da divisão adequada do ônus entre as Partes países desenvolvidos. A orientação para a entidade ou entidades encarregadas da operação do mecanismo financeiro da Convenção em decisões pertinentes da Conferência das Partes, incluindo aquelas acordadas antes da adoção deste Protocolo, aplica-se *mutatis mutandis* às disposições deste parágrafo.

3   As Partes países desenvolvidos e demais Partes desenvolvidas do Anexo II da Convenção podem também prover recursos financeiros para a implementação do Artigo 10 por meio de canais bilaterais, regionais e multilaterais e as Partes países em desenvolvimento podem deles beneficiar-se.

Artigo 12

1   Fica definido um mecanismo de desenvolvimento limpo.

2   O objetivo do mecanismo de desenvolvimento limpo deve ser assistir às Partes não incluídas no Anexo 1 para que atinjam o desenvolvimento sustentável e contribuam para o objetivo final da Convenção,

e assistir às Partes incluídas no Anexo 1 para que cumpram seus compromissos de redução e limitação quantificadas de emissões, assumidos no Artigo 3º.

3 Sob o mecanismo de desenvolvimento limpo:

a) As Partes não incluídas no Anexo 1 beneficiar-se-ão de atividades de projetos que resultem em reduções certificadas de emissões; e

b) As Partes incluídas no Anexo 1 podem usar as reduções certificadas de emissões, resultantes de tais atividades de projetos, para contribuir com o cumprimento de parte de seus compromissos de redução e limitação quantificadas de emissões, assumidos no Artigo 3º, como determinado pela Conferência das Partes na qualidade de reunião das Partes deste Protocolo.

4 O mecanismo de desenvolvimento limpo deve sujeitar-se à autoridade e orientação da Conferência das Partes na qualidade de reunião das Partes deste Protocolo e ser supervisionado por um conselho executivo do mecanismo de desenvolvimento limpo.

5 As reduções de emissões resultantes de cada atividade de projeto devem ser certificadas por entidades operacionais a serem designadas pela Conferência das Partes na qualidade de reunião das Partes deste Protocolo, com base em:

a) Participação voluntária aprovada por cada Parte envolvida;

b) Benefícios reais, mensuráveis e de longo prazo relacionados com a mitigação da mudança do clima; e

c) Reduções de emissões que sejam adicionais às que ocorreriam na ausência da atividade certificada de projeto.

6 O mecanismo de desenvolvimento limpo deve prestar assistência quanto à obtenção de fundos para atividades certificadas de projetos quando necessário.

7 A Conferência das Partes na qualidade de reunião das Partes deste Protocolo deve, em sua primeira sessão, elaborar modalidades e procedimentos com o objetivo de assegurar transparência, eficiência e prestação de contas das atividades de projeto por meio de auditorias e verificações independentes.

8 A Conferência das Partes na qualidade de reunião das Partes deste Protocolo deve assegurar que uma fração dos fundos advindos de atividades de projeto certificadas seja usada para cobrir despesas administrativas, assim como assistir às Partes países em desenvolvimento que sejam particularmente vulneráveis aos efeitos adversos da mudança do clima para fazer frente aos custos de adaptação.

9 A participação no mecanismo de desenvolvimento limpo, incluindo nas atividades mencionadas no parágrafo 3(a) acima e na aquisição de reduções certificadas de emissão, pode envolver entidades particulares e/ou públicas e deve sujeitar-se a qualquer orientação que possa ser dada pelo conselho executivo do mecanismo de desenvolvimento limpo.

10 Reduções certificadas de emissão obtidas durante o período do ano 2000 até o início do primeiro período de compromisso podem ser usadas para auxiliar no cumprimento das responsabilidades relativas ao primeiro período de compromisso.

Artigo 13

1 A Conferência das Partes, o órgão supremo da Convenção, deve atuar na qualidade de reunião das Partes deste Protocolo.

2 As Partes da Convenção que não sejam Partes deste Protocolo podem participar como observadoras dos procedimentos de qualquer sessão da Conferência das Partes na qualidade de reunião das Partes deste Protocolo. Quando a Conferência das Partes atuar na qualidade de reunião das Partes deste Protocolo, as decisões tomadas sob este Protocolo devem ser tomadas somente por aquelas que sejam Partes deste Protocolo.

3 Quando a Conferência das Partes atuar na qualidade de reunião das Partes deste Protocolo, qualquer membro da Mesa da Conferência das Partes representando uma Parte da Convenção mas, nessa ocasião, não uma Parte deste Protocolo, deve ser substituído por um outro membro, escolhido entre as Partes deste Protocolo e por elas eleito.

4 A Conferência das Partes na qualidade de reunião das Partes deste Protocolo deve manter a implementação deste Protocolo sob revisão periódica e tomar, dentro de seu mandato, as decisões necessárias para promover a sua implementação efetiva. Deve executar as funções a ela atribuídas por este Protocolo e deve:

444 Anexo Oito

a) Com base em todas as informações apresentadas em conformidade com as disposições deste Protocolo, avaliar a implementação deste Protocolo pelas Partes, os efeitos gerais das medidas tomadas de acordo com este Protocolo, em particular os efeitos ambientais, econômicos e sociais, bem como os seus efeitos cumulativos e o grau de progresso no cumprimento do objetivo da Convenção;

b) Examinar periodicamente as obrigações das Partes deste Protocolo, com a devida consideração a qualquer revisão exigida pelo Artigo 4º, parágrafo 2(d), e Artigo 7º, parágrafo 2, da Convenção, à luz de seus objetivos, da experiência adquirida em sua implementação e da evolução dos conhecimentos científicos e tecnológicos, e a esse respeito, considerar e adotar relatórios periódicos sobre a implementação deste Protocolo;

c) Promover e facilitar o intercâmbio de informações sobre medidas adotadas pelas Partes para enfrentar a mudança do clima e seus efeitos, levando em conta as diferentes circunstâncias, responsabilidades e recursos das Partes e seus respectivos compromissos assumidos sob este Protocolo;

d) Facilitar, mediante solicitação de duas ou mais Partes, a coordenação de medidas por elas adotadas para enfrentar a mudança do clima e seus efeitos, levando em conta as diferentes circunstâncias, responsabilidades e recursos das Partes e seus respectivos compromissos assumidos sob este Protocolo;

e) Promover e orientar, em conformidade com o objetivo da Convenção e as disposições deste Protocolo, e levando plenamente em conta as decisões pertinentes da Conferência das Partes, o desenvolvimento e aperfeiçoamento periódico de metodologias comparáveis para a implementação efetiva deste Protocolo, a serem acordadas pela Conferência das Partes na qualidade de reunião das Partes deste Protocolo;

f) Fazer recomendações sobre qualquer assunto necessário à implementação deste Protocolo;

g) Procurar mobilizar recursos financeiros adicionais em conformidade com o Artigo 11, parágrafo 2;

h) Estabelecer os órgãos subsidiários considerados necessários à implementação deste Protocolo;

i) Procurar e utilizar, conforme o caso, os serviços, a cooperação e as informações fornecidas por organizações internacionais e por organismos intergovernamentais e não governamentais competentes; e

j) Desempenhar as demais funções necessárias à implementação deste Protocolo, e considerar qualquer atribuição resultante de uma decisão da Conferência das Partes.

5   As regras de procedimento da Conferência das Partes e os procedimentos financeiros aplicados sob a Convenção devem ser aplicados *mutatis mutandis* sob este Protocolo, exceto quando decidido de outra forma por consenso pela Conferência das Partes na qualidade de reunião das Partes deste Protocolo.

6   A primeira sessão da Conferência das Partes na qualidade de reunião das Partes deste Protocolo deve ser convocada pelo Secretariado juntamente com a primeira sessão da Conferência das Partes programada para depois da data de entrada em vigor deste Protocolo. Sessões ordinárias subsequentes da Conferência das Partes na qualidade de reunião das Partes deste Protocolo devem ser realizadas anualmente junto com as sessões ordinárias da Conferência das Partes a menos que decidido de outra forma pela Conferência das Partes na qualidade de reunião das Partes deste Protocolo.

7   Sessões extraordinárias da Conferência das Partes na qualidade de reunião das Partes deste Protocolo devem ser realizadas em outras datas quando julgado necessário pela Conferência das Partes na qualidade de reunião das Partes deste Protocolo, ou por solicitação escrita de qualquer Parte, desde que, dentro de seis meses após a solicitação ter sido comunicada às Partes pelo Secretariado, receba o apoio de pelo menos um terço das Partes.

8   As Nações Unidas, seus órgãos especializados e a Agência Internacional de Energia Atômica, bem como qualquer Estado-Membro ou observador junto às mesmas que não seja Parte desta Convenção podem se fazer representar como observadores nas sessões da Conferência das Partes na qualidade de reunião das Partes deste Protocolo. Qualquer órgão ou agência, nacional ou internacional, governamental ou não governamental, competente em assuntos abrangidos por este Protocolo e que tenha informado ao Secretariado o seu desejo de se fazer representar como observador numa sessão da Conferência das Partes na qualidade de reunião das Partes deste Protocolo, pode ser admitido nessa qualidade, salvo se pelo menos um terço das Partes presentes objete. A admissão e participação de observadores devem sujeitar-se às regras de procedimento a que se refere o parágrafo 5 acima.

Artigo 14

1 O Secretariado estabelecido pelo Artigo 8º da Convenção deve desempenhar a função de Secretariado deste Protocolo.

2 O Artigo 8º, parágrafo 2, da Convenção, sobre as funções do Secretariado e o Artigo 8º, parágrafo 3, da Convenção, sobre as providências tomadas para o funcionamento do Secretariado, devem ser aplicados *mutatis mutandis* a este Protocolo. O Secretariado deve, além disso, exercer as funções a ele atribuídas sob este Protocolo.

Artigo 15

1 O órgão Subsidiário de Assessoramento Científico e Tecnológico e o órgão Subsidiário de Implementação estabelecidos nos Artigos 9º e 10 da Convenção devem atuar, respectivamente, como o órgão Subsidiário de Assessoramento Científico e Tecnológico e o órgão Subsidiário de Implementação deste Protocolo. As disposições relacionadas com o funcionamento desses dois órgãos sob a Convenção devem ser aplicadas *mutatis mutandis* a este Protocolo. As sessões das reuniões do órgão Subsidiário de Assessoramento Científico e Tecnológico e do órgão Subsidiário de Implementação deste Protocolo devem ser realizadas juntamente com as reuniões do órgão Subsidiário de Assessoramento Científico e Tecnológico e do órgão Subsidiário de Implementação da Convenção, respectivamente.

2 As Partes da Convenção que não são Partes deste Protocolo podem participar como observadoras dos procedimentos de qualquer sessão dos órgãos subsidiários. Quando os órgãos subsidiários atuarem como órgãos subsidiários deste Protocolo, as decisões sob este Protocolo devem ser tomadas somente por aquelas que sejam Partes deste Protocolo.

3 Quando os órgãos subsidiários estabelecidos pelos Artigos 9º e 10 da Convenção exercem suas funções com relação a assuntos que dizem respeito a este Protocolo, qualquer membro das Mesas desses órgãos subsidiários representando uma Parte da Convenção, mas nessa ocasião, não uma Parte deste Protocolo, deve ser substituído por um outro membro escolhido entre as Partes deste Protocolo e por elas eleito.

Artigo 16

A Conferência das Partes na qualidade de reunião das Partes deste Protocolo deve, tão logo seja possível, considerar a aplicação a este Protocolo, e modificação conforme o caso, do processo de consultas multilaterais a que se refere o Artigo 13 da Convenção, à luz de qualquer decisão pertinente que possa ser tomada pela Conferência das Partes. Qualquer processo de consultas multilaterais que possa ser aplicado a este Protocolo deve operar sem prejuízo dos procedimentos e mecanismos estabelecidos em conformidade com o Artigo 18.

Artigo 17

A Conferência das Partes deve definir os princípios, as modalidades, regras e diretrizes apropriados, em particular para verificação, elaboração de relatório e prestação de contas do comércio de emissões. As Partes incluídas no Anexo B podem participar do comércio de emissões com o objetivo de cumprir os compromissos assumidos sob o Artigo 3º. Tal comércio deve ser suplementar às ações domésticas, objetivando o cumprimento dos compromissos de redução e limitação quantificadas de emissões, assumidos sob esse Artigo.

Artigo 18

A Conferência das Partes na qualidade de reunião das Partes deste Protocolo deve, em sua primeira sessão, aprovar procedimentos e mecanismos adequados e efetivos para determinar e tratar de casos de não cumprimento das disposições deste Protocolo, inclusive por meio do desenvolvimento de uma lista indicando possíveis consequências, levando em conta a causa, o tipo, o grau e a frequência do não cumprimento. Qualquer procedimento e mecanismo sob este Artigo que acarrete consequências de caráter vinculativo deve ser adotado por meio de uma emenda a este Protocolo.

Artigo 19

As disposições do Artigo 14 da Convenção sobre a solução de controvérsias aplicam-se *mutatis mutandis* a este Protocolo.

Artigo 20

1 Qualquer Parte pode propor emendas a este Protocolo.

2 As emendas a este Protocolo devem ser adotadas em sessão ordinária da Conferência das Partes na qualidade de reunião das Partes deste Protocolo. O texto de qualquer emenda proposta a este Protocolo

deve ser comunicado às Partes pelo Secretariado pelo menos seis meses antes da sessão na qual será proposta sua adoção. O texto de qualquer emenda proposta deve também ser comunicado pelo Secretariado às Partes e aos signatários da Convenção e ao Depositário, para informação.

3 As Partes devem fazer todo o possível para chegar a acordo por consenso sobre qualquer emenda proposta a este Protocolo. Uma vez exauridos todos os esforços para chegar a um consenso sem que se tenha chegado a um acordo, a emenda deve ser adotada, em última instância, por maioria de três quartos dos votos das Partes presentes e votantes na sessão. A emenda adotada deve ser comunicada pelo Secretariado ao Depositário, que deve comunicá-la a todas as Partes para aceitação.

4 Os instrumentos de aceitação em relação a uma emenda devem ser depositados junto ao Depositário. Uma emenda adotada, em conformidade com o parágrafo 3 acima, deve entrar em vigor para as Partes que a tenham aceito no nonagésimo dia após o recebimento, pelo Depositário, de instrumentos de aceitação de pelo menos três quartos das Partes deste Protocolo.

5 A emenda deve entrar em vigor para qualquer outra Parte no nonagésimo dia após a data na qual a Parte deposite, junto ao Depositário, seu instrumento de aceitação de tal emenda.

Artigo 21

1 Os anexos deste Protocolo constituem parte integrante do mesmo e, salvo se expressamente disposto de outro modo, qualquer referência a este Protocolo constitui ao mesmo tempo referência a qualquer de seus anexos. Qualquer anexo adotado após a entrada em vigor deste Protocolo deve conter apenas listas, formulários e qualquer outro material de natureza descritiva que trate de assuntos de caráter científico, técnico, administrativo ou de procedimento.

2 Qualquer Parte pode elaborar propostas de anexo para este Protocolo e propor emendas a anexos deste Protocolo.

3 Os anexos deste Protocolo e as emendas a anexos deste Protocolo devem ser adotados em sessão ordinária da Conferência das Partes na qualidade de reunião das Partes deste Protocolo. O texto proposto de qualquer anexo ou de emenda a um anexo deve ser comunicado às Partes pelo Secretariado pelo menos seis meses antes da reunião na qual será proposta sua adoção. O texto proposto de qualquer anexo ou de emenda a um anexo deve também ser comunicado pelo Secretariado às Partes e aos signatários da Convenção e ao Depositário, para informação.

4 As Partes devem fazer todo o possível para chegar a acordo por consenso sobre qualquer anexo, ou emenda a um anexo, proposto. Uma vez exauridos todos os esforços para chegar a um consenso sem que se tenha chegado a um acordo, o anexo ou a emenda a um anexo devem ser adotados, em última instância, por maioria de três quartos dos votos das Partes presentes e votantes nessa sessão. Os anexos ou emendas a um anexo adotados devem ser comunicados pelo Secretariado ao Depositário, que deve comunicá-los a todas as Partes para aceitação.

5 Um anexo, ou emenda a um anexo que não seja Anexo A ou B, que tenha sido adotado em conformidade com os parágrafos 3 e 4 acima deve entrar em vigor para todas as Partes deste Protocolo seis meses após a data de comunicação a essas Partes, pelo Depositário, da adoção do anexo ou da adoção da emenda ao anexo, à exceção das Partes que notificarem o Depositário, por escrito, e no mesmo prazo, de sua não aceitação do anexo ou da emenda ao anexo. O anexo ou a emenda a um anexo devem entrar em vigor para as Partes que tenham retirado sua notificação de não aceitação no nonagésimo dia após a data de recebimento, pelo Depositário, da retirada dessa notificação.

6 Se a adoção de um anexo ou de uma emenda a um anexo envolver uma emenda a este Protocolo, esse anexo ou essa emenda a um anexo não deve entrar em vigor até que entre em vigor a emenda a este Protocolo.

7 As emendas aos Anexos A e B deste Protocolo devem ser adotadas e entrar em vigor em conformidade com os procedimentos descritos no Artigo 20, desde que qualquer emenda ao Anexo B seja adotada mediante o consentimento por escrito da Parte envolvida.

Artigo 22

1 Cada Parte tem direito a um voto, à exceção do disposto no parágrafo 2 abaixo.

2 As organizações regionais de integração econômica devem exercer, em assuntos de sua competência, seu direito de voto com um número de votos igual ao número de seus Estados-Membros Partes deste Protocolo. Essas organizações não devem exercer seu direito de voto se qualquer de seus Estados-Membros exercer esse direito e vice-versa.

Artigo 23

O Secretário-Geral das Nações Unidas será o Depositário deste Protocolo.

Artigo 24

1 Este Protocolo estará aberto a assinatura e sujeito a ratificação, aceitação ou aprovação de Estados e organizações de integração econômica regional que sejam Partes da Convenção. Estará aberto a assinaturas na sede das Nações Unidas em Nova York de 16 de março de 1998 a 15 de março de 1999. Este Protocolo estará aberto a adesões a partir do dia seguinte à data em que não mais estiver aberto a assinaturas. Os instrumentos de ratificação, aceitação, aprovação ou adesão devem ser depositados junto ao Depositário.

2 Qualquer organização regional de integração econômica que se torne Parte deste Protocolo, sem que nenhum de seus Estados-Membros seja Parte, deve sujeitar-se a todas as obrigações previstas neste Protocolo. No caso de um ou mais Estados-Membros dessas organizações serem Partes deste Protocolo, a organização e seus Estados-Membros devem decidir sobre suas respectivas responsabilidades para o cumprimento de suas obrigações previstas neste Protocolo. Nesses casos, as organizações e os Estados-Membros não podem exercer simultaneamente direitos estabelecidos por este Protocolo.

3 Em seus instrumentos de ratificação, aceitação, aprovação ou adesão, as organizações regionais de integração econômica devem declarar o âmbito de suas competências no tocante a assuntos regidos por este Protocolo. Essas organizações devem também informar ao Depositário qualquer modificação substancial no âmbito de suas competências, o qual, por sua vez, deve transmitir essas informações às Partes.

Artigo 25

1 Este Protocolo entra em vigor no nonagésimo dia após a data na qual pelo menos 55 Partes da Convenção, englobando as Partes incluídas no Anexo 1 que contabilizaram no total pelo menos 55 por cento das emissões totais de dióxido de carbono em 1990 das Partes incluídas no Anexo 1, tenham depositado seus instrumentos de ratificação, aceitação, aprovação ou adesão.

2 Para os fins deste Artigo, "as emissões totais de dióxido de carbono em 1990 das Partes incluídas no Anexo I" significa a quantidade comunicada anteriormente ou na data de adoção deste Protocolo por cada Parte incluída no Anexo I em sua primeira comunicação nacional, submetida em conformidade com o Artigo 12 da Convenção.

3 Para cada Estado ou organização regional de integração econômica que ratifique, aceite, aprove ou adira a este Protocolo após terem sido reunidas as condições para entrada em vigor descritas no parágrafo 1 acima, este Protocolo entra em vigor no nonagésimo dia após a data de depósito de seu instrumento de ratificação, aceitação, aprovação ou adesão.

4 Para os fins deste Artigo, qualquer instrumento depositado por uma organização regional de integração econômica não deve ser considerado como adicional àqueles depositados por Estados-Membros dessa organização.

Artigo 26

Nenhuma reserva pode ser feita a este Protocolo.

Artigo 27

1 Após três anos da entrada em vigor deste Protocolo para uma Parte, essa Parte pode, a qualquer momento, denunciá-lo por meio de notificação escrita ao Depositário.

2 Essa denúncia tem efeito um ano após a data de recebimento pelo Depositário da notificação de denúncia, ou em data posterior se assim nela for estipulado.

3 Deve ser considerado que qualquer Parte que denuncie a Convenção denuncia também este Protocolo.

Artigo 28

O original deste Protocolo, cujos textos em árabe, chinês, inglês, francês, russo e espanhol são igualmente autênticos, deve ser depositado junto ao Secretário-Geral das Nações Unidas.

FEITO em Kyoto aos onze dias de dezembro de mil novecentos e noventa e sete.

EM FÉ DO QUE, os abaixo assinados, devidamente autorizados para esse fim, firmam este Protocolo nas datas indicadas.

Anexo A

Gases de efeito estufa

Dióxido de carbono (CO_2)
Metano (CH_4)

448 Anexo Oito

Óxido nitroso (N₂O)
Hidrofluorcarbonos (HFCs)
Perfluorcarbonos (PFCs)
Hexafluoreto de enxofre (SF₆)

Setores/categorias de fontes
Energia
  Queima de combustível
    Setor energético
    Indústrias de transformação e de construção
    Transporte
    Outros setores
    Outros
  Emissões fugitivas de combustíveis
  Combustíveis sólidos
  Petróleo e gás natural
  Outros
Processos industriais
  Produtos minerais
  Indústria química
  Produção de metais
  Outras produções
  Produção de halocarbonos e hexafluoreto de enxofre
  Consumo de halocarbonos e hexafluoreto de enxofre
  Outros
Uso de solventes e outros produtos
Agricultura
  Fermentação entérica
  Tratamento de dejetos
  Cultivo de arroz
  Solos agrícolas
  Queimadas prescritas de savana
  Queima de resíduos agrícolas
  Outros
Resíduos
  Disposição de resíduos sólidos
  Tratamento de esgoto
  Incineração de resíduos
  Outros

Anexo B

Compromisso de redução ou limitação quantificada de emissões	
Parte	**Porcentagem do ano base ou período**
Alemanha	92
Austrália	108
Áustria	92
Bélgica	92
Bulgária*	92
Canadá	94
Comunidade Europeia	92
Croácia*	95

(continua)

(Continuação)	
Parte	**Porcentagem do ano base ou período**
Dinamarca	92
Eslováquia*	92
Eslovênia*	92
Espanha	92
Estados Unidos da América	93
Estônia*	92
Federação Russa*	100
Finlândia	92
França	92
Grécia	92
Hungria*	94
Irlanda	92
Islândia	110
Itália	92
Japão	94
Letônia*	92
Liechtenstein	92
Lituânia*	92
Luxemburgo	92
Mônaco	92
Noruega	101
Nova Zelândia	100
Países Baixos	92
Polônia*	94
Portugal	92
Reino Unido da Grã-Bretanha e Irlanda do Norte	92
República Tcheca*	92
Romênia*	92
Suécia	92
Suíça	92
Ucrânia*	100

* Países em processo de transição para uma economia de mercado.

Decisões Adotadas pela Conferência das Partes

(12ª sessão plenária, 11 de dezembro de 1997)

Decisão 1/CP.3

Adoção do Protocolo de Kyoto à Convenção-Quadro das Nações Unidas sobre Mudança do Clima

A Conferência das Partes,

Tendo revisto o Artigo 4º, parágrafo 2(a) e (b) da Convenção-Quadro das Nações Unidas sobre Mudança do Clima em sua primeira sessão e tendo concluído que essas alíneas não são adequadas,

Lembrando sua decisão 1 1/CP. 1 intitulada "O Mandato de Berlim: revisão da adequação do artigo 4º, parágrafo 2(a) e (b), da Convenção, incluindo propostas relacionadas a um protocolo e decisões sobre acompanhamento", por meio da qual acordou em iniciar um processo que lhe possibilitasse tomar as ações apro-

450 Anexo Oito

priadas para o período além de 2000 por meio da adoção de um protocolo ou outro instrumento legal em sua terceira sessão,

Lembrando ainda que um dos objetivos do processo foi fortalecer os compromissos contidos no Artigo 4º, parágrafo 2(a) e (b) da Convenção, para que os países desenvolvidos/outras Partes incluídas no Anexo 1, tanto elaborassem políticas e medidas como definissem objetivos de redução e limitação quantificadas dentro de prazos estabelecidos, como 2005, 2010 e 2020, para suas emissões antrópicas por fontes e remoções por sumidouros de todos os gases de efeito estufa não controlados pelo Protocolo de Montreal,

Lembrando também que, de acordo com o Mandato de Berlim, o processo não introduzirá nenhum novo compromisso para as Partes não incluídas no Anexo 1, mas reafirmará os compromissos existentes no Artigo 4º, parágrafo 1, e continuará fazendo avançar a implementação desses compromissos a fim de atingir o desenvolvimento sustentável, levando em conta o Artigo 4º, parágrafos 3, 5 e 7,

Observando os relatórios das oito sessões[1] do Grupo *Ad Hoc* sobre o Mandato de Berlim,

Tendo considerado com reconhecimento o relatório apresentado pelo Presidente do Grupo *Ad Hoc* sobre o Mandato de Berlim,

Tomando nota com reconhecimento do relatório do Presidente do Comitê Plenário sobre os resultados do trabalho do Comitê,

Reconhecendo a necessidade de preparar a pronta entrada em vigor do Protocolo de Kyoto à Convenção-Quadro das Nações Unidas sobre Mudança do Clima,

Ciente da conveniência do início tempestivo dos trabalhos de forma a abrir caminho para o êxito da quarta sessão da Conferência das Partes, que acontecerá em Buenos Aires, Argentina,

1   Decide adotar o Protocolo de Kyoto à Convenção-Quadro das Nações Unidas sobre Mudança do Clima, em anexo;

2   Solicita que o Secretário Geral das Nações Unidas seja o Depositário desse Protocolo abrindo-o para assinatura em Nova York de 16 de março de 1998 a 15 de março de 1999;

3   Convida todas as Partes da Convenção-Quadro das Nações Unidas sobre Mudança do Clima a assinar o Protocolo no dia 16 de março de 1998 ou na primeira oportunidade subsequentemente e depositar instrumentos de ratificação, aceitação ou aprovação, ou instrumentos de adesão conforme o caso, o mais rápido possível;

4   Convida ainda os Estados que não são Partes da Convenção a ratificar ou a ela aderir, conforme o caso, sem demora, a fim de que possam tornar-se Partes do Protocolo.

5   Solicita ao Presidente do órgão Subsidiário de Assessoramento Científico e Tecnológico e ao Presidente do órgão Subsidiário de Implementação, levando em conta o orçamento aprovado por programa para o biênio 1998-1999 e o correspondente programa de trabalho do Secretariado,[2] que orientem o Secretariado a respeito do trabalho preparatório necessário para que a Conferência das Partes considere, em sua quarta sessão, as seguintes questões e que distribuam o trabalho aos respectivos órgãos subsidiários conforme o caso:

a)   Determinação de modalidades, regras e diretrizes sobre como e quais atividades adicionais induzidas pelo homem relacionadas a mudanças nas emissões de gases de efeito estufa por fontes e remoções por sumidouros nas categorias de solos agrícolas e de mudança no uso da terra e florestas devem ser adicionadas, ou subtraídas, das quantidades atribuídas para as Partes do Protocolo incluídas no Anexo 1 da Convenção, como estabelecido no Artigo 3º, parágrafo 4, do Protocolo;

b)   Definição dos princípios, das modalidades, regras e diretrizes apropriados, em particular para verificação, elaboração de relatório e prestação de contas do comércio de emissões, conforme o Artigo 17 do Protocolo;

c)   Elaboração de diretrizes para que qualquer Parte do Protocolo incluída no Anexo 1 da Convenção transfira ou adquira de qualquer outra dessas Partes unidades de redução de emissão resultantes de projetos com o objetivo de reduzir emissões antrópicas por fontes ou aumentar remoções antrópicas por sumidouros de gases de efeito estufa em qualquer setor da economia, como estabelecido no Artigo 6º do Protocolo;

d)   Consideração e, conforme o caso, adoção de ações sobre metodologias apropriadas para abordar a situação das Partes listadas no Anexo 13 do Protocolo para as quais projetos isolados teriam um efeito proporcional significativo sobre as emissões no período de compromisso;

e)   Análise das implicações do Artigo 12, parágrafo 10, do Protocolo;

---

[1] FCCC/AGBM/1995/2 e corr.1 e 7 e corr. 1; FCCC/AGBM/1996/5, 8 e 11; FCCC/AGBM/1997/3, 3/add. 1 e corr. 1, 5, 8 e 8/add. 1.
[2] FCCC/CP/1997/INF.1.

6 Convida o Presidente do órgão Subsidiário de Assessoramento Científico e Tecnológico e o Presidente do órgão Subsidiário de Implementação a fazer uma proposta conjunta para esses órgãos, em suas oitavas sessões, sobre a designação a eles de trabalho preparatório para permitir que a Conferência das Partes na qualidade de reunião das Partes do Protocolo, em sua primeira sessão após a entrada em vigor do Protocolo, realize as tarefas a ela atribuídas pelo Protocolo.

Decisão 2/CP.3

Questões metodológicas relacionadas ao Protocolo de Kyoto

A Conferência das Partes,

Lembrando sua decisão 4/CP. 1 e 9/CP.2,

Endossando as conclusões relevantes do órgão Subsidiário de Assessoramento Científico e Tecnológico em sua quarta sessão,[3]

1 *Reafirma* que as Partes devem utilizar as Diretrizes Revisadas de 1996 para Inventários Nacionais de Gases de Efeito Estufa do Painel Intergovernamental sobre Mudança do Clima para estimar e relatar as emissões antrópicas por fontes e as remoções por sumidouros dos gases de efeito estufa não controlados pelo Protocolo de Montreal,

2 *Afirma* que as emissões efetivas de hidrofluorcarbonos, perfluorcarbonos e hexafluoreto de enxofre devem ser estimadas, quando houver dados disponíveis, e utilizadas na preparação dos relatórios sobre emissões. As Partes devem esforçar-se ao máximo para desenvolver as fontes de dados necessárias;

3 *Reafirma* que os potenciais de aquecimento global utilizados pelas Partes devem ser aqueles fornecidos pelo Painel Intergovernamental sobre Mudança do Clima em seu Segundo Relatório de Avaliação ("1995 1PCC GWP values" – valores de potencial de aquecimento global de 1995 do 1PCC) com base nos efeitos dos gases de efeito estufa considerados em um horizonte de 100 anos, levando em conta as incertezas inerentes e complexas envolvidas nas estimativas de potenciais de aquecimento global. Além disso, apenas a título de informação, as Partes também podem fazer uso de um outro horizonte de tempo, como estipulado no Segundo Relatório de Avaliação;

4 *Lembra* que, de acordo com a versão revisada de 1996 das Diretrizes para Inventários Nacionais de Gases de Efeito Estufa do Painel Intergovernamental sobre Mudança do Clima, as emissões baseadas em combustível vendido a navios ou aeronaves envolvidas com transporte internacional não devem ser incluídas nos totais nacionais, mas relatadas separadamente; e incita o órgão Subsidiário de Assessoramento Científico e Tecnológico a definir melhor a inclusão dessas emissões nos inventários de gases de efeito estufa gerais das Partes,

5 *Decide* que as emissões resultantes de operações multilaterais conforme a Carta das Nações Unidas não devem ser incluídas nos totais nacionais, mas relatadas separadamente; outras emissões relacionadas a operações devem ser incluídas nos totais de emissões nacionais de uma ou mais Partes envolvidas.

Decisão 3/CP.3

Implementação do Artigo 4, parágrafos 8 e 9, da Convenção

A Conferência das Partes,

Observando as disposições do Artigo 4º, parágrafos 8 e 9, da Convenção-Quadro das Nações Unidas sobre Mudança do Clima,

Observando ainda as disposições do Artigo 3º da Convenção e do "Mandato de Berlim" em seu parágrafo 1(b),[4]

1 Solicita ao órgão Subsidiário de Implementação, em sua oitava sessão, que inicie um processo de identificação e determinação de ações necessárias para suprir as necessidades específicas das Partes países em desenvolvimento, especificadas no Artigo 4º, parágrafos 8 e 9, da Convenção, resultantes de efeitos adversos da mudança do clima e/ou do efeito da implementação de medidas de resposta. As questões a serem consideradas devem incluir ações relacionadas com a obtenção de fundos, seguro e transferência de tecnologia,

2 Solicita ainda ao órgão Subsidiário de Implementação que informe à Conferência das Partes, em sua quarta sessão, os resultados desse processo;

3 Convida a Conferência das Partes, em sua quarta sessão, a tomar uma decisão sobre ações com base nas conclusões e recomendações desse processo.

Relatório da Conferência das Partes em Sua Terceira Sessão

---

[3] FCCC/SBSTA/1996/20, paras. 30 e 54.
[4] Decisão 1/CP.1.

Tabela Total das Emissões de Dióxido de Carbono das Partes do Anexo 1 em 1990, para os Fins do Artigo 25 do Protocolo de Kyoto[a]

Parte	Emissões(Gg)	Porcentagem
Alemanha	1.012.443	7,4
Austrália	288.965	2,1
Áustria	59.200	0,4
Bélgica	113.405	0,8
Bulgária	82.990	0,6
Canadá	457.441	3,3
Dinamarca	52.100	0,4
Eslováquia	58.278	0,4
Espanha	260.654	1,9
Estados Unidos da América	4.957.022	36,1
Estônia	37.797	0,3
Federação Russa	2.388.720	17,4
Finlândia	53.900	0,4
França	366.536	2,7
Grécia	82.100	0,6
Hungria	71.673	0,5
Irlanda	30.719	0,2
Islândia	2.172	0,0
Itália	428.941	3,1
Japão	1.173.360	8,5
Letônia	22.976	0,2
Liechtenstein	208	0,0
Luxemburgo	11.343	0,1
Mônaco	71	0,0
Noruega	35.533	0,3
Nova Zelândia	25.530	0,2
Países Baixos	167.600	1,2
Polônia	414.930	3,0
Portugal	42.148	0,3
Reino Unido da Grã-Bretanha e Irlanda do Norte	584.078	4,3
República Tcheca	169.514	1,2
Romênia	171.103	1,2
Suécia	61.256	0,4
Suíça	43.600	0,3
Total	**13.728.306**	**100,0**

[a]*Dados baseados em informações recebidas das 34 Partes do Anexo 1 que submeteram suas primeiras comunicações nacionais em 11 de dezembro de 1997 ou antes dessa data, compiladas pelo Secretariado em vários documentos (A/AC.237/81/; FCCC/CP/1996/12/ Add.2 e FCCC/SB/1997/6). Algumas das comunicações continham dados sobre as emissões de CO_2 por fontes e remoções por sumidouros resultantes de mudança no uso da terra e florestas, porém esses dados não foram incluídos porque as informações foram relatadas de diferentes modos.*

Referência Bibliográfica e Sugestão para Leitura

Disponível em: < http://www.mct.gov.br/index.php/content/view/4006.html >. Acessado em: 7/12/2007.

Índice

A

Absorção, 23
   sorção e, 144
Ação do homem na atmosfera, 362
Acetaldeído, 214
Acetato de etila, 194
Acidez da atmosfera, experimento, 296
Ácido(s)
   acético, 215
   etanodioico, 215
   etanoico, 215
   fórmico, 215
   graxos, 142
   húmico, 147
   metanoico, 215
   nítrico, 181
      formação do, reação de, 179
   oxálico, 215
   sulfúrico, 170
      formação do, reação de, 170
   sulfuroso, 139
      formação do, reação de, 139
      na atmosfera, 168
Acoplamentos, 59
   positivo e negativo, 59
Acroleína, 214
Acumulação, faixa de, 135
Adsorção, 137, 144
   de superfícies ativadas, princípio da, 156
   e sorção, 144
Adubos nitrogenados, 89
Advecção, 314
Aerossóis, 32, 135, 316
   líquidos, 135
   radiação refletida por, 32
   sólidos, 135
Água
   ciclo da, 113
   da chuva, 11, 144, 268
      determinação do pH da, 290
   dureza temporária da, 147
   massa específica de, 13
   molécula de, 27
   partícula de, 146
Aitken, núcleos de, 135
Albedo, 32
   visualização do fenômeno, 28
Alcalinidade, 99
Álcool, 194, 212
Aldeídos, 142, 194, 213
Alomonas, 201
Altitude(s)
   intervalo de, 127
   variação da pressão atmosférica com a, 20
Ambiente de reação, 5
Aminoácidos
   constituintes, 165
   sulfurados, 165

Amônia, 267
Amoníaco, 182
   cuidados e precauções com, 184
   da atmosfera, 183
   destino, 183
   fonte, 182
   reações na atmosfera, 182, 183
Amonificação, 91
Analito, 12, 278
Anoxia, 105
Aparecimento do ser humano, 347
Ar
   circulação de, 38, 39
   correntes de, 29, 38, 39
   de um balão, aquecimento, 39
   do solo, 256
      composição química, 258
   frente da massa de, 41
   massa específica de, 12, 13
   não poluído, composição, 9
   qualidade do
      Portaria 100, 388
      Portaria 231/76, 388
      Resolução CONAMA 18/86, 388
   quente, 37
      correntes de, 38, 39, 43
      das chamas, 145
      e radiação solar, 221
   renovação, 258
   seco, composição, 9
Arco voltaico, 88
Argônio, 4, 9
Arranjos eletrônicos, 63, 65
Aspectos legais da química da atmosfera, 377
Ativação da energia, 128
Atmosfera
   aspectos gerais, 3
      ciclos biogeoquímicos dos principais
         componentes da, 86
      cinética de reações químicas da, 116
      interação da radiação eletromagnética
         com a, 48
      transferência de energia e massa na, 27
   camadas da, 16, 83
      variações da temperatura e, 20
   componentes-traço, 9
   comportamento normal da, 221
   composição química da, 9
   compostos
      inorgânicos gasosos da, 159
      orgânicos gasosos da, 186
   do solo, 256
   estratificação da, 83
   interação da radiação eletromagnética
      com a, 48
   laboratório e estudo da, 277
   legislação pertinente, 379

normalizações nacionais, 387
   tentativas globais ou
      internacionais, 391
   meio ambiente e acidez da,
      experimento, 296
   no comportamento de macro e
      micronutrientes do solo, influência, 264
   origem da, 3
   ozônio da, 230
   particulados da, 135
   poluição da, 201
   preocupação da sociedade, 379
   seca, composição quantitativa da, 108
   vida, e biosfera, 347
Atomismo, 52
Átomo(s), 52
   caráter nuclear do, 52
   com dois ou mais elétrons, 62
   com um elétron, 62
   configuração, 190
   de carbono, 65
   nuclear de hidrogênio, 53
   polieletrônicos, 55
   termos espectroscópicos e, 61

B

Bactéria, 135, 137
   anaeróbica, 166
   dessulfovibrio, 166
Balanço
   de cargas, 68, 110
   de energia, 32
      princípio do, 32
   de massa, 95, 96, 110
   protônico, 110
Banda espectral, 48
Bauxita, 209
Benzenoacetato de metila, 217
Bifenila, 203
   e possíveis clorados BPCs, 212
   policlorada, 211
Biomassa, 8, 27, 95, 182
Biosfera, 6, 87, 92, 256
   processos atmosféricos de interesse
      para a, 41
Biota, 22, 151
Bolha de água, 148
Borracha, 198
Buraco de ozônio, 8

C

Cairomonas, 201
Cálculo da energia livre produzida, 370
Calor
   absorvido, 37
   latente, 37

454 Índice

de fusão, 37
de vaporização, 38
sensível, 37
Camadas
da atmosfera, 16
variação da temperatura e, 20
esquematização das, 22
de Chapman, 241
Câmara *smog*, 226
Cânfora, 214
Carbono
ciclo do, 103
biogeoquímico, 104
orgânico, análise do, 328
princípios da química do, 190
Carboxiemoglobina, 162
Carboxilácidos, 194, 215
Cargas, balanço de, 68, 110
Carta de Seattle, 394
Catalisador, 89
Catálise, 130
Catalítica, 160
decomposição catalítica do ozônio, 180
C-atmosférico, 104
Célula(s)
de Hadley, 40
princípio da formação das, de circulação
do ar na atmosfera, 39
Cetonas, 214
Chaminés industriais, 181
Chapman, camadas de, 241
Choque(s)
efetivos, 129
entre dois reagentes, 117
Chuva ácida, 8, 145, 148, 179
formação de precipitação de, 95, 179
Ciclo(s)
biogeoquímicos, 86
do hidrogênio, um possível caminho
do, 87
do oxigênio, 99
da água, 113
do carbono, 103
do nitrogênio, 89
do oxigênio, 95
do ozônio na atmosfera, 99
geoquímico, 87
e biogeoquímico, visualização
conjunta, 87
hidrológico, 113, 137, 366
Ciclone, 153
Cinética
de reações químicas da atmosfera, 116
do carvão mineral, composição das
cinzas, 171
química, 116
Cinzas
do carvão mineral, 171
voláteis, 138
composição, 138
Circulação de ar, 38
horizontal, experimento, 313
vertical, experimento, 310
Cloreto de carbono, 187
Clorofila, 99
Clorofórmio, 206
Clorometano, 205
Coagulação, 137, 138

Coenzima, 164
Combinação, 117
Combustão, 89
controlada, 104
de matéria orgânica, 90
do petróleo, 101
reações de, 100
Componentes-traço da atmosfera, 9
Composto(s)
aromáticos policíclicos, 141
gasoso, 159, 182
halogenados derivados dos
hidrocarbonetos, 205
hidrocarbonetos, 201
inorgânicos gasosos da atmosfera, 159
insaturados, 190
iônicos, 188
nitrogenados da atmosfera e
seus destinos, 94
orgânicos, 138
biogênicos da atmosfera, 196
de origem antrópica, 201
gasosos da atmosfera, 186
voláteis, 196
oxigenados do N da atmosfera, 181
cuidados e precauções com, 181
particulados
inorgânicos, 8, 138
orgânicos, 138
sólidos, 69
traços, 161, 178
Compromisso do ser humano com a
atmosfera, 372
Concentração
de soluto, 10
dos reagentes, 122
em conteúdo químico de uma espécie *s*
em solução aquosa, 13
no ar, 13
em massa de uma substância no ar, 13
em número de uma espécie *s* no ar, 13
Condensação, 42, 144, 138
do monoclorobenzeno com o cloral, 211
Condução, 29, 127
transferência de energia por, 36
Constante
de Henry, 101
de Planck, 51
de proporcionalidade, 107, 123
de velocidade, 123
Contato físico, 117
Convecção, 27-29, 127, 310
do ar, 38
transferência de energia por, 37
Convenção de Viena, 383, 412
para proteção da camada de
ozônio, 383, 391
Coordenadas cartesianas e polares, relações
básicas entre, 54
Corpúsculo, 53, 120
onda, 53, 55, 70
Corrente de ar, 44, 310
Corrosão, 143, 148
velocidade de, do ferro, 116
Criptônio, 9, 70
Cristal, 188
Crosta terrestre, 165

D

DDT, 211
Debye, forças de, 189
Decreto
de 19 de setembro de 1995, 389
de 28 de agosto de 2000, 390
Deformações de ligações, 33
Demócrito, 52
Depleção do ozônio, 179
Descargas elétricas, 88
Desnitrificação
biológica, 93
não biológica, 93
Diagrama de distribuição das espécies, 111
Diamagnética, molécula de nitrogênio, 76
Diamante, ligações entre átomos de carbono
no, 188
Dibenzo-*p*-dioxina, 211
Diclorometano, 206
Difusão, 143, 310
Dióxido de enxofre, 170
Dipolos, 35
Dispersão, 135
coloidal, 135
grosseira, 135
heterogênea, 135
tipos de, 136
Dissociação, 81
da molécula de oxigênio, 98

E

Ebulição, 69
Efeito(s)
ambientais do *smog*, 305
do CO, 160
do íon comum, 107
do NO_x, 179
do *smog*
fotoquímico, 228
redutor sobre o meio ambiente, 306
dos particulados da atmosfera sobre o
meio ambiente, 145
estufa, 8
absorção de energia, 28
e reemissão de energia, 35
visualização do fenômeno, 35
Tyndall, 287
Elementos traços, 108, 186
Eletrodo
-padrão de hidrogênio, 261
potencial-padrão de, 261
em solução aquosa a 25 °C e
1 ATM, 398
Elétron(s)
de valência, 48
momento angular orbital do, 56
Eletroneutralidade, princípio da, 68
Eletroquímica, lembretes de, 396
Eletrosfera, estudo da, 53
Elongação, 50
Energia(s)
absorção de, 38
calorífica, 106
da eletrosfera do átomo de hidrogênio,
níveis de, 55
de ligação de diferentes espécies
químicas, 5

do elétron, 55
do *quantum*, 67
interna, 127
perda de, 79
por mol de *quanta*, 52
quantizadas, 61
radiante envolvida no planeta Terra,
balanço da, 32
reemissão de, 35
reticular, 69
solar, incidente na superfície da Terra,
distribuição, 31
termodinâmicas de ligação, 82
transferência de, 27
formas de, 24
por condução, 36
por convecção, 34
por radiação, 29
transporte de, 27
Entalpia
de afinidade eletrônica, 24
reticular, 69
Enxofre
análise de, experimento, 338
ciclo biogeoquímico do, 164
Epóxidos, 201
Epoxietano, 216
Equilíbrio
de reações químicas na fase gasosa na
atmosfera, 128
estado de, 128
dinâmico, 88
estado de, 165
Equinócio, 30
de outono, 31
de primavera, 30
período do, para o hemisfério sul, 30
Escala(s)
espacial e temporal dos processos
atmosféricos, 44
intervalo, 44
variabilidade das, 45
global, processos de, 45
sinóptica, processos de, 45
Espaços quantizados, 57
Espalhamento, fenômeno do, 145
Espécie(s),
gasosa, 124
ordem de uma, 123
químicas, 9
da atmosfera, unidades de medida da
abundância de, 10
Espectro eletromagnético, 48
Estado(s)
de valência, 190
eletrônico da molécula de oxigênio, 97
espectroscópicos das moléculas, 77
físicos, 16, 37
Ésteres, 142, 194, 216
exemplos de, 199, 216
Estiramentos de ligações, 33
Estratopausa, 84
e mesosfera, 23
Estratosfera, 22
camada de ozônio na, 240
ozônio na, 240
Etanol, 194, 213
Evapotranspiração, 113

Excitação eletrônica, 33, 79
Exosfera, 25, 27
Experimentos laboratoriais em química da
atmosfera, 275
acidez da atmosfera e meio ambiente, 296
análise
de enxofre, 338
de metais pesados e outros, 341
do fósforo total, 335
do nitrogênio orgânico, 332
circulação
horizontal do ar, 314
vertical do ar, 310
corrosão do ferro, 314
determinação
da abundância de oxigênio no ar, 278
da velocidade de reação de oxidação
do ferro, 278
do pH da água da chuva, 290
dispersão da luz por partículas
coloidais, 287
experimento com coleta de gases e
particulados da atmosfera, 320
laboratório e o estudo da
atmosfera, 267-333
óxidos de nitrogênio, 306
simulação do *smog* redutor com
precipitação ácida, 299

F

Faixa de acumulação, 135
Fenodiona, 215
Fenóis, 142, 213
Fenômeno
arco-íris, 145
da inversão térmica, 43
de albedo, 32
do espalhamento, 145
efeito estufa, 31
smog
fotoquímico, 8, 98, 179
redutor, 220
Fermentação, 104
Ferro
campo magnético da Terra e, 25
corrosão do, experimento, 314
da hemoglobina, 180
no grupo heme, íon de, 161
no solo, 268
oxidação do, 278
velocidade, 316
potencial de eletrodo de, 149
velocidade de reação de oxidação do,
determinação da, 268
Ferromonas, 200
Fertilizantes nitrogenados, 90
Filtração em um saco de pano, 154
Fixação do nitrogênio atmosférico, 88
Fluorescência, 80
Fluxo, 46
Força(s)
de Debye, 187
de Keesom, 187
de London, 187
de van der Waals, 44, 187
Formação do orbital molecular
pi, 73
sigma, 71

Formaldeído, 213
Formiato de etila, 216
Fosforescência, 80
Fósforo total, análise do, experimento, 324
Fotoionização, 80
Fóton, energia do, 52
Fração, do espectro, 48
molar, 10, 13
Frente(s)
da massa de ar, 41
de ar, 314
quentes, 41
Fuligem, compostos orgânicos adsorvidos
na, 142
Fumaça de cigarro, 142
Fusão, calor latente de, 37

G

Gás(Gases)
amônia, 89
carbônico, 9, 103
liberação para a atmosfera de, 104
no solo, 259
retirada do, 107
da atmosfera, 100
coleta de, 320
e particulados da atmosfera, 320
experimento, 320
de rochas, 4
de vulcão, 4
invisível, 167
mistura de, 102
nitrogênio, 265
nobres da atmosfera, 9
estabilidade dos, 68
oclusos em rochas vulcânicas, 4
carbônico, 103
oxigênio, 6, 9
perfeitos, 11
lei dos, 11
relação das variáveis dos, perfeitos, 109
Gelo, ponto de fusão do, 37
Geosfera, 256
Grafite, ligações entre átomos de
carbono no, 188
Grandezas físicas, 13
Gravidade
ação da, 136
remoção de particulados
baseados na, 152
aceleração da gravidade, 17
Grupo polipeptídico, 160

H

Halons, 200
ação dos, 208
Hélio, 9
Hemoglobina
grupo heme da, 160
molécula de, 160
Hidrocarbonetos, 201
acíclicos, 194
aromáticos policíclicos (PAH), 141
compostos halogenados
derivados dos, 205
Hidrogênio
átomo, 51
nuclear do, 53

456 Índice

ciclo biogeoquímico do, 113
    possível caminho, 87
eletrodo-padrão de, 251
formação do, ácido, 269
peróxido de, 114
pontes de, 37, 44
Hidrosfera, 7, 41, 256
Hipoxia, 105
Histidina, 160
Humificação, 92
Hund, regra de, 66
Huxley, Tomas, 351

I

Impurezas, 138
Índice de refração, 50
Indústria, 89
Infravermelho, espectro do, 33
Interação(ões)
    da radiação
        eletromagnética com a matéria, 51
        visível pela excitação eletrônica, 33
    fotoquímicas, principais tipos, 79
Inverno nuclear, 8, 152
Inversão térmica, 8, 43, 219
    sobre a cidade de Londres, 151
    visualização do fenômeno, 43
Íon comum, efeito do, 107
Ionização
    direta, 80
    reações de, 81
Irradiação, 127
Isopropano-oxi-isopropano, 216

K

Keesom, forças de, 187
Kjeldahl, método, 332

L

Lambert-Beer, lei de, 242
Lavagem
    com esfregação, 155
    do fluxo de gases, 153
Lei
    8.723, 389
    da ação das massas, 115
    de Henry, 95
    de Lambert-Beer, 242
        fundamentos, 242
    dos gases perfeitos, 11
    Federal nº 6.938, de 31 de agosto
        de 1981, 387, 400
Lembretes de eletroquímica, 396
Ligação(ões)
    covalente, 69
        coordenada, 69
        dativa, 64
        simples, 69
    deformações de, 33
    estiramentos de, 33
    iônica, 68
    químicas, 44
Linha espectral, 48
Líquidos voláteis, 196
Litosfera, 164
Local catalisador, 146
Localização do planeta Terra, 351

London, forças de, 187
Luminescência, 80
Luz, 130
    difusa, 145
    dispersão por partículas coloidais, 287
    velocidade da, 210

M

Macronutriente, 164
Manganês, 268
Mão direita, regra da, 56
Massa(s)
    balanço de, 110
    da água, 13
        do ar, 12
        do ozônio, 231
    de ar
        frente da, 43
        frio, 41
    específica, 13
    quantidade de, de uma substância s em
        uma região da
        atmosfera, 13
        troposfera, 13
    relação de, 10
    transferência de energia e de, na
        atmosfera, 27
Matéria
    combustão da, e formação do NO_x, 90
    estrutura da, 52
    mineralização da, 85, 166
        e humificação, 92
    orgânica, 6, 89
Meio ambiente
    acidez da atmosfera e, 296
    Comissão Mundial sobre o, 383
    Conferência das Nações Unidas
        sobre o, 384
    corrosão do ferro no, 315
    efeitos do SO_2 no, 169
    envolvimento da energia solar com o, 28
    equilíbrio natural entre metal e água
        líquida no, 150
    interferência do homem no, 8
    particulados da atmosfera sobre o, 145
    Política Nacional do, 387
    transporte de energia e, 29
Mesoescala, processos de, 45
Mesopausa, 21
Mesosfera, 23
Metais pesados, análise de, 341
Metano, 9
    molécula de, 44
    na atmosfera, lançamento de, 106
    reações de substituição de, 205
Metano-oxi-metano, 216
    terciário-butano, 216
Metanol, 213
Método Kjeldahl, 332
Micelas
    minerais, 148
    orgânicas, 148
Microescala, processo de, 44
Microestados, 61
Micro-organismos, 6
    heterotróficos, 90, 103, 352, 355

Mineralização
    da matéria orgânica, 6, 159
    gramínea soterrada em ambiente
        anaeróbico, 87
Minuano, 41
Mistura
    atmosférica, 44
    razão da, 11-12
Mixing ratio, 12
Mol de *quanta*, energia por, 52
Molécula(s)
    apolar, 186
    da atmosfera, 35
    da solução, 15
    de hidrogênio, formação, 69, 72
    de oxigênio, 76
        paramagnética, 76
    de ozônio, 223
    de soluto, 15
    do gás cloro, 69
    estados espectroscópicos das, 77
        interagindo, 188
        livres, 188
    ligação covalente na, 69
    sigma, 188
    vibração e rotação da, 34
Momento angular de *spin*, 59
    orbital do elétron, 54
    para um sistema $2p$, 64
    total, cálculo do, 59
Monoclorometano, 205
Monóxido de carbono, 159, 163
    atmosférico, 160
        destino do, 160
    controle, 164
    cuidados e precauções, 163
    efeitos no ser humano do, 163
    ligação à hemoglobina, 162
    manipulação do, 163
    misturas de, 161, 162
Motor a explosão, ciclo completo de um, 140
Movimento(s)
    browniano, 310
    de rotação, 21
    de translação, 21, 30
    molecular, 310
Mudança climática, 47
Multiplicidade, 79
    do *spin*, 62
    princípio da máxima, 358

N

Neônio, 9
NH_3, síntese do, 90
Niels Bohr, teoria de, 51
Nitrato
    de amônio, 183, 317
    de cloro, 251
    de peroxil alquila (PAN), 179, 203
Nitrificação, 91
Nitrogênio, 9
    atmosférico, 74
        fixação do, 88
    ciclo do, 88
    estado fundamental da molécula de, 78
    formação da molécula de, 75, 78
    ionização do, 81

Índice **457**

lixiviado e percolado, 92
nas fases sólida e líquida, 91
orgânico, análise do, 332
oxidação do, 101
óxidos do, 5, 95, 139
trocado e fixado, 92
Nódulos radiculares, 90
NO_x, formação dos, 83
Núcleo(s)
de Aitken, 135
estudo do, 53
Número(s)
atômico efetivo, 70
azimutal, 49
de ciclos por segundo, 50
de microestados, cálculo, 67
de moléculas, 16
de onda, 50
do momento angular, cálculo, 64
magnético, 48, 51
orbital, 57
relação de, 57
quântico(s)
azimutal, 55
do momento angular total, 64
e elementos da tabela periódica, 59
magnético, 55
de *spin*, 59
principal, 54, 55
secundário, 54, 55

O

Octano, 141
Octeto
formação do, 69
regra do, 69
Óleos essenciais, 196
Olfato, 196
Onda, 42
amplitude, 50
comprimento de, 50
corpúsculo, 50, 51
eletromagnética, 50
frequência de, 50
número de, 50
radiação, 50
velocidade de, 50
Órbita, 51
Orbital(is),
atômico, 54
molecular(es), 70
ligante, 72
pi, formação, 72
sigma ligante, formação, 72
teoria do, 70
Ordem de ligação, 75
Orientação magnética, 55
Oxidação, 4
de materiais de reações, 93
Óxido(s)
de enxofre, 164
de etileno, 217
de nitrogênio, 173, 223
experimento, 306
fórmulas canônicas, 174
geometria, 173
propriedades, 173
nitroso, 94, 173, 267
orgânicos, 216

Oxiemoglobina, 163
Oxigênio, 5, 9, 255
atômico, 91
ciclo do, 88, 92
biogeoquímico, 93
molécula de
distribuição eletrônica da, 76
estados eletrônicos da, 97
molecular, 67
na água líquida, distribuição do, 101
na atmosfera, 96
análise do, 96
no ar
determinação da abundância de, 278
experimento, 278
paramagnética, 76
Oxirredução, reações de, 143
Ozônio
camada protetora de, 6
ciclo do, 99
da atmosfera, 230
depleção do, 179
na estratosfera, 252
na troposfera, 236
substâncias responsáveis, 207
destruição da camada de, 246
estrutura pela teoria da valência, 232
molécula de, 232
na estratosfera, 240
formação, 244
na troposfera, 233
reações de formação, 234
perfil de periculosidade, 252
polar, destruição do, 250
propriedades do, 231

P

Pacote mínimo de energia, 50
Pântano, vilão do clima, 271
Paramagnética, molécula de oxigênio, 76
Particulados da atmosfera, 135
comportamentos, 132
compostos oxigenados
constituintes dos, 136
controle de emanações dos, 151
efeitos sobre o meio ambiente, 145
finos, 135
fonte dos, 135
formação dos, 137
processos
físicos
antrópicos de, 138
naturais, 137
químicos, 138
propriedades, 136
tipos, 136
Peróxidos, 168
Pesticida organoclorado, 212
pH inicial, 7
Planck, constante de, 51
Plantas, estruturas de produção
de energia, 181
Poeira(s)
atmosférica, 145
de carvão, 145
de fundição, 145
vulcânicas, 137

Polarizabilidade, 187
Pólen, 137
Policíclicos, hidrocarbonetos aromáticos
(PAH), 141
Polipeptídios, 160
Política nacional do meio ambiente, 387
Lei Federal nº 6.938 dispõe sobre, 400
Poluentes
emissão de, 389
Lei nº 8.723 trata da redução de, 389
Poluição da atmosfera, 201
origem da, 221
Ponte(s) de hidrogênio, 37, 44, 187
salina, 316, 397
Ponto
de fusão do gelo, 37
de não retorno, 36
Portaria nº 231, 388
Potenciais-padrão de eletrodo em solução
aquosa, 398
Precipitação, 144
ácida, 179
câmara de, 152
por via seca, 168
princípio da câmara de, 152
Precipitador eletrostático, 155
Pressão, 13
atmosférica, 16
definição, 16
determinação em nível do mar, 17
na troposfera, 20
variação com a altitude, 18, 19
do vapor de água, 108
parcial, 95
unidades de, 17
Princípio(s)
da ação da gravidade, 152
da adsorção de superfícies ativadas, 156
da câmara de precipitação, 152
da eletroneutralidade, 68
da exclusão de Pauli, 65
da filtração, 152
da formação das células de circulação do
ar na atmosfera, 39
da incerteza, 57
da inércia, 152
da lei de Lambert-Beer, 242
da química do carbono, 182
da síntese dos silicones, 206
de Henry, 172
de Le Chatelier, 48, 87
incipientes da teoria quântica, 54
vital, 6
e dependência com a biosfera, 356
e evolução da química, 351, 352
e seres vivos, 352
Processo(s)
atmosféricos, escala espacial
e temporal, 44
biogênicos de liberação de carbono, 104
de escala
global, 45
sinóptica, 45
de interesse para a biosfera, 41
de mesoescala, 45
de microescala, 44
Propenal, 214
Proteína, 165

458 Índice

Protocolo
de Kyoto, 434
de Montreal, sobre as substâncias que
deterioram a camada de ozônio, 423
Pseudomonas, 93
Pseudo-ordem, 123

Q

Quantificação, da energia produzida por um
ser anaeróbico, 369
Quantum, 27, 48
de energia, 36, 50
energia do, 51
transformação ou desaparecimento, 32
Queimadas, 138, 172
Química da atmosfera
aspectos legais da, 377
experimentos laboratoriais em, 275

R

Radiação
absorvida pela atmosfera, 27
corpúsculo, 50
do infravermelho, 29
eletromagnética, 127
com a atmosfera, interação da, 48
nas camadas da atmosfera, 23
onda, 50
refletida
pela superfície, 32
por nuvens, aerossóis e atmosfera, 32
reflexão da, 32
solar, 20, 48
transferência de energia por, 29
Radical(is),
hidroxilo, 68, 113, 226
livres, 81
Raia, 48
Razão da mistura, 10
Reação(ões)
ativação da, 130
de caráter fotoquímico, 48
de oxirredução, 148
de redução, 105
de reposição de oxigênio da atmosfera, 99
de retirada de oxigênio da atmosfera, 100
elementares, 117
em cadeia, 114
fotoquímica, 83
monomolecular, 122
multietapas, 117
nucleares, 53
químicas, 53
compostos inorgânicos gasosos da
atmosfera, 159
compostos orgânicos gasosos da
atmosfera, 186
da atmosfera, 79
cinética das, 116
diretas, 80
e fotoquímicas da atmosfera, 133
particulados da atmosfera, 135
smog,
fotoquímico, 219
redutor, 220
terminais, 114
termoleculares, 117

tetramoleculares, 117, 122
unimoleculares, 117
velocidade de, 118, 125
e concentração dos reagentes, 122
Reagentes
concentração de, 122
natureza dos, 123, 130
Redução, reações de, 105
Reflexão, 127
da radiação, 32
Refração, 145
índice de, 50
Região definida, 54
Regra
da mão direita, 56
de Hund, 66
do octeto, 68
Renovação do ar do solo, 258
Reservatório, 45
Reservoir, 45
Resolução CONAMA
nº 3 de 1989, 388
nº 18 de 1986, 388
nº 267 de 2000, 206,
Respiração
combustão da, 100
dos seres aeróbios, 100
produtos da, 105
Reunião de Estocolmo, 391, 409
Rhizobium leguminosarum, 90
simbiose do, 91
Rochas vulcânicas, gases oclusos em, 4
Rotação, movimento de, 21

S

Scattering, 145
Schrödinger, Erwin, 54
Scrubber system, 155
Seattle, carta de, 394
Seres autotróficos, 352
heterotróficos, 355
respiração dos, aeróbios, 100
Silicones, princípio da síntese dos, 206
Sinais de vida no universo, 348
Sinomonas, 201
Sistema
aberto, 101
de sedimentação com gotejamento, 153
fechado, 101
gasoso, 310
lavador, 172
reagente, 117
Smog(s),
formação do, 220
condições para, 220
fotoquímico, 219
efeitos do, 228
reações
na formação do, 223
químicas paralelas em um, 223
redutor, fenômeno, 220
com precipitação ácida, simulação,
experimento, 299
SO₂
de fontes poluidoras, remoção do, 171
efeitos do, 169
mortes provocadas pelos, 169

manipulação, cuidados e
prevenção na, 170
no meio ambiente, 170
Solo
ar do, 256
arejamento nas propriedades do, 260
influência do, 260
renovação do, 258
atmosfera do, 256
camada superficial do, 259
composição do, 259
macro e micronutrientes do,
influência da atmosfera no
comportamento de, 264
oxidação e redução no, 260
potencial eletroquímico do, 262
Solstício
de inverno, 31
de verão, 31
Solução(ões)
aerossol, 40
da chuva ácida, formação do potencial de
eletro da, 150
do solo, 92, 171
pH, 151
fase-solução, 124
fortemente iônica, 148
gasosa verdadeira, 10
líquida, 117
nitrogenadas, 83
quantidade de soluto em relação ao todo
da, 12
rotação ótica da, 122
verdadeira, 136
Soluto
concentração de, 10
quantidade, expressões da, 12
Solvente universal, 145
Sombras sobre a floresta, 288
Sorção, fenômeno de, 144
Spin
cálculo de, 59
do elétron, 55
Spray, em torres de refrigeração, 138
Steady state, 46
Substância(s)
condição ambiente e estado de uma, 189
responsáveis pela depleção do ozônio, 206
Sulfato de amônio, como fertilizante, 167
Sulfeto de carbono, reação de
oxidorredução do, 167
Superfície da Terra, 27

T

Tabela periódica, números quânticos e
elementos da, 59
Temperatura, 123
média
da troposfera, 9
da tropopausa, 9
global ao nível do mar, 19
variação da, 20, 123
Tempo
cálculos de, subsídios, 126
de meia-vida, 124
de mudança, 47
de residência, 46

de resposta, 47
de vida, 45, 47, 117, 124
    derivação do, 125
Teoria(s)
    atômica, 53
    da ondulatória, 54
    da origem por evolução química, 351
    da valência, 70
    de Niels Bohr, 45
    do orbital molecular, 70
        propriedades físicas e químicas
            explicadas pela, 74
    quântica, 51
Terceiro corpo, 89
Termo(s)
    atômicos, 61
        do estado fundamental, 66
    espectroscópicos, 61
        moleculares, 61
        para as configurações eletrônicas dos
            tipos p e d, 67
    moleculares, 55
    originados de uma configuração $2p2$, 58
Termosfera, 28
Terpenos, formação dos, 196
Tetraclorometano, 205
Thiobacillus, 167
Translação, movimento de, 30
Triclorometano, 205
Trióxido de enxofre, 170
Tripleto de Zeeman, 59

Troca catiônica, 147
Tropopausa, 22, 84, 113
Troposfera, 21, 80
    ozônio na, 231
    pressão atmosférica na, 20
Tyndall, efeito, 287

U

Unidade(s) de medida
    das velocidades, expressão das, 124
    de abundância de espécies químicas da
        atmosfera, 10
    de pressão, 13, 16
    indivisíveis, 52
    sistema internacional de prefixos para
        múltiplos e submúltiplos
        decimais de, 12
Universo
    criação do, 6
    sinais de vida do, 347
    sistema dinâmico do, 116

V

Valência, estado de, 190
Van der Waals, forças de, 38
Vapores aquecidos, 4
Vaporização, calor latente de, 38
Varredura, 144
Varrição, 144
Velocidade
    constantes de, 125

de propagação, 50
de reação, 118
    de oxidação de ferro, 268
    e concentração dos reagentes, 122
    fatores que influenciam a, 129
    instantânea, 120
    média, 119
    no instante zero, 119
Via seca, 14
    úmida, 168
Vibrações moleculares, 33
Vida biológica, formas de vida, 6
Volatização, 189
Volume(s), 12
    de ar seco
    de gases oclusos, composição centesimal
        em, 4
        de nitrogênio, 74
        de oxigênio, 74
    do núcleo do átomo, 52
    parcial, 102
    razão da mistura de, 10
    relação de, 10

X

Xenônio, 9

Z

Zeeman, tripleto de, 59

Pré-impressão, impressão e acabamento

grafica@editorasantuario.com.br
www.graficasantuario.com.br
Aparecida-SP